Udelgard Körber-Grohne

Nutzpflanzen in Deutschland

von der Vorgeschichte bis heute

Das kompetente Nachschlagewerk

Nikol Verlagsgesellschaft mbH & Co. KG
Hamburg

Nutzpflanzen in Deutschland 10/2001

Lizenzausgabe für Nikol Verlagsgesellschaft mbH & Co. KG
Hamburg
Mit freundlicher Genehmigung des Originalverlages

Einbandgestaltung: Callena Creativ GmbH, Jülchendorf
Abbildungen auf dem Einband (von links):
1. Saflor, Färberdistel, 2. reife Gerstenähren,
3. Hände mit Pflanze, 4. Wildrübe auf Helgoland
Nr. 1 und 4 sind dem Buch entnommen,
Nr. 2 und 3 von der Superbild Bildagentur, Berlin
Druck: Delo Tiskarna, Slowenien

ISBN 3-933203-40-6

Meinen Kindern
Ulrich, Els und Peter
gewidmet

Geleitwort

Schon als Kind fesselte mich die Erkenntnis, daß viele Pflanzen unserer täglichen Nahrung erst durch die Entdeckung Amerikas zu uns gekommen waren. Noch keine 500 Jahre ist es her, daß es Kartoffeln, Bohnen, Tomaten, Mais und vieles mehr bei uns gibt. Später lernte ich, daß auch die meisten unserer Getreidearten und die ganze bunte Ackerbegleitflora erst nach der Eiszeit mit den Ackerbauern bei uns heimisch wurden.
Mir fehlte immer eine Zusammenschau der Lebensbedingungen unserer Kulturpflanzen, vor allem des Beginns ihrer Nutzung durch uns Menschen von der Vorgeschichte bis heute; denn das Wissen um unsere Kulturpflanzen, ihre Wildformen und ihre Begleitflora ist von großer Bedeutung für die Erhaltung einer lebenswerten Umwelt und für die Rettung mancher Kostbarkeiten.
Hier ist nun diese Zusammenschau. Udelgard Körber-Grohne hat sich in dankenswerter Weise die mühevolle Arbeit gemacht, in diesem Buch die Fülle des Materials aus Geschichte und Vorgeschichte zu ordnen, Ausgrabungsergebnisse zu sichten, heutige Vorkommen festzustellen oder zu suchen und vieles im eigenen Garten nachzuziehen.
Welcher Reichtum an einst und jetzt genutzten Mehlfrüchten wird deutlich bei der Darstellung von Weizen, Roggen, Gerste, Hafer, Dinkel, Mais, Einkorn, Emmer, Hirse, Buchweizen. Aber auch die Hülsenfrüchte, wichtiger Bestandteil unserer Ernährung, mit den verschiedenen Bohnenarten, Erbsen, Linsen sowie Knollenfrüchte, Ölfrüchte samt Gemüse- und Salatpflanzen werden in ihrer Bedeutung gewürdigt; es schließen sich Pflanzen an, die Fasern, Öl, Färbemittel, Arzneien oder Drogen liefern. Das ergibt eine faszinierende Darstellung von Möglichkeiten, die unsere heimische Natur an nachwachsenden Nahrungs- und Nutzpflanzen bietet und die auch im Zeitalter weltweiten Austausches nicht vernachlässigt werden sollte.
Besonders wichtig erscheint mir die Darstellung der Ursprünge unserer Kulturpflanzen, also ihrer Vorfahren in der Pflanzenwelt unserer Heimat oder anderer Länder. Daraus lassen sich auch für Erhaltungsmaßnahmen wichtige Schlüsse ableiten, Grundlagen werden geboten für Züchtungen, die schädlingsresistentere Arten ergeben oder sicheren Ertrag liefern.
Ich wünsche diesem Buch eine möglichst weite Verbreitung, damit die Kenntnis von den Grundlagen unserer Ernährung verbessert wird und alle Möglichkeiten genutzt werden, einen artenreichen Bestand aller unserer Nutzpflanzen zu erhalten.

Loki Schmidt
(Stiftung zum Schutz gefährdeter Pflanzen)

Inhalt

Vorwort

Im wesentlichen behandelt dieses Buch die Kulturgeschichte der in Deutschland angebauten Nutzpflanzen, fast könnte man sagen, der mitteleuropäischen, wenn es nicht im einzelnen Abweichungen gäbe.

Die Archäobotanik hat in den vergangenen rund 35 Jahren in Europa, Asien und Amerika dank großer archäologischer Ausgrabungen bedeutende Fortschritte erzielt. Methodische Verbesserungen betreffen dabei sowohl die Archäologie als auch die Bearbeitung der makro- und mikroskopischen Pflanzenreste. Seit den fünfziger Jahren sind beide Disziplinen verstärkt darum bemüht, wenn irgend möglich, Lebensweise und Umwelt des ur- und frühgeschichtlichen Menschen mit einzubeziehen sowie nähere Informationen über die Nutzpflanzen zu erhalten, denn diese waren und sind die Lebensgrundlage der Menschen.

Die zahlreiche Fachliteratur über Archäobotanik aus den verschiedenen Ländern der Erde ist großenteils in lokalen Berichten veröffentlicht und deswegen im allgemeinen nur den Spezialisten bekannt. Im vorliegenden Buch wird versucht, die gegenwärtigen Kenntnisse über die hier behandelten Arten zusammenzufassen.

Mit der Kulturgeschichte der Nutzpflanzen ist die Ableitung von ihren wilden Vorfahren bzw. Verwandten eng verknüpft. Darauf ist in großen Zügen bei jeder Art eingegangen worden. Doch werden die genetischen Zusammenhänge zur Evolution der Kulturpflanzen nur kurz gestreift, da es auf dem Gebiet spezielle Bücher gibt (vgl. Schwanitz, Simmonds).

Wenn man die Nutzpflanzen kennenlernen will, kann man sich nicht nur auf ihr Aussehen beschränken, sondern muß sich auch darüber informieren, unter welchen Bedingungen sie wachsen (besonders wichtig bei den heute nicht mehr angebauten Arten), welche wirtschaftliche Bedeutung sie haben (hatten) und worin der Nutzen für uns Menschen besteht. Deshalb werden bei Nahrungspflanzen deren Inhaltsstoffe, bei Faser- und Färbepflanzen deren Eigenschaften wiedergegeben. Für den Anbau bzw. das Ersetzen einer Nutzpflanzenart durch eine andere spielen außerdem die Aufbereitungsvorgänge und der Arbeitsaufwand eine Rolle, denken wir an das Verdrängen der Spelzweizenarten (Emmer, Einkorn, Dinkel) durch Nacktgetreide (Weizen, Roggen) oder das Ersetzen des Leins als Faserpflanze durch Baumwolle und Kunststoffe. Die Aufbereitungsvorgänge sind für solche Pflanzen beschrieben worden, die heute nicht mehr oder nur noch selten angebaut werden, wie z. B. bei Färbepflanzen, Lein und Dinkel.

Bei der Gliederung des Buches bin ich von den heute noch angebauten Arten ausgegangen, weil für den Betrachter die beste Grundlage liefert, was er selbst sehen kann. Das also ist in Teil I enthalten. Teil II umfaßt die nur in der Vergangenheit angebauten Arten. In Teil III sind die Arten von heute denen der Vergangenheit gegenübergestellt, und es folgt ein kurzgefaßter Abriß über den Wandel der Nutzpflanzen im Laufe der Zeiten: von der Jungsteinzeit bis heute, also über mehr als 7000 Jahre. Behandelt werden alle in Deutschland im Freiland gezogenen Arten, mit Ausnahme von Obst, Küchen- und Heilkräutern.

Großer Wert wurde auf Abbildungen gelegt und zwar sowohl von den kultivierten Pflanzen als auch von den archäobotanischen Resten und von den Wildformen inmitten ihrer eigenen Vegetation.

Das Buch ist für einen breiten Leserkreis geplant und geschrieben worden: für Naturfreunde, an Archäologie und Geschichte Interessierte, für Landwirte und Gartenliebhaber. Es wendet sich aber auch an Lehrer und Studierende der Archäologie, Biologie, Agrar- und Gartenbauwissenschaften. Den Anlaß hierzu gab einmal die langjährige Zusammenarbeit mit der Archäologie, zum anderen waren es die häufigen Anfragen aus der Bevölkerung und von Institutionen, die Ausstellungen aufbauen oder historische Gärten anlegen wollten und deshalb Auskünfte über Kulturgeschichte und Anbaubedingungen benötigten. Erwachsen ist es schließlich aus der praktischen Arbeit der Archäobotanik und der kontinuierlichen Weitergabe an die junge Generation.

Wertvolle Hilfe wurde mir von verschiedenen Seiten zuteil: Herr Prof. Dr. Daniel Zohary (Hebräische Universität Jerusalem/Israel) zeigte mir an verschiedenen Stellen in Israel Wildgerste, Wildemmer, wilde Erbsen sowie wilde Linsen und anderes und erklärte mir deren Zusammenhang mit der dortigen Vegetation. Herr Dr. James Greig (Universität Birmingham/Großbritannien) führte mich in Südengland zu Stellen mit wildem Sellerie, wilden Rüben und Wildkohl. Entsprechendes Entgegenkommen erfuhr ich von Herrn Prof. Dr. Sandro Pignatti (Universität Rom/Italien) bezüglich Standorten mit Wildlein, wildem Lauch, wilder Weißwurzel, wilder Färberesede und mit dem wilden Vorfahren unseres Endiviensalats. Einen Anbauversuch mit verschiedenen Getreidearten (darunter Emmer und Einkorn) führten für mich Herr Dr. Christian Kling (Landessaatzuchtanstalt Hohenheim) und der Landwirt Herr Otto Hagmeier (Waldhausen/Schwäbische Alb) durch. Die chemischen Analysen zur Auswertung dieses Versuchs wurden von Herrn Dr. Stephan E. Scheuermann (Institut für

Tierernährung, Universität Hohenheim) geleitet. Samen von Wildbohnen sandte mir Herr Prof. Dr. Heinz Brücher aus Mendoza/Argentinien, damit ich diese sehen sowie im eigenen Garten aufziehen und beobachten konnte. Auskünfte über ägyptische Pflanzenreste und Datierungen im pharaonischen Ägypten erteilte mir Frau Dr. Renate Germer (Hamburg). Für ein kritisches Lesen erboten sich Frau Prof. Dr. Otti Wilmanns (Universität Freiburg) und meine Mitarbeiterin Frau Ulrike Piening. Allen, auch denen, die mir sonst noch Anregungen und Informationen gaben, die aber hier nicht im einzelnen genannt werden können, sage ich für ihr großes Entgegenkommen meinen warmherzigen Dank.
Mein Dank gilt auch dem Verleger Herrn Hans Schleuning und seinen Mitarbeitern. Von diesen haben Frau Gabriele Süsskind und Herr Rolf Bisterfeld durch ihr Können und ihren Einsatz zu der Gestaltung des Buches in optimaler Weise beigetragen.

Stuttgart-Hohenheim 1987 Udelgard Körber-Grohne

Was von den Nutzpflanzen im Laufe von Jahrtausenden bleibt und wie dies aussieht

Da der größte Teil der Nutzpflanzengeschichte auf Bodenfunden aus archäologischen Ausgrabungen beruht, ist es notwendig, auf die Erhaltungszustände der Pflanzenreste kurz einzugehen.

Der weitaus größte Teil der Pflanzenreste ist verkohlt. In diesem Zustand finden sich Getreidekörner, Hülsenfrüchte, Leinsamen sowie andere Sämereien, Wildäpfel und Fruchtsteine, gelegentlich auch Reste von Textilien, Schnüren und Netzen. Ein Verkohlen tritt entweder bei schwachem Brand ein (Schwelen oder kurze Zeit nur am Rand eines Feuers) oder bei starkem Brand unter Luftabschluß. Der erstere Fall wird dann öfter vorgekommen sein, wenn Getreidekörner an den Rand des Herdfeuers fielen, dadurch verkohlten und in Abfallgruben gekehrt wurden (in denen die heutigen Ausgräber sie finden). Solche Körner sind blasig aufgetrieben und mehr oder minder deformiert. Sie lassen sich daher oft nur bis zur Gattung bestimmen. Blasiges Auftreiben beim Verkohlen kann auch bei anderen Brandsituationen eintreten (Taf. 1 oben).

Der zweite Fall mit Luftabschluß passiert, wenn z. B. Getreidevorräte in einem Trokkenofen oder einer Kellergrube dem Brand eines Hauses zum Opfer fielen. Dabei sind die Vorräte vermutlich bald bedeckt worden von der herabstürzenden Decke bzw. den Wänden mit Lehmverputz. Diese wirkten wie die Ummantelung eines Meilers. An Getreidekörnern und Unkrautsamen aus solchen Fundstellen sind die feinsten Strukturteile von Grannen oder Spelzen naturgetreu erhalten geblieben. Derartige Funde lassen sich auf das Zuverlässigste auswerten (Taf. 1 unten und Taf. 18).

Ein Vergleich von prähistorisch verkohltem Getreide mit heutigem hinsichtlich der Größe ist nicht direkt möglich, weil das Verkohlen eine Verkürzung um etwa ein Zehntel bei gleichzeitiger Zunahme der Breite und Dicke bis zu einem Drittel zur Folge hat, wie Verkohlungsversuche von M. Hopf ergaben.

Als andere, doch speziellere Quelle, können Abdrücke in Keramikscherben und in Wandbewurf aus Lehm dienen. Das gilt vorzugsweise für Getreide (Körner und Spreu), seltener für andere, relativ kleine Sämereien. Bei der Herstellung des Gebrauchsgeschirrs aus Ton sind diese von der Steinzeit bis zur vorrömischen Eisenzeit unbeabsichtigt immer wieder in den Ton geraten. Beim Brennen des Geschirrs verbrannten auch die pflanzlichen Einschlüsse, die Höhlungen aber blieben erhalten (Taf. 2). Da die meisten der prähistorischen Gefäße nur als Scherben gefunden werden, gibt es viele Bruchflächen und Möglichkeiten, diese von allen Seiten auf Abdrücke durchzusehen. Der Anteil an verwertbaren Abdrücken in Keramikscherben ist unterschiedlich und liegt etwa zwischen 0,1 und 3 Prozent der Scherben.

Große Vorratsgefäße von 0,5 bis 2 Meter Höhe sind jedoch oft bewußt mit Getreidespreu gemagert worden, damit sie nicht so leicht reißen. Dasselbe gilt für den Wandbewurf der Häuser. In allen Fällen werden die Höhlungen mit einer Gummimilch (Latex) ausgegossen. Sie bleibt auch nachdem sie fest geworden ist elastisch wie ein Gummiband und läßt sich selbst aus kleinsten Öffnungen herausziehen. Die gesamte Kulturpflanzengeschichte Schwedens während der Stein- und Bronzezeit beruht auf derartigen Abdrücken.

Zum dritten bleiben archäologische Pflanzenreste erhalten, wenn nicht verkohlte Teile dauernd unter dem Grundwasserspiegel, d. h. unter Luftabschluß lagern. Dabei wird die pflanzliche Substanz zwar fossil, aber sie verrottet nicht wie das Laub im Wald. Derartige Subfossilien sind innerhalb von ca. 10000 Jahren noch nicht versteinert. Sie haben ihre Form gut bewahrt, abgesehen davon, daß weiche Teile, wie Stengel und Blätter flachgedrückt sind. Man findet hauptsächlich Sämereien, Stengel und Wurzeln, seltener Blätter und Blüten. Erhalten geblieben sind die Zellwände, aber normalerweise nicht die Zellinhaltsstoffe, d. h. im Falle von Getreide, daß das Nährgewebe völlig verschwunden ist, es bleiben nur Spelzen und die leeren Samenhüllen zurück. Lediglich in seltenen Fällen konnten z. B. noch Öl in Öldrüsen von Thymian und äußerlich intakte Chlorophyllkörner in Moosblättchen gefunden werden. Unverkohlte Reste werden geborgen aus Moorsiedlungen, die später, nach dem Verlassen der Häuser, von Moor überwachsen wurden, aus den Wurten im Küstengebiet der südlichen Nordsee, aus den Verfüllschichten von prähistorischen und mittelalterlichen Brunnen, aus Fäkaliengruben sowie aus dem Magen-Darm-Inhalt von Moorleichen. Auch die stein- und bronzezeitlichen Seeufersiedlungen im Alpenvorland enthalten unverkohlte Pflanzenreste.

Getrocknete Pflanzenteile (mumifiziert) bleiben nur unter völlig trockenen Bedingungen erhalten, dort also, wo niemals Wasser oder Feuchtigkeit hingekommen sind. Beispiele hierfür sind die Gräber im alten Ägypten, in denen selbst die Blüten der Blumenkränze erhalten geblieben sind, oder die Reste der Mahlzeiten in den kontinuierlich trocken gebliebenen Höhlen in Mexiko, in deren Bodenschichten sogar die Hüllblätter und Narbenfäden 5000 Jahre alter Maiskolben noch gefunden wurden.

In Deutschland gibt es solche Bedingungen weder in Höhlen noch im Erdboden. Nur eine Annäherung wurde in manchen prähistorischen Gräbern verwirklicht, z. B. im Fürstengrab Hochdorf bei Stuttgart, in dessen relativ trockener Grabkammer sich or-

ganische Reste erhalten konnten, allerdings nur in Verbindung mit Metallen (Eisen und Bronze) dank der konservierenden Wirkung ihrer Salze bzw. Oxide (Taf. 113). Eine seltene Form der Erhaltung ist die Mineralisierung. Sie tritt ein z. B. durch Lagerung in Holzasche oder stark kalkhaltigen Medien. Hierbei dringt das Kalium- bzw. Kalziumkarbonat in die Pflanzenteile und inkrustiert diese zu steinharten, gelblich aussehenden Samen oder Stengeln. Im allgemeinen werden aber hierdurch nur die Dickschaler unter den Samen konserviert, während die dünnschaligen vergehen.
Als letztes müssen die Pollenkörner genannt werden, die sich in Torf und Seesedimenten sowie gelegentlich in Siedlungsschichten erhalten. Zu den bestimmbaren Pollenkörnern von Nutzpflanzen zählen Getreide, Lein, Buchweizen und einige wenige andere (Taf. 3). Der Hauptwert der Pollenanalyse liegt in der Ermittlung der relativen Altersstufe (Datierung) und der Umwelt vergangener Zeiten.

Erläuterungen der lateinischen Pflanzenbezeichnungen

Folgende hierarchische Ordnung ist üblich:

Familie
- Gattung (genus)
  - Art (species, Abkürzung sp.)
    - Unterart (subspecies, Abkürzung ssp. oder subsp.)
      - Varietät (Abkürzung var.)
        - Sorte.

Hiervon ist die Art der Basisbegriff. Beispiele: Kohl (*Brassica oleracea*) und Raps (*Brassica napus*). Beide Beispiele gehören in dieselbe Gattung. Die übergeordnete Einheit ist die Familie, in unserem Beispiel die Kreuzblütler (*Brassicaceae*). Manche Arten lassen sich weiter untergliedern in kleinere Einheiten. Als Unterarten werden Wild- und Kulturformen ein und derselben Art bezeichnet, z. B. Wildmöhre (*Daucus carota* ssp. *carota*) und Kulturmöhre (*Daucus carota* ssp. *sativa*), aber auch z. B. Ackererbsen (*Pisum sativum* ssp. *arvense*) und Speiseerbsen (*Pisum sativum* ssp. *sativum*). Varietäten sind noch stärker untergeordnete Einheiten, z. B. die verschiedenen Kohlformen, wie Weiß/Rotkohl (var. *capitata*), Grünkohl (var. *sabellica*), Blumenkohl (var. *botrytis*), Rosenkohl (var. *gemmifera*), Kohlrabi (var. *gongylodes*). Mit Sorten werden die durch gezielte Pflanzenzüchtung erhaltenen kleinsten Einheiten der Zier- und Nutzpflanzen bezeichnet, z. B. blaue und grüne Kohlrabi, hoch- und niederwüchsiger Grünkohl, beim Apfel die Sorten Cox Orange, Boskop, James Grieve, Gravensteiner und andere.

Teil I. Die heute angebauten Arten

Mehlfrüchte (Getreide)

Getreidearten in Deutschland

Wandert oder fährt man im Sommer durch unsere Feldflur, so kann man folgende Getreidearten sehen: Weizen, Roggen, Gerste und Hafer, in einigen Gegenden auch Dinkel. Sobald das Getreide in Ähren steht, lassen sich die Arten bereits auf größere Entfernung an Wuchs und Farbe unterscheiden. In der Bundesrepublik Deutschland wurden im Mittel der Jahre 1976–1981 Gerste zu 38,1%, Weizen zu 37,3%, Hafer zu 14,6% und Roggen zu 11% geerntet (nach den Stat. Jb. der BRD). Gerste hat erst in den letzten Jahren so stark aufgeholt. Von etwa 1957 bis 1975 stand Weizen an erster Stelle und davor rund 1000 Jahre lang der Roggen. Diese Wandlungen sollen bei den einzelnen Getreidearten näher aufgeführt werden. Dinkel (auch Spelz genannt) trifft man heute nur noch stellenweise in Südwestdeutschland. Wir können aber beobachten, daß in gewissen Landschaften eine andere Verteilung in der Häufigkeit der Getreidearten vorherrscht, z. B. in höheren Berglagen und dicht hinter der Meeresküste der Hafer, auf sandigen Böden der Roggen. Die unterschiedlichen Ansprüche an Klima und Boden sind den Bauern seit Urzeiten bekannt. Dank der modernen Pflanzenzüchtung und der stärkeren Düngung sowie besserer Kenntnisse über deren Wirkung sind diese Abhängigkeiten allerdings heute stark abgemildert.

Zur Herkunft des Getreides

Fragt man sich, wie wir in ferner Vergangenheit zu diesen Getreidearten gekommen sind, so gibt es verschiedene Gesichtspunkte. Waren Wildformen ehemals in Mitteleuropa einheimisch? Wenn auch auf die Herkunftsfrage später bei den einzelnen Pflanzenarten eingegangen wird, sollen schon jetzt einige allgemeine Gedanken vorausgeschickt werden.

Von den anfangs genannten Getreidearten ist keine einzige in Mitteleuropa einheimisch, d. h. wuchs bereits hier, bevor die Menschen begannen, Ackerbau zu treiben.

Das waren in der ältesten Jungsteinzeit (Neolithikum) die Träger der Bandkeramik. Die Archäologen nehmen aufgrund der Bodenfunde an, daß diese Leute in der Primärphase (ab etwa 4600 oder 4500 v. Chr.) in Gruppen von Südosten (dem heutigen Ungarn) die Donau und Elbe entlang zogen und sich vorwiegend in den Löß- und Lehmgebieten, in der Nähe von Flüssen und Bächen, niederließen. Sie brachten als Saatgut Emmer, Einkorn und zum Teil Gerste mit, ebenso wie Haustiere, besonders Rinder. Auch die ältesten Kulturgruppen, die rund 1000 Jahre später an den Seen und auf den Mooren des nördlichen Alpenvorlandes siedelten (als sog. Pfahlbauern), fanden ihre Getreidearten nicht schon dort vor. Bei Getreide, ob kultiviert oder noch Wildart, müssen die Körner in den Ähren eine gewisse Mindestgröße besitzen, oder bei Rispen (Hirse) muß die Anzahl der pro Halm gebildeten Körner groß genug sein, damit die Mühe des Sammelns sich lohnt und der Anreiz zum Aussäen aufkommt.

Mitteleuropa aber war schon mehr als 1000 Jahre lang, bevor der Ackerbau begann, bewaldet. Der Wald war natürlicherweise nur kleinflächig unterbrochen durch einen Streifen hinter der Meeresküste, durch Moore und felsige Stellen, besonders an den Südhängen der Gebirge, vielleicht noch an einigen weiteren Teilen. Gräser aber sind lichtbedürftige Pflanzen. Im Vergleich zur großen Artenzahl der Gräserfamilie (*Gramineae = Poaceae*) sind nur wenige auf Wald- und Wasserstandorte spezialisiert. Die mitteleuropäischen Gräserarten sind fast alle relativ kleinfrüchtig. Von diesen ist nur der Wasserschwaden (*Glyceria fluitans*), der auf versumpftem Gelände, an Gräben und Bächen wächst, gelegentlich in historischer Zeit zum Gebrauch eingesammelt worden. Die einzigen bei uns einheimischen Gräser mit einigermaßen großen Früchten sind Trespen (*Bromus*-Arten). Es hätte sein können, daß z. B. die Roggentrespe (*Bromus secalinus*) von der Zeit der Bandkeramik an, unter dem Einfluß des Ackerbau treibenden Menschen, eine Getreideart geworden wäre, denn deren Früchte haben sich in prähistorischen Getreidefunden jener Zeitepoche stellenweise reichlich nachweisen lassen. Aber selbst die Früchte der Roggentrespe sind noch klein im Verhältnis zu den Wildgetreiden des Vorderen Orients. Das läßt sich an Taf. 4 erkennen, in der zum Vergleich auch unsere angebaute Gerste abgebildet ist. Um ein Gramm Körner ohne Spelzen zu erhalten, benötigt man etwa 500 Körner vom Wasserschwaden, etwa 118 von der Roggentrespe, aber nur 34 von der Wildgerste und 26 von unserer Kulturgerste. Auch dies zeigt, warum Mitteleuropa keine geeignete Landschaft war, um Wildgräser zu Getreiden zu domestizieren. Das konnte nur und ist nur geschehen in solchen Teilen der mediterranen und subtropischen Bergländer, die als Steppen oder Waldsteppen zu der betreffenden Zeit nicht oder nur locker bewaldet waren.

Bau des Getreidekorns und seine Inhaltsstoffe

Gräserfrüchte (von Wildgras und Getreide) sind wunderbar eingerichtet. Ursprünglich für die erste Wachstumsphase des jungen Keimlings bestimmt, besitzen sie alle notwendigen Nähr- und Wirkstoffe in komprimierter und lagerfähiger Form. Getreide enthält zur Hauptsache Stärke, einen beachtlichen Anteil Protein, etwas Fett, ferner Vitamine, vor allem der B-Gruppe, sowie über 20 Mineralien und Spurenelemente. Wo diese im Korn lokalisiert sind, soll anhand der Abb. 1 am Beispiel vom Weizen näher erläutert werden.

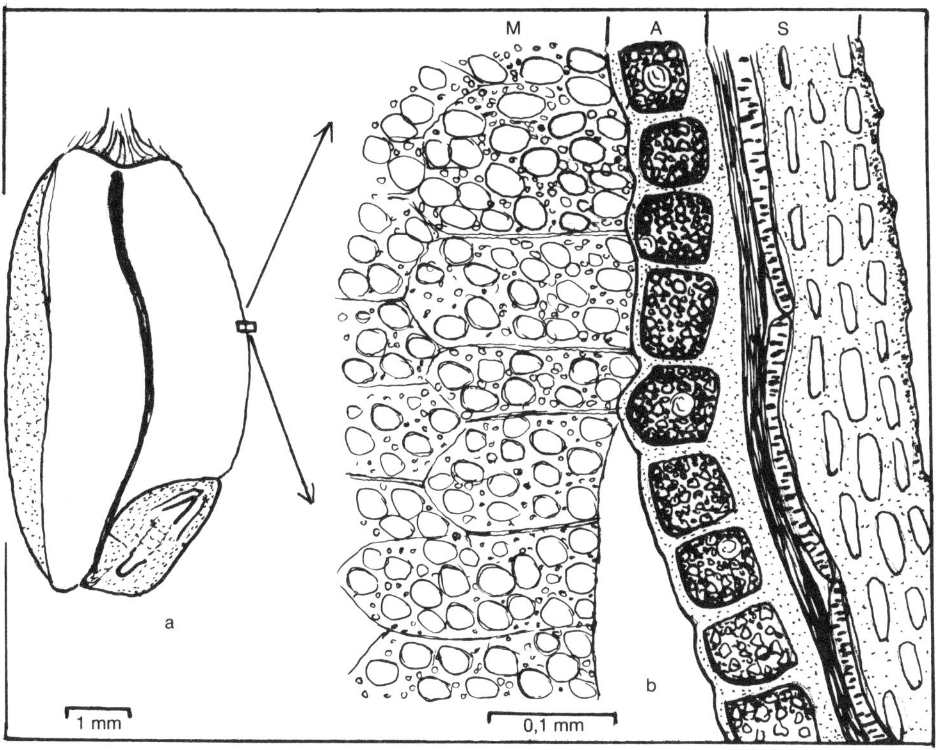

Abb. 1. Bau eines Weizenkorns. a) Ein Korn längs aufgeschnitten. Darin liegt unten rechts der Keimling, dessen Keimblatt und Wurzelspitze erkennbar sind. In der Mitte des Korns zieht sich von unten nach oben der Nabelstrang entlang. b) Ausschnitt aus der Randpartie des Korns. M Mehlkörper vorwiegend mit Stärkekörnern, die kleinsten Partikel sind Kleberprotein; A Aleuronschicht mit Proteinkörnchen; in vier Zellen ist je ein Ölkügelchen zu sehen; S Samenschale und Fruchtwand; M ergibt beim Mahlen und Sieben das Feinmehl; A mit S die Kleie. Die leichte Trennung beider Teile ist im unteren Teil des Schnittes zu sehen. Vergr. a) 8 x, b) 180 x.

In Abb. 1a ist bei Lupenvergrößerung ein längs halbiertes Weizenkorn zu sehen. Die weiß gebliebenen Flächen zeigen die Ausdehnung des Mehlkörpers. Rechts unten sitzt der Keimling, eingebettet in öl- und eiweißreiche Zellen. Die in der Mitte des Korns verlaufende bogenförmige Linie ist der Nabelstrang, durch den die Nährstoffe aus der Getreidepflanze in das Korn gelangen.

Abb. 1 b zeigt im mikroskopischen Bild einen Dünnschnitt aus der Randpartie des Korns. Der Mehlkörper (M) besteht zur Hauptsache aus großen und kleinen Stärkekörnern. Die kleinen Körner sind zum Teil auch Kleberprotein. Dieses bedingt die Backfähigkeit, indem es beim Teigrühren bzw. -kneten dessen Bindigkeit bewirkt. Nach außen zu wird der Mehlkörper von den Aleuronzellen (A) umgeben. Sie sind vollgestopft mit Protein (Aleuronprotein), enthalten aber auch etwas fettes Öl (in vier Zellen als helle Kugeln zu sehen). Die biologische Wertigkeit des Aleuron- und Keimlingsproteins ist höher als die des Klebers im Mehlkörper, was auf Unterschiede in der Zusammensetzung der Eiweißbausteine zurückgeht (Kleberprotein gehört zu den Reservestoffen des Getreidekorns, Aleuronprotein dient aber zur Bildung von Fermenten für die Umwandlung von Stärke in Zucker bei der Keimung). Nach außen werden die Aleuronzellen von einer mehrschichtigen Samenschale und Fruchtwand (S) umgeben.

Beim Mahlen des Getreides werden die Körner nicht nur zerkleinert, sondern es trennen sich auch die gelben Randschichten (Fruchtwand mit Samenschale und den damit fest verbundenen Aleuronzellen) sowie der Keimling von den dünnwandigen, stärkehaltigen Zellen des Mehlkörpers. In der Aleuronschicht und im Keimling sind beim Weizen 20–30 Prozent des Proteins, das gesamte fette Öl, über 99 Prozent der Vitamine und nahezu alle Mineralsalze und Spurenelemente enthalten. Im weißen Mehlkörper ist die gesamte Stärke und das Kleberprotein, das 70–80 Prozent des Gesamtproteins ausmacht. Dazu kommt ein gewisser Anteil an Mineralsalzen (nach Schormüller, 1967).

Mehl und Mehltypen

Zur Herstellung von Feinmehl (Weißmehl) werden die gelben von den weißen Bestandteilen durch Sieben getrennt. Schon in römischen Militärlagern in Germanien konnte die Herstellung von Feinmehl anhand der fossil gefundenen Kleiebestandteile nachgewiesen werden. Bei unseren heute in Deutschland üblichen Mehltypen bezeichnen die Typennummern der Tausenderzahlen wirkstoffreiche Mehle, die noch gelbe Teile enthalten (Type 1050 beim Weizen, Type 1370 und 1150 beim Roggen).

a

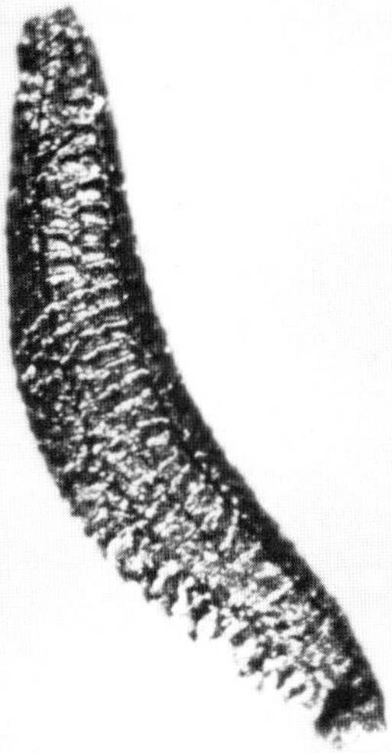

b

c

d

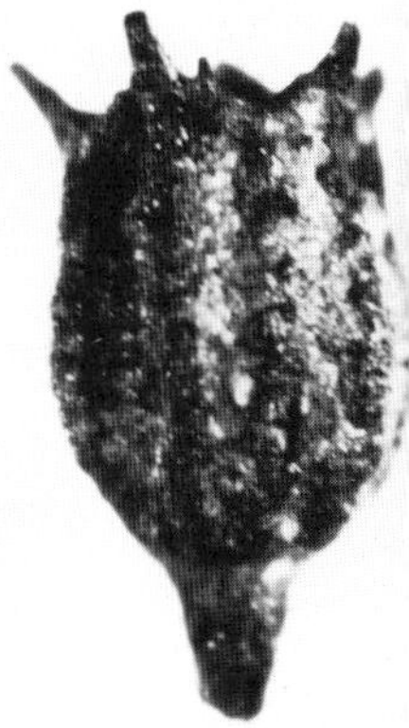

e

Tafel 1 a) Weizenkörner aus der steinzeitlichen Ufersiedlung Twann am Bieler See (Schweiz). Beim Brand des Hauses sind die Getreidevorräte verkohlt und verklumpt. Vergr. 1,6x. Botanische Bearbeitung von U. Piening (1981). b–e) Verkohlte Unkrautsamen aus archäologischen Getreidefunden: b) Herbst-Löwenzahn (*Leontodon autumnalis*), c) Ackerhellerkraut (*Thlaspi arvense*), d) Bastard-Gänsefuß (*Chenopodium hybridum*), e) Einjähriger Knäuel (*Scleranthus annuus*). Vergr. 25x. Bestimmung: U. Piening, Univ. Hohenheim.

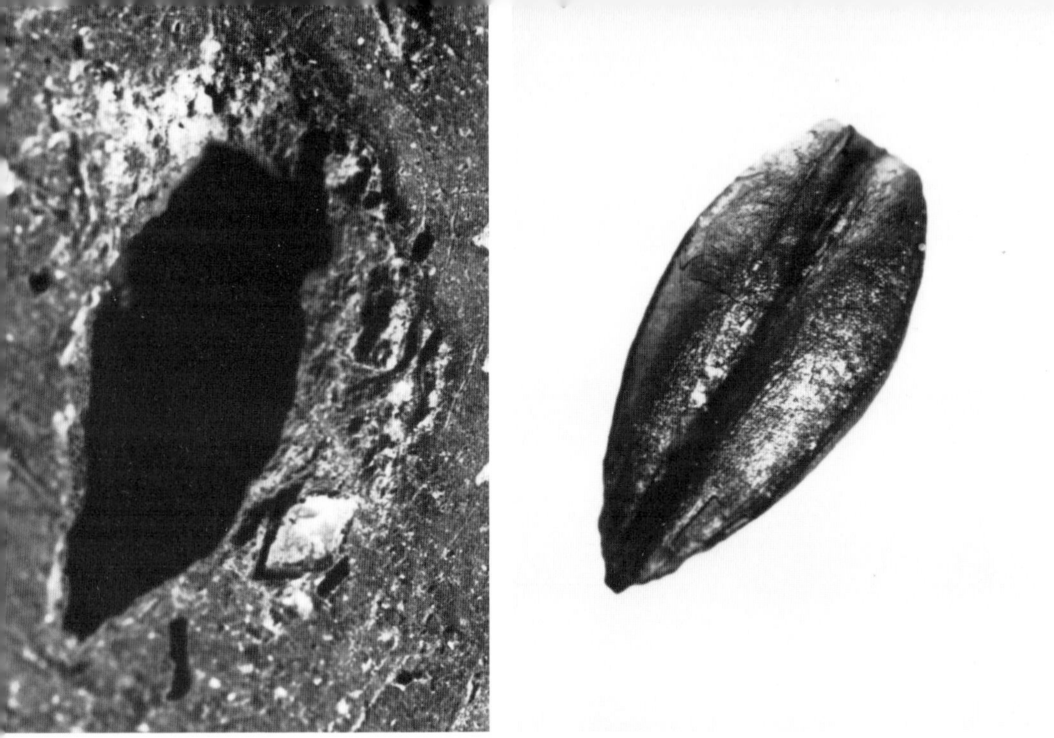

a, b

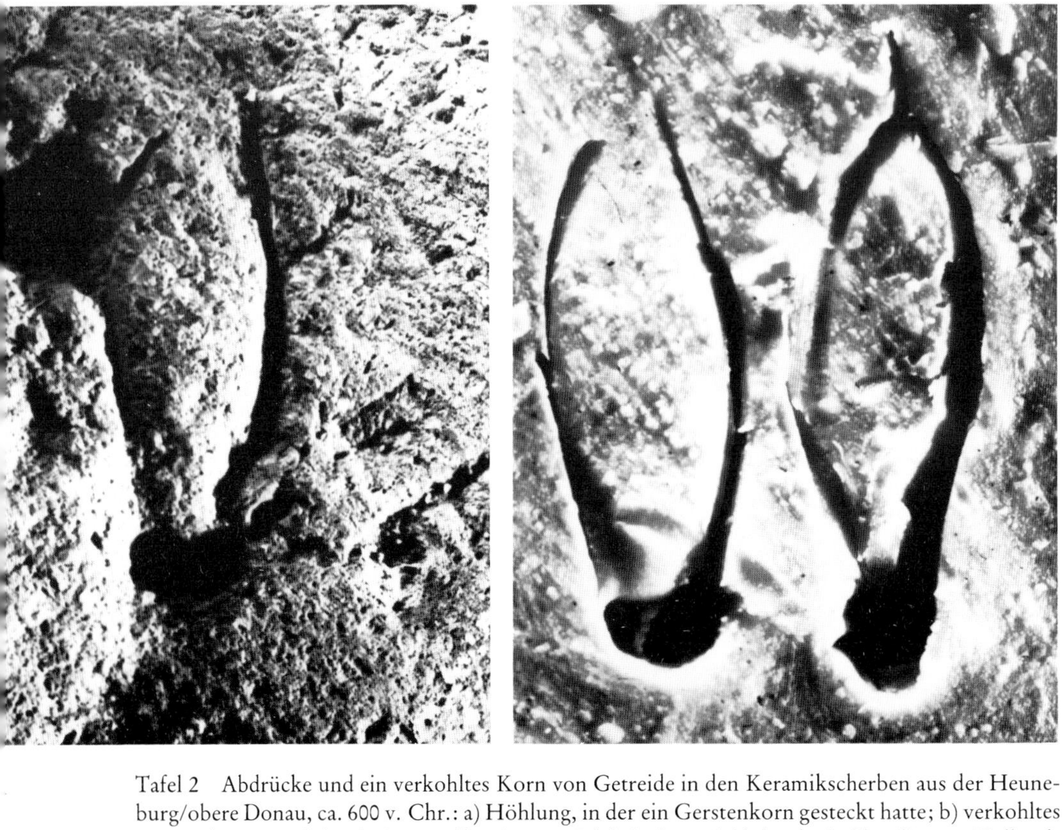

c, d

Tafel 2 Abdrücke und ein verkohltes Korn von Getreide in den Keramikscherben aus der Heuneburg/obere Donau, ca. 600 v. Chr.: a) Höhlung, in der ein Gerstenkorn gesteckt hatte; b) verkohltes Gerstenkorn; c) Abdruck einer Hüllspelze von Dinkel; d) zwei Abdrücke in Plastilin von Hüllspelzen des Dinkels (links) und Emmers (rechts). Vergr. 6 x.

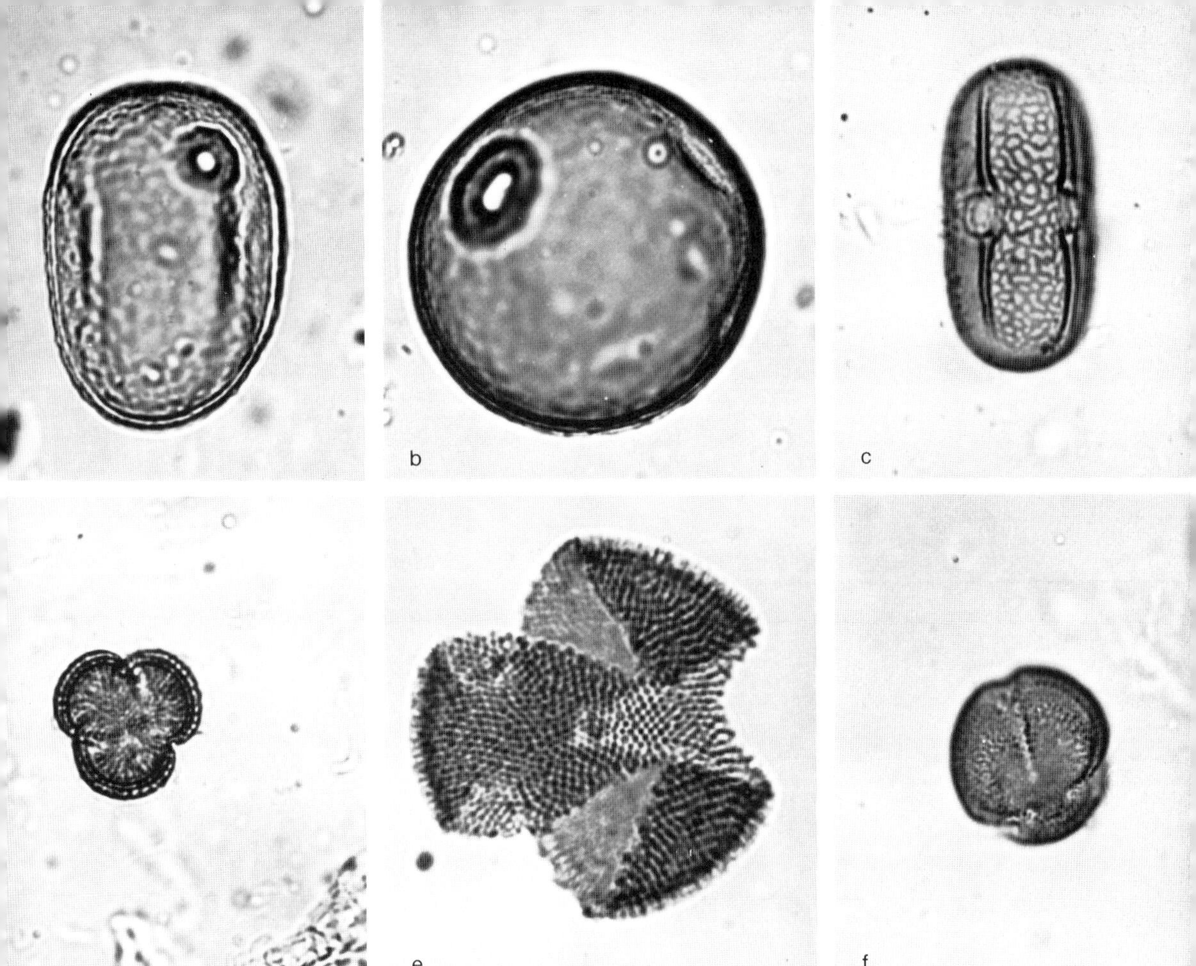

Tafel 3 Pollenkörner einiger Nutzpflanzen: a) Roggen (*Secale cereale*), b) Weizen (*Triticum compactum*), c) Erbse (*Pisum sativum*), d) Weißrübe (*Brassica rapa* var. *rapifera*), e) Lein (*Linum usitatissimum*), f) Schlafmohn (*Papaver somniferum*), g) Buchweizen (*Fagopyrum esculentum*), h) Linse (*Lens culinaris*), i) Walnuß (*Juglans regia*). Vergr. 750x.

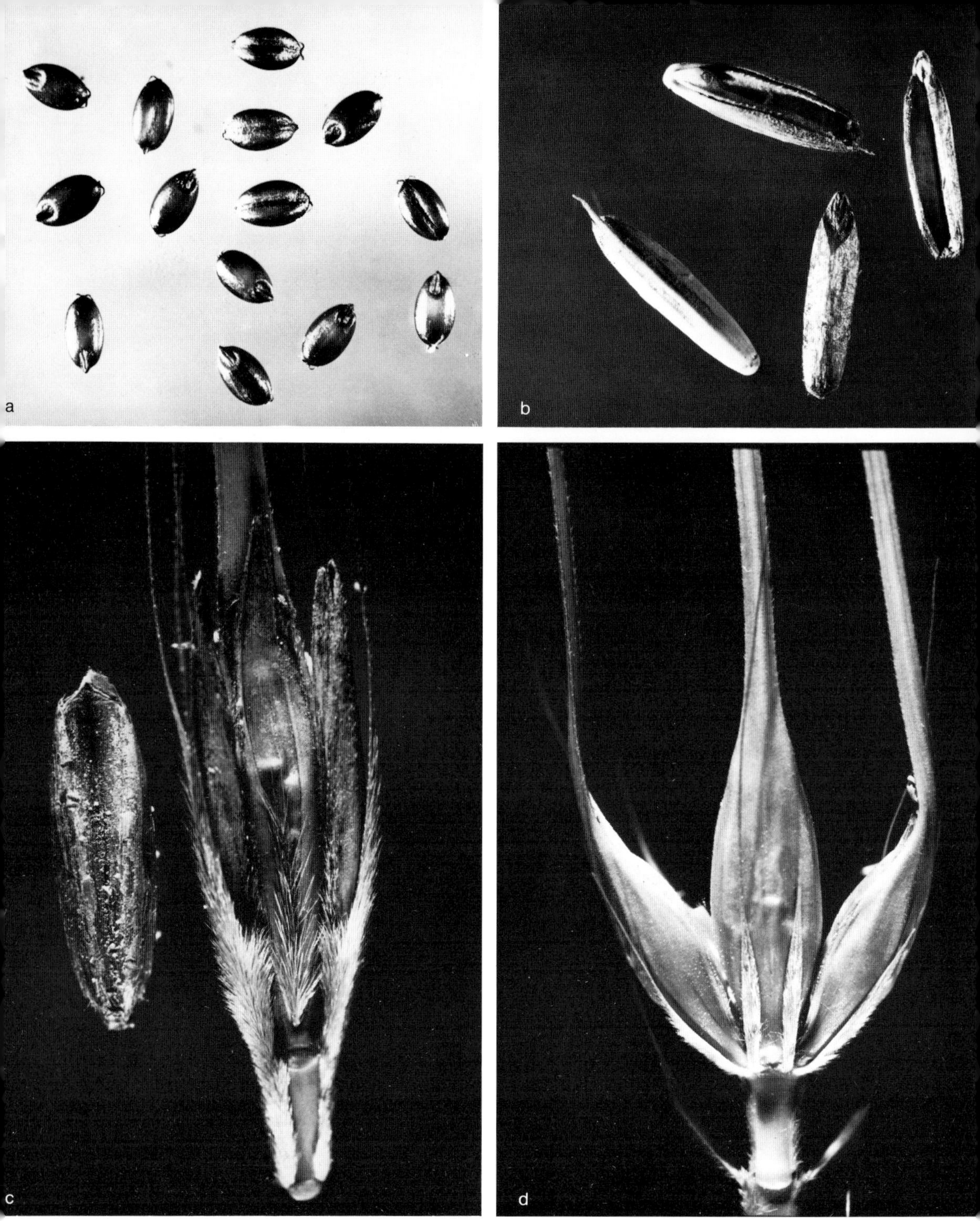

Tafel 4 In Deutschland einheimische Wildgrasfrüchte (oben) gegenüber Getreide (unten): a) Wasserschwaden (*Glyceria fluitans*), b) Roggentrespe (*Bromus secalinus*), c) Wildgerste aus Israel (*Hordeum spontaneum*), links ein entspelztes Korn, rechts Korn bespelzt, d) kultivierte Spelzgerste (*Hordeum vulgare*). Vergr. 3x.

Die Hunderterzahlen benennen wirkstoffarme Mehle (Weißmehle, bei Weizen Type 405 und 550), die nur aus Stärke und Kleber bestehen, aber frei von Vitaminen und arm an Mineralsalzen sind (nach Schormüller 1967).
Zwischen unseren beiden Brotgetreiden Weizen und Roggen gibt es gewisse Unterschiede. Weizen enthält mehr Eiweiß, mehr Vitamin B_1 und mehr Kalzium. Bei Roggen ist das Eiweiß jedoch von höherer biologischer Wertigkeit als beim Weizen, aber auch schwerer verdaulich. Roggen enthält mehr Vitamin B_2 und mehr Eisen. Weizen wird in Deutschland überwiegend zu den wirkstoffarmen Weißmehlen verarbeitet, Roggen hauptsächlich zu wirkstoffreicheren Mehlen. Diese sättigen infolge des höheren Protein- und Fettgehaltes mehr. Nach dem Vorstehenden ist es einleuchtend, wie stark die Einbuße an Nähr- und Wirkstoffen bei den Weißmehlen gegenüber Graumehlen oder gar Vollkornmehlen ist.

Die Inhaltsstoffe der verschiedenen Getreidearten im Vergleich

Die Getreidekörner enthalten im Mittel etwa folgende Stoffe (bezogen auf das Frischgewicht): 60–75% Kohlenhydrate (diese fast ausschließlich als Stärke), 8–13% Protein, 2–3% Fett (bei Hafer 7–9%), 1,5–3% Mineralstoffe, 1,5–3% Rohfasern und 11–13% Wasser (nach Schormüller 1967). Bei entsprechenden Angaben in Büchern muß darauf geachtet werden, ob diese auf das Frischgewicht oder auf die Trockensubstanz bezogen sind (wie letzteres meistens der Fall ist, auch in Tab. 1).
Arteigene Unterschiede zwischen den verschiedenen Getreidearten sind aus den Zahlenangaben in der Fachliteratur nicht ersichtlich, weil diese keine Angaben über Herkunftsland und Anbaubedingungen beigefügt haben. Es ist aber aus zahlreichen Versuchen bekannt, wie sehr die Mengenanteile von Stärke und Protein von Außenfaktoren abhängen:
1. Vom Stickstoffgehalt des Bodens. Stickstoffdüngung läßt den Proteingehalt steigen.
2. Vom Klima. In sonnigen, trockenen Jahren steigt der Proteingehalt. Dieser ist ebenfalls höher bei Getreide, das in warmen, sonnigen Klimagebieten gewachsen ist.
3. Von der Ausbildung der Körner. In dünnen, kleinen Körnern (Kümmerkörner) ist der Proteingehalt höher und der Stärkegehalt geringer als in dicken Körnern. Diese Auswirkungen auf die beiden Hauptinhaltsstoffe Stärke und Protein können daher größere Schwankungen ergeben, als die arteigenen Unterschiede zwischen verschiedenen Getreidearten betragen.
Will man diese erfassen, so müssen im Feldversuch die Wachstumsbedingungen gleich gehalten werden. Das ist von uns im Herbst 1983 bis Spätsommer 1984 in die Wege ge-

leitet worden, nicht zuletzt, um auch über die alten Spelzweizenarten (Dinkel, Emmer, Einkorn) bezüglich der Inhaltsstoffe Näheres zu erfahren. Dabei lag das eine Versuchsfeld in Stuttgart-Hohenheim und wurde von der dortigen Landessaatzuchtanstalt betrieben. Es wurde mit mineralischem Stickstoff gedüngt. Das andere Versuchsfeld lag auf der Schwäbischen Alb und wird seit vielen Jahren im biologisch-dynamischen Anbau bewirtschaftet. Der Stickstoff wird hier nur durch Gründüngung mittels Leguminosen zugeführt. Das Versuchsjahr war witterungsmäßig kühl, sonnenarm und regenreich.

Die analysierten Inhaltsstoffe in den Getreidearten wurden in Tab. 1 zusammengestellt. Die Zahlenwerte sind in zweierlei Hinsicht aufschlußreich:

1. Der Vergleich der beiden Anbaugebiete zeigte, daß alle Getreidearten (mit Ausnahme der Gerste) im Hohenheimer Versuch proteinreicher als auf der Schwäbischen Alb sind. Das geht im wesentlichen auf die mineralische Stickstoffdüngung in Hohenheim zurück. Die Kornausbildung kann jedenfalls keine Rolle spielen (wie die 1000-Korn-Gewichte zeigen), da bei Roggen, Dinkel und Weizen die Körner der Schwäbischen Alb etwas größer als die Hohenheimer sind; bei Emmer, Einkorn und Gerste ist es umgekehrt.
2. Zu den Inhaltsstoffen: Deutlich ist zu sehen, daß Dinkel, Emmer und Einkorn mehr Protein enthalten als Weizen, und zwar sind Emmer und Einkorn am proteinreichsten. Auch hierfür kann die Kornausbildung nicht die Ursache sein, da deren Größe die des Weizens noch etwas überragt. Den höheren Proteingehalt bei den Spelzweizenarten Dinkel, Emmer und Einkorn gegenüber allen anderen Getreidearten bedingt der Kleber. An weiteren artspezifischen Unterschieden fällt auf, daß der Hafer die fettreichste unserer Getreidearten, bei Roggen und Gerste der Kohlenhydratrest am größten ist, der Schleimstoffe (Pektine) bzw. Zucker auf Glukosebasis und verwandte Stoffe umfaßt.

Mindestens ebenso wichtig wie die in Tab. 1 dokumentierten Nährstoffunterschiede zwischen den Getreidearten sind aber deren besondere Eigenschaften für das Backen von Brot, für das Bierbrauen und anderes. So ist der Backwert bei kleberreichen Getreiden wie Weizen, Dinkel, Emmer und Einkorn größer als bei kleberarmen (wie Hafer und Gerste), denn Kleberprotein kann bis zum dreifachen an Wasser aufnehmen. Es ist plastisch-elastisch und dehnungsfähig und deshalb für die Teigbildung wichtig. Im Mehlkörper des Roggenkorns ist kein Kleber enthalten, aber wasseraufnahmefähige Schleimstoffe, die Bindigkeit und auch das längere Frischbleiben von Roggenbrot bedingen. Gerste und Hafer sind zum Brotbacken nicht geeignet. Da Gerste aber von allen Getreiden den höchsten Zuckergehalt hat, ist sie am besten zum Bierbrauen nutzbar; Dinkel, Hafer und Hirse wiederum sind für Brei und Grütze gut verwendbar.

Tab. 1 Inhaltsstoffe von Getreidearten. Aus zwei kontrollierten Feldversuchen 1983/84.
a) bei Stuttgart-Hohenheim von der dortigen Landessaatzuchtanstalt. Stickstoffzufuhr durch Mineraldünger (flüssige Harnstofflösung) 1 × im Frühjahr. Betreuung des Versuches Ch. Kling.
b) Schwäbische Alb im biologisch-dynamischen Anbau der Landwirte Otto und Hans-Ulrich Hagmeier; Stickstoffzufuhr durch Gründüngung mit Leguminosen.
Analysen im Institut für Tierernährung, Universität Hohenheim, betreut von S. Scheuermann.

Getreide-Arten a) Stuttgart-Hohenheim b) Schwäbische Alb	In der Trockensubstanz (%)								
	Stickstofffreie Extraktstoffe								
	Rohstärke + Zucker (Sacchar.)	Rest [1]	Roh-Protein	Roh-Fett	Roh-Asche	Roh-Faser	Trocken-substanz [2]	Tausend-Korn-Gewicht g	Getreide-Arten
a) Winterweizen (Monopol)	70,79	8,69	14,42	1,85	1,84	2,41	91,05	41,83	*Triticum aestivum*
b) Winterweizen (Monopol)	73,43	9,11	11,32	1,98	1,72	2,44	91,09	39,83	
a) Dinkel (Roter)	66,93	7,27	19,00	2,33	2,32	2,14	91,33	56,62	*Triticum*
b) Dinkel (Roter)	69,76	6,30	17,34	2,42	2,11	2,07	91,22	51,07	*spelta*
a) Emmer	62,91	6,06	24,26	2,52	2,41	1,84	92,38	30,80	*Triticum*
b) Emmer	69,04	7,25	16,94	2,40	2,16	2,21	91,30	36,70	*dicoccum*
a) Einkorn	66,02	9,69	20,21	2,88	2,73	1,79	91,36	31,18	*Triticum*
b) Einkorn	65,50	7,34	19,82	2,76	2,81	1,77	91,70	32,63	*monococcum*
a) Nacktgerste (Hora) 2zeil. Sommergerste	69,90	13,41	11,25	2,10	2,05	1,29	91,42	35,95	*Hordeum vulgare*
b) Nacktgerste (Hora) 2zeil. Sommergerste	69,69	11,20	13,35	2,26	2,17	1,33	91,14	39,78	var. *nudum*
a) Winterroggen (Dunko)	68,74	12,49	13,38	1,53	1,76	2,10	91,60	46,14	*Secale cereale*
b) Winterroggen (Dunko)	72,37	13,04	9,47	1,37	1,68	2,07	91,11	34,44	
a) Hafer (bespelzt)	–	–	–	–	–	–	–	–	*Avena*
b) Hafer (Nackthafer)	63,29	7,92	16,44	8,68	2,46	1,21	92,81	18,45	*sativa*

1 Dieser Rest besteht aus Schleimstoffen (Pektinen), Zuckern auf Glukosebasis (Glukosanen), Zellulose, Hemizellulosen und löslichen Teilen des Lignins (nach Menke).
2 Die hier angegebenen Werte der Trockensubstanz sind höher als die üblichen 88%, da die Proben 4 Stunden lang bei 103° C im Wärmeschrank getrocknet worden waren. Bei der Umrechnung in Prozente auf Frischgewicht für die im Text genannten Angaben ist einheitlich ein Wert von 88 % Trockensubstanz zugrundegelegt worden.

WEIZEN (*Triticum aestivum* L.)

Verschiedene Angaben einschließlich Inhaltsstoffe

Einen Begriff vom Aussehen des Weizens vermittelt Taf. 5. Die Ähren stehen aufrecht oder sind bei der Reife höchstens etwas geneigt. In Taf. 6 (oben links) ist eine dieser Ähren in natürlicher Größe zu sehen. Auf jedem Absatz der Ährenachse entwickeln sich bis zu vier Körner. Das läßt die Ansicht von der Breitseite erkennen. Zum Vergleich ist oben rechts eine Ähre des Zwerg- oder Binkelweizens (*Triticum aestivum* ssp. *compactum* Mac Key = *T. compactum* Host.) dargestellt, eine altertümliche, heute in Deutschland nicht mehr angebaute Form. Sein Anbau war aber in Deutschland und einigen anderen europäischen Ländern noch im 19. Jahrhundert in zahlreichen Landsorten verbreitet (vgl. Alefeld 1866, S. 328 f.).
Weizen ist ein Nacktgetreide, denn beim Dreschen bzw. im Mähdrescher fallen die gebrauchsfertigen Körner aus den Spelzen, weil diese das ausgereifte Korn nur locker umschließen. Körner und Dreschreste *einer* Ähre zeigt Taf. 6 unten.
Reife, trockene Weizenkörner bestehen aus 12–13% Wasser, 68–72% Kohlenhydrate, 10–13% Protein, rund 2% Fett, 1,4–2,5% Mineralstoffe und 1,8–2,1% Fasern (nach Souci et al. 1981).
Weizen ist im wesentlichen ein Getreide für Brot und feine Backwaren. Das hängt mit seinem hohen Stärke(Mehl)gehalt und dem relativ großen Anteil an Kleber zusammen. Außerdem werden Grieß und Nudeln aus Weizenmehl hergestellt. Für diese Produkte dient heute jedoch meist importiertes Mehl aus dem in trockenen und heißen Ländern (z. B. Italien, Türkei) angebauten Hartweizen (*Triticum durum* Desf.). Seine glasigen, proteinreicheren Körner eignen sich besonders gut für Teigwaren (daher auch die englische Bezeichnung maccaroni-wheat). Ein gewisser Anteil unseres Weizens wird zum Brauen von Weizenbier verwendet. Die bei der Mehlherstellung abgesiebte Kleie dient wegen ihres beachtlichen Gehalts an Aleuronprotein, etwas Fett und noch anhaftender Reste von Stärke als hochwertiges Viehfutter. Bei der für medizinische Zwecke käuflichen Kleie sind Stärke und Fett ausgewaschen worden.
Im Anbau ist Weizen von allen Getreidearten am anspruchsvollsten. Weizenböden sollen aus humusreichem Lehm (Lößböden, Klei der Fluß- und Seemarschen u. a.) bestehen, bei denen genügende Tiefgründigkeit gegeben sein muß. Kalk ist besonders wichtig. Gegen Versalzung des Bodens ist Weizen sehr empfindlich, wie Anbauversuche in unbedeichter Seemarsch an der niederländischen Nordseeküste gezeigt haben (Bottema et al. 1980). Weizen ist eine Getreideart des gemäßigten Klimas. In der Begrenzung nach Norden und in den Gebirgen nach oben bleibt Weizen hinter Roggen und Gerste zurück. Die Nordgrenze seines Anbaus liegt in Europa im südlichen

Schottland (60°), im mittleren Skandinavien (64°), in den großen Kontinenten Nordamerika und Asien etwas weiter südlich (nach Brouwer 1972).
Hinsichtlich der Produktion steht Weizen in der Bundesrepublik an zweiter Stelle der Getreidearten, dicht hinter Gerste (nach den Stat. Jb. der BRD für 1981). In den anderen europäischen Ländern wird Weizen am meisten in Frankreich und Italien angebaut, außerhalb Europas in Vorder- und Mittelasien, hier jedoch überall mit anderen, dort einheimischen Weizenformen. Die wichtigsten Exportländer der Welt für Weizen (*T. aestivum*) sind heute die USA und Kanada. In der Weltproduktion von Getreide steht Weizen an erster Stelle, zwischen 1969 und 1981 29–30 Prozent, jedoch dicht gefolgt von Mais und Reis (nach F-A-O, 1982).

Die Geschichte des Weizens nach archäologischen Funden in Mitteleuropa. Urkundliche Nennungen im mittelalterlichen Südwestdeutschland

Die Geschichte und Herkunft des Weizens (wie auch der anderen Getreidearten und einem Teil der übrigen Nutzpflanzen) läßt sich bis zum Einsetzen schriftlicher Nachrichten im Mittelalter nur aus den Bodenfunden erschließen. Zunächst erhebt sich die Frage, wann und wo dieser zuerst in Mitteleuropa auftaucht und wie hier seine Geschichte bis zu unseren Tagen verläuft. Erst danach soll auf seine Herkunft außerhalb Europas eingegangen werden.
Die älteste Ackerbaukultur des Neolithikums wird nach den bandförmigen Mustern auf ihren Tongefäßen Bandkeramik genannt und in die Zeit zwischen etwa 4600 und 3800 v. Chr. datiert (vgl. Zeittafel II und die Erläuterungen S. 483 f.). Die Bauern dieser mindestens 700 Jahre andauernden Epoche kannten im Gebiet zwischen Oder und Maas den Weizen noch nicht, außer bei Borna südlich Leipzig und bei Göttingen. An der letztgenannten Stelle sind aber nur vier Weizenkörner unter Emmer, Einkorn und Gerste gefunden worden. Der Getreideanbau der Bandkeramiker basierte in erster Linie auf Emmer, ihm folgte Einkorn und gebietsweise auch Gerste. Das Siedlungsgebiet der Bandkeramiker war aber wesentlich größer. Es erstreckte sich von Ungarn und der Tschechoslowakei im Osten durch Deutschland, über die südlichen Niederlande und Belgien bis nach Nordfrankreich im Westen sowie in Nord-Süd-Richtung vom Nordrand der Mittelgebirge bis an die Donau, mit südwestlichen Ausläufern sogar bis in den Hegau. Nur im östlichsten Teil dieses großen Kulturkreises der Bandkeramiker, nämlich in der Tschechoslowakei (Böhmen und Mähren) und in Ungarn, kam etwas mehr Weizen unter den Hauptgetreidearten Emmer und Einkorn vor. Von dort her mögen die Funde bei Leipzig und Göttingen abgeleitet sein.
Im Mittelneolithikum (Rössener Kultur) konnte, ebenfalls im ostdeutschen Sied-

lungsraum, der bisher älteste Reinanbau von Nacktweizen in Wahlitz bei Magdeburg nachgewiesen werden, dessen Alter mittels radioaktivem Kohlenstoff auf etwa 3600 v. Chr. angegeben wird. In diesem, in der Steinzeit sicher über Generationen besiedelten Gelände enthielten 23 Fundstellen fast nur Zwergweizen (*T. compactum*), zwei Stellen viel Zwergweizen und viel Emmer und eine weitere Stelle nur Emmer (nach Rothmaler 1955).

Mit dem Beginn des Jungneolithikums erscheint Nacktweizen im noch seltenen Reinanbau auch am Neckar, spielte aber eine ganz erhebliche Rolle in den neu gegründeten Ufer- und Moorsiedlungen des nördlichen Alpenvorlandes. An mehreren Stellen herrschte er sogar vor, z. B. in Hornstaad am westlichen Bodensee mit über 68 Prozent des Getreides, am Zürichsee zu 87 Prozent (Pfyner Kultur), in Twann am Bieler See in der älteren (Cortaillod-) Kulturschicht mit rund 70 Prozent, in der späteren (Horgener) Kulturschicht mit 46 Prozent des Getreides. In Niederwil bei Frauenfeld war er Hauptgetreide. Auch in den beiden Dörfern Aichbühl und Riedschachen im südlichen Federseemoor war er zu etwa 40 Prozent vertreten. Sonst wurden noch Gerste und Emmer und nur wenig Einkorn angebaut. Die hier genannten Orte liegen im mittleren bis westlichen Teil des nördlichen Alpenvorlandes.

Erstaunlicherweise erscheint der nacktkörnige Weizen sofort mit den Gründungen dieser Siedlungen. Am bedeutsamsten aber ist, daß er nicht, wie sonst überall, nur in Form von losen Körnern und Dreschabfall vorliegt, sondern in den Seekreideschichten und im Torf der Moorsiedlungen auch ganze Ähren und Ährenteile erhalten geblieben sind, so daß sich deren Aussehen erkennen läßt (Taf. 7 unten). Die Ähren sind kompakt, auf jedem Absatz der Ährenspindel sitzen bis zu sieben voll ausgebildete kleine und rundliche Körner. Trotzdem bereitet die genaue botanische Zuordnung zu einer heutigen Getreideart große Schwierigkeiten, da es dieselbe Form nicht mehr gibt. Der Bearbeiter der zuerst aufgetauchten Funde, der Schweizer Paläobotaniker Oswald Heer hatte 1865 einige als Zwergweizen, andere als Altertümlichen Pfahlbauweizen (*T. vulgare antiquorum*) bezeichnet und vermutete bei letzterem eine Verwandtschaft mit dem mittelmeerischen Hartweizen (*T. durum*). Später wurden neue Weizenfunde teils dem Zwergweizen (*T. compactum*), teils der Sammelart Gewöhnlicher Weizen (*T. aestivum s. l.*) zugeordnet. Neueste Untersuchungen von Stefanie Jacomet und Helmut Schlichtherle (1984) haben aufgrund des Studiums vieler Merkmale wieder den Hartweizen in Betracht gezogen, doch auch deutlich zu unterscheidende Formentypen an den verschiedenen Siedlungsplätzen festgestellt.

Eine Zuordnung zu Hartweizen und/oder den anderen beiden wäre in Hinblick auf die Evolution, Ökologie und Kulturgeschichte wichtig, weil Hartweizen eine Getreideart wärmerer Klimate ist. Sein heutiger Anbauraum Europa liegt im Mittelmeergebiet, Südfrankreich, Spanien, Bulgarien, Rumänien und Ungarn. Milde, regenreiche

Winter und heiße, trockene Sommer sind das Klima, das ihm zusagt. Dagegen eignet sich Zwergweizen (auch Binkelweizen genannt) für das mitteleuropäische Klima einschließlich rauher Gebirgslagen.

Auch im Norden gab es im Jungneolithikum einige Stellen mit Nacktweizen als Hauptgetreide, z. B. in Vlaardingen (Rhein-Schelde-Mündungsgebiet), wo Nacktweizen 69 Prozent des Getreides bildete und in Bösau (Ostholstein) mit 87 Prozent Weizen. Die Funde bestanden aber nur aus verkohlten Körnern und Dreschresten ohne heile Ähren. Bis ins mittlere Schweden gelangte der Weizen während des Jungneolithikums. Die genannten Beispiele für größere Weizenmengen sind jedoch Ausnahmen, da Emmer, Gerste und Einkorn in Mittel- und Nordeuropa die üblichen Getreidearten geblieben waren und der Nacktweizen auch nicht überall hinkam und wenn, nur in geringen Mengen.

Diese Tendenz setzte sich während der Bronzezeit fort, d. h. im Schnitt hatte Weizen geringe Bedeutung. Hauptgetreide war er nur an wenigen Stellen. Auch in der vorrömischen Eisenzeit (etwa ab 800 v. Chr.) blieb der Anteil des Weizens niedrig, doch kam er nun fast überall mit ein bis zwei Prozent vor, hatte also an Verbreitung stark zugenommen. Hauptgetreidearten blieben aber Gerste, Emmer, Dinkel und Hirse, wobei Gerste am meisten angebaut wurde.

Dies änderte sich erst in der Römerzeit, als in den römischen Provinzen Germaniens, doch nur am Niederrhein, an der unteren Maas und im Schelde-Mündungsgebiet, Weizen stellenweise das Hauptgetreide geworden war. Zur gleichen Zeit spielte weiter südlich der Dinkel diese wichtige Rolle. Vielleicht ist das wintermilde Seeklima dem Weizen besonders zuträglich gewesen.

Nach dem Abzug der Römer sank der Weizenanbau nördlich der Alpen wieder. Das blieb auch im Mittelalter so. Aus der Völkerwanderungszeit liegen von beiden Teilen Deutschlands bisher nur acht Bodenfunde vor. In diesen gab es an drei Stellen etwas Weizen, nur in Dessau (Ostdeutschland) ist in einer Siedlungsgrube reiner Weizen gefunden worden. In Bodenschichten des Hohen Mittelalters (800–1200) war Weizen in 16 von 41 Fundstellen enthalten, im allgemeinen mit nur geringen Anteilen. Nur im Saalegebiet und in Südniedersachsen gab es ebensoviel Weizen wie Roggen und/oder Hafer. In den Bodenfunden von 1250 bis 1600 ist in Südniedersachsen der Weizen stärker vertreten als in den meisten übrigen Gegenden Deutschlands, mit Ausnahme mancher Teile Südwestdeutschlands. Aus Urkunden ist bekannt, daß am Oberrhein vom 11./12. Jahrhundert an eine Vorliebe für Weißbrot aufkam, wohl von Frankreich her beeinflußt. Im Neckarraum ist Weizen seit 1558 urkundlich bezeugt, im Kreis Tübingen seit 1515, im Kreis Konstanz seit 1733. Den Roggen überflügelte der Weizen in der Bundesrepublik erst zwischen 1957 und 1961 (nach Jänichen 1970 und den Stat. Jb. der BRD).

Die Geschichte des Weizens aufgrund archäologischer Funde außerhalb Mitteleuropas

Archäologische Fundstellen mit den absolut ältesten Resten von Nacktweizen liegen in der südlichen Türkei, in Israel, Syrien, im Irak, Iran und südlich des Kaukasus in Georgien (Abb. 2). Das Alter der betreffenden steinzeitlichen Siedlungsschichten wurde mit etwa 6800 bis 5200 v. Chr. (in Aswad bis ca. 7800) angegeben. Über eine dieser Fundstellen in der südwestlichen Türkei, Çatal Hüyük, berichtet ein von dem Ausgräber James Mellaart allgemeinverständlich geschriebenes Buch, die zahlreichen Bilder geben anschauliche Einblicke in die Kultur dieser »Stadt aus der Steinzeit« aus dem 6. Jahrtausend (Mellaart 1967). Die Leute wohnten in einer Art rechteckiger Ter-

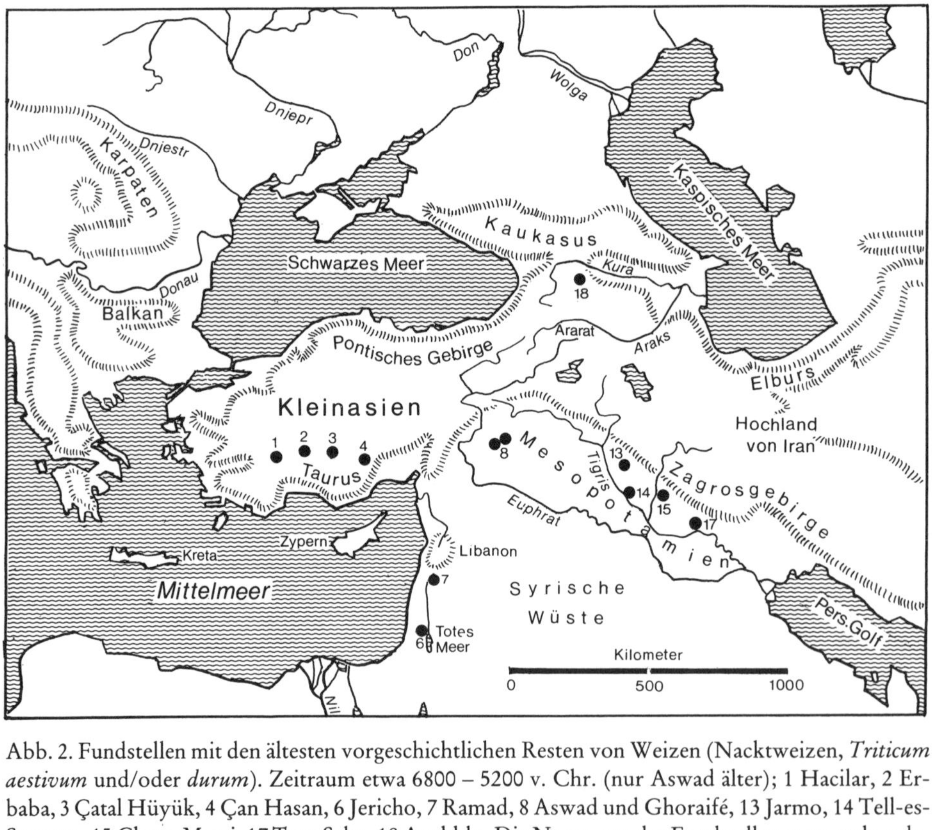

Abb. 2. Fundstellen mit den ältesten vorgeschichtlichen Resten von Weizen (Nacktweizen, *Triticum aestivum* und/oder *durum*). Zeitraum etwa 6800 – 5200 v. Chr. (nur Aswad älter); 1 Hacilar, 2 Erbaba, 3 Çatal Hüyük, 4 Çan Hasan, 6 Jericho, 7 Ramad, 8 Aswad und Ghoraifé, 13 Jarmo, 14 Tell-es-Sawwan, 15 Choga Mami, 17 Tepe Sabz, 18 Arukhlo. Die Nummern der Fundstellen entsprechen denen von Abb. 5, S. 50.

rassenhäuser, die innen mit farbigen Mustern und Szenen aus dem Leben der Menschen bemalt waren. Sie kannten noch keine Töpfe aus gebranntem Ton, hatten jedoch aus Ton geformte menschliche Figuren und Siegel. Die Geräte bestanden aus Obsidian, Knochen und anderem, aber noch nicht aus Metall. Es war die Zeit des vorkeramischen Neolithikums. Im gesamten Vorderen Orient sind bisher viele Siedlungsplätze ausgegraben worden, von denen mehrere sogar noch ein bis zwei Jahrtausende weiter zurückreichen.

Die gängigen Getreidearten waren auch im Vorderen Orient Emmer, Einkorn und Gerste. An den in Abb. 2 aufgeführten Stellen sind jedoch außerdem verkohlte Bruchstücke der Ährenspindeln sowie Körner von Nacktweizen gefunden worden. So zeigt Abb. 3 links drei Bruchstücke von Ährenspindeln aus der steinzeitlichen Siedlung Ramad in Syrien. Rechts daneben ist zum Vergleich eine Ährenachse unseres heutigen Weizens wiedergegeben. Weitere Reste von steinzeitlichem Nacktweizen zeigt das Foto von Taf. 7 oben aus Çatal Hüyük (Türkei). Der botanische Bearbeiter, Hans Helbaek, beschreibt die dortigen ältesten Funde von Weizen (1966 a, S. 353): »Die Untersuchung des ungewöhnlich gut erhaltenen Emmers von Çatal Hüyük zeigte auf einmal, daß ein abweichender Typus unter den Körnern war. Diese waren kürzer, dikker und breiter als es Emmer normalerweise ist, und die größte Breite ist näher am Embryo. Ein genaues Studium von Tausenden von Spindelgliedern brachte das Vorhandensein einiger vom Spelzweizentyp abweichenden Exemplaren. Die Bruchstelle lag anders und in einigen Fällen waren zwei oder drei Glieder zu einer Einheit verbunden geblieben.«

Auch bei diesen frühen Funden von Nacktweizen ist inzwischen die Frage aufgetaucht, ob es sich um den mitteleuropäischen Weizen (*T. aestivum* bzw. *T. compactum*), der hexaploid ist, oder um den mittelmeerischen Hartweizen mit tetraploidem Chromosomensatz handelt. Es ist dasselbe Problem, das bereits bei dem jungneolithischen Weizen des nördlichen Alpenvorlandes angesprochen wurde.

Eine Unterscheidung zwischen beiden Gruppen bei prähistorischen Funden ist schwierig und sicher nur selten, unter besonders günstigen Voraussetzungen, möglich. Geeignet haben sich dafür Abdrücke von Ährenteilen in neolithischen Ziegelsteinen aus Lehm in der Siedlung Mehrgarh (Pakistan), datiert auf die Mitte des 3. Jahrtausends v. Chr. Darin fand Lorenzo Costantini (1984) folgende Getreidearten: In der ältesten Siedlungsperiode Emmer, Einkorn, tetraploiden Nacktweizen; darüber außer den zuvor genannten auch hexaploiden Weizen, welcher von der übernächsten Schicht an dominierte.

Die bisher überhaupt ältesten Reste von Nacktweizen stammen aus dem Tell Aswad bei Damaskus (Syrien). Sie reichen bis in die Zeit von 7800–7300 v. Chr. zurück. Dieser Nacktweizen lag in Form weniger verkohlter Körner und Spindelglieder zwischen

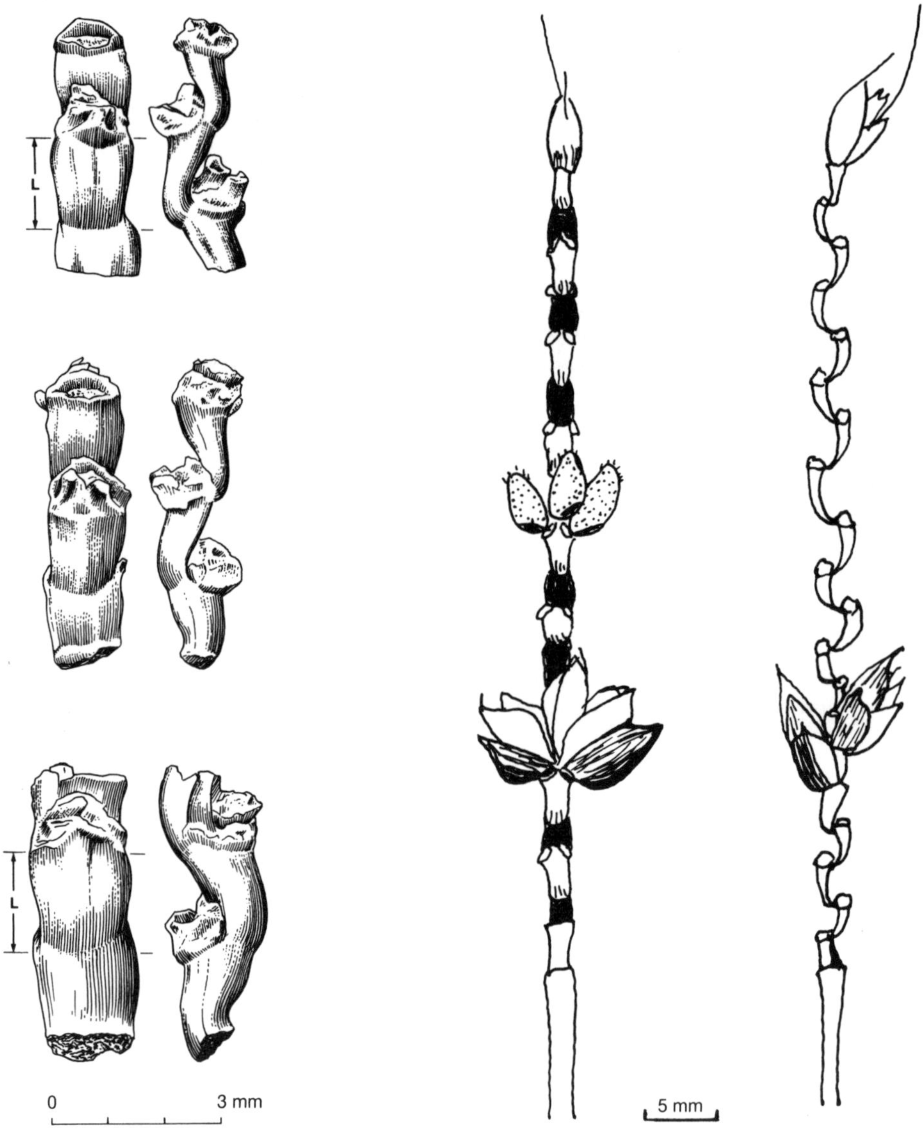

Abb. 3. Älteste Reste von Nacktweizen aus der Jungsteinzeit in Syrien im Vergleich mit heutigem Weizen. Links: 3 Bruchstücke von Ährenspindeln, jeweils von der Breit- und Schmalseite aus Ramad (Syrien), ca. 6400 v. Chr. Aus v. Zeist (1976) sowie Zeist und Bakker-Heeres (1982/1985). Rechts: Eine heutige Ährenspindel. Die Körner sind bis auf zwei Stellen entfernt, wobei an einer Stelle auch die Spelzen abgelöst sind. Auf jedem Absatz reifen 2 – 4 Körner.

dem Hauptgetreide Emmer, von v. Zeist und Bakker-Heeres (1982/1985) vorbildlich beschrieben und gezeichnet.
Für den südlichen Kaukasus (Georgien) werden beide Weizengruppen aus neolithischen Siedlungen durch G. N. Lisitsina (1984) vom Ende des 5. bis Anfang des 4. Jahrtausends angegeben. Aus dem Endabschnitt der Bronzezeit (ca. 1000–900 v. Chr.) liegen Funde beider Nacktweizengruppen von mehreren Stellen der Krim vor, wo sich, wie in der Ukraine, schon früh ein bedeutendes Anbaugebiet von Nacktweizen entwickelt hatte. Darin spielte, nach den Untersuchungen von Zoja Janushevich (1984), der hexaploide Nacktweizen eine umfassendere Rolle als der tetraploide. Aus derselben Zeitperiode sind letzthin Fundstellen für beide Gruppen in Israel und in den Südalpen am Comersee aufgedeckt und botanisch untersucht worden.
Noch während der Jungsteinzeit breitete sich Nacktweizen einerseits über Rumänien und Ungarn bzw. die Tschechoslowakei bis nach Polen aus und weiter in das Gebiet von Oder und Elbe, andererseits über die nordafrikanische Küste und/oder die Inseln des Mittelmeeres, auch über Griechenland, bis nach Italien, alles in der Zeit zwischen etwa 5000 und 3500 v. Chr. Doch stets fanden sich in jenen Ländern nur wenige Weizenkörner unter den Hauptgetreidearten Emmer, Gerste und Einkorn.
Zu einem Getreide um seiner selbst willen wurde Nacktweizen in Europa erst im römischen Weltreich, nicht nur im Mittelmeergebiet, sondern auch in den Provinzen, z. B. in Ungarn. Von den Funden reinen Weizens im römischen Rhein-Schelde-Gebiet, am Niederrhein und an der Maas ist schon berichtet worden.

Ableitung unseres Weizens (T. aestivum L.). *Hexaploider und tetraploider Weizen im Vergleich*

Unser Weizen hat keine einzelne Pflanzenart als wilden Vorfahren, sondern er ist entstanden durch mehrmaliges Kreuzen (Hybridisieren) von Triticum-Arten. Er hat die höchste Chromosomenzahl innerhalb der Weizen-Gruppe. Seine Verwandtschaftsverhältnisse und Gebiete des Vorkommens sind in der Übersicht auf S. 38/39 zusammengestellt. Daran ist erkennbar, daß es bei der Chromosomenzahl eine aufsteigende Reihe gibt:
a) Diploide mit 7 Chromosomenpaaren und einfachem Chromosomensatz (Genom). Hierzu gehören die Wildarten Wildeinkorn und Gänsefußgrasarten. Letztere, früher zum genus *Aegilops* gestellt, werden heute von manchen Genetikern dem genus *Triticum* zugeordnet. Die Gruppe enthält als einzige Kulturart das Einkorn. Bei allen Arten dieser Gruppe bleiben die Früchte in reifem Zustand bespelzt.
b) Tetraploide besitzen 14 Chromosomenpaare und ein ungleich zusammengesetztes

Genom. Es sind also bereits Hybriden. Drei Formen von Wildemmer kommen heute in verschiedenen Gebieten Vorder- und Mittelasiens vor. Von den sechs Kulturarten bleiben nur beim Emmer die reifen Körner bespelzt. Die übrigen fünf aber haben den Domestikationsschritt zum Nacktweizen geschafft, auch der Hartweizen.
c) Die Hexaploiden haben 21 Chromosomenpaare und sind Dreifach-Hybriden. Es wird in dem Buch von Sears und Sears (1973) als sicher angesehen, daß das Genom A vom Einkorn (*monococcum*) stammt und das Genom D von dem Gänsefußgras *tauschii* (= *Aegilops squarrosa*). Aber über die Herkunft des Genoms B bestehen immer noch Unklarheiten, sowohl bei der tetra- als auch bei der hexaploiden Gruppe. Es wird sogar in Frage gestellt, ob die entsprechende diploide Wildgetreidepflanze, die als Spender des B-Genoms in Frage kommen kann, heute noch existiert, oder ob es überhaupt eine einzelne Pflanzenart war und nicht mehrere die Kombinationen ergaben. Zohary (1983) vertritt die Ansicht, daß es von bestimmten *Aegilops*-Arten (aus der *Sitopsis*-Gruppe) stamme, deren Genom dem B-Genom der tetra- und hexaploiden Weizenarten ähnlich sei. In aller Welt werden weiterhin genetische Experimente, Feldversuche und anderes durchgeführt über Gentransfer, Kreuzungen, serologische Untersuchungen u. a. in Hinblick auf Weizenzüchtung und außerdem zur Aufklärung des B-Genoms.
Bezüglich der hexaploiden Weizengruppe geht aus der tabellarischen Übersicht auch die enge Verwandtschaft zwischen Macha-Weizen, Dinkel und den Nacktweizen dieser Gruppe hervor. Das kommt in der heutigen Nomenklatur noch stärker zum Ausdruck, bei der diese Getreide alle als eine einzige Art (*species*) angesehen werden und selber den Rang von Unterarten (*subspecies*) bekommen. Bei Gleichheit der Genome ergeben sich die Unterschiede z. B. zwischen Dinkel, Gewöhnlichem Weizen bzw. Zwergweizen nur durch ein Gen bis einige Gene. Die engen Beziehungen zwischen Macha, Dinkel und Weizen werden in diesem Buch genauer beim Dinkel behandelt. Innerhalb der hexaploiden Nacktweizen sind die Formen mit kurzen, dicken Ähren und kleinen, rundlichen Körnern (*compactum* und *sphaerococcum*) die älteren, also ursprünglicheren, während Formen mit lockerem Ährenaufbau, wie bei unserem Gewöhnlichen Weizen, erst danach entstanden sein sollen. Das hat schon Elisabeth Schiemann (1932) beschrieben.
Wenn auch die genetischen Unterschiede innerhalb der hexaploiden Weizen bei den verschiedenen Arten nur gering sind, so wirken sich diese doch ganz erheblich aus, denn es stehen sich gegenüber: Spelzgetreide beim Dinkel, Nacktgetreide beim Weizen; hoher Proteingehalt bei allen Spelzweizenarten, hoher Mehl(Stärke)gehalt bei den hexaploiden Nacktweizen, weshalb diese auch als Weichweizen bezeichnet werden; bezüglich der ökologischen Faktoren Kälteverträglichkeit beim Zwergweizen, aber gemäßigtes Klima für den Gewöhnlichen Weizen.

Noch stärker sind die ökologischen Unterschiede der Gruppen mit verschiedenen Chromosomenzahlen, z. B. zwischen den tetraploiden Hartweizen (*T. durum*) und den hexaploiden Weichweizen (*T. compactum* und *T. aestivum*). Darauf ist schon bei dem jungneolithischen Nacktweizen des nördlichen Alpenvorlandes hingewiesen worden. Wir haben gesehen, daß die beiden Nacktweizengruppen bereits in früher vorgeschichtlicher Zeit entwickelt waren und vom Kaukasus bis zum Mittelmeergebiet vorkamen. Selbst wenn ein cleverer Händler der Jungsteinzeit von Italien eine Tasche voll Saatgut mit Hartweizen über die Alpen bis an den Bodensee brachte und die Pfahlbauern diesen dort fleißig vermehrten, ist noch nicht gesagt, ob vielleicht ein anderer Händler Zwergweizen aus dem Neckargebiet oder Südfrankreich in die Westschweiz gebracht hat und dieser dann, z. B. am Neuenburger See, weiter vermehrt wurde.

Von anderer Sicht her ist wohl der Nacktweizen im Lebensraum der Bandkeramiker und aller Nachfolgekulturen zu vermuten. Schon aus Kontinuitätsgründen von damals bis in die Neuzeit muß es sich im wesentlichen um hexaploiden Nacktweizen gehandelt haben, denselben Weichweizen (für Mehl) also, der auch heute noch in Mitteleuropa angebaut wird. Trotzdem sollte nichts unterlassen werden, diese beiden Weizengruppen an vorgeschichtlichen Funden zu diagnostizieren, wenn diese als Ähren oder Ährenteile vorliegen.

Zusammenfassend sei festgehalten: Weizen ist heute die wichtigste Getreideart der Welt. In der Bundesrepublik ist er zur häufigsten Brotfrucht aber erst in den sechziger Jahren unseres Jahrhunderts geworden. Bis dahin war dies rund 1000 Jahre lang der Roggen (mit Ausnahme einzelner Landschaften in Südwestdeutschland). Weizen ist nicht die älteste Getreideart in der Geschichte der Menschheit, sondern die zweitälteste der heute noch angebauten. Früheste Reste fanden sich bei archäologischen Ausgrabungen im Vorderen Orient und in Mittelasien in steinzeitlichen Schichten vereinzelt zwischen den damals angebauten Getreidearten Emmer, Einkorn und Gerste. Doch konnte bisher nicht ermittelt werden, ob dieser früheste Weizen zum mittelmeerischen Hartweizen oder zu unserem Gewöhnlichen Weizen (oder beiden) gehört. Es hat mehrere Jahrtausende gedauert, bis Weizen stellenweise im Reinanbau gezogen wurde. Wichtige Getreideart mit großräumigem Anbau ist er erst im römischen Weltreich geworden. Unser Gewöhnlicher Weizen (der hexaploide *Triticum aestivum*) hat keinen einzelnen wilden Vorfahren, sondern ist durch mehrmaliges Hybridisieren mit anderen Getreide- und Wildgrasarten im Orient entstanden. Diese Vorgänge sind noch nicht restlos aufgeklärt.

Übersicht der Weizengruppen von Triticum und ihrer Genome A, B, D, G. n = Anzahl der Chromosomenpaare (nach d. Handbuch für Pflanzenzüchtung, Bd. 2, 1959, Sears, abgewandelt und ergänzt).

Spelzgetreide	*Nacktgetreide*
Diploide: Einkorn-Reihe (n = 7)	
Wildeinkorn *boeoticum* A	
1körniges var. *aegilopoides* A Balkan, nördl. Griechenland, westl. Türkei	
2körniges var. *thaoudar* A östl. Türkei, nördl. Irak, Iran	
Bastarde beider Varietäten A mittl. Türkei, Transkaukasien	
Gänsefußgras *tauschii* (= *Aegilops squarrosa*) D Mediterrangebiet, W-Asien, Iran, Irak, Transkaukasien	
Weitere 5 *Aegilops*-Arten (*Sitopsis*-Gruppe) ähnlich B Vorder- und Mittelasien	
Einkorn *monococcum* A	keine
Tetraploide: Emmer-Reihe (n = 14)	
Wildemmer *dicoccoides* AB SO-Türkei, Israel, S-Syrien, N-Irak, W-Iran	
Wildemmer *timopheevii* AG Transkaukasien, Armenien, N-Irak, W-Iran	
Wildemmer *araraticum* AG Transkaukasien	

Emmer *dicoccum* AB	Hartweizen *durum* AB NO-Afrika, Mittelmeergebiet, Spanien Rauhweizen *turgidum* AB Portugal, England, Spanien Persischer Weizen *carthlicum* (= *persicum*) AB Kaukasien, Irak, Iran Orientalischer Weizen *turanicum* (= *orientale*) AB Polnischer Weizen *polonicum* AB S-Europa, Türkei, Irak, Iran, Armenien, NW-Indien

Hexaploide: Dinkel-Reihe (n = 21)

Macha-Weizen *macha ABD* *Georgien in Transkaukasien* *vavilovii* ABD Armenien	
Dinkel/Spelz *spelta* ABD	Zwerg/Binkelweizen *compactum* ABD Gebirge in Afghanistan, Alpen Kugelweizen *sphaerococcum* ABD Afghanistan, Buchara, NW-Indien Gewöhnlicher Weizen *aestivum* (*vulgare*) ABD Gemäßigte Zonen der Erde

Von genetischer Sicht her werden heute alle Vertreter der hexaploiden Reihe als eine Art (species) aufgefaßt, wonach den einzelnen Getreiden nur der Rang von Unterarten (subspecies) zugesprochen wird.

Beispiele: Gewöhnlicher Weizen (*Triticum aestivum* ssp. *vulgare*)
Dinkel (*Triticum aestivum* ssp. *spelta*).

Im praktischen Gebrauch aber werden die früheren Bezeichnungen weiter verwendet.

ROGGEN (*Secale cereale* L.)

Verschiedene Angaben einschließlich Inhaltsstoffe

Roggen ist ebenso wie Weizen eine Nacktgetreideart. Die langen, grauen Körner sieht man bei reifen Ähren aus den nur locker umhüllenden Spelzen ein wenig herausragen. Roggen steht auf langen, dünnen Halmen, und die begrannten Ähren sind bei der Reife geneigt (Taf. 8 und 9 oben).
Roggen dient ausschließlich als Brotgetreide. Roggenbrot ist dunkler, schwerer (dichter), trocknet langsamer aus als Weizenbrot und bleibt deshalb länger frisch. Der Gehalt von Roggenkörnern an Stärke, Protein, Fett u. a. im Vergleich mit anderen Getreidearten geht aus Tab. 1, S. 27 hervor. Daraus ist zu ersehen, daß dieser, ähnlich wie Weizen, viel Stärke enthält und somit die Mehlausbeute groß ist. Nicht umsonst sind also Roggen und Weizen Brotgetreide. Roggen enthält etwas weniger Protein und Fett, dafür aber mehr Pektine, Zucker auf Glukosebasis sowie weitere ähnliche Stoffe. Reife, trockene Roggenkörner aus Mitteleuropa enthalten 12–13% Wasser, 59–71% Kohlenhydrate, 8–13% Protein, 1,6–1,9% Fett (hauptsächlich im Keimling und in der Aleuronschicht), 1,5–1,9% Mineralstoffe, davon am meisten Kalium und Phosphor (nach Souci et al., 1981). Zur Wertung einiger Roggenmehl-Typen vgl. S. 25.
Der Roggen, eine Getreideart der nördlichen Halbkugel, ist, was Klima und Standort anbelangt, anspruchslos. Seine heutigen Anbaugebiete in Europa reichen im Westen von den französischen Zentralgebirgen über Belgien, die Niederlande, beide Teile Deutschlands und besonders das nördliche Polen bis weit nach Osten in die russischen Ebenen. In Deutschland sind es im wesentlichen die Mittelgebirge und im Flachland die Sandgebiete, in denen Roggen fast ausschließlich als Winterfrucht angebaut wird. Er ist am unempfindlichsten gegenüber Trockenheit, Nässe und Winterkälte. Die Höhengrenzen für Roggenanbau in den deutschen Mittelgebirgen liegen bei 900 Meter, in den Alpen zwischen 1400 und 1850 Meter, also erheblich höher als beim Weizen, da Roggen weniger Wärme braucht. Von den Böden ist zwar trockener, sandiger Lehm oder lehmiger Sand am besten geeignet, doch kann Roggen auch noch auf den armen diluvialen Sanden und übersandeten Moorböden angebaut werden (Näheres Becker-Dillingen 1927 und Brouwer 1972).
In der Bundesrepublik steht Roggen heute mit 11 Prozent der Anbaufläche an letzter Stelle unserer Getreidearten. Außerhalb Deutschlands wird Roggen am meisten im mittleren und nördlichen Teil Rußlands und in Polen angebaut. Der Schwerpunkt des Roggenanbaus liegt also derzeit in Osteuropa. Auch in Kanada wird viel Roggen erzeugt. Andere Länder, außer den schon genannten europäischen, spielen diesbezüglich keine größere Rolle. In der Weltproduktion steht Roggen gleichfalls an

letzter Stelle der sieben Getreidearten, noch nach den Hirsen (1981 mit 1,5 %). (Nach F-A-O).

Die Geschichte des Roggens nach archäologischen Funden in Mitteleuropa

Verglichen mit den übrigen Getreidearten (außer Hafer) tauchen die frühesten Körner und Spelzen des Roggens in archäologischen Ausgrabungen relativ spät in Deutschland auf, nämlich 3000–3500 Jahre nach dem Beginn der Ackerbaukultur (Bandkeramik). Sie stammen aus der älteren vorrömischen Eisenzeit (Hallstattperiode, 6.–5. Jh. v. Chr.) und wurden bisher in Mitteleuropa an vier Fundstellen nachgewiesen. Eine davon ist die Heuneburg bei Herbertingen-Hundersingen an der oberen Donau. Die hier gefundenen Scherben der groben Gebrauchskeramik enthielten Abdrücke von Pflanzenteilen, darunter von sieben Getreidearten. Dabei war beim Getreide der Roggen mit 5,8 Prozent vertreten. Im mittleren Neckarland konnte aus der gleichen Periode verkohltes Getreide der Siedlung Tamm-Hohenstange aus einer Grube geborgen werden, in der 16 Roggenkörner unter mehr als 2500 Dinkelkörnern enthalten waren. Hier bildete Roggen somit nur eine ganz geringe Beimengung. Der älteste Fund von Roggen als Hauptgetreide (auch hallstattzeitlich) stammt viel weiter östlich aus dem Elbe-Saale-Gebiet (Frankleben bei Merseburg). Sodann gibt es aus der nachfolgenden jüngeren Eisenzeit (Latèneperiode, ca. 400 v. Chr.–ca. Chr. Geb.) mehrere Roggen enthaltende Funde aus dem Neckargebiet, dem Sauerland, aus Göttingen und von zwei Stellen auf der Geest bei Stade (Niederelbe).

Eine Zunahme der Fundstellen mit Roggen enthaltendem Getreide auf gut das Doppelte ist in römischer Zeit erfolgt (Chr. Geb.–3. Jh. n. Chr.). Die Anteile des Roggens am übrigen Getreide blieben jedoch im allgemeinen bei wenigen Prozenten. Es ist erstaunlich, daß die meisten dieser Stellen in den römischen Provinzen liegen, darunter sogar die drei einzigen bisher bekannten Vorratsfunde mit Roggen als Hauptgetreide, und dies, obwohl die Römer selbst den Roggen als »minderwertiges Getreide« verabscheuten und den Weizen zum Hauptgetreide ihres Imperiums gemacht hatten. Einer dieser Funde mit Roggen als Hauptgetreide im römischen Germanien stammt aus dem römischen Gutshof Lampoldshausen bei Heilbronn (mittleres Neckarland). In einem der Gebäude hat das Landesdenkmalamt Baden-Württemberg (Abt. Bodendenkmalpflege) unter anderem 40 Kilogramm verkohltes Getreide in einem Vorratsraum freigelegt, von dem sich bei der botanischen Bearbeitung zehn repräsentative Stichproben mit mehr als 8000 Körnern als ausschließlich Roggen erwiesen, abgesehen von wenigen Unkrautsamen. (Bei einer früheren Ausgrabung in demselben Gutshof, aber in einem anderen Gebäude, hatte reiner Dinkel gelegen). Das ist also der bisher älteste, völlig unvermischte Großfund von Roggen (vgl. U. Piening 1982). An zwei weiteren Stellen in den Niederlanden, einmal in Ede-Veldhuizen, auf römischem Gebiet, kam nahezu reiner Roggen, der nur wenig mit anderem Getreide (Hirse) vermischt war, zutage und in Noordbarge in Friesland, dicht außerhalb des römischen Limes waren etwa zwei Drittel des Getreides Roggen (sonst Hirse). In Südengland, im römischen Militärlager Isca in Wales (80–130 n. Chr.), waren Roggen und Dinkel die beiden wichtigsten Getreidearten.

Im Laufe der Völkerwanderungszeit stieg der Anteil an Roggen weiter. So wurden vom 3. bis 8. Jahrhundert auf der Insel Sylt 17 Prozent Roggen festgestellt, in der Mark Brandenburg vom 3. bis 4. Jahrhundert an einer Stelle viel Roggen, Gerste und Hirse gefunden. Hier, östlich der Elbe, auf den weiten diluvialen Sandgebieten, hatte sich das früheste und dauerhafteste Areal seines eigenständigen Anbaus herausgebildet, doch nicht als alleiniges Getreide, sondern neben Rispenhirse, stellenweise auch mit Gerste und Hafer. Diesen Brauch zum dominierenden Anbau von Roggen und Hirse brachten die Slawen bei ihrer Einwanderung aus dem Osten in die vorher germanisch besiedelten Gebiete Mecklenburgs, Pommerns und der Mark Brandenburg mit.

Die Rolle des Roggens als Brotgetreide spiegelt sich außer in den Körnerfunden auch in den Pollenanalysen aus Torfmooren wider, da die Pollenkörner des Roggens sich schon durch ihre Form von denen der anderen Getreidearten unterscheiden. Hierüber gibt es zahlreiche Untersuchungen in Zusammenhang mit vegetations- und siedlungsgeschichtlichen Fragen. Als Beispiel aus Nordwestdeutschland mögen die Bearbeitungen von Karl-Ernst Behre (1976 a u. b) aus dem Gebiet von Flögeln (Weser-Elbe-Winkel) und Dunum in Ostfriesland dienen. Hier begann die Pollenkurve des Roggens im 4./5. Jahrhundert n. Chr., wahrscheinlich schon in der römischen Kaiserzeit. Im frühen Mittelalter war der Anbau von Roggen noch gering, wurde dann im 10. Jahrhundert stark intensiviert. Mit Roggen setzte zu der Zeit der Winterfeldbau ein. Roggen als anspruchsloseste Getreideart auf den mageren Sandböden konnte und wurde nun im sogenannten Dauerfeldbau gezogen, d. h. 10 bis 15 Jahre lang nur Roggen auf denselben Äckern. Erst dann hat man zur Erholung des Bodens (außer jährlicher Düngung) Zwischenfrüchte, wie Buchweizen, Gerste, Sandhafer für ein Jahr eingeschaltet. Der seit dem 10. Jahrhundert so enorm gesteigerte Anbau von Roggen hängt mit der Bevölkerungszunahme seit dem mittelalterlichen Landausbau zusammen.

Der Roggenanbau in Deutschland vom Hochmittelalter bis heute

Die im 12./13. Jahrhundert einsetzenden urkundlichen Nachrichten über Ackerpflanzen bezeugen ebenfalls, daß Nordeuropa, Nord- und Mitteldeutschland nunmehr Ge-

biete für Roggen als Hauptbrotfrucht waren. Selbst in Schwaben galt Roggen, zusammen mit Dinkel und Hafer, als wichtige Getreideart, wobei man allerdings zwischen dem westlichen und östlichen Teil unterscheiden muß. Im westlichen Teil hatten deren Bewohner, besonders aus den höfischen Kreisen, unter dem Einfluß Frankreichs, Weizenbrot kennengelernt. Dadurch wurde es in der Bevölkerung vom 12./13. Jahrhundert an allgemein üblich, Mischbrot aus Roggen und Weizen zu backen. Im östlichen Schwaben hatte der Roggen seine Priorität behalten (Jänichen 1970).
Aus statistischen Angaben von 1909 bis 1981 geht hervor, daß der Roggen zu Beginn unseres Jahrhunderts an der Spitze unserer Getreidearten stand (mit 39%). In den folgenden 30 Jahren war sein Anbau im Deutschen Reich schwach rückläufig. Josef Bekker-Dillingen (1927) führt die Gründe dafür an: Die Landbevölkerung habe Roggenbrot gegessen, die Stadtbevölkerung aber vorwiegend Weizenbrot. Mit zunehmendem Wachstum der Städte verschob sich das Verhältnis mehr und zugunsten des Weizens. Im Jahre 1938 wurde aber immer noch mehr Roggen als Weizen angebaut. Die Statistiken ab 1957 beziehen sich nur auf die Bundesrepublik. Zu der Zeit hatte der Weizen bereits den Roggen etwas überflügelt (Roggen 28,2%, Weizen 33,6%). Infolge der dann einsetzenden starken Zunahme von Weizen und Gerste sanken die Prozentanteile des Roggens von etwa 1969 an auf 10–11 Prozent, obwohl die Erntemengen des Roggens nur wenig abgenommen hatten. Aber das in der Bundesrepublik geerntete Getreide hat sich von 1957/61 bis 1980 fast verdoppelt (von rund 13819 auf 23087 Taus. Tonnen). (Nach den Stat. Jb. der BRD).

Prähistorische Funde von Roggen außerhalb Mitteleuropas und die Entstehung des Kulturroggens

Bis vor kurzem waren weder im Mittelmeergebiet noch im Vorderen Orient prähistorische Reste von Roggen bekannt. Erst vor wenigen Jahren konnten gleich an zwei Stellen in steinzeitlichen Schichten (ca. 6600 v. Chr.) verkohlte Roggenkörner und Stücke von Ährenspindeln unter anderem Getreide von Gordon Hillmann (1975 und 1978) nachgewiesen werden. Die eine Stelle, Tell Abu Hureyra, liegt auf der linken Flußterrasse des oberen Euphrats (Nordsyrien). In den untersten Schichten (aus dem Übergang vom Meso- zum Neolithikum) fanden sich, zusammen mit verschiedenen Wildgetreidearten, besonders kleine Roggenkörner, die denen des dort einheimischen wilden Berg-Roggens (*Secale montanum*) ähnlich sind. In den darüber liegenden Schichten, welche dem frühesten Abschnitt des Neolithikums der vorkeramischen Zeit angehören, waren die Roggenkörner etwas größer, doch immer noch kleiner als bei unserem Kulturroggen. Diese »halbgroßen« Roggenkörner von Abu Hureyra ha-

ben Ähnlichkeit mit den heutigen Formen von Unkraut-Roggen (*Secale ancestrale*-Gruppe), die im Vorderen und Mittleren Orient z. T. penetrante Ackerunkräuter in Getreidefeldern sind. Die neolithischen von Abu Hureyra fanden sich zusammen mit anderen Getreidearten, die teils noch dem Wildzustand, teils schon dem Kulturzustand angehören. Entsprechendes konnte derselbe Bearbeiter in Çan Hasan (südliche Türkei) aus der gleichen Zeitepoche feststellen (Taf. 9 Mitte und unten). Er beurteilt diesen Roggen als »in Kultur begriffen«, aber noch ziemlich kleinfrüchtig.
Welche Bedeutung der viele Roggen an den beiden genannten Orten für deren Bewohner gehabt hat, läßt Gordon Hillman offen. Er betont, es sei nicht zu unterscheiden, ob dieser nur als Unkraut zwischen dem angebauten Getreide gewachsen oder bereits angebaut worden sei.
Aus dem 4. bzw. 3. Jahrtausend v. Chr., der Stein-Kupfer-Zeit sollen in Alaca Hüyük (nördliche, mittlere Türkei) voll domestizierte, große Roggenkörner gefunden worden sein. Daraus wird auf dortigen Reinanbau von Roggen geschlossen.
Von den nordwestlich davon liegenden Ländern hat sich Roggen bisher nur an ganz wenigen Stellen nachweisen lassen. Sieht man von einzelnen, sporadisch auftretenden Körnern von Wild- und Kulturroggen aus dem Neolithikum ab (Jugoslawien, Polen, Marbach am Neckar), läßt sich das erste, dauerhafte Erscheinen von Roggen mit normal großen Körnern vom Beginn der Bronzezeit an (ab ca. 1800 v. Chr.) in Ungarn, Polen und in der Tschechoslowakei belegen. In der Tschechoslowakei soll er sogar von dieser Zeit an eine gewisse wirtschaftliche Bedeutung erlangt haben.
Es ist sicher notwendig, künftig gerade den frühen (neolithischen) Roggenfunden in Europa besondere Aufmerksamkeit zu widmen sowohl bezüglich der Mengenanteile am Getreide als auch der Kornausbildung.
Bis zum Beginn der Eisenzeit hat sich der Roggen überall nach Westen und Norden ausgebreitet, wenn auch zunächst in geringen Mengen, die darauf schließen lassen, daß dieser als Unkraut in den Getreidefeldern wuchs, so etwa wie bei uns heute der Flughafer.
Zur Entstehung des Kulturroggens läßt sich also sagen, daß er aus dem Vorderen Orient stammt. Seine Domestizierung kann in verschiedenen Gebieten erfolgt sein. Heute wachsen dort und in den angrenzenden Ländern (bis Afghanistan) sowohl unterschiedliche Formen von mehrjährigem Wildroggen (*Secale montanum*) als auch zahlreiche Arten und Unterarten von einjährigem Unkraut-Roggen (*Secale ancestrale, S. segetale* u. a.). So gibt es innerhalb der Türkei eine in nassen Gebieten wachsende Form, die grüne, mehlreiche Körner ausbildet, während eine andere, die in trockener Steppe vorkommt, braune, glasige Körner hat. Der Bearbeiter von Çan Hasan III und Abu Hureyra, Gordon Hillman, berichtete 1978, daß in der Türkei der Unkraut-Roggen in den Weizenfeldern wächst. Die Leute dort sagten, in trockenen Jahren, wenn

der Weizen wegen zu großer Trockenheit nicht gedeiht und schütter steht, fängt der Unkraut-Roggen an zu wuchern, kann bis zu 40 Prozent des Getreides ausmachen. Er wird nicht gesät, aber mitgeerntet und mit dem Weizen zusammen für Brot verbacken. Das ist eine wichtige Beobachtung, die zum Schlüssel seiner (ungewollten) Entwicklung zur Kulturpflanze führt.

Wo der Wildroggen im Vorderen und Mittleren Orient wuchs, fing er an, in die Emmer-, Weizen- und Gerstenfelder einzudringen. Wegen seiner Anspruchslosigkeit in bezug auf Boden und seiner größeren Toleranz hinsichtlich Trockenheit, Nässe und Kälte konnte er sich in ungünstigen Lagen gegenüber dem angebauten Getreide durchsetzen. Auch bei seiner Ausbreitung in Europa war dies der Fall, wo er weit nach Norden und hoch hinauf in den Gebirgen sowie auf den ärmsten Sandböden noch gedeihen und gute Körner ausbilden konnte. Die starke Zunahme des Roggens als Unkraut in Mitteleuropa vom Beginn der vorrömischen Eisenzeit an (ca. 600 v. Chr.) hängt mit der an der Wende von Bronze- zu Eisenzeit einsetzenden Klimaverschlechterung zusammen, die Abkühlung und Zunahme von Niederschlägen mit sich brachte. Roggen ist also aus einem Unkraut hervorgegangen, das aber bereits, bevor es bei uns einwanderte, die Entwicklungsstufe eines Kulturgetreides erreicht hatte. Außerdem ist es wahrscheinlich, daß später, zu Beginn des Mittelalters, mit den Slawen, neue Schübe aus dem östlichen Mitteleuropa oder Osteuropa kamen, zu einer Zeit also, als bei diesen Völkern der Roggen bereits zur Hauptbrotfrucht geworden war, und damit zusammen die Massenausbreitung der Kornblume (*Centaurea cyanus*), die mit der Roggen-Reinkultur erst seit dem Mittelalter aufs engste verknüpft ist.

In Europa erschien Roggen am frühesten in Osteuropa. So wurden die ältesten Roggenkörner in steinzeitlichen Siedlungen Südpolens gefunden.

Zusammenfassend läßt sich festhalten: Roggen ist eine anspruchslose Getreideart der nördlichen Halbkugel, denn er ist außerordentlich widerstandsfähig gegenüber Nässe, Trockenheit sowie Winterkälte und gedeiht noch auf armen Sandböden. Kulturgeschichtlich gehört Roggen zu den Spätankömmlingen unserer Getreidearten. In Deutschland stammen die frühesten Funde aus der älteren Eisenzeit. Dieser Roggen wuchs vereinzelt zwischen dem angebauten Getreide. Seine Körner waren aber bereits voll kultiviert. Die ältesten Roggenfunde sind in steinzeitlichen Siedlungen in Nordsyrien und in der Türkei ausgegraben worden (ca. 6600 v. Chr.). Das war noch kein »Kulturroggen«, sondern ein »Unkrautroggen« mit nur »halbgroßen« Körnern. Echter kultivierter Roggen kam zuerst in steinzeitlichen Siedlungen in Polen (ca. 4400–4000 v. Chr.) sowie in der nördlichen Türkei vor. Frühester dauerhafter Reinanbau von Kulturroggen ist für die Bronzezeit in Ungarn, Polen und der Tschechoslowakei nachgewiesen. In Mitteleuropa setzte zwar schon ein Reinanbau an wenigen Stellen während der Römerzeit ein, aber die große Zeit des Roggens, also sein Anbau weiträumig und als Hauptbrotfrucht, begann in ganz Ost-, Mittel-, Nord- und Westeuropa zu Beginn des Mittelalters. In Deutschland blieb der Roggen rund 1000 Jahre lang bis zum Beginn der sechziger Jahre unseres Jahrhunderts das Hauptbrotgetreide (mit Ausnahme einzelner Landschaften Südwestdeutschlands), dann wurde er nahezu ganz vom Weizen verdrängt. Heute steht er bei uns an letzter Stelle der Getreidearten.

GERSTE (*Hordeum vulgare* L.)

Mehrzeil- und Zweizeilgerste. Inhaltsstoffe und nähere Angaben

Bei den in Deutschland angebauten Gersten müssen wir mehrzeilige und zweizeilige Arten unterscheiden, deren Anbauzeiten und Verwendung verschieden sind.

Die mehrzeiligen Formen (*convar. hexastichon* [L.] Alef.) haben dicke Ähren, denn auf jedem Glied der Ährenspindel sitzen drei Körner mit je einer langen Granne (Abb. 4 und Taf. 10). Sie finden sich bei uns im allgemeinen nur in lockerähriger Form und werden dann als vierzeilige Gerste (var. *tetrastichon*) bezeichnet, weil die Ähren im Querschnitt viereckig erscheinen. Bei der Reife hängen die Ähren. Nur selten sieht man die dichtährige Form. Bei dieser stehen die jeweils drei Körner deshalb so dicht, weil die Spindelglieder kürzer als bei der ersteren sind, so daß die Ähren im Querschnitt sechseckig aussehen, daher sechszeilige Gerste genannt (var. *hexastichon*). Weil sie so kompakt sind, bleiben diese Ähren bei der Reife aufrecht stehen. Die vierzeilige Gerste wird in Europa überwiegend als Winterfrucht angebaut und dient dann als Futtergerste sowie zur Herstellung von Nahrungsmitteln, wie Graupen, Grütze und Malzkaffee, in Nordeuropa auch für Brot.

Die zweizeiligen Formen (convar. *distichon* Alef.) haben flache Ähren, weil auf jedem Glied der Ährenspindel nur ein Korn sitzt. Dies wird beiderseits von länglich-elliptischen Spelzen flankiert, die zu je einer unfruchtbaren Blüte gehören (Abb. 4 und Taf. 10). Die Ähren tragen ebenfalls lange Grannen. Bei der Reife sind die schlanken Ähren geneigt bis hängend. Diese Gerste wird in Deutschland überwiegend, bis etwa in die Mitte unseres Jahrhunderts ausschließlich, als Sommerfrucht angebaut. Sie wird großenteils zum Bierbrauen verwendet, z. T. auch als Viehfutter. Braugerste muß besonders sorgfältig gezogen werden. Der Bedarf hierfür ist seit den sechziger Jahren nicht nur in der Bundesrepublik, sondern in ganz Europa beträchtlich gestiegen.

Alle bisher genannten Formen sind bespelzt, wobei die Spelzen mit dem Korn verwachsen sind und für die Herstellung von Graupen abgeschält werden müssen. Es gibt Zwei- und Mehrzeilgersten aber auch als Nacktformen (Taf. 11). So häufig diese in früher vorgeschichtlicher Zeit waren, so selten trifft man sie heute in landwirtschaft-

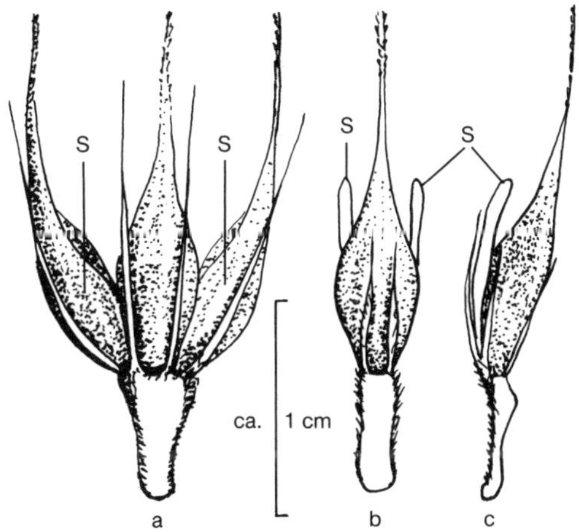

Abb. 4. Bautypen von Mehrzeil- und Zweizeilgerste. Aus der Ährenspindel ist jeweils ein Spindelglied mit ansitzenden Körnern und Spelzen herausgebrochen worden. a) Mehrzeilgerste, b – c) Zweizeilgerste in zwei verschiedenen Ansichten. S die Seitenkörner bzw. die beiderseitigen unfruchtbaren Blüten. Die vom Spindelglied ausgehenden zugespitzten Teile sind die Hüllspelzen. Grannen am oberen Bildrand gekürzt.

lichen Betrieben. Wo sie angebaut werden, dienen sie als Viehfutter oder der Herstellung von Grütze zur Zubereitung von Suppen und Müsli.

Reife, lufttrockene Körner der Gerste ohne Spelzen enthalten 11–13% Wasser, 61–73% Kohlenhydrate, 9–12% Protein, 1,8–2,3% Fett, 1,8–2,4% Mineralstoffe und 1,2–1,5% Fasern (nach Souci et al. 1981). Die Nährstoffe von Brau- und Futtergerste und von flachen und vollen Körnern sind unterschiedlich. Braugerste sowie dicke und mitteldicke Körner haben einen höheren Stärkegehalt, aber weniger Protein. Futtergerste und flache Körner enthalten mehr Protein, aber weniger Stärke. Stärke und Protein hängen vom Klima ab. In trockenem, heißem Klima bilden sich glasige Körner mit mehr Eiweiß. Im feuchten, kühlen Klima Mittel- und Nordeuropas entsteht weniger Protein, aber mehr Stärke.

Gerste gedeiht zwar am besten in gemäßigtem Klima auf fruchtbaren, tiefgründigen Lehmböden mit guter Wasserführung, doch ist Gerstenanbau von allen Getreidearten unter den größten Extremen möglich. Im Norden bildet sie (als mehrzeilige Sommergerste) die Nordgrenze des Getreidebaus überhaupt, geht in Norwegen bis 70° nördlicher Breite. In den Gebirgen reicht der Anbau von Sommergerste von allen Ackerpflanzen am höchsten hinauf. Auch unter kontinentalen Klimaverhältnissen wie in Rußland und in den sommertrockenen Gebieten des Mittelmeerraums und Nord-

afrikas, bringt Gerste (als mehrzeilige) noch ausreichende Erträge (bis zu einem Minimum von 200–300 mm Niederschläge pro Jahr). Sie wächst außerdem sogar auf Alkaliböden der Wüstentiefländer von Ägypten, Turkestan und Australien, weiterhin auf den Hochplateaus von Bolivien, Südafrika und Tibet. Sie erträgt Trockenheit, Frost und Salz. Die Wintergersten Mitteleuropas bevorzugen allerdings mildere Gegenden (Näheres bei Brouwer 1972 sowie Aufhammer u. Fischbeck 1973).
In der Weltproduktion steht Gerste seit mindestens 1969 an vierter Stelle der Getreidearten (nach Weizen, Mais, Reis, aufgrund der Statistiken der F-A-O). Sie dient in Gebieten, in denen andere Getreidearten nicht mehr gedeihen, den Menschen für Brot, Brei und anderes als Nahrung sowie in Form von Bier als Getränk.
In der Produktion der Bundesrepublik hat Gerste seit 1977 den Weizen überflügelt.

Die Geschichte der Gerste nach archäologischen Funden in Mitteleuropa

In beiden Teilen Deutschlands ist Gerste bereits in der ältesten Periode der Jungsteinzeit (Bandkeramik) vertreten. Doch ist sie nur an acht von 37 auswertbaren Fundstellen enthalten. Von diesen liegen allein sechs in Mitteldeutschland (Göttingen, Vorland des Harzes, Sachsen, Thüringen) und nur eine im mittleren Neckarland (Ludwigsburg). Hier sowie in Erfurt und Göttingen bildete sie die Hälfte oder das Hauptgetreide, während sie, ebenso wie im Rheinland, sonst nur schwach vertreten war. Die Gerste kam sowohl als Nacktgerste wie auch in bespelzter Form vor. Beide Formen gehörten dem mehrzeiligen (überwiegend vierzeiligen, lockerährigen) Typus an. Deren Körner waren ebenso groß und voll wie in den späteren Zeitperioden. Zweizeilige Gerste hat es in Deutschland damals noch nicht gegeben. Im Mittelneolithikum (Rössener Kultur) blieben die Verhältnisse ähnlich.
Mit dem Beginn des Jungneolithikums breiteten sich die Steinzeitkulturen über die Mittelgebirge hinaus ins Flachland aus, bis Südschweden. Auch das nördliche Alpenvorland wurde einbezogen. Das bedeutete andere Klimabereiche und Bodentypen (darunter Sandboden). Damit änderten sich die Mengenanteile der Getreidearten. Innerhalb Deutschlands (beider Teile) war Gerste während des Jungneolithikums in 34 von 39 auswertbaren Fundstellen enthalten. Dabei gab es starke regionale Unterschiede. In Norddeutschland war sie stellenweise alleiniges Getreide. Die Nacktgerste überwog im allgemeinen die bespelzte Form. Im Küstengebiet der Niederlande gab es nur die Nacktgerste. Da sie dort, wie auch an anderen Stellen, für Brot und Brei verwendet werden mußte, war die nacktkörnige Form geeigneter als die bespelzte.
Von der vorrömischen Zeit an verlagerte sich das Schwergewicht der Gerste auf das Nordsee-Küstengebiet. Sie ist zu der Zeit nicht nur auf der Geest, sondern auch in der

Tafel 5 Reifes Weizenfeld auf der Schwäbischen Alb. 2. 8. 1984.

Tafel 6 Oben: Saatweizen (links) und Zwerg- oder Binkelweizen (rechts), jeweils von der Schmal- und Breitseite. Nat. Gr.
Unten: Dreschprodukte des Weizens (links), bestehend aus Spelzen und der Ährenspindel und die Körner aus einer einzigen Ähre (rechts). Vergr. beides 2,3 x.

a

Tafel 7 a) Einer der ältesten Nacktweizen: verkohlte Körner und Stücke der Ährenspindeln. Rechts unten zum Vergleich ein Spindelglied vom Emmer. Aus Çatal Hüyük/Türkei, ca. 5850–5600 v. Chr. Bestimmung und Foto: H. Helbaek (1966a). Vergr. ca. 3,6x.

b

c

b, c) Jungsteinzeitliche Ährenstücke aus der Siedlung Twann am Bieler See/Schweiz (Cortaillod-Kultur), verkohlt (nach U. Piening 1981). Vergr. 3,6x.

Tafel 8 Roggenfeld auf der Schwäbischen Alb bei Westerheim. 3. 8. 1983.

a

b

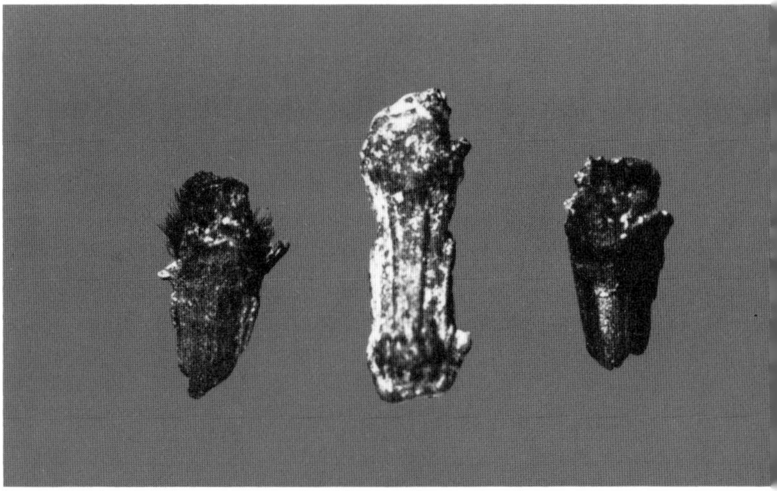

c

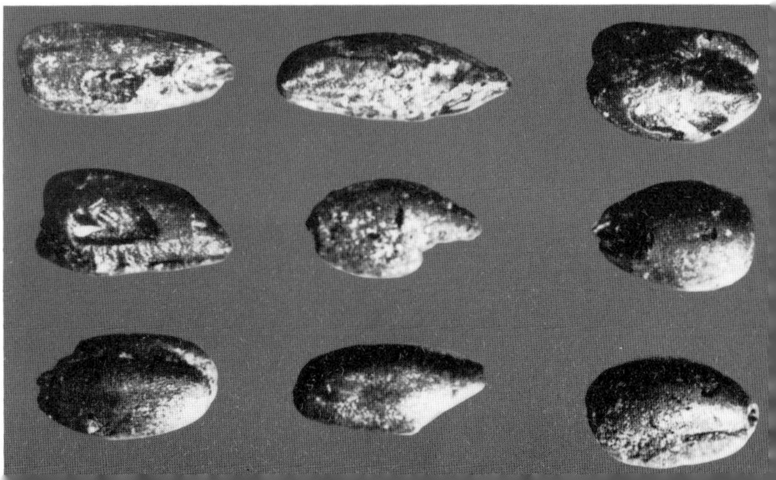

Tafel 9 a) Eine reife Roggenähre. Nat. Gr. b, c) Verkohlte Reste der ältesten bisherigen vorgeschichtlichen Roggenfunde: b) drei Bruchstücke von Ährenspindeln, c) Neun Körner. Can Hasan III, südlich-mittlere Türkei, 7. Jahrtausend v. Chr. Vergr. ca. 6x. Botanische Bearbeitung und Fotos: G. Hillman, London (1978).

Tafel 10 Reife Gerstenähren. Oben zweizeilige, unten mehrzeilige. Nat. Gr.

Tafel 11 Mehrzeilige Nacktgerste. Botanischer Garten der Universität Hohenheim. 28. 7. 1984.

a, b

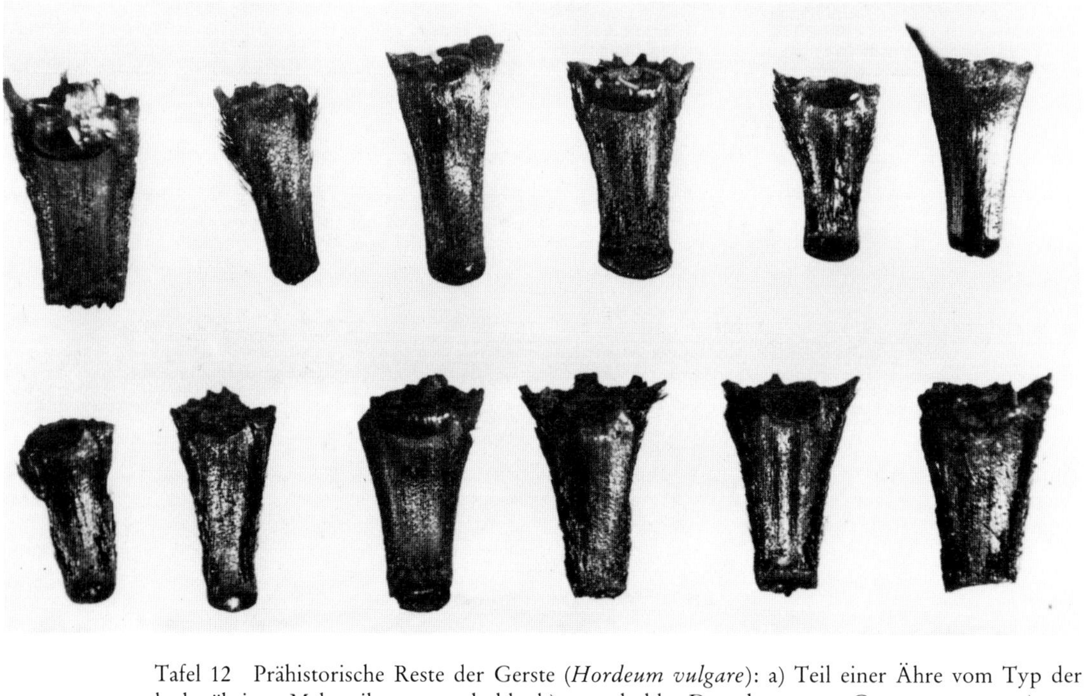

c

Tafel 12 Prähistorische Reste der Gerste (*Hordeum vulgare*): a) Teil einer Ähre vom Typ der lockerährigen Mehrzeilgerste, verkohlt; b) unverkohlte Druschreste aus Gerstengrannen; c) verkohlte Glieder der Ährenachse. Aus der Wurt Feddersen Wierde nördlich Bremerhaven, 1. Jh. n. Chr. Aus Körber-Grohne (1967). Vergr. a 2,5x, b und c 8x.

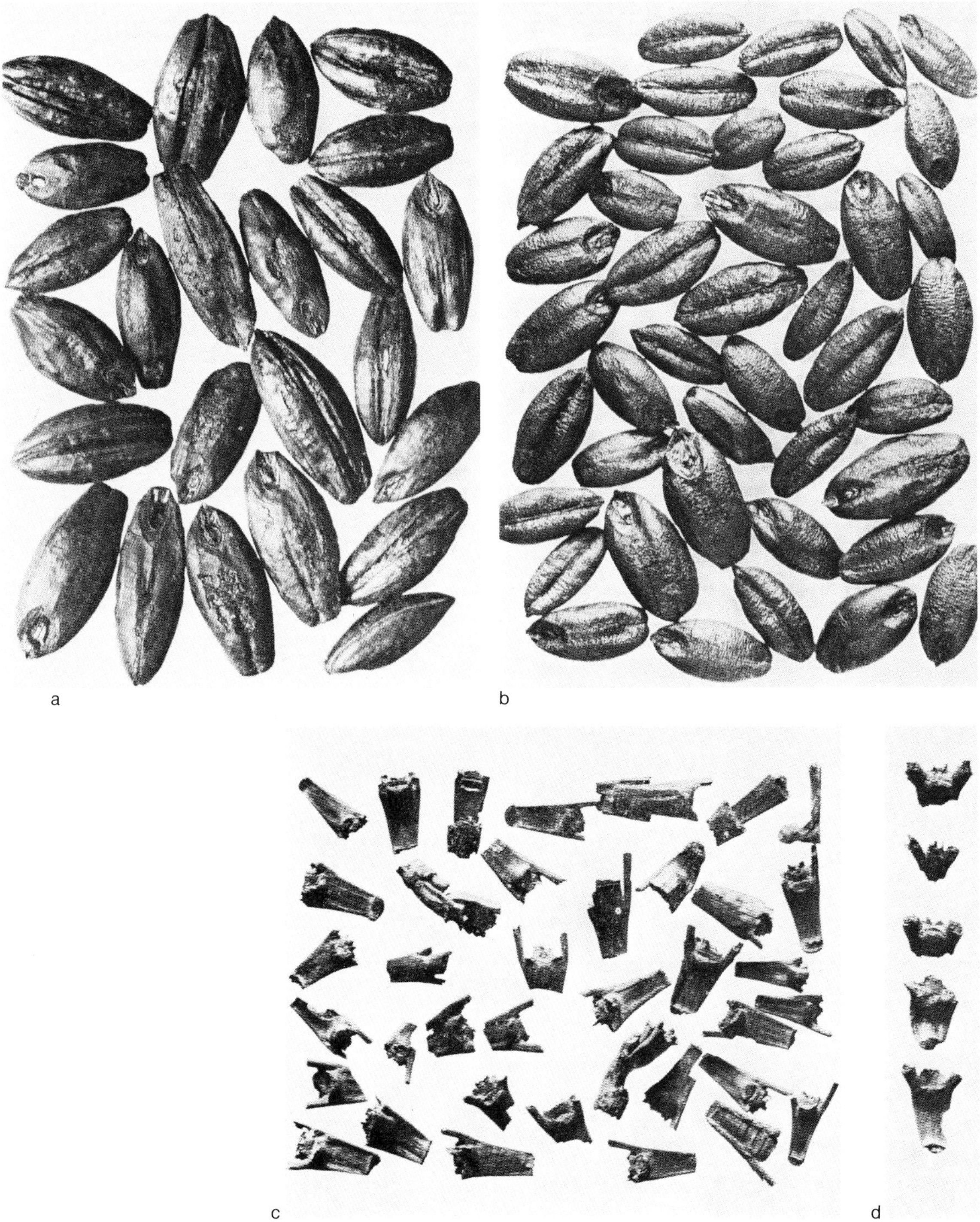

Tafel 13 Kultivierte Spelz- und Nacktgerste aus der spätneolithischen Siedlung Hacilar, Türkei (ca. 5450 v. Chr.). Alle Reste verkohlt. a) Spelzgerste, b) Nacktgerste, c) Spindelglieder von zweizeiliger Spelzgerste, d) Spindelglieder von sechszeiliger Nacktgerste. Vergr. 3,6x. Aus H. Helbaek (1970).

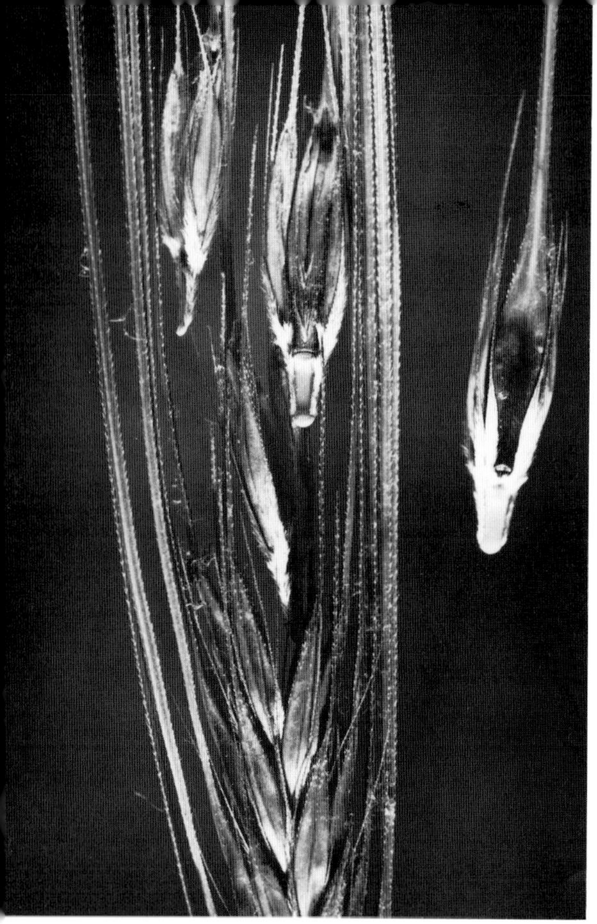

Tafel 14 Heutige Wildgerste (*Hordeum spontaneum*) und Kulturgerste (*Hordeum vulgare*) zum Vergleich. Vergr. 2,3 x.
Oben: Wildgerste mit dem oberen Ende einer reifenden Ähre. An der Spitze haben sich durch leichte Berührung bereits drei Früchte herausgelöst. Gut sichtbar die starken Grannen mit Widerhaken und das schmale Spindelglied an der Frucht, das zum Einbohren in die Erde dient.
Unten: Zweizeilige Kulturgerste nach dem Dreschen. Die Spindelglieder sind zu einer zähen Ährenspindel verbunden geblieben. Die Grannen sind dünn.

Tafel 15 Wildgerste (*Hordeum spontaneum*). Oben an einem Wildstandort auf hartem Kalksteinfels bei Jerusalem (Israel), unten Nahaufnahme dieser Gerste in noch unreifem Zustand. 23. 4. 1983. Zeigen der Stellen durch D. Zohary, Hebräische Universität Jerusalem.

Tafel 16 Links: Saathafer (*Avena sativa*). Nat. Gr. Rechts: Flughafer (*A. fatua*), dessen Rispen hoch über den Saathafer hinausragen. Lößgebiet südlich Stuttgart.

Tafel 17 Saathafer (*Avena sativa*) und Flughafer (*A. fatua*) im Vergleich. Obere Reihe Saathafer, untere Reihe Flughafer. Links jeweils ein Ährchen aus der Rispe, rechts jeweils ein be- und entspelztes Korn. Deutlich beim Flughafer die Haare und starken Grannen (für die natürliche Verbreitung); beim Saathafer fehlen sie, aber dickeres Korn. Vergr. 5x. ▷

Tafel 18 Verkohlter Hafer aus der Wurt Feddersen Wierde bei Bremerhaven, 1. Jh. n. Chr. Oben: Links zwei bespelzte Körner von Flughafer (*A. fatua*) von der Rücken- und der Bauchseite, rechts daneben entsprechendes vom Saathafer (*A. sativa*). Unten: Einige be- und entspelzte Körner aus dem großen Hafervorrat, der in einem Trockenofen verkohlt war. Vergr. 6x. Bestimmung und Fotos: Körber-Grohne.

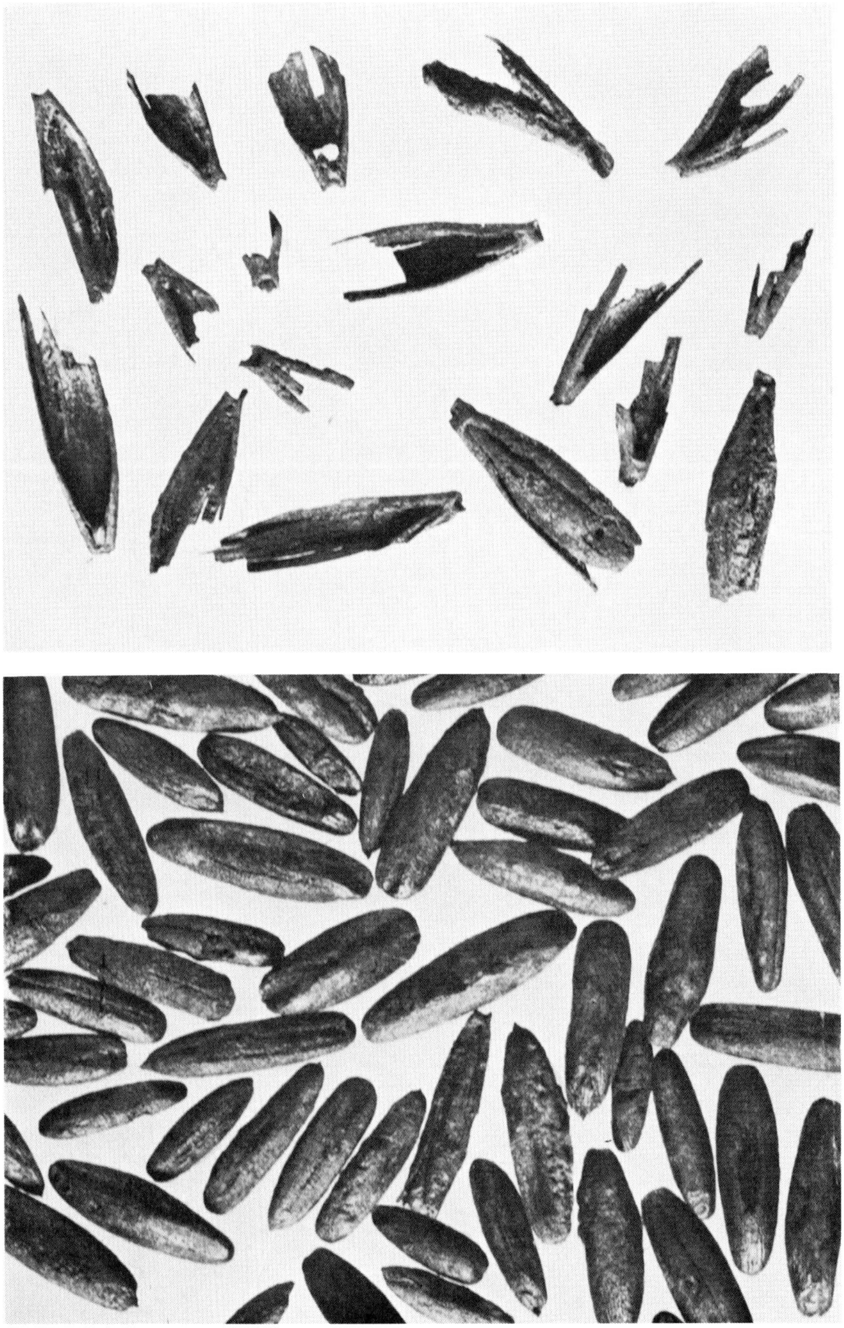

Tafel 19 Verkohlter Flug- und Saathafer aus Dalshoj/Insel Bornholm, 1. Jh. n. Chr. Oben: Leere Spelzen. Unten: Nackte Körner. Deutlich die starken Größenunterschiede der Haferkörner. Bestimmung und Fotos: H. Helbaek (1957), Kopenhagen. Vergr. 4,5 x.

Tafel 20 Dinkelfeld (Sorte Roter Dinkel) kurz vor dem Schnitt, Gemeinde Waldhausen bei Geislingen/Schwäbische Alb, und Landwirt Otto Hagmeier, der den Dinkel in biologischem Landbau anbaut. 23. 8. 1985.

Tafel 21 Dinkel (*Triticum spelta*). Oben: Eine Ähre in ihrer natürlichen Haltung bei der Reife. 23. 8. 1985. Unten: Ein Mähdrescher beim Aufnehmen des Dinkels (Sorte Weißer Kolbendinkel), der durch Regen niedergedrückt ist. Ernte für Grünkerngewinnung im badischen Bauland bei Ahorn-Hohenstadt. 2. 8. 1984. ▷

Tafel 22 Dinkel (*Triticum spelta*). Oben: Das Erntegut, wie es der Mähdrescher erzeugt. Es sind die Vesen, d. h. die zerbrochenen Abschnitte der Ähren. Unten: Die Kornausbeute nach dem Entspelzen in der Mühle. Vesen und Körner sind jeweils von einer Ähre. Vergr. 3x.

Tafel 23 Dinkel (*Triticum spelta*). Oben: Dinkelfeld mit Mähdrescher für Grünkerngewinnung im badischen Bauland bei Ahorn-Hohenstadt. 2. 8. 1984. Unten: Entspelzte Körner, links von Grünkern, rechts von ausgereiftem Dinkel. Vergr. ca. 3x.

a

b

c

Tafel 24 Älteste sicher bestimmte verkohlte Dinkelfunde aus Europa. a)Körner nur aus der zweiten horizontalen Reihe (im Unterschied dazu ist die obere Reihe Weizen, die dritte Reihe Emmer, die vierte Reihe Einkorn) und b) Teile von Hüllspelzen aus der spätneolithischen oder frühbronzezeitlichen Siedlung Birknaes/Norddänemark, ca. 1680–1570 v. Chr. Bestimmung und Fotos: H. Helbaek (1952). c) Zwei Ährenstücke aus dem Pfahlbau Mörigen am Bieler See/Schweiz. Späte Bronzezeit. Foto: Prof. Dr. Rytz, Bern, in Bertsch (1947). Vergr. etwa 2–3x.

Marsch angebaut worden (Taf. 12) und war in den Elbmarschen vorherrschend. Ebenso sind aus mehreren Fundstellen Südwestdeutschlands Getreidevorräte mit reiner Gerste ans Licht gekommen. Dabei war nun die Nacktform zugunsten der Spelzgerste zurückgetreten. Erstere war in der jetzt angebauten Spelzgerste nur in kleinen Beimengungen erhalten bzw. fehlte schon ganz, sie erschien auch in späteren Zeiten bei uns nicht wieder, erst seit wenigen Jahren kommt sie stellenweise wieder vor. In anderen Ländern, z. B. in der Tschechoslowakei, hat sie sich bis an den Anfang unseres Jahrhunderts gehalten.
Alle vor- und frühgeschichtlichen Gerstenfunde Mitteleuropas waren, soweit sie sich näher bestimmen ließen, mehrzeilige. Die zweizeiligen kamen hier erst im Mittelalter auf.

Gerstenanbau in Deutschland vom Mittelalter bis heute

Im Mittelalter war, wie schon beschrieben, Roggen zur Hauptbrotfrucht geworden. Gerste spielte im allgemeinen eine nachgeordnete Rolle. Nur in klimatisch kühleren Gebieten, wie in Schweden, Dänemark, Schleswig-Holstein und in vielen Bergländern Deutschlands behielt Gerste die große Bedeutung, auch als Brotgetreide. So wurde z. B. noch im vorigen Jahrhundert auf der kargen und kühlen (rauhen) Schwäbischen Alb außer Roggen und Hafer viel Gerste (Spelzgerste) angebaut. Zwischen die Gerste hatten die Bauern Linsen gesät. Beides zusammen geerntet, gedroschen und auch zusammen vermahlen, ergab ein nahrhaftes Mehl für die rauhen, schweren Brote (nach Jänichen 1970).
Zu Beginn unseres Jahrhunderts hatte die Gerste im Deutschen Reich keine große Bedeutung mehr. So lag ihr Anteil zwischen den Jahren 1909 und 1913 nur bei 12–13 Prozent des Getreides, stieg dann aber beständig. Zwischen 1935 und 1938 waren es in Deutschland 17 Prozent. Der starke Anstieg des Gerstenanbaus in der Bundesrepublik erfolgte 1967, und dann kam 1974 noch ein Sprung. Zwischen 1961 und 1980 ist die Produktion der Gerste in der Bundesrepublik von 2722 auf 8826 Tausend Tonnen angestiegen, wobei sie den Weizenanbau 1977 überflügelt hatte (nach den Stat. Jb. d. BRD).

Die ältesten prähistorischen Gerstenfunde außerhalb Mitteleuropas

Die ältesten prähistorischen Reste wurden in den spätpaläolithischen (altsteinzeitlichen) und mesolithischen (mittelsteinzeitlichen) Wohnhorizonten der Franchti-

Höhle im Osten des Peloponnes (Griechenland) gefunden. Sie gehören der Zeit zwischen 10500 und 6000 v. Chr. an und konnten als wilde zweizeilige, bespelzte Gerste (*Hordeum spontaneum*) bestimmt werden, die zusammen mit Körnern wilder Haferarten sowie wilden Linsen und wilden Erbsen Überreste der Nahrung waren. In den Wohn- und Abfallschichten von 6000 v. Chr. an und jünger fand sich keine Wildgerste mehr, sondern zweizeilige als Kulturform (*Hordeum distichon*) zusammen mit anderem Kulturgetreide.
Die zweite Stelle mit sehr alten Resten von Gerste konnte bei der Ausgrabung des Tells Mureybit herausgeschlämmt werden. Sie wurden auf 8400–7500 v. Chr. datiert und gehören dem vorkeramischen Neolithikum an. Das Getreide aus dieser Zeit war ebenfalls zweizeilige, bespelzte Wildgerste, die zusammen mit wildem Einkorn genutzt wurde.

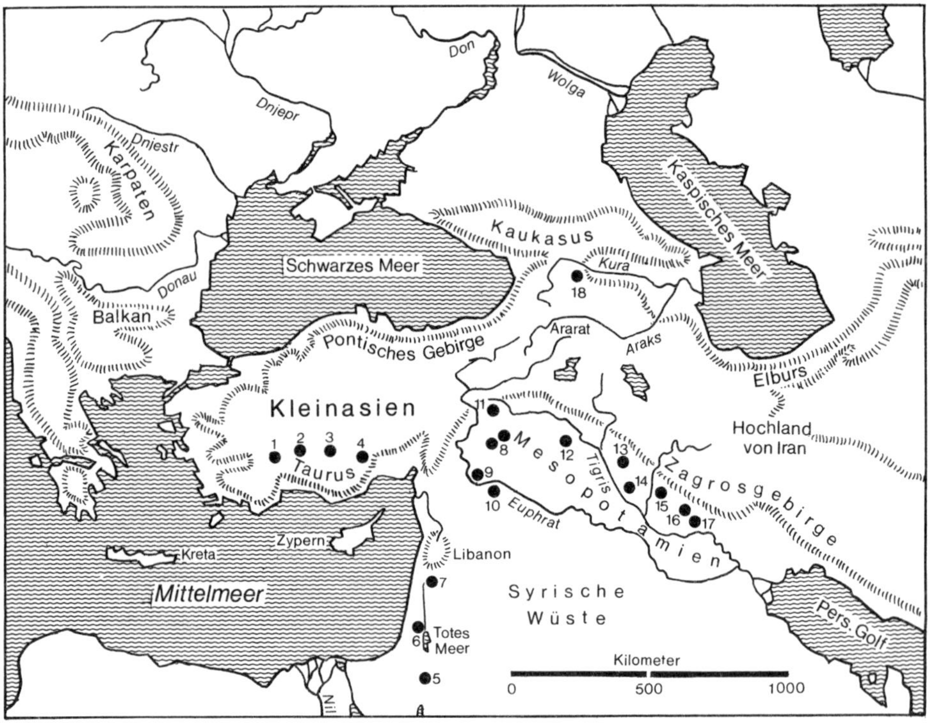

Abb. 5. Jungsteinzeitliche Siedlungen im Vorderen und Mittleren Orient, aus denen Pflanzenreste botanisch bearbeitet sind. 1 Hacilar, 2 Erbaba, 3 Çatal Hüyük, 4 Çan Hasan, 5 Beidha, 6 Jericho, 7 Ramad, 8 Aswad und Ghoraifé, 9 Mureybit, 10 Abu Hureyra, 11 Çayönü, 12 Yarim Tepe, 13 Jarmo, 14 Tell-es-Sawwan, 15 Choga Mami, 16 Ali Kosh, 17 Tepe Sabz, 18 Arukhlo. Nähere Angaben S. 463 f.

Zahlreiche prähistorische Siedlungen, die wie Mureybit bis in das vorkeramische Neolithikum zurückreichen (8400–5600 v. Chr.), sind in den vergangenen Jahrzehnten im Vorderen Orient und einige in Griechenland ausgegraben worden. Von einem Teil wurden auch die Pflanzenreste bearbeitet. Aus Abb. 5 ist zu ersehen, daß diese ältesten festen Siedlungen mit Pflanzenbau und teilweise auch Viehhaltung ihren Schwerpunkt im Vorderen Orient haben, und zwar in der südlichen Türkei, in Israel, Syrien, Nordirak und Südwestiran.

Was die Gerste anbetrifft, so wurde dort, außer in der untersten Schicht von Mureybit (Nr. 9), zusammen mit zweizeiliger Wildgerste (*Hordeum spontaneum*), auch zweizeilige Kulturgerste (*H. distichon*) angetroffen. Diese ist nicht mehr spindelbrüchig und hat dickere Körner. In Aswad (Nr. 8, um ca. 7800–7000 v. Chr.) sind 62 Prozent Spindelglieder von Wildgerste und 26 Prozent von zweizeiliger, kultivierter Spelzgerste ausgezählt worden. In Ramad (Nr. 7, um ca. 6200–5900 v. Chr.) waren dies 35 zu 49 Prozent, d. h. es gab dort bereits mehr Kulturgerste. Aus dem langen Zeitraum des vorkeramischen Neolithikums konnten die Bearbeiter obiger Liste, v. Zeist und Bakker-Heeres (1982/85), noch viele intermediäre Typen feststellen, die entwicklungsmäßig zwischen der wilden und kultivierten Zweizeilgerste standen bzw. die noch nicht ganz spindelfest waren. In Haçilar (Nr. 1) und Beidha (Nr. 5) werden entsprechende Formen als »kultivierte« Wildgerste (*H. spontaneum*) bezeichnet. In Jericho (Nr. 6) und Jarmo (Nr. 13) fand sich voll kultivierte Zweizeilgerste (*H. distichon*).

Mehrzeilige Nacktgerste stammt sowohl aus Hacilar (Nr. 1) und Çatal Hüyük (Nr. 3), Aswad, Phase II und Ghoarifé (Nr. 8) als auch aus Choga Mami (Nr. 15), Ali Kosh (Nr. 16) und Tepe Sabz (Nr. 17), mehrzeilige Spelzgerste aus Yarim Tepe (Nr. 12), Choga Mami (Nr. 15), Ali Kosh (Nr. 16) und Tepe Sabz (Nr. 17). Wie man sieht, kamen an den einen oder anderen Orten mehrere Gerstenformen vor. In Taf. 13 sind besonders gut erhaltene Reste verkohlter Spelz- und Nacktgerste zu sehen.

Am besten konnten die verschiedenen Formen von Gerste an der steinzeitlichen Siedlung Ali Kosh, die in einer kleinen alluvialen Ebene im Hügelland am Fuß des Zagrosgebirges liegt, studiert werden. Hier waren bei der Ausgrabung mehrere datierbare Siedlungshorizonte freigelegt worden. Die älteste Schicht enthielt Emmer und kultivierte Zweizeilgerste sowie Wildeinkorn und Früchte verschiedener Wildpflanzen. In der dritten Schicht (der Mohamed-Jaffar-Phase von 5800 v. Chr.) fand sich erstmals die sechszeilige Spelzgerste zusammen mit kultiviertem Emmer, Weizen, Lein und anderen Arten.

Zu der zeitlichen Aufeinanderfolge der Gerstenformen läßt sich daher sagen, daß die zweizeilige bespelzte Wildgerste die älteste war, die in diesem Lebensraum genutzt wurde. Darauf folgte die zweizeilige bespelzte Kulturgerste, danach die mehrzeiligen Kulturgersten als nackte oder bespelzte Formen.

In der folgenden Periode der Jungsteinzeit (6200–4500 v. Chr.) überwiegen im Vorderen Orient die mehrzeiligen Kulturgersten gegenüber den zweizeiligen. In dieser Epoche ist die starke Verbreitung in Griechenland erfolgt und gegen Mitte oder Ende dieser Zeit weiter nach Nordosten in den Süden der Sowjetunion (westlich des Schwarzen Meeres, beiderseits des Kaukasus, südöstlich des Kaspischen Meeres) sowie nach Nordwesten zum Balkan. In zahlreichen Fundstellen Griechenlands (6200–3800 v. Chr.) und einigen in Bulgarien und Ungarn (ab 4800 v. Chr.) wurden zwar im allgemeinen Emmer und Einkorn als Hauptgetreide sowie Nackt- und Spelzgerste als zweites Getreide genutzt, doch gibt es stellenweise auch Alleinfunde von Gerste, z. B. in Saliagos/Thessalien in Griechenland (4400–3800 v. Chr.), wo mehrzeilige Spelzgerste in großen Mengen gefunden wurde. In Sava bei Varna (Bulgarien, 4000 v. Chr.) sind Vorräte von mehrzeiliger Nacktgerste in Tongefäßen gefunden worden, die bei einem Brand verkohlt waren. Im Zuge der Ausbreitung der neolithischen Ackerbaukultur war die Gerste auch zu uns gekommen, wie bereits berichtet. Während der Bronze- und Eisenzeit war Gerste die Hauptgetreideart Griechenlands und großer Teile des Vorderen Orients.

Verwendung der Gerste

Wir essen in Deutschland kein Gerstenbrot; höchstens wird Gerstenmehl manchen Biobroten zugesetzt. Gerste dient bei uns im wesentlichen als Futter- und Braugerste. In Ländern mit extremen klimatischen Bedingungen, wie hoch im Norden oder in heißen, trockenen Gebieten, wo Weizen, Roggen und Hafer nicht mehr angebaut werden können, wird Gerste heute noch für Brot oder Brei genutzt.

Dasselbe ist in vorgeschichtlicher Zeit sicher auch der Fall gewesen. Davon zeugen wiederholte Nennungen der Gerste in griechischen Epen. Zur mykenischen Zeit (Ende Bronzezeit) wird von dem Dichter Homer die Gerste häufig genannt für Götter, Menschen, Rosse und Stiere; z. B. in der Odyssee als Vorbereitung für die Fahrt nach Troja: »Schütte mir auch noch Mehl in wohlgeheftete Schläuche zwanzig volle Maß von feingemahlener Gerste« (2, 354). »Auch trug er (Nestor) ein Körbchen mit Opfergerste« (für die Göttin Athene), (3, 441). »Gerstmehl und funkelnden Wein für die Krieger« (19, 197).

Die Verwendung von Gerste zur Bierherstellung ist ebenfalls wichtig gewesen. Das zeigt z. B. der Befund an einer ägyptischen Mumie, den der Botaniker G. Schweinfurth beschrieben hat: »Eine völlig unversehrte Mumie in einem Grab von Scheich-Abd-el-Qurna (22. Dyn.) war mit einer großen Anzahl Pflanzen geschmückt. Sie lag völlig bedeckt unter beblätterten Sykomorenzweigen. Um den Hals trug die Mumie einen Kranz, aus gekeimten Gerstenkörnern bestehend, welche nach Art eines Schopfes, der durch die verfilzten Würzelchen zusammengehalten wurde, verflochten waren. Es ist wirkliche Malzgerste mit 5–7 Zentimeter langen Wurzeln, genau in dem Zustand, in dem wir dasselbe zur Bierbereitung gebrauchen.«

Die Ableitung unserer Gerste

Wilde, zweizeilige, bespelzte Gerste (*Hordeum spontaneum*) ist heute im gesamten Vorderen Orient bis Mittelasien sowie im östlichen Mittelmeergebiet verbreitet, auch in Teilen Nord- und Ostafrikas (Äthiopien). Sie hat Ähren mit wesentlich dickeren und längeren Grannen als unsere zweizeilige Kulturgerste (Taf. 15). Die Ährenspindel dieser Wildgerste ist völlig brüchig. Wenn sie bei beginnender Reife berührt wird oder sogar schon durch den Wind, lösen sich von der Ährenspitze aus die einzelnen Ährchen mitsamt dem dazugehörigen Spindelglied (Taf. 14 oben). An dem rechts herausgelösten Ährchen ist besonders gut erkennbar, daß das mittelständige, lang begrannte Korn beiderseits von schmalen Spelzen der sterilen Seitenblüten flankiert wird. Das Spindelglied ist außerordentlich hart und zum Einbohren in den Erdboden geeignet. Die starke Granne mit Widerhaken, in die das schmale Korn ausläuft, eignet sich zum Hängenbleiben an Tieren und dient damit der natürlichen Verbreitung. Zum Vergleich zeigt Taf. 14 unten unsere heutige kultivierte zweizeilige Gerste in derselben Vergrößerung. Man erkennt die breiteren und dickeren bespelzten Körner, die schwächere Granne mit nur kleinen Widerhäkchen und die auch nach dem Dreschen heil gebliebene Ährenspindel.
Wegen der Bedeutung als Vorfahr oder naher Verwandter unserer Kulturgersten sind Standorte und Formen dieser Wildgerste von verschiedenen Botanikern eingehend studiert worden. Sie ist, was Form, Größe und Farbe anbelangt, sehr variabel und kommt sowohl auf Primärstandorten in annähernd natürlicher Vegetation (Taf. 15) und an den Wadis (Flußbetten in der Wüste mit nur zeitweiser Wasserführung) vor als auch auf Sekundärstandorten, das heißt als Unkraut in Getreidefeldern, in Dörfern, an Wegrändern und anderen vom Menschen beeinflußten Stellen. Ihre Form soll am variabelsten in Äthiopien (Ostafrika) sein (Näheres bei Harlan 1979 und Harlan u. Zohary 1969). Das Wachstum ist jedoch, ebenso wie bei anderen Wildgetreiden, nur da möglich, wo im Winter noch ausreichend Niederschläge fallen.
Die Kulturformen der Gerste aus den frühneolithischen Siedlungen des Vorderen Orients müssen aus bespelzten Wildgersten hervorgegangen sein, als mit Besserwerden des Klimas nach dem Ende der Eiszeit die damals dort lebenden Jäger und Sammler anfingen, die ersten Wildgetreide bei ihren Wohnstätten auszusäen (dies frühestens

im 9. Jahrtausend v. Chr.). Das geht aus den prähistorischen Gerstenfunden im Vorderen Orient hervor. Weiter oben wurde beschrieben, daß die ältesten Gerstenfunde zweizeilige Wildgersten waren (z. B. in Mureybit/Nordsyrien, etwa um 8400–7500 v. Chr.). Zwischen etwa 7000 und 6500 v. Chr. ließ sich der Übergang von der brüchigen zur festen Ährenspindel beobachten, d. h. der Übergang von zweizeiliger Wildgerste zu zweizeiliger Kulturgerste. Im selben Gebiet tauchten danach um etwa 6000 v. Chr. auch sechszeilige Kulturgersten in bespelzten und nacktkörnigen Formen auf. Die nähere Beschaffenheit der genannten heutigen zweizeiligen Wildgerste (*H. spontaneum*) aus dem Vorderen Orient beschrieb Hans Helbaek (1970) folgendermaßen: »In wilden und kultivierten Zweizeilgersten ist nur die mittlere Blüte sexuell vollständig (mit Fruchtknoten und Staubblättern), die beiden seitlichen Blüten sind steril oder enthalten nur ein Geschlecht. Diese physiologische Situation wird genetisch gesteuert und kann durch Mutationen verändert werden, ebenso wie das Bespelztsein der Körner und die brüchige Achse.« Helbaek betonte, der Zustand der Wildgerste (*H. spontaneum*) diene in idealer Weise der natürlichen Verbreitung. Bei drei ausgebildeten Körnern auf jedem Spindelglied werde diese zu schwer, um effektiv natürlich verbreitet zu werden. Dies sowie die Nacktkörnigkeit seien daher als Domestikationsschritte (Auslese) durch den Menschen aus der ursprünglich zweizeiligen Wildgerste anzunehmen.

Für die Bergländer Mittel- und Ostasiens kann möglicherweise auch mit Ableitungen von Kulturgersten aus wildwachsenden Sechszeilgersten gerechnet werden. Solche sind in mehreren Formen oder Arten von verschiedenen Forschern festgestellt worden, wie *H. agriocrithon* in den Bergländern von Tibet, *H. lagunculiforme* und andere in Turkmenien, Usbekistan, Tadschikistan (alles UdSSR). Sie besitzen drei Körner auf einem Absatz der Ährenspindel. Die Achse aber zerbricht von selbst während der Reife. Sie wachsen dort, zusammen mit zweizeiligen Wildgersten, als Unkräuter in Getreidefeldern. Die Meinungen darüber sind jedoch geteilt, ob sie echte Wildpflanzen oder Bastarde zwischen wilder zweizeiliger Gerste mit den im selben Gebiet angebauten sechszeiligen Kulturgersten sind.

Nachweise wilder Sechszeilgersten aus vorgeschichtlichen Funden in archäologischen Ausgrabungen gibt es allerdings bisher nicht. In Nordchina sind aus dem frühen Neolithikum (Yang-Shao-Kultur am Mittellauf des Hoangho) an Getreidearten nur Hirsen festgestellt worden. Die ältesten Gerstenfunde tauchten dort um etwa 1300 v. Chr., zusammen mit Weizen, auf. Sie waren bereits voll kultiviert. Auch in Georgien (südlich des Kaukasus) waren die frühesten Gerstenfunde aus dem Ende des 5./Anfang 4. Jahrtausend v. Chr. ebenfalls Kulturformen. Entsprechendes ist an neolithischen Funden in Pakistan festgestellt worden. Trotzdem sind weitere Ausgrabungen in Mittel- und Ostasien nötig, bei denen die Pflanzenreste bearbeitet werden.

Zusammenfassend läßt sich festhalten: Seit 1977 ist Gerste in der Bundesrepublik die am meisten angebaute Getreideart. Verwendet wird die zweizeilige Form größtenteils als Braugerste, die mehrzeilige Form überwiegend als Viehfutter sowie zur Herstellung von Graupen. Gerste besitzt von allen Getreidearten der Welt die größte Anpassungsfähigkeit. Sie geht als mehrzeilige Sommergerste am weitesten nach Norden und in den Hochgebirgen am höchsten hinauf, bildet beide Male die Grenze des Getreidebaus. Sie ist außerdem weitgehend salz- und dürreresistent, noch geeignet für Alkaliböden der Wüstentiefländer und neu eingedeichte Köge an der Nordsee sowie für sommertrockene Gebiete des Mediterrangebietes und der Subtropen. Kulturhistorisch gehört die Gerste in Europa und Asien zu den ältesten Getreidearten, die mit dem Beginn der steinzeitlichen Ackerbaukulturen, zusammen mit Emmer und Einkorn angebaut wurden. Die überhaupt ältesten Gerstenfunde gehören der zweizeiligen Wildgerste (*Hordeum spontaneum*) an. Sie wurden in mittelsteinzeitlichen Wohnschichten, einer Höhle im Osten des Peloponnes (Griechenland) und in mehreren jungsteinzeitlichen Siedlungen im Vorderen Orient gefunden (Zeitraum zwischen etwa 10000 und 7000 v. Chr.). Daran schließen sich in lückenloser Form im selben Gebiet zuerst zweizeilige, danach mehrzeilige Kulturgerste an. Daraus wird geschlossen, daß diese Wildgerste oder ein damals entsprechender Typus die Stammform unserer zwei- und mehrzeiligen Kulturgerste ist. Die genannte Wildgerste wächst heute in Vorder- und Mittelasien in mehreren geographischen Rassen. Sie zeigt dabei eine außerordentlich große ökologische Anpassungsfähigkeit.

HAFER (*Avena* spp.)

Verschiedene Angaben einschließlich Inhaltsstoffe. Haferarten

Hafer ist unsere einzige Getreideart, bei der die Körner nicht in Ähren stehen, sondern in Rispen hängen (Taf. 16). Der in der Bundesrepublik angebaute Hafer ist Saathafer (*Avena sativa* L.). Seine Früchte bleiben nach dem Dreschen bespelzt und müssen für die menschliche Ernährung in besonderen Mühlen entspelzt werden, um Körner, Flocken und Grütze zu gewinnen. Die Spelzen sind aber nicht mit dem Korn verwachsen wie bei der Gerste, sondern umschließen dieses nur sehr fest. In Mitteleuropa wird Hafer nicht als Brotgetreide genutzt. In Westeuropa, besonders in Irland, wo Hafer aus klimatischen Gründen das Hauptgetreide ist, wurde früher jedoch auch Haferbrot gegessen. Nur in wenigen landwirtschaftlichen Betrieben der Bundesrepublik wird

anstelle des bespelzten Saathafers Nackthafer angebaut, um diesen direkt nach dem Dreschen für den menschlichen Verzehr (als Grütze) verkaufen zu können.
Inhaltsstoffe entspelzter, lufttrockener Haferkörner sind: 11–15% Wasser, 55–65% Kohlenhydrate, 12–13% Protein, 7–8% Fett, 2–3% Mineralstoffe und 1–2% Fasern (nach Souci et al. 1981). Protein- und Fettgehalt sind höher als bei Weizen, Gerste und Roggen. Die Proteinmenge liegt im Bereich wie bei Dinkel und Emmer (vgl. Tab. 1, S. 27). Vom Standpunkt der biologischen Wertigkeit steht Hafer an der Spitze unserer derzeitig angebauten vier Getreidearten, denn zum einen ist der Anteil der acht lebenswichtigen Aminosäuren (wie Isoleucin, Leucin, Lysin u. a.) höher (überboten nur noch von Hirse), zum anderen besteht das Fett zu 70–80 Prozent aus ungesättigten Fettsäuren und ist reich an Lezithin. Das Fett befindet sich in Form kleiner Ölkügelchen nicht nur in der Randschicht des Korns und im Keimling, wie bei den übrigen Getreiden, sondern liegt auch fein verteilt in den Stärkezellen des Nährgewebes. Dazu kommt noch, daß zur Herstellung von Haferflocken die Körner ja nur entspelzt, aber nicht die äußere Kornschicht abgeschält zu werden braucht, somit auch die Vitamine (besonders der B-Gruppe und E) darin bleiben, welche dort und im Keimling lokalisiert sind. Wegen seines hohen gesundheitlichen Werts wird Hafer auch als diätetisch wirksames Nahrungsmittel verwendet (z. B. für Kuren bei Zuckerkrankheit). Im Mittelalter und in der frühen Neuzeit hat die schwer arbeitende Landbevölkerung, je nach Gegend, Hafer- oder Dinkelbrei als tägliche, kraftspendende Morgenmahlzeit gegessen. Der größte Teil des bei uns angebauten Hafers aber wird als hochwertiges Viehfutter verwendet.
Saathafer benötigt ein gemäßigtes Klima mit viel Niederschlägen und hoher Luftfeuchtigkeit. Daher liegt sein Anbauschwerpunkt in Norddeutschland, wo er auf den fetten, schweren Marschböden, sogar frisch eingedeichter Köge, ebenso gut gedeiht wie in den höheren Lagen unserer Mittelgebirge. Da Hafer empfindlich gegen Frost ist, wird er in Deutschland nur als Sommerfrucht angebaut.
In der Getreideerzeugung steht Hafer in der Bundesrepublik an dritter Stelle (nach Gerste und Weizen). In Europa wird Hafer vor allem in mittleren und nördlichen Ländern angebaut und ist in Irland, Wales, Schottland, Nordfrankreich (Bretagne) und Südschweden Hauptgetreide. Die dortigen vielen Niederschläge und die hohe Luftfeuchtigkeit begünstigen das Gedeihen des Saathafers in dem Maße wie dies den anderen Getreidearten abträglich ist. In Rußland reicht der Anbau bis zum Ural. Gering ist die Bedeutung südlich der gemäßigten Zone: auf dem Balkan, im Mediterrangebiet und in Teilen Nordafrikas. In Nordamerika liegt die Zone des intensiven Anbaus von Saathafer nördlich des 40. Breitengrades (nach Coffmann 1961 und Becker-Dillingen 1927). In der Weltproduktion steht Hafer an fünfter Stelle der Getreidearten (nach Weizen, Mais, Reis und Gerste) und zwar 80 Prozent Saathafer und 20 Prozent Byzan-

tinischer Hafer (*Avena byzantina*), einer Haferart des sommertrockenen und -heißen Mediterranklimas: In den südlichen Teilen von Frankreich, Spanien, Italien, Griechenland, Türkei, ferner in Nordafrika und in den südlichen USA (besonders Texas), wo der Byzantinische Hafer als Grünfutter zur Beweidung gesät wird, weiterhin in Südamerika, Australien und in Neuseeland.
Eine weitere Haferart wird heute bei uns zwar nicht mehr angebaut, gedieh aber bis in den Anfang unseres Jahrhunderts noch unter extremen Bedingungen, unter denen Saathafer keine lohnenden Erträge mehr brachte: der Sand- oder Rauhhafer (*Avena strigosa*). Dieser ist angepaßt an rauhere Lebensbedingungen: höhere Berglagen und/oder armen Boden (daher die Bezeichnung Sandhafer) sowie an noch mehr Niederschläge. Aus diesen Gründen ist er in den Hochlagen des Schwarzwalds und auf den armen Sandböden Ostfrieslands angebaut worden. Im übrigen wird sein Anbau von Coffman (1961) für folgende Länder angegeben: NW-Europa von Portugal bis Südfinnland. Auf den Britischen Inseln findet er sich am meisten in Wales, Schottland und auf den Shetland-Inseln.
Flughafer (Windhafer, Sommerflughafer *Avena fatua* L.) dagegen ist ein Unkraut in Sommergetreide, besonders in Hafer- und Gerstenfeldern. Man sieht diese großen und lockeren Rispen über das Kulturgetreide hinausragen (Taf. 16 rechts). Seine stark behaarten und abstehend begrannten Spelzfrüchte fallen jedoch bei der Reife von selbst aus. Die rasante Vermehrung in der Bundesrepublik in den vergangenen 20 bis 25 Jahren ist auf die geänderte Fruchtfolge zugunsten von mehr Sommergetreide zurückzuführen und auf das Spritzen des Getreides mit chemischen Vertilgungsmitteln gegen zweikeimblättrige Unkräuter, wodurch die einkeimblättrigen Unkräuter (besonders die Gräser Windhalm und Flughafer) sich stärker ausbreiten konnten.

Die Geschichte des Hafers nach prähistorischen Funden in Mittel-, West- und Nordeuropa

Unser Saathafer hat eine dem Roggen ähnliche Geschichte. Wie dieser, ist er im Gebiet seiner Entstehung aus der Rolle eines Unkrauts in Getreidefeldern hervorgegangen. Nach seiner Einschleppung in Mitteleuropa vermehrte er sich während der vorrömischen Eisenzeit bis zu dessen eigenständigem Anbau. Als eine wichtige Ursache wird die Verschlechterung des Klimas (Abkühlung und mehr Niederschläge) seit etwa der Wende Bronze-/Eisenzeit (rd. 1000–800 v. Chr.) angesehen. Seine größte Bedeutung erreichte er, wie der Roggen, vom Mittelalter bis in die Neuzeit.
Einiges ist aber trotzdem anders und weniger durchsichtig als beim Roggen. Das hängt sowohl mit seiner längeren Anlaufzeit zusammen als auch damit, daß in dem genann-

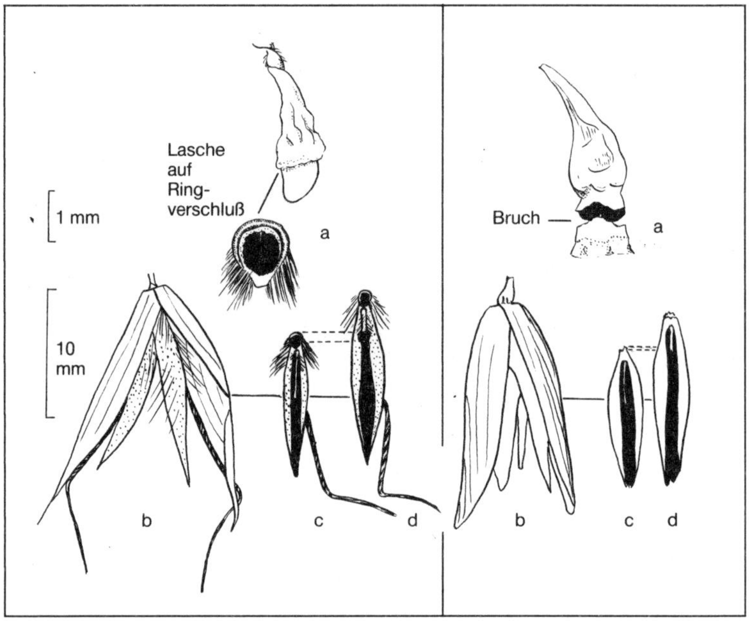

Abb. 6. Wildhafer (links Flughafer *Avena fatua*) und Kulturhafer (rechts Saathafer *Avena sativa*) im Vergleich. a) Befestigungsmechanismus des Ährchens am Rispenstiel, beim Flughafer als Ringverschluß mit Lasche, beim Saathafer als Bruchfläche; b) ein Ährchen, c) zweite Spelzfrucht, d) erste Spelzfrucht.

ten Lebensraum zwei wilde Haferarten (Flug- und Taubhafer) und zwei (oder drei) Kulturhafer (Saat- und Sandhafer, möglicherweise in wintermilden Gegenden auch Byzantinischer Hafer) vorkommen können. Taf. 17 und Abb. 6 zeigen die Bautypen der Früchte eines Wildhafers und eines Kulturhafers. Beim Flughafer (*A. fatua*) besitzen beide Spelzfrüchte eines Ährchens einen besonderen Befestigungsmechanismus, bei dem eine schräg-senkrecht stehende Lasche des Rispenstielchens in einen Ringverschluß (Kallus) der Spelzfrucht greift. Diese Verbindung löst sich bei der Reife, noch gefördert durch plötzliche Drehbewegung des schraubig gewundenen Rispenstielchens. Eine dicke gedrehte und gekniete Granne auf dem Rücken jeder Spelzfrucht und steife borstige Behaarung an deren Basis dienen zusätzlich der natürlichen Verbreitung. Im Gegensatz hierzu brechen beim Saathafer (*A. sativa*) beide Spelzfrüchte nur noch auf Druck (beim Dreschen) ab. Die Früchte selbst sind glatt und bei den modernen Hochzuchtsorten alle grannenlos. Hingegen hatten alte Landsorten an einem

Teil der ersten Spelzfrüchte eine Granne. Sie saß aber höher und war meistens nur dünn und nicht mehr gedreht.

Der andere Wildhafer (Taubhafer, Winterflughafer *A. sterilis*) besitzt weniger Wildpflanzenmerkmale, denn den schräg-senkrechten Kallus (Ringverschluß) weist nur die erste Spelzfrucht auf. Die zweite Spelzfrucht bricht wie beim Saathafer nur auf Druck ab. Die Ährchen mit je zwei bis vier Spelzfrüchten fallen somit bei der Reife als Ganzes ab. Der andere Kulturhafer (Byzantinischer Hafer) enthält noch mehrere Wildpflanzenmerkmale seines Vorfahren, des Taubhafers. Beim Sandhafer (*A. strigosa*) trägt jeder der beiden Spelzfrüchte eine dicke gedrehte Granne, aber als Befestigung beider Früchte dient jeweils nur ein dünnes, langes Stielchen.

In prähistorischen Ausgrabungen haben sich sowohl verkohlte Körner und Spelzen als auch Abdrücke von Hafer in Keramikscherben und Wandlehm gefunden. Unbespelzte Körner lassen sich zwar leicht als Hafer bestimmen, aber nicht der einen oder anderen Art zuordnen. Das ist nur anhand von bespelzten Früchten möglich, wobei es optimal ist, wenn die Ährchen noch heil geblieben sind.

Obwohl ein solcher Zustand unter allen bisherigen prähistorischen Haferfunden nur wenige Male aufgedeckt werden konnte, war das doch ausgerechnet bei dem ältesten Haferfund Mitteleuropas der Fall. In der Seeufersiedlung Auvernier am Neuenburger See (Westschweiz), die in das Spätneolithikum datiert wird (ca. 2400 v. Chr.), fand sich bei der archäologischen Ausgrabung ein Tongefäß, das mit verkohltem, bespelztem Hafer angefüllt war. Dazwischen lagen auch 30 heil gebliebene Ährchen. An diesen konnte die Botanikerin Margita Villaret-von Rochow (1971) erkennen, daß die erste Spelzfrucht den schräg-senkrecht stehenden Ringwulst hatte, die zweite Spelzfrucht aber nur ein einfaches Stielchen. Beide Spelzfrüchte trugen je eine dicke gedrehte Granne. Diese Merkmale treffen für den mittelmeerischen Taubhafer (*A. sterilis*, hier ssp. *ludoviciana*) zu. Ohne die intakten Ährchen hätte nach Aussagen der Bearbeiterin auch die Kombination von zwei anderen Haferarten (Flug- und Sandhafer) vorliegen können. Weitere steinzeitliche Haferfunde gibt es in Osteuropa. Auf diese wird erst später eingegangen.

In der nachfolgenden Bronzezeit sind jeweils wenige Haferkörner in einem bereits großen Gebiet gefunden worden: im nördlichen Alpenvorland, im Rheinland, in den Niederlanden, Dänemark und Südschweden.

Aus dieser Zeitspanne ist ein Fundplatz, Langweiler Kr. Jülich, im Rheinland am wichtigsten, weil hier in derselben Fundstelle die beiden Haferarten, Saat- und Flughafer, nachgewiesen werden konnten. Sie fanden sich bei einer archäologischen Ausgrabung. Die Erde aus den Pfostenlöchern eines Speichers vom Ende der Bronzezeit (Urnenfelder-Kultur) wurde von Karl-Heinz Knörzer (1972) ausgeschlämmt und die botanischen Reste bestimmt. Saathafer war mit 3, 2 und 8 Exemplaren vertreten, Flug-

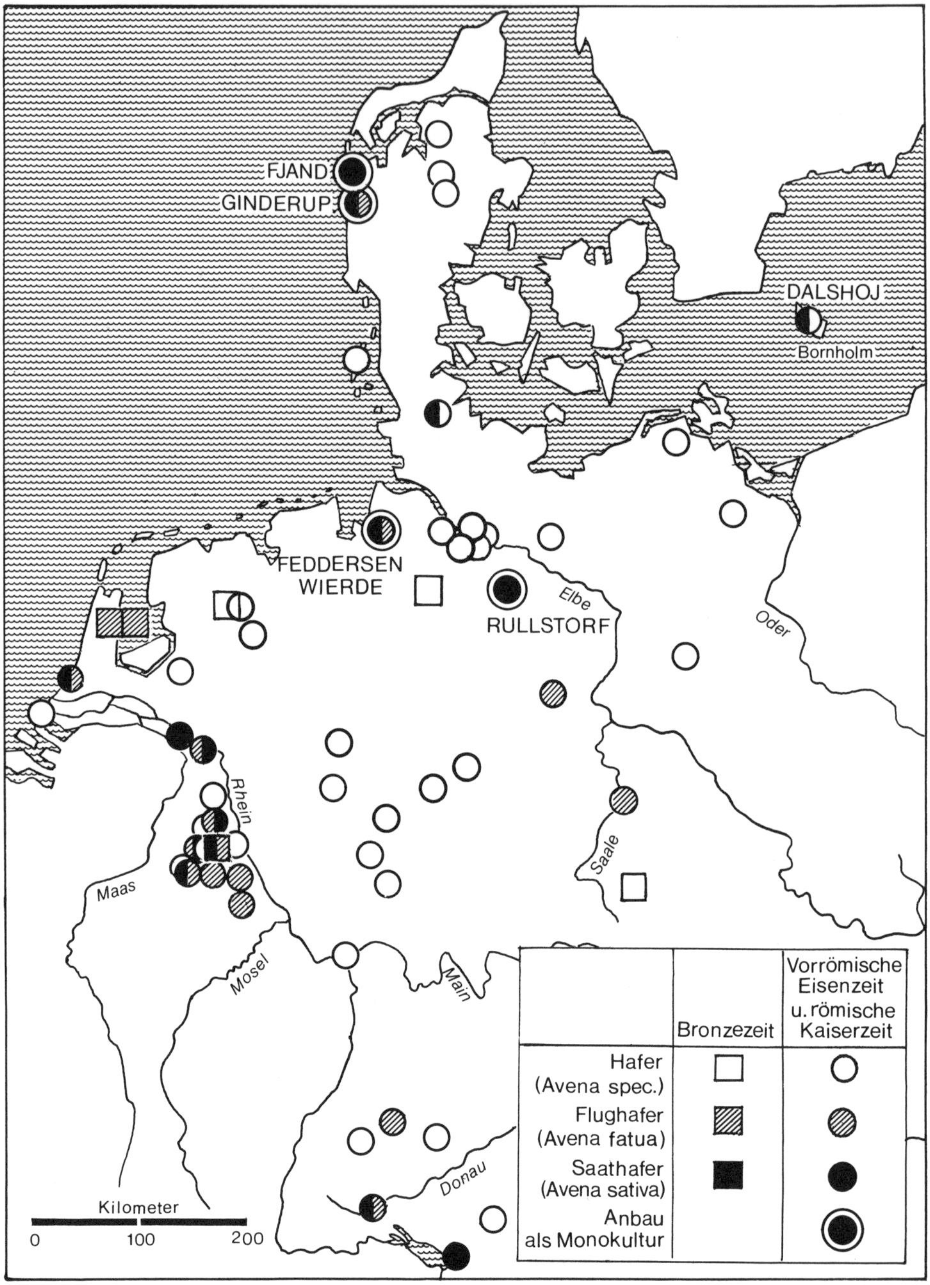

Abb. 7. Haferfunde aus der Bronzezeit, vorrömischen Eisenzeit und römischen Kaiserzeit in Deutschland, Dänemark und den Niederlanden. Zugrunde gelegt wurden nur bespelzte Körner mit erhaltener Basis. Unter Hafer, der nicht näher bestimmbar war, wurden nackte Körner und Exemplare ohne nähere Angaben zusammengefaßt.

hafer mit 13, 6 und 2 Exemplaren. Dazu kamen weitere nicht näher bestimmbare Haferkörner ohne Spelzen.

Der Nachweis vom gleichzeitigen Erscheinen des Saat- und Flughafers in Langweiler ist deswegen so wichtig, weil bis vor einiger Zeit angenommen wurde, daß in Mitteleuropa sich unser Saathafer während der Bronzezeit aus dem Flughafer (als dessen wildem Vorfahren) entwickelt habe. Diese Annahme gründet sich darauf, daß früher in Mitteleuropa nur Funde des Flughafers aufgedeckt worden waren, aber keine vom Saathafer.

Die Haferkörner aus der Endbronzezeit lagen zwischen Gerste und/oder Emmer als Hauptgetreide. Ihr Anteil an diesem betrug in den Niederlanden etwa 0,1–1 Prozent und war in Langweiler mit 7,8 Prozent schon relativ hoch. Trotzdem muß man annehmen, daß es sich um ungewollte Beimengungen (Verunkrautung) am Hauptgetreide handelte.

Die weitere regionale Ausbreitung mit Beginn der vorrömischen Eisenzeit erfolgte nun zügig. Bis zur römischen Kaiserzeit faßten die Haferarten Fuß in Britannien und vermehrten sich in Schleswig-Holstein sowie in Dänemark und Südschweden.

Auf der Fundkarte (Abb. 7) fällt die Häufung der Fundstellen im Westen und Norden auf. Östlich der Elbe liegen nur wenige Haferfunde, obwohl das dortige Gebiet vorgeschichtsbotanisch gut bearbeitet ist. Auch in Süddeutschland spielte Hafer zu der Zeit nur eine untergeordnete Rolle. Er war ein spärliches Unkraut in Gersten- und Spelzweizenfeldern. Höher ist der Anteil nördlich des Mains im Bereich der Mittelgebirge. Die größte Häufung findet sich am Niederrhein, an der Niederelbe, im Nordsee-Küstengebiet und im nördlichen Jütland. In ganz Deutschland war Hafer während der vorrömischen Eisenzeit in 33 Prozent der Fundstellen vertreten.

Der früheste Nachweis vom Reinanbau des Saathafers stammt aus Rullstorf, Kr. Lüneburg. Er wird aufgrund der Keramik auf das 2. oder 1. Jahrhundert datiert. Im Innern eines abgebrannten dreischiffigen Langhauses wurde eine Vorratsgrube freigelegt, die große Mengen verkohlten Getreides enthielt. Nach der Bearbeitung von Helmut Kroll (1980) bestand dieser Hafer zu 99 Prozent aus Saathafer. Von der Zeitwende an gibt es dann mehrere große Vorratsfunde von Saathafer, besonders im Küstengebiet der Nordsee und an der Niederelbe. Dabei lagen die Haferkörner an drei Stellen in Back- oder Trockenöfen. Sie waren dort nach dem Dreschen (doch vor dem Entspelzen) zum Trocknen aufgeschichtet worden. Bei einem Brand unter der Backofendecke aus Lehm verkohlten sie und haben sich deshalb so gut erhalten. Entsprechendes war auch auf der Wurt Feddersen Wierde der Fall, wo Grannen und kleinste Unebenheiten der Spelzen naturgetreu erhalten geblieben sind (Taf. 18). Die Hauptmenge dieser verkohlten Spelzfrüchte ließ sich dem Saathafer (*A. sativa*) zuordnen. Das war eindeutig an den einzelnen Spelzfrüchten und an den heil gebliebenen Ährchen erkennbar. Flughafer fand sich nur in Spuren dazwischen. Ein gewisser Anteil aber bestand aus Zwischenformen, die sowohl Merkmale von Flughafer als auch von Saathafer aufwiesen. Auf deren Deutung wird später noch zurückgekommen. Von Zwischenformen in eisenzeitlichen Saathaferfunden aus Schweden berichtet auch Hakon Hjelmquist (1955). Außerdem muß es zu der Zeit bereits verschiedene Varietäten gegeben haben. So war der Saathafer von Rullstorf bei Lüneburg überwiegend begrannt, der aus der Feddersen Wierde im allgemeinen nicht begrannt bzw. nur mit dünner, selten mit dikker Granne, versehen. Für Dänemark berichtet Hans Helbaek (1954) von zwei Fundstellen in Nordjütland, daß in Fjand die entspelzten Körner extrem lang und schmal, in Ginderup aber kurz und dick waren. Beide Fundstellen lagen auf Sandboden, so daß nach Aussagen des Bearbeiters ökologische Faktoren für die unterschiedliche Kornausbildung ausscheiden. Von einer weiteren Fundstelle (Dalshoj, Insel Bornholm) vermittelt Taf. 19 eine Vorstellung vom Aussehen der Spelzen und Körner des Saat- und Flughafers.

In Mittel- und Südwestdeutschland war zur gleichen Zeit der Anteil von Hafer am Gesamtgetreide verschwindend gering (unter 0,1%). Außerdem kam dieser nur in etwa einem Fünftel der Getreideproben vor. Wenn Plinius (23–79 n. Chr.) berichtet, daß »die germanischen Völker den Hafer säen und keinen anderen Brei als Haferbrei essen«, dann kann sich das nur auf die Germanen im Nordsee-Küstengebiet, einschließlich dortiger Flußmarschen, beziehen. Aber auch von England sind aus römischer Zeit Funde von Saathafer bekannt.

Nach dem Ende der römischen Zeit vergehen über 700 Jahre, aus denen nur sehr wenig über Getreidearten bekannt ist. Erst vom Mittelalter an beginnt die Information wieder. Um 1060 n. Chr. verkohlte in Middels (Ostfriesland) bei dem Brand der Wehrkirche der ganze darin gelagerte Getreidevorrat. Dieser enthielt außer Saathafer auch Sandhafer (*Avena strigosa*), der hiermit zum erstenmal für Deutschland von Karl-Ernst Behre (1973) nachgewiesen werden konnte.

Haferanbau aufgrund schriftlicher Nachrichten vom Mittelalter bis heute

Um 1200 war Saathafer in Südwestdeutschland ebenfalls eine häufig angebaute Getreideart. Das geht aus Zehntlisten und Lagerbüchern hervor, die es aus verschiedenen Gebieten Deutschlands von etwa 1200 an gab. Darin werden Roggen, Hafer und Dinkel als die Hauptgetreidearten genannt. Besonders in den höheren Lagen der Mittelgebirge (z. B. auf der Schwäbischen Alb) galt Saathafer als wichtige Sommerfrucht. Dort wurde von der Landbevölkerung teils Hafer, teils Dinkel als tägliches Morgenmus gegessen. Hafer diente außerdem bis ins 18. Jahrhundert als Pferdefutter. Seit der Mitte des 18. Jahrhunderts ging der Haferanbau aber zurück, weil sich die Kartoffel durchzusetzen begann und die Pferdehaltung mit beginnender Industrialisierung eingeschränkt wurde (Jänichen 1970). Trotzdem hatte der Hafer nach den Statistiken der Erntemengen noch in den Jahren zwischen 1909 und 1938 die zweite Stelle der Getreideproduktion im Deutschen Reich mit 28–33 Prozent (nach Roggen). Das Absinken seines Anteils am Getreide zwischen 1957 und 1980 in der Bundesrepublik von 17 Prozent auf 13 Prozent ist nur relativ zu sehen, denn die absoluten Erntemengen des Hafers hatten sich in diesem Zeitraum sogar ständig etwas erhöht (von 2111 auf 2658 Taus. Tonnen).

Die Rolle des Hafers im Mittelmeergebiet

In älteren Schriften ist zu lesen, daß Hafer im Mittelmeergebiet in prähistorischer Zeit nicht genutzt worden sei. Neuere Ausgrabungen mit Bearbeitung von Pflanzenresten haben nun öfter einzelne Haferkörner zwischen viel Gerste und Emmer ans Licht gebracht. So wurden in der neolithischen Siedlung Castignano (Abruzzen, Mittelitalien) 13 Haferkörner als wahrscheinlich Saathafer bestimmt. Aus römischer Zeit gibt es einige Fundstellen in Italien, z. B. in Pompeji, wo wenig Körner von Saathafer unter viel Emmer gefunden worden sind.
In Griechenland kam in bronzezeitlichen Schichten etwas Hafer zum Vorschein, wie in Kastanas (Makedonien), wo sich ebenfalls einige Haferkörner (von wahrscheinlich Saathafer) unter viel Emmer, Einkorn und Gerste fanden. In Dendra konnte für die mykenische Zeit eine Spelzfrucht des Saathafers unter Emmer nachgewiesen werden. Dank dieser Funde in Italien und Griechenland wird Hafer (darunter jedenfalls Saathafer) als spärliches Unkraut in den Getreidefeldern gedeutet.
Aus Berichten römischer Schriftsteller geht hervor, daß außer dieser Unkrautrolle Hafer auch gesät wurde, doch nur, um ihn als Grünfutter oder für Heu zu verwenden. In Asien diente der in großer Menge angebaute Hafer als Futter für das Zugvieh. »Von Menschen wird nur zur Zeit der Hungersnot aus Hafer gebackenes Brot gegessen«, so schrieb Galenus etwa 190 n. Chr. Auch als Medizin verwendete man Haferkörner. Aus diesen und anderen Berichten geht hervor, daß Hafer zwar vorkam, aber als Getreide in dem bei uns gebrauchten Sinne nicht genutzt wurde.

Die ältesten Funde von Saathafer und seine Ausbreitung in Europa

Die ältesten Funde von Saathafer stammen aus der südwestlichen Sowjetunion und zwar aus dem Gebiet nordwestlich des Schwarzen Meeres und aus Polen, beide datiert auf die zweite Hälfte des 5. Jahrtausends v. Chr. (Abb. 8). Sie kamen bei archäologischen Ausgrabungen als Abdrücke in Tonscherben und im Wandlehm abgebrannter Häuser zutage. Die Botanikerin Zoja Janushevich berichtete 1975, daß der Saathafer einen kleinen Anteil gegenüber viel Emmer, Dinkel, Weizen und Gerste gebildet hätte. Er sei in demselben Gebiet auch durch die Bronze- und Eisenzeit nachweisbar bis 100–300 n. Chr. und zu dieser letztgenannten Zeit nicht mehr unkrautartige Beimengung, sondern dort um seiner selbst willen angebaut worden.

In Polen handelt es sich um zwei einzelne Fundstellen, die östlich und westlich der

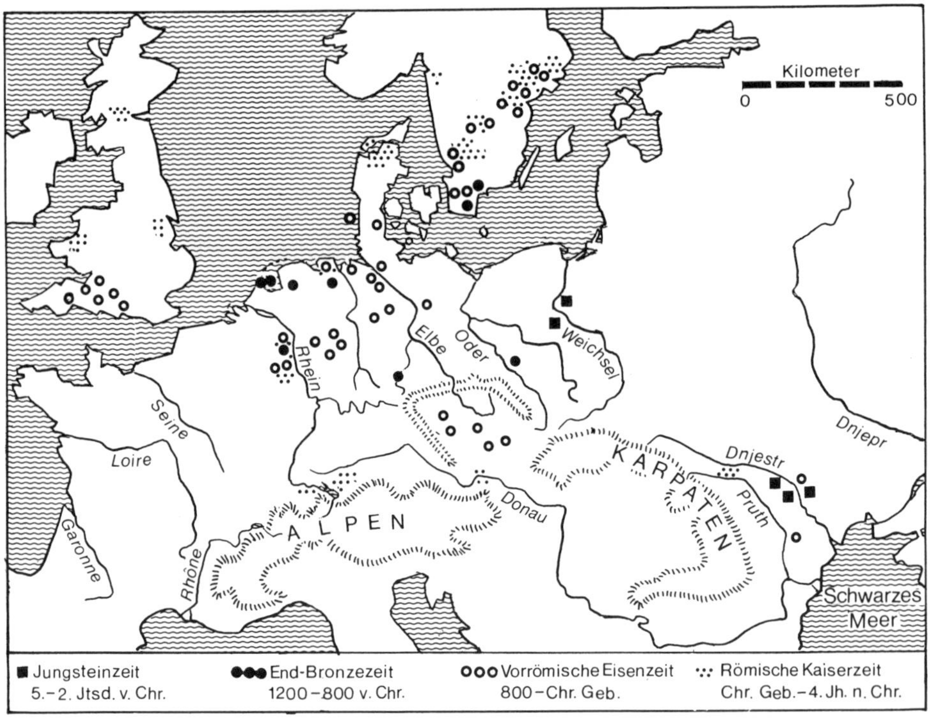

Abb. 8. Zeitliche Abfolge der vor- und frühgeschichtlichen Haferfunde von Saat- und Flughafer (*Avena sativa* und *A. fatua*) in Europa von der Jungsteinzeit (5. – 2. Jahrtausend v. Chr.) bis zum Ende der römischen Kaiserzeit (4. Jh. n. Chr.).

Weichsel liegen (Chelmza bei Torum und Strzelce bei Bydgossa). An der letztgenannten Stelle aus der Bandkeramik sind 17 Abdrücke von Körnern und Spelzen vom Saathafer, zusammen mit 39 Abdrücken von Gerste, zwölf von Roggen sowie weiteren Getreidearten bestimmt worden (laut Brief von Dr. Melanie Klichowska vom 15. 12. 1983).

In Ungarn datieren die ältesten, noch vereinzelten Haferfunde aus der Bronzezeit. Es war Flughafer. Häufiger wurde Saathafer auf dem Balkan erst im Laufe der vorrömischen Eisenzeit.

Es ist interessant, sich anhand der verschieden alten Haferfunde Vorstellungen über die möglichen Ausbreitungswege zu machen. Abb. 8 zeigt die Lage der ältesten Haferregionen im Südwesten Rußlands und in Polen. Im Laufe der Bronzezeit reichten die Funde von Saat- und Flughafer bereits vom Alpenrand bis Südschweden und von den Niederlanden bis Osteuropa. Auffällig ist die Häufung an Flüssen und in küstennahen Gebieten. In der vorrömischen Eisenzeit füllte sich der angegebene Raum, doch am meisten zwischen Elbe und Rhein. Flughafer wurde in den nordwestlichen Gebieten mehr nachgewiesen als Saathafer. Dieses Verhältnis änderte sich erst mit dem Beginn des Reinanbaus von Hafer, worüber bereits berichtet worden ist. Saat- und Flughafer kommen somit beide letztlich aus dem Osten.

Der andere Hafer aus dem Spätneolithikum der Westschweiz, der dem Taubhafer (*A. sterilis* ssp. *ludoviciana*) angehört, ist vermutlich direkt aus dem Mittelmeergebiet mit Saatgut oder Handelsware dorthin gelangt. Kontakte zwischen Menschen nördlich und südlich der Alpen sind schon aus dem Jungneolithikum archäologisch nachgewiesen.

In der Zeit zwischen Christi Geburt und 300 n. Chr. kommen im Süden einige Teile der Schweiz und Österreichs hinzu (besonders die römisch besetzten). Im Norden wird Dänemark vom Hafer erobert, und in Schweden werden die Fundstellen mit Haferarten zahlreicher. In Britannien ist die Bindung von Saat- und Sandhafer an römische Kastelle in Wales, bei Glasgow und Edinburgh (Schottland) auffällig. In den südwestdeutschen und niederrheinischen Römerkastellen hat es zur gleichen Zeit den Sandhafer nicht gegeben.

Abstammungsfragen

Heute kommen in Europa und Asien (nach Coffman 1961) 15 Haferarten vor. Diese haben drei verschiedene Chromosomensätze, so daß man – ebenso wie bei den Weizenarten – drei Reihen bilden kann.

1. Diploide (einfacher Chromosomensatz n = 7). Dazu gehören sechs Wildarten und eine Kulturart: der Sandhafer (*A. strigosa*).
2. Tetraploide (n = 14). Hierzu gehören drei Wildarten und als Kulturart der Abyssinische Hafer (*A. abyssinica*).
3. Hexaploide (n = 21), darunter die beiden Wildarten Flughafer (*A. fatua*) und Taubhafer (*A. sterilis*) und drei Kulturarten: Byzantinischer Hafer (*A. byzantina*), Saathafer (*A. sativa*) sowie der Großkörnige Nackthafer (*A. nuda*).

Die Hauptverbreitungsgebiete der di- und tetraploiden Arten liegen im Mediterrangebiet und Vorderen Orient, reichen bei manchen westlich bis an die atlantischen Küsten Europas und östlich bis in die Mongolei. Von den Hexaploiden hat der Taubhafer (= Winterflughafer, *A. sterilis*) seinen Schwerpunkt im Mittelmeergebiet, der Flughafer (= Sommerflughafer, *A. fatua*) in der gemäßigten Zone Asiens, ebenfalls bis zur Mongolei. Jede Art hat aber ihr größeres oder kleineres Verbreitungsgebiet. Diese werden im einzelnen von Sampson (in Coffman 1961) angegeben. In Mitteleuropa ist ursprünglich keine der großkörnigen Wildhaferarten gewachsen.

Aufgrund der Chromosomenzahl und -beschaffenheit sollen die Tetraploiden aus Arten der diploiden Reihe hervorgegangen sein. Die Hexaploiden haben ein dreifach verschieden zusammengesetztes Genom. Zwei Vorfahren stammen aus der diploiden, einer aus der tetraploiden Reihe. Einer der beiden diploiden Vorfahren ist noch nicht bekannt (Näheres vgl. Simmonds 1976). Man sieht also, daß die Haferarten mit größerer Chromosomenzahl sich schrittweise aus Arten mit weniger Chromosomen gebildet haben. Wann das war, weiß man nicht.

Die Kulturhafer sind natürlich erst unter dem Einfluß des Ackerbau treibenden Menschen entstanden (d. h. selektiert worden). Doch im Gegensatz zu Emmer, Einkorn und Gerste ist Hafer nicht eigens ausgesät worden. Dafür spricht sein geringer Anteil am übrigen Getreide zwischen dem 5. und 1. Jahrtausend v. Chr. Er ist aber demselben Rhythmus von Saat, Ernte, Dreschen und Reinigen unterworfen gewesen wie das angebaute Getreide und dadurch, vom Menschen unbeabsichtigt, zur Kulturpflanze geworden. Der Beginn dieser Entwicklung muß vor dem 5. Jahrtausend v. Chr. liegen, denn zu der Zeit gab es ja bereits geringe Anteile von Saathafer unter dem angebauten Getreide nordwestlich des Schwarzen Meeres und in Polen.

Saathafer ist infolge seiner Morphologie der Gipfel der Entwicklung der bespelzten Kulturhafer. (Darüber steht nur noch die Entwicklung zum Nackthafer). Demgegenüber besitzt der Byzantinische Hafer noch Formen mit Merkmalen seines wilden Vorfahren, des Taubhafers (*A. sterilis*): schräge Abbruchnarbe, Basisborsten, Begrannung. Es wird beschrieben, daß der Byzantinische Hafer durch beliebig viele Übergangsformen mit dem Taubhafer verbunden sei, zumal letzterer in drei Unterarten vorkommt (*sterilis*, *ludoviciana* und die großkörnige Subspecies *maxima*).

Noch nicht befriedigend geklärt sind letztlich die Ableitung des Saathafers und dessen verwandtschaftliche Beziehungen zu den beiden Wildarten Flug- und Taubhafer. Dabei spricht ein Indiz für den Taubhafer als Vorfahren (über die Stufe des Byzantinischen Hafers). Das betrifft die verschiedenen ökologischen Verhältnisse der beiden Wildarten. Bei Simmonds (1976) wird beschrieben, daß der Taubhafer (*A. sterilis*) heute nicht nur als Unkraut in Getreidefeldern und in verlassenen Siedlungen sowie auf zerstörtem Land vorkomme, sondern auch in »primärer Vegetation«, d. h. an einigermaßen natürlichen Standorten im Mediterrangebiet und in den Zagros-Bergen (Vorderer Orient), in der Eichen-Waldsteppe, wo er dichte Bestände bildet. Im Gegensatz hierzu ist Flughafer (*A. fatua*) nur von Unkrautstandorten bekannt, aber nicht aus natürlicher Vegetation. Flughafer muß eine enorme Vitalität und eine andere Klimaanpassung besitzen, so daß er sich (als Unkraut in Sommergetreidefeldern) über die gesamte gemäßigte Zone Eurasiens ausbreiten konnte.

Trotzdem ist die Verwandtschaft zwischen Flug- und Saathafer so eng, daß beide auf freiem Feld miteinander bastardieren, wie unter anderem die Kontrollen gezeigt haben, die in der Bundesrepublik von landwirtschaftlichen Versuchs- und Forschungsanstalten an Saathafer (zur Reinhaltung des Saatgutes) vorgenommen werden (vgl. Ullmann 1953, Leist 1981), zuletzt beschrieben von Bickelmann und Leist (1985).

Daß diese Vorgänge schon lange andauern, haben kürzliche Nachuntersuchungen an dem großen vorgeschichtlichen Hafer-Vorratsfund in dem Back- oder Trockenofen auf der Feddersen Wierde bei Bremerhaven (1. Jh. n. Chr.) ergeben. Dieser Hafer gehörte zur Periode des frühesten Reinanbaus von Hafer in Mitteleuropa. Er erwies sich als Saathafer (*A. sativa*) mit allen voll ausgebildeten Merkmalen dieses hoch entwickelten Kulturhafers, aber mit einem gewissen Anteil an Bastarden von Flughafer mit Saathafer dazwischen (vgl. Körber-Grohne, Bickelmann u. Leist, im Druck).

Vom Genetischen her ist die Frage bisher offen, ob der Flughafer eine Rolle bei der Entstehung des Saathafers gespielt oder ob er sich als vitale Unkrautform irgendwann abgespalten hat. Künftige Forschungen werden dies vielleicht klären.

Viel erhoffen kann man sich von vorgeschichtlichen Haferfunden bei archäologischen Ausgrabungen aus der Mittel- und Jungsteinzeit. Dort wo bespelzte Haferfrüchte gefunden werden, sollten diese mit aller verfügbaren Sorgfalt botanisch beschrieben und ihre Merkmale deutlich abgebildet werden, damit spätere zusammenfassende Bearbeitungen zu obigen Problemen auf Dokumentationen zurückgreifen können.

Zusammenfassend können folgende Gesichtspunkte festgehalten werden: Hafer ist die biologisch wertvollste unserer Getreidearten. Der bei uns angebaute Saathafer (*Avena sativa*) steht in der Bundesrepublik an dritter Stelle der Getreidearten. Sein Anbau ist beschränkt auf die nördliche Halbkugel, denn er wächst am besten bei viel Niederschlägen bzw. hoher Luftfeuchtigkeit. Im Mittelalter und später wurde in

Deutschland auf Sandboden und in höheren Berglagen außerdem Sandhafer (*Avena strigosa*) angebaut. Flug- oder Windhafer (*Avena fatua*) dagegen ist ein Unkraut in Sommergetreidefeldern. Kulturhistorisch gehört Hafer (ähnlich wie Roggen) zu den Spätankömmlingen unserer Getreidearten, in Deutschland und den Niederlanden nachgewiesen seit dem Ende der Bronzezeit. Zuerst waren das nur einige Spelzfrüchte von den beiden Haferarten Saat- und Flughafer zwischen dem Hauptgetreide Emmer und Gerste. Angebaut wurde der Saathafer in voll kultiviertem Zustand spätestens seit der Zeitwende in Norddeutschland, Dänemark und Südengland. Zu der Zeit war er in Süddeutschland noch ein spärliches Unkraut in Getreidefeldern. Seit dem Mittelalter wurde er auch hier üblich. Die überhaupt ältesten Reste von Saathafer stammen aus jungsteinzeitlichen Siedlungen nordwestlich des Schwarzen Meeres (südliche Sowjetunion) und aus Polen, ebenfalls nur als geringe Beimengungen unter den angebauten Getreidearten. Zur Abstammungsfrage, zu der es bisher nur Hypothesen gibt, wird auf die drei Reihen von Haferarten mit verschiedenen Chromosomensätzen eingegangen. Ferner werden Untersuchungen an heutigem Saathafer herangezogen und mit Befunden an vorgeschichtlichem Hafer aus der ersten Phase des Reinanbaus in Norddeutschland verglichen.

DINKEL, SPELZ (*Triticum aestivum* ssp. *spelta* Thell. = *T. spelta* L.)

Biologisches. Aufbereitung. Anbaugebiete. Inhaltsstoffe

Ein Dinkelfeld hat ein ganz besonderes Aussehen. Die Halme sind hochwüchsig, lagern aber durch Unwetter leichter als anderes Getreide. Die bei der Reife horizontal abstehenden oder geneigten Ähren wirken lang und dünn (Taf. 20). Die einzelnen Abschnitte (Ährchen) lassen jedoch bei näherem Ansehen eine Ähnlichkeit mit unserem Weizen erkennen (Taf. 21 gegenüber Taf. 6). Beim Dinkel sind die Glieder der Ährenspindel länger als beim Weizen. An diesen Spindelgliedern sitzt je ein Ährchen mit zwei Körnern, jedes Korn hinter drei fest umhüllenden Spelzen.

Dinkel ist der nächste Verwandte unseres Weizens und mit diesem kreuzbar, im allgemeinen nur durch künstliche Befruchtung; doch sind gelegentlich, wie 1985 auf der Schwäbischen Alb, in Dinkelfeldern, die neben Weizenfeldern lagen, einzelne Bastardähren beobachtet worden, deren Merkmale zwischen denen von Dinkel und Weizen stehen. Die Fremdbefruchtung kann je nach Witterung beim Weizen 0–2 Prozent, beim Dinkel 0–5 Prozent betragen (laut freundlicher Auskunft von Herrn Dr. Chr. Kling, Landessaatzuchtanstalt Hohenheim). Dinkel ist aber nicht nacktkörnig

wie Weizen. Während des Dreschens, bzw. im Mähdrescher, zerbricht die Dinkelähre nur in die einzelnen Abschnitte. Dabei werden die Körner noch nicht frei, sondern bleiben von den Spelzen umschlossen und heißen Vesen (Taf. 22). Das Entspelzen der Vesen geschieht in Mühlen, die einen sogenannten Gerbgang besitzen.
Da es in der Bundesrepublik nur noch wenige Mühlen mit Gerbgängen gibt, sei etwas näher darauf eingegangen. Derartige Mühlen stehen außer auf der Schwäbischen Alb (z. B. in Wiesensteig, Kreis Göppingen) im Zentrum des Dinkelanbaus für Grünkerngewinnung. Das sind die Orte Boxberg und Schweigern (Main-Tauber-Kreis) und Rosenberg (Neckar-Odenwald-Kreis). Das Gerben (Entspelzen) geschieht in Schweigern zwischen großen Mahlsteinen von 1,10 Meter Durchmesser. Sie bestehen aus grobem Sandstein mit höckerig-löchriger Oberfläche. Der untere Stein (Bodenstein) liegt still, der obere (Läufer) dreht sich 150–200mal in der Minute. Der Abstand zwischen beiden Steinen wird so eingestellt, daß er etwa einen Millimeter weniger beträgt als die Dicke der Dinkelährchen. Während des Drehens werden die Körner durch die Reibung aus den Spelzen herausgedrückt. Anschließend befördern Elevatoren (Saugvorrichtungen) das Gerbgut in eine Gerbmaschine, in der die Spelzen (Spreu) von den Körnern getrennt werden. Zuletzt wird gesiebt, wobei die Körner durch das Sieb fallen.
Über den derzeitigen Anbau von Dinkel in Südwestdeutschland erfahren wir Näheres aus der Diplomarbeit von H.-J. Wöppel (1983): »Eine geringe Bedeutung kommt ihm (dem Dinkel) nur noch in folgenden kleineren Gebieten zu: Einmal im Bauland und im badischen Taubergebiet (Kreise Buchen und Tauberbischofsheim), dann auf der Schwäbischen Alb (Kreise Münsingen, Reutlingen, Göppingen) sowie in Oberschwaben. Konkrete Zahlen über die gegenwärtigen Anbauflächen für die in Württemberg gelegenen Gebiete liegen nicht vor. Nach Schätzungen dürfte die gegenwärtige Anbaufläche auf der Schwäbischen Alb weniger als 100 Hektar betragen. Für das Gebiet Oberschwabens ist eine noch geringere Fläche zu vermuten. Die Dinkelanbauflächen zur Grünkernerzeugung in Nordbaden beliefen sich 1982/83 auf ca. 200 Hektar. Sie konzentrieren sich auf relativ engem Raum.« Seit 1983 sind sie durch die derzeitige vermehrte Nachfrage auf 250–300 Hektar angestiegen.
Größere Anbauflächen gibt es, nach den Angaben von Wöppel, auch heute noch in der Schweiz und in Belgien. »Wie die Eidgenössische Forschungsanstalt für landwirtschaftlichen Pflanzenbau 1982 mitteilte, werden zu der Zeit 6000 Hektar Spelz in der Schweiz kultiviert und zwar in der Hauptsache in den Kantonen Luzern, Aargau und in den deutschsprachigen Teilen des Kantons Bern (Emmental). Die schweizerischen Anbaugebiete stellen demzufolge Grenzlagen des Ackerbaus dar, mit rauhem, niederschlagsreichem Klima. Die belgische Anbaufläche belief sich 1981 auf 7000 Hektar. Der Dinkel findet sich in Belgien in den Bezirken l'Ardenne und la Famenne. Er wird

hier in erster Linie zur Jungviehfütterung verwendet (Centre des Récherches Agronomiques de l'Etat, 1982).«

Außer in diesen europäischen Reliktgebieten gibt es ausgedehnteren Anbau von Dinkel (Spelz) auf dem nordwestlichen Hochland von Iran (bei Esfahan), in 2300–2500 Meter ü. M. an der Grenze des Getreidebaus sowie in den Bergländern von Armenien und Turkmenien. Eine dichtährige Form ist der Macha-Weizen (*T. macha*), welcher im südlichen Kaukasus in Grusinien (Georgien) wächst (vgl. Kuckuck 1964 u. Dorofejev 1971).

Die früheren Anbauareale des europäischen Dinkels lagen, nach Thd. Engelbrecht (1899), zwischen denen von Roggen und Weizen. Dinkel erfüllt, von den natürlichen Faktoren her, am besten seine Funktion in Landstrichen, die zu rauh für Weizen und zu schwer für Roggen sind oder die zu sehr im Bereich von Spätfrösten liegen und deshalb den Roggenanbau unmöglich machen. G. Baur schreibt 1920 in seiner Dissertation über den Dinkel: »Dieser ist weniger anspruchsvoll an Bodenqualität, an Nährstoff und alter Kraft im Boden, an sorgfältige Bodenbearbeitung und Pflege nach der Saat. Er verträgt noch leichteren und schwereren Boden als Weizen, obgleich er auf Weizenboden am besten gedeiht. Er ist weniger empfindlich gegen Witterungsunbilden, verträgt Nässe leichter, wintert nicht so leicht aus, ist nicht so anfällig für Rost und Brand, hat weniger tierische und pflanzliche Feinde. Er paßt sich jeder Fruchtfolge leicht an, weil er nicht so anspruchsvoll auf gute Vorfrucht ist. Seine Nachteile: der besondere Arbeitsgang, das Gerben . . . Seine Ertragsfähigkeit ist geringer als beim Weizen.« Der Anteil an Spelzen beträgt 30–35 Prozent. Für die letztliche Unterlegenheit des Dinkels gegenüber dem Weizen sind diese Ertragsdifferenz und der zusätzliche Arbeitsgang entscheidend gewesen. Das wurde aber erst ausschlaggebend, als in unserem Jahrhundert die moderne Weizenzüchtung begonnen hatte, die anfälligen Landsorten durch widerstandsfähige zu ersetzen und als die Mineralstoffdüngung allgemeiner wurde.

Reife, trockene Dinkelkörner ohne Spelzen enthalten bei einem Wassergehalt von 12% folgende Stoffe: 60–61% Stärke und Zucker, 15–17% Protein, 2,0–2,1% Fett, 1,8–2,0% Mineralstoffe und 1,8–1,9% Fasern (umgerechnet nach Tab. 1). Gegenüber Weizen, Gerste, Roggen und Hafer enthält Dinkel somit mehr Protein. Das geht auf einen größeren Anteil Kleber zurück. Daß Dinkel mehr Klebereiweiß enthält als Weizen, merkt jeder, der selber Teig aus dem Mehl der beiden Getreidearten hergestellt hat. Dinkelmehl »klebt« beim Anrühren mit Wasser schneller zusammen und läßt sich besser zu Teig formen, ist also bindiger.

Dinkelkorn wurde genutzt für Brot, Brei und Teigwaren. Die Verwendung von Dinkelschrot für Brei ist nicht nur eine neuzeitliche Einrichtung, sondern diente im Gebiet des Dinkelanbaus bei der Landbevölkerung jahrhundertelang als sättigende Morgenspeise (wie anderwärts das Hafermus). Außerdem hat Dinkelmehl für Klöße und Spätzle eine große Rolle gespielt.

Grünkern

Eine Besonderheit ist der Grünkern, der seit etwa 300 Jahren im Main-Tauber-Gebiet auf zahlreichen kleinen Flächen erzeugt wird (Taf. 23). Die Landschaft dort ist ein sanft welliges Hügelland auf Muschelkalk. Die Bauern sagen, daß wegen der Flachgründigkeit der Böden (10–15 cm Krume mit Steinen, obwohl diese in jedem Frühjahr abgesammelt werden) Weizen nicht ausreichende Erträge bringt, während dem Dinkel die Flachgründigkeit nichts ausmacht.

Grünkern besteht aus Körnern von Dinkel, der bereits zwei oder drei Wochen vor der Reife geerntet wird. Die Ähren sehen dann grüngelb aus, und die Körner sind grün und weich. Ihr breiiger Inhalt läßt sich noch herausdrücken. Man nennt diesen Zustand »beginnende Teigreife«. Der genannte Dinkel für Grünkern wird als Winterfrucht angebaut und hat die Sortenbezeichnung »Bauländer Spelz«. Diese und die folgenden Erklärungen erhielt die Verfasserin dankenswerterweise von Herrn Landwirtschaftsrat Baumann (Landwirtschaftsamt Bad Mergentheim). Gesät werden die Vesen, also das nicht entspelzte Dreschgut.

Das mit dem Mähdrescher eingebrachte Erntegut wird zu den Darren gefahren und durch Holzfeuer oder Heißluft (bis etwa 110° bzw. 150°) getrocknet (gedarrt). Die alten Darren bestehen aus großen, flachbödigen Wannen aus Siebplatten, in denen etwa fünf Zentner Dreschgut Platz haben. Darunter glüht ein Holzfeuer. Das Getreide muß darauf fünf bis sechs Stunden lang ständig umgeschaufelt werden. Das geschah während der ungefähr zehn Tage dauernden Erntezeit für Grünkern Tag und Nacht. Diese alten Darren sind heute kaum noch in Betrieb. Das meiste Erntegut wird in hochmodernen, voll technisierten Anlagen mit Heißluft getrocknet. Die neueste Anlage, die 30 Zentner auf einmal faßt, wurde erst 1983 in Ahorn-Hohenstadt (bei Boxberg) in Betrieb genommen. Alle haben jedoch zusätzliche Holzfeuer mit Harthölzern. Es ist sehenswert, sich einmal die Grünkernernte und Aufbereitung im dortigen Gebiet gegen Ende Juli anzusehen.

Der gedarrte Dinkel wird anschließend in eine der Gerbmühlen gefahren und dort entspelzt. Ein Sack mit frischem Grünkern duftet wunderbar würzig, wobei der Holzrauch zweifellos eine Rolle spielt. Grünkern ist eine schwäbisch-badische Spezialität von hohem Nährwert und sehr bekömmlich. Er wird heil oder geschrotet als Suppeneinlage (entsprechend Reis), nur geschrotet für in Fett gebackene »Küchle« (ähnlich Frikadellen) und zu Mehl gemahlen, für Klöße verwendet. Näheres über den Grünkern wird in zwei studentischen Examensarbeiten, von D. Baumann (1980) und H.-J. Wöppel (1983), beschrieben und mit vielen Abbildungen veranschaulicht.

Die Geschichte des Dinkels nach archäologischen Funden in Mittel- und Nordeuropa bis zum Beginn der Völkerwanderungszeit

Aus der frühesten Kulturepoche des Neolithikums (Bandkeramik) ist in den bisher vorliegenden über 40 Bodenfunden mit Getreide kein Dinkel zwischen Elbe und Maas bekannt geworden.

Die ältesten Reste von »wahrscheinlich Dinkel« stammen aus dem Jungneolithikum und wurden in weit auseinander liegenden Gebieten aufgedeckt: in Südwestdeutschland, Norddeutschland und Schweden (Abb. 9). Davon fanden sich die meisten in Südwestdeutschland und zwar in Aichbühl und Riedschachen, zwei Moorsiedlungen im nördlichen Alpenvorland (Federsee, Aichbühler und Schussenrieder Kultur, vgl. die Zeittafel am Schluß des Buches). Hier wurden bis zu 5 Prozent dieser »Wahrscheinlich-Dinkelährchen« unter den verkohlten Hauptgetreidearten Weizen und Emmer festgestellt. Die unsicher gebliebene Bestimmung beruht nach Bernd Blankenhorn und Maria Hopf (1982) darauf, daß die verkohlten Ährchen sich durch morphologische Merkmale zwar einerseits vom Emmer unterscheiden, andererseits aber nicht alle Charakteristika von Dinkelährchen besitzen, wie man diese beispielsweise seit römischer Zeit antrifft. Die neolithischen Ährchen des »Wahrscheinlich-Dinkels« sehen zierlicher aus.

Entsprechende, doch nur wenige Exemplare hat Maria Hopf (1968) in der jungneolithischen Siedlung Ehrenstein bei Ulm unter mehr als 7000 verkohlten Körnern von Emmer, Einkorn sowie etwas Weizen und Gerste herausgelesen und beschrieben.

Bei den nördlichen Funden handelt es sich um einzelne Abdrücke in Tonscherben aus Stade/Niederelbe (Trichterbecher-Kultur, ca. 3000–2000 v. Chr.) aus Fagervik/Südschweden (Mittelneolithikum, ca. 2400 v. Chr.). An beiden Stellen waren die Ährchen in den Abdrücken nicht vollständig und erlaubten deshalb keine genauere Bestimmung.

Gesicherte Funde von mehr Dinkel in Form von Spelzen und Körnern stammen aus Mitteljütland (Dänemark). An den zwei nahe beieinander liegenden Fundplätzen, Birknaes (1680–1570 v. Chr.) und Oestbirk (ca. 1900–1800 v. Chr.), wurden bei der Ausgrabung in Gruben der Siedlung mehrere Liter verkohlten Getreides freigelegt, das von Hans Helbaek (1952) als Nacktgerste, Einkorn, Emmer, Spelz (Dinkel) und Weizen bestimmt worden ist. Bei optimaler Erhaltung des verkohlten Getreides gab es genügend Dinkelreste mit eindeutig erkennbaren Merkmalen (Taf. 24 a, b). Im Alpen-

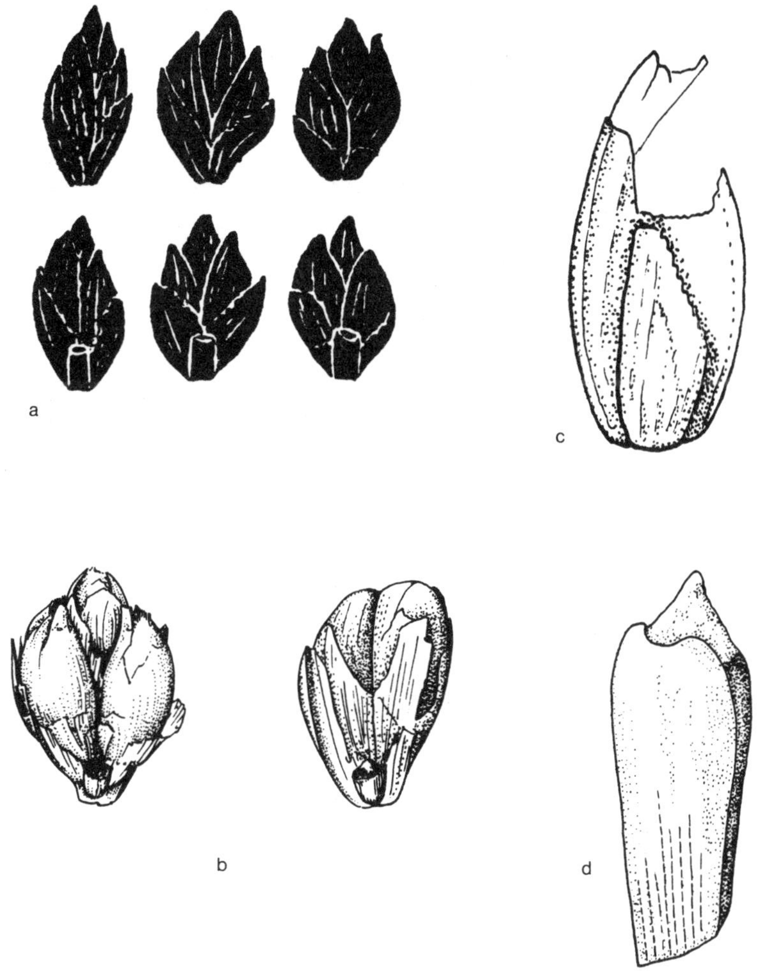

Abb. 9. Die bisher gefundenen Exemplare von jungsteinzeitlichem Dinkel bzw. »wahrscheinlich Dinkel« in Europa. a) Riedschachen (Federsee, Alpenvorland): drei Dinkelährchen von der nach außen und innen gekehrten Seite. Vergr. 2 x. Aus K. u. F. Bertsch (1947). b) Zwei Ährchen aus Ehrenstein bei Ulm, als »wahrscheinlich Dinkel« bezeichnet. Vergr. 3 x. Aus M. Hopf (1968). c) Abdruck eines Ährchens in einer Tonscherbe aus Stade (Niederelbe), bezeichnet als »vielleicht Dinkel«. 6 x. Aus M. Hopf (1982). d) Abdruck eines bespelzten Korns in einer Tonscherbe aus Fagervik (Südschweden). Vergr. 6 x. Aus H. Hjelmquist (1955).

vorland liegen »reichlich Ährenteile und Körner« von Dinkel aus dem frühbronzezeitlichen Pfahlbau Baldegg (Schweiz) vor (Neuweiler 1946). Aus demselben Zeitraum sind neuerdings in Bodman-Schachen am Bodensee zahlreiche Dinkelreste von Helmut Schlichtherle geborgen und bestimmt worden.

Von der späten Bronzezeit an wurde der Dinkel an mehreren Stellen Europas, von den Südalpen (Comersee) bis Schweden, angebaut. Im nördlichen Alpenvorland der Schweiz kamen in den Pfahlbauten Mörigen große und hervorragend erhaltene Stücke von Dinkelähren (Taf. 24 c) zutage. In der Station Sumpf bei Zug fanden sich nicht nur verkohlte Dinkelkörner in Klumpen mit anderen Getreidearten, sondern auch in Form verkrusteter Bodensätze in Tongefäßen, wobei ein Gefäß hauptsächlich Dinkel und Linsen enthielt, ein anderes Dinkel und Ackerbohnen (Neuweiler 1931). In Süddeutschland hat Karl Bertsch in der »Wasserburg« Buchau am Federsee (Späte Bronzezeit, 1100–800 v. Chr.) 385 Ährchen vom Dinkel und 17 vom Emmer aus dem verkohlten Getreide herausgelesen. Auch am Niederrhein (Langweiler, Kr. Jülich) fand sich Dinkel. Im Norden Dänemarks erreichte der Dinkel in der spätbronzezeitlichen Siedlung Vadgaard 73 Prozent des Getreides. Dieses hatte, zusammen mit Nacktgerste, auf dem Herd oder Ofen eines abgebrannten Hauses gelegen. Insgesamt sind in Mittel- und Nordeuropa, einschließlich Südschweden, mindestens 15 Fundstellen mit Dinkel bekannt geworden.

Während der vorrömischen Eisenzeit (800 v. Chr.–Chr. Geb.) breitete sich der Dinkel regional weiter aus. In beiden Teilen Deutschlands kam er nun an einem Fünftel der Fundstellen mit Getreide vor. Dabei lassen sich drei Schwerpunkte erkennen. Der eine war der mittlere Neckarraum, wo Dinkel 20–73 Prozent des Getreides ausmachte, der andere das Niederrheingebiet (etwa zwischen Grevenbroich und Düren), wo Dinkel an fast allen Fundstellen vorkam, doch nur zu 2–15 Prozent des Getreides. In Mitteldeutschland (Vorland des Harzes) war er nur stellenweise vertreten, z. B. in der Pipinsburg bei Osterode und bei Bitterfeld, wo Dinkelspreu zur Magerung von Tonstützen verwendet worden war. Dinkel wurde nun auch in Südengland und in Österreich angebaut. Er erreichte während dieser Epoche seine maximale regionale Ausdehnung in Europa.

Mit Beginn der römischen Zeit (Chr. Geb.–3. Jh. n. Chr.) wurde der Dinkel gebietsweise ausgesprochen bevorzugt und zwar merkwürdigerweise nur in den römischen Provinzen nördlich der Alpen. In Deutschland waren die beiden Hauptzentren für Dinkelanbau, das Neckarland und das Niederrheingebiet (bis südlich von Köln), der Lage nach gleich geblieben, aber in beiden Gebieten ist in dieser Zeit oft Reinanbau von Dinkel feststellbar. Selbst in zwei Römerkastellen in Südengland ist Dinkel Hauptgetreide gewesen, während weiter abwärts am Niederrhein und an der Maas am meisten Weizen und/oder Emmer gefunden worden sind.

Wegen der Bedeutung des Dinkels als sog. alamannisches Getreide mögen über die südwestdeutschen Fundstellen der römischen Besetzungszeit noch ein paar Worte erlaubt sein. Im mittleren Neckarraum stammten die großen Mengen an Dinkel aus den römischen Gutshöfen Bondorf bei Böblingen (Großraum Stuttgart), Oberkochen (Ostalbkreis), Lampoldshausen bei Heilbronn und dem römischen Ostkastell von Welzheim (Rems-Murr-Kreis). Auf diesen römischen Gutshöfen und in dem Kastell war Dinkel unbestritten das Hauptgetreide, mit Ausnahme von Lampoldshausen, wo damals außerdem ein Reinanbau von Roggen praktiziert worden war. Es ist daher anzunehmen, daß der mittlere Neckarraum, auch nach der Besitzergreifung durch die Alamannen ab 260 n. Chr., das Kerngebiet des Dinkelanbaus blieb, jedenfalls zunächst. Zur gleichen Zeit verschwand der Dinkel aus Schweden, Dänemark, den Niederlanden sowie aus Nord- und Ostdeutschland. Er blieb, außer in dem alamannischen Kerngebiet (dem späteren Schwaben) häufig nur in Teilen der Schweiz und im Mosel-Niederrhein-Gebiet, wurde aber auch in Großbritannien (Wales) aus dem 12.–13. Jahrhundert von Gordon Hillman nachgewiesen.

Dinkelanbau in Deutschland aufgrund schriftlicher Nachrichten von der Völkerwanderungszeit bis in unser Jahrhundert

Schriftliche Nachrichten über den Anbau bestimmter Ackerfrüchte, darunter dem Dinkel, beginnen frühestens mit dem Capitulare Karls d. Gr. etwa um 800. Hermann Fischer schreibt 1929 in seiner mittelalterlichen Pflanzenkunde, daß sich im Mosellande Dinkelanbau von 893 an das ganze Mittelalter hindurch gefunden habe. Dort muß die Äbtissin und Naturforscherin Hildegard von Bingen (hl. Hildegard) diese Getreideart kennengelernt haben, denn sie nennt unter den angebauten Getreidearten Weizen, Spelt (Dinkel), Gerste, Roggen, Hirse, Hafer und Kolbenhirse. Hildegard lebte von 1098 bis 1179 und war von 1148 an Äbtissin des von ihr gegründeten Klosters in Bingen am Rhein. Unter den guten Speisen führt sie Weizen- und Speltbrot an, während Roggen- und Gerstenbrot als schwere Speisen galten.

Bezüglich weiterer schriftlicher Nachrichten sei im folgenden nur auf Süd- und Westdeutschland eingegangen (nach den agrarhistorischen Schriften von Robert Gradmann 1901 und Hans Jänichen 1970). Es handelt sich um Steuerlisten und Urkunden. Sie beginnen in diesem Raum im allgemeinen um etwa 1300, gehen in manchen Fällen auch bis 750 zurück. Teils sind es einfache Ortsnennungen für bestimmte Ackerfrüchte, teils werden Erträge genannt, während Angaben über Flächen erst vom 17. Jahrhundert an durch die Steuerurbare einsetzen.

Um das Areal des spätmittelalterlichen Dinkelanbaus zu erfassen (von etwa 1300 bis

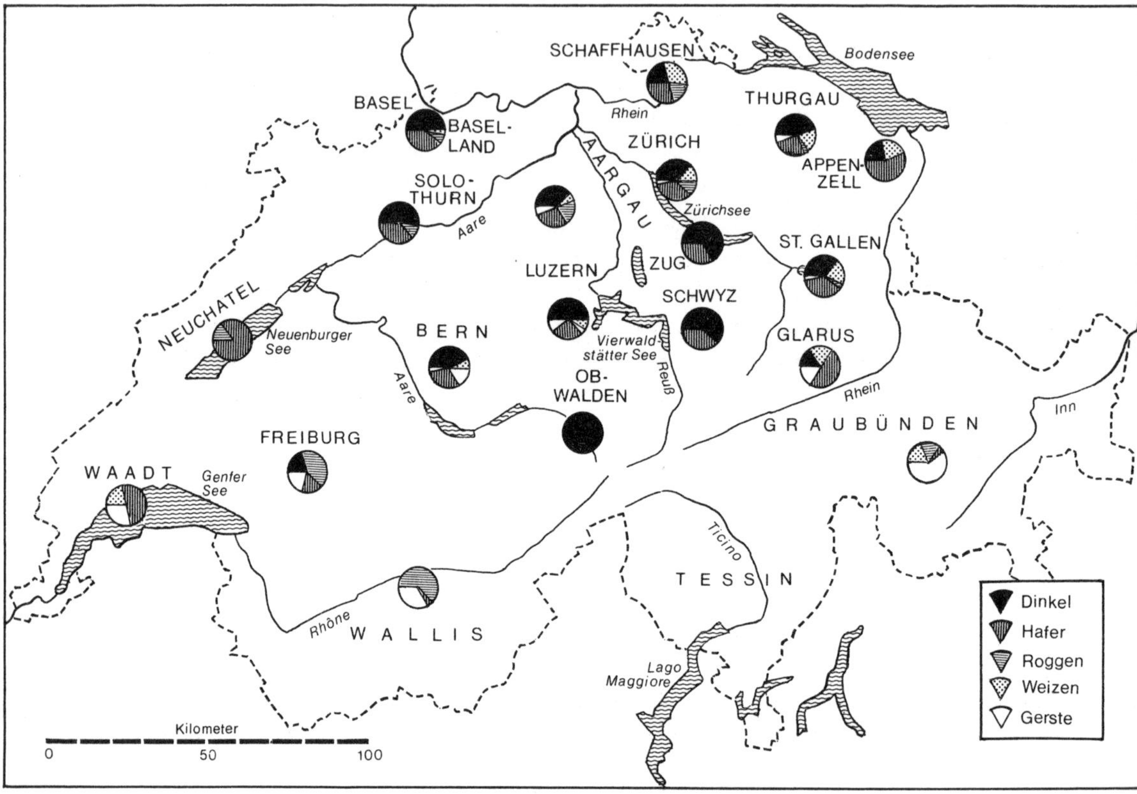

Abb. 10. Anteile der Getreidearten im Mittelalter in der Schweiz (etwa 1300–1500). Die Mengenanteile in den Scheiben beziehen sich auf die Anzahl der Nennungen in Einkünftelisten. Jede Scheibe stellt den Mittelwert aus mehreren Orten eines Kantons dar. Aus Gradmann (1901, S. 154–158).

etwa 1500), wird zunächst die Quelle der Ortsnennungen benutzt, die Robert Gradmann (1901) für West- und Süddeutschland sowie die Schweiz zusammengestellt hat. Die Bezeichnung des Dinkels in den Urkundenbüchern und Einkünftelisten lautet: dinkel, vesan (Vesen, d. h. die Ährchen mit den Spelzen), spelz oder spelta, kernen (d. h. die entspelzten Körner). Aus der Zusammenstellung der Orte mit Dinkelanbau geht hervor, daß im Spätmittelalter dessen hauptsächlicher Anbau in der Schweiz war, und zwar besonders in der Nord- und Zentralschweiz (Abb. 10), wo Dinkel als *das* Brotgetreide diente. Daran gemessen muß der gleichzeitige Dinkelanbau in Deutschland deutlich geringer gewesen sein (Abb. 11). Am häufigsten war Dinkel in der Baar,

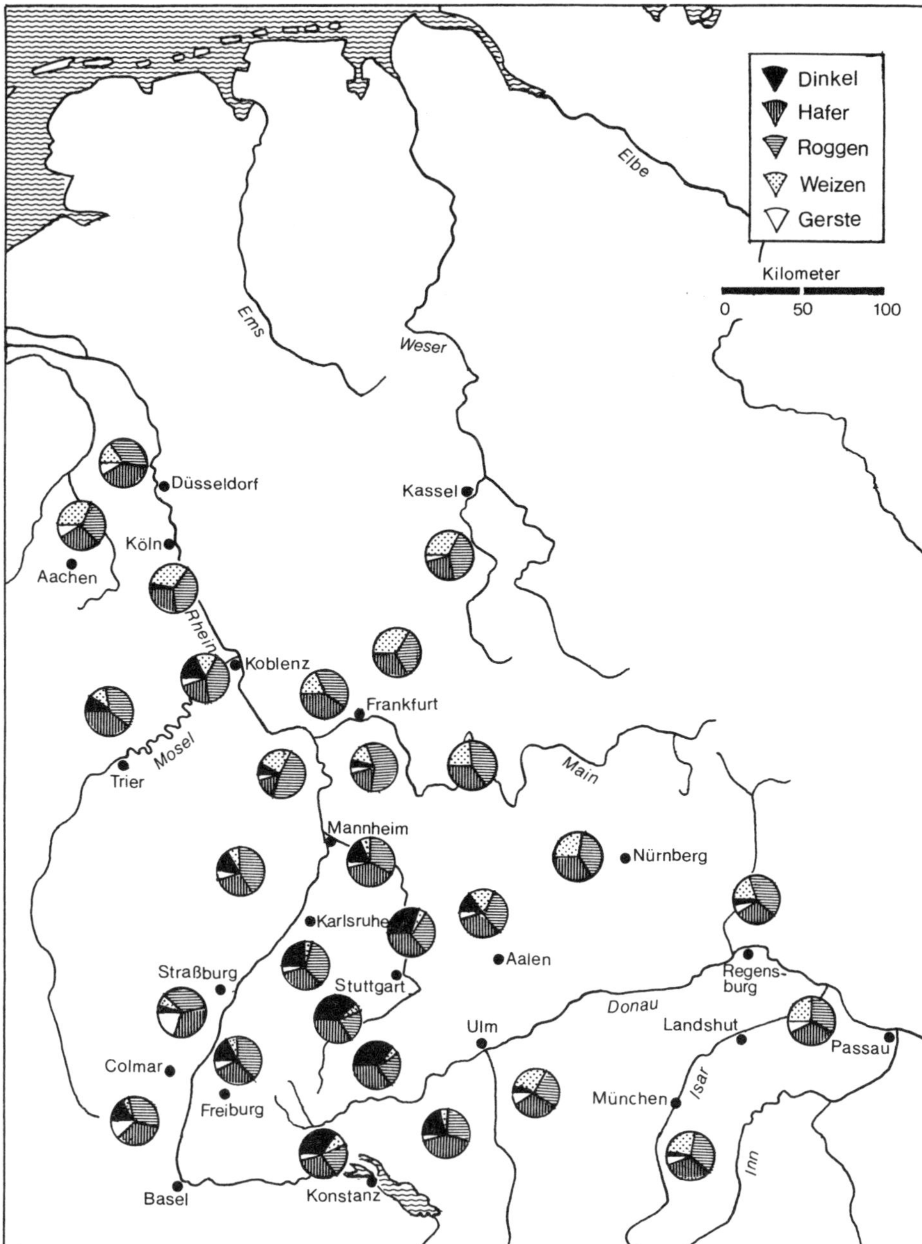

Abb. 11. Anteile der Getreidearten im Mittelalter in West- und Süddeutschland. Jede Scheibe stellt der Mittelwert aus mehreren Orten eines Anbaugebiets dar. Aus Gradmann (1901, S. 143, 154). Ein geringer Anteil an Emmer ist möglich.

im Schwarzwald und in Oberschwaben, also in den klimatisch rauhen Gebieten. Aber auch aus dem Neckarland und am Rhein entlang (Elsaß, Lothringen) sowie dem Moselgebiet stammen verhältnismäßig viele Ortsnennungen mit Dinkelanbau. Spürbar weniger war dies weiter nördlich über Köln bis Düsseldorf. Nach Osten bildeten Oberschwaben und der Schwäbische Wald etwa die Begrenzung des damaligen Dinkelanbaus.

Aufgrund von Zehntlisten und Urkunden mit Angaben von Erträgen schreibt Hans Jänichen (1970), daß vom 14. Jahrhundert an wegen des starken Bedarfs an Dinkel in der Schweiz dieser zusätzlich aus Deutschland importiert wurde. Das habe dann vom 14. bis 18. Jahrhundert zu einem verstärkten und erweiterten Anbau von Dinkel in Südwestdeutschland geführt. Wie erheblich die Gebietserweiterung für Dinkelanbau in Deutschland war, geht aus Abb. 12 hervor. Daran wird deutlich, daß Dinkel um 1881 auch in Bayern, Franken, Hessen und im Jagstkreis angebaut wurde, wo dies im Mittelalter noch nicht der Fall war. Der Vergleich zwischen Abb. 11 und 12 ist allerdings nur indirekt möglich, weil in Abb. 12 Hafer und Gerste weggelassen sind, denn in der zugrundeliegenden Statistik waren nur die Brotgetreide Roggen, Weizen und Spelz (dieser einschließlich Emmer) aufgeführt. Auch ist die Berechnungsgrundlage verschieden, wie aus den Bildunterschriften zu entnehmen ist. Doch kommt es hier ja auf den Vergleich der Anbaugebiete für Dinkel im Mittelalter und in der Neuzeit an. Die gebietsmäßige Ausweitung ist um so beachtlicher, als der Höhepunkt des Dinkelanbaus um 1881 schon überschritten war. Sein Rückgang hatte in Deutschland bereits einige Jahrzehnte früher eingesetzt. Die Ursache dafür wird in der Wandlung vom Agrarstaat zum Industriestaat im Laufe des 19. Jahrhunderts gesehen. Der neu aufkommenden, intensiveren landwirtschaftlichen Betriebsweise war die arbeitsintensivere Dinkelerzeugung hinderlich. Nur in den Bergländern verstärkte sich zu der Zeit der Dinkelanbau noch.

Um 1888 werden von E. V. Strebel allein fünf Landsorten von Dinkel (Spelz, Fesen) aufgeführt und z. T. in naturgetreu gemalten Farbtafeln abgebildet. Als Winterformen: Roter begrannter Dinkel, Roter Tiroler Dinkel, Weißer Vögelesdinkel und Schlegeldinkel. Als Sommerfrucht: der Rote Sommerdinkel. Als Ausbeute an Körnern werden 63–69 Prozent des Dreschgutes (der Vesen) angesehen.

Nach Josef Becker-Dillingen (1927) wurden 1911 im Deutschen Reich noch 281290 Hektar Dinkel angebaut, davon am meisten in Schwaben (Donaukreis) und Baden (zwischen Konstanz und Mannheim), auch etwas in Hessen und Thüringen, ferner im badischen Bauland. Bis 1926 war der Anbau um gut die Hälfte zurückgegangen. Diese Tendenz setzte sich fort, bis in der Mitte der fünfziger Jahre der Dinkel nur noch an wenigen Stellen Südwestdeutschlands zu finden war.

Um den Rückgang des Dinkelanbaus bremsen oder gar rückläufig machen zu können,

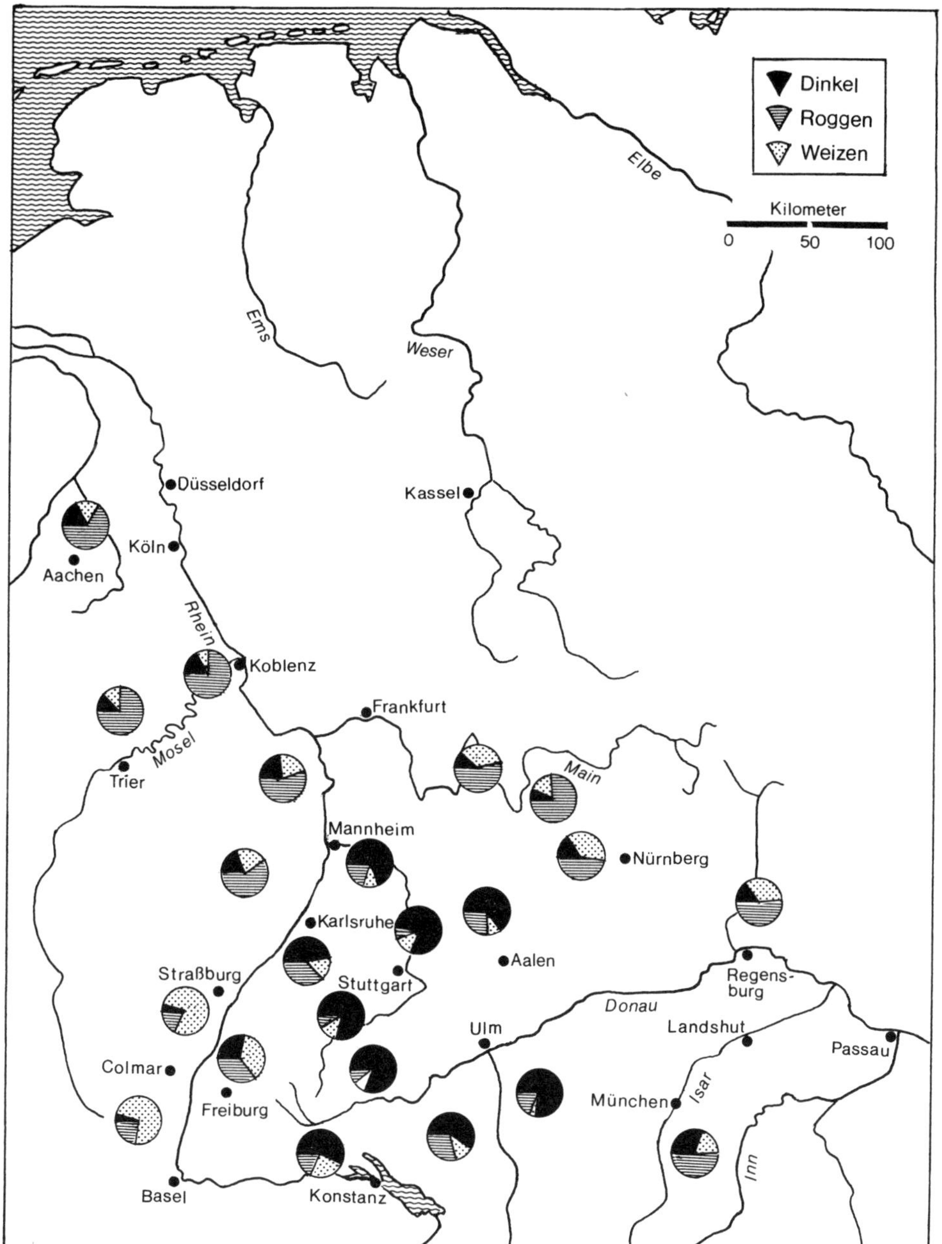

Abb. 12. Anteile der Brotgetreidearten Roggen, Weizen und »Spelz« (hauptsächlich Dinkel, außerdem in Südwestdeutschland geringe Anteile von Emmer) 1881–1883. Angaben in Flächen (ha). Aus Gradmann (1901, S. 127–128).

bemühte sich die moderne Pflanzenzüchtung seit dem Anfang unseres Jahrhunderts nicht nur bei unseren gängigen Arten um ertragreichere und widerstandsfähigere Sorten, sondern versuchte dies auch beim Dinkel. Über die ersten Zuchtsorten berichtet Carl Fruwirth (1907) in Hohenheim. Mit der Schilderung dieser Bemühungen befaßte sich u. a. die agrarwissenschaftliche Dissertation von B. Baur (1920), aus der hier einiges wiedergegeben sei. Danach wurden vor dem Ersten Weltkrieg in zwei Zuchtstationen in Baden Kreuzungsversuche zwischen Weizen (als Mutter) und Dinkel (als Pollenspender) betrieben. Entsprechendes geschah auch in der Bayerischen Dinkelzuchtstelle in Illertissen ab 1901. Von 1909 an bestand die Züchtung dort in der Dinkelveredlung. Diese beruhte auf einer jährlichen Auslese der Pflanzen, die den Zuchtzielen nahe kamen. Als solche galten beim Dinkel Frühreife, Winterfestigkeit, gutes, glasiges, kleberreiches Korn, höherer Ertrag, größere Lagerfestigkeit und Bruchfestigkeit der Ährenspindel.

In Vorarlberg war unter besonders schlechten Klima- und Bodenbedingungen eine Form von Winterdinkel aufgetreten, die dort als »Roter Tiroler Dinkel« für Saatgut durch Auslese aus den Feldern gewonnen wurde. Diese Sorte ist in der zweiten Bayerischen Dinkelzuchtanstalt in Laupheim von Steiner zur Weiterzucht benutzt worden, wobei u. a. auf hohen Klebergehalt geachtet wurde. Das läßt sich an der Glasigkeit des Korns erkennen und ist mit der »feurigen dunklen Farbe« der Ähren gekoppelt.

Auch in der 1905 gegründeten Saatzuchtanstalt in Hohenheim beschäftigte man sich mit der Dinkelveredlung. Hier wurde der »weiße Kolbendinkel« gezüchtet. Im ganzen entstanden an den verschiedenen Zuchtstationen Deutschlands eine Reihe von Sorten.

Besonders rege züchterische Tätigkeit entfaltete sich in der Schweiz, wobei Zuchtanstalten in Oerlikon-Zürich, in Lausanne, im Kanton Luzern, im Aargau, dem Basel-Land und in Solothurn gegründet wurden.

Trotz dieser Bemühungen konnte sich aber der Dinkel gegenüber dem Weizen nicht behaupten, da letzterer züchterisch außerordentlich angehoben worden und Mineraldüngung heute allgemein verbreitet ist. Sodann hat der größere Ertrag und das Gewinnen der gebrauchsfertigen Körner aus dem Mähdrescher dem Weizen gegenüber dem Dinkel den Vorrang verschafft.

Immerhin ist es hoch anzuerkennen, daß bei unserer Bevölkerung die Ansicht im Wachsen ist, nicht nur Gesichtspunkte des Rationellen gelten zu lassen, sondern auch das Besondere für wert zu halten. Von daher ist es lobenswert, daß der Dinkelanbau, der in Deutschland vor rund 30 Jahren nahezu erloschen war, wenigstens stellenweise wieder aufgenommen worden ist bzw. weiter gepflegt wird.

Die ältesten Funde von prähistorischem Dinkel (Spelz). Ausbreitung nach Europa

Der älteste prähistorische Dinkel ist am Südrand des Kaukasus und im nördlichen Mesopotamien in steinzeitlichen Siedlungen des 6. und 5. Jahrtausends v. Chr. gefunden worden (nach L. Dekaprevelich [1961], G. N. Lisitsina [1978] und Zoja Janushevich [1984]). Und zwar soll es in Westgeorgien und im Gebiet der Flüsse Kura und Araks, einschließlich der Täler des Ararat-Gebirges, zahlreiche neolithische Siedlungen gegeben haben (Abb. 13, Nr. 19 u. 20), wo Reste mehrerer Weizenarten gefunden wurden, darunter von Macha-Weizen (*T. macha*), Spelz (*T. spelta*) und Gewöhnlichem Weizen (*T. aestivum*). In Nordmesopotamien fand sich auf dem Siedlungshügel Yarim Tepe (Nr. 18) in der zweituntersten Schicht (aus der Halaf-Kultur ab etwa 5500 v. Chr.) un-

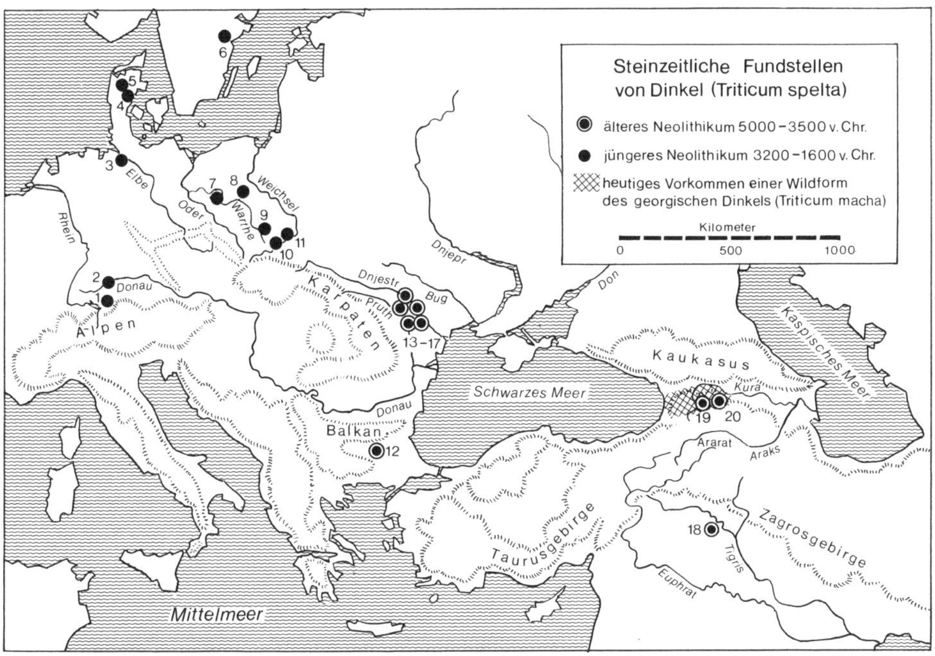

Abb. 13. Älteste Fundstellen von Dinkel (*Triticum spelta*) aus der Jungsteinzeit in Europa und Asien, 1 Riedschachen und Aichbühl (Federsee), 2 Ehrenstein bei Ulm, 3 Stade, 4 Östbirk, 5 Birknaes, 6 Fagervik, 7 Lasek, 8 Zberzynek, 9 Ojcow, 10 Ksiažmice, 11 Zawarza, 12 Ovtcharova, 13 Soroki, 14 Ruptura, 15 Nove Rushety, 16 Braneshety, 17 Gokcharovka, 18 Yarim Tepe, 19 Arukhlo, 20 Hügel Didi-Gudsube, (1–3 und 6 wurden von den Bearbeitern nur als »wahrscheinlich Dinkel« bezeichnet).

ter anderen Getreidearten Spelz (*T. spelta*) (Baktheyev and Janushevich 1980). Ein etwas jüngeres Zentrum liegt westlich des Schwarzen Meeres, noch jenseits der Karpaten, zwischen den Flüssen Dnjestr und Prut (Nr. 13–17). Hier hat Zoja Janushevich (1975) in mehreren Siedlungen massenhaft Spelzenabdrücke in gebranntem Lehm festgestellt und auch abgebildet. Die Dinkelspelzen sind bewußt als Rohmaterial zum Magern von Ton (für Keramik und für Wandverputz) verwendet worden. Die Siedlungen werden der Bug-Dnjestr-Kultur, der ältesten Bauernkultur dieses Raumes, zugerechnet und in die Zeit zwischen 4800 und 4500 v. Chr. datiert. Die Überreste des Dinkels waren hier so zahlreich, daß die Bearbeiterin einen eigenständigen Anbau von Spelz annimmt. Dieser Brauch hat sich in den folgenden Jahrtausenden bis mindestens zum Mittelalter fortgesetzt. Sonst aber hat der Dinkel im Nahen Osten keine Bedeutung gehabt, ist auch, außer im Kaukasus, nirgends in prähistorischen Funden des Orients aufgetaucht.
Weiter westlich liegende steinzeitliche Dinkelfunde in Bulgarien (Abb. 13, Nr. 12) stammen aus der Zeit von ca. 3700 v. Chr. Die hier gefundenen Dinkelspelzen machten höchstens einen Anteil von 0,01 Prozent am Getreide aus. Die fünf Fundstellen aus dem Gebiet zwischen Weichsel und Warthe (Nr. 7–11) gehören alle dem jüngeren Teil der Jungsteinzeit, der Trichterbecherkultur, an, zwischen 2500 und 1700 v. Chr., zur gleichen Kultur wie die Fundstellen Stade/Niederelbe (Nr. 3) und Fagervik/Schweden (Nr. 6). Hier handelte es sich immer nur um einzelne Exemplare unter viel anderem Getreide. Die beiden Vorkommen in Mitteljütland (Nr. 4 und 5) sind etwas später und gehören dem Zeitraum von etwa 1900–1600 v. Chr. an.
Sicherlich sind die beiden südwestdeutschen Fundstellen mit »Wahrscheinlich-Dinkel« (Nr. 1 und 2) wegen ihrer abseitigen Lage und des bedeutend höheren Alters (3400–3200 v. Chr.) besonders interessant.

Die Verwandtschaft des Dinkels (Spelz). Experimente und Beobachtungen zu seiner Entstehung

Die Verwandtschaft des Dinkels zu anderen Getreidearten ist in einer Übersicht dargestellt (S. 38). Aufgrund der Anzahl der Chromosomenpaare ist eine Zusammenstellung in die drei Gruppen möglich. Dinkel gehört zu den hexaploiden Weizenarten. Das sind Dreifach-Hybriden. Diese Gruppe umfaßt die zwei Spelzformen Dinkel und Macha-Weizen sowie drei Nacktweizenformen, nämlich unseren Gewöhnlichen Weizen, Zwergweizen und Kugelweizen. Alle fünf Getreide jener Gruppe besitzen nicht nur dieselbe Anzahl Chromosomen, sondern auch dasselbe Genom. Sie sind alle miteinander kreuzbar und bringen dabei fruchtbare Nachkommen hervor. Wegen dieser engen genetischen Verwandtschaft wird in der neuen Nomenklatur sogar die ganze hexaploide Gruppe als eine Art (*species*) aufgefaßt und die einzelnen Getreide als Unterarten (*subspecies*) angesehen. Die genetischen Unterschiede werden durch ein Gen bis einige Gene und die darin lokalisierten Strukturen hervorgerufen.

Um eine Vorstellung über die Möglichkeit(en) der Dinkelentstehung zu gewinnen, seien stichwortartig Experimente und Beobachtungen an heutigen Vertretern dieser Gruppe aufgezählt. Das soll in der ungefähren Reihenfolge der betreffenden Entdekkungen geschehen.

1. Kreuzungsexperimente: 1944 gelang MacFadden und Sears die Synthese des Dinkels (Spelz, *T. spelta*) durch Kreuzung von Wildemmer (*T. dicoccoides*) mit Gänsefußgras (*T. tauschii = Aegilops squarrosa*) und nachfolgender Chromosomenverdoppelung. 1949 benutzte Kihara hierfür anstelle des Wildemmers den tetraploiden Persischen Weizen (*T. persicum*), ebenfalls mit nachfolgender Chromosomenverdoppelung. Beide synthetischen Formen von Spelz ergaben fruchtbare Nachkommen und ließen sich mit natürlichem Spelz (Dinkel) kreuzen. Es folgten noch weitere Kreuzungsversuche, bei denen stets *Aegilops squarrosa* als der eine Elter, doch verschiedene Arten der tetraploiden Emmerreihe als der jeweils andere Elter benutzt wurden. Eine weitere Möglichkeit erprobte Elisabeth Schiemann (1948) durch Kreuzung von hexaploidem Nacktweizen (z. B. Zwergweizen) mit tetraploidem Spelzweizen (z. B. Emmer). Hier war also nicht das Gänsefußgras *Aegilops* beteiligt.

2. Beobachtungen an heutigen Spelzweizenarten bezüglich der Evolution können nur da vorgenommen werden, wo die Landwirtschaft noch nicht so intensiviert ist wie in Mitteleuropa und wo die alten Landrassen erhalten geblieben sind. Eines der hierfür besonders geeigneten Gebiete ist der Kaukasus mit den nach Süden angrenzenden Bergländern (Abb. 13). Dazu schrieb der Petersburger Genetiker W. F. Dorofejev (1971), daß er im südlichen Kaukasus (Aserbaidzhan, Daghestan und Grusinien) 18 verschiedene *Triticum*-Arten, einschließlich der Wildformen, gefunden habe, darunter acht dort einheimische. Aufgrund seiner Studien und denen des grusinischen Genetikers L. Dekaprevelich (1961) sei unweit der Stadt Kutaissi Macha-Weizen (*T. macha*) im Anbau, ein dort einheimischer hexaploider Spelz. Dieser unterscheidet sich von unserem Dinkel durch teilweise Dichtährigkeit und unterschiedlich leichtes Zerbrechen der Ährenspindel, ist diesem aber sonst sehr ähnlich. Im einzelnen sei dieser Macha-Weizen jedoch außerordentlich variabel, denn es gebe Formen mit lockeren, langgestreckten Ähren (wie bei unserem Dinkel) und solche mit kurzen, gedrängten Ähren (wie bei unserem Zwergweizen), ferner sei die Zerbrechlichkeit der Ährenspindel unterschiedlich und – jetzt das Wichtigste – es gebe auch Ähren, die spontan zerfallen, d. h. diejenigen Ährchen, welche von oben nach unten allmählich reifen, fallen von selbst aus, ebenso wie es bei der Wildgerste beschrieben wurde und wie es bei allen

Wildgetreiden der Fall ist. Deshalb sehen beide Forscher diese spindelbrüchige Form des Macha-Weizens aus dem Kaukasus als die Wildform des Spelz an. Im selben Gebiet ließen sich bei Macha-Weizen nicht nur alle Übergänge von der bespelzten Wildform zur bespelzten Kulturform beobachten, sondern auch Übergangsformen zwischen Spelz- und Nacktweizen.

3. Beobachtungen an heutigem Weizen (des hexaploiden *T. aestivum*): Es ist schon lange bemerkt worden, daß sich in hohen Berglagen der Türkei und im Hochland von Iran in Weizenfeldern speltoide Formen zeigen. Diese haben grobe, lockere Ähren und stellen Übergangsformen zwischen Weizen und Spelz bis zu echtem Spelz dar, bei denen Umwandlungen von der zähspindeligen, nacktkörnigen Weizenähre in eine bespelzt bleibende brüchige Ähre stattgefunden haben. In hoher Gebirgslage werden diese anstelle des Weizens angebaut, da der Weizen unter so rauhen klimatischen Bedingungen nicht mehr gedeiht (z. B. bei Esfahan/Iran in 2300 bis 2500 m ü. M.) wie Dorofejev (1971) berichtete. Die genannten Formen haben sich im Verlaufe von genetischen Experimenten als erblich erwiesen. Dabei zeigte sich auch, daß derartige Speltoide auf verschiedene Weise entstehen können, und zwar sowohl durch Komplexmutationen (Austausch von Chromosomenstücken) als auch durch eine Abfolge mehrerer kleiner Mutationsschritte, die unter etwa zwölf morphologischen Merkmalen als auffälligste den festen Spelzenschluß, die Brüchigkeit der Spindel und die lokkere Ähre hervorrufen.

Zur Ableitung des Dinkels

Aus Experimenten und Beobachtungen an heutigem Getreide hat sich ergeben, daß für den Dinkel (Spelz) mehrere Möglichkeiten der Entstehung gegeben sind.

Die zeitlich frühesten Formen von hexaploidem Spelzweizen werden »primärer Spelz« genannt. Dieser soll nach Ansicht der oben genannten Forscher auf folgende Weise entstanden sein: durch Hybridisieren von allen damals vorhandenen Vertretern der tetraploiden Emmer-Gruppe mit dem Gänsefußgras *T. tauschii* (= *Aegilops squarrosa*) (vgl. die Übersicht S. 38). Das sei geschehen in den Gebieten von Vorderasien bis zum Kaukasus, wo die betreffenden Arten jeweils vorkamen. Dadurch entstand Macha-Weizen und vielleicht auch schon Spelz. An archäologischen Belegen gehören dazu die steinzeitlichen Funde von Arukhlo in Grusinien (südlicher Kaukasus) und von Yarim Tepe (oberer Euphrat), beide aus dem 6. und 5. Jahrtausend v. Chr. Von *macha* gibt es heute noch Formen mit Wildpflanzenmerkmalen. Ob *macha* und *spelta* gleichzeitig da waren oder zuerst *macha*, geht aus den vorgeschichtlichen Spelzweizenfunden nicht hervor. Sie werden von Zoja Janushevich alle als Spelz (*T. spelta*) be-

zeichnet. Vielleicht lassen sich beide Typen aufgrund der verkohlten Körner und Spelzen allein nicht unterscheiden oder sind bisher nicht unterschieden worden. Die Hauptunterschiede zwischen heutigem *macha* und *spelta* liegen nach Dekaprevelich (1961) in der verschiedenen Dichte der Ähre (bei *macha* locker- bis dichtährig, bei *spelta* locker- bis sehr lockerährig). Auch gibt es ökologische Unterschiede, denn *macha* wächst in feuchten Gebirgstälern Grusiniens (südlicher Kaukasus) und *spelta* in Hochländern (Iran, Armenien, Turkmenien). Von den genetischen Bedingungen her sind nach Feldman (in Simmonds 1976) die Spelzformen der hexaploiden Weizenarten primitiver (ursprünglicher) als die nacktkörnigen.
Außer diesem primären Spelz gibt es eine zeitlich spätere Entstehung, die »sekundärer Spelz« genannt wird, weil er ein Rückschlag aus dem höher entwickelten (d. h. domestizierten) hexaploiden Nacktweizen ist bzw. durch dessen Beteiligung entsteht. Es handelt sich einerseits um die schon genannten Speltoide, andererseits um Kreuzungsprodukte aus hexaploiden Nacktweizen mit einem Vertreter der tetraploiden Emmerreihe (wie Experimente von E. Schiemann mit Zwergweizen und Emmer sowie an weiteren Arten gezeigt haben). Dorofejev (1971) berichtet, daß derartige Kreuzungen überall möglich sind, wo diese Arten nebeneinander gedeihen. Der beobachtete Prozentsatz betrug in England 1,5 Prozent, bei Moskau 2,5 Prozent und im Kaukasus 5 Prozent und mehr. Alle genannten Forscher betonen, daß sowohl die erfolgreichen Kreuzungen im freien Ackerbau als auch die ausgelösten Mutationen im Kaukasusgebiet und anderen Gebirgen in großer Höhe (über 2000 m ü. M.) zahlreicher sind als unter gemäßigten Bedingungen, wegen der stärkeren Strahlung und der komplizierten ökologischen Bedingungen einer Gebirgslandschaft. Die genannten Gebirgsregionen liegen in den Breitengraden der Mittelmeerregion, wo die Grenze des Getreidebaus erst oberhalb 2000 Meter liegt, in weiter nördlich liegenden Hochgebirgen (z. B. Alpen) dagegen niedriger.
Sowohl primärer als auch sekundärer Spelz sind mit der Kultur von Emmer und (später) mit Nacktweizen verbreitet worden. Anhand der archäologischen Funde konnte nicht zwischen diesen beiden Herkunftsgruppen unterschieden werden. Es ist dargestellt worden, daß der älteste Anbau von Spelz (*T. spelta*) als Monokultur in neolithischen Siedlungen von ca. 4800/4500 v. Chr. an im Prut-Dnjestr-Gebiet (nordwestlich des Schwarzen Meeres) nachgewiesen ist.
Obwohl der Spelz (Dinkel) sich durch diese Funde als brauchbare Getreideart erwiesen hat, ist er nicht in den entsprechend alten Schichten des Vorderen Orients (im sog. Fruchtbaren Halbmond) erschienen. Auch im Mittelmeerbereich und in Griechenland gibt es in der Stein- und Bronzezeit nur gelegentlich einzelne Körner oder Spelzen, die entweder auf die Rolle des Spelz als Unkraut in Emmer- oder Weizenfeldern hinweisen oder als Speltoide von Weizen zu deuten sind. Die Ausbreitungswellen von

Spelz (Dinkel) sind offensichtlich vom Schwarzen Meer aus über den Balkan nach Mitteleuropa gelaufen. Vielleicht hat dem Spelz als Gebirgspflanze das heiße Mittelmeerklima nicht zugesagt, während dieser in Mitteleuropa in Gebirgen und auf den fruchtbaren Lößböden optimale Wachstumsmöglichkeiten fand.

Zusammenfassend sei gesagt: Dinkel oder Spelz (*Triticum spelta*) ist eine Getreideart, die in der Vergangenheit über mehrere Jahrtausende in Europa und einigen Teilen Asiens für die menschliche Ernährung eine große Rolle gespielt hat. Heute ist er nur noch ein Relikt, beschränkt auf einige Teile der Schweiz, Südwestdeutschlands und Belgiens. In größerem Ausmaß wird er auf dem Hochland von Iran (auf über 2000 m Meereshöhe) sowie in Afghanistan und Turkmenien angebaut. Sodann besitzt Dinkel einen nahen Verwandten, den Macha-Weizen (*T. macha*) im südlichen Kaukasus. Dinkel ist in erster Linie eine Getreideart für Brot, Brei und Suppen. Eine Besonderheit stellt der Grünkern dar, der seit etwa 300 Jahren aus unreifem Dinkelkorn gewonnen wird, angebaut im badischen Bauland (Südwestdeutschland). Wegen des beschränkten Anbaus von Dinkel heute und der großen Bedeutung früher wird dieser eingehender beschrieben als die anderen Getreidearten, und zwar seine Anbau- und Wachstumsbedingungen, die Arbeitsgänge beim Entspelzen (Gerben), die Gewinnung des Grünkerns, die frühesten Funde aus archäologischen Ausgrabungen in Mitteleuropa und die überhaupt ältesten Nachweise in Teilen Asiens. Damit in Zusammenhang wird über Versuche, Beobachtungen und Gedanken zu seiner Entstehung berichtet. Letzteres ist um so interessanter als der Dinkel der nächste Verwandte unseres Weizens ist und sich deswegen mehrere gemeinsame Aspekte ihrer Abstammung ergeben.

MAIS (*Zea mays* L.)

Unser heutiger Mais ist ein Gigant unter den Getreidearten. Das betrifft die Höhe der Pflanzen ebenso wie die Größe der Fruchtstände (Kolben) und der Körner (Abb. 14). Mais ist ein erstaunliches Gras!

An dieser Stelle sollen nur ganz wenige allgemeine Angaben gemacht werden, weil Mais in Deutschland nahezu ausschließlich für Futterzwecke angebaut wird. Aber in Gärten sieht man immer wieder Maispflanzen für den menschlichen Verzehr (zumeist Zuckermais). Auch auf den Gemüsemärkten werden im Herbst frische Maiskolben angeboten, die dann im allgemeinen von den Feldern mit Körnermais stammen. Für Angaben zu landwirtschaftlichen Fragen muß auf entsprechende Lehrbücher verwiesen werden (z. B. Geisler 1980 u. Brouwer 1972).

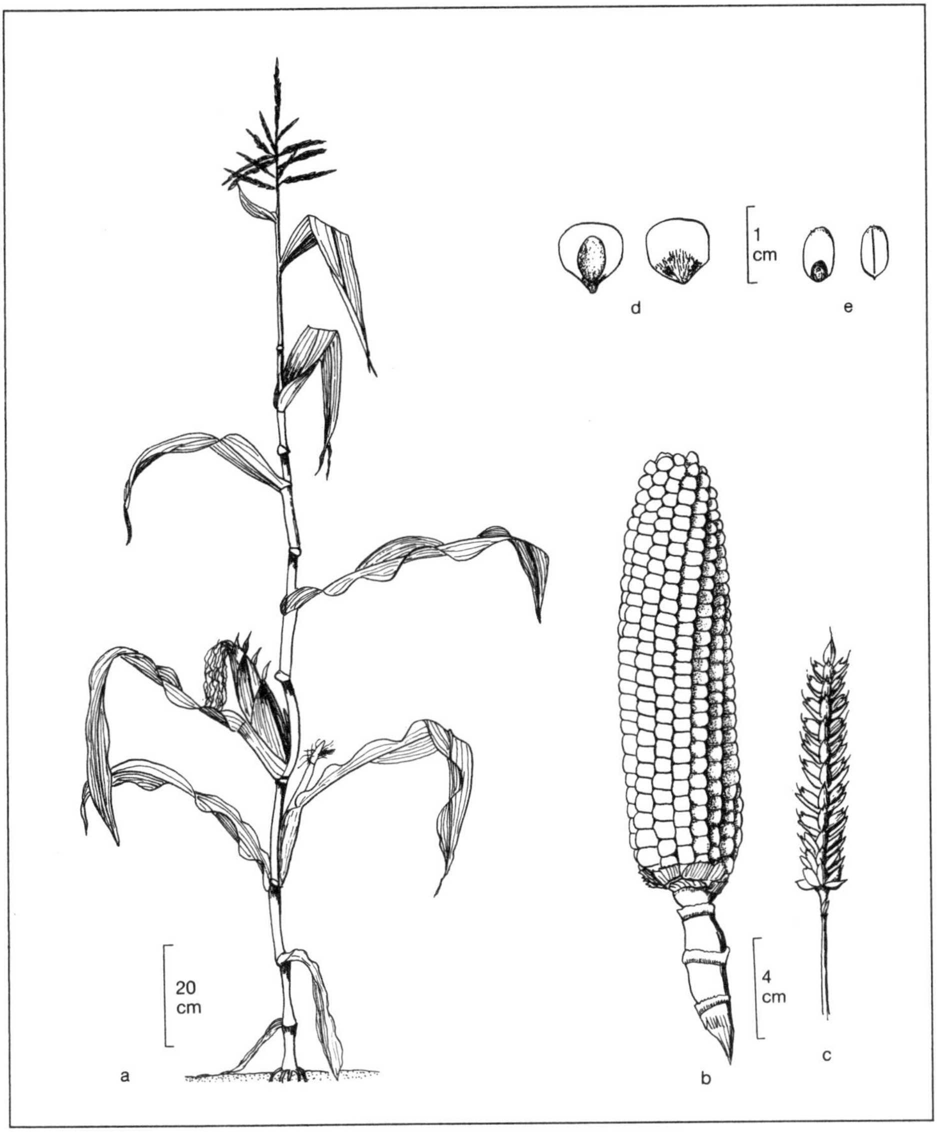

Abb. 14. Mais (*Zea mays*). a) Die 2 m hohe Pflanze (in diesem Fall Zuckermais) trägt an der Spitze den männlichen Blütenstand, in einer unteren Blattachsel einen Kolben. Ein weiterer ist nicht voll entwikkelt. b) Kolben ohne Hüllblätter. c) Weizenähre zum Größenvergleich. d) Maiskorn und Weizenkorn von der Rücken- und Bauchseite. 25. 9. 1984.

In der Weltproduktion nimmt Mais ständig zu. Er steht derzeit (1982) an zweiter Stelle der Getreidearten; dicht hinter Weizen. Noch in den siebziger Jahren hatte er die dritte Stelle (hinter Weizen und Reis) inne. Außer Nord- und Südamerika, wo er Hauptgetreide ist, sind bedeutende Anbauländer (für die Jahre 1969–1982, nach F-A-O): viele Gebiete Afrikas, die GUS-Staaten, China, ferner Rumänien, Jugoslawien, Ungarn, Griechenland, Italien und Frankreich.
In der Bundesrepublik liegt der Anteil des Körnermaises im gleichen Zeitraum nur bei etwa zwei Prozent des Getreides (nach den Stat. Jb. der BRD). Zum größten Teil wird er hier für Grünfutter zur Silierung angebaut.

Die Einführung des Maises von Amerika nach Europa

Diese Etappen sind u. a. dargestellt worden von E. Schiemann (1932) und W. Böhm (1975), woraus hier einiges mitgeteilt wird.
Columbus entdeckte bei seiner ersten Fahrt nach Amerika im Jahre 1492 und seiner Landung auf San Salvador, mit den Besuchen von Kuba und Haiti, auch Felder mit Mais. Von der zweiten Fahrt nach Amerika brachten die Expeditionsteilnehmer Körner des Maises mit nach Spanien. Im Jahre 1525 wurde er bereits in Südspanien (Andalusien) feldmäßig angebaut. Das älteste Belegexemplar von 1532 findet sich im Herbar des Cibo in Rom. In dem Kräuterbuch des Arztes Leonhart Fuchs (1543) in Tübingen ist eine Maispflanze abgebildet. 1574 waren in der Türkei und am oberen Euphrat schon ganze Felder mit »türkischem Korn« (Mais) zu sehen. So hatte sich dessen Anbau in wenigen Jahrzehnten über das Mittelmeer bis in die östlich angrenzenden Länder ausgebreitet.
In Deutschland wurde der Mais im 16. und 17. Jahrhundert vorwiegend in Gärten gehalten, doch nur in klimatisch günstigsten Gebieten: den Rheingegenden, in Württemberg und Baden. Nach den Kartoffelmißernten in den Jahren 1805 und 1806 ist versucht worden, Mais auch außerhalb der Weinbaugebiete zu ziehen. Aber erst die Hungerjahre von 1846 und 1847 aufgrund erneuter Kartoffelmißernten (durch eine Kartoffelseuche, verursacht durch Niedere Pilze) gaben den entscheidenden Anstoß, auch für das mittel- und norddeutsche Klima geeignete Maissorten zu züchten. Gleichzeitig wurden Rezepte beschrieben, wie die Maiskörner für Brot, Suppen, Kuchen, Pudding, Brei und Kaffee-Ersatz verwendet werden könnten. Trotzdem blieb der Anteil von Maisanbau, größtenteils für Grünfuttergewinnung, unter ein Prozent der Ackerfläche (nur in Baden mehr).
Die weitere Entwicklung des Maisanbaus hing sowohl von technischen Gegebenheiten als auch vom Fehlen geeigneter Sorten ab. Erst nachdem zu Beginn der siebziger

Tafel 25 Heutige Varianten von Maiskolben in Amerika. A Chullpi, peruanischer Süßkornmais, B Peruanische Rasse, bei der die Körner nicht in Reihen angeordnet sind, C Conico, die im mexikanischen Hochland am meisten angebaute Rasse, D Tuxteño, eine mexikanische Rasse, die als eine Vorfahrin von F gilt. E Jala, eine mexikanische Rasse mit den größten Kolben der Welt, F Zahnmais der USA, die produktivste Rasse der Welt, G Northern Flint, abgeleitet von einem mexikanischen Mehlkorn, H Cuzco Gigante, eine peruanische Rasse mit den größten Körnern. Aus Mangelsdorf (1974).

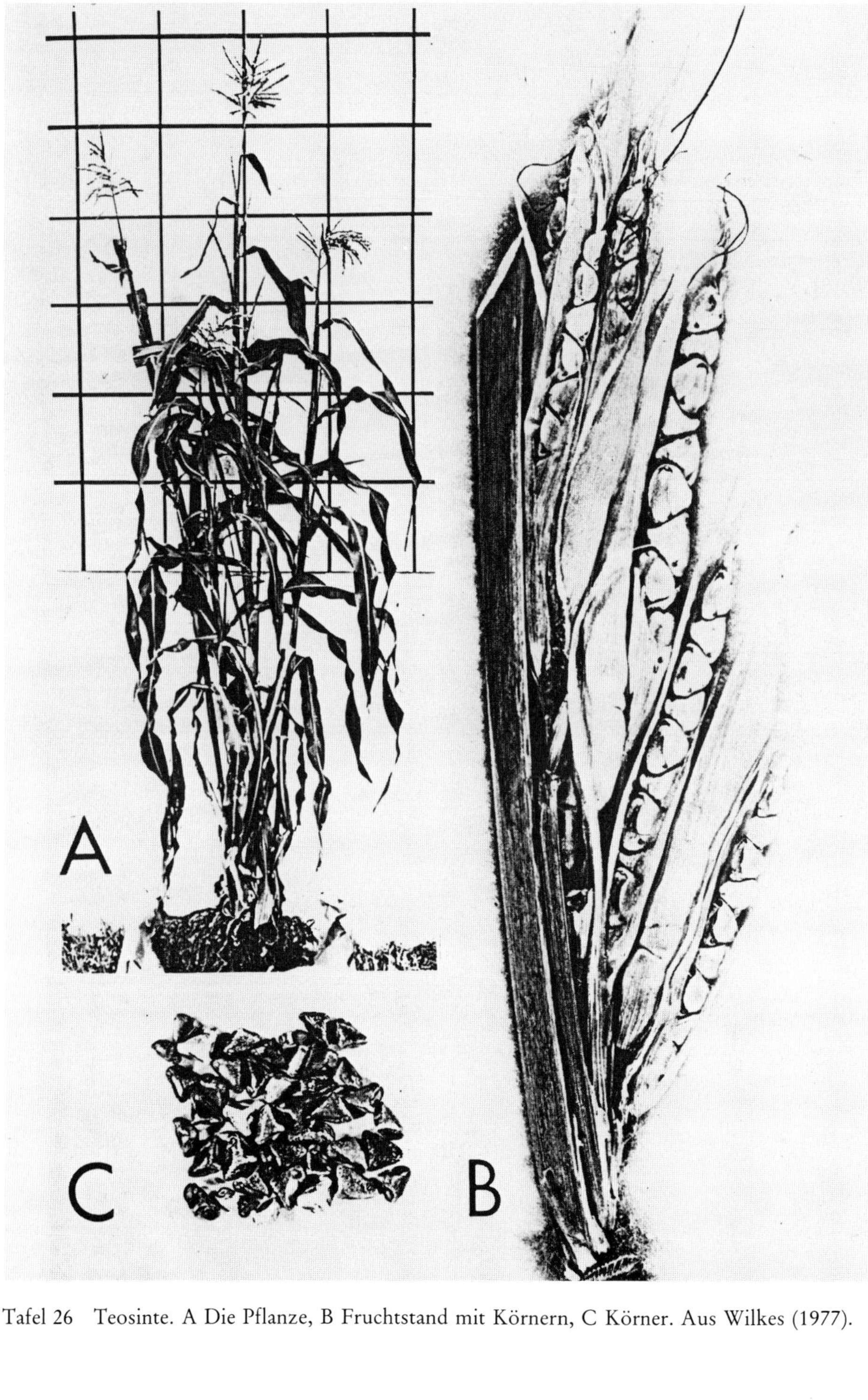

Tafel 26 Teosinte. A Die Pflanze, B Fruchtstand mit Körnern, C Körner. Aus Wilkes (1977).

Tafel 27 Vorgeschichtliche Maiskolben (ohne Körner) aus Höhlen in Mexiko. a) Älteste Funde von ca. 5000–3400 v. Chr. in der San-Marcos-Höhle, Tehuacan-Tal (südl. Teil des Staates Mexiko). b) Ein Kolben aus a links unten in stärkerer Vergrößerung. Deutlich sind die Spelzen erkennbar, die ursprünglich jedes einzelne Korn umhüllt haben. Dieser Mais war also ein Spelzmais. c) Jüngere und größere Maiskolben, ebenfalls aus der San-Marcos-Höhle, einer höheren Schicht angehörend, datiert auf ca. 1500–900 v. Chr. Aus Mangelsdorf (1974), a und c nat. Gr., b 3,6x vergr.

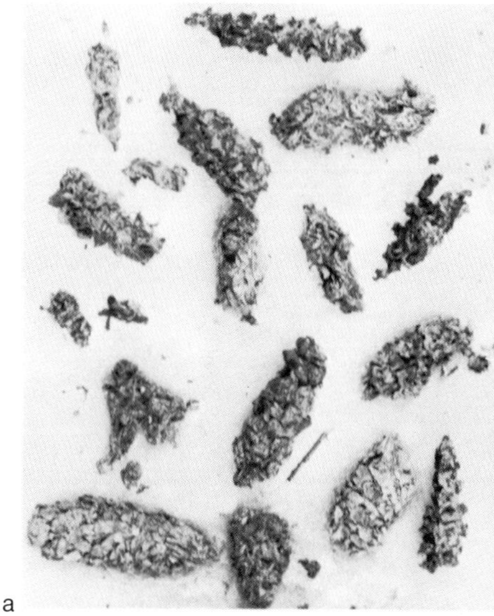

a

b

c

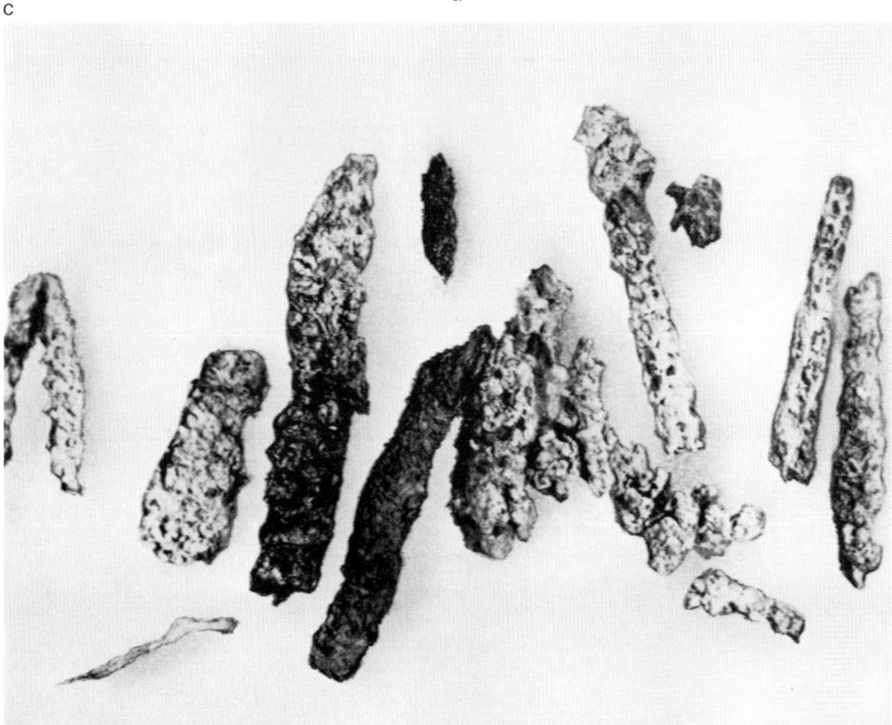

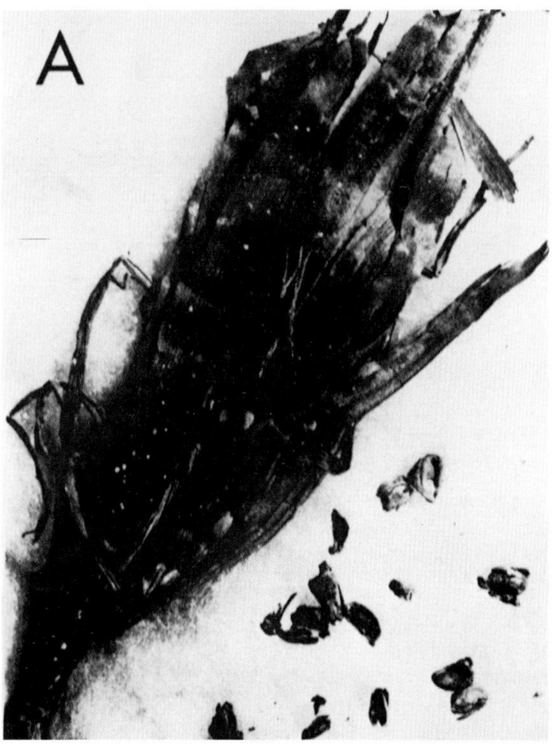

Tafel 28 Oben: Frühgeschichtliche Maiskolben (ohne Körner) aus der klassischen mittelamerikanischen Kultur in Südmexiko, ebenfalls San-Marcos-Höhle im Tehuacan-Tal. Ca. 200 v. Chr.–ca. 700 n. Chr., angebaut von Vollzeit-Ackerbauern der Indios. Nat. Gr. Aus Mangelsdorf (1974). Unten: Vorgeschichtlicher Fruchtstand und Körner von Teosinte. Aus Romanos Höhle in Nordmexiko, ca. 900–ca. 400 v. Chr. Aus Wilkes (1977).

Jahre unseres Jahrhunderts von der Pflanzenzüchtung bessere frühreife, den deutschen Standortverhältnissen angepaßte Sorten entwickelt worden waren, konnte sich der Maisanbau bei uns erheblich ausdehnen.

Mais in Amerika. Heutige Maisrassen

In Süd-, Mittel- und Nordamerika gibt es nach P. C. Mangelsdorf (1974) mehr als 300 Rassen von Mais, die allein in Mexiko in etwa 2000 Varietäten aufgegliedert sein sollen (Taf. 25). Diese Rassen können nach verschiedenen Merkmalen zu einer überschaubaren Anzahl von Gruppen zusammengefaßt werden. Aufgrund der Kornbeschaffenheit sind es folgende sieben Gruppen (nach Jugenheimer 1976):

1. Zahnmais (*dent*). Die reifen Körner sind in der Mitte eingesunken, weil sich hier weiches (stärkereiches) Nährgewebe befindet, rings herum aber hornartiges (eiweißreiches). Die in den USA am meisten angebaute Form.
2. Hartmais (*flint*). Die reifen Körner sind rund, weil das Hornendosperm (die Eiweißschicht) rings um das Korn verläuft. In Europa werden diese Form sowie Kreuzungen zwischen 1 und 2 angebaut.
3. Puffmais (*pop*). Das gesamte Nährgewebe ist hornartig. Durch Erhitzen platzen die Körner. Sehr beliebt in den USA.
4. Zuckermais (*sweet*). Die Körner schrumpfen bei der Reife, weil sich der Zucker nicht in Stärke umwandelt (durch den Verlust eines Gens). Wird in den USA unreif (wie Erbsen) gegessen.
5. Stärkemais (*flour*). Diese Körner haben kein Hornendosperm (Eiweißschicht), sondern nur ein weiches (stärkehaltiges) Nährgewebe. Sie lassen sich zu Mehl mahlen. Körner und Kolben dieser Form fanden sich in den Gräbern der Inkas und Azteken.
6. Wachsmais (*waxy*). Die Körner sehen wachsartig aus, weil sie einen Überzug von Amylopektin haben.
7. Spelzmais (*pod*). Jedes Korn ist von Spelzen umhüllt. Heute ohne praktische Bedeutung, aber wegen der Abstammung des Maises interessant.

Eine andere Gruppierung ist nach dem historischen Alter möglich (Mangelsdorf 1974):

1. Alte einheimische Rassen (z. B. Nal-Tel und Chapalote). Diese wurden von den Indios gezogen, als die Europäer kamen und werden auch heute noch von ihnen bevorzugt, obwohl bessere zur Verfügung stehen (laut Mangelsdorf).
2. Präkolumbianische Exoten. Das sind vier Rassen, die um etwa Christi Geburt (bzw. einige Jahrhunderte früher oder später) von weiter südlich nach Mexiko eingeführt wurden (z. B. Cacahuacinthe, Harinosa de Ocho).

3. 13 Landrassen, die durch Hybridisieren zwischen Nr. 1 und 2 entstanden sind.
4. Moderne. Diese kamen von Mexiko in den Südwesten der USA.

Wilde Verwandte des Maises

Die nächste Verwandte ist die Teosinte. Sie ist dem Mais so ähnlich, daß sie vor der Blüte nicht von diesem zu unterscheiden ist. Die Fruchtstände sind dann ganz anders, bilden keine Kolben mit mehreren Körnerreihen, sondern an einer dünnen Ährenachse sitzen dreieckige Körner in zwei Reihen. Mehrere solcher Ähren stehen in Büscheln zusammen (Taf. 26). Bei der Reife fallen die Körner von selbst aus, denn Teosinte ist ein Wildgras.
Trotz dieser erheblichen Verschiedenheiten sind Teosinte und Mais genetisch sehr ähnlich. Sie haben dieselbe Chromosomenzahl und hybridisieren in der Natur überall da, wo sie nahe beieinander wachsen. Das ist so in Mexiko, Honduras, Guatemala und Texas. Teosinte wächst dort häufig an den Steinwällen, die die Maisfelder begrenzen, dringt aber auch in Maisfelder ein. Wegen der außerordentlichen Vitalität und dem starken vegetativen Wachstum der Teosinte wird diese Einkreuzung von den Indios gerne gesehen. Einige Botaniker ordnen die Teosinte einer anderen Gattung (*Euchlaena*) zu als Mais, andere stellen sie wegen der engen Verwandtschaft mit Mais in dieselbe Gattung (*Zea mexicana* für die einjährige Teosinte und *Zea perennis* für die mehrjährige Teosinte), ja sogar neuerdings die einjährige in dieselbe Art (*Zea mays* L. ssp. *mexicana* Iltis).
Teosinte hat für die Maisentwicklung eine große Rolle gespielt. Allerdings gehen im einzelnen heute noch die Meinungen der Maisforscher auseinander, ob Teosinte als der direkte Vorfahr des Maises anzusehen ist oder ob er nur später bei der Bildung der Hybridrassen beteiligt war.
Ein anderer, doch entfernter Verwandter ist das Wildgras *Tripsacum*. Von diesem kleineren Gras gibt es mehrere Arten und Varietäten. Kreuzungen zwischen *Tripsacum* und Mais kommen in der Natur aber nicht vor. Sie gelingen nur im Experiment. Die Auffassung einiger Forscher, *Tripsacum* als möglichen Vorfahr anzusehen, wird heute wegen der fehlenden Kreuzbarkeit in der Natur abgelehnt.

Möglichkeiten zur Erforschung der Ableitung des Maises

Über die Urform des Maises sowie die Frühformen seiner Evolution herrscht bis heute noch keine Einigkeit. Beiträge zu deren Aufhellung lassen sich aus verschiedenen Teil-

bereichen der Botanik gewinnen: 1. Genetik, Taxonomie, Pflanzenverbreitung und Physiologie, alles an heutigem Mais. 2. Durch Auswertung datierbarer prähistorischer Reste von Mais und dessen Verwandten.
Die prähistorischen Reste stellen die schlüssigsten Beweise dar, sofern sie weit genug in die Vergangenheit zurückreichen, zuverlässig datierbar sind und in Schichten gefunden werden, die auch kulturelle Aussagen erlauben, wie z. B. Jäger-Sammler-Stadium, oder Ackerbau bei Siedlungen. 3. Pollenkörner von Mais und Teosinte sollen mikroskopisch unterscheidbar sein. Pollenanalytische Bearbeitungen von Sedimenten gibt es aber, abgesehen von einzelnen Stellen, bisher nicht (nach Galinat 1985).

Maisfunde in Amerika aus archäologischen Ausgrabungen

Diese sind in Gemeinschaftsarbeit von Archäologen und Botanikern in Mexiko, Panama, Neu-Mexiko und Peru aufgedeckt worden. In den Hochländern gibt es steile Felswände, entweder an hochragenden Bergen oder als tief eingeschnittene Canyonwände, oft mit Höhlen bzw. riesigen Felsdächern. Solche, die sich in einer gewissen Höhe über dem Talboden befinden, waren in prähistorischer und teilweise noch in historischer Zeit bewohnt. Die Hinterlassenschaften der Indios in Form von Geräten, Abfällen, Fäkalien und anderem haben im Laufe der Jahrtausende die Höhlenböden bis zu zwei Meter aufgehöht. Da niemals Regen oder Quellwasser hineingekommen und das Klima relativ trocken ist, konnten sich – ähnlich wie in den ägyptischen Gräbern – auch organische Materialien bis heute erhalten. Darunter waren in getrocknetem Zustand vom Mais nicht nur die entkernten Kolben, sondern auch lose Körner, Stengelteile mit Wurzeln, Hüllblätter und Narbenfäden. Sogar die verschiedenen Färbungen der Maiskörner wie braun, rot und farblos haben sich erhalten. Seit etwa 1948 sind viele der Höhlen und Gräber untersucht worden. Einen Überblick über die archäologischen Ergebnisse dieser Ausgrabungen hat MacNeish (1965) gegeben. Unter den Pflanzenresten wurden die vom Mais aus Mittel- und Nordamerika von P. C. Mangelsdorf und W. C. Galinat untersucht. Neuere Ergebnisse für den Süden der USA finden sich bei J. R. Ford (1985). Die Pflanzenfunde von Peru hat Margareth Towle (1961) bearbeitet.
Im Süden des Staates Mexiko befindet sich das Tehuacan-Tal. Dieser »Tal«-Boden ist ein Teil des Hochlandes von Mexiko und liegt etwa 1500 Meter über Meereshöhe. Es ist von hohen, steil aufragenden Bergen umgeben (Abb. 15). Das Klima ist semiarid (halbtrocken, 500–600 mm Niederschläge pro Jahr, und zwar nur im Sommer). Die Vegetation besteht u. a. aus Gras, Kakteen und Dornsträuchern. Die Höhlen befinden sich in 30 bis 60 Meter über der Ebene.

Abb. 15. Das Tehuacan-Tal in Südmexiko und die Lage der fünf Höhlen, in denen prähistorische Maisreste gefunden worden sind. Nach Mangelsdorf, MacNeish und Galinat (1964) umgezeichnet.

In den beiden genauer untersuchten Höhlen San Marcos und Coxcatlan ließen sich die ältesten (untersten) Höhlenschichten mit Gerätschaften und Abfällen von Jägern und Sammlern mittels Radiokarbon auf ca. 10000 v. Chr. datieren, d. h. etwa auf das Ende der Eiszeit. Die ältesten Reste von Mais fanden sich in darüberliegenden Schichten aus der Zeit zwischen ca. 5000 und ca. 3400 v. Chr. Sie bestanden aus 27 Kolben und Kolbenfragmenten aus der San-Marcos-Höhle und 44 aus der Coxcatlan-Höhle (Taf. 27a). Die intakten Kolben (ohne Körner) waren sehr klein (nur 1,9–2,4 cm lang und 0,5–0,8 cm breit), hatten im Mittel acht Kornreihen mit 6–9 Körnern pro Reihe. Die Kölbchen mit brüchiger Achse bildeten also zwischen 36 und 72 Körner aus. Die Körner selbst waren von langen, weichen Spelzen bedeckt (Taf. 27b). Dieser vorgeschichtliche Mais aus Mexiko wurde von den amerikanischen Forschern Mangelsdorf, MacNeish und Galinat (1964) als Wildmais gedeutet.

In der Coxcatlan-Höhle sind in Schichten von ca. 4000 v. Chr. auch Kolbenfragmente mit nur zwei Körnerreihen gefunden worden, die nach Angaben und Foto von Galinat (1985) mit heutigen Hybriden der F_1-Generation zwischen Teosinte und Mais übereinstimmen.

Mit dem Wildmais zusammen fanden sich weitere Pflanzenreste, u. a. Chilipfeffer, Avocado und Kürbisse: alles Arten, die damals dort wild gewachsen sind. Die Menschen waren reine Nomaden und lebten je nach Jahreszeit im Turnus an drei oder vier verschiedenen Wohnplätzen. Kleine und größere Gruppen haben Pflanzennahrung gesammelt und Kleintiere erlegt.

Früheste Kulturstufen vom Mais fanden sich in der sog. Abejas-Phase aus der Zeit zwischen etwa 3400 und 2300 v. Chr. Die Kolben sind nun größer und variabler.

Länge 2,8–6,1 cm, 8–10 Kornreihen, Körner pro Reihe 8–19, mit 64–190 Körnern pro Kolben. Im Bau entsprachen sie noch dem Wildmais (Spelzen, brüchige Achse). Die Maisreste wurden gefunden zusammen mit zwei Kürbisarten (*Cucurbita moschata* und *C. mixta*), Bohnen (*Phaseolus acutifolius*), Flaschenkürbis (*Lagenaria siceraria*), Chilipfeffer, Avocado, Amaranth und Baumwolle. Die Menschen lebten jetzt z. T. in Dörfern mit Grubenhäusern, z. T. in Höhlen und bauten die genannten Pflanzenarten an. Allerdings ergaben Faeces-Untersuchungen, daß etwa 40 Prozent der Nahrung von wilden Pflanzen und Tieren stammten.

Die erste Hybridisation des Maises ist in der nachfolgenden Ajalpan-Phase zwischen ca. 1500 und 900 v. Chr. feststellbar, denn die Maisreste sind nun anders. Die Kolbenachsen und Spelzen erwiesen sich als verhärtet und gerundet (Taf. 27c). Die Bearbeiter (Mangelsdorf und Galinat) nehmen an, daß eine Bastardierung mit dem Wildgras Teosinte erfolgt ist. Diese Arten gibt es heute nicht im Tehuacan-Tal, doch in anderen Teilen Mexikos, in Guatemala und anderwärts. Sie können aber durch wandernde Indianergruppen eingeschleppt worden sein. Zu jener Zeit war Ackerbau bereits eine Haupttätigkeit der Indios. Außer dem Mais wurden folgende Arten angepflanzt: drei Kürbisarten (zu den vorigen noch *C. pepo*), Flaschenkürbis, Amaranth, Bohnen, Chilipfeffer, Avocado, Zapoten und Baumwolle. Die Indios lebten in Ortschaften von 100 bis 300 Einwohnern.

Die Maisreste aus der nachfolgenden Palo-Blanco-Phase (ca. 200 v. Chr.–ca. 700 n. Chr.) bestehen aus mehreren neuen Typen (Taf. 28 oben). Sie werden als Vorläufer der alten indianischen Landrassen Chapalote und Nal-Tel angesehen, die es heute noch geben soll. Die Kolben aus dieser Palo-Blanco-Phase sind 8–10 cm lang, 1,5–2 cm dick (ohne Körner), mit 8–11 Reihen und 12–15 Körnern pro Reihe, so daß ein Kolben zwischen 113 und 163 Körnern trägt. Es ist bereits die Zeitepoche der mittelamerikanischen Hochkultur, die bis 1536 andauerte. Die Indios waren Vollzeitackerbauern und bewässerten die Felder systematisch künstlich. Als neue Pflanzen kamen unter anderen Tomate und Erdnuß hinzu, an Tieren der Truthahn. Es ist das Gebiet, das nur wenig südöstlich der heutigen Stadt Mexiko liegt. Die Indios wohnten damals in dauerhaften Ortschaften, in Häusern aus Holz mit Lehmverputz, die um einen Hügel mit Tempel in Stein gebaut waren. Sie hatten schön geformte und bemalte Tongefäße, Messer aus Obsidian (ein natürliches vulkanisches Glas), gewebte und bemalte Kleider aus Rinden und Baumwolle, kannten aber kein Metall und keine Schrift.

Im Jahre 1536, dem Beginn der kolumbianischen Zeit, waren in Mexiko acht Landrassen des Maises in Gebrauch. Zu der Zeit hatte sich der Maisanbau bereits über den ganzen Süden der USA bis an die Atlantikküste ausgedehnt.

Es hat sich also gezeigt, daß das Zentrum der Maisentstehung im Süden von Mexiko lag. Höhlenfunde aus jüngeren Zeitabschnitten belegen den Gang dieser Ausbreitung.

So gehen im Norden Mexikos (La-Perra- und Swallow-Höhle) die ältesten Maisreste bis etwa 2400 v. Chr. zurück. Von Teosinte wurden in der Romano's-Höhle Fruchtstände mit Körnern gefunden sowie in menschlichen Fäkalien die dreieckigen Körner von Teosinte aus der Zeit zwischen ca. 900 bis 400 v. Chr. (Taf. 28 unten). Noch weiter nördlich, im Südwesten der USA (Neu-Mexiko) ist die Bat-Höhle wegen ihrer Maisfunde bekannt geworden. Die früher angenommene hohe Altersangabe mußte allerdings auf etwa 700–500 v. Chr. revidiert werden (vgl. Galinat 1985), aber die kleinen Kolben dokumentieren die Nutzung von primitivem Mais dort aus der Zeit vor rund 2500 Jahren.
In Südamerika haben sich archäologische Maisreste nur in Peru gefunden. Die ältesten stammen aus dem Küstenstreifen. Dieser besteht aus Wüste, die quer von Flüssen durchschnitten wird, von denen zehn das ganze Jahr über Wasser führen. Nur an den Flußufern liegt das ackerbaulich genutzte Land, heute und in vorgeschichtlicher Zeit. Die ältesten Maiskolben sind im Virú-Tal gefunden worden, in Siedlungen der Huaca Negra. An der Mündung des Chimaca-Flusses (Nordküste von Peru), begann eine Siedlung der Huaca Prieta in vorkeramischer Zeit durch Fischer-Ackerbauern seit etwa 2500 v. Chr. Aber Mais tauchte dort erst ab etwa 750 v. Chr. auf. Maiskörner fanden sich auch im Friedhof von Puerto Moorin als Beigaben aus der Zeit von etwa 500 v. Chr. Erhalten geblieben waren in dem trockenen Wüstenboden Kolben, Narbenfäden und Kornspelzen. Nach den botanischen Untersuchungen von Margareth Towle (1961) hatte »der prähistorische Mais kleine Kolben, jede Reihe mit wenig Körnern, diese bespelzt«. In der genannten Kulturperiode von etwa 750 v. Chr. bis etwa Christi Geburt gab es an der peruanischen Küste in den Flußtälern große Zentren von Wohnhäusern mit Tempeln. Fischfang undAckerbau mit künstlicher Bewässerung wurden betrieben, mit Anpflanzungen von Kürbis-Arten, Lima-Bohnen, Gartenbohnen, Mais, Erdnuß, Baumwolle und anderen Nutzpflanzen.

Abbildungen von Mais in der indianischen Kunst

Wie in allen frühen Hochkulturen bildete Getreide die Lebensgrundlage. So ist es nicht erstaunlich, daß in Peru (Küste und Hochland) unter den indianischen Bildwerken für sakrale und andere Zwecke häufig Maiskolben abgebildet wurden (Taf. 29 und 30), z. T. in Form von Abdrücken auf Tongefäßen (als Begräbnisurnen und Ziergefäße), z. T. als Nachbildungen aus Stein. Letztere können naturgetreu oder stilisiert sein. Mangelsdorf gibt in seinem Buch von 1974 zahlreiche Abbildungen mit Deutungen wieder. Danach finden sich unter den Abdrücken und Nachbildungen nacktkörnige und bespelzte Formen, schlanke und breite Kolben, Formen bei denen die Körner von je zwei benachbarten Reihen auf gleicher Höhe stehen oder alternierend. Diese und andere (alle später als rd. 300 n. Chr.) bringt Mangelsdorf mit einigen heute noch von den Indios in Peru angebauten Landrassen in Verbindung. Eine besondere Form (Taf. 30) mit eiförmigen Kolben, nackten, gerundeten Körnern, die nicht in Reihen angeordnet sind, soll mit der Süßmaisrasse Chullpi verwandt sein. Weil diese besondere Maisrasse nur in Peru nachweisbar ist, aber nicht in Mexiko, nimmt Mangelsdorf für Peru und Mexiko eine getrennte Maisdomestizierung an.

Folgerungen für die Ableitung des Kulturmaises

Aus den botanischen Untersuchungen der zahlreichen Maisreste von den frühesten Funden zwischen ca. 5000 und 3500 v. Chr. in Mexiko bis zu den Landrassen der vergangenen Jahrhunderte geht hervor, daß der Vorfahr ein Wildgras mit bespelzten Körnern war. Dieses wurde von den Indios im Laufe langer Zeiten allmählich kultiviert. Wie dieser wilde »Urmais« ausgesehen hat, darüber gibt es mehrere Vorstellungen. Die zwei Hauptmeinungen sind folgende:

1. Nach Mangelsdorf, MacNeish und Galinat (ab 1964, zuletzt in Mangelsdorf 1974) gab es, als die Indios in der Nacheiszeit in Mittelamerika Nutzpflanzen sammelten, dort einen bespelzten Wildmais. Erst spät (nach Funden aus der Zeit um etwa 900 v. Chr.) hat dieser mit dem neu (als Unkraut) in das Gebiet eingeschleppten Wildgras Teosinte hybridisiert. Dies bewirkte eine enorme Steigerung der Domestikation, zumal zu der Zeit der Ackerbau der Indios bereits stabil geworden war. Der damalige Wildmais ist heute ausgestorben.
2. Nach Ford, Galinat und Iltis (siehe Ford 1985) ist die ursprüngliche Wildpflanze eine einjährige Teosinte (vgl. S. 90) gewesen. Sie soll von den Indios bereits seit der Jäger-Sammler-Stufe in der Nacheiszeit domestiziert worden sein. Danach existiert also der »Urmais« in Gestalt der einjährigen Teosinte heute noch.

Über die wahrscheinliche Art und Weise, wie aus der Wildpflanze eine Kulturpflanze wurde, herrscht mehr Einigkeit. Die nomadisch lebenden Indios der Nacheiszeit erlegten Tiere und sammelten eßbare Pflanzen. Von den Früchten und Samen gelangten einige mit den Abfällen auf die Abfallhaufen bei den Höhlen bzw. Sommerlagern. Auf diesen mit Nährstoffen angereicherten Stellen gediehen die neuen Pflanzen als unkrautartige »camp follower« (Siedlungsbegleiter) besonders gut. Hier variierten sie und bildeten auch für die Menschen nützlichere Typen. Irgendwann später kam die Auslese durch den Menschen für bewußte Aussaat hinzu. Acker- und Gartenbau bei Dörfern mit Grubenhäusern hat in Südmexiko in der Abejas-Phase (ca. 3400–2300 v. Chr.) eingesetzt. Da die ältesten dortigen Maisreste auf ca. 5000–3400 v. Chr. da-

tiert werden, läßt sich die Dauer dieses Evolutionsprozesses durch Domestikation seitens des Menschen nicht genau abschätzen. Hierfür müßte es mehr Radiokarbondaten geben.
Zusammenfassend läßt sich festhalten: Mais ist die einzige Kultur-Getreideart, die in Amerika entstanden ist und zwar durch die Indios in vor- und frühgeschichtlicher Zeit. Diese haben eine bestimmte Wildgrasart (Wildmais oder Teosinte) im Laufe langer Zeiträume zum Mais domestiziert.

Tafel 29 Tongefäß als Grabbeigabe aus der Mochia-Kultur, im Küstengebiet von Nordperu, etwa 300–500 n. Chr. Auch die Maiskolben sind in Ton geformt. Original und Foto: Museum für Völkerkunde in Berlin.

Tafel 30 Frühgeschichtliche Nachbildungen von Maiskolben aus dem Hochland von Peru (nicht älter als etwa 300 n. Chr.). a) Bespelzter Mais (pod corn), b–c) Verwandte der Süßmaisrasse Chullpi, d–e) Zwillingskolben von vorn und hinten mit bespelzten Körnern. Courteasy Peabody Museum, Yale University. Aus Mangelsdorf (1974).

Hülsenfrüchte – unsere Quelle für pflanzliches Eiweiß

Hülsenfrüchtler (*Leguminosae*) bilden die drittgrößte Pflanzengruppe (nach Korbblütlern = *Asteraceae* und *Orchidaceae*) auf der Erde. Sie umfaßt etwa 17 000 Arten (nach Heywood, 1982). Fast alle haben sie die außerordentlich wichtige Eigenschaft, mit bestimmten Bakterien (*Rhizobium*-Arten) in Gemeinschaft (Symbiose) zu leben, die Luftstickstoff in Knöllchen an den Wurzeln der Leguminosen binden können (Taf. 33 unten).

Vier Fünftel unserer Luft bestehen aus Stickstoff. Menschen und Tiere aber können diesen nicht nutzen. Dabei enthält das Plasma einer jeden pflanzlichen und tierischen Zelle Stickstoff in chemischer Bindung mit anderen Elementen. Unter den Blütenpflanzen gibt es nur wenige Gruppen, die Luftstickstoff binden können. Die umfangreichste ist die der Leguminosen. Der von ihnen (d. h. deren symbiontischen Knöllchenbakterien) gebundene Stickstoff dient weitgehend der Selbstversorgung der betreffenden Pflanze und der Bildung besonders eiweißreicher Samen. Auch gedeihen diese Pflanzen auf relativ nährstoffarmen Böden.

In der Welternährung spielen daher Hülsenfrüchte eine lebensnotwendige Rolle und zwar sowohl direkt über das Eiweiß in den trockenen (reifen) Samen als auch indirekt über die Anreicherung des Bodens an gebundenem Stickstoff. Auch ihre Nutzung als Viehfutter (Klee, Luzerne u. a.) ist bedeutend.

Zu den Leguminosen werden drei Pflanzenfamilien gerechnet, von denen die der Schmetterlingsblütler (*Papilionaceae* = *Fabaceae*) mit etwa 10000 Arten die größte ist. Ihre Blüten sind schmetterlingsförmig, und die Samen reifen in Hülsen (Abb. 16). Die für die menschliche Ernährung genutzten Hülsenfrüchtler gehören fast nur zu dieser Familie. Das sind weltweit 20–30 Arten, die ursprünglich in bestimmten Gebieten der Tropen, Subtropen und im Mediterrangebiet beheimatet waren und dort domestiziert wurden, heute aber in klimatisch vergleichbaren sowie angrenzenden Regionen wechselseitig eingebürgert sind.

In Deutschland werden derzeit im Freiland vier Arten angebaut: Gewöhnliche Gartenbohnen (*Phaseolus vulgaris*), Feuerbohnen (*Phaseolus coccineus*), Dicke Bohnen (*Vicia faba* var. *major*) und Erbsen (*Pisum sativum*). Für Linsen (*Lens culinaris*), die

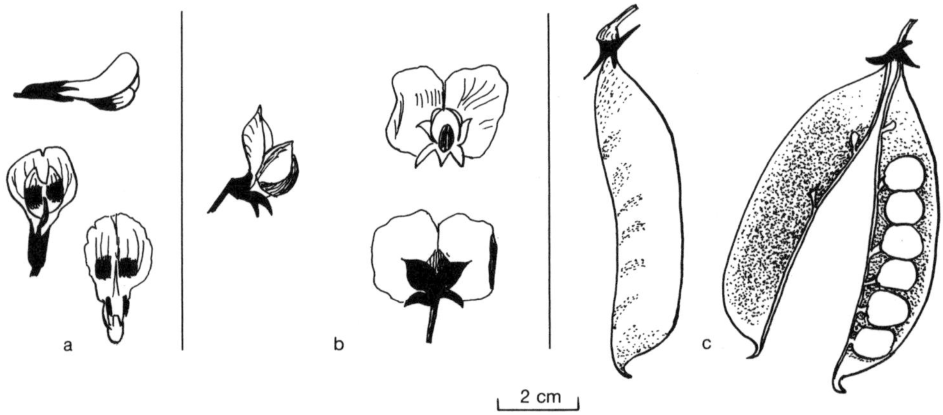

Abb. 16. Blüten und Früchte von Schmetterlingsblütlern. a) Blüte der Ackerbohne seitlich, von vorn und hinten. b) Entsprechendes von der Erbse. c) Erbsenhülsen geschlossen und offen mit den Samen (Erbsen). Die Erbsen sind mit der Hülse durch eine kurze Nabelschnur verbunden.

über fünf Jahrtausende lang auch dazugehörten, ist der Anbau in Deutschland erloschen. Sie werden daher erst in Teil II behandelt.

Die größte Bedeutung als Nahrungsmittel, von der Steinzeit bis in die Neuzeit, beruht auf den trockenen Samen, die bei Erbsen, Bohnen und Linsen zwischen 20 und 26 Prozent Eiweiß enthalten (bei etwa 11% Wasser). Sie sind somit der wichtigste pflanzliche Eiweißlieferant und deshalb notwendig zur Ergänzung der Getreidenahrung (vgl. Tab. 2). Das zeigt nicht nur die Geschichte der Hülsenfruchtnutzung in Deutschland, sondern überall in der Welt. Erst als seit dem Beginn der sechziger Jahre unseres Jahrhunderts in der Bundesrepublik wie auch in anderen europäischen Ländern mit dem aufkommenden Wohlstand der Fleischverbrauch eine Höhe erreichte wie nie zuvor, wurden Bohnen und Erbsen fast nur noch als Frischgemüse gegessen. Bis dahin war es z. B. im Bremischen und Bielefeldischen üblich, jede Woche einmal als mittägliches Hauptgericht eine dicke Suppe aus Trockenbohnen, -erbsen oder -linsen zu essen, in der kein Fleisch enthalten war. Diese, mit Kartoffeln und etwas Gemüse zusammengekocht, sättigte trotzdem bis zum Abend.

Grüne Erbsen und Bohnen für Gemüse enthalten immer noch mehr Eiweiß als andere Gemüsearten: Erbsen 6–7 Prozent (bei 77% Wasser), Bohnen 2–3 Prozent (bei 90% Wasser). Diese Werte gelten allerdings nur annäherungsweise, denn sie sind weitgehend vom Reifezustand der Samen und auch von Umweltfaktoren (Sonne, Temperatur, Nährstoffgehalt des Bodens) abhängig.

Nach Mitteleuropa sind zwei der Hülsenfruchtarten im kultivierten Zustand schon mit der ältesten Ackerbaukultur (Bandkeramik, 4500–3800 v. Chr.), zusammen mit den ersten Kulturgetreiden, gekommen. Ackerbohnen kamen erst später, zuletzt die Bohnen mit eßbaren Hülsen. Und diese haben wohl die komplizierteste und interessanteste Geschichte.

GRÜNE BOHNE, GEWÖHNLICHE GARTENBOHNE (*Phaseolus vulgaris* L.)

Kennzeichnung. Inhaltsstoffe. Bedeutung

Die Pflanzen, früher auch Fitzebohnen oder Fisolen genannt, haben relativ dünne Stengel, an denen sich in wechselständiger Anordnung große, dreiteilige gestielte Blätter befinden. Die Nebenblättchen sind klein. Auch am Blütenstand stehen die schmetterlingsförmigen Blüten wechselständig. Es bilden sich lange Hülsen mit sechs und mehr Samen.

An Varietäten gibt es Stangenbohnen (var. *vulgaris*) und Buschbohnen (var. *nanus*). Erstere werden zwar landläufig als »rankende« Bohnen bezeichnet. Aber sie haben keine Ranken wie der Wein, sondern sind windende Pflanzen wie Hopfen, denn ihre Hauptachse dreht (windet) sich im Uhrzeigersinn um eine Stütze.

Von diesen beiden Varietäten der Gartenbohne gibt es zahlreiche Sorten. So führt Becker-Dillingen (1956) in seinem Handbuch des Gemüsebaus 57 Sorten Buschbohnen und 39 Sorten Stangenbohnen auf. Die Sorten unterscheiden sich bezüglich der Farbe der Hülsen (grün und gelb bei Buschbohnen, grün, gelb und blau bei Stangenbohnen), der Form, Fädigkeit und Fleischigkeit der Hülsen; Farbe, Größe und Schalendicke der Samen, früh- oder spätreifend, Abhängigkeiten von Bodenart und Klima, Widerstandsfähigkeit gegenüber Krankheiten usw. Als Qualitätsmerkmale werden in der Züchtung angestrebt: Fadenlosigkeit, Dickfleischigkeit und Zartheit der Hülsen, weiße Farbe der Samen anstelle der früher allgemein braunen oder bunten u. a. Die Pflanzenzüchtung hat bei der Gartenbohne, der in Deutschland und auch weltweit wichtigsten Bohnenart, in den vergangenen Jahrzehnten sehr viel erreicht, wenn man bedenkt, daß vor 1940 noch alle (oder fast alle) grünen Bohnen entfädet werden mußten, so wie es heute nur noch bei einigen Sorten der Feuerbohnen (*Ph. coccineus*) notwendig ist.

Von den zahlreichen für Deutschland angegebenen Sorten wird in den einzelnen

Landschaften jeweils nur ein Teil angeboten. Das hängt einmal mit den Gegebenheiten für Klima und Boden zusammen, des weiteren auch mit traditionsbedingter Vorliebe für bestimmte Sorten und schließlich mit der seit 20–30 Jahren sich abspielenden Tendenz zu »Marktgängigkeit« und hohen Erträgen. Wie bei allen unseren Kulturpflanzen verschwinden dadurch aber ältere Sorten mit besonderen Geschmacksqualitäten wie z. B. die Stangen-Perlbohnen im Bremischen und Lüneburgischen, die heute nur noch in Privatgärten angepflanzt werden, aber schließlich aussterben werden. Dieser bedauerlichen und auch vom Standpunkt der Genreserven bedenklichen Verarmung sollte mehr entgegengewirkt werden.

Die Züchtung neuer Gemüsesorten bestimmen und führen nicht nur wissenschaftliche Züchtungsanstalten durch, sondern auch einige große private Firmen für Samenzüchtung und -vertrieb. Es ist nicht zu übersehen, daß immer mehr Menschen, im Zeitalter der vereinheitlichenden Massenproduktion, in der Tätigkeit im Garten eine sinnvolle Freizeitbeschäftigung sehen. Darin liegt ein wichtiger Antrieb zur Erhaltung der Mannigfaltigkeit solcher alter Landrassen, die sich bewährt haben.

Zu den Wachstumsbedingungen sei gesagt, daß Gartenbohnen sehr frost- und kälteempfindlich sind, da sie aus den Subtropen stammen. Sie dürfen erst nach dem 10. Mai (nach den Eisheiligen) im Freiland gelegt werden. Zur Keimung und weiteren Entwicklung stellen sie gewisse Wärmeansprüche, ebenso wie Tomate, Kürbis, Gurke und der Walnußbaum. Wärme und Wasser sind besonders wichtig zur Zeit der Blüte und des jungen Fruchtansatzes. Die Wachstumszeit bis zur Ernte ist bei Stangenbohnen länger als bei Buschbohnen. Entsprechend zieht sich auch deren Erntezeit länger hin. Weitere Angaben über Sorten und Wachstumsbedingungen sind in diesem Rahmen nicht möglich. Hierfür müssen Fachbücher über Gemüsebau zu Rate gezogen werden.

Trockenbohnen (weiße) enthalten 20–24% Eiweiß, 47–58% Kohlenhydrate, 1–2% Fett, 4% Rohfaser, 4% Mineralstoffe und 11–12% Wasser. Im Eiweiß ist der Anteil lebensnotwendiger Aminosäuren etwas höher als in trockenen Linsen oder Erbsen. Von den Mineralien ist Kalium mit 1,3 Prozent am stärksten vertreten (Tab. 2).

Grüne Bohnen enthalten rund 90% Wasser, 2–3% Eiweiß, 0,2–0,4% Fett und 3–6% Kohlenhydrate. Ihr Gehalt an der lebenswichtigen Aminosäure Lysin beträgt nur etwa ein Zehntel der Trockenbohnen. Von den Vitaminen ist in Grünen Bohnen Vitamin C mit 20 Milligramm (pro 100 g Schnittbohnen) am meisten enthalten (nach Souci et al. 1981). Die hier für Grüne Bohnen angegebenen Eiweißwerte können jedoch nur in Annäherung gesehen werden, weil sie stark vom Reifungsgrad abhängig sind. Auch die Standortfaktoren wie Düngung, Sonnenscheindauer u. a. beeinflussen den Gehalt an Stärke und Eiweiß (vgl. Tab. 8, S. 172–173).

Die Erntemenge von Grünen Bohnen (einschließlich Stangenbohnen) stand 1980/81

Tab. 2 Inhaltsstoffe von Trocken-Bohnen, -Erbsen und -Linsen im Vergleich mit Weizen und Fleisch. Angaben in Prozent. (Angaben bei den pflanzlichen Stoffen abgerundet, aus Souci et al. Nährwerttabellen; bei Fleisch nach Schormüller, 1974, Lehrbuch der Lebensmittelchemie).

	Hauptbestandteile						Die 8 lebensnotwendigen Aminosäuren aus dem Eiweiß								Summe der 8 lebensnotwendigen Aminosäuren
	Wasser	Eiweiß	Fett	Kohlenhydrate	Mineralstoffe	Rohfaser	Isoleucin	Leucin	Lysin	Methionin	Phenylalanin	Threonin	Tryptophan	Valin	
weiße Bohnen *(Phaseolus vulgaris)*	11–12	20–24	1–2	47–58	4	4	1,21	1,83	1,58	0,22	1,18	0,92	0,20	1,29	8,43
Erbsen *(Pisum sativum)*	9–14	21–25	1–2	55–62	2–3	1–5	1,29	1,73	1,54	0,23	1,12	0,91	0,21	1,26	8,29
Linsen *(Lens culinaris)*	11–12	22–26	1–2	47–60	3	4	1,24	1,65	1,44	0,17	1,04	0,84	0,20	1,28	7,86
Weizen (ganzes Korn)	13–14	11–13	2	68–70	2–3	2	0,51	0,79	0,32	0,18	0,58	0,34	0,15	0,54	3,41
Rindfleisch (ohne Fett)	74–79	15–25	2	0,1– 0,2	1	–	andere Baustoffe								

beim erwerbsmäßigen Freilandgemüsebau in der Bundesrepublik Deutschland mit 6 Prozent an vierter Stelle hinter Kopfkohl (38%), Möhren (11%) und Blumenkohl (11%). Der Anbau von Freilandgemüse in der Bundesrepublik ist allerdings seit 1968 fast ständig zurückgegangen und hat 1975/76 sowie 1980/81 einen besonders niedrigen Stand erreicht (nach den Stat.Jb. der BRD).

In der Gemüseproduktion der Welt stehen Grüne Bohnen mit rund 2,4–2,5 Millionen Tonnen an fünfter Stelle (nach Tomaten, Kohl, Möhren und Grünen Erbsen, für die Jahre 1979–1981, nach F-A-O). Sie werden in zahlreichen Ländern auf der Nord- und Südhalbkugel angebaut, davon viel in Europa (besonders Italien und Spanien), Nord-, Mittel- und Südamerika, Ägypten und China.

Trockene Bohnen (Phaseolus-Beans, Haricots, Frigoles) stehen in der Weltproduktion bei 12–14 Millionen Tonnen (für 1979–1981, nach F-A-O). Das ist knapp ein Drittel aller Trockenhülsenfrüchte.

Die Einführungsgeschichte in Deutschland sowie die botanische Zugehörigkeit anderer historischer Arten Grüner Bohnen

Den historischen Quellen und Abbildungen ist besonders S. Killermann (1919) nachgegangen. Daraus wird das folgende wiedergegeben. Die älteste Abbildung in Form eines farbigen Holzschnittes von 1543 aus der Renaissancezeit stammt von dem Tübinger Professor für Medizin Leonhart Fuchs und wird von ihm als »Welsch Bonen« bezeichnet (Abb. 17). Man erkennt in dem Holzschnitt eine verzweigte Pflanze mit

Abb. 17. Älteste Darstellung der Gartenbohne (*Phaseolus vulgaris*) in Deutschland. Holzschnitt aus dem Kräuterbuch von Leonhart Fuchs (1543).

dreiteiligen Blättern und großen Hülsen. Der zur Seite hängende Gipfeltrieb läßt eine verkürzt gezeichnete, windende Pflanze annehmen. In der Beschreibung gibt L. Fuchs an, daß es ein Sommergewächs sei, das keinen Reif vertrage, im Heumonat (Juli) blühe und im August reife. Die Samen seien verschiedenfarbig: rot-schwarz gesprenkelt, weißgrau oder gelb, schneeweiß, fleisch- oder lederfarben. Zur Herkunft der Pflanze wird nichts angegeben.

Eine weitere naturgetreue farbige Abbildung aus dem Jahre 1553 stammt von Georg Oelinger aus Nürnberg (Taf. 31). Es ist eine windende Stangenbohne. Auf die hieran erkennbaren Merkmale einer noch primitiven Form mit aufplatzenden Hülsen und braunen Samen hat der Botaniker und Kenner amerikanischer Nutzpflanzen H. Brücher (1977) hingewiesen. Georg Oelinger beschreibt seine Abbildung folgendermaßen: »Bohnen, man braucht sie in der Speiss . . . blähen den Bauch, sind schwerlich zu verdauen, gehören allein für arbeitende Leut . . .« Der Arzt und Botaniker Kaspar Bauhin (1560–1624) kennzeichnet Bohnensamen dieser Art als schwarz.

So sehen wir, daß zumindest die beiden Gartenbohnen aus Tübingen und Nürnberg nach Abbildungen und Texten der Bohnenart *Phaseolus vulgaris* angehören, mit geschlossen bleibenden oder aufplatzenden Hülsen und braunen oder schwarzen Samen.

Nun wurden schon *vor* dieser Zeit Gartenbohnen in Deutschland, Italien und Griechenland genannt und zum Teil auch beschrieben. In Deutschland werden sie bereits schriftlich aufgeführt in Kapitel 70 des »Capitulare de villis (vel curtis) imperialibus« Karls d. Gr.

In ihm werden 89 Pflanzenarten zum Anbau in den kaiserlichen Hofgärten in Deutschland und Südfrankreich empfohlen. Vorwiegend sind es Gewürz und Heilkräuter, sodann Obst- und Nußbäume und unter mehreren Gemüsearten »fasiolum« (Gesamtliste siehe Fischer-Benzon 1894, S. 183).

»Fasiolo« wird auch in dem Entwurf zu dem Garten des Benediktinerklosters von St. Gallen aus dem Jahr 820 genannt, zusammen mit Zwiebeln, Schalotten, Porree, Sellerie, Rettich, *betas* (Rüben oder Mangold), Salat, Pastinak und Kohl sowie einer größeren Anzahl von Heil- und Gewürzkräutern.

Genaueres außer einer reinen Namensnennung erfahren wir von dem bedeutenden Naturforscher des Mittelalters, dem Dominikanermönch Albertus Magnus, der um 1260 eine Beschreibung der Pflanze *faseolus* und der Bohnensamen gab. Aufschlußreich ist besonders sein Vermerk über die Verschiedenfarbigkeit der Samen und ein schwarzer Fleck am Nabel. Dieses Kennzeichen paßt für die Langbohne, auch Kuhbohne oder ägyptische Lubia-Bohne genannt (*Vigna unguiculata* [L.] Walp. = *V. sinensis* [L.] Savi), einer in Afrika beheimateten Art.

Diese Bohnenart mit schmalen Hülsen ist offenbar seit der 5. Dynastie (ab ca. 2500/2300 v. Chr.) in Ägypten kultiviert worden. Darauf deutet eine Anzahl von

Samenschalen dieser Pflanze unter den Fundamenten des Opferspeichers vom Sonnentempel des Sahure zu Abusir (Unterägypten) hin. Außerdem gibt es einen hieroglyphischen Namen für diese Bohne aus dem Zeitraum der 11.–20. Dynastie (etwa 2050–1085 v. Chr.) mit Fortführung desselben durch die koptische und arabische Periode (nach Keimer und Germer 1984).
Auch griechische und römische Gelehrte und Schriftsteller beschrieben Bohnen, die nicht die allgemein übliche Bohne (*Vicia faba*) waren. Die älteste Nachricht hierüber stammt von dem griechischen Philosophen Theophrastos (371–287 v. Chr.), der selber einen Pflanzengarten unterhalten haben soll (nach Mägdefrau 1973). Theophrastos beschreibt eine Hülsenfruchtpflanze namens »dolichos, die hoch an Stangen emporsteigt, welche man neben sie setzt und die dann Früchte trägt«. Römische Schriftsteller des 1. und 2. Jahrhunderts n. Chr. (Virgil, Columella, Dioskorides, Plinius und Galenus) bezeichnen bestimmte Bohnen als phaseolus, dolichos oder smilax. Nach Dioskorides »winden sie sich schraubenförmig an Reisern empor . . . die Frucht, lang und fleischig, wird samt den Samen wie Spargel gekocht, als Gemüse gegessen.« (Diese und weitere Zitate bei Lenz 1859, S. 732). Eine Artbestimmung ist hiernach nicht möglich, aber bei Dioskorides (60 n. Chr., in der Abschrift von 500–511) findet sich eine farbige Abbildung, bezeichnet als fasiolus (Taf. 32). Vom heutigen botanischen Standpunkt aus ist diese jedoch nicht unsere jetzige Gartenbohne (*Phaseolus vulgaris*), sondern die afrikanische Kuhbohne *Vigna unguiculata* (L.) Walp. (= *V. sinensis* [L.] Savi), kenntlich an den langen, waagerecht abstehenden Hülsen, die, ebenso wie die Blüten, zu zweit einander gegenüberstehen. In diesem Fall ist es eine Buschform.
In Abb. 18 wird aus viel späterer Zeit dieselbe Bohnenart abgebildet. Sie zeigt zwar längere Hülsen, aber diese stehen ebenfalls zu zweit, und die Samen haben den schwarzen Nabelring. Es ist ein Holzschnitt aus dem Kräuterbuch des Andreae Mattioli aus Siena (1500–1577), in zweiter Bearbeitung und Vermehrung der Abbildungen durch Joachim Camerarius aus Nürnberg (1586, gedruckt 1626). Doch geht daraus nicht hervor, ob diese Abbildung für Italien oder für Deutschland gilt.
Die botanische Gliederung von Bohnen mit eßbaren Hülsen in die zwei Gattungen *Phaseolus* und *Vigna* hat als erster Domenico Vigna aus Florenz vorgenommen, der von 1609–1647 Professor für Botanik in Pisa war. Die beiden Gattungen sind einander frappierend ähnlich.
Ich habe im Sommer in meinem Gemüsegarten bei Stuttgart einige Pflanzen dieser altweltlichen Grünen Bohnen (*Vigna unguiculata*) aufgezogen, neben den gewöhnlichen Grünen Bohnen (*Phaseolus vulgaris*). Beide sind Buschbohnen. Die Ähnlichkeit ist so groß, daß man Unterschiede nur bei genauem Hinsehen bemerkt. Diese bestehen darin, daß die Pflanzen von *Vigna* im ganzen zierlicher sind, d. h. die Stengel dünner, die Blätter etwas kleiner und etwas mehr zugespitzt. Die Blütenfarbe war bei der Her-

Abb. 18. Kuhbohne (*Vigna unguiculata*). Holzschnitt aus dem Kräuterbuch des Joachim Camerarius (1586).

kunft aus dem Botanischen Garten in Delft weiß, aus Antwerpen blaßlila. Blüten und Hülsen standen immer nur zu zweit, also gegenständig (Abb. 19), während die Blütenstände bei unserer Gartenbohne *Phaseolus* mehr als zwei Blüten in traubiger Anordnung enthalten. Die Hülsen von *Vigna* erreichten eine Länge zwischen sechs und zehn Zentimeter und enthielten zwischen zwei und sechs kleine weiße Samen mit je einem schwarzen Ring um den Nabel. Die Hülsen waren violettrot gefärbt, hatten kräftige Fäden und erwiesen sich beim Kochen weniger fleischig und härter als unsere Grünen Bohnen.

Über eine nähere botanische Kennzeichnung von *Vigna unguiculata* (= *V. sinensis*), der afrikanischen Kuhbohne, schreibt Brücher in seinem Buch über tropische Nutzpflanzen, es handle sich dabei um eine ganze Artengruppe in Westafrika. Dort, im Quellgebiet des Niger, gebe es eine Häufung von Wildformen und alten Landsorten, die zum Teil von dem hochentwickelten Stamm der Bantu kultiviert worden seien und

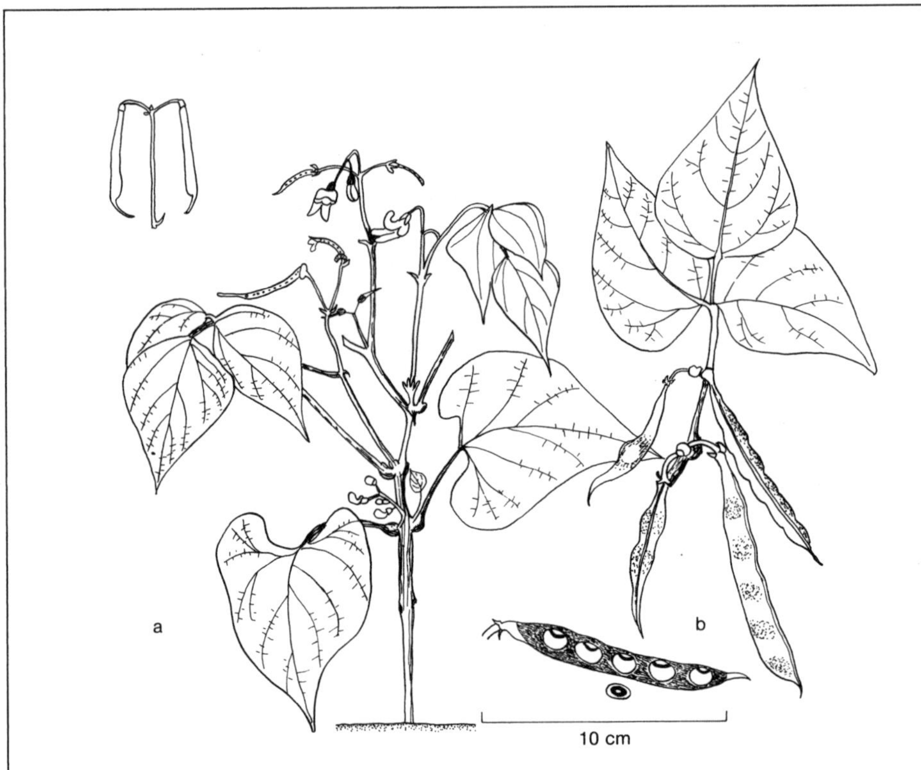

Abb. 19. Kuhbohne (*Vigna unguiculata*), die altweltliche Grüne Bohne. Dieser Busch ist 1984 in meinem Stuttgarter Gemüsegarten gewachsen. Aussaat ins Freie am 10. Mai 1984. a) Blühende Pflanze Anfang bis Mitte September, b) ausgewachsene grüne Hülsen ab Mitte Oktober. Oben links ein junger Fruchtstand mit zwei gegenständigen Früchten.

es 1977 noch wurden. Die Hülsen stehen nur zu zweit. Die Blütenfarbe ist weiß-grau, gelb-rot oder violett. Es gibt sowohl lang windende als auch buschige Formen. Ursprung und Domestizierung zur Kulturpflanze sind somit im tropischen Afrika zu suchen (nach Brücher 1977 sowie Zeven und de Wet 1982). Sie ist in Indien nicht einheimisch, da von den drei Bohnenarten im prähistorischen Indien (1600–1000 v. Chr.) keine von *Vigna unguiculata* dabei waren, sondern nur *Dolichos lablab, D. biflorus* und *Phaseolus mungo* (Urd-Bohne). *Vigna unguiculata* soll jedoch in frühhistorischer Zeit nach dort eingeführt worden sein. Unter den heutigen Formen von *Vigna unguiculata* in Indien sind auch extrem langfrüchtige, bei denen die Hülsen bleistiftrund

und bis zu einem halben Meter lang werden! Die afrikanische Kuhbohne wird heute unter der Bezeichnung Lubia-Bohne in Ägypten wie im ganzen Niltal in Gartenkultur angebaut (nach Germer in Keimer und Germer 1984).

Als weitere Bohnenart, die sich möglicherweise unter der mittelalterlichen »faseoli« (grüne Bohne) verbergen kann, wird in manchen Büchern die indische Helmbohne *Dolichos lablab* L. genannt (heutiger Name *Lablab niger* Medik). Diese kommt aber wegen ihrer schwarzen, breiten Hülsen und ihrer hohen Wärmeansprüche für Mitteleuropa nicht in Betracht. Selbst die afrikanische Kuhbohne ist eine gegen kühle Witterung empfindliche Pflanze. Das konnte ich selber beobachten, als ich im Sommer 1984 versuchte, *Vigna unguiculata* und *Dolichos lablab* in meinem Stuttgarter Gemüsegarten (400 m Meereshöhe, Weinklima) aufzuziehen. Sie zeigten eine viel größere Empfindlichkeit als die daneben stehenden Grünen Bohnen. Erstere beiden gingen zwar ebenso schnell auf, dann aber kümmerten sie im Mai und Juni, litten auch mehr unter der Blattlausplage des an sich kühlen, feuchten Jahres. Im Sommer holten beide auf. *Vigna* erbrachte an einer Pflanze (Busch) sechs bis sieben Hülsen, in denen bis Mitte Oktober die Samen reif wurden. *Dolichos lablab,* eine Kletterpflanze, entwickelte bis Mitte September nur wenige Blütenstände und eine Gesamtlänge von knapp einem Meter. Nicht einmal junge Früchte bildeten sich. Anders verhielt es sich, als die *Dolichos lablab*-Bohnen im Gewächshaus angezogen und erst die Jungpflanzen im Juni ins Freiland gesetzt worden waren. Daraus hatten sich in der Staatlichen Gartenbauschule in Stuttgart-Hohenheim über zwei Meter hohe, üppig blühende Kletterpflanzen entwickelt, deren schwarze Hülsen Anfang Oktober reif wurden. Diese Erfahrungen zeigen, daß von den altweltlichen Bohnen nördlich der Alpen, wenn überhaupt, nur *Vigna unguiculata* in Frage kommen kann.

Nach der Entdeckung Amerikas und der Einführung der dort einheimischen *Phaseolus*-Bohne trat nun das Kuriose ein, daß der in Europa am häufigsten gebrauchte Name für die antike und mittelalterliche altweltliche Bohne fasiolum, faseolus oder Phaseolus auf die neuen Bohnen aus Amerika übertragen wurde.

Eine Abwandlung dieses Namens hat gegendweise noch als Fisole oder Fitzebohne in Deutschland bis in den Anfang unseres Jahrhunders überlebt. (Mein Großvater bezeichnete die Grünen Bohnen im Landgebiet bei Bielefeld zwischen 1930 und 1940 nur als Fitzebohnen).

Die amerikanischen Bohnen erwiesen sich im mitteleuropäischen Klima robuster als ihre tropischen Vorgänger und drängten jene mehr und mehr zurück.

Phaseolus vulgaris in Amerika. Die prähistorischen Funde und die heutigen Wildbohnen

Die jeweils ältesten Funde von Hülsen und Samen dieser Art gehen aus Abb. 20 hervor. Darin sind die Fundstellen und Altersangaben vor heute angegeben und in Beziehung gesetzt zu dem Verbreitungsgebiet der heutigen Wildbohnen (die gerasterten Flächen). Die Daten spiegeln den Forschungsstand von 1981 wider. Es ist deutlich, daß die bisher ältesten aus Südamerika (Guitarrero-Höhle in Peru) stammen, aus der Zeit von ca. 6000 v. Chr., und aus Pichasca (Chile) von ca. 2700 v. Chr., während zwei weitere aus Mexiko (Tehuacan) und Neu-Mexiko (Ocampo) bezüglich ihrer ältesten Funde vom Bearbeiter mit Fragezeichen versehen sind. Wenn man diese beiden ausklammert, dann gehören die ältesten der weiteren Funde Gewöhnlicher Bohnen in die Zeit zwischen 300 v. Chr. bis etwa Christi Geburt, also bereits in die Zeit der mittel-

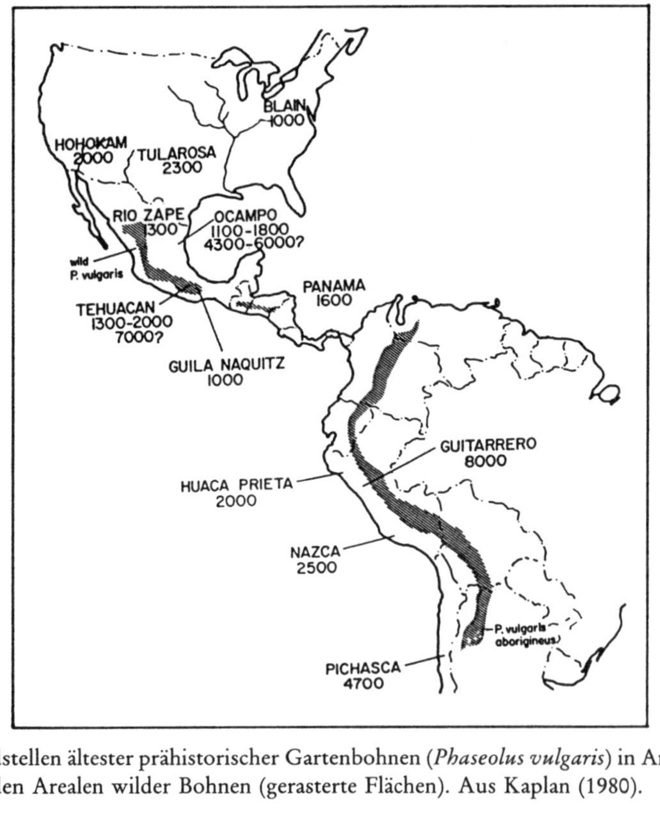

Abb. 20. Fundstellen ältester prähistorischer Gartenbohnen (*Phaseolus vulgaris*) in Amerika in Verbindung mit den Arealen wilder Bohnen (gerasterte Flächen). Aus Kaplan (1980).

Abb. 21. Prähistorische Reste der Gartenbohne (*Phaseolus vulgaris*) aus Peru. Nat. Gr. Aus M. Towle (1961).

amerikanischen Hochkulturen, wo Ackerbau mit künstlicher Bewässerung die Lebensgrundlage der Indios bildete (vgl. die beim Mais genannten Kulturstufen, S. 93). Hierbei wurden außer der Gartenbohne auch Mais, Baumwolle, Pfeffer, Kürbis, Amaranth, Feuerbohnen u. a. angebaut.

Die genannten prähistorischen Reste sind sowohl Bohnensamen als auch Hülsen, die sich in getrocknetem Zustand in den immerfort trocken gebliebenen Bodenschichten (besonders in den Höhlen) erhalten haben (Abb. 21). Auch verkohlte Bohnensamen sind gefunden worden. Insgesamt führt L. Kaplan (1981), amerikanischer Spezialist für heutige und prähistorische Bohnen, folgende Fundzahlen an: Aus den südwestlichen USA 39 Fundstellen mit insgesamt etwa 1100 Samen und zahlreichen Hülsen, in Mexiko sechs Fundstellen mit über 600 Samen und über 1000 Hülsen, aus Zentralamerika nur verkohlte Reste, in Südamerika vom Anden-Hochland drei Fundstellen mit etwa 130 Samen und an den Küsten von Peru und Chile über 500 Samen. Dazu kommen mehrere tausend verkohlte Samen vorwiegend aus den südlichen USA und Mexiko.

Die Samen der unverkohlten, also nur getrockneten Bohnen sind im Vergleich mit heutigen Kulturbohnen, klein und außerordentlich variabel in Größe, Form, Farbe und Muster der Samenschale (Taf. 33 oben).

Zur Entscheidung der Frage, ob es sich bei den prähistorischen Funden der Gewöhnlichen Gartenbohne um Wild- oder Kulturformen handelt, können nur die Hülsen herangezogen werden. Diese unterscheiden sich von den heutigen Bohnenpflanzen unter anderem dadurch, daß bei den Wildformen die Hülsen bei der Reife von selbst aufplatzen, wobei sich deren Hälften plötzlich korkenzieherartig aufdrehen und die Samen herausschleudern. Bei der Kulturbohne bleiben die Hülsen bei der Reife geschlossen.

Der Anteil der Gewöhnlichen Gartenbohne sowie gebietsweise auch anderer Bohnenarten an den gesammelten und angebauten Nahrungspflanzen der Indios war in prähi-

storischer Zeit relativ gering. In der Epoche der Jäger-Sammler-Stufe (5000–3400 v. Chr. in Mexiko) sind Wildmais, Chilipfeffer, Avocado, Kürbis u. a. genutzt worden, Bohnenarten aber offenbar erst später. Eine häufige und wichtige Nahrungspflanze wurde die Gartenbohne zu der Zeit, als der Ackerbau der Indios voll entwikkelt war (in Mexiko und Neu-Mexiko ab ca. 3000 v. Chr.).
Zur Bedeutung der Bohnen in der Zeit kurz vor der Eroberung durch die Spanier geben Berglund-Brücher und Brücher (1976) zwei Beispiele: 1. Im Codex Matricula de Tributos heißt es, daß die Azteken in Mexiko jährliche Abgaben in Höhe von 28000 Scheffel Mais und 23000 Scheffel Bohnen leisten mußten (1 Scheffel = 36 Liter). 2. Für Peru schildert Garcilaso de la Vega, daß die Inkas drei verschiedene Bohnenarten benutzten: die nicht eßbaren, aber sehr dekorativ gemusterten Lima-Bohnen als Spielsteine; die eßbaren waren die Mondbohne (*Phaseolus lunatus*) und die Gewöhnliche Bohne (*Ph. vulgaris*). Von diesen aßen die Angehörigen der herrschenden Klasse nur die Mondbohnen, aber nicht *Phaseolus vulgaris*, die traditionelle Nahrung der unteren Klassen.
Columbus selbst sah bei seiner ersten Reise nach Amerika und der Landung auf San Salvador mit Besuch von Kuba Felder »wohl bebaut mit fexones und habas« (spanische Namen für *Phaseolus vulgaris*), »sehr unähnlich unseren«.
Von den ursprünglichen Zentren der Mais- und Bohnenkultivierung (vgl. Abb. 20 S. 108) hatten die Indios ihren Ackerbau auch nach Nordamerika in westlicher, östlicher und nördlicher Richtung ausgedehnt, und zwar bis zum Atlantischen Ozean. Das geht aus Reiseberichten von Europäern zwischen 1539 und 1700 hervor (zusammengestellt von dem Botaniker Wittmack 1888). So fand De Soto im Jahre 1539 beim Landen in Florida nahe der Tampa Bay (auf der Westseite Floridas) Felder von Mais, Bohnen und Kürbissen; in Coligosa, westlich des Mississippi, Bohnen und Kürbisse in großer Menge, auch anderswo. Jaques Cartier, der Entdecker des St.-Lorenz-Stroms, fand bei den Indianern an der Mündung des Mississippi viel Mais und Bohnen (febues). Lescarbot sagte 1608, daß die Indianer in Maine (nördlichster Staat an der Ostküste der USA), wie die von Virginia und Florida, ihren Mais auf Hügeln pflanzen und dazwischen verschiedenartige Bohnen, die sehr zart sind. Lawson bemerkt in seiner Voyage to Carolina (1700–1708): »Die ›kidney-beans‹ (d. h. Nierenbohne *Phaseolus vulgaris*) waren hier, ehe die Engländer kamen, sehr reichlich in den Maisfeldern.«
Diese Beispiele zeigen, welch große Bedeutung die Bohnen (besonders *Phaseolus vulgaris*) als Nahrung bei den Indios in Amerika hatten.
Durch die prähistorischen Funde in Neu-Mexiko, Mexiko und Südamerika über längere Zeiträume hinweg bis zu deren enormen Aufschwung in den Hochkulturen der Azteken, Mayas und Inkas ist es erwiesen, daß *Phaseolus vulgaris* dort einheimisch war. Es ist wichtig, festzustellen, ob es in Amerika auch jetzt noch wilde Vorfahren

oder wilde nahe Verwandte gibt. Hierüber liegen sorgfältige und langjährige Untersuchungen in der heutigen Vegetation im Süden der Vereinigten Staaten (Neu-Mexiko und Mexiko) und in Südamerika vor.

Mit *Phaseolus vulgaris* (Gewöhnliche Gartenbohne) werden in Nord- und Mittelamerika Kulturbohnen, Landrassen, Kulturflüchtlinge und wild wachsende dieser Art bezeichnet. Die wild wachsenden Populationen in Südamerika haben den Namen *Phaseolus aborigineus.* Die Lage der Areale geht aus Abb. 20 hervor (schraffierter Teil). Daran ist die außerordentlich große Ausdehnung in Nord-Süd-Richtung bei verhältnismäßig geringer Breite in West-Ost-Richtung erkennbar. Wir werden aber noch sehen, daß die beiden *Phaseolus*-Gruppen hinsichtlich der Standorte grundsätzliche Unterschiede aufweisen.

Über die nord- und mittelamerikanischen Wildbohnen, besonders in Mexiko, berichtet Gentry (1969). Diese sind durchweg Klimmer und gewöhnlich einjährig, seltener mehrjährig, blühend und fruchtend im ersten Jahr. Blüten lila, manchmal gemustert, selten weiß. Hülsen zu 2–10. Alle öffnen sich bei der Reife von selbst heftig, plötzlich und schleudern dabei die Samen heraus. Die Samen sind sehr variabel bezüglich Größe, Form und Farbe (am häufigsten grau und braun). Auch die Muster der Samenschalen sind verschieden. Die meisten sind klein: 5x4x2 (2,5) Millimeter, einzelne größere sind aber immer darunter. Hinsichtlich der Ökologie ist bemerkenswert, daß sie vorwiegend auf Sekundärstandorten vorkommen, d. h. über Gebüsch ranken, wo die Vegetation infolge Abholzen durch den Menschen verändert worden ist. Obwohl in frühen Wachstumsstadien schattenverträglich, brauchen sie zur Blütenentwicklung Licht und Sonne. In diesem dichten, aber nicht sehr hohen Gestrüpp finden sie durch Überranken desselben üppige Entfaltungsmöglichkeiten. Als seltene Primärstandorte kommen nur Lücken im Wald in Frage, die entstanden sind durch Sturm, Feuer, Vulkanismus und andere Naturgewalten.

Diese nord- und mittelamerikanischen wilden oder halbwilden Bohnen sind entwicklungsgeschichtlich verschieden zu beurteilen. Kaplan (1981) hält sie nicht für dort einheimisch, sondern meint, daß es eingeschleppte Wildarten seien.

Anders und besser zu beurteilen sind die südamerikanischen Wildbohnen (*Phaseolus aborigineus* Burk.). Als drei bis sechs Meter lange, windende Pflanzen wachsen sie an der Ostabdachung der Anden in 1000–2800 Meter Meereshöhe. Diese Wildbohnen (Taf. 34) konnten im Laufe jahrelanger Expeditionen von A. Burkart sowie H. Brücher und seiner Frau O. Berglund-Brücher, in einem etwa 5000 Kilometer langen Verbreitungsareal von Venezuela über Kolumbien, Peru, Bolivien bis Mittelargentinien festgestellt werden. Sie wachsen dort im kühl-feuchten subtropischen Bergwald der Erlen-Walnuß-Holunder-Stufe (*Alnus jorullensis, Juglans australis, Sambucus peruviana*), nach den Beschreibungen an natürlichen Standorten. Noch 1954 seien jene

Bohnen von den Mestizen stets im Herbst gesammelt worden. Eine einzelne Pflanze bringt oft Hunderte von Hülsen hervor. Als Nahrung genutzt werden nur die trockenen Samen. Im Winter sind sie die wichtigsten pflanzlichen Eiweißspender.

Die Pflanzen sind nach Brücher unserer rankenden Gartenbohne (*Phaseolus vulgaris*) sehr ähnlich, haben aber bedeutend mehr Früchte, die in dichten Trauben an den Stengelknoten hängen. Die Hülsen sind klein und flach (7–10 cm lang, 1 cm breit), mit scharfer Spitze; ihre Farbe ist dunkelgrün, manchmal auch dunkellila (von Anthocyan). Auch die Samen sind klein und flach, aber in der Größe stark variabel: 5–10 mm lang, 3,5–7 mm breit, 3–4,5 mm dick, gekocht 12x8 mm. Sie sind nicht bitter, aber hartschalig. Das Quellungsvermögen der Samen ist nicht einheitlich. Etwa 80 Prozent zeigten nach H. Brücher ein schnelles Quellungsvermögen mit anschließender Keimung. Einige Wochen später nahmen weitere 10 Prozent der Samen Wasser auf und keimten danach. Die letzten 10 Prozent blieben jedoch hart und ungekeimt. Dieses unterschiedliche Quellungsvermögen sei kennzeichnend für Wildpflanzen, in diesem Fall in den östlichen Anden, weil dort trockene und nasse Perioden abwechseln. Die lange winterliche Keimruhe wird bei Durchfeuchtung nur in Etappen abgebrochen, damit immer einige Samen dabei sind, die auch später noch Entwicklungsmöglichkeiten haben. Bei Aussäen und Pflege durch den Menschen (mit künstlicher Bewässerung) geht diese Eigenschaft des sog. Keimverzugs verloren, weil ungewollt Raschkeimer selektiert werden. Ein weiteres Merkmal der wilden Andenbohne ist die harte Faserschicht an der Innenseite der Hülse. Diese Faserschicht ist so aufgebaut, daß sich die Hülsenhälften bei der Reife drehen. Die Mestizen sammeln die Hülsen deshalb bei feuchtem Wetter ein, weil sich diese dann nicht öffnen. Gedroschen werden sie später im Winter bei trockenem Wetter.

Zu den Wildpflanzenmerkmalen habe ich beim Aufziehen der südamerikanischen Wildbohnen in meinem Stuttgarter Gemüsegarten noch einiges beobachtet. Herr Professor Dr. H. Brücher in Mendoza/Argentinien hatte mir freundlicherweise einige Samen geschickt, mit der Angabe, sie seien bereits sieben Jahre alt. Davon legte ich Anfang Mai 1984 fünf Samen an eine voll sonnige Stelle und fünf weitere in den Halbschatten neben einen großen, alten Apfelbaum, in den die Bohnen später hineinranken sollten. Die Keimung gelang in Etappen und zog sich etwa vier bis sechs Wochen lang hin (siehe »Keimverzug«). Ein Same keimte erst im August 1986.

Die Jungpflanzen mit dem ersten Blattpaar reagierten auf den Sonnenstand deutlich stärker als die daneben aufwachsenden Gartenbohnen, d. h. die Wildbohnen hoben und wendeten ihre Blattflächen voll dem jeweiligen Sonnenstand zu und sanken bei Regen und vor der Dämmerung herunter (Abb. 22 a, b). Die Pflanzen wuchsen dann schnell, dabei trieben sie aus jeder Blattachsel lange, dünne Nebentriebe, während die Garten-Stangenbohnen es an ihrer Hauptachse nur auf wenige Nebentriebe brachten.

Tafel 31 Eine der frühesten Abbildungen unserer Stangen-Gartenbohnen (*Phaseolus vulgaris*). Aquarell von Georg Oelinger (1553), Nürnberg. Foto: Universitätsbibliothek Erlangen.

Tafel 32 Altweltliche Gartenbohne. Es ist die afrikanische Kuhbohne (*Vigna unguiculata*), als »Fasiolus« bezeichnet im Codex des griechischen Militärarztes Dioskorides (um 60 n. Chr.), in der ersten farbigen Kopie von 500–511 aus Konstantinopel. Foto des Faksimiledrucks: Universitätsbibliothek Erlangen.

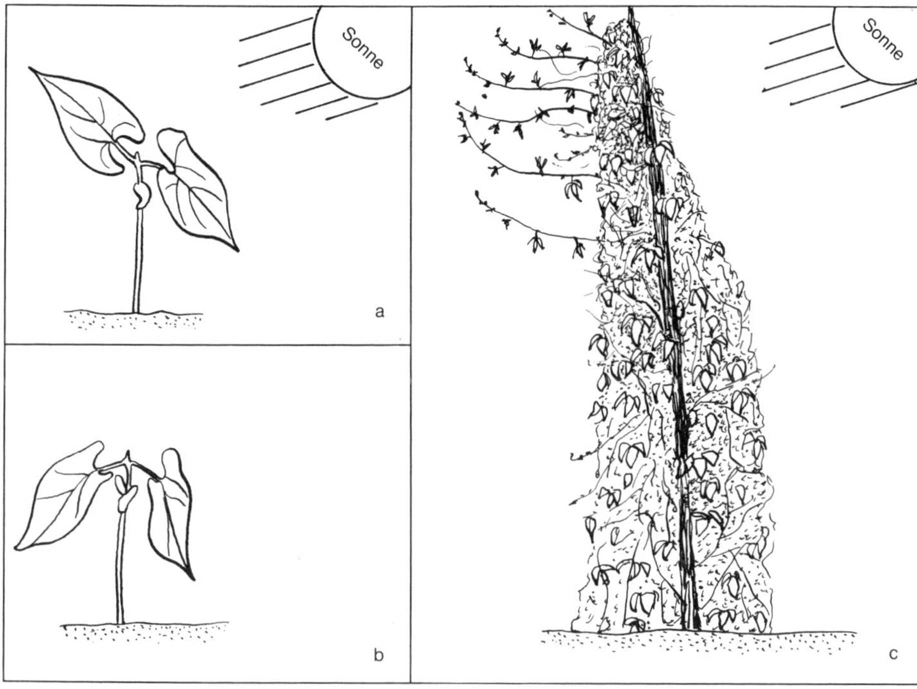

Abb. 22. Das Verhalten gegenüber den Sonnenstrahlen bei der südamerikanischen Wildbohne (*Phaseolus aborigineus*) aus den Anden, aufgezogen in meinem Stuttgarter Gemüsegarten 1984. a) Hinwendung der Erstlingsblätter zur Sonne, mittags, 13. Juni; b) Blattstellung abends nach Sonnenuntergang; c) Abwendung der oberen Seitentriebe der ausgewachsenen Pflanzen von der Sonne. Die Triebe recken sich nach Norden. Von fünf Wildbohnensamen hatten vier gekeimt und am 15. August rd. 3 m hohe, an einem Gerüst wachsende Pflanzen mit dünnen, enorm verzweigten Stengeln ergeben.

Auch diese Nebentriebe der Wildbohnen reagierten auf Licht, jedoch entgegengesetzt wie die Jungpflanzen, d. h. viele wuchsen waagerecht nach der von der Sonne abgekehrten Seite (Abb. 22 c). Daran zeigte sich die Gewohnheit aus ihrer Heimat, über Gebüsch und Bäume zu klimmen. Ihre nach rückwärts gerichteten dreiteiligen Blätter erwiesen sich dafür außer dem Winden der Sprosse als bestens geeignet. Das konnte man auch an den Bohnenpflanzen neben dem Apfelbaum sehen, die im September etwa drei Meter hoch und fast zwei Meter breit waren.
Blüten bildeten sich erst Ende September. Somit benötigten sie, zumindest im mitteleuropäischen Bereich, eine um mehrere Wochen längere Vegetationszeit als die Garten-Stangenbohnen (*Ph. vulgaris*). Zum Fruchtansatz kam es nicht mehr, denn der

Oktober war zu kühl. Die ersten Nachtfröste Ende Oktober, welche die Blätter der Garten-Stangenbohnen erfrieren ließen, bewirkten zunächst nur das Absterben weniger Blätter der Wildbohnen. Nach dem strengen Winter 1984/85 trieben die Pflanzen aber nicht wieder aus.

Wie eng die Verwandtschaft zwischen der wilden Andenbohne (*Phaseolus aborigineus*) und unserer kultivierten Gartenbohne (*Phaseolus vulgaris*) ist, zeigen auch biochemische Untersuchungen über die Zusammensetzung des Proteins. Dies ist bei den genannten Arten einander sehr ähnlich, dagegen zwischen der Gartenbohne (*Ph. vulgaris*) und der Feuerbohne (*Ph. coccineus*) verschieden.

Der allmähliche Übergang von der Wildbohne zur Kulturbohne hat sich nach Ansicht von Brücher lange vor der eigentlichen indianischen Ackerbauzeit vollzogen. Er wird damit begonnen haben, daß halbnomadisch lebende Indios bei ihren Sammelgängen unter verschiedenen eßbaren Pflanzenarten auch wildwachsende Bohnen pflückten und davon um ihr Saisonlager aussäten oder einfach die Dreschabfälle hinwarfen. Das sei auf dem über 5000 Kilometer langen Andenbogen an verschiedenen Stellen und zu unterschiedlichen Zeiten geschehen. Dadurch wurde diese Bohne schließlich zur wichtigsten proteinreichen Vorratsfrucht aller amerikanischen Indianer. Heinz Brücher und Olli Berglund-Brücher sind der Ansicht, daß die wilde Andenbohne (*Ph. aborigineus*) die Stammform unserer Gartenbohne (*Ph. vulgaris*) ist.

Zusammenfassend läßt sich festhalten: Unsere Gartenbohnen, auch als Grüne Bohnen bezeichnet, stammen aus Amerika. Sie wurden im 16. Jahrhundert nach Europa gebracht. Die älteste Abbildung aus Deutschland findet sich in dem Kräuterbuch von Leonhart Fuchs aus dem Jahre 1543. Diese Bohnen wurden in Amerika bereits in früher vorgeschichtlicher Zeit von den Indios als Trockenfrüchte genutzt. Das belegen Funde aus archäologischen Ausgrabungen in Mexiko, Neu-Mexiko, Peru und Chile aus dem Zeitraum von etwa 6000–2700 v. Chr. Zahlreich wurden die Funde dort aber erst in der Zeit zwischen etwa 300 v. Chr. bis Christi Geburt, als die Indios in Mittelamerika begannen, Ackerbau mit künstlicher Bewässerung zu betreiben. Bohnen (als Trockenhülsenfrüchte) bildeten dort ihre Lebensgrundlage, zusammen mit Mais, Kürbis, Pfeffer, Amaranth, Baumwolle und anderen angebauten Nutzpflanzen. Das blieb so, bis die Europäer nach Mittelamerika und in den Süden der USA kamen. Die Gartenbohnen (*Phaseolus vulgaris*) stammen von einer windenden Wildbohne ab (*Ph. aborigineus*), die heute noch in den Anden Südamerikas wächst und von der die Einheimischen die trockenen Bohnen einsammeln. Da jedoch schon aus der Zeit vor der Entdeckung Amerikas in Schriften des klassischen Altertums in Italien und in mittelalterlichen Verzeichnissen Mitteleuropas über eine Bohne »fasiolo« mit eßbaren Hülsen berichtet wird, gehen die Beschreibungen auch darauf näher ein.

FEUERBOHNE (*Phaseolus coccineus* L. = *Ph. multiflorus* Lam.)

Kennzeichnung. Anbau

Feuerbohnen werden auch Blumen-, Prunkbohnen oder Prunker genannt. Alle ursprünglichen und die derzeit von den Samenzüchtern angebotenen zwei oder drei Sorten sind windend, im Wuchs kräftiger und werden höher (2–4, manchmal bis 7 m) als die Gewöhnlichen Gartenbohnen. Die traubigen Blütenstände enthalten zahlreiche 2,5–3 Zentimeter lange große Blüten von leuchtend roter, bei den neuen Sorten auch weißer Farbe. Diesem schönen roten Blütenschmuck verdankt sie ihre auffälligen Namen. Von den zahlreichen Blüten entwickeln sich an jedem Stand jedoch nur drei bis vier weiter zu Hülsen, die größer als die der Gewöhnlichen Bohne sind. Doch lassen sie sich nur in jungem Zustand als grüne Schnitt- oder Schnippelbohnen verwenden. Später wird ihre Innenschicht pergamentartig hart. Unter den zwei weiß blühenden und auch der rot blühenden gibt es inzwischen Sorten mit fadenlosen Hülsen. Blüten- und Samenfarbe entsprechen einander. Bei den rot blühenden sind die Samen violett-schwarz gesprenkelt, bei den weiß blühenden sind sie weiß.

Feuerbohnen wachsen in Mitteleuropa normalerweise als einjährige Pflanzen. In milden Klimaten können sie jedoch auch zweijährig (selten mehrjährig) werden. Sie bilden dann am oberen Teil der Hauptwurzel sowie den stärkeren Nebenwurzeln knollige Verdickungen (Taf. 35), aus denen im Frühjahr (bei Abdeckung im Winter) die Pflanzen neu austreiben können.

Die klimatischen Ansprüche der Feuerbohne sind geringer als die unserer Gewöhnlichen Gartenbohne (*Ph. vulgaris*) und zwar sowohl was Kälte als auch Nässe (Regen) betrifft. So sieht man in England als Stangenbohne nur die Feuerbohne (scarlet bean, runner bean). Hülsen und Samen reifen sogar noch im südlichen Norwegen und in einigen Alpentälern (Näheres vgl. Becker-Dillingen und Hegi).

Gezogen wird die Feuerbohne in Deutschland (und auch in ihrem Ursprungsland Amerika) nur in Gärten, nicht im erwerbsmäßigen Gemüsebau. Der Hauptgrund hierfür ist wohl die relativ kurze Zeitspanne, während der die Hülsen zart genug bleiben. Außer als reine Nutzpflanze wird sie in Deutschland hin und wieder als Balkon-Schlingpflanze gezogen, weil sich, dank ihrer Schnellwüchsigkeit, ihrem dichten Blattwerk und der leuchtend roten Blütenfarbe Schönes mit Nützlichem verbinden läßt.

Die Hülsen selbst haben bei rechtzeitiger Ernte gegenüber der Gewöhnlichen Gartenbohne den Vorteil, daß sie »fleischiger« sind und wesentlich größere Samen enthalten. Im Westfälischen und Bremischen war das sog. »Blindhuhn« ein beliebtes und nahrhaftes Hauptgericht. Es bestand etwa zur Hälfte aus den geschnippelten zarten Hülsen der »Prunker«, einschließlich der ausgepahlten reiferen, heil belassenen Samen; die andere Hälfte bestand aus kleingeschnittenen Möhren und Kartoffeln, alles zusammen mit geräucherten kleinen Mettwürstchen oder Rauchfleisch gekocht.

Einführung nach Europa

Nach Martens (1860) findet sich die erste Erwähnung der Feuerbohne aus dem Jahre 1635 als Neuigkeit aus Amerika bei Cornutus mit der Bezeichnung »Faseolus punico flore« (Canad. cap. 69, p. 184, Bild p. 185). Zu der Zeit nahmen die Damen in Paris sie bereits zu ihren Blumensträußen und Kränzen, d. h., sie wurde wahrscheinlich schon etwas früher eingeführt. 1654 wurden in Königsberg drei Varietäten genannt. Im Jahre 1680 beschrieb sie Robert Morison in England als Phaseolus indicus flore coccineo seu punico (II, 69, sect. 2, Tab. 5, Fig. 4). Von da an verbreitete sie sich überall in Mitteleuropa, in Südeuropa jedoch kaum. Sie wurde vielfach nur wegen der leuchtend roten Blüten gezogen, da diese die Lieblingsfarbe der Landleute war. Bevorzugt pflanzte man sie deshalb an sonnige Mauern, Wände, Zäune, Lauben und Gartenhäuser.

Die Feuerbohne in Amerika

Über die heutige Verbreitung von Kultur- und Wildformen berichten besonders Brücher (1977) und Kaplan (1965). Die Feuerbohne (scarlet, runner bean) ist in Amerika eine der vier Kulturbohnen-Arten. Sie hat dort aber nicht die weite Verbreitung und große wirtschaftliche Bedeutung erlangt wie die Gewöhnliche Gartenbohne, sondern blieb auf die mittelamerikanischen Gebirge von Costa Rica, Guatemala und Mexiko beschränkt. Bereits im Norden Südamerikas (Kolumbien und Venezuela) ist nach Brücher ihr Anbau gering, gegenüber der dort in den Hausgärten vorherrschenden Mondbohne (*Ph. lunatus*) und der Gewöhnlichen Gartenbohne (*Ph. vulgaris*). Weiter südlich in Südamerika kommt die Feuerbohne nicht vor. Ihre optimalen Standorte hat sie auf den kühl-feuchten Hochländern von Nordmexiko und Guatemala in der Eichen-Kiefern-Region um 1800 m Meereshöhe. Hier sind ihre Kultur- und Wildformen mehrjährig, da aus den Wurzelknollen stets neue Schößlinge treiben können. Die Samen der Feuerbohne sind größer als bei allen anderen Bohnenarten, meist purpurn marmoriert, selten weiß. Die Blüten sind rot, selten weiß. Die Pflanzen werden zwischen Maisfeldern und an Hauswänden gezogen. Der Nahrung dienen nur die reifen Samen (nicht die grünen Hülsen), aber auch die Knollen, welche die Einheimischen gekocht essen.

Prähistorische Reste der Feuerbohne in Form getrockneter Hülsen und Samen sind bisher nur in Mexiko und Neu-Mexiko gefunden worden. Hierüber berichten Kaplan (1981) und MacNeish (1965). Die ältesten gehören noch der Jäger-Sammler-Stufe der Indios an und werden mittels Radiokarbon auf die Zeit zwischen 7000 und 5500 v. Chr. datiert. Das waren wilde Feuerbohnen. Kulturformen kamen im Hochtal von Tehuacan (südöstlich der Stadt Mexiko), zusammen mit Mais, Kürbis und anderen Nutzpflanzen in Schichten zutage, die bereits zu festen Siedlungen mit Tempeln gehörten (900–200 v. Chr.), und wo die Indios als »Vollzeitlandwirte« den Ackerbau mit künstlicher Bewässerung betrieben. Auch in jüngeren Kulturschichten Mexikos und Neu-Mexikos fanden sich ihre Reste bis in die kolumbianische Zeit.
Die geringe Ausdehnung des Fundareals, verglichen mit dem der Gewöhnlichen Gartenbohne, hängt nach Ansicht von Kaplan mit den Standortansprüchen beider Arten zusammen. Feuerbohnen können nicht so trocken wachsen wie *Phaseolus vulgaris*, sondern gedeihen am besten in den feuchten und etwas kühleren Hochländern. Dort aber gibt es keine Erhaltungsbedingungen für prähistorische Reste, es sei denn, sie wären verkohlt.
Zusammenfassend ist festzuhalten: Unsere Feuerbohne stammt somit ebenso wie die Gewöhnliche Gartenbohne aus Amerika. Doch ist sie dort auf die mittelamerikanischen Hochländer beschränkt. Feuerbohnen und Gewöhnliche Bohnen haben verschiedene Standortansprüche. Die Feuerbohnen spielten im prä- und frühhistorischen Amerika eine geringere Rolle als die Gewöhnlichen Bohnen. Im heutigen Gartenbau ist die Feuerbohne in Amerika rückläufig und wird im allgemeinen nur noch als Zierpflanze gehalten. Von den europäischen Ländern wird sie am meisten in England gegessen und geschätzt, wo sie in dem feuchten, gemäßigten Klima bestens und in zahlreichen Sorten gedeiht: die »painted lady«, wie sie in Amerika auch genannt wird.

DICKE BOHNE, ACKERBOHNE (*Vicia faba* L.)

Kennzeichnung. Anbau. Inhaltsstoffe

Die in West- und Mitteleuropa angebauten *Vicia faba*-Bohnen sind aufrechte, stämmige Pflanzen bis zu einem Meter Höhe. Im Mittelmeergebiet sowie in den übrigen Anbaugebieten sind die Pflanzen niedrig bis mittelhoch mit basaler Bestockung, d. h. sie sind von unten her verzweigt. Die primitivsten Kulturformen Spaniens und Indiens (*paucijuga*) sind sogar niederliegend mehrstengelig, ohne Hauptsproß.

An den vierkantigen Stengeln stehen in wechselständiger Anordnung große paarig gefiederte Blätter. Ihre blaugraue Farbe gibt den Beeten oder Feldern mit dieser Bohnenart ein eigenes, von allen anderen Nutzpflanzen abweichendes Aussehen.
Die schönen schmetterlingsförmigen Blüten sitzen an kurzen Stielen in den Blattachseln des mittleren Stengelteils. Sie sehen nach einer Seite und sind bei allen Ackerformen schwarz-weiß gemustert (Taf. 36), d. h. die beiden Flügel haben am Grunde einen schwarzen Fleck, während die Fahne rötlich geadert ist. Bei den Gartenformen, die heute zum Teil niederwüchsig sind, blühen einige moderne Sorten weiß. Alle duften stark. Die Hauptwurzel ist pfahlförmig und erreicht mit den Nebenwurzeln eine Tiefe im Boden bis zu einem Meter.
Die *Vicia faba* ist weniger kälte- und witterungsempfindlich als unsere Garten- und Feuerbohnen, sie erfriert erst ab -4 Grad Celsius. Ihre Wärmeansprüche liegen nach Becker-Dillingen (1956) unter denen der Erbse. Wegen ihres ständigen Bedarfs an Feuchtigkeit (Boden- und Luftfeuchtigkeit) muß sie sogar so früh wie möglich gelegt werden (Februar – März), zumal ihre Vegetationszeit länger ist als bei Erbsen und Gartenbohnen. Nach Lengerke (1840) gedeiht sie am besten in einem mäßig kühlen, feuchten Klima. An Böden sind nach Fruwirth (1921) schwere Ton- und Torfböden am besten geeignet. Ferner kommen noch Lehm- und Humusböden in Betracht, während Kalk- und Sandböden nur bei ausreichenden Niederschlägen halbwegs befriedigende Ergebnisse liefern.
Die Hauptanbaugebiete in Deutschland sind die Marschen Nordwestdeutschlands, darunter die Seemarschen gleich hinter dem Deich und weiter in Richtung Binnenland die Flußmarschen bis ins Hannoversche. Hier sieht man große Felder mit Ackerbohnen, manchmal im Gemenge mit Hafer. In den Gärten findet man dagegen eine andere Varietät, die »Dicke Bohne«, die auch im Rheinland, in Westfalen, Niedersachsen, Bremen und anderen Teilen Norddeutschlands viel angepflanzt wird und dort auf allen Wochenmärkten unter dem frischen Gemüse angeboten wird. Ihr Verbrauch war seit den sechziger Jahren rückläufig, ist aber durch die Gefrierkonservierung wieder im Steigen (Näheres zum Anbau: Becker-Dillingen 1956, Fritz und Stolz 1980).
Größerer Anbau findet sich weiterhin in Belgien, Holland und England (in Südengland auch als Winterfrucht). Am Südrand der Alpen geht *Vicia faba* bis auf 1300 bzw. 1600 Meter Höhe. Um das ganze Mittelmeer, im Südosten Spaniens, in Süditalien, Nordafrika und im Vorderen Orient, wird sie viel kultiviert, besonders ihre großsamigen Formen. So sieht man z. B. im Araberviertel von Jerusalem Karren mit großen Metallschalen, auf denen gekochte, warm gehaltene und mit Kräutern bestreute Dicke Bohnen zum unmittelbaren Verzehr verkauft werden. Sie sind hellbraun, dünnschalig, angenehm weich und sättigend.
Reife Körner (Trockenbohnen) von *Vicia faba* enthalten etwas mehr Eiweiß als Weiße

Gartenbohnen, Erbsen und Linsen. Dicke Bohnen entsprechen in dieser Hinsicht grünen Erbsen (Tab. 3).

Tab. 3 Vicia faba: Inhaltsstoffe. Angaben in Prozent (nach v. Schleinitz in Becker-Dillingen 1956)

	Rohprotein	Fett	Kohlenhydrate	Asche	Faser	Wasser
Reife Körner	25,3	1,7	48,3	3,0	8,0	13,8
Dicke Bohnen (Gemüse)	6,5	0,4	9,8	0,9	2,9	79,5

Die Formengruppen von Vicia faba und ihre Verwendung

Die *Vicia faba*-Bohne in Deutschland gehört zu den kleinkörnigen (var. *minor*), bezeichnet als Acker-, Pferde- oder Saubohne. Sie wird allein oder im Gemenge mit Erbsen oder Getreide angebaut und dient heute nur als Kraftfutter für das Vieh. Die großkörnige (var. *major*), bezeichnet als Dicke oder Große Bohne, auch Puffbohne, wird in Gärten und im Erwerbsgemüsebau gezogen und allein für menschliche Nahrung genutzt, sei es als Frischgemüse oder für Tiefkühlkost (Taf. 37 oben). Diese Einteilung ist eine rein wirtschaftliche, bedingt durch die derzeitige Anbau- und Nutzungsart. Bereits in Südengland und den Küstengebieten Frankreichs (Normandie, Bretagne) kommt eine Form von mittlerer Größe hinzu: var. *equina*, die Pferdebohne, die als Winterfrucht angebaut wird.

Im Mittelmeergebiet und im Vorderen Orient gibt es alle drei Formengruppen ohne scharfe Abgrenzungen in allen möglichen Übergängen. So sollen diese nach Aussagen von Herrn Prof. Dr. M. A. Steiner (Landessaatzuchtanstalt Hohenheim) in Afghanistan auf ein und demselben Acker wachsen und werden sowohl für menschliche Nahrung als auch als Viehfutter genutzt. Sogar von landwirtschaftlichen Institutionen im Vorderen Orient kommen gelegentlich derartige Gemische an hiesige Landessaatzuchtanstalten. Andererseits werden dort auch die großsamigen »Dicken Bohnen« separat angepflanzt.

Alle diese Formen sind untereinander kreuzbar, werden auch weltweit hin- und hergekreuzt und gehören der einen Art *Vicia faba* an. Unterschiede alter Landsorten werden dadurch mehr und mehr ausgelöscht. Heute werden daher in der Praxis nur Sorten unterschieden. In der Bundesrepublik sind derzeit (1983) vom Bundessortenamt acht Sorten kleinkörnige (für Fütterung) und vier Sorten großkörnige (für Gemüse) zuge-

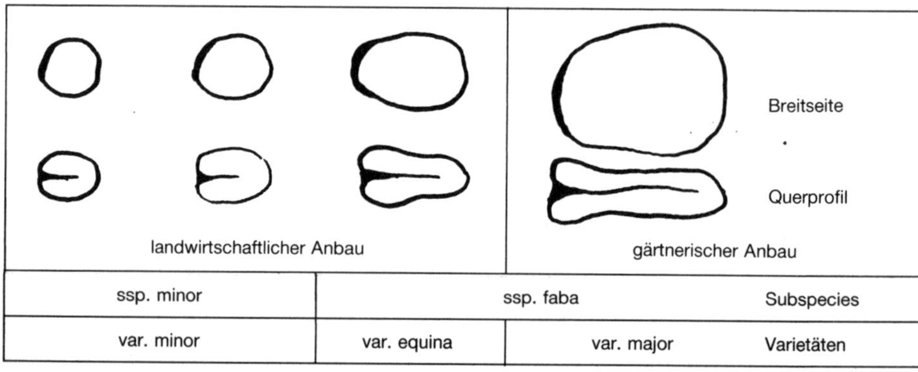

Abb. 23. Systematisch-wissenschaftliche Einteilung der in Mitteleuropa angebauten Formengruppen von *Vicia faba*-Bohnen nach Hanelt (1972 b). Die Bohnen sind anhand ihrer Größen-Mittelwerte im Umriß und Querschnitt in natürlicher Größe gezeichnet.

lassen. In den Ländern der Europäischen Gemeinschaft sind es insgesamt 33 Sorten, weltweit, d. h. in den Ländern der UNO, alles in allem 54 Sorten.

Neben der Größe der Bohnensamen ist ihre Form ausschlaggebend, die seit 1931, der ersten Klassifizierung durch die Russin, Frau Muratova, zu einer Unterteilung in Subspecies (Unterarten) geführt hat. Sie unterschied zwei Subspecies: *paucijuga* als kleinste und primitivste Form; *faba* mit *minor* (rundliche Samen), *equina* (etwas abgeflachte Samen) und *major* (ganz flache Samen). *Paucijuga* kommt in Spanien, in Tibet und Indien bis zum Himalaya vor, in Deutschland nicht. Die Formentypen der Subspecies bzw. Varietäten Mitteleuropas lassen sich ganz grob darstellen (Abb. 23). Es ist erkennbar, daß die kleinkörnigen (*minor*) im Querschnitt rundlich bis etwas abgeflacht und an beiden Enden gleich dick sind, während bei den mittel- und großkörnigen (*equina* und *major*) das Nabelende dicker als der übrige Teil des Samens ist. Dies ist – wie gesagt – ein künstliches System, das aber durch seine Namen *minor*, *equina* und *major* die Kennzeichnung der angebauten Formen erleichtert. Darin kommt auch eine entwicklungsgeschichtliche Aufeinanderfolge zum Ausdruck (s. S. 126 f.).

Es ist interessant, die Rolle der Sorten oder Varietäten in Deutschland rückwärts zu verfolgen. So erfahren wir von Fruwirth (1921), dem damaligen Professor für Pflanzenbau an der Landwirtschaftlichen Hochschule zu Hohenheim, daß *equina* als Mittelgruppe zu den kleinkörnigen Pferde- und Ackerbohnen gestellt wurde. Dazu gehörte damals eine Helgolandform (in England als Winterbohne gebaut), eine Weser-Pferdebohne, eine aus der Picardie auf den Mooren um Dünkirchen, eine elsässische, thüringische, Halberstädter usw. Danach muß die *equina*-Bohne zu der Zeit im Deutschen Reich eine beachtliche Rolle gespielt haben. Zur zweiten Hauptgruppe, der großkörnigen, wurden die Puffbohnen gerechnet, die in allen Teilen größer waren, nur nicht in der Wuchshöhe. Ihre Sorten reiften früher. Es wurden unterschieden: die Holländische, Holsteinische, mehrere in England, Frankreich, Sizilien, Oberitalien und eine besonders großsamige, langhülsige (*megalosperma*) in Spanien.

Wie stark die Variabilität der *Vicia faba* im letzten Jahrhundert, vor Beginn der Züchtungen war, zeigt eine Zusammenstellung von Friedrich Alefeld (1866). Er führt für Deutschland 36 Namen mit Angaben über Blütenfarbe, Samengröße u. a. an. Die größten waren die Große Weißblühende sowie die Dicksamige Windsor (*megalosperma*) von England; die kleinste die wenig- und kleinblättrige *paucijuga*, welche er allerdings nicht in Deutschland, sondern in Tibet und am Himalaja sah (die nach Cubero und Suso 1981 auch in Spanien vorkommt und die beide Verfasser für die primitivste, dem Wildzustand nahestehendste ansehen). Zu den ganz kleinen in Deutschland gehörten die sog. Taubenbohnen. Die Größenmaße aller 36 Landsorten schwankten stark. Sie werden zwar nicht in Längenmaßen, sondern als Raummaß (Lot) angegeben, aber die Unterschiede betragen bis zum Fünffachen. Scharfe Trennungen zwischen Kleinsamigen und Großsamigen lassen sich nach diesen Angaben nicht ziehen. Blüten- und Samenfarben waren verschieden.

Über den Zustand um 1840 berichtet Alexander von Lengerke. Für Niederösterreich und Kärnten gibt er an, daß in Gärten Bohnen (*Vicia faba*) für »grünes Gemüse mit den Schoten« gezogen werden. In den deutschen Bundesstaaten seien ausgeprägte Bohnenanbauländer Westfalen, Hannover (etwa das heutige Niedersachsen) sowie die Holsteinische und Oldenburgische Marsch. Dort gäbe es zwei »Hauptarten«: 1. Die Pferde-, Futter- oder Feldbohne mit rundlichen, braungelben Körnern. Sie sei spezifisch schwerer (als Nr. 2), dünnschaliger und geschmackvoller. 2. Die Saubohne oder Buffe mit flachgedrückten, weißgelben oder blutroten, großen Körnern. Diese seien früher reif und brächten einen großen Ertrag. Beide gäbe es in mehreren Sorten. Alle würden nur trocken (!) geerntet. Von der Verwendung als grünes Gemüse schreibt Lengerke nichts.

Auf die Verwendung im allgemeinen ist schon hingewiesen worden. Einiges sei noch ergänzt. So wird das Kraftfutter aus den Bohnen durch Mahlen oder Schroten hergestellt und an Pferde, Schweine und Milchvieh verfüttert. In früherer Zeit (noch 1920) wurde das Mehl gelegentlich auch für menschliche Nahrung dem Getreidemehl beigemengt. Häufiger aber ist der geschälte Same zu Brei und Suppen verwendet worden, was nach Carl Fruwirth kräftig schmeckt und gut verdaulich ist. Im ungeschälten Zustand sind sie jedenfalls schwer verdaulich.

Die Samen der Dicken Bohnen oder Puffbohnen werden seit dem Anfang unseres Jahrhunderts oder früher in Norddeutschland im unreifen Zustand als Gemüse geges-

sen. Die heute in der Bundesrepublik angebauten Sorten blühen überwiegend weiß (entsprechend dem am weitesten fortgeschrittenen Kultivierungszustand). Sie bilden grün bleibende Samen mit weniger herbem Puffbohnengeschmack als die buntblühenden früheren Sorten mit braunen Samen.
Nach der Beschreibung der Varietäten und deren größenmäßiger Aufeinanderfolge ist es verständlich, daß die Geschichte und Ableitung der Dicken Bohnen nur im Zusammenhang mit der Gesamtart (Species) *Vicia faba* betrachtet werden kann. Maßgeblich sind dafür die archäobotanischen Nachweise aus Bodenfunden, die Verwandtschaftsverhältnisse zu heutigen Wildarten der Gattung *Vicia* und Nennungen und Beschreibungen in historischen Schriften.

Die archäobotanischen Nachweise von Vicia faba aufgrund von Bodenfunden sowie deren Aussehen

Die *Vicia faba*-Bohnen gehören nicht zu der Artengarnitur der ältesten Kulturpflanzen. So fehlen sie noch in den jungsteinzeitlichen Ackerbaukulturen Mitteleuropas. Deren Hülsenfrüchte waren Erbsen und Linsen.
In ganz Deutschland erschienen sie erst im letzten Abschnitt der Bronzezeit, dann aber fast schlagartig. Das war einerseits in Südwestdeutschland der Fall (am Federsee im nördlichen Alpenvorland und Neckarland), andererseits in Ostdeutschland (östlich der Elbe sowie südlich von Halle und Leipzig). In einem Zeitraum von rund 500 Jahren (von etwa 1200–700 v. Chr.) haben sie sich in diesen beiden Gebieten stark verbreitet. Das südwestliche Areal (Federsee) hängt mit den schweizerischen und deutschen Pfahlbausiedlungen an den Seen und in den Mooren des Alpenvorlandes zusammen, wo es während der späten Bronzezeit viele Siedlungen gab, in denen Vicia faba-Bohnen genutzt wurden. Der umfangreichste aller bisherigen bronzezeitlichen Funde aber ist der von Zitz im Kreis Brandenburg. Hier lagerten über zehn Liter reiner, verkohlter Bohnen in einer Erdgrube, die zu der Siedlung gehörte. Wie gut die Bohnen erhalten geblieben sind und welche Form und Größe sie haben, zeigt das Foto auf Taf. 37 unten. Man erkennt auch die beträchtliche Variationsbreite. Eine der Bohnen enthält ein Fraßloch des Bohnenkäfers. Durchschnittswerte von 300 gemessenen Exemplaren ergaben 6,6 x 5,2 x 5,0 Millimeter. Sie gehören also ebenso wie alle anderen genannten aus der Bronzezeit dem kleinkörnigen Typus (*minor*) an.
In der folgenden Periode, der vorrömischen Eisenzeit (750 v. Chr. – Chr. Geb.), dehnte sich das Verbreitungsgebiet in ganz Deutschland weiter aus und zwar in nordwestlicher Richtung bis zum Niederrhein, in östlicher Richtung auf das Gebiet zwischen Oder und Weichsel.

In den drei Jahrhunderten nach Christi Geburt verlagerte sich der Schwerpunkt des Bohnenanbaues in das Küstengebiet der Nordsee. Hier wurde diese widerstandsfähige und ertragreiche Pflanze eines der Hauptnahrungsmittel und einzige Hülsenfrucht, denn Erbsen konnten in unmittelbarer Küstenlage, bevor es dort Deiche gab, nicht wachsen, weil zumindest im Winter Sturmfluten über das Ackerland hinweggingen. Die damit verbundene geringe Versalzung des Bodens war für die Bohnen verträglich. Das haben Experimente in der unbedeichten Seemarsch gezeigt (Körber-Grohne 1967, Zeist et al. 1976, Bottema et al. 1980). Wie reichlich sie angebaut wurden, zeigten die großen Mengen Bohnenstrohs in Ausgrabungen der Wurten Elisenhof an der Eidermündung (Schleswig-Holsteinische Westküste) sowie der Feddersen Wierde im Küstengebiet zwischen Weser- und Elbmündung (Taf. 38). Anhand von Querschnitten durch die fossilen Bohnenstengel ließ sich zeigen, daß ihr verholzter Stengel etwa doppelt so dick war wie bei heutigen Ackerbohnen desselben Gebiets, d. h. daß die damaligen Bohnen stämmiger, also standfester waren, was nicht verwundert bei ihrer exponierten Lage im Seewind direkt an der damaligen Meeresküste. Die Hülsen waren 4,5–7 Zentimeter lang (heutige desselben Gebietes 6–8 cm) und enthielten drei bis vier Bohnen (gegenüber heutigen mit 3–5). Die Größe der verkohlten Samen betrug 6,1 x 4,4 x 4,1 Millimeter (100 gemessene Exemplare) aus einer Siedlungsschicht von der Wende des 1. zum 2. Jahrhundert n. Chr. Sie gehörten somit ebenfalls der kleinkörnigen Form (var. *minor*) an. Diese muß den Menschen und wohl auch ihrem Vieh (Pferden, Rindern, Schafen, Schweinen) als Nahrung gedient haben. Während der Völkerwanderungszeit (350–750 n. Chr.) sind die botanischen Funde zu spärlich, um etwas daraus ableiten zu können.

Erst im Mittelalter (800–1200) werden die Nachweise wieder etwas häufiger (insgesamt 7 Fundstellen mit Bohnen). Danach liegen die Schwerpunkte des Bohnenanbaus weiterhin in den norddeutschen Marschen, einschließlich Schleswig-Holstein und östlich der Elbe bei den slawischen Burgwallsiedlungen des 8.–10. Jahrhunderts sowie im fruchtbaren Saalegebiet. Später, zwischen 1250 und 1600, konnten diese Bohnen im südlichen Niedersachsen (Braunschweig und Göttingen) nachgewiesen werden. Aus der Zeit nach 1600 sind keine archäologischen Nutzpflanzenreste mehr bearbeitet worden. Alle Bodenfunde in Deutschland, die prähistorischen und mittelalterlichen, sind ausnahmslos kleinkörnig.

Wollen wir erfahren, wann und wo die ältesten *Vicia faba*-Bohnen aufgekommen sind, müssen wir ins Mittelmeergebiet und in den Vorderen Orient gehen: nach Israel, Griechenland, Spanien und Portugal (Abb. 24). Die ältesten, datiert auf 6500–6000 v. Chr., sind erst kürzlich bei der archäologischen Ausgrabung der steinzeitlichen Siedlung in Yiftah' el bei Nazareth/Israel gefunden worden. Es ist der wichtigste bisherige steinzeitliche Bohnenfund, denn eine große Menge (rd. 2600 Stück) verkohlter, gut erhaltener Bohnen lag in einem Behälter in der Ecke eines Raumes in einem Haus; im selben Raum auf dem Fußboden fanden sich außerdem 7,4 Kilogramm verstreute Linsen. Die Bohnen sind, nach der Bearbeitung des Botanikers Mordechai Kislev (1985), kleiner als die bronzezeitlichen von Zitz (Deutsche Demokratische Republik). In Griechenland, Spanien und Portugal erschienen *Vicia faba*-Bohnen zuerst im Spät- bzw. Endneolithikum, so in Sesklo und Dimini/Nordostgriechenland (4300–2800 v. Chr.), außerdem an zwei Stellen in Südostspanien (El Garcel und Campos bei Murcia), am letzteren Ort aber schon im Übergang zur Metallzeit. Diese Datierung gilt auch für die drei ältesten Fundstellen in Portugal (Pepim bei Amarante, Pedra de Ouro und Vila Nova de S. Pedro).

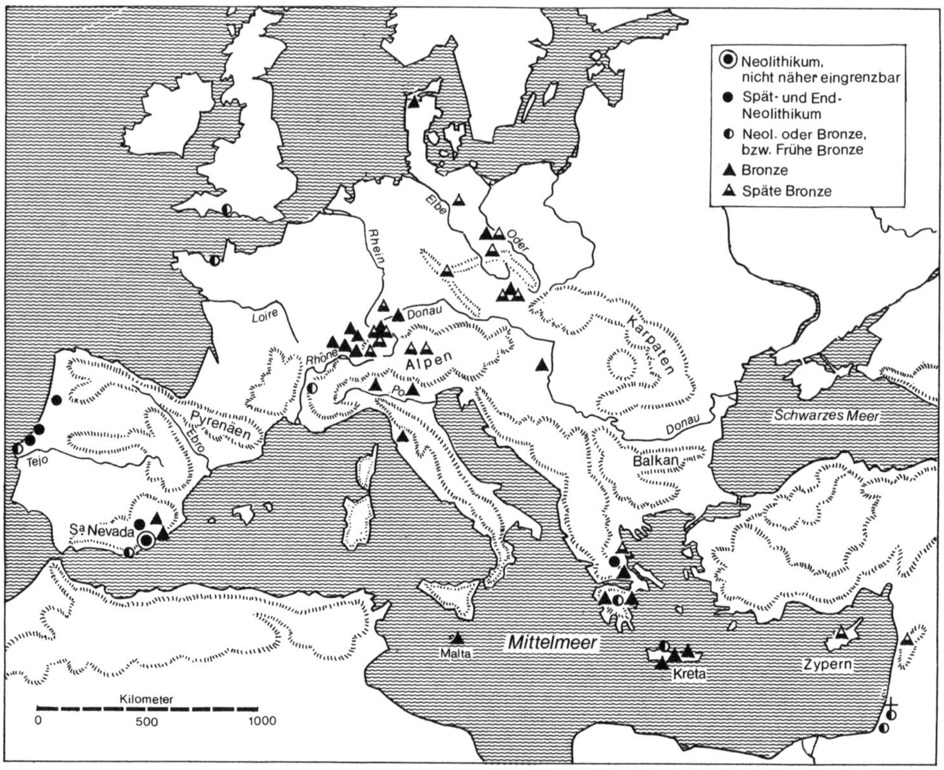

Abb. 24. Fundstellen mit Bohnen (*Vicia faba*) aus der Jungsteinzeit und Bronzezeit in Europa, Nordafrika und dem Vorderen Orient. Bei + die Fundstelle Yiftah 'el bei Nazareth/Israel mit den ältesten bisher gefundenen Bohnen aus dem präkeramischen Neolithikum.

Aus Gräberfunden des Alten Reichs von Ägypten (5. Dyn., ca. 2500–2300 v. Chr.) liegt ein Bohnenfund aus Abusir in Unterägypten vor, dann erst aus dem Mittleren Reich (12. Dyn., ca. 2000–1780 v. Chr.) aus Dra Abu el Nega bei Theben in Oberägypten (nach Germer 1985).

Gelegentlich findet man in landwirtschaftlichen Büchern, die auch kurz die Geschichte der Ackerbohne behandeln, als allerälteste Fundstelle Jericho am Jordan angegeben. Die hier gefundenen, extrem kleinen, rundlichen *Vicia*-Samen hat die Bearbeiterin Maria Hopf (1983) aber nur als *faba*-Typ bezeichnet, weil sie keine volle Übereinstimmung mit dieser, sondern auch eine gewisse Ähnlichkeit mit *Vicia narbonensis* zeigen.

Mit dem Übergang zu den Metallzeiten (Kupfer- und Bronzezeit) nehmen im Mittelmeerraum die Nutzpflanzenfunde mit *Vicia faba*-Bohnen zu. Sie liegen zum Teil in den vorher genannten Gebieten, zum Teil in größerer Entfernung. Dabei fällt die rhôneaufwärts gelegene Stelle am Nordwestrand der Alpen auf (Pfahlbau von Le Bourget im See von Bourget/Frankreich), doch mehr noch der nördlichste Punkt auf den Jersey-Inseln in der Bucht von St. Malo vor der französischen Küste. Sie müssen in der frühen Bronzezeit auf dem Seeweg von Portugal dorthin gelangt sein.

Die meisten Fundstellen aber liegen im nördlichen Alpenvorland. Ihre besonders große Zahl ist den guten Erhaltungsbedingungen zu verdanken. Die Pfahlbaubewohner an den Seen und in den Mooren kannten als Hülsenfrüchte seit der Steinzeit bereits Erbsen und Linsen und nahmen seit der Bronzezeit die *Vicia faba*-Bohnen mit in ihren Kulturpflanzenbestand auf. Die Verbreitungskarte (Abb. 24) läßt erkennen, daß im Westen (im mittleren Rhônegebiet) der älteste Fund liegt, im östlichen Teil des Alpenvorlandes die jüngsten aus der Endstufe der Bronzezeit (Urnenfelderkultur). Zu der Zeit war diese neue Hülsenfrucht bis ins Federseegebiet gelangt. Weitere Fundstellen aus der Bronzezeit liegen in Oberägypten (12. Dyn.), in Griechenland, in Ungarn, der Tschechoslowakei und in Österreich.

In der nachfolgenden Eisenzeit und römischen Zeit dehnte sich die Kultur der *Vicia faba*-Bohne im Norden bis nach Südschweden aus. Im Mittelmeerraum war sie in Griechenland, Italien und auf dem Balkan weit verbreitet. Leider gibt es aus nachrömischer Zeit zu wenige Fundstellen mit Pflanzenresten im Mittelmeerraum und im Vorderen Orient, um Genaueres daraus ableiten zu können.

Kleinkörnige Ackerbohnen und Dicke Bohnen sowie ihre Verwendung in der Vergangenheit

Alle Bohnenfunde aus archäologischen Ausgrabungen von der Steinzeit (Neolithikum) bis zum Mittelalter, in- und außerhalb Deutschlands, sind kleinkörnig, mit Längen zwischen vier und zehn Millimeter und rundlicher bis elliptischer Form. Nur an einzelnen Stellen gab es Samen, die zwischen elf und zwölf Millimeter lang waren (z. B. im römischen Aquileja (Italien) und im eisenzeitlichen Crespault/Westschweiz), (Abb. 25). Beim Größenvergleich zwischen den prähistorischen, verkohlten und den heutigen lufttrockenen, wird man bei ersteren etwa 10–15 Prozent an Länge dazurechnen müssen wegen des Wasserverlustes beim Verkohlen.
Es gibt bisher nur einen einzigen gesicherten Fundort mit der großkörnigen, flachen Form (var. *major*). In Bazmosian im Dokan-Tal (Bergland des östlichen Irak) wurden 137 Kubikzentimeter größere, aber flache Bohnenkerne gefunden und von dem Vorgeschichtsbotaniker H. Helbaek (1963) als Varietät *megalosperma* bestimmt. Sie waren 8–14 mm lang, 6–10 mm breit und 3,8–7 mm dick (Abb. 25) und konnten in die Zeit des frühen Islam (etwa 1000 n. Chr.) datiert werden. Ein weiterer Nachweis macht das Vorhandensein von *major*-Formen nur wahrscheinlich wie in Ungarn (15.–16. Jh., bei Nagyvazsony-Csepely), untersucht von P. Hartyanyi und Mitarbei-

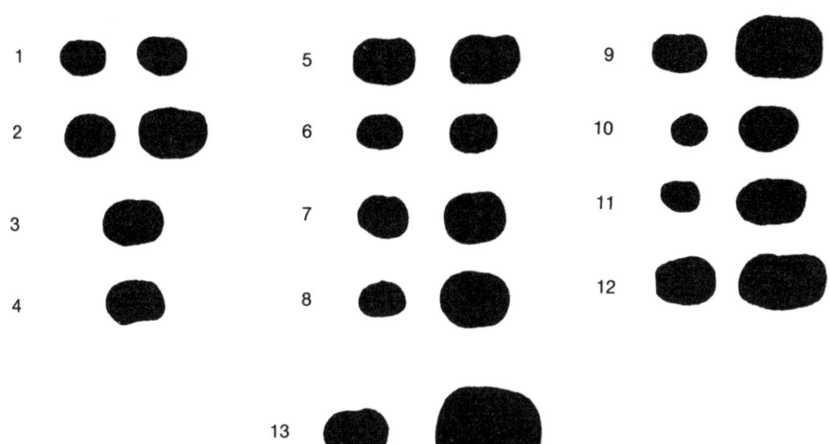

Abb. 25. Form und Größe verkohlter Bohnen (*Vicia faba*) aus archäologischen Ausgrabungen von der späten Jungsteinzeit bis zum Mittelalter. Zwei Bohnen nebeneinander geben das kleinste und größte Exemplar wieder. Nat. Gr. Nähere Angaben zu den Nummern s. Erläuterungen S. 464.

ter, aber leider ohne Messungen. Es werden lediglich eingedrückte Flanken beschrieben, was bei den kleineren Exemplaren von *minor*-Typen nicht vorkommt.
So geht aus den bisher vorliegenden Bodenfunden archäologischer Ausgrabungen hervor, daß die *Vicia faba*-Bohnen kleinsamigen Formen (*minor*) angehörten und die großsamigen, abgeflachten (*major*) erst aus dem Mittelalter nachgewiesen werden konnten. Zur Anwendung dieser Aussage auch auf Mittelalter und Neuzeit muß nochmals betont werden, daß der größte Teil der Funde bis einschließlich der Römerzeit geht und daß es danach nur sehr wenige Bodenfunde mit Pflanzenresten gibt. So sollte besser einschränkend gesagt werden: Bis zum Ende der Römerzeit kamen mit Sicherheit nur die kleinförmigen Formen vor. Vom frühen Mittelalter an muß man auf weitere Ausgrabungsbefunde hoffen, um Entstehungsort und -zeit der großkörnigen Bohne genauer eingrenzen zu können.
Über die eigenartige Bedeutung der *Vicia faba*-Bohne in Italien und Griechenland während des klassischen Altertums erfahren wir von griechischen und römischen Schriftstellern (6. Jh. v. Chr. – 4. Jh. n. Chr.), zusammengestellt von Harald Othmar Lenz (1859) und Peter Hanelt (1972 a). Diese Bohne (also die kleinkörnige Ackerbohne) spielte damals als Speise für die Lebenden und als Opfergabe für die Verstorbenen eine besondere und wichtige Rolle. Bei Priestern und Göttern des alten Römischen Reiches wurde sie für unrein gehalten. Bei den Griechen gab es einen Bohnengott (Kyamitos), in dessen Tempeln Bohnensamen geopfert wurden. Die Blüten galten als Todessymbol. Im täglichen Leben waren die Bohnen ein verbreitetes Nahrungsmittel. So wurden sie im Codex des Dioskorides ganzseitig abgebildet (Taf. 39 links). Wichtig waren sie auch im jüdischen Altertum. In der Bibel (Buch Samuel und Esekiel) werden Bohnen als häufigste Hülsenfrucht genannt.
Die *Vicia faba*-Bohne war und ist schlichtweg »die Bohne« des Vorderen Orients und der Mittelmeerregion von der Steinzeit bis heute, ebenso wie in Mitteleuropa von der Bronzezeit bis ins 17. oder 18. Jahrhundert bzw. später, bis sich für menschliche Nahrung die amerikanischen Gartenbohnen (*Phaseolus vulgaris*) mehr und mehr durchsetzten. Die Bedeutung der ertragreichen und widerstandsfähigen *Vicia faba*-Bohnen als lagerfähige Hülsenfrucht für körperlich hart arbeitende Menschen kann aber nicht hoch genug veranschlagt werden.
In Deutschland erfahren wir aus schriftlichen Quellen das früheste aus dem Capitulare Karls d. Gr. (um 800). Darin werden unter anderen Nutzpflanzen Faba maiores genannt. Es ist möglich, daß damit wirklich die »Dicken« Bohnen gemeint waren, weil dieses Verzeichnis sich auf Garten- und nicht auf Ackerpflanzen bezieht. Allerdings wurde die Liste nicht nur für Deutschland, sondern auch für einige französische Güter herausgegeben.
Die nächste Nachricht stammt dann erst aus der Renaissancezeit. Eindeutiger Beweis

für das Vorhandensein der großsamigen Bohnen ist die Zeichnung zweier Hülsen und Bohnen von Konrad Gesner (1561), bezeichnet als Große Bohne (Taf. 39 rechts). Die gekonnte, naturalistische Wiedergabe läßt sich auch an der daneben gezeichneten Schneeheide erkennen. Gesner war Doktor der Medizin in Zürich, Professor für Naturgeschichte an der dortigen Universität und Begründer zweier botanischer Gärten. Er zeichnete seine Pflanzen selbst, während die Holzschnitte in den Kräuterbüchern derselben Zeit von Holzschnitzern für den Buchdruck angefertigt wurden und dadurch natürlich nicht eine so ins einzelne gehende Genauigkeit möglich war.
Abbildungen (Holzschnitte) aus den Kräuterbüchern von Camerarius (1585) und Tabernaemontanus (1588) zeigen die Pflanzen in der Wuchshöhe stark verkürzt (Abb. 26). Interessant ist aber daran, daß in beiden Büchern zwei verschiedene Formen dargestellt werden und zwar »Bonen« und »Wilde Bonen«. Hören wir hierzu die Kennzeichnung durch die damaligen Autoren Mattioli aus Siena bzw. des Neubearbeiters J. Camerarius aus Nürnberg: »Bonen . . . haben einen vierecketen Stengel . . .

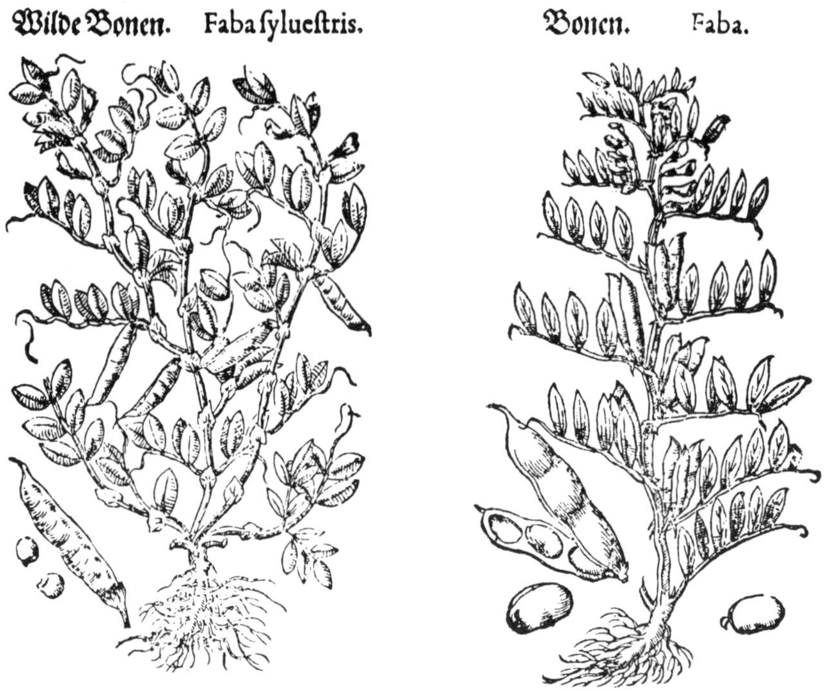

Abb. 26. Holzschnitte von Bohnen (*Vicia faba*) aus dem Kräuterbuch von Joachim Camerarius (1586).

Tafel 33 Oben: Prähistorische Bohnen (innerer Teil des Halbkreises) im Vergleich zu den davon abgeleiteten modernen Zuchtformen in Amerika, links nach Südosten, rechts nach Nordwesten (Aus Gentry 1969). Unten: Wurzeln einer Bohnenpflanze mit Knöllchen, in denen symbiontische Bakterien (*Rhizobium*-Arten) leben, die Luftstickstoff binden. Vergr. 5x.

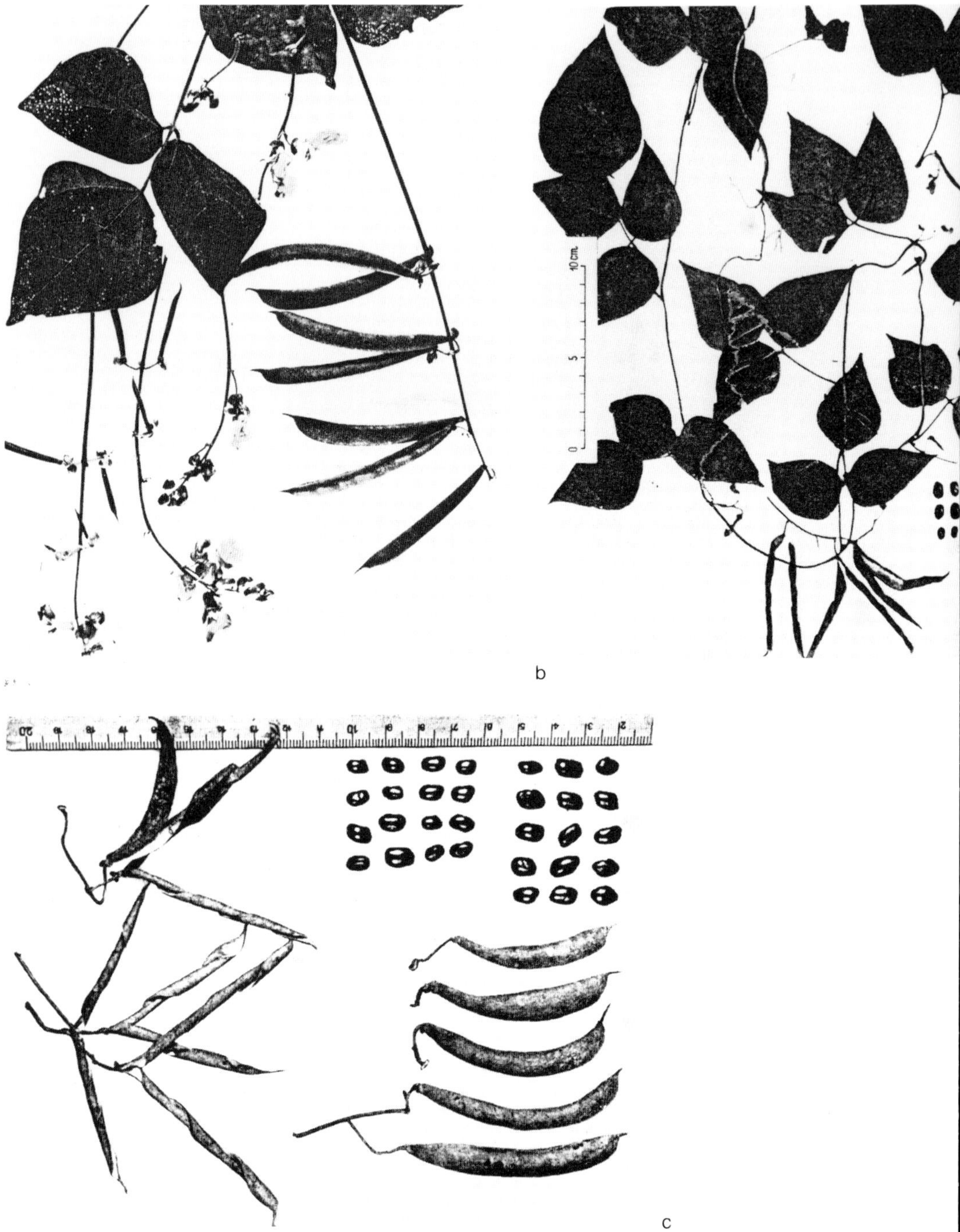

Tafel 34 Südamerikanische Wildbohne (*Phaseolus aborigineus*) von der Ostabdachung der Anden. a) Blüten und unreife Hülsen, b) mit reifen Hülsen, c) links reife Hülsen, die durch Aufdrehen der Hülsenhälften die kleinen schwarzen Samen herausschleudern. Aus Burkart und Brücher (1953) sowie Brücher (1974).

Tafel 35 Knollige Verdickung und Knöllchen an den Wurzeln der Feuerbohne (*Phaseolus coccineus*). Vergr. ca. 2x.

Umseitig:
Tafel 36 Ackerbohne (*Vicia faba*) mit schwarzweiß gemusterten Blüten im Stuttgarter Garten der Verfasserin. 13. 6. 1984.

Tafel 37 Heutige und vorgeschichtliche Ackerbohnen (*Vicia faba*). Oben: Heutige Formengruppen, obere Reihe zwei Sorten der kleinkörnigen Ackerbohne (var. *minor*), in Deutschland für Fütterung angebaut; unten links eine mittelgroße Form (var. *equina*), als Winterbohne in Frankreich; unten rechts die Dicke Bohne (var. *major*), als Gemüsebohne in Deutschland und anderwärts. Unten: Verkohlte Ackerbohnen aus einer Grube der bronzezeitlichen Siedlung von Zitz, Kreis Brandenburg. Bestimmung und Foto: J. Schultze-Motel (1972).

Tafel 39 Links: Älteste überlieferte farbige Abbildung einer Bohnenpflanze (*Vicia faba*). Aus dem Codex von Dioskorides (um 60 n. Chr.), hier in der ersten farbigen Kopie von 500–511 in Konstantinopel. Foto: Universitätsbibliothek Erlangen. Rechts: »Große Bohne«, offensichtlich die *major*-Varietät von Vicia faba (unsere Dicke Bohne), gezeichnet von Konrad Gesner (1561, Zürich), rechts daneben Schneeheide.

◁ Tafel 38 2000 Jahre altes Bohnenstroh (von *Vicia faba*) aus der Wurtsiedlung Feddersen Wierde im Küstengebiet der Nordsee zwischen Weser- und Elbmündung. Oben: Der Stengelbruch, wie er bei der archäologischen Ausgrabung im Jahre 1958 freigelegt wurde. Vergr. 1,2x. Unten: Querschnitt durch einen Bohnenstengel in mikroskopischer Sicht. Vergr. 60x. Aus Körber-Grohne (1967).

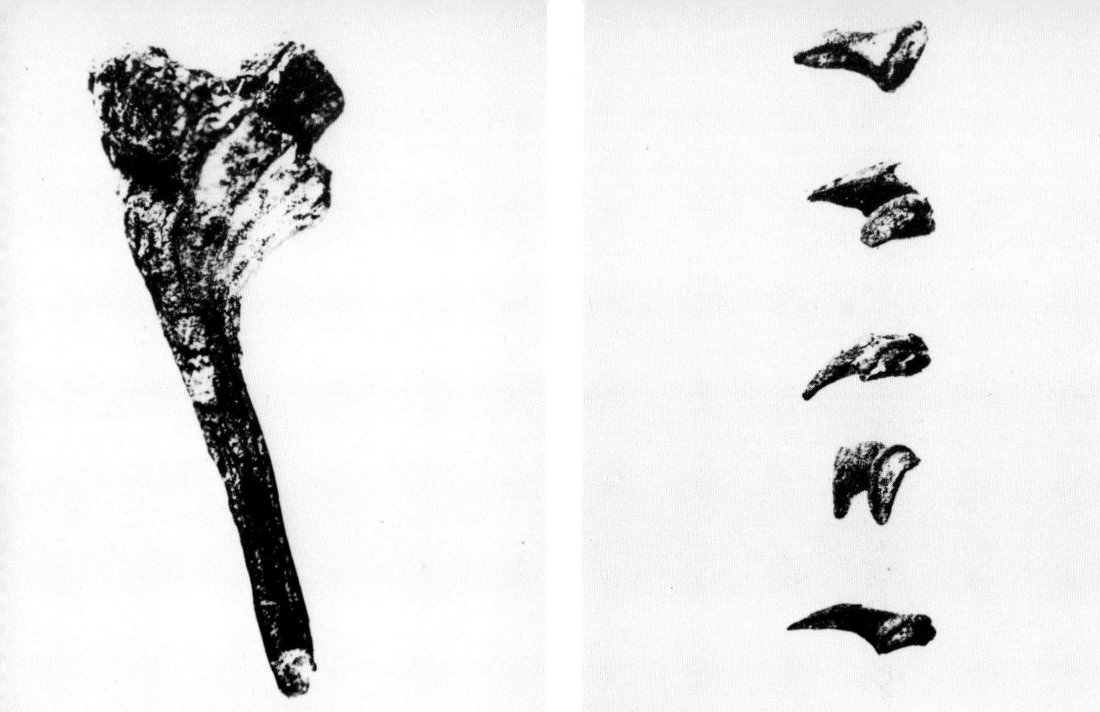

a, b

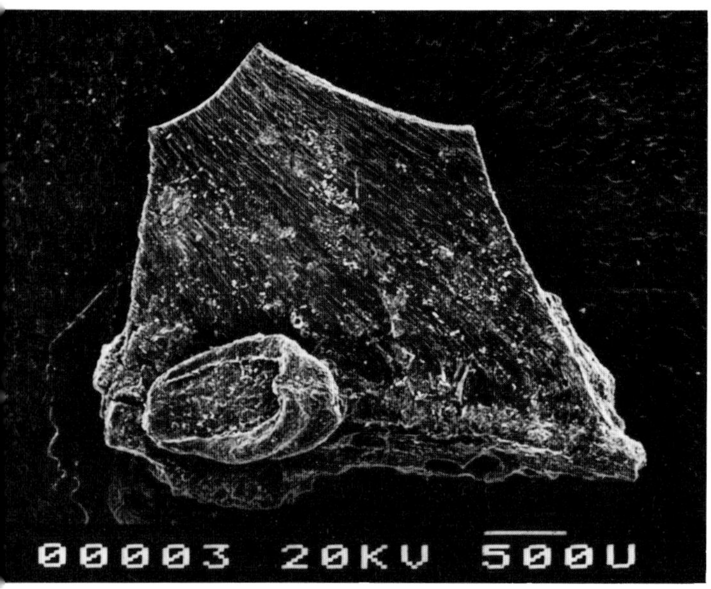

c

Tafel 40 Jungsteinzeitliche verkohlte Reste der Erbse aus der Siedlung Twann am Bieler See/ Schweiz. a) Ansatzstelle einer Hülse, Vergr. 10x; b) lose Nabelstränge, Vergr. 10x; c) Hülsenstück mit daran sitzendem Nabelstrang. In dieser Aufnahme mit dem Rasterelektronenmikroskop ist der schräge Faserverlauf der Pergamentschicht an der Innenwand der Hülse erkennbar. Vergr. 20x. Bestimmung und Bearbeitung: U. Piening (1981).

Tafel 41 Links: Wilderbse (*Pisum humile*) als Ackerunkraut in einem Gerstenfeld in der Nähe von Jerusalem, 12. 4. 1984, gezeigt von Herrn Prof. Dr. D. Zohary, Hebräische Universität Jerusalem. Rechts: Ackererbse (*Pisum arvense*) auf einem Feld bei Stuttgart-Birkach, 15. 9. 1985.

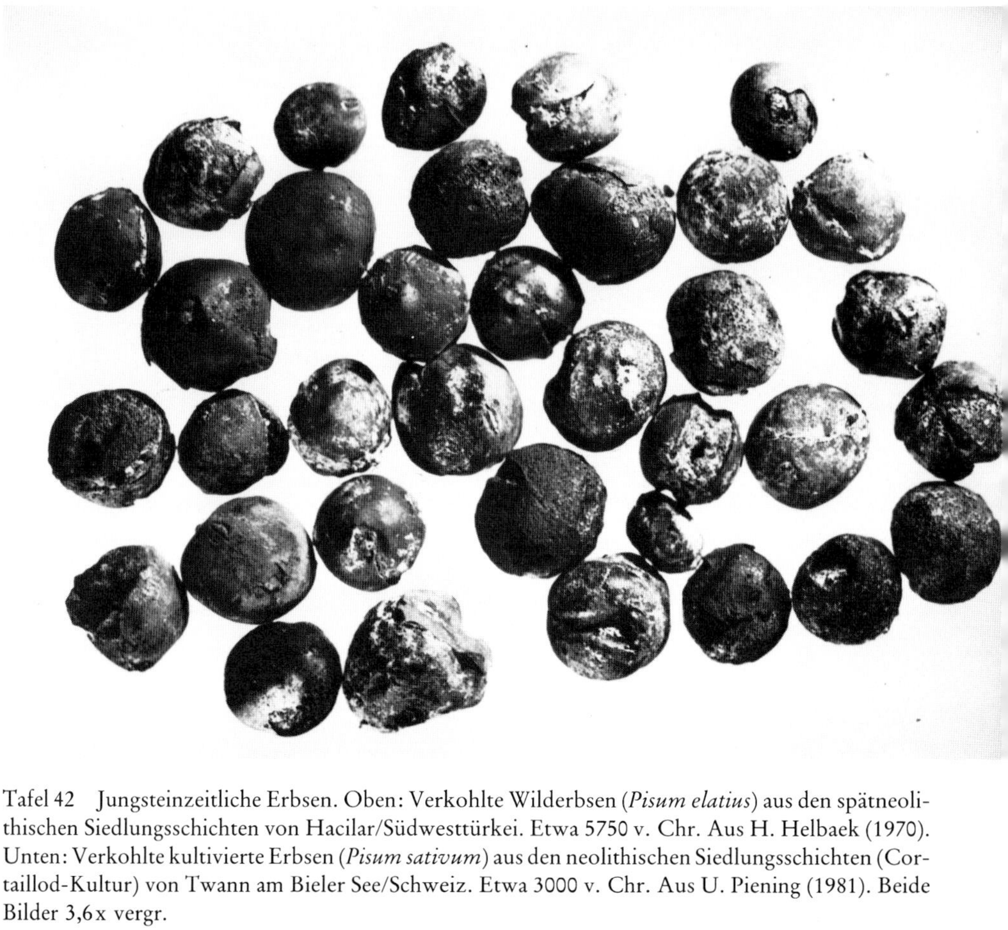

Tafel 42 Jungsteinzeitliche Erbsen. Oben: Verkohlte Wilderbsen (*Pisum elatius*) aus den spätneolithischen Siedlungsschichten von Hacilar/Südwesttürkei. Etwa 5750 v. Chr. Aus H. Helbaek (1970). Unten: Verkohlte kultivierte Erbsen (*Pisum sativum*) aus den neolithischen Siedlungsschichten (Cortaillod-Kultur) von Twann am Bieler See/Schweiz. Etwa 3000 v. Chr. Aus U. Piening (1981). Beide Bilder 3,6x vergr.

die Blumen hangen an einem Stiel, aber auff einer seiten des Stiels stehen sie nacheinander geschichtet, sind rauch(grau) und von mancherley farben . . . große, dicke Hülsen . . . Man sät sie allenthalben, auch auß der ursachen, daß sie die Ecker feyst und fruchtbar machen, dann so sie blühen und voll Saffts sind, ackert man denselbigen ort, da werden die Bonen unterscharret . . . also kompt der Safft dem Acker zu theil, der davon geyl wirt.« Zu den »Wilden Bonen« berichten die Autoren: »Wilde Bonen . . . man findets auff den Feldern, es fladert auff der Erden mit viereckten Stengeln, die sind in einander verschrenckt und verwirret. Tregt Bletter wie die Gemeinen Bonen, Purpurweiße Blumen, daraus entspringen flache Schoten, viel kleiner denn der Bonen, darin steckt der Samen, am Geschmack wie die Bonen, hat auch ebensolche Tugendt. Wird sonderlich viel gefunden in den weiten Feldern des Landes Apuliae.«

Zur Ableitung und Herkunft der Vicia faba

Hiermit haben sich in den vergangenen Jahrzehnten viele Forscher auseinandergesetzt. Ihre Ergebnisse sind u. a. zusammenfassend von Hanelt, Schäfer und Schultze-Motel (1972) behandelt worden.
Danach ist eine wilde Stammpflanze nicht bekannt. Längere Zeit wurde die in Nordafrika beheimatete und auch im Vorderen Orient wachsende *Vicia narbonensis* als Vorfahr angesehen. Diese hat im Erscheinungsbild gewisse Ähnlichkeit mit *V. faba.* Aber neuere eingehende Untersuchungen haben gezeigt, daß sie als Vorfahr nicht in Frage kommen kann, weil bei beiden Arten die Anzahl der Chromosomen verschieden ist. Beide Arten kreuzen sich nicht. Bei künstlicher Befruchtung sind die Bastarde nicht lebensfähig. Das Eiweiß der Samen beider Arten ist aus unterschiedlichen Aminosäuren aufgebaut. *Vicia faba* und *Vicia narbonensis* sind also »Geschwister«, deren einstige Elternform heute ausgestorben ist. Als weiterer Verwandter wird von Zohary und Hopf (1973) *Vicia galilea* angesehen, die im Vorderen Orient heimisch ist. Bei dieser sind die cytogenetischen Untersuchungen (experimentelle Rekonstruktion der Entstehung) noch nicht abgeschlossen. Eine dritte mögliche Ausgangsform, die in der Antike genannte *Vicia pliniana* aus Algerien, wird nur für eine kleinsamige Form der *Vicia faba* angesehen.
Als Gebiet einstiger Entstehung kommen außer denen mit prähistorischen Funden die Zentren größter heutiger Formenmannigfaltigkeit in Betracht. Wenn man von diesen nur Standorte in möglichst ungestörter Vegetation und nicht auf Kulturland oder in bebautem Gelände berücksichtigt, soll das primäre Formenzentrum für *Vicia faba* in Afghanistan und im südlichen Mittelasien liegen.
Dieses aus der heutigen Pflanzenverbreitung gewonnene Ergebnis hat der erst neuer-

dings entdeckte großen Vorratsfund von *Vicia faba*-Bohnen in Israel (Yiftah'el) erhärtet. Daran sieht man, wie wichtig es ist, daß bei archäologischen Ausgrabungen Vorgeschichtsbotaniker zugezogen werden.

Bei heutigen Pflanzen ist die derzeitig primitivste Varietät von *Vicia faba*, *paucijuga*, von Interesse. Sie kommt außer in Indien und am Himalaja in Südostspanien vor und ist von dem spanischen Botaniker Cubero, zusammen mit den anderen dort wachsenden Formen von *Vicia faba* bearbeitet worden. *Paucijuga* hat keinen Hauptsproß, sondern ist mehrfach verzweigt. Die Blätter haben nur zwei, selten vier Paare besonders kleiner Fiederblättchen. Die Samen sind sehr klein. Es ist zwar bereits eine Kulturform, aber noch auf primitiver Stufe. Der Bearbeiter meint, daß sie der einstigen Wildform noch nahe stünde.

Zusammenfassend läßt sich sagen, daß die Bohnen in der Alten Welt in Kultur genommen worden sind. Die verschiedenen Namen wie Dicke Bohnen, Große Bohnen, Pferde-, Sau- oder Ackerbohnen werfen ein Licht auf ihre Form und Verwendung. Kulturgeschichtlich gehören sie nicht zu dem ältesten jungsteinzeitlichen Bestand an Hülsenfrüchten. Abgesehen von wenigen steinzeitlichen Nachweisen aus dem Mittelmeergebiet (von Israel bis Portugal) kam ihre Nutzung erst in der Bronzezeit richtig in Gang. Die größte Bedeutung erreichten sie in den See- und Flußmarschen des Nordseegebietes, von etwa Christi Geburt an. Da in den damals noch unbedeichten Seemarschen weder Erbsen noch Linsen wachsen konnten (wegen des Salzgehaltes), waren die Ackerbohnen die dort einzige anbaubare Hülsenfrucht. Als wichtiges Nahrungsmittel ist sie jedoch in ganz Europa, im Mittelmeergebiet, Ägypten und im Vorderen Orient genutzt worden. In vorgeschichtlicher Zeit war es stets die kleinkörnige Form, die großkörnigen kamen vermutlich erst im Mittelalter auf. In Spanien und im Vorderen Orient dienen die mittel- und großkörnigen Formen heute noch als allgemeines Nahrungsmittel. In Europa sind die Ackerbohnen erst im 17. und 18. Jahrhundert allmählich durch die aus Amerika stammenden Grünen und Feuerbohnen aus der menschlichen Nahrung verdrängt worden. Sie dienten dann nur noch in geschrotetem Zustand als Kraftfutter für das Vieh. Als Nahrung für uns Menschen werden in Deutschland nur noch in einigen Landschaften die Dicken Bohnen gezogen.

ERBSE (*Pisum sativum* L.)

Kennzeichnung. Wachstum. Inhaltsstoffe. Varietäten

Die glatten, bereiften, einjährigen Pflanzen haben relativ dünne Stengel und zwei- bis dreipaarig gefiederte Blätter, die in eine Wickelranke auslaufen (Abb. 27). Aus den Blattachseln entspringen die gestielten großen Blüten, flankiert von zwei breiten ge-

Abb. 27. Die Gartenerbse (*Pisum sativum* ssp. *sativum*). Oberer Teil einer hochwüchsigen Form der Markerbse mit weißen Blüten und gebrauchsfertigen Hülsen. 10. 7. 1984.

zähnten Nebenblättern. Aus jeder Blüte entwickelt sich eine Hülse, an deren Rückennaht die Samen mittels eines kurzen Nabelstranges befestigt sind. Ebenso wie andere Hülsenfrüchtler hat die Pflanze eine tief herabreichende Hauptwurzel, von der zahlreiche Nebenwurzeln mit Knöllchen abzweigen, die stickstoffbindende Bakterien enthalten.

Für ihr Wachstum sind nach Becker-Dillingen (1956) Lehmböden mit genügend Humus und Kalk, mit gleichmäßiger Wasserführung und guter Durchlüftung am besten geeignet, z. B. Löß und tiefgründige Kalkböden. Die Bodenreaktion soll neutral bis schwach alkalisch sein. Nicht in Frage kommen für Speiseerbsen schwere, nasse Tonböden, kolloidarme Sandböden oder Moorböden bzw. Neuumbruch. Diesen speziellen Ansprüchen an den Boden stehen keine besonderen Ansprüche an das Klima gegenüber, wenn auch bei den verschiedenen Varietäten unterschiedlich. Nach der Keimung steigt aber das Wärmebedürfnis, so daß ihnen kühle Witterung im Frühjahr und Sommer schlecht bekommt. Erbsen brauchen viel Licht bei gleichzeitiger guter Wasserversorgung. Das Optimum ihres Anbaus liegt in der gemäßigten Zone.

Die Art *Pisum sativum* (Angebaute Erbse) wird in zwei Unterarten gegliedert:

1. Subspecies *arvense* ist die Futter- oder Ackererbse. Ihre Blüten sind violett und purpurn (Taf. 41 rechts). Die Farbe der reifen Samen ist dunkelbraun, dabei sind sie oft gefleckt oder punktiert. Sie dienen im wesentlichen als Viehfutter, und zwar im reifen, geschroteten Zustand als Kraftfutter für Milchvieh, Arbeitstiere und Geflügel. Außerdem werden Futtererbsen als Grünfutter und zur Gründüngung verwendet. Sie sind weniger anspruchsvoll an Böden und Klima als Speiseerbsen, denn einige Sorten gedeihen noch auf Torf und Sand. Früher sind die Futtererbsen auch mit als menschliche Nahrung verwendet worden, z. B. zu Mehl vermahlen und dem Brotmehl beigemischt (nach Fruwirth 1921, S. 183). Es gibt mehrere Sorten, die hier aber nicht behandelt werden können.

2. Subspecies *sativum* bezeichnet die Speiseerbsen, die als Trockenfrüchte und als grüne Erbsen verwendet werden. Sie haben weiße Blüten und kommen in zahlreichen niederen, mittelhohen und hochwüchsigen Sorten vor, auf die hier ebenfalls nicht näher eingegangen werden kann. Drei Hauptgruppen (Varianten) aber müssen genannt werden, weil sie sich in ihrem Aussaattermin und ihren Eigenschaften beträchtlich unterscheiden.

a) Die Palerbsen (Schal- oder Brockelerbsen, var. *sativum*) können leichten Frost vertragen und werden möglichst früh gelegt. Sie sind besonders stärkereich. Deshalb bleiben die Samen auch nach dem Trocknen rund und können als Trockenerbsen gekocht werden.

b) Die Markerbsen (Runzelerbsen, var. *medullare*) sind frostempfindlich und dürfen erst im April gelegt werden. Ihre Samen enthalten außer der Stärke auch Zucker. Deshalb schrumpfen diese Erbsen bei der Reife und man kann sie nur als Grünerbsen, nicht aber als Trockenhülsenfrüchte verwenden. Ein großer Vorzug ist, daß sie in hochreifem, grünen Zustand nicht hart werden (wie die Palerbsen), sondern zart bleiben.

c) Die Zuckererbsen (var. *saccharatum* = var. *axiphium*) haben keine harte Pergamentschicht in den Hülsen. Aus diesem Grunde kann man die Hülsen (wie Grüne Bohnen) in jungem Zustand mitsamt den Samen als Gemüse kochen.

Der Nährstoffinhalt Grüner Erbsen ist bei einem Wassergehalt von 74–79% folgender: etwa 13% Kohlenhydrate, 6–7% Protein, 0,4–0,7% Fett, 1,5–2,6% Rohfaser und ca. 1% Mineralstoffe. Unter letzteren ist, wie bei den Grünen Bohnen, Kalium besonders reich vertreten. An Vitaminen ist Vitamin E (mit 1,6–5,9 mg) am meisten vorhanden (nach Souci et al., 1981). (Vgl. Tab. 8, S. 172).

Die Geschichte der Erbsen in Mitteleuropa nach Bodenfunden aus archäologischen Ausgrabungen

Über Jahrtausende haben sich die reifen Erbsen (Samen) in verkohltem Zustand erhalten. Nur an einer Stelle (Twann am Bieler See/Schweiz) gelang es Ulrike Piening (1981), auch Kelche, Bruchstücke der Hülsen sowie Nabelstränge (Hila) unter verkohlten Dreschabfällen von Getreide und Erbsen zu erkennen (Taf. 40). Außer Dreschabfällen fanden sich Erbsen teils vereinzelt unter anderen Nutzpflanzen, teils in größerer Ansammlung als Vorräte, die durch den Brand des jeweiligen Hauses oder Speichers verkohlten (Taf. 42 unten).

Erbsen waren, ebenso wie Linsen, bereits Grundnahrungsmittel bei den ältesten Ackerbauern in Mitteleuropa (Bandkeramiker). Die Verbreitungskarte (Abb. 28) zeigt, daß etwa jede zweite Getreidefundstelle auch Erbsen enthielt. Emmer, Einkorn sowie stellenweise Gerste, bildeten zusammen mit den beiden Hülsenfruchtarten den Grundstock der pflanzlichen Nahrungsmittel in diesen frühen Zeiten.

Die Fundstellen liegen in Nord-Süd-Richtung zwischen dem Nordrand der Mittelgebirge und der Donau. Im Westen und Osten gehen sie über den Bildausschnitt hinaus.

Die starken Anteile der Hülsenfrüchte verringerten sich vom Mittelneolithikum an drastisch, denn von 76 Getreidefundstellen in Deutschland enthielten zu der Zeit nur fünf auch Erbsen und zwei auch Linsen. Welches die Gründe hierfür waren (vielleicht vermehrte Haustierhaltung?) läßt sich vorerst nicht beurteilen und bedarf weiterer sorgsamer Bearbeitungen archäologischer Pflanzenreste. Der Schwerpunkt der Erbsen im Mittel- und Jungneolithikum lag im Südwesten und zwar im mittleren Neckar-

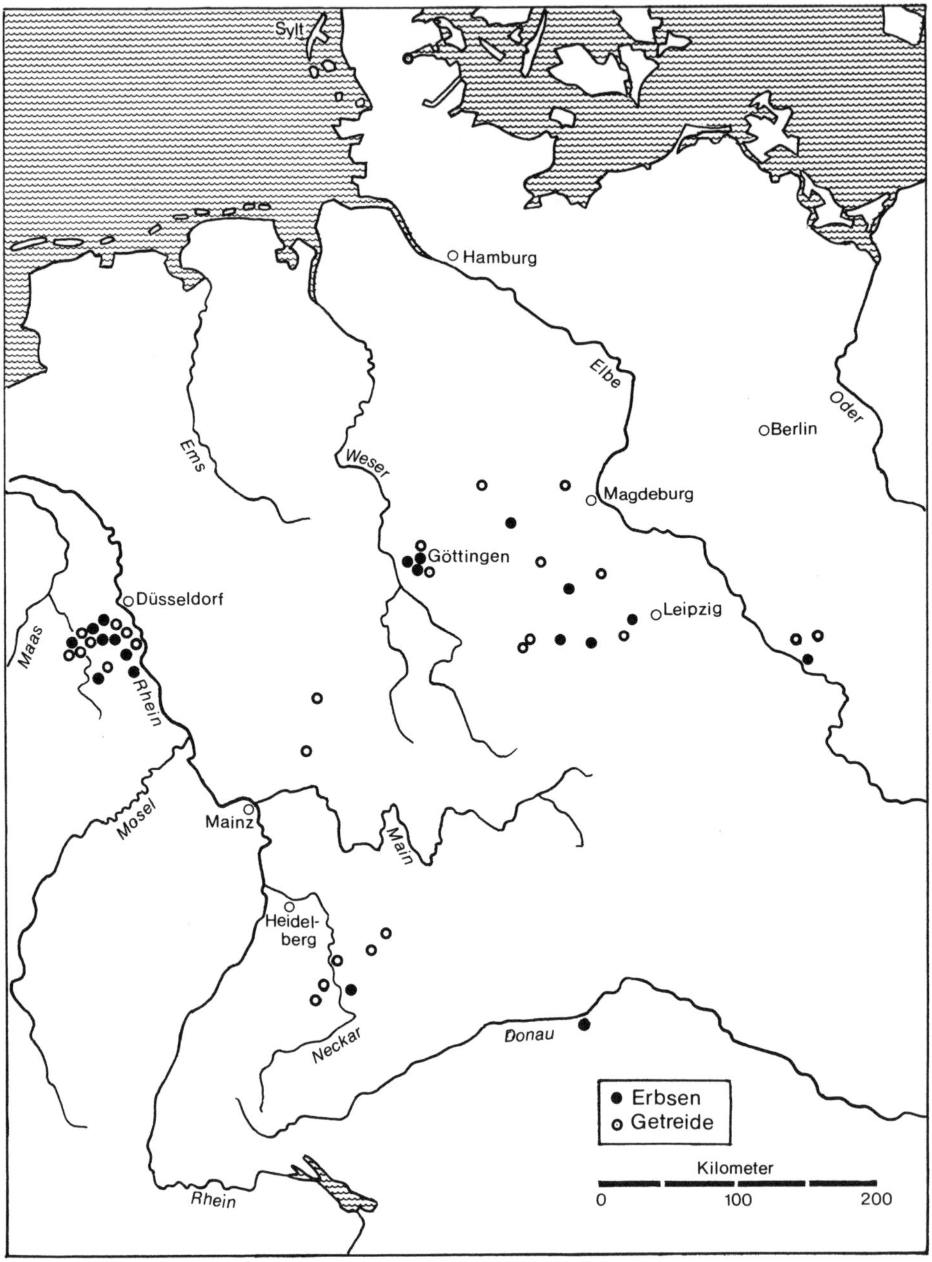

Abb. 28. Verbreitungskarte von Erbsen und Getreide während der ältesten Periode der Jungsteinzeit (Bandkeramik) in Mitteleuropa. Nach archäobotanischen Funden.

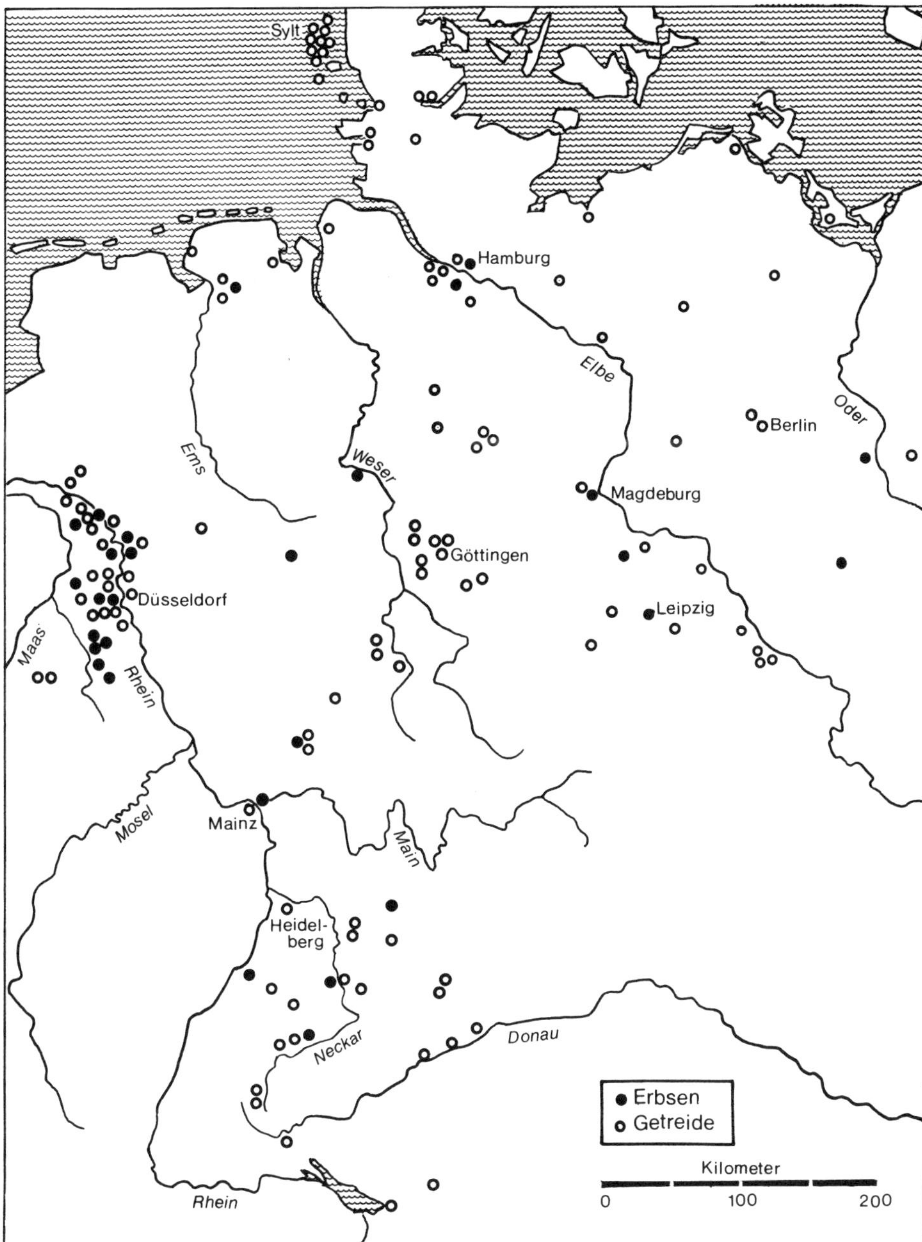

Abb. 29. Verbreitungskarte von Erbsen und Getreide aus der Zeit zwischen etwa Christi Geburt und 1600 in Mitteleuropa. Nach archäobotanischen Funden.

land und in den neu entstandenen jungneolithischen Ufersiedlungen an den Seen des schweizerischen und deutschen Alpenvorlandes sowie in den Dörfern in den Mooren, darunter im Federseegebiet (Oberschwaben).

Von der Bronzezeit an (ab ca. 1800 v. Chr.) nahm der Anteil an Hülsenfrüchten gegenüber dem Getreide wieder zu und blieb auch weiterhin relativ hoch, wenn auch nie mehr so wie in der bandkeramischen Zeit. Während der Bronzezeit kamen in ganz Deutschland auf 59 Getreidefundstellen elf mit Erbsen, elf mit Linsen, aber 14 mit den neu aufgekommenen Bohnen (*Vicia faba*). Die Verbreitung der Erbsen blieb etwa dieselbe wie in der Jungsteinzeit, ging also im Norden nicht über die Mittelgebirge hinaus.

Diese begrenzte Verbreitung der Erbsen blieb im wesentlichen auch durch alle nachfolgenden Zeitperioden dieselbe (Abb. 29). Die Hauptmenge der Erbsenfundstellen verteilt sich auf das Neckarland, Rheinland, Westfalen, die Oberweser, die fruchtbare Magdeburger Börde sowie die Hügelländer der Lausitz und an der mittleren Oder. Nur vier Fundstellen liegen im Flachland. Davon gehören die betreffenden Funde aus der alten Handelsstadt Dorestad am nördlichsten Rheinarm in den Niederlanden sowie aus Timmel in Ostfriesland und Hamburg dem Mittelalter an, der südlich Hamburg gelegene Fund der römischen Kaiserzeit. Alle vier liegen aber auf der Geest. Nirgends ist die Erbse in die See- oder Flußmarschen gegangen. Auf solchen Standorten konnten nur die Bohnen (*Vicia faba*) gedeihen, für welche diese Böden sogar optimal sind.

Die ältesten Erbsenfunde. Heutige Wilderbsen. Ableitung unserer Kulturerbsen

Die ältesten Funde von verkohlten Erbsen (*Pisum* spec.) stammen aus steinzeitlichen Siedlungsschichten des Vorderen Orients, der südlichen Türkei und dem östlichen Griechenland. Die Kartenskizze (Abb. 30) zeigt diese Fundstellen aus dem Zeitraum zwischen 7800 und 5300 v. Chr. Bei Franchthi (Griechenland) handelt es sich um eine mittelsteinzeitliche Höhlenschicht, in der sich von den damaligen Jägern und Sammlern Erbsen, Linsen und Wicken, verschiedene Wildgetreide sowie wilde Pistazien und wilde Mandeln angesammelt hatten. Reste hiervon wurden 1978 bei einer archäologischen Ausgrabung geborgen. Alle anderen Fundstellen gehören dem ersten Zeitabschnitt jungsteinzeitlicher Ackerbaukulturen an. Von diesen soll als Beispiel Hacilar in der südwestlichen Türkei näher beschrieben werden.

Aus dem Siedlungshügel (Tell) von Hacilar sind massenhaft verkohlte Pflanzenreste ausgeschlämmt worden, die nach den Aussagen des Bearbeiters, Hans Helbaek (1970), zu den am besten erhaltenen gehören (Taf. 42 oben). Für die Unterscheidung zwi-

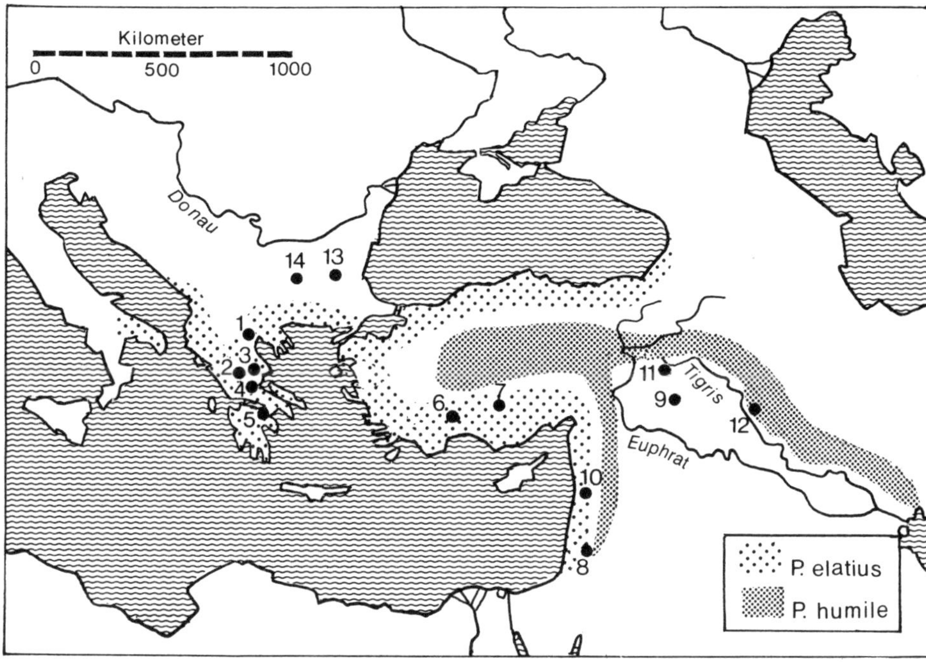

Abb. 30. Fundstellen mit Erbsen in Europa und im Vorderen Orient aus der Mittelsteinzeit (Mesolithikum) bis zum Spätneolithikum (ca. 7800–4600 v. Chr.). Schraffiert sind die heutigen Verbreitungsgebiete der beiden Wilderbsen-Arten *Pisum elatius* und *Pisum humile.* Aus Zohary u. Hopf (1973), 1–5 Griechenland, 6, 7, 11 Hacilar, Çatal Hüyük, Çayönü (Türkei), 8 Jericho (Israel), 9, 10 Aswad, Ramad (Syrien), 12 Jarmo (Iran), 13, 14 Kazanluk, Chevdar (Bulgarien). Nähere Angaben s. S. 465.

schen wilden und kultivierten Erbsen sind die Oberflächenstruktur der Samenschale und die Größe des Nabels maßgebend. Wilderbsen haben einen kleinen, rundlich-ovalen Nabel und eine rauhe, fein-granulierte Samenschale. Bei Kulturerbsen ist der Nabel größer, von länglich-ovaler Form, und die Samenschale glatt. Aufgrund dieser Merkmale konnte Helbaek die steinzeitlichen Erbsen von Hacilar als Wilderbsen (*Pisum elatius*) bestimmen.

An Wilderbsen und wild wachsenden Erbsen kommen nach Helbaek in den Ländern des Mediterrangebietes und des Vorderen Orients drei großsamige Arten vor: Ackererbsen (*Pisum arvense*), *Pisum elatius* und *Pisum humile*. Alle drei seien nicht sehr verschieden (Taf. 41). Sie zeigen Unterschiede bezüglich Farbe und Form der Blüten, der Größe von Nebenblättern und Blattfiedern sowie in der Wuchshöhe der Pflanzen. Die Ackererbse ist bereits eine Kulturpflanze, die ausgewildert häufig ist (als Kulturflüchtling). Die anderen beiden sind echte Wilderbsen. Von diesen wächst *Pisum elatius* in der höher gelegenen Steppe und den niedrigeren Bergen, bevorzugt dabei feuchtere Stellen. So fand Helbaek in der bewässerten Çumra- und Konya-Ebene (Umgebung von Nr. 6 Hacilar und Nr. 7 Çatal Hüyük, Abb. 30) die *Pisum elatius* überall an den Gräben, Kanälen, in Obst- und Weingärten und in Bohnenfeldern. Er beschreibt, wie er sich Mitte Juni an dem angenehmen Geschmack der nahezu reifen Samen erquickt habe. Es sei zudem leicht, beim Herumgehen eine Gallone voll dieser Erbsen einzusammeln. Die steinzeitlichen Bewohner von Hacilar brauchten deshalb nicht eigens Erbsen anzupflanzen. Sie wuchsen ja von selbst überall als häufiges Unkraut. Da in dem betreffenden Gebiet *Pisum humile* nicht vorkommt, nahm Helbaek an, es sei damals wohl ebenso gewesen und schloß diese von seiner Bestimmung als Wilderbse bei Hacilar aus.

Nach den Studien des Botanikers Daniel Zohary wächst *Pisum elatius* sowohl in der Macchie (immergrüner Buschwald im Mittelmeergebiet), wo sie über Büsche und Sträucher rankt, als auch in Getreide- und anderen Feldern. Ihre geographische Verbreitung geht aus Abb. 30 hervor. Die andere Wilderbsenart, *Pisum humile,* ist kleiner, doch immerhin etwa so hoch wie unsere hohen Gartenerbsen. *Pisum humile* ist in der Verbreitung auf den Vorderen Orient beschränkt. Sie besiedelt nach Zohary Primärstandorte in der Steppe, geht aber auch gerne auf Sekundärstandorte, d. h. in Getreide- oder andere Felder der Ackerbaugebiete (Taf. 41 links). Beide Arten sind nach Zohary den Kulturerbsen sehr ähnlich und nahe verwandt. Er meint, alle drei sollten aus botanischen Gründen als eine einzige Art (species) betrachtet werden. *Pisum elatius* und *Pisum humile* seien Wildformen, von denen sich unsere Kulturerbsen (Acker- und Speiseerbsen) abgeleitet haben können.

Ausbreitung der steinzeitlichen Kulturerbsen nach Mitteleuropa

Steinzeitliche Fundstellen mit Erbsen, die bezüglich des Alters an die ältesten Nachweise von Abb. 30 anschließen, sind in Chevdar und Kazanluk (Bezirk Sofia) in Bulgarien aufgedeckt worden und gehören zur dort ältesten, steinzeitlichen Ackerbauzeit (Stufe Karanova I/II, 4800–4600 v. Chr.). Hier lagerten Erbsen und Linsen zusammen mit Einkorn und Emmer, Nacktgerste und anderen Nutzpflanzen. In Jugoslawien gibt es bisher vier Fundstellen aus der dortigen ältesten Ackerbaustufe (Starčevo-Kultur 5300–4500 v. Chr.). In Polen fanden sich verkohlte Erbsen in bandkeramischen Siedlungen (ab 4500 v. Chr.), d. h. aus derselben Kulturstufe wie in Deutschland. Im westlichen Mittelmeergebiet aber sind die ältesten Erbsenfunde erst aus spä-

teren Zeitabschnitten aufgetaucht: in Italien aus dem Spätneolithikum, in Spanien und Portugal sogar erst aus der Bronzezeit.
Die erheblichen Anteile von Erbsen (und Linsen) in unserer ältesten Ackerbaukultur, der Bandkeramik, sind somit aus dem Vorderen Orient beziehungsweise dem östlichen Mittelmeerraum über den Balkan, zusammen mit den Getreidearten Emmer, Einkorn und Gerste zu uns gekommen.
Zusammenfassend gilt, daß unsere Speise- und Futter-(Acker-)erbsen sich von wilden Erbsen aus dem östlichen Mediterrangebiet und dem Vorderen Orient ableiten. Dort gibt es frühneolithische Nachweise von Wild- und Kulturerbsen. Unter den heute lebenden Wilderbsen werden als nächste Verwandte unserer Kulturerbsen die Wildarten *Pisum elatius* und *Pisum humile* angesehen, erstere im nordöstlichen Mediterrangebiet verbreitet, letztere nur im Vorderen Orient. Erbsen kamen mit der ältesten Ackerbaukultur (Bandkeramik) nach Mitteleuropa, zusammen mit Linsen, Emmer, Einkorn und Gerste und spielten als Nahrungsmittel eine große Rolle. Es waren bereits voll kultivierte Formen. Ob es sich aber dabei um die entwicklungsgeschichtlich älteren Acker-(Futter-)erbsen (ssp. *arvense*) oder schon um die Speiseerbsen (ssp. *sativum*) handelte, läßt sich derzeit nicht beurteilen.

Knollenfrüchte

KARTOFFEL (*Solanum tuberosum* L.)

Kennzeichnung. Inhaltsstoffe. Bedeutung

Die Kartoffel gehört wie die Tomate zur Familie der Nachtschattengewächse (*Solanaceae*). Die Knollen, die wir als Kartoffeln essen, sind Verdickungen am Ende von unterirdischen Ausläufern. Es sind also Speicherorgane, die vollgestopft sind mit Reservestoffen. An frisch geernteten Kartoffeln unserer heute in Europa angebauten Sorten sind die sog. Augen nur punktförmig klein, so daß man ihnen kaum noch die Beschaffenheit als Sproßknospen ansieht. Erst wenn am Ende des Winters die Kartoffeln im Dunkel »auskeimen«, sieht man die weißen, langen Triebe (die jungen Sprosse) daraus hervorsprießen. Bei den früheren Sorten sowie bei den alten indianischen Landsorten aber sind dies Vertiefungen, die fast wie ein menschliches Auge aussehen (Taf. 43).

Hauptbestandteil der Kartoffel ist Stärke. Sie enthält aber auch Eiweiß, Vitamine, Mineralien und Spurenelemente. Das ist eine gute Ernährungsgrundlage. Die Bedeutung als eines der Grundnahrungsmittel beruht auf den weitgespannten Anbaumöglichkeiten in fast jedem Klima und noch auf trockensten Sandböden. Daraus resultiert unter anderem ihre Preisgünstigkeit. Von großer Bedeutung sind ferner die Lagerfähigkeit über den Winter, ihre Geschmacksneutralität und die vielseitigen Verwendungsmöglichkeiten. Hierzu gehört nicht nur der Gebrauch in der Küche, sondern auch die Herstellung von verschiedenen Fertigprodukten. Außerdem wird Stärkemehl aus Kartoffeln gewonnen, das die Grundlage für mehrere weitere Erzeugnisse ist. Bestimmte Kartoffelsorten dienen als Viehfutter.

Im einzelnen enthalten Speisekartoffeln (nach Souci et al. 1981) 74–81% Wasser, 15–21% Kohlenhydrate (fast ausschließlich als Stärke), 1,6–2,8% Protein, 0,04–0,17% Fett, 0,3–0,9% Fasern und 0,6–1,3% Mineralstoffe. An Vitaminen sind elf darin enthalten, davon Vitamin C mit 10–25 mg (von 100 g Kartoffeln) reichlich, die übrigen in geringen Anteilen (vgl. Tab. 8, S. 172).

Vom Protein besteht etwa die Hälfte aus leicht verdaulichem und hochwertigem Eiweiß, das mehrere lebenswichtige Aminosäuren (wie Lysin, Leucin, Valin) u. a. enthält. Zu den verschiedenen Komponenten des Kartoffeleiweißes gehört auch das giftige Solanin, das reichlich im Kartoffelkraut (Stengel, Blätter, Früchte) enthalten ist und dessen Giftigkeit bedingt. In unreifen und grünen Kartoffeln (die bei ungenügender Anhäufelung durch Licht außen grün geworden sind) ist nach Schormüller (1974) der Solaningehalt relativ hoch. Dieser macht sich durch kratzigen Geschmack bemerkbar. Normale Ernten unserer Speisekartoffeln zeigen aber nur ganz geringe Solaningehalte, die nicht gesundheitsschädlich sind.
Insgesamt ist festzuhalten, daß mit der Schale gekochte Kartoffeln nährstoffreich und eine gute Quelle für Vitamine (besonders Vit. C) und Mineralien sind. Letztere beiden gehen durch Kochen geschälter Kartoffeln teilweise verloren.
Der Kartoffelanbau in der Bundesrepublik ist seit etwa 1967 rückläufig. Zu der Zeit lagen die Erntemengen für Kartoffeln höher als für Getreide. 1968 standen beide etwa gleich. Danach verringerte sich die Kartoffelerzeugung weiter kontinuierlich, bis 1980 etwa dreimal so viel Getreide wie Kartoffeln geerntet wurden (nach den Stat. Jb. der BRD). Das gilt aber nur für die Bundesrepublik und nur für heute. In Deutschland wurden früher außerordentlich viel Kartoffeln angebaut. 1926 waren es 2,8 Mio. Hektar (nach Becker-Dillingen, 1928).
Weltwirtschaftlich gesehen, gehören Kartoffeln zu den wichtigsten Nahrungs- und Futterpflanzen. Es werden rund 18 Mio. Hektar in allen fünf Erdteilen angebaut. Nach den Statistiken der F-A-O (Rom) entfielen davon 1981 auf die UdSSR 6,9 Mio. Hektar, auf Europa 5,5 Mio. (etwa die Hälfte allein in Polen), in Asien 3,2 Mio. Hektar (besonders in China, Indien, Japan und Korea); weiterhin viel in Afrika, Nord- und Mittelamerika, Südamerika (am meisten in Peru) und in anderen Ländern. Im Hochland von Peru ist seit Jahrhunderten eine Gefrierkonservierung zur Vorratshaltung gebräuchlich, bei welcher der Frost in dieser extrem hohen Gebirgslage ausgenutzt wird.

Die Kulturgeschichte der Kartoffel in Europa

Die Kartoffel ist aus Amerika, nach dessen Entdeckung durch Columbus, auf zwei verschiedenen Wegen nach Europa gelangt und zwar einerseits nach Spanien, andererseits nach England. Auf diese beiden »Einfuhren« gehen alle europäischen Kartoffelpflanzen zurück, mit Ausnahme moderner Einkreuzungen von amerikanischen Wildkartoffeln zur Verbesserung der Resistenz gegenüber Schädlingen und Krankheiten.
Bei der Eroberung von Peru und Chile (1525–1543) lernten die Spanier den dortigen Kartoffelanbau der Indios kennen. Im Hochland von Peru, bis auf 4000 Meter Meeres-

Abb. 31. Älteste Abbildung einer Kartoffelpflanze in Europa. Aquarell von Carolus Clusius (1583). Zweig mit Blüten und einer Beere, außerdem zwei Knollen mit großen Augen. (Original des Bildes im Museum der Familie Moretius-Plantin, Antwerpen).

höhe, waren zahllose kultivierte Landsorten im Anbau, zusammen mit der Reismelde (*Chenopodium quinoa*). Von dort aus gelangten (nach Brücher 1975) Kartoffeln zwischen 1540 und 1565 nach Spanien, darunter eine Mustersendung indianischer Produkte aus Cuzco (Hauptstadt des Inkareiches) an den Hof Philipps II. Nach den ersten europäischen Beschreibungen sind es allem Anschein nach rotschalige Kartoffeln mit großen violetten Blüten gewesen. Die älteste Abbildung stammt von dem Botaniker Carolus Clusius (Abb. 31). Sie läßt zwei unregelmäßig geformte Knollen mit großen Augen erkennen.

Über ihre Einführung und Verbreitung in Europa berichtet Heinz Brücher (1975) ausführlich. Daraus wird im folgenden etwas wiedergegeben. In Spanien blieb es nicht bei dieser einen Sendung aus Peru. Zwischen 1560 und 1570 entstanden in Spanien bereits erste bescheidene Anpflanzungen in der Nähe der Anlaufhäfen. Im Jahre 1573 wurden im Einkaufsbuch des Hospitals von Sevilla etwa 25 Kilogramm Kartoffeln erwähnt. Auf Seereisen schätzte man sie bereits als Nahrungs- und Heilmittel gegen Skorbut (infolge ihres Gehaltes an Vitamin C). Den Anbau betrieben zumeist Apotheker in kleinem Umfange. Kartoffeln waren zu der Zeit noch etwas so Neues und Kostbares, daß der spanische König Philipp II. dem erkrankten Papst Pius IV. im Jahre 1565 einige Knollen sandte.

Nach England sollen sie nicht von Drake oder Raleigh eingeführt worden sein, sondern (wie Brücher 1975 belegt) von dem Sklavenhändler John Hawkins aus Santa Fé im östlichen Venezuela an der Karibikküste, im Jahre 1565. Nach den ersten Beschreibungen aus England habe es sich um gelbschalige Kartoffeln mit weißen oder violetten Blüten gehandelt.

Wir sehen daran, daß die nach Spanien und England gelangten südamerikanischen Kartoffeln aus verschiedenen Gebieten stammten und somit auch verschiedene Landsorten waren. Beide Gruppen von Landsorten vermischten sich sodann in Europa bald, denn Kartoffelknollen wurden in der zweiten Hälfte des 16. Jahrhunderts in Europa als Geschenke von Fürstenhof zu Fürstenhof vermittelt und auch von Ärzten und Naturforschern sowie von Apothekern in Gärten gezogen. Für Deutschland können folgende Daten genannt werden: Breslau 1587 in einem Apothekergarten, Nürnberg 1588, wo sie Joachim Camerarius in seinem Kräutergarten hielt, seit 1590 in Hessen-Darmstadt in den Gärten des Landgrafen Wilhelm IV., der sie direkt aus Italien erhalten hatte. Demgegenüber waren die fünf Knollen des Herzogs Julius von Hessen-Kassel ein Geschenk des englischen Königs. Für Württemberg nennt der Arzt und Botaniker Johann Bauhin (1598) in seinem Buch über das neue Bad Boll (Kr. Göppingen) die Kartoffel nur aus dem 1596 angelegten Schloßgarten des Grafen Rudolf V. von Helfenstein in Wiesensteig (Kr. Göppingen, Schwäbische Alb). Dort wuchsen nach Bauhin 45 Pflanzenarten (darunter 5 Arten Obstbäume und -sträucher, zwölf Arten Gemüse und Blattsalate, elf Arten von Gewürz- und Heilkräutern, zehn Zierpflanzenarten. Aus dem Mittelmeerbereich stammten der Feigenbaum, Buchsbaum und Artischocken. Ferner wurden fünf Arten genannt, die sich nicht mit heutigen Namen identifizieren lassen, davon zwei möglicherweise aus Amerika). Aus Bayern gibt es keine Meldungen von Kartoffeln aus dieser Zeit.

Zur allgemeinen landwirtschaftlichen Kultur wurden sie in Niedersachsen und Westfalen ab etwa 1640 zum Anbau empfohlen. In Württemberg führten sie erst um 1710 die Waldenser ein. Schwerpunkt des Kartoffelanbaus aber war Preußen. Infolge der Kriege, Teuerungen und Not sowie mittels Gratisverteilungen von Saatkartoffeln und Kabinettsorder der preußischen Könige Friedrich Wilhelm I. und besonders Friedrich II., gelang um etwa 1770 der Durchbruch zum allgemeinen Nahrungsmittel.

Das Durchsetzen des Kartoffelanbaus in der zweiten Hälfte des 18. Jahrhunderts stieß auf erhebliche Schwierigkeiten. Diese lagen nicht nur in einem z. T. starrsinnigen Festhalten der Landbevölkerung am Altgewohnten, sondern es gab außerdem gewichtige andere Gründe. Einmal hat die damalige Kartoffelqualität nicht unserer heutigen entsprochen. Nicht nur, daß diese unregelmäßigen Knollen große, tiefliegende Augen hatten wie Abb. 32 zeigt, sondern vor allem werden kratziger Geschmack und Brennen im Halse genannt, weswegen die Leute in solchen Fällen die Kartoffeln nicht einmal dem Vieh geben wollten. Vielleicht beruhte das auf damals noch höheren Solaningehalten. Zu diesem Thema gibt es ein äußerst gelungenes Lustspiel über die Einführung der Kartoffel bei Bauern in der Lüneburger Heide unter der Regierung und dem Auftreten von Friedrich dem Großen. Das lesenswerte, in Plattdeutsch geschriebene Schauspiel stammt von Heinrich Schmidt-Barrien und heißt »Inkognito oder En Herren-Eten« (Verlag Heinr. Döll, Bremen).
Die zweite Schwierigkeit beruhte auf den biologischen Eigenschaften der Kartoffeln, die (wie Brücher 1975 ausführt) aus dem Kurztag der Tropen im europäischen Langtag wachsen sollten. Hier bildeten sie zuerst zwar meterlange Ausläufer, aber kaum Knollen. Erst durch allmähliche Auslesezüchtung änderte sich dies.
Die dritte Schwierigkeit war wirtschaftlicher Natur. Dazu führt Becker-Dillingen (1928) an, daß die Betriebsform der damaligen Landwirtschaft auf der Dreifelderwirtschaft beruhte, wobei der Getreidebau auf dem Wintergetreide- und Sommergetreidefeld stand, die Viehhaltung zum großen Teil auf dem dritten Schlag, d. h. dem abgehüteten Brachfeld. Erst als man die Brache auch ackerbaulich zu nutzen begann (für Hackfrüchte), wurde diese frei für Kartoffeln und Rüben.
Brücher berichtet weiter, daß von etwa 1780 an zielbewußte Kreuzungen zwischen den Landsorten mit anschließender Auslese durchgeführt wurden. Es gab zu der Zeit etwa 40 verschiedene Kartoffelsorten in Europa: weißgelbe mit weißen Blüten, rotschalige mit weißen oder violetten Blüten, frühreifende und spätreifende, gut und schlecht lagerfähige usw. Über die z. T. schlechte Qualität von zwar großen, weißfleischigen Kartoffeln, die aber Kratzen und Brennen im Halse verursachten (dies noch 1818), ist schon berichtet worden. Gelobt wurde dagegen die kleine, gelbfleischige »Zuckerkartoffel«. (Das war nicht die Süßkartoffel.)
Nachdem trotz allem Kartoffeln vom Beginn des 19. Jahrhunderts an in ganz Europa eine wichtige Nahrungsgrundlage geworden waren, traten 1845 und 1848 mit der Kraut- und Knollenfäule (*Phytophthora,* ein Niederer Pilz), die ersten schweren Kartoffelseuchen auf. Dies wirkte sich in Irland so verheerend aus, daß wegen der Hungersnöte Tausende von Iren gezwungen wurden, nach Amerika auszuwandern. In Deutschland verursachte später dieselbe Seuche den sog. Steckrübenwinter 1917/18 im letzten Jahr des Ersten Weltkriegs.

Tafel 43 Ein Tongefäß aus nachgebildeten Kartoffeln als Grabbeigabe der Mochia-Kultur in Nordperu, ca. 300–500 n. Chr. Dieses Gefäß wurde von Indios hergestellt. Foto und Gefäß: Lindenmuseum für Völkerkunde, Stuttgart.

Tafel 44 Wildkartoffeln und ihr Standort am Osthang der Anden in Südamerika. Oben: *Solanum vernei*, möglicher Vorfahr der Kulturkartoffel, »in den schier undurchdringlichen Bergwäldern des Wolkenwaldes an den Osthängen der Vorkordillere (Anden) in 2800 bis 3800 m Höhe«, Argentinien. Aus Brücher (1961). Unten: Standort von *Solanum vernei* und einer weiteren Wildkartoffelart (*S. microdontum*). Die Bäume sind meist südamerikanische Arten von Erlen (*Alnus jorullensis*) und Holunder (*Sambucus peruviana*). Prov. Catamarca, Argentinien. Aus Hawkes and Hjerting (1969).

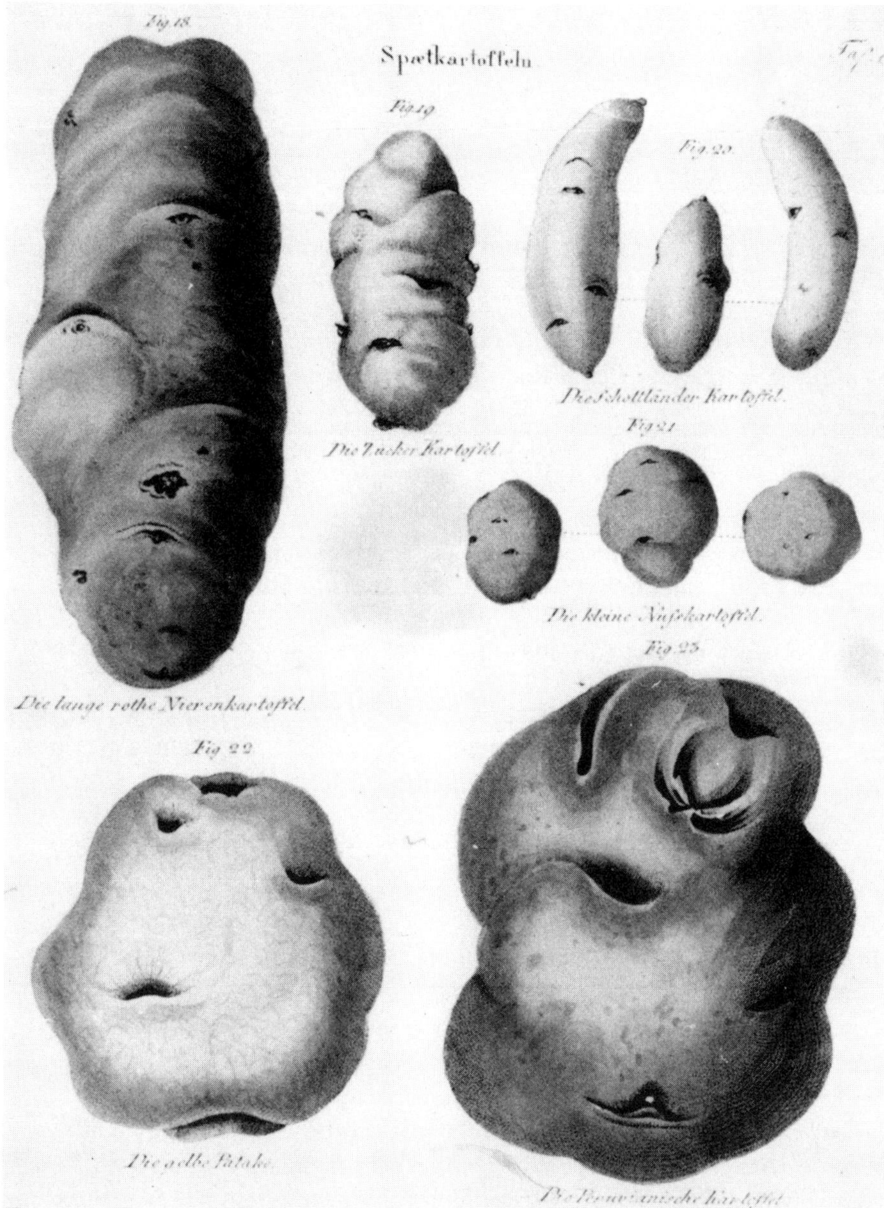

Abb. 32. Knollenformen von Kartoffelsorten, die um 1819 in Deutschland angebaut wurden. Aus Putsche (1819, Taf. 6).

Die Geschichte der Kartoffel in Amerika. Dortige Wildkartoffeln

Die archäologischen Pflanzenreste aus Peru (Südamerika) sind von Margareth Towle (1961) bearbeitet worden. Danach wurden als älteste Belege zwölf verkohlte Kartoffelknollen in den Ruinen eines Hauses zu Chiripa am Titicacasee, im Hochland von Peru, gefunden, datiert in die sog. Formative Epoche (ca. 750 v. Chr. – etwa Chr. Geb.). Dort entwickelte sich später die Kultur der Inkas.

Ab etwa 400 n. Chr. sind an der Nordküste von Peru zahlreiche Nachbildungen von Kartoffeln in Form von Tongefäßen gefunden worden (Taf. 43). Diese gehören der Mochia-Kultur an. Die Tongefäße spielten im täglichen Leben keine Rolle. Sie dienten nur als Grabbeigaben. M. Towle beschreibt, daß die Nachbildungen von Kartoffeln als Tongefäße sowohl einfache naturalistische Wiedergaben als auch stilisierte Formen mit religiöser Symbolik umfaßten. In den Kulturen, die älter als Mochia sind, sei zwar vieles an Pflanzen und auch Szenen aus dem täglichen Leben der Indios in Ton abgebildet worden, aber Kartoffeln fehlten immer dabei. Deshalb nimmt die Forscherin an, daß die Kartoffel als angebaute Nahrungspflanze nicht vor der »Formativen Epoche« aufgekommen sei, d. h. erst bedeutend später als Mais, Bohnen und Kürbisse. Sie vermutet, daß die Kartoffeln zuerst auf dem Hochland von Peru kultiviert worden sind, erst dann von den Indios an die Küste gebracht, wo die dort wohnenden Indiostämme bereits Mais anbauten, die Kartoffel mit ihrer religiösen Symbolik jedoch bald eingliederten.

Über die Bedeutung der Kartoffel berichtet auch L. Wittmack (1909), der viele Pflanzenreste aus peruanischen Gräbern botanisch bearbeitet hat. Er schreibt, daß Kartoffeln ursprünglich nur in den südamerikanischen Gebirgen angebaut worden seien, wo Mais wegen der großen Höhe nicht mehr gedeiht, außerdem aber auch an der kühlen, nebligen Pazifikküste im südlichen Peru.

Heute gibt es in Amerika (nach Ugent 1970 und Brücher 1975) außer den kultivierten Kartoffeln 160 bis 200 wilde knollentragende Kartoffelarten. Sie sind verbreitet von Nordamerika (SW Nebraska, 42° Nord) bis Süd-Mittelchile (47° Süd). Doch der Schwerpunkt der Wildkartoffeln liegt in den Anden von Peru bis Bolivien. Hier gibt es allein etwa 90 Arten von Wildkartoffeln und ungefähr 400 angebaute einheimische Formen (oder Varietäten) der Gewöhnlichen Kartoffel. Die Arten der Wildkartoffeln sind bezüglich ihres Chromosomensatzes teilweise diploid, teilweise triploid oder auch tetraploid. (Unsere europäischen Kulturkartoffeln sind alle tetraploid).

Näheres über Aussehen und Wuchsorte südamerikanischer Wildkartoffeln berichtet Heinz Brücher (1961). Danach hat die Mehrzahl dieser Arten nur fingernagelgroße Knollen. Sie seien oft an extreme Standortbedingungen angepaßt, eine Art mit sehr fein geschlitzten Blättern z. B. an das Leben in der Wüste. Eine andere Art wächst in

4300 Meter Höhe in den Anden und ist hochgradig frostresistent. »Selbst unter den sommerlichen Schnee- und Hagelstürmen der Hochkordillere blühen sie in dichten Rosetten, dem Boden angepreßt.« Eine weitere Art lebt in den feuchten Bergwäldern von Argentinien bis Mexiko in Formen, die kultivierten Kartoffeln täuschend ähnlich sehen.

Unter den Wildarten hat Brücher (1961) auf seinen wiederholten Expeditionen durch Südamerika eine Wildart (*Solanum vernei*) gefunden, die unserer europäischen Kartoffel am ähnlichsten ist (Taf. 44). Sie ist diploid und wächst, zusammen mit der Stammpflanze der Bohne, an den Osthängen der Anden in 2800–3500 Meter Höhe im Wolkenwald, in etwa 1000 Kilometer Längserstreckung. Sie hat größere Knollen als die meisten anderen Wildarten. »Eine Pflanze bringt leicht ein Pfund Kartoffelknollen. Sie sind aber nicht schmackhaft, die Eingeborenen essen sie nur im Notfall.« Diese Wildkartoffelart (*S. vernei*) neigt nach Brücher zu Unkraut-Standorten, um Almhütten oder andere menschliche Siedlungen.

Das ist eine Eigenschaft, die auch von D. Ugent (1970) hervorgehoben wird: die Neigung der Wildkartoffelpflanzen zu Stellen um menschliche Siedlungen, wo sich Küchenabfälle anhäufen und sich dadurch nährstoff- und humusreicher Boden ansammelt. Ugent meint, schon in den Zeiten des Halbnomadentums der Indios in Südamerika könnte aus diesen Gründen die Kartoffel zum »camp follower« (Wohnplatzbegleiter) geworden sein. Das Umherziehen und Sammeln von Nutzpflanzen und wieder Verweilen an einem »camp« hat Kreuzungen (Hybriden) zwischen verschiedenen Varietäten von Wildkartoffeln gefördert. Ugent schildert weiter, daß bei den heute in Peru und Bolivien lebenden Aymara- und Quechia-Indianern Kartoffeln immer noch die Hauptnahrung seien. Zwischen den gepflanzten Kulturkartoffeln wachsen zahlreiche Wild- und Primitivformen, die aber von den ackerbauenden Indios nicht ausgejätet werden, weil sie zwar größten Wert auf gute Bodenbearbeitung legen, aber die aufkommende Pflanzung nicht auf »Reinheit« durchforsten. Damit ist die Möglichkeit zu einer außerordentlichen Sortenvielfalt mit ständiger Hybridisierung gegeben.

Wenden wir uns noch einmal zurück zur Frage nach der Abstammung der Kulturkartoffeln von einer oder mehreren Wildarten. Die von Heinz Brücher (1961) entdeckte Wildart (*S. vernei*) kommt diesem Botaniker zufolge sehr wahrscheinlich dafür in Frage. Weitere Arten konnten nicht (mehr) ausfindig gemacht werden. Sie können auch ausgestorben sein. Die sog. »Wildkartoffel« der Insel Chiloë vor der südchilenischen Küste kann nach den Ergebnissen seiner Expedition nach Chiloë nicht in Frage kommen. Auch sonst seien die meisten der heutigen Wildarten zu stark auf extreme Standorte spezialisiert. So bleibt die Einengung bezüglich wilder Vorfahren lückenhaft. Sie ist ja auch bei keiner anderen Kulturpflanzenart so kompliziert wie bei der

Kartoffel, wegen ihrer weiten geographischen Verbreitung, der zahlreichen verschiedenen Standorte und der außerordentlich vielen Wildarten.

Für die heutige Kartoffelzüchtung sind diese Wildarten von großer Wichtigkeit. Einmal ist ihr Gehalt an Stärke und Protein höher als bei unseren Speisekartoffeln (20–26% Stärke und bis zu 5% Protein bei Wildkartoffeln, nach dem Handbuch für Pflanzenzüchtung). Außerdem steigt mit den modernen Züchtungen auf besondere Ziele (höherer Ertrag, höherer Stärkegehalt usw.) die Anfälligkeit gegenüber Krankheiten. Deshalb werden seit längerem gezielte Einkreuzungen mit Wildarten vorgenommen, um Resistenzgene gegenüber tierischen und pflanzlichen Schädlingen, gegenüber Kälte und Trockenheit und andere Eigenschaften einzubringen. Fachleute erachten als sehr schlimm, daß die Lebensräume für Wild- und Primitivformen auch in Südamerika fortlaufend weniger werden.

Zusammenfassend ist festzuhalten: Die Kartoffeln in Europa leiten sich von Mustersendungen südamerikanischer Landsorten ab, die bei der Eroberung von Peru durch die Spanier zwischen 1540 und 1565 nach Europa mitgenommen worden waren. Es handelte sich somit nicht um Wildkartoffeln, sondern um kultivierte Kartoffeln, die bei den Inkas und anderen Indiostämmen unter verschiedenen Nutzpflanzen feldmäßig angebaut wurden. Die ältesten Kartoffelnachweise aus archäologischen Ausgrabungen stammen vom Hochland von Peru, aus der Zeit zwischen ca. 750 v. Chr. bis etwa Christi Geburt. Wildkartoffeln gibt es heute vom mittleren Teil Nordamerikas bis zum Süden Südamerikas in insgesamt 160 bis 200 Arten. Ihr Schwerpunkt liegt in Peru und Bolivien. In Mittel- und Nordamerika waren Wildkartoffeln ursprünglich nicht beheimatet. In Europa hat das Üblichwerden der Kartoffel lange gedauert, rund 100 bis 150 Jahre. Es ist interessant, die von allen anderen Kulturpflanzen abweichende Verbreitungsweise zu verfolgen.

Ölfrüchte

Fette sind die energiereichste Stoffklasse unter den Nahrungsmitteln des Menschen. Die Energieausbeute ist mehr als doppelt so hoch wie bei Eiweiß und Kohlenhydraten (vgl. Schormüller 1974). Deshalb sättigen Fette stärker, und die Menge an benötigter Nahrung kann geringer sein. Außer als Energielieferanten werden Fette als lebenswichtige Bestandteile aller Zellen und als Reservestoffe im menschlichen Körper gebraucht. Sie sind notwendig für die Resorption fettlöslicher Vitamine (wie Provitamin A, Vitamin D, E und K).

Ebenso wichtig sind Fette für technische Zwecke. In unserer Zeit werden Naturfette nicht nur im Originalzustand genutzt, sondern auch nach chemischer Zerlegung in ihre Bestandteile (Fettsäuren und Glycerin) zur Herstellung verschiedener Produkte. In der Vergangenheit waren sie ebenso unentbehrlich, denken wir an die Aufbereitung von Tierfellen, die Herstellung von Mineralfarben und Kosmetika, an Schmieröle für Radachsen und anderes, an Leuchtöl für die Öllampen.

Zu diesen unterschiedlichen Verwendungen dienen sowohl pflanzliche als auch tie-

Tab. 4 Inhaltsstoffe der Samen einheimischer Ölfrüchte in Prozenten der lufttrockenen Samen (aus Becker-Dillingen 1928)

	Verdauliche Nährstoffe				
	Öl	Eiweiß	Kohlenhydrate	Rohfaser	Trockensubstanz
Raps	42,8	13,8	14,4	1,5	92,7
Lein	34,7	18,1	13,3	1,8	92,9
Hanf	29,3	12,8	16,8	9,0	91,1
Mohn	40,9	13,6	16,0	1,8	92,8
Leindotter	26,9	17,1	16,7	4,4	92,3

rische Fette. Hier wird nur von den pflanzlichen die Rede sein. Das Fett ist als Öl in den Samen vieler Pflanzenarten enthalten, am meisten bei den sog. Ölfrüchten. Ölreiche Samen enthalten als zweithäufigsten Reservestoff Eiweiß und erst an dritter Stelle Kohlenhydrate (Tab. 4).

Die einzigen heute noch in der Bundesrepublik angebauten Ölfrüchte sind Raps und Rübsen (nach den Stat. Jb. der BRD bis 1984). Dabei sieht man auf fruchtbaren Böden in milden Klimalagen nur noch den Raps, dessen leuchtend gelbe Felder im Frühjahr zwischen dem noch niedrigen Getreide und den noch kahlen Äckern der Hackfrüchte besonders auffallen. Der anspruchslosere Verwandte des Rapses und zugleich dessen einer Elternteil, der Rübsen, wird zur Ölgewinnung nur noch in klimatisch rauhen Lagen mit zugleich leichten, ärmeren Böden angebaut. Aber zur Gründüngung auf Feldern und in Gärten sieht man ihn in zunehmendem Maße.

Früher sind bei uns gebietsweise Mohn, Lein, Leindotter, Ölrauke und Hanf als Ölpflanzen angebaut worden.

Für unsere Ernährung können die Inhaltsstoffe in den Samen erst durch Quetschen oder Schroten nutzbar gemacht werden, denn die heilen Samen sind unverdaulich wegen der sie umgebenden mehrschichtigen Schale. Das Pressen der zerkleinerten ölhaltigen Samen geschah in den vergangenen Jahrhunderten in Keilpressen, wobei der notwendige Druck durch Einschlagen von Holzkeilen erzeugt wurde (»Schlagen« von Öl, Personennamen »Ölschläger«, vgl. Schormüller 1974, S. 426). Heute wird dies hydraulisch in Ölfabriken betrieben. Die Rückstände (Preßkuchen) enthalten immer noch 4–5 Prozent Fett, das gesamte Eiweiß und die Kohlenhydrate. Sie dienen bei einigen Ölfrüchten als hochwertiges Viehfutter.

Die chemische Beschaffenheit der verschiedenen Pflanzenöle ist nicht gleich (Tab. 5). Das wirkt sich unter anderem in ihrer besseren oder schlechteren Eignung für die Ernährung aus. So gibt es unter den Bausteinen der Fette (in die jene bei der Verdauung zerlegt werden) einige hoch-ungesättigte Fettsäuren, die der menschliche Körper nicht selber bilden kann und die er daher mit der Nahrung aufnehmen muß. Von solchen lebensnotwendigen (essentiellen) Fettsäuren ist die Linolsäure die wichtigste. Sie ist von den in Tab. 5 angegebenen Arten am meisten im Mohnöl enthalten, auch noch viel im Hanf- und Leinöl, doch nur wenig im Öl von Raps, Rübsen, Leindotter und Ölrauke. Außerdem enthalten diese (wie auch alle anderen Arten der Kreuzblütler) einen hohen Anteil der biologisch wertlosen Eruca- und Eicosensäure.

So ungünstig die Erucasäure aber für die Ernährung ist, so geeignet ist sie als Schmierfett, da sie gute Schmiereigenschaften besitzt. Auch für andere technische Zwecke können die alten Rapssorten noch erwünscht sein.

Ölpflanzen sind doppelt bis dreifach nutzbringende Pflanzen, denn außer ihren Samen ergeben noch andere Teile wichtige Nahrungsmittel bzw. Rohstoffe. So kön-

Tab. 5 Anteile der hauptsächlichen Fettsäuren in Samenölen (nach Schormüller 1969). Lebensnotwendige (essentielle) Fettsäure dick umrandet; biologisch wertlose und ungesunde Fettsäuren gestrichelt umrandet. Neuzüchtungen von Raps seit etwa 1970 sind erucasäurearm bzw. -frei.

Fettsäuren	Raps *(Brassica napus)* Rübsen *(Brassica campestris)*	Leindotter *(Camelina sativa)*	Ölrauke *(Eruca sativa)*	Lein *(Linum usitatissimum)*	Mohn *(Papaver somniferum)*	Hanf *(Cannabis sativa)*
gesättigte Fettsäuren	3,0– 7,2	7,0	5,8	9	7,8	14,5
Ölsäure	9,4–24,0	23,9	24,0	13–22	30,1	6–20
Linolsäure	12,0–15,8	14,5	9,1	17–31	62,2	46–70
Linolensäure	6,5– 9,9	33,4	6,5	44–54	0	14–28
Erucasäure	45,0–54,1	3,2	37,4	0	0	0
Eicosensäure	3,5– 7,6	13,8	11,6	0	0	0

nen beim Mohn die Samen zusätzlich als Gewürz verwendet werden, der Milchsaft der unreifen Kapseln als Arzneimittel. Beim Lein werden die Fasern der Stengelrinde zu Flachs verarbeitet, dem Rohmaterial für das Leinen; beim Hanf gilt entsprechendes für Tauwerk, Säcke und Segeltuche. Beim Leindotter war die Zweitnutzung am unbedeutendsten. Die harten Stengel konnten nur als Besen gebraucht werden.
Bei Raps und Rübsen ist diese Doppelnutzung nicht an ein- und derselben Pflanze möglich, sondern hat sich an Varianten derselben Art abgespielt, je nachdem, welche Teile vom Menschen begehrt waren: die Samen wegen ihres Öls, die Blätter für Nahrung, die Stengel mit Blättern als Viehfutter: dies alles bei der Subspecies *oleifera*; oder eine Verdickung der Wurzel zur Rübe (Kohlrübe bzw. Wasserrübe) bei der Subspecies *rapifera*. Die Beziehung zwischen Mensch und Nutzpflanze wird hieran besonders deutlich.

RAPS, SCHNITTKOHL, KOHLRÜBE (*Brassica napus* L.)

Von dieser einen Art sind, wie schon erwähnt, Varianten und Subspecies entstanden: als Öltyp der Raps, als Blatt-Typ der Schnittkohl und als Rübentyp die Kohlrübe.

Raps, Kohlreps, Reps (*B. napus* L. ssp. *oleifera* = ssp. *napus*)

Die Ölpflanze

Von Ende April bis Anfang Juni fallen in vielen Gegenden die leuchtend gelben Rapsfelder auf (Taf. 45 oben). Betrachtet man diese näher, so werden die bläulich-grünen, kohlartig dicken, glatten Blätter (wie bei den Kohlrabi) und der bläulich bereifte, kräftige, oben verzweigte Stengel sichtbar. Die Blätter am unteren Stengelteil sind fiederspaltig. Ihre Teilung verringert sich nach oben, bis sie gänzlich ungeteilt und schmal werden, an der Stengelbasis etwa halb umfassend. Die Blüten sind in langen, lockeren, aufrechten Trauben angeordnet; sie blühen von unten nach oben auf. Wie bei allen Kreuzblütlern (*Cruciferae* = *Brassicaceae*) stehen Blüten- und Kelchblätter zu je vier über Kreuz. Nach dem Abblühen entwickelt sich aus jeder Blüte eine lange, schmale Schote mit 15–18 kleinen, etwa millimetergroßen, kugeligen Samen (Abb. 33).
Die im Frühjahr blühenden Felder stammen vom Winterraps, der bei uns am meisten angebauten Rapsform. Er wird im Herbst gesät und bildet vor dem Winter ein niedriges, stengelloses Pflänzchen mit blaugrünen Blättern. Im Frühjahr wächst der Stengel verhältnismäßig schnell in die Höhe. Die im März oder April gesäten Sommerformen sind etwas weniger ertragreich.
Die Samen von Winterraps enthalten 32–50% Fett (Mittel 44%), 16–27% Eiweiß, etwa 23% Kohlenhydrate und etwa 14–20% Schalenbestandteile (nach Brouwer 1976). Die Schwankungsbreite ist von Außenfaktoren abhängig. Dabei ergänzen sich Fett und Eiweiß bezüglich der Menge, d. h. bei geringem Fettgehalt ist der Eiweißanteil größer und umgekehrt.
Rapsöl wird in Deutschland in Mischungen mit Mohn- und/oder Leinöl als Speise- oder Tafelöl angeboten und dient außerdem der Margarineherstellung. Für technische Zwecke, als Schmier-, Brenn- und Lederöl, werden beträchtliche Mengen gebraucht. Das hängt mit den chemischen Eigenschaften dieses Öls zusammen. Wie schon hervorgehoben, enthält das Öl aller Cruciferensamen normalerweise zwischen etwa 20 und 60 Prozent Eruca- und Eicosensäure, die beide ernährungsbiologisch wertlos sind. Durch Pflanzenzüchtung war es 1963 dem kanadischen Wissenschaftler Prof. Downey gelungen, in der deutschen Sommerrapssorte Liho einzelne Pflanzen zu fin-

Abb. 33. Raps und Kohlrübe, zwei Kulturpflanzen, die sich von der einen Art *Brassica napus* herleiten. a) Blühende Rapspflanze (ssp. *oleifera*), Filder bei Stuttgart, 23. 5. 1984. b) Kohlrübe (ssp. *rapifera*), 1. 10. 1984. c) Blüte. d) Noch geschlossene Schote. e) Geöffnete Schote bestehend aus den Schotenklappen sowie dem Stielansatz mit der Scheidewand, in deren beiderseitigen Höhlungen die Samen gesessen haben; daneben die Samen aus einer Schote.

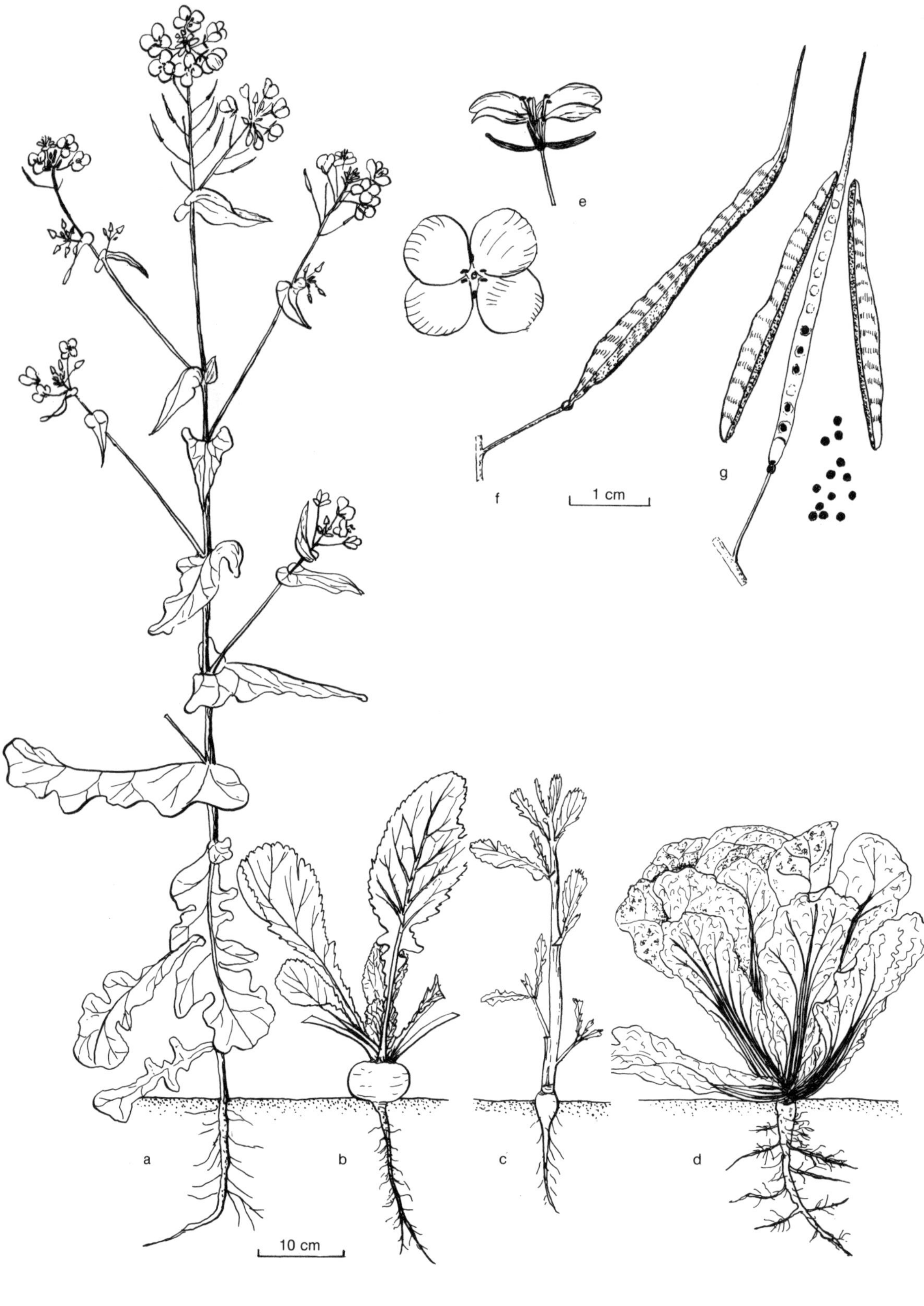

e
f
1 cm
g
a
b
c
d
10 cm

den, deren Samen wenig oder keine Erucasäure enthielten. Nach etwa zehnjähriger Forschungsarbeit, besonders an den Universitäten Göttingen und Gießen, wurde 1974 der Rapsanbau in ganz Norddeutschland auf Qualitätsraps umgestellt. Für bestimmte technische Verwendungen blieben in Süddeutschland stellenweise die alten Sorten im Anbau. Über die Änderungen der hauptsächlichen Fettsäureanteile vor und nach den genannten Züchtungserfolgen beim Raps gibt Tab. 6 Auskunft. Das derzeitige Zuchtziel besteht vor allem darin, die Fettsäurequalität zu verbessern, d. h. den Gehalt an Linolsäure, einer der lebensnotwendigen (essentiellen) Fettsäuren, zu erhöhen.

Tab. 6 Änderung der Mengenanteile der hauptsächlichen Fettsäuren in Rapsöl. 1964: Zusammensetzung wie immer zuvor, mit hohem Erucasäuregehalt. 1972: Neuzüchtung von Qualitätsraps mit niedrigem Erucasäure- und höherem Linolsäuregehalt. »Sorte Gießen« ist ein Beispiel unter mehreren anderen (aus Brouwer 1976 zusammengestellt).

	Sommer-Raps Sorte Gießen		Winter-Raps Sorte Gießen	
	1964	1972	1964	1972
Ölsäure	11,7	52,2	9,4	52,4
Linolsäure	13,6	28,2	12,8	25,9
Linolensäure	8,8	13,5	9,2	10,9
Erucasäure	51,1	0,6	54,1	0,3
Eicosensäure	7,6	0	7,4	1,5

◁ Abb. 34. Vier Kulturpflanzen, die sich von der einen Art *Brassica rapa* (= *B. campestris*) herleiten. a) Blühender Rübsen (ssp. *oleifera*); Garten des Institutes für Pflanzenbau, Univ. Hohenheim, 12. 5. 1984. b) Herbst- oder Stoppelrübe (ssp. *rapa*), Stuttgarter Garten, 18. 11. 1984. c) Rübstiel (ssp. *rapa*), Stuttgarter Garten, 20. 5. 1985. d) Chinakohl (ssp. *pekinensis*), Freiland in Gärtnerei in Stuttgart-Birkach, 20. 10. 1984. e) Blüte. f) Eine noch geschlossene Schote. g) Eine geöffnete Schote mit reifen Samen, 10. 8. 1984.

Der Schwerpunkt des Rapsanbaues in Deutschland liegt in den Küstengebieten der Nord- und Ostsee, da das wintermilde Klima und der schwere Marschboden sich optimal dafür eignen. In den letzten Jahren kann man aber eine Ausweitung des Rapsanbaus auch weiter nach Süden beobachten, z. B. in Südwestdeutschland, bevorzugt auf Löß, aber auch neuerdings kleinflächig auf weniger tiefgründigen Böden.
Wie stark der Rapsanbau in der Bundesrepublik seit den dreißiger Jahren gestiegen ist geht aus Tab. 7 hervor. Weltweit wurden 1981 12,14 Millionen Tonnen Raps und Rübsen (rapeseed) erzeugt. Etwa die Hälfte davon stammt aus Asien, besonders China. Bedeutend sind weiterhin Kanada und die USA. In Europa steht Frankreich an der Spitze der Rapserzeugung. Auch in den Niederlanden, Belgien, dem norddeutschen Küstengebiet, Dänemark und Südschweden wird viel Raps angebaut. In Italien, Spanien und Griechenland sowie in allen Ländern mit warmem, sommertrockenem Klima fehlt er jedoch (nach F-A-O).

Tab. 7 Erträge von Raps und Rübsen in 1000 t (nach den Stat. Jahrbüchern der Bundesrepublik Deutschland).

	Deutsches Reich	Bundesrepublik Deutschland				
	1935/38	1951/55	1959/64	1968	1966/71	1980
Raps	36	39	85	168	} 161	} 377
Rübsen	8	3	2	2		

Die Gemüsepflanze

Der Brauch, die jungen Blätter der noch nicht in Stengel geschossenen Pflanzen als Schnittkohl (»Scherkohl« im Norddeutschen) zu kochen, ist seit den sechziger Jahren nahezu ganz aus der Mode gekommen. In den dreißiger und vierziger Jahren wurde dieser Scherkohl im Spätherbst, vor allem aber im Frühjahr, auf den Wochenmärkten verkauft. Das war besonders in der gemüsearmen Zeit April/Mai wichtig, zumal dieser Scherkohl nicht viel kostete und sich auch leicht in Gärten ziehen ließ. Er ist heute verdrängt durch die Einfuhren anderer Pflanzen und die in Treibhäusern gezogenen Frühgemüse. In dem landwirtschaftlichen Buch von Friedrich Alefeld (1866) werden mehrere Sorten solchen Schnittkohls oder Schnittreps' beschrieben, von denen der »rothe Winterkohlreps« und der »krause Schnittreps« die am meisten in den Gärten gezogenen Sorten waren. Es ist gut möglich, daß im Zuge wachsenden Interesses an privaten Gemüsegärten auf diese einfache Gemüseart, besonders für das zeitige Frühjahr, irgendwann wieder zurückgegriffen werden wird.

Kohlrübe, Steckrübe, Bodenkohlrabi, Rutabaga, Wruke (*B. napus* L. ssp. *rapifera* Metzger)

Bei dieser Subspecies von *Brassica napus* ist die Wurzel und der untere Teil des Stengels zur Rübe verdickt (Abb. 33b). Die Lebensdauer der Kohlrübenpflanzen ist etwa doppelt so lang wie die des Ölrapses. Im Frühjahr gesät, bildet sich bis zum Herbst die Rübe. Darauf sitzen die Blätter in Form einer schräg aufrecht stehenden Rosette. Erst im folgenden Frühjahr wächst ein oben verzweigter Stengel heraus, an dessen Enden sich ebensolche langgestreckte Blütentrauben mit gelben Blüten bilden wie beim Raps. Mindestens seit dem letzten Jahrhundert (vgl. Alefeld 1866) sind zwei Formen im Anbau: eine große weißfleischige als Viehfutter und eine gelbfleischige als Gemüse in Gärten gezogen. Die gelbe Farbe rührt vom ß-Carotin und anderen Carotinoiden her. Kohlrüben waren noch bis etwa 1950 ein Wintergemüse, das in regelmäßigem Turnus in Norddeutschland gekocht wurde, da diese sich wie Kartoffeln und Kopfkohl den ganzen Winter über lagern ließen.

Ihre Inhaltsstoffe sind nach den Nährwerttabellen von Souci et al. folgende: 89–90% Wasser, 1,0–1,4% Eiweiß, 0,1–0,2% Fett, 6,5–7,4% Kohlenhydrate (davon etwa 3% Zucker), 1,3–1,4% Rohfaser und 0,7–0,8% Mineralstoffe. Von diesen sind Kalium und Kalzium am meisten vorhanden. An Vitaminen ist Vitamin C mit 30–36 Milligramm (auf 100 g frische Rüben) am reichlichsten, während der B-Komplex nur wenig vertreten ist.

Wegen ihres Geschmacks nach Kohl wurden sie im allgemeinen als Eintopf mit Kartoffeln, etwas Zwiebeln, Lorbeerblättern und fettem Fleisch gekocht. Im Ersten Weltkrieg bildeten sie in den Städten die Hungernahrung, auch als Marmeladegrundlage. Der Schwerpunkt ihres Anbaus lag in Norddeutschland, besonders im Osten (Mecklenburg und Pommern).

Geschichte und Ableitung von Brassica napus

Gesicherte vor- und frühgeschichtliche Samen oder Schoten von Raps oder Kohlrüben aus archäologischen Ausgrabungen gibt es bisher nicht. Was von *Brassica*-Resten gefunden wurde und gut genug erhalten war, daß es sich näher bestimmen ließ,

gehörte dem wilden Rübsen (*B. campestris*), dem Kohl (*B. oleracea*) und dem Schwarzen Senf (*B. nigra*) an (vgl. Körber-Grohne, 1967 S. 183 ff).
Der früheste Rapsanbau konnte für das 17. Jahrhundert in den Niederlanden belegt werden. Über die Geschichte des Raps- und Rübsenanbaus in der deutschen und niederländischen Landwirtschaft berichtet Gertrud Schröder-Lembke (1976), von der das folgende übernommen worden ist. Im 17. Jahrhundert wurde das neu eingedeichte Kulturland Nordhollands in großem Umfang mit Raps bestellt. Ölmüllerei und Seifenindustrie wurden wichtige Erwerbszweige, die auch Öl und Seife exportierten. Die Bezeichnung »Raepsaet« findet sich aber schon um 1360 in den Niederlanden (einschließlich Belgien) unter den fetthaltigen Lebensmitteln. Sein eigenständiger Anbau wird durch eine Aufzählung aus der Stadt Dordrecht belegt, wo »raepsaet« zusammen mit »gerst, spelt« (Dinkel), »amer« (Emmer), »boecweyt« (Buchweizen) und »boonen« aufgezählt wird. Aus dem Jahre 1421 gibt es in den Niederlanden eine Aufstellung von Produkten für den Zehnten, welchen der Pfarrer in Form von »raepsade, von hoj« u. a. zu erhalten hatte.
Aus dem Niederrheingebiet bei Wesel gab Konrad von Heresbach im Jahre 1570 über den »Raps«-Anbau eine ausführliche Beschreibung. Er nennt den »rapacium semen« als Glied einer Fruchtfolge, rechnet ihn zur Winterfrucht und baut ihn im ersten Glied einer intensiven Fünffelderwirtschaft an. Außerdem gibt es Sommer»raps«, der aber weniger Ertrag bringe. Der »Raps« erhebe sich zu zwei Ellen Höhe, und die Saat ergebe oft das Hundertfache als Ernte. Man presse Öl daraus, das in der Küche der Armen verwendet, sonst aber zur Beleuchtung gebraucht werde. Besonders in »Germania«, wo das Olivenöl fehlt, wird viel »Raps« verwendet, und die Bauern verdienen viel Geld damit (zit. nach Schröder-Lembke).
Aber weder bei Heresbach noch in den Angaben des 15. und 16. Jahrhunderts wird zwischen Raps und Rübsen unterschieden. Diese Namen gehen sprachlich auf dieselbe Wurzel zurück, nämlich Rübsamen. Nach Schröder-Lembke ist das Wort »rabsamen« bzw. »rapsaat« (engl. »rapeseed«, mittelniederländisch »raapzaad«) später zu Raps abgeschliffen worden. Es entspricht den mittelhochdeutschen »ruobesamen« (= Rübensamen), im Neuhochdeutschen Rübsen.
Die Pflanzen Raps und Rübsen sind einander recht ähnlich und die Samen für das bloße Auge gleich. Doch beim genauen Hinsehen zeigen die Pflanzen doch Unterschiede (Abb. 33 u. 34), die im Mittelalter und später wohl nicht beachtet wurden, falls es zu der Zeit den Raps schon in Deutschland bzw. den Niederlanden gegeben hat. Wegen dieser durcheinander gehenden Benennung läßt sich, wie dargestellt, der früheste Rapsanbau mit Sicherheit erst für das 17. Jahrhundert aus den Niederlanden belegen.
Eine weitere Quelle der Information sind die Kräuterbücher der Renaissancezeit

Abb. 35. Weißrübe (*B. rapa* ssp. *rapa*). Holzschnitt aus dem Kräuterbuch von Otto Brunfels (1532).

(16. Jahrhundert). Hier ist zwar nirgends von Ölpflanzen die Rede, aber von Rüben. Wenn man die *Beta*-Rüben (Weiße und Rote Bete, Runkel-, Zuckerrüben) an dieser Stelle außer acht läßt, sind die »weißen Rüben« (oder »runde Rüben«, von Rübsen) z. B. bei Otto Brunfels 1532 deutlich erkennbar (Abb. 35) und wurden offenbar viel genutzt. Meistens ist die nähere Zuordnung aber nicht möglich. Am steckrübenähnlichsten sieht der als »Trucken Steckrüben« bezeichnete Holzschnitt von Leonhart Fuchs von 1543 aus (Abb. 36). Da er eine blühende Pflanze darstellt, ist die Rübe natürlich durch den Blütenschaft schon ausgelaugt und dünn. Aber die wenig geteilten unteren Blätter, ohne Verbreiterung an der Spitze, und die schmalen Blätter am oberen Stengelteil lassen es möglich erscheinen, daß es sich um eine Steckrübe handelt. Bei Joachim Camerarius (1606) kann das Vorhandensein von »Steckrüben, Napus« außer den »Weißrüben, Rapa« (von Rübsen) lediglich wahrscheinlich gemacht werden. Nach der Abbildung ist dies zwar nicht erkennbar, aber er schreibt, daß sie nur eine schwach verdickte lange Wurzel habe »bletter wie der Rättich, die sind rauh und

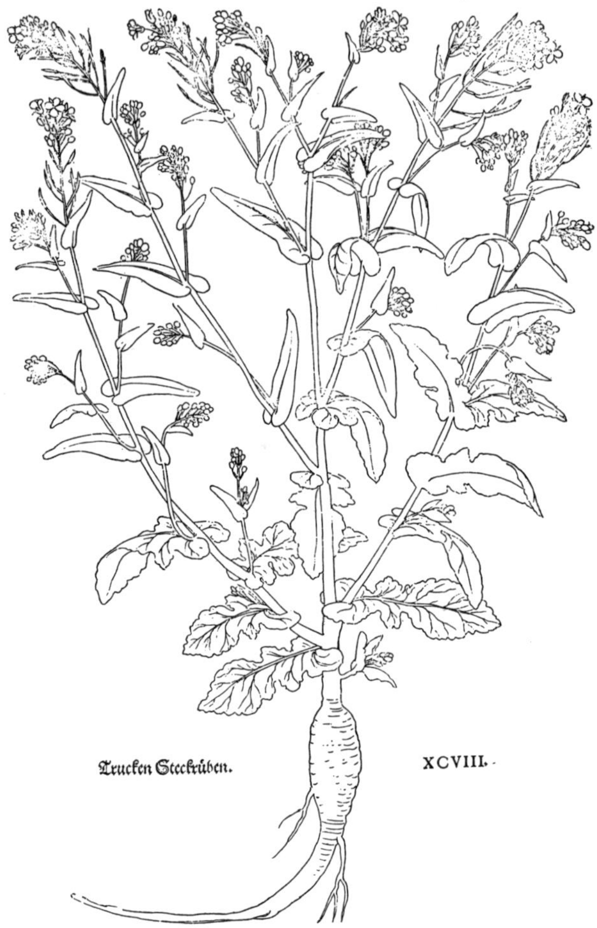

Abb. 36. Holzschnitt aus dem Kräuterbuch von Leonhart Fuchs (1543). Wahrscheinlich ist dies die Kohl- oder Steckrübe (*Brassica napus* ssp. *rapifera*).

scharff«. Zweierlei Steckrüben führt Camerarius an: »Die eine weiß, die andere gelblicht. Die gelbliche ist dicker dann die weiße, aber am Geschmack unfreundlicher ... Wenn man die Steckrüben nicht versetzt, so wird eine wilde daraus, die man Napum sylvestrem kan nennen.« Hieraus läßt sich ersehen, daß sich der Name »Steckrüben« vom Stecken (pflanzen) der jungen Rübenpflanzen herleitet, im Gegensatz zu den Weißrüben (vom Rübsen), die gleich an Ort und Stelle gesät werden.

Auch bei römischen Schriftstellern im klassischen Altertum werden Rüben genannt und zwar mit drei Namen: beta, napus und rapum. Napus ist mit Steckrübe übersetzt worden. Diese soll auf den rauheren Höhen Griechenlands und in Norditalien angebaut worden sein. Nach Dioskorides und Plinius d. Ä. (beide 1. Jh. n. Chr.) wird die Wurzel von napus gekocht gegessen, sie blähe aber und gäbe wenig Nahrung. Man mache sie auch in Salzwasser ein. Für die runden Rüben (rapum) gilt das gleiche. Die Namen napus und rapa sind 1751 von Linné und 1833 von Metzger, dem ersten gründlichen Bearbeiter der Gattung *Brassica*, übernommen worden und heute noch gültig.

Bei Raps bzw. Steckrüben ist ein wilder Vorfahr nicht bekannt. Was in den Kräuterbüchern des 16. und 17. Jahrhunderts als »Wilde Rübe« bezeichnet wird, ist nicht in diesem Sinne zu werten.

Die moderne Genetik hat anhand von Chromosomenzählungen feststellen können, daß Raps in den Kernen der vegetativen Zellen 38 Chromosomen besitzt, Kohl 18 Chromosomen und Rübsen 20 Chromosomen. Raps besitzt die Chromosomen von Kohl und Rübsen zusammen. Aus diesen beiden Arten hat 1935 der Japaner U durch künstliche Kreuzung Rapspflanzen gezogen. Dieses Ergebnis bestätigten nachfolgende genetische Untersuchungen anderer Forscher. Auch die Steckrübe hat sich im Versuch herstellen lassen, wobei Olsson u. Mitarb. (1955) Kohlrabi (*Brassica oleracea*) mit weißen Rüben (*B. rapa* ssp. *rapifera*) gekreuzt haben. Sie erhielten Steckrüben (*B. napus* ssp. *rapifera*) mit relativ kleiner Rübe von unterschiedlicher Form wie rund, lang, unten zugespitzt und anders. Raps und Steckrüben sind somit Bastarde aus Kohl und Rübsen. Wann und wo die Kreuzung auf natürlichem Wege zustande kam, weiß niemand. Es kann im Mittelmeergebiet *vor* der römischen Zeit geschehen sein, aber auch später (nochmal?) im nordwestlichen Europa, da beide Elternarten in den Küstenregionen der Nordsee, des Atlantiks und des Mittelmeergebiets wild vorkamen und z. T. noch vorkommen.

Für wenigstens ein Entstehungszentrum im Mittelmeergebiet spricht außer den Nennungen römischer Schriftsteller eine Angabe bei Alefeld (1866) zum Raps (*Brassica napus* L.), nämlich daß dieser »wild unter der Saat im südlichen Europa« verbreitet sei. Das letzte Wort zu dieser Entstehungsfrage wird Funden von Samen und Schoten aus archäologischen Ausgrabungen (von vorgeschichtlicher Zeit bis zum 17. Jh.) zukommen und deren sorgsamer botanischer Bearbeitung.

RÜBSEN, CHINAKOHL, STOPPELRÜBE, RÜBSTIEL (*Brassica rapa* L. = *B. campestris* L.)

Von dieser einen Art sind aus dem wilden Rübsen vier Kulturformen entstanden: Rübsen, auch Feldkohl genannt, zur Verwendung der ölreichen Samen, Chinakohl zur Blattnutzung, Stoppel- oder Wasserrüben zur Verwendung der Rübe, Rübstiel, auch Stielmus genannt, zur Nutzung des verdickten Stengels als Gemüse (Abb. 34).

Rübsen, Rübenreps, Rübsamen, Ölrübe (*B. rapa* ssp. *oleifera*)

Die angebaute Ölpflanze

Blühender Rübsen sieht dem Raps sehr ähnlich. Das betrifft die Stengel, die glatt, kräftig und oben verzweigt sind und eine abwischbare Bereifung (Wachsüberzug) haben. Es betrifft auch die im oberen Teil länglichen, ungeteilten Blätter, deren Basis den Stengel etwa halb umfaßt. Farbe und Größe der Blüten entsprechen sich. Zur Blütezeit erkennt man Rübsen am sichersten daran, daß der Blütenstand kurz und gedrungen ist, wobei die Knospen tiefer liegen als die aufgeblühten, während Raps einen längeren, lockeren Blütenstand hat und die Knospen am höchsten stehen. Schoten und Samen sind kleiner als beim Raps (vgl. Abb. 33 und 34). Alle diese Merkmale treten auch bei blühenden Stoppelrüben, Chinakohl und Rübstiel auf.
Für die Inhaltsstoffe der Samen gilt dasselbe wie beim Raps (S. 152). Nur sind beim Rübsen nicht derartig große Anstrengungen gemacht worden, um erucasäurearme Sorten zu züchten, wie es beim Raps der Fall war.
Rübsen als Ölfrucht wird in der Bundesrepublik nur noch in klimatisch ungünstigen Gebieten gezogen, wo Raps erfrieren würde. Auch ist Rübsen mit mageren und leichten Böden zufrieden. Er kann sogar eine gewisse Versalzung des Bodens ertragen, wie Anbauversuche in unbedeichter Seemarsch an der niederländischen Nordseeküste gezeigt haben (Bottema et al. 1980). Zur Gründüngung, also zum Untergraben oder Unterpflügen der jungen oder blühenden Pflanzen wird Rübsen zunehmend in Gärten und auf Äckern gesät. Bezüglich der Verwendung des Rüböls in früheren Zeiten vgl. S. 167 f.
Die Erntemenge von Rübsen im Deutschen Reich aus den Jahren 1935–1938 und in der Bundesrepublik zwischen 1951 und 1968 geht aus Tab. 7 hervor. Daran wird der verschwindend geringe Anbau von Rübsen gegenüber dem Raps deutlich. Bald nach 1966 wurde er in den Statistiken nicht mehr gesondert aufgeführt. Dasselbe gilt für den Anbau in anderen Ländern und Erdteilen. Sein natürliches Areal war ursprünglich we-

sentlich ausgedehnter als beim Raps. Es umfaßte nahezu ganz Europa, Nordafrika und Asien, einschließlich China.

Chinakohl (*B. rapa* L. ssp. *pekinensis*)

Der Name Chinakohl rührt daher, daß dieser in China eine gebräuchliche Gemüsepflanze ist. Schon im Alten China sind die Blätter des Rübsens gegessen worden. In der Bundesrepublik wurde dessen Anbau erst in den siebziger Jahren eingeführt. Heute werden von den bundesdeutschen Samenzüchtereien bereits bis zu zehn Sorten unter der Bezeichung *Brassica pekinensis* angeboten. Bei dieser Unterart des Rübsens sind die Blätter zur Kopfbildung gezüchtet worden, wobei die breiten, flachen Blattrippen weiß, die etwas welligen Blattspreiten gelbgrün und dünn sind (Abb. 34 d). Von einigen Sorten abgesehen, wird er im Spätsommer angebaut (Einsaat Ende Juli/Anfang August, Ernte Oktober – Mitte November). Dadurch, daß die Köpfe draußen bis zu –3 Grad Frost vertragen, ist diese Kultur sicher bedeutungsvoll. Der Nährwert des Chinakohls ist allerdings gering. Er enthält nur 4,6 Prozent Trockensubstanz. Das ist fast die Hälfte wie beim Weißkohl, dabei nur knapp die Hälfte von dessen Kohlenhydraten. (Näheres vgl. Tab. 8, S. 172).

Stoppelrübe, Herbstrübe, Weißrübe, Wasserrübe, Mairübe, Teltower und Märkische Rübe (*B. rapa* L. ssp. *rapa* L.)

Bei dieser Gruppe sind die Wurzel und der untere Stengelteil zu einer Rübe verdickt. Die Namen Stoppel- und Herbstrüben rühren daher, daß sie nach der Ernte des Wintergetreides im Juli bis Ende August in das umgepflügte Stoppelfeld (bzw. in Gartenland) gesät werden. Das geschieht heute noch in der Pfalz, im nördlichen Westfalen und in anderen Teilen Norddeutschlands auf leichten Böden. Die Stoppelrüben werden dann im Oktober bis Anfang November geerntet und im Winter als Viehfutter verwendet. Früher wurden sie nur in Mieten gespeichert, heute auch siliert.

Der Name Weißrübe bezieht sich auf die weiße Farbe des Fruchtfleisches (heute gibt es auch gelbe und rotrindige Formen). Der Name Wasserrübe bezeichnet deren hohen Wassergehalt (90–91 %), mit Ausnahme der Teltower bzw. Märkischen Rübe. Das ist eine besondere Form, die zuerst in dem Ortsteil Teltow in Berlin auf sandig-kalkigem Boden gezogen wurde. Außer deren geringerem Anteil an Wasser zeichnet sie sich durch einen relativ hohen Stickstoff- und Stärkemehlgehalt aus sowie durch besondere Geschmackseigenschaft. Mairüben haben ihren Namen daher, weil sie im zeitigen Frühjahr gesät werden und im Mai zum Verbrauch reif sind. Außer den hier genannten

gibt es (oder gab es bis in die sechziger Jahre) noch weitere Sorten (Jettinger in Baden-Württemberg, Bayerische, Braunschweiger u. a.).
Ebenso zahlreich wie die Lokalformen sind die Formen der Rüben, die von rund, flachgedrückt-rundlich bis länglich-dick und länglich-dünn reichen. Ein Teil der Sorten dient als Futterrüben, andere sind als Gemüsepflanzen gut geeignet und lange bewährt, zumal sie anspruchslos an das Klima sind und für leichten Boden geeigneter als für Lehmboden.
Bei der Aussaat im Juli und Vereinzelung der Jungpflanzen auf 10 bis 20 Zentimeter bildet sich bis zum Herbst die Rübe. Auf dieser sitzt eine aufrechte Rosette mit fiederspaltigen, kurz und dünn behaarten Blättern (Abb. 34 b), die genau so aussehen wie die des jungen Ölrübsens.
Für den Gebrauch als Gemüse haben sie gegendweise bis in die sechziger Jahre eine Rolle gespielt. Stellenweise, z. B. in der Pfalz, sind eingesäuerte Weißrüben (entsprechend Sauerkraut) noch heute üblich und gelten als allgemein beliebtes Essen.
Die Inhaltsstoffe der Weißen Rübe (nicht der Teltower Sorte) sind nach den Nährwerttabellen von Souci et al. (1981) folgende: Wasser 90–91%, Eiweiß 0,8–1,1%, Fett 0,2–0,24%, Kohlenhydrate 6,1–10,2%, Rohfaser 0,6–1,1% und Mineralstoffe 0,7–0,8%. Unter letzteren sind Kalzium und Phosphor am meisten vertreten. Sie hat sieben Vitamine, darunter viel Vitamin C (10–28 mg in 100 g Rüben), etwas vom Vitamin-B-Komplex, aber Carotin nur in Spuren (vgl. Tab. 8, S. 172).
Zur Samengewinnung kann man die Pflanze mit den Rüben im Boden lassen. Sie treiben im folgenden Frühjahr einen hohen, verzweigten Stengel mit Blättern und gelben Blüten, die dann wie eine Ölrübsenpflanze aussehen.

Rübstiel oder Stielmus (*B. rapa* L. ssp. *rapa*)

Eine weitere Form ist der Rübstiel, auch Stielmus genannt, unter diesen beiden Namen im Samenhandel (z. B. in Stuttgart) sowie in den Samenzüchtereien Kleve, Welver und Heidelberg angeboten. Von Juli bis Ende August dünn gesät und später vereinzelt, bildet sich nur eine kleine Rübe, aus der im April bis Mai des folgenden Jahres ein etwa 30 Zentimeter hoher, dicker, beblätterter Stengel mit Blütenknospen austreibt (Abb. 34c). Diese Stengel sind zart und können, kleingeschnitten, mitsamt den Blättern und Blütenknospen, als Gemüse gegessen werden. Die Kochzeit beträgt 15–20 Minuten. Rübstiel ist für private Gemüsegärten ein günstiger Lückenbüßer für die Zeit zwischen Herbst und Frühjahr und ist eine schnell wachsende, unproblematische Pflanzenart für die gemüsearme Zeit im April und Mai. Rübstiel war besonders im Bergischen Land (bei Remscheid) beliebt.

Die Geschichte des Ölrübsens und der Wasserrübe (Brassica rapa L. = *B. campestris* L.). *Über das Schlagen von Öl*

Die ältesten mitteleuropäischen Samen stammen aus dem nördlichen Alpenvorland und zwar aus steinzeitlichen Moor- und Seeufersiedlungen. Da diesen archäologischen Funden eine Schlüsselstellung zukommt, seien nähere Angaben darüber gemacht. In der Seeufersiedlung Seeberg-Burgäschisee-Süd (bei Solothurn/Schweiz) fanden sich in Schichten des Jungneolithikums (Cortaillod-Kultur) in allen Proben der Kulturschicht, zusammen mit Getreide, Schlafmohn, Erbsen und Lein kleine, kugelige Samen, deren Oberfläche ein feines Netzwerk bildet. Diese wurden von der botanischen Bearbeiterin Margita Villaret-von Rochow (1967) als Feldkohl (*Brassica campestris* L.), die Wildform des Rübsens und der Wasserrübe, bestimmt und als Unkraut gedeutet. Diese steinzeitlichen Samen waren etwas kleiner als die von heutigem Rübsen aus Alpentälern der Westschweiz. Entsprechende Samenfunde konnten in den letzten Jahren aus mehreren neolithischen Siedlungen (zwischen etwa 3000 und 2100 v. Chr.) des nördlichen Alpenvorlandes geborgen und als Feldkohl (*Brassica campestris* = wilder Rübsen) bestimmt werden, z. B. in Clairvaux im französischen Jura sowie in Auvernier von Karen Lundström-Baudais (1978 u. 1984), in Yverdon am Neuenburger See sowie in »Hornstaad Hörnle I« am Bodensee von Helmut Schlichtherle (1981) (Taf. 46) und sogar im Federseegebiet, in der Siedlung Ödenahlen, von Ursula Maier.

Die Samen des Wilden Rübsens kamen im allgemeinen regellos unter den anderen Pflanzenresten vor, so daß nichts auf eine Nutzung durch die damaligen Menschen hindeutete. Sie wurden deshalb als Unkraut der Äcker und Siedlungen eingestuft. In »Hornstaad Hörnle« konnten jedoch aus den Grabungen der Jahre 1973–1978 in dem neolithischen Horizont einer Brandschicht, neben Getreidevorratsfunden, an mehreren Stellen größere Klumpen von Samen des wilden Rübsens und der Besenrauke (*Descurania sophia*) festgestellt werden. Sie waren bei der Brandkatastrophe zusammengebacken. Der Bearbeiter H. Schlichtherle, Archäologe und Botaniker, schloß 1981 aus dem Befund, daß diese beiden ölreichen Cruciferensamen-Arten bewußt gesammelt worden sein müssen und zwar von ihren Unkraut-Standorten an den Äckern und im Siedlungsbereich. Das Auspressen von Öl war damals sicher noch nicht entwickelt, doch die ölreichen Samen konnten an Speisen getan werden, so ähnlich, wie wir heute manchmal Leinsamen im Brotteig mitbacken. Die Nutzung dieser Samen in Hornstaad erklärt Schlichtherle damit, daß dessen Bewohner mehr wildbeuterische Neigungen gezeigt hätten (von den Tierknochen 60–80 % Jagdtiere) und weniger Lein und Mohn anbauten als die Bewohner anderer neolithischer Siedlungen im Alpenvorland.

Im nördlichen Europa wurden die bisher ältesten Samen des wilden Rübsens (*Brassica campestris*) in einer bronzezeitlichen Siedlung Dänemarks gefunden (in Sandegaard). In der nachfolgenden Eisenzeit und der römischen Kaiserzeit sind es bereits eine größere Anzahl von Fundstellen: in Dänemark mehrere, im Römerkastell Lancaster/Südengland und vielerorts im Küstengebiet der südlichen Nordsee von der Rhein-Schelde-Mündung bis in das Weser-Elbe-Gebiet sowie auch in Polen.
Von diesen Fundstellen aus der Zeit zwischen etwa 100 v. und 300 n. Chr. sind in der Wurt Bentumersiel an der Unterems (Behre 1977) und in der Wurt Feddersen Wierde (Körber-Grohne 1967) große Mengen von Samen des wilden Rübsens gefunden worden. Sie waren unverkohlt und so gut erhalten, daß genaue Untersuchungen an den Samenschalen möglich waren, um die Bestimmung gegenüber Raps (*B. napus*), Kohl (*B. oleracea*) und Senf (*Sinapis arvensis*) abzusichern. In einigen der Samen waren sogar die Keimblätter und das Keimwürzelchen erhalten geblieben (Taf. 46), aus welchen beim Anstechen noch dickflüssiges, gelbes Öl hervorquoll. Auch Schoten mit Samen haben sich gefunden.
Sowohl in Bentumersiel als auch in der Feddersen Wierde zeigte sich aber, daß die Samen zerstreut unter anderen Unkrautsamen und Dreschrückständen von angebauten Pflanzen (Bohnen, Gerste) vorkamen (Taf. 46c). Weder haben sich dort Ansammlungen reiner Rübsensamen gefunden, die auf ein Sammeln für Nahrungszwecke hindeuten, noch deren Mahl-, bzw. Preßrückstände, wie das bei Gerste, Bohnen, Lein, Hirse und anderen immer wieder der Fall war. Wahrscheinlich kommt dies daher, weil schon zwei Ölfruchtarten angebaut wurden (Leindotter und Lein).
Das gleiche konnte auch noch für das frühe Mittelalter (8.–10. Jh.) in Schleswig-Holstein nachgewiesen werden. Hier waren sowohl im Südwesten, in Elisenhof an der Eidermündung, als auch in Haithabu bei Schleswig zwei Siedlungen der Wikingerzeit ausgegraben und das botanische Material gründlich untersucht worden (Behre 1976c und 1983). Dabei kam der botanische Bearbeiter nach sorgfältiger Abwägung aller Fundumstände zu der Ansicht, daß der wilde Rübsen (*Brassica campestris*) nur die Rolle eines Unkrauts gespielt haben kann. Dieser muß reichlich als Ackerunkraut, aber auch als Unkraut in der Siedlung vorgekommen sein. Man hat den Eindruck, daß er damals dort als Unkraut ebenso häufig wuchs wie bei uns heute der Ackersenf (*Sinapis arvensis*) an frisch aufgeschnittenen Straßenrändern, in Ackerbaugebieten sowie auf neu angelegten Autobahnböschungen.
Im späten Mittelalter und in der Renaissancezeit (13.–16. Jh.) war das Areal der Fundstellen mit wildem Rübsen noch ausgedehnter. Es reichte vom Rheinland bis in die Tschechoslowakei und Rußland. Oft lagen die Samen in Fäkaliengruben und ehemaligen Brunnen, wenn man diese nach Unbrauchbarwerden mit Abfällen zugeschüttet hatte. Darin fanden sich aber immer nur einzelne bis wenige Samen, und es konnte

nicht geprüft werden, ob diese zum wilden Rübsen oder zu den Kulturformen Ölrübsen bzw. Stoppelrübe gehörten.
Die ältesten schriftlichen Quellen liegen aus Italien und Griechenland vor und stammen aus dem klassischen Altertum. In mehreren landwirtschaftlichen Büchern berichten vor allem römische Autoren über drei Rübenarten: beta, napus und rapum (zusammengestellt von Lenz 1859).
Beta-Rüben werden erst in einem späteren Kapitel behandelt. Wenn auch in den Texten zwischen napus- und rapum-Rüben eine Zuordnung im Sinne unserer heutigen Steckrüben und Stoppelrüben nicht ganz sicher ist, so zeigt die farbige Abbildung aus dem Codex des Dioskorides eine weiße, runde Rübe, die fast ebenso aussieht wie die Weißrübe von 1532 aus Deutschland (vgl. Taf. 47 u. Abb. 35, S. 159) und wie manche Sorten heute noch aussehen.
In Deutschland gehören die frühesten schriftlichen Nachrichten über Nutzpflanzen erst dem Mittelalter an. Vom 9.–13. Jahrhundert werden in den noch spärlichen Quellen nur »Rüben« genannt. Es gibt keinen Hinweis auf irgendeine Verwendung ihrer Samen. Aus der Renaissancezeit (16. Jh.) liegen in den Kräuterbüchern viele Abbildungen vor. So ist der Holzschnitt »Rüben« im Herbarium von Otto Brunfels (1532) aufgrund der breit-rundlichen Form der Rübe und der gerundeten Endlappen an den Blättern deutlich als Stoppelrübe erkennbar (Abb. 35). In der Beschreibung heißt es aber nur: »Rüben seind menigklich bekant . . . so man täglich gekocht hat.« Sie werden bei den meisten Autoren von Kräuterbüchern und Herbarien des 16. und 17. Jahrhunderts abgebildet, kenntlich an den am Ende breit abgerundeten, fiederspaltigen Blättern, während die Form der Rübe variabel ist. Es war offensichtlich die am meisten gegessene Rübenart, schlichtweg »die Rübe«. So werden in Verzeichnissen über Gemüsepflanzen in den Gärten der Bauern, Bürgerlichen und Adeligen im 14. Jahrhundert folgende Arten aufgeführt: Kohl und Rüben, Knoblauch, Hanf, Mohn, Ackerbohnen, Erbsen, Fäseln (= die altweltliche Grüne Bohne), Porree, Meerrettich, Rettich, Melde sowie einige Küchen- und Heilkräuter (nach Fischer-Benzon 1894). Aber die Beschreibungen der Pflanzen, sofern sie gegeben werden, sind in der Regel nur allgemein oder rein medizinisch.
Die Gewinnung von Rüböl aus den Samen des Rübsens (oder Raps) wird frühestens um 1291 aus den Akten der Stadt Frankfurt durch die Nennung eines Ölschlägers belegt. 1396 wird ein Ölausträger genannt, 1473 ein Ölhändler (nach Becker-Dillingen, 1929). Das sagt aber nichts darüber aus, ob es sich um Leinöl, Mohnöl, Leindotter- oder Rüböl gehandelt hat; und falls es Rüböl war, ob diese Pflanzen regelrecht angebaut wurden. Noch im 16. Jahrhundert sind stellenweise die Samen von wildwachsenden Pflanzen zu diesem Zwecke gesammelt worden. So zitiert Gertrud Schröder-Lembke (1976) eine Anweisung des Johannes Colerus aus dessen Arbeitskalender

(16. Jh.): »Wer Olea auß Vegetabilibus und andern natürlichen Dingen bringen will, der übe diß Werk im Junio und Julio zum meisten, denn in diesen zwey Monaten findestu zehnmal mehr Olea in den Vegetabilibus, als in den andern Monaten des Jahres.« Dieses Sammeln von stellenweise massenhaft auftretendem Unkrautrübsen (oder -raps) im 14.–16. Jahrhundert wurde im 16. und 17. Jahrhundert mehr und mehr durch Anbau von Rübsen (und z. T. Raps) abgelöst, wie z. B. schon vor dem Dreißigjährigen Kriege auf den herzoglichen Domänen in der Braunschweiger Gegend (nach Schröder-Lembke, der auch das folgende entnommen ist). Im östlichen Deutschland wurde zunächst nur Rübsen angebaut. Für das 16. Jahrhundert gibt es Belege aus mehreren Gegenden. Bauern in Schlesien bauten Sommerrübsen an: »Die seet man ... im ersten Frühling ... blühen gelb ... Samen brauchet man zu Öle, welches die Pauren sonst unter das Wagenschmer brauchen.« Auf den sächsischen Domänen wurde 1575 Winterrübsen angebaut. Um Erfurt diente der Rübsenanbau für Leuchtöl. Langethal (1854) hält Erfurt für den Ausgangspunkt des ostdeutschen Rübsenanbaus. Von hier aus gelangte dieser zur »Goldenen Aue« in Thüringen und 1720 bis nach Leipzig. »Die Körner geben viel gutes Öl, welches nicht nur zum Leuchten, sondern auch von vielen zur Speise und anderen Sachen gebraucht wird.«

»Raps und Rübsen waren seit dem 16. Jahrhundert in vielen Gegenden Deutschlands wohlbekannt, doch die Ausbreitung erfolgte zögernd. Die Ansprüche an Beleuchtung in den Wohnungen wuchsen erst allmählich. Bis dahin dienten dafür Kienspan, Talgkerze und ›Lichtfaß‹ (offenes Gefäß, dessen Docht von ›Unschlitt‹, also Abfallfett tierischer Art gespeist wurde). Nur in den Kirchen brannten Öllampen als ›Ewige Lampe‹, gespeist von eingeführtem Olivenöl.« Schröder-Lembke berichtet weiter, daß offenbar die Bürger der reichen flandrischen Städte im 16. Jahrhundert als erste die Vorzüge der Öllampe erkannt hätten, »die mit pflanzlichem Öl heller und geruchloser brannte. Sie nutzten daher das neue Rüböl und trieben Handel damit. Für Speisezwecke verwendeten die Bauern jedoch lieber das Leinöl, das bei dem verbreiteten Flachsanbau als Nebenprodukt abfiel.«

Über die Beleuchtung in den Häusern der Städte, in den Burgen und Klöstern aus der Zeit zwischen dem 8. und 16. Jahrhundert hat Moritz Heyne (1899) ausführlich berichtet. Er schreibt, daß im 15. und 16. Jahrhundert in den Bürgerhäusern der Städte eine Fülle von Leuchtern für Kerzen (Wachs und Talg) und von Brennäpfen verwendet wurden. Letztere sind offene Töpfe mit Tülle für den Docht. Als Füllung wird für das 15. Jahrhundert ausdrücklich Talg angegeben (Smerecrosel, d. h. hochdeutsch Schmier/Schmalzleuchte). Öl spielte zunächst mehr in der Heilkunde eine Rolle. Für Beleuchtung sei Öl erst im 16. Jahrhundert allgemeiner verwendet worden.

Infolge der Schwierigkeit, die neue Ölfrucht in das bestehende landwirtschaftliche Gefüge einzubauen, nahm der Ölfruchtbau erst seit dem Beginn des 18. Jahrhunderts spürbar zu. Seit dem 17. Jahrhundert war diesem bezüglich der Verwendung als Leuchtöl ein Konkurrent in Form des Trans erwachsen. Der Walfang im Eismeer um Grönland kam im großen etwa um 1700 auf. So sind z. B. von Bremen und Vegesack aus in der Zeit zwischen 1653 und 1868 über 1400 Ausfahrten von Walfangschiffen verzeichnet. Ein Wal ergab etwa 15000 Kilo Tran. Das reichte zum Speisen einer Menge Tranfunzeln!

»Im frühen 19. Jahrhundert war die bessere Beleuchtung in Deutschland, Polen und Rußland Allgemeingut geworden. Tran wurde von etwa 1850 an knapp wegen der damaligen Überfischung des Eismeers. Tierisches Fett war stark im Preis gestiegen, so daß die ärmere Bevölkerung Rüböl zusätzlich für Speisezwecke verwenden mußte, wohl auch vom früher benutzten Leinöl zu dem billigeren Rüböl überging« (nach Schröder-Lemke 1976). Die Anbauverhältnisse dieses Zeitabschnitts beschreibt A. v. Lengerke 1839 in seinem Fachbuch über die damalige Landwirtschaft und Industrie in den deutschen Bundesstaaten. Rübsamen und Raps zählten in vielen Gegenden, ebenso wie Getreide, Lein und Mohn, zu den Handelsgewächsen, d. h. den im Überschuß für den Handel erzeugten Feldfrüchten. Dabei waren die Schwerpunkte für Rübsamen das Siegener Land, die Rheinprovinz, Bayern, Schlesien und Thüringen. Für den Raps waren es die Küstengebiete der Nord- und Ostsee (mit Mecklenburg, Pommern und Brandenburg) sowie das Braunschweigische und Niederhessen. Rüböl als Leuchtöl (für Öllampen) wurde etwa von der zweiten Hälfte des vorigen Jahrhunderts an zuerst vom Petroleum und später vom Gas abgelöst.

Herkunft und Ableitung von Rübsen (Brassica rapa L. = *B. campestris* L.) *und Raps (Brassica napus* L.)

Der wilde Rübsen (*Brassica campestris* L.) kommt (oder kam noch zu Anfang unseres Jahrhunderts) – im großen gesehen – auf der ganzen Nordhalbkugel der Alten Welt vor; im größten Teil Europas, in Asien und Nordafrika. Der wilde Rübsen wird aber nicht als Bestandteil unberührter Natur angesehen, sondern ist (immer?) als Unkrautpflanze an menschliche Kultur gebunden.

Des näheren sind (waren) es die Küsten Nord- und Westeuropas (von Linné etwa 1750 für die Küsten Schwedens, Hollands und Englands; von Fries für die Küsten Skandinaviens und Finnlands angegeben), die Küsten und Bergländer des Mittelmeeres, die Ufer des Kaspisees, Rußland einschließlich Sibirien, viele Alpentäler usw.

Die Ableitung der Kulturform für die verschiedenen Zwecke ist in den einzelnen Gebieten zu verschiedenen Zeiten vor sich gegangen, so wie die Subspecies *chinensis* als Blattgemüse in Indien und Pakistan, die Subspecies *pekinensis* als Kopfkohl schon im

alten China, die Weißrüben in Italien und Griechenland im klassischen Altertum, »die Rüben« im Alten Deutschen Reich im Mittelalter und schließlich Raps und Rübsen als Ölfrucht in Nordwesteuropa vom 13./14. Jahrhundert an oder später.
Für die Herkunft der wilden *Brassica campestris* aus dem Mediterrangebiet sprechen die Samenfunde aus den steinzeitlichen Siedlungen des nördlichen Alpenvorlandes. Im Mediterrangebiet wird auch das Entstehungsgebiet des Raps (*Brassica napus* L.) gesehen. Es wurde schon ausgeführt, daß dieser die Chromosomensätze von Kohl (*B. oleracea*) und Rübsen (*B. campestris*) in sich vereinigt und somit eine amphidiploide bastardbürtige Art ist. Theoretisch aber wäre es denkbar, daß dieser (auch ?) in Nordwesteuropa entstanden ist, da beide Elternarten an den Küsten des Atlantiks und der Nordsee wild vorkamen und das erste Massenauftreten des Rapses im 16. oder 17. Jahrhundert für Nordholland belegt ist.
Zusammenfassend ergibt sich folgendes: Raps (*Brassica napus* L.) ist die einzige derzeit in Deutschland angebaute Ölpflanze. Der früheste Anbau von Raps in Europa kann erst für das 17. Jahrhundert in Nordholland (auf frisch eingedeichten Poldern) belegt werden. Dieselbe Art (*Brassica napus*) kann in jungem Zustand als Gemüsepflanze dienen (Schnittkohl, früher verschiedene Sorten). Auch als Rübe ist *B. napus* gezogen worden (Kohlrübe = Steckrübe). Die Entstehung des Raps und der Kohlrübe wird auf Kreuzung von Kohl mit Rübsen zurückgeführt. Jedenfalls konnten auf diesem Wege beide Formen durch Kreuzung gezogen werden.
Rübsen (*Brassica rapa* L. = *B. campestris* L.) ist die viel ältere und auch wesentlich verbreitetere Art. Die ältesten prähistorischen Nachweise sind Samen des wilden Rübsens (*B. campestris*) aus mehreren neolithischen Siedlungen im nördlichen Alpenvorland. Dabei konnte nachgewiesen werden, daß dieser dort wild vorkam, und zwar in der Rolle eines Acker- und Siedlungsunkrauts und gesammelt wurde. In der Rolle eines Unkrauts und zwar eines nicht genutzten, blieb der Rübsen auch von der Eisenzeit bis zum frühen Mittelalter im Küstengebiet der Nordsee. Aus dem 16. Jahrhundert ist für Norddeutschland das Einsammeln der Samen von wild wachsenden Rübsen (und Raps) schriftlich bezeugt. Der Übergang zu einem Anbau ließ sich im 16. und 17. Jahrhundert in Holland, Belgien und Norddeutschland nachweisen.
Die Nutzung als Rübe aber wird im Mittelmeergebiet von römischen und griechischen Schriftstellern des klassischen Altertums vielerorts beschrieben. In Deutschland war die *rapum*-Rübe mindestens vom frühen Mittelalter an eine wichtige Gemüsepflanze. Auch in Indien und Asien, einschließlich China, war Rüben- und Blattnutzung, teilweise auch die der Ölsamen, seit Urzeiten üblich. In den weltweiten Floren wird das Verbreitungsareal für *Brassica campestris* L. für beinahe die ganze Nordhalbkugel der Alten Welt angegeben. Das ist aber nur im großen gesehen so. Im einzelnen ist die Wildverbreitung heute sehr lückenhaft oder ganz erloschen.

Gemüse- und Salatpflanzen

Unter Gemüse und Salat verstehen wir Pflanzen, deren verschiedene Teile entweder gekocht oder roh gegessen werden. Das sind heute im Freilandanbau in Deutschland folgende:

Blätter, Blattstiele, Blattrippen bei Kohlarten, Spinat, Garten-Melde, Mangold, Chinakohl, Garten-Sauerampfer, Bleichsellerie, Kopf-, Schnitt- und Pflücksalat, Endivie, Zichoriensalat, Chicorée, Radicchio, Feldsalat, Portulak, Küchenzwiebeln, Schalotten, Lauchzwiebeln und Porree.

Stengel und Sprosse bei Spargel, Kohlrabi und Rübstiel.

Blütenknospen bei Blumenkohl und Brokkoli.

Früchte bzw. Samen bei Bohnen, Erbsen, Dicke Bohnen, Gurken, Kürbis, Zucchini, (Melonen) und Tomaten.

Wurzeln bzw. Knollen bei Möhren, Schwarzwurzeln, Pastinaken, Sellerie, Rote Bete, Kohlrüben, Herbst- und Mairüben, Rettich und Radieschen.

Vier ganz oder fast bei uns aus der Mode gekommene Arten werden seit einigen Jahren wieder angepflanzt: Brokkoli, Pastinake, Mangold und Garten-Melde. Vier neue Arten sind dazugekommen: Chinakohl, Zichoriensalat, Zucchini und Radicchio.

Insgesamt muß aber festgestellt werden, daß im erwerbsmäßigen Gemüsebau in den letzten Jahrzehnten im allgemeinen eine starke Vereinheitlichung stattgefunden hat, die sich nur nach der Rentabilität richtet und wohl richten muß. Es ist auf S. 99 f. darauf hingewiesen worden, welcher Wert in der Vielfalt liegt. Die Samenzüchtereien, die immer wieder neue Sorten herausbringen, seien hier angesprochen.

Gemüse benötigen wir für unsere Ernährung, um gesund zu bleiben und auch einfach zum Sattwerden. Wenn letzteres heutigentags für die Industrienationen unzeitgemäß klingen mag, ist es – über die Jahrhunderte und Jahrzehnte betrachtet – dennoch so. Außerdem kann der Mensch nicht nur konzentrierte Nahrung aufnehmen, wie Fleisch, Milch- und Getreideprodukte. Es ist auch Füllsubstanz notwendig, eingeschlossen die Ballaststoffe.

Über die Inhaltsstoffe der Gemüsearten gibt Tab. 8 Auskunft. Bei einem hohen Wassergehalt von 80–90 Prozent (bei Spargel, Kürbis, Tomate, Gurke, Rettich bis auf

Tab. 8 Die Zusammensetzung von Gemüse- und Salatarten. Die Zahlen geben Mittelwerte an. Sie be ziehen sich auf 100 g frischen, eßbaren Anteil. In Wirklichkeit aber gibt es Schwankungsbreiten, die durc Bodenart, Düngung, Klima, Sorten u. a. bedingt sind. Diese werden jeweils im Text genannt. (Aus de Nährwerttabellen von Souci, Fachmann u. Kraut, 1981).

	Mittelwerte in Gramm						
	Wasser	Trocken-substanz	Eiweiß	Fett	Kohlen-hydrate	Roh-faser	Minera-lien
Bleich(Blattstiel)-Sellerie	92,9	7,1	1,2	0,2	3,6	1,0	1,1
Blumenkohl	91,6	8,4	2,5	0,3	3,9	0,9	0,8
Bohnen, grün	90,3	9,7	2,4	0,2	5,1	1,3	0,7
Broccoli	89,7	10,3	3,3	0,2	4,4	1,3	1,1
Chicorée	94,4	5,6	1,3	0,2	2,3	0,9	1,0
Chinakohl	95,4	4,6	1,2	0,3	2,0	0,5	0,7
Endivie	94,3	5,7	1,8	0,2	2,1	0,8	0,9
Erbsen, grün	77,3	22,7	6,6	0,5	12,6	2,2	0,9
Feldsalat (Acker-S.)	93,4	6,6	1,8	0,4	2,9	0,8	0,8
Grünkohl (Braun-K.)	86,3	13,7	4,3	0,9	5,1	1,7	1,7
Gurke	96,8	3,2	0,6	0,2	1,3	0,5	0,6
Kartoffel	77,8	22,2	2,1	0,1	18,5	0,5	1,0
Kohlrabi	91,6	8,4	1,9	0,1	4,4	1,1	1,0
Kürbis	91,3	8,7	1,1	0,1	5,5	1,2	0,8
Mais (Zucker-M.)	74,7	25,3	3,3	1,2	19,2	0,8	0,8
Mangold	92,2	7,8	2,1	0,3	2,9	0,8	1,7
Möhre (Karotte)	88,2	11,8	1,0	0,2	8,7	1,1	0,9
Pastinake	80,2	19,8	1,3	0,4	14,9	2,0	1,2
Porree (Lauch)	89,0	11,0	2,2	0,3	6,3	1,3	0,9
Portulak	92,5	7,5	1,5	0,3	3,5	0,8	1,4
Radieschen	93,4	6,6	1,1	0,1	3,5	1,0	0,9
Rettich	93,5	6,5	1,1	0,2	3,9	0,7	0,8
Rote Bete (Rote Rübe)	88,8	11,2	1,5	0,1	7,6	1,0	1,0
Rosenkohl	85,0	15,0	4,5	0,5	7,2	1,5	1,4
Rotkohl (Blaukraut)	91,8	8,2	1,5	0,2	4,8	1,1	0,7
Salat (Kopf-S.)	95,0	5,0	1,3	0,2	2,2	0,6	0,7
Schwarzwurzel	78,6	21,4	1,4	0,4	16,3	2,3	1,0
Sellerie, Knolle	88,6	11,4	1,6	0,3	7,4	1,2	0,9
Spargel	93,6	6,4	1,9	0,1	2,9	0,8	0,6
Spinat	91,6	8,4	2,5	0,3	3,4	0,6	1,5
Steckrübe (Kohl-R.)	89,3	10,7	1,2	0,2	7,2	1,4	0,8
Tomate	94,2	5,8	1,0	0,2	3,3	0,8	0,6
Weiße Rübe (Wasser-R.)	90,5	9,5	1,0	0,2	6,7	0,9	0,7
Weißkohl (Weißkraut)	92,1	7,9	1,4	0,2	4,2	1,5	0,6
Zwiebel	87,6	12,4	1,3	0,3	9,6	0,6	0,6
Zucchini	92,2	7,8	1,6	0,4	5,1	0,6	0,7

Tab. 8 Fortsetzung. Einige der Mineralien und Vitamine aus den genannten Nährwerttabellen.

Mittelwerte in Milligramm							
4 der insgesamt 18 Mineralien				3 der 12 Vitamine (bzw. Provitamine)			
Magnesium	Calcium	Eisen	Phosphor	Carotin (= Provit. A)	Vitamin-B-Komplex	Vitamin C	
12,0	80,0	0,50	48,0	0,02	0,21	7,00	Bleich(Blattstiel)-Sellerie
17,0	20,0	0,63	54,0	0,03	0,41	69,80	Blumenkohl
25,0	57,0	0,83	37,8	0,33	0,48	20,00	Bohnen, grün
0,0	105,0	1,30	82,0	1,90	0,48	114,00	Broccoli
12,9	25,6	0,74	26,0	1,29	0,13	10,20	Chicorée
11,0	40,0	0,60	0,0	0,08	0,07	36,00	Chinakohl
10,0	54,0	1,40	54,3	1,14	0,17	9,40	Endivie
33,0	24,0	1,84	108,0	0,38	0,62	25,00	Erbsen, grün
13,0	35,0	2,00	49,0	3,90	0,15	35,00	Feldsalat (Acker-S.)
31,0	212,0	1,90	87,0	4,10	0,60	105,00	Grünkohl (Braun-K.)
8,0	15,0	0,50	23,0	0,17	0,08	11,00	Gurke
25,0	9,5	0,80	50,0	0,01	0,16	17,00	Kartoffel
43,0	68,0	0,90	49,7	0,20	0,21	63,30	Kohlrabi
8,0	22,0	0,80	44,0	1,96	0,22	9,00	Kürbis
48,0	5,8	0,55	114,0	0,00	0,49	12,00	Mais (Zucker-M.)
0,0	103,0	2,70	39,0	3,53	0,26	39,00	Mangold
18,0	41,0	0,66	35,0	12,00	0,22	7,10	Möhre (Karotte)
22,0	51,0	0,62	73,0	0,02	0,32	18,00	Pastinake
18,0	87,0	1,00	46,0	0,00	0,41	30,00	Porree (Lauch)
151,0	95,0	3,60	35,0	1,06	0,28	22,00	Portulak
8,0	34,0	1,50	26,4	0,02	0,12	29,00	Radieschen
15,0	33,0	0,80	29,0	0,01	0,12	0,03	Rettich
1,4	29,0	0,93	45,0	0,01	0,11	10,00	Rote Bete (Rote Rübe)
22,0	31,0	1,10	83,6	0,40	0,53	114,00	Rosenkohl
18,0	35,0	0,50	30,0	0,03	0,27	50,00	Rotkohl (Blaukraut)
11,0	37,0	1,10	33,0	0,79	0,20	13,00	Salat (Kopf-S.)
23,0	53,0	3,30	75,7	0,02	0,15	4,00	Schwarzwurzel
9,3	68,0	0,53	80,0	0,02	0,31	8,25	Sellerie, Knolle
20,0	21,0	1,00	46,0	0,03	0,29	21,00	Spargel
58,0	126,0	4,10	55,0	4,20	0,56	52,00	Spinat
11,0	47,5	0,45	30,5	0,10	0,31	33,00	Steckrübe (Kohl-R.)
20,0	14,0	0,50	26,0	0,82	0,19	24,20	Tomate
7,4	49,4	0,44	30,8	0,06	0,17	20,00	Weiße Rübe (Wasser-R.)
23,0	46,0	0,50	27,5	0,04	0,20	45,80	Weißkohl (Weißkraut)
9,0	31,0	0,50	42,0	0,03	0,19	8,50	Zwiebel
0,0	30,0	1,50	23,0	0,35	0,59	16,00	Zucchini

96%) enthält Gemüse im Durchschnitt 1–4% Eiweiß. Nur Grüne Erbsen enthalten mehr. Der Fettanteil ist gering (unter 1%); Kohlenhydrate schwanken je nach Gemüseart zwischen 3 und 20%, ferner 1–2% Mineralstoffe. Dazu kommen Vitamine und verschiedene andere Inhaltsstoffe, die nach Schormüller (1974) für den physiologischen Wert und den Geschmack von Gemüse wichtig sind.

Von diesen Inhaltsstoffen haben die Mineralien und Spurenelemente für unsere Ernährung große Bedeutung. Am meisten sind Kalium und Kalzium im Gemüse enthalten, während Eisen und Phosphorsäure nur in einigen Arten verhältnismäßig viel vorkommen.

Von weiterer großer Bedeutung sind die Vitamine. Provitamin-A-haltig sind grüne Gemüse sowie orange- und gelbfleischige Wurzelgemüse (aber nicht Rote Bete und Rotkohl). Sehr gute Vitamin-C-Quellen sind Tomaten, Kohlarten (auch Sauerkraut), Kohlrabi, Blumenkohl, Brokkoli und Spinat. Viele frischen Gemüse liefern reichliche Mengen an B-Vitaminen.

Das Kochen verursacht allerdings Verluste an Vitaminen (vgl. Schormüller 1974, dem das folgende entnommen ist). Bei Vitamin A sind dies 5–10 Prozent. Vitamin B 1 ist relativ kochbeständig, Vitamin C jedoch nicht. Nur was mit der Schale gekocht wird (Pellkartoffeln, Rote Bete, Möhren), behält das Vitamin C. Kochen mit Dampf oder im Drucktopf schädigt die Vitamine weniger als direktes Kochen. Ins Kochwasser gehen nicht nur Vitamine, sondern auch Mineralstoffe, weil diese wasserlöslich sind. Bei Kohlarten können unangenehm riechende Geschmacksstoffe (wie Senföle und Sulfide) durch Überbrühen mit kochendem Wasser und Wegschütten des Brühwassers entfernt werden.

Gemüse ist also für uns unentbehrlich: als Quelle für Ballaststoffe sowie für eine ausreichende Mineralstoff- und Vitaminversorgung. Gemessen an der Nährstoffmenge ist es kalorienarm.

Aber nicht nur von diesem mehr oder minder medizinischen Standpunkt aus sollte man Gemüse und Salate betrachten. Vielleicht sogar an erste Stelle sind Wohlgeschmack und Sättigung zu stellen.

KOHL (*Brassica oleracea* L.)

Diese ebenso wichtige wie interessante Gemüseart gehört zur Familie der Kreuzblütler und zwar in dieselbe Gattung (genus) *Brassica* wie Raps und Rübsen. Die kultivierten Formen (Rot-, Weiß- und Spitzkraut, Wirsing, Markstamm-, Grün-, Rosen- und

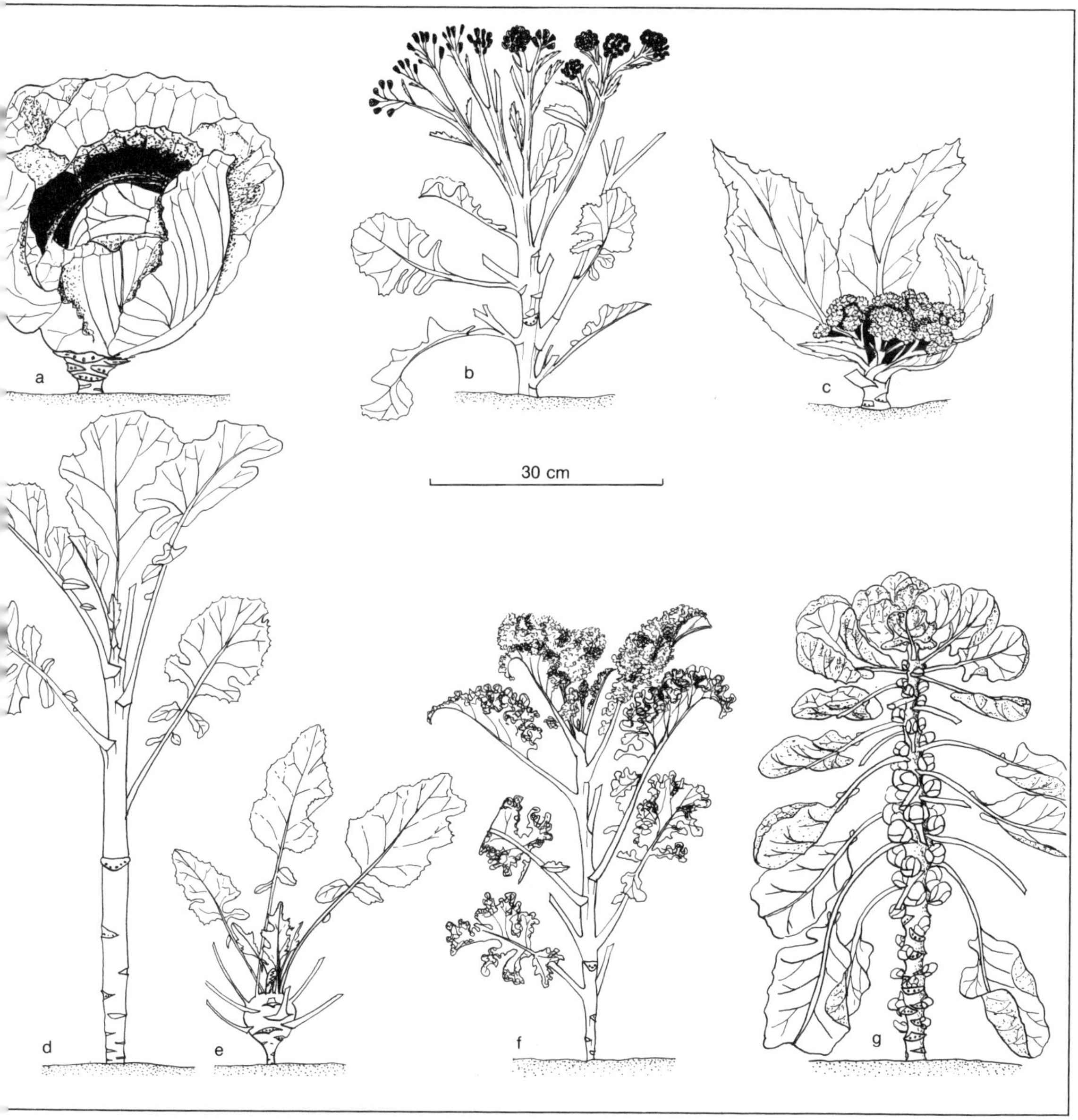

Abb. 37. Kohl (*Brassica oleracea*). Die heute in Deutschland angepflanzten Varietäten. a) Kopfkohl, hier Weißkraut, b) Brokkoli (Blütenstände vereinfacht gezeichnet), c) Blumenkohl (ein kleines, nicht geschlossen gewachsenes Exemplar), d) Markstammkohl, e) Kohlrabi, f) Grünkohl, g) Rosenkohl.

Blumenkohl, Brokkoli und Kohlrabi) werden als Varietäten der Sammelart *Brassica oleracea* angesehen (Abb. 37).
Kohl gehört zu den Gemüsepflanzen mit weltwirtschaftlicher Bedeutung und steht mit 34,3–35 Millionen Tonnen jährlich an erster Stelle (zwischen 1979 und 1981 nach F-A-O). Davon entfällt fast die Hälfte auf Asien (vor allem China, Japan und Korea Rep.). Danach folgt Europa, und hier gibt es den meisten Kohl in Italien und der Bundesrepublik, gefolgt von Ostdeutschland, Frankreich, Tschechoslowakei u. a. Auch die USA und weitere Länder müssen erwähnt werden.
In der Bundesrepublik nimmt Kohl mit 53–54 Prozent des erwerbsmäßigen Freilandgemüsebaus ebenfalls die erste Stelle ein. In den Jahren 1979 und 1981 wurden jährlich zwischen 533 und 620 Tausend Tonnen Kohl gezogen. Davon entfiel das meiste auf Weißkraut. Danach folgten Blumenkohl, Rotkohl, Wirsing, Kohlrabi, Grünkohl und an letzter Stelle der Rosenkohl (nach den Stat. Jb. der BRD).
Zu den Wachstumsbedingungen ist folgendes zu sagen (nach Becker-Dillingen, 1929a): Kohlarten lassen sich in Mitteleuropa in jedem Klima anbauen. In den Alpen reichen Blattkohlarten bis 2000 Meter und höher, Weißkraut bis 2000 Meter, Blumenkohl bis 1740 Meter. Die beiden wichtigsten Faktoren sind ausreichende Feuchtigkeit (im Boden und in der Luft) sowie eine gute Nährstoffversorgung des Bodens. An Bodenarten sind Löß und Lehm am besten geeignet. Volles Licht benötigen Blumen-, Rosen- und Weißkohl, während Kohlrabi, Grünkohl und Wirsing auch leichte Beschattung vertragen.

Die in Deutschland angebauten Varietäten. Inhaltsstoffe

Bei den Kopfkohlen (var. *capitata* L.: Rot-, Weiß- u. Spitzkraut; var. *sabauda* L.: Wirsing) bleibt der Hauptsproß relativ kurz. Schon bei den jungen Pflanzen, wenn sie auf den Feldern oder in den Gärten gesetzt werden, läßt sich eine löffelförmige Biegung der jüngsten Blätter nach innen erkennen (Abb. 38a). Mit fortschreitendem Wachstum werden die Blattstiele immer kürzer und verschwinden bald ganz. Die Blätter legen sich dann eins auf das andere, bis im Sommer oder Herbst feste runde oder oben zugespitzte Köpfe entstanden sind, umgeben von abstehenden großen Blättern (Abb. 38b). Dieser Kohl ist frostempfindlich. Zur Saatgutgewinnung müssen die erwachsenen Kohlpflanzen mit Strunk und Wurzeln aus der Erde gezogen und im Keller überwintert werden. Erst im Frühjahr, ab etwa Mitte April, werden sie in geschützter Lage in den Garten gepflanzt. Sie treiben zuerst an der Basis des Kopfes mehrere Seitensprosse (Taf. 45 unten), nachher auch einen Gipfeltrieb, die sich im Laufe des Juni zu 1,80–2,50 Meter hohen, stark verzweigten Blütenschäften entwickeln, mit einer

Tafel 45 Oben: Blühendes Rapsfeld bei Schwansen, Schleswig-Holstein. April 1984, Foto: U. und K. Piening, Stuttgart. Unten: Kohlköpfe (Spitzkraut), die zur Samengewinnung Mitte Mai nach draußen verpflanzt worden sind. An der Basis der im Keller ausgebleichten Köpfe haben sich frische Triebe für Blütenschäfte entwickelt. Stuttgart-Plieningen, 28. 5. 1984.

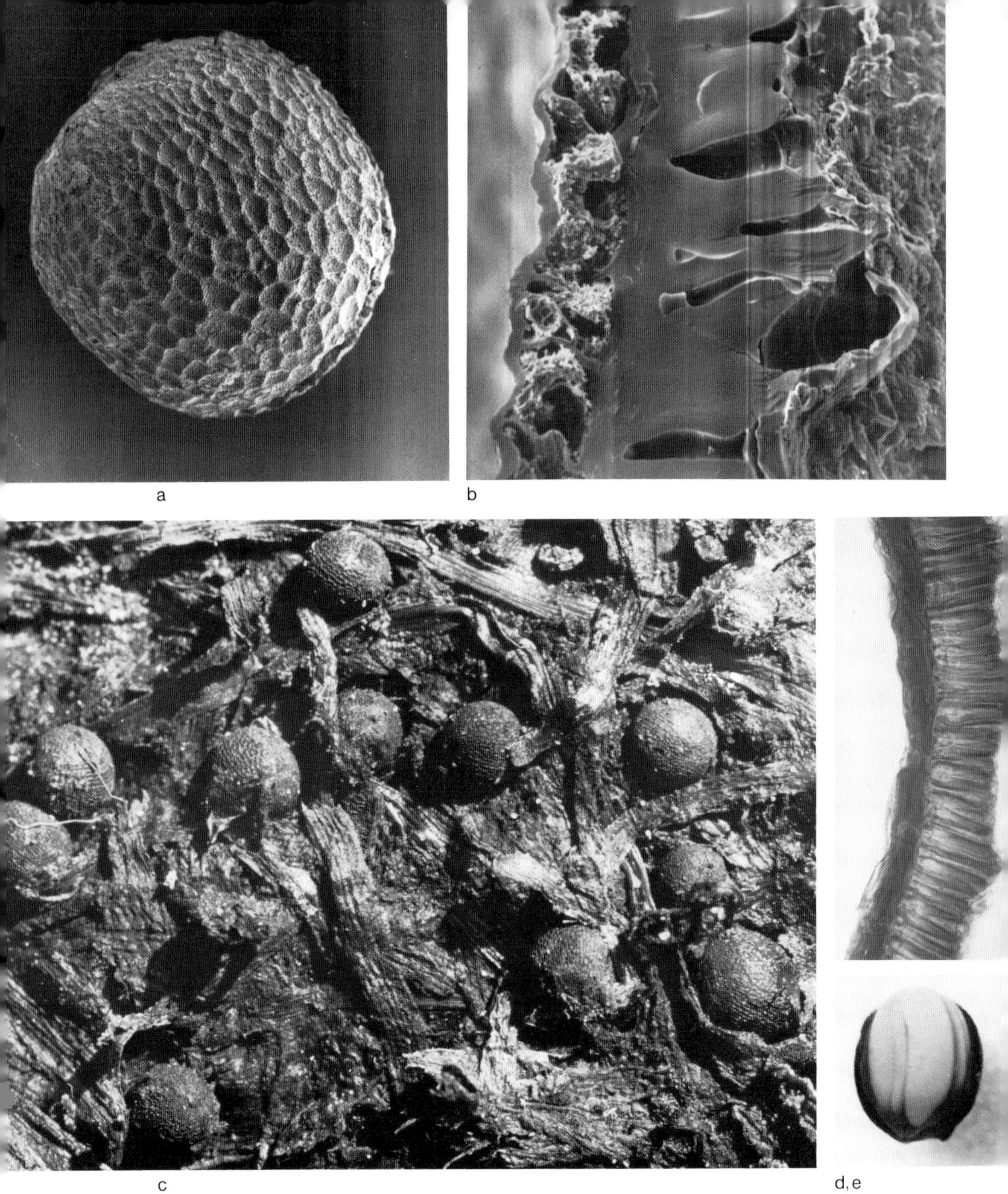

Tafel 46 Funde von prähistorischem wildem Rübsen (*Brassica campestris* = *B. rapa*). a) Ein verkohlter Same in der jungsteinzeitlichen Ufersiedlung Hornstaad am Bodensee, Vergr. 50x; b) Ausschnitt aus der Samenschale läßt den Aufbau der Palisadenzellen erkennen, aus H. Schlichtherle (1981), Vergr. 1000x; c) unverkohlte Rübsensamen zwischen den geriffelt aussehenden Stengelstücken der Ackerbohne aus der Wurt Feddersen Wierde bei Bremerhaven, 2. Jh. n. Chr., Vergr. 10x; d) Querschnitt der Samenschale eines Rübsensamens, deutlich die Palisadenzellen, Vergr. 300x; e) ein geöffneter Rübsensame mit der Keimwurzel und den seitlich ansitzenden Keimblättern. Aus Körber-Grohne (1967).

Tafel 47 Älteste überlieferte farbige Abbildung der Weißrübe (*Brassica rapa* = *B. campestris*) aus dem Codex des Dioskorides (um 60 n. Chr.) in der ersten farbigen Kopie aus dem Jahre 500–511 in Konstantinopel. Foto: Universitätsbibliothek Erlangen.

Tafel 48 Wildkohl (*Brassica oleracea*) an den Kreidefelsen westlich Cardiff, Südwestküste von England. Oben: Einzelne Pflanze. Unten: Der Steilabfall dieser Felsen; unten sind ebenfalls Wildkohlpflanzen zu sehen, die in den Schichtfugen wachsen. Fotos: J. Greig, Universität Birmingham, Mitte Juni 1984.

Tafel 49 Küstenfelsen von Dover/Südengland mit Wildkohl und Wildrübe. Oben: Die Stelle liegt etwas westlich von Dover; im Vordergrund rechts sieht man den fruchtenden Kohl. Unten: Nahaufnahme mit den großen, gekrausten Blättern des Kohls, hier nicht fruchtend (links), sowie einer Wildrübenpflanze mit Fruchtknäueln, 27. 7. 1984.

Tafel 50 Standort des wilden Kohls (*Brassica oleracea*) auf Helgoland, 17. 6. 1984.

Tafel 51 Einzelne Kohlpflanze, rechts vorne die Meeresstrandkamille.

Tafel 52 Oben: Jungpflanzen von Wildkohl (*Brassica oleracea*) auf Buntsandsteingrus, vgl. Taf. 50. Unten: Eine ausgegrabene mehrjährige Pflanze. Die Ringe am Strunk sind die Blattnarben. 17. 6. 1984.

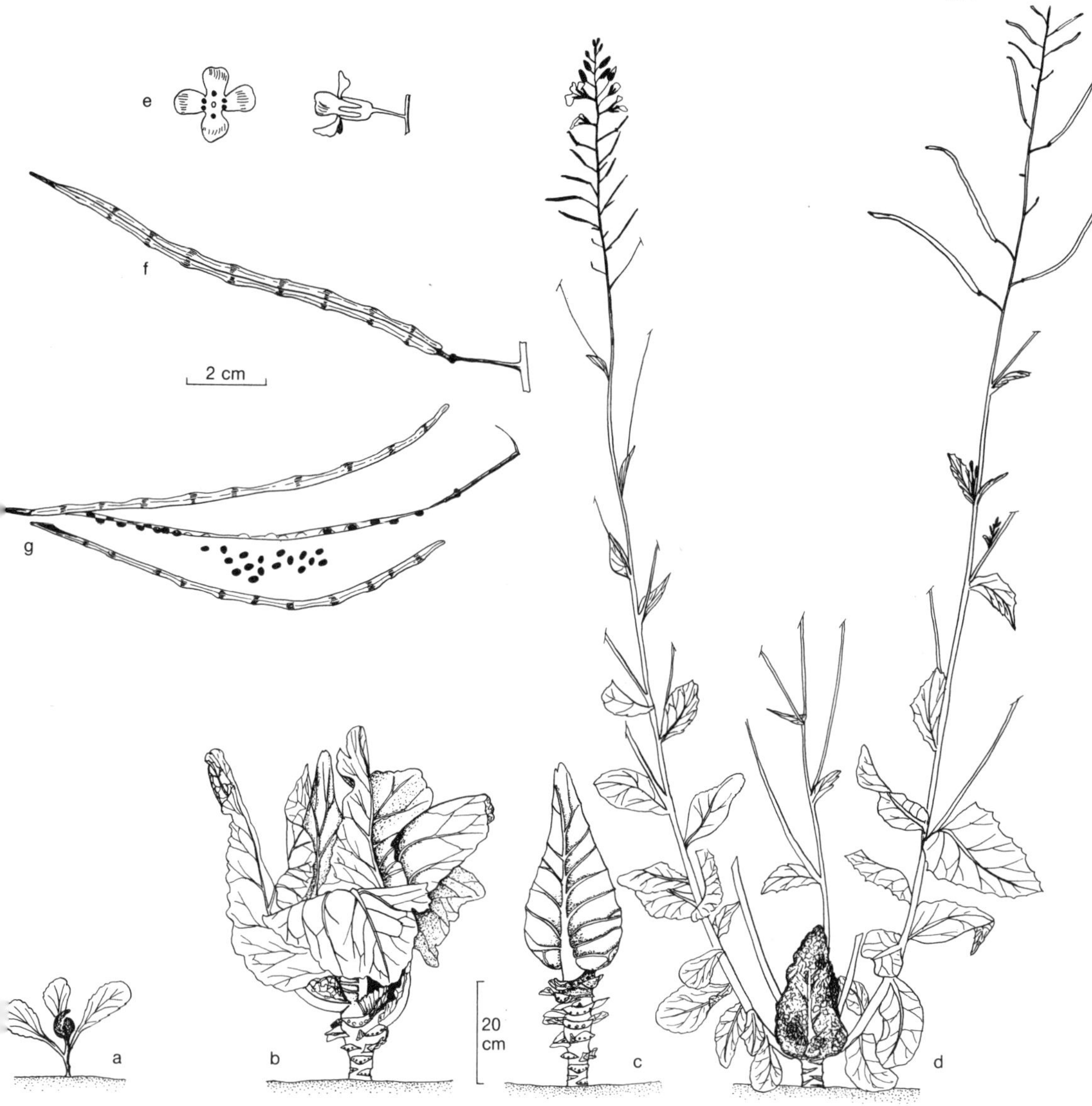

Abb. 38. Entwicklung beim Kopfkohl, hier Spitzkraut (Stuttgarter Filderkohl) während 14 Monaten. a) Der junge Setzling auf dem Feld, Mitte Juni, läßt bereits die löffelförmig nach innen gebogenen Herzblätter erkennen. b) Ausgewachsener spitzer Kopf im Oktober. c) Derselbe Kopf nach Entfernen der äußeren Blätter. d) Im Keller mit Wurzeln überwinterte Kohlpflanze, Mitte Mai des folgenden Jahres draußen eingepflanzt, nun blühend und fruchtend zur Saatgutgewinnung, 7. 7. 1984. e) Blüte von oben und seitlich. f) Geschlossene Schote. g) Reife, geöffnete Schote mit 32 Samen, 10. 9. 1984.

Fülle gelber, schön duftender Blüten, die reichlich von Bienen beflogen werden. Ende Juli sind aus den Blüten lange, braune, schmale Schoten geworden, die jeweils über 50 Samen enthalten.

Die Blätter des einstigen Kohlkopfes sind schon zur Blütezeit braun und papierdünn, verwelkt, d. h. deren Nährstoffe wurden für die Bildung der neuen Sprosse verbraucht (Abb. 38d). Nach dem Fruchten und Ernten der Samen für die nächste Aussaat werden die Pflanzen weggeworfen.

Bei den Brokkoli (var. *italica* Plank) und beim Blumenkohl (var. *botrytis* L.) ist der Entwicklungsrhythmus ein anderer. Zwar vergeht von der Aussaat bis zur Blüte beim Blumenkohl derselbe Zeitraum, aber es bilden sich schon im ersten Halbjahr eine Anzahl von Blütenknospen. Das ist am besten bei den Brokkoli erkennbar, bei denen die Blütentriebe grün und nicht so gestaucht sind wie beim Blumenkohl. Bei den Brokkoli essen wir die voll entwickelten Blütenknospen mitsamt den fertig ausgebildeten Pollenkörnern in den Staubgefäßen. Beim Blumenkohl sind die Blütenknospen noch vollständig im Embryonalzustand. Erst nach dem Winter entwickeln sie sich weiter zu hohen, verzweigten Schäften mit denselben gelben Blüten wie bei allen Kohlarten. Brokkoli und Blumenkohl sind frostempfindlich.

Bei Markstammkohl (var. *medullosa* Thellg.) und Kohlrabi (var. *gongylodes* L.) ist die Auslese durch den Menschen in Richtung auf eine Verdickung des Stengels erfolgt. Dieser ist stark geschwollen durch Vergrößerung der Zellen, in denen die Nährstoffe gespeichert werden. Markstammkohl wurde bis in die sechziger oder siebziger Jahre in Norddeutschland als Futter für Rinder angebaut. Die Stämme waren drei Viertel bis einen Meter hoch und von oben bis unten locker beblättert. Die fleischigen Stämme wurden über den Winter in Mieten aufbewahrt. Heute sieht man diesen interessanten Kohl in Norddeutschland nicht mehr auf den Feldern, dafür gelegentlich im süddeutschen Bergland zur Stallkaninchen- und Wildfütterung.

Grünkohl (= Grüner Krauskohl, = Brauner Kohl, var. *sabellica* L. f. *sabellica*) bildet an einem hochwüchsigen Stengel dunkelgrüne, stark gekrauste Blätter. Er ist im Gegensatz zu den vorher genannten völlig frosthart. Vor dem Kochen soll er sogar Frost gehabt haben. Er ist eines der beliebtesten Wintergemüse Norddeutschlands.

Rosenkohl (var. *gemmifera* D. C.), die jüngste unserer Kohlformen, gehört zu den Hochstämmigen. Bis Ende Oktober haben sich 50–70 Zentimeter hohe Stengel gebildet, die von unten bis oben mit langgestielten Blättern besetzt sind. In jeder Blattachsel sitzt eine dicke Seitenknospe: ein »Röschen« dieses Kohls. Da die Röschen in der Mitte des Stammes am größten sind, im oberen Teil aber ziemlich klein, wird Anfang Oktober der kopfartige Gipfeltrieb ausgebrochen, wonach auch die oberen »Röschen« größer werden. Rosenkohl ist frosthart. Im Frühjahr treiben die »Röschen« zu Sprossen aus, die im Sommer Blüten bilden.

Außerhalb Deutschlands, besonders in England und Frankreich, gibt es noch zahlreiche weitere Sonderformen von Kohl (aufgeführt bei Helm 1963), wie z. B. auf der Insel Jersey einen bis 3,5 Meter hohen Riesenkohl (var. *acephala* f. *exaltata* Thellg.), aus dessen holzigem Strunk Spazierstöcke verfertigt, die unteren Blätter gepflückt und an Kühe verfüttert werden (nach Hegi, wo sich weitere Auflistung und Beschreibung aller mitteleuropäischen Formen findet).

Über den Nährstoffinhalt unserer Kohlvarietäten gibt Tab. 8 (S. 172) Auskunft. Daraus ist ersichtlich, daß Brokkoli, Grünkohl und Rosenkohl von den Kohlarten die meisten Nährstoffe, Mineralien und Vitamine enthalten. Das ist nach den biochemischen Untersuchungen von Schuphan (1958) bei allen grünen Kohlblättern gegenüber den weißen Innenblättern der Kohlköpfe der Fall. Brokkoli, Grünkohl und Rosenkohl sind weniger wasserhaltig (10–15% Trockensubstanz gegenüber 8–8,4%) als die übrigen Kohlvarietäten. Eiweiß erreicht den doppelten bis dreifachen Wert. Kohlenhydrate sind fast doppelt so viel enthalten. Höhere Mengen gelten auch für die Mineralien: Kalium, Kalzium (vermehrt nur für Brokkoli und Grünkohl), Eisen (vermehrt nur für Grünkohl), Phosphor (für alle drei). Carotin ist besonders viel in Grünkohl enthalten. Der Vitamin-C-Gehalt ist mit mindestens 45 Milligramm in 100 Gramm frischer Ware bei allen Kohlarten relativ hoch. Bei Grünkohl erreicht er 105 Milligramm, bei Brokkoli und Rosenkohl sogar 114 Milligramm. Bei Weißkraut ist jedoch der Anteil an Zucker innerhalb der Kohlenhydrate höher als in den übrigen Kohlarten. Daher rührt dessen gute Eignung zur Sauerkrautherstellung infolge Milchsäuregärung.

Die Kulturgeschichte des Kohls in Europa

Nachweise aus vorgeschichtlicher Zeit sind nur anhand der Samen und Schoten möglich. Aber entsprechende fossile Teile haben sich bisher selten gefunden, und sicher bestimmt werden konnten diese lediglich für zwei nahe Verwandte des Kohls: den wilden Rübsen (*Brassica campestris*) und den Schwarzen Senf (*Brassica nigra*). Der immer wieder genannte Abdruck eines Kohlblattes auf dem Grund eines Tongefäßes aus einem spätbronzezeitlichen Pfahlbau im Zürichsee, der 1925 von Ernst Neuweiler aus einer Grabung von 1916 veröffentlicht worden war, ist weder abgebildet noch näher beschrieben worden und muß daher als zu unsicher gestrichen werden. Vielleicht gelingt es künftig, bei vorgeschichtlichen Siedlungen auch Kohlsamen zu finden.

Zu verhältnismäßig frühen Nachweismöglichkeiten kann die Sprachforschung beitragen. So haben die keltischen Sprachen drei Wortstämme für Kohl: kol oder kal, bresic und kap. Das ist erhalten in den heutigen Worten Kohl, Brassica und Kappes (Kopfkohl).

Erste Nennungen von Kohl stammen aus dem klassischen Altertum des Mittelmeergebietes. Für Griechenland berichtet der griechische Philosoph und Naturforscher Theophrastos (371–287 v. Chr.) in seiner »Naturgeschichte der Gewächse« auch über die damals in seinem Heimatland angebauten Nutzpflanzen: »Kohl zerfällt in drey Arten: kraus-, glattblättrig und wilde Art, deren Blatt glatt, klein und rund ist, diese übrigens reich an Zweigen und Blättern und deren Saft scharff und arzneylich ist. Daher ihn die Ärzte zur Abführung gebrauchen. Im ganzen hat der krause Kohl größere Blätter und bessere Säfte als der glatte« (übersetzt von K. Sprengel 1822).
Aus Italien gibt es mehrere ausführliche Beschreibungen von verschiedenen Kohlformen, ihrer Pflege und Verwendung. Cato (235 v. Chr.) bezeichnet den Kohl (brassica) als das allerbeste Gemüse. »Iß ihn gekocht oder roh. Willst du ihn roh essen, so tauche ihn in Essig, dann ist er der Verdauung förderlich und gesund.« Dann folgen medizinische Anwendungen. Die ausführlichste Beschreibung gibt Plinius (23–79 n. Chr.) in seiner Naturgeschichte (Nat. hist. XIX, 8, 41): »Der Kohl (olus, caulis, brassica) spielt bei den Römern eine sehr wichtige Rolle . . . Man sät, pflanzt und schneidet ihn das ganze Jahr. Nach dem Frühjahrsschnitt treibt er gleich wieder, und diese Triebe sind noch wohlschmeckender und zarter als die Stengel selbst . . . Vorzüglich wohlschmeckend und groß wird eine Sorte, die man insbesondere Stengelkohl (caulis) nennt und die man in mehrmals gegrabenen Boden setzt, dann die sich über die Erde erhebenden Stengel (cauliculus) behäufelt, später abermals das Hervorsprossende behäufelt, so daß immer nur die Spitzen hervorstehen. Dieser heißt Tritianer Kohl. Bei dem Kumaner schließen die Blätter den Strunk ein, und die Blätterkrone ist breit. Der Aricische wächst nicht hoch und hat desto mehr Blätter, je zarter dieselben sind. Man hält diese Sorte für die beste, weil sie fast neben jedem Blatt besondere Sprossen (Seitenzweige) hat. Der Pompejaner wächst schlanker. Sein Strunk ist an der Wurzel dünn und wird erst zwischen den Blättern stärker . . . Der Bruttische hat große Blätter, einen dünnen Strunk, scharfen Geschmack, verträgt aber die Kälte gut. Die Blätter des Sabellinischen sind wunderlich kraus, er soll von allen am besten schmecken. Der Laturrische bildet große Knollen und hat zahllose Blätter. Eine Art Kohl, der an den Seeküsten wächst und halmyridion heißt, hat die gute Eigenschaft, daß man ihn auf langen Seereisen grün erhalten kann, durch besondere Behandlung« (zit. nach Lenz 1859, S. 101–102). Auch vom alexandrinischen Kohl ist an anderer Stelle von Plinius' Naturgeschichte die Rede (in XX, 35). Dieser in Ägypten angebaute Kohl wird öfter von den Klassikern genannt (z. B. von Columella, De mat. med. II, 146).
Etwa um die gleiche Zeit schreibt Columella (ca. 50 n. Chr.): »Um die Zeit der Frühlings-Tag- und Nachtgleiche sammelt man Blumenkohl (cyma), Stengelkohl (caulis), zusammen mit anderen wilden und zahmen Pflanzen, darunter solchen, die am Strand oder im Küstenbereich wachsen, wie Sellerie, Spargel, Weiße Zaunrübe, Mäusedorn,

Strand-Krithmum, Katzenminze, Pastinak und andere. Alle diese Dinge werden in einer Mischung von zwei Dritteln Essig und einem Drittel Salzlake eingemacht.« (Näheres hierüber bei Lenz 1859, S. 137 f.).
Zusammenfassend läßt sich aus den Beschreibungen des klassischen Altertums folgendes hervorheben: Für Griechenland ist der Anbau von zwei Kulturformen des Kohls sowie die Nutzung des dort vorkommenden Wildkohls durch die Beschreibung des Theophrastos für das 4. Jahrhundert v. Chr. belegt. Aus Italien liegen mehrere und ausführliche Beschreibungen aus dem 3. Jahrhundert v. Chr. und dem 1. Jahrhundert n. Chr. vor. Danach wuchs oder wurde der Kohl unter anderem in Küstennähe angebaut. Es gab wilden und kultivierten Kohl. Letzterer wurde sorgfältig und in verschiedener Weise gezogen, wobei je nach Gegend mehr Wert auf einen dicken, zarten Stengel oder auf die Sprossen oder auf die Blätter gelegt wurde. An Formen gab es 1. Stengelkohl (Strunkkohl), darunter bereits rundliche, also wohl kohlrabi-ähnliche; 2. Sprossenkohl, bei dem aus einem hochwüchsigen Stengel zahlreiche Seitenzweige hervorwuchsen, die immer wieder geschnitten wurden, eine Form, die in Deutschland heute nicht mehr üblich ist; 3. Formen mit hohen Stengeln und krausen Blättern, vermutlich ähnlich unserem Grünkohl; 4. niederwüchsiger Kohl mit ausgebreiteter Krone aus nach innen gekrümmten, großen Blättern, welche aber noch nicht zu festen Köpfen zusammengeschlossen waren; 5. den Brokkoli. Das muß der Knospenstand sein, welcher um die Zeit der Frühlings-Tag- und Nachtgleiche gesammelt wurde. Kohl in Form dieser Varietäten war somit in Italien ein viel genutztes Gemüse, das frisch und eingemacht gegessen wurde.
In Deutschland stammen die ältesten Nachrichten erst aus dem Mittelalter. Diese sind zwischen dem 9. und 15. Jahrhundert bezüglich näherer Kennzeichnung sehr dürftig, wenn auch Kohl niemals fehlt und Bestand eines jeden Nutzgartens war. So enthält der Plan für den Klostergarten von Sankt Gallen aus dem Jahre 820 unter 18 Beeten für Kräuter und Gemüse eines für Kohl (caulas). In den verschiedenen weiteren Verzeichnissen (Capitulare Karls d. Gr., um 800; der hl. Hildegard, 1098–1179; des Albertus Magnus, 1200–1280) wird der Kohl u. a. caulis und kappus (caputium) genannt. Das bedeutet beblätterte Stengelkohle oder Kohlrabi und Kopfkohl, dabei auch Rotkohl (rubae caulas bei der hl. Hildegard). Vom 16. Jahrhundert an, mit dem Aufkommen der Kräuterbücher, gibt es viele Beschreibungen und auch Abbildungen. Bei Otto Brunfels (1532) wird fest geschlossener Kopfkohl abgebildet, bezeichnet als Kappes (Abb. 39). Leonhart Fuchs (1543) bildet außer dem Kopfkohl (Kappißkraut) auch locker beblätterte, hochwüchsige Kohlformen ab, darunter den Krausen Kohl, der wie unser Grünkohl aussieht (Abb. 40). Bei Joachim Camerarius (1586, gedruckt 1626) werden Kohlrabi und Blumenkohl abgebildet (Abb. 41), letzterer aber noch nicht in der glatten Form, wie er heute üblich ist. Entsprechende Abbildungen finden sich für

Kappes.

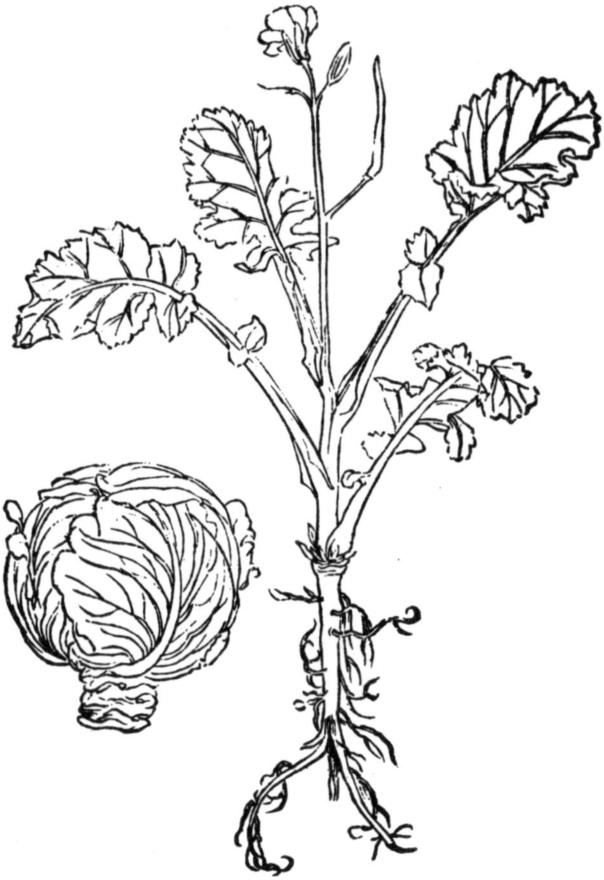

Abb. 39. Kopfkohl. Holzschnitt aus dem Kräuterbuch von Otto Brunfels (1532).

Blumenkohl auch schon um 1554 bei R. Dodonaeus in seiner Histoire de Plantes (Anvers) und für Kohlrabi (caulorapa) um 1576 bei Mattiae de Lobel im Plantarum seu Stirpium Historia (Antwerpen). Mit einer genauen chronologischen Folge der Kohlvarietäten im 16. bis 18. Jahrhundert muß man jedoch vorsichtig sein, da viele Kräuterbücher in mehreren Auflagen erschienen und die Neubearbeiter die älteren Abbildungen und Beschreibungen mehr oder minder mit übernahmen. Auch sind die Blütensprosse, wohl wegen ihrer geringeren Bedeutung, zu stark verkürzt gezeichnet. Doch

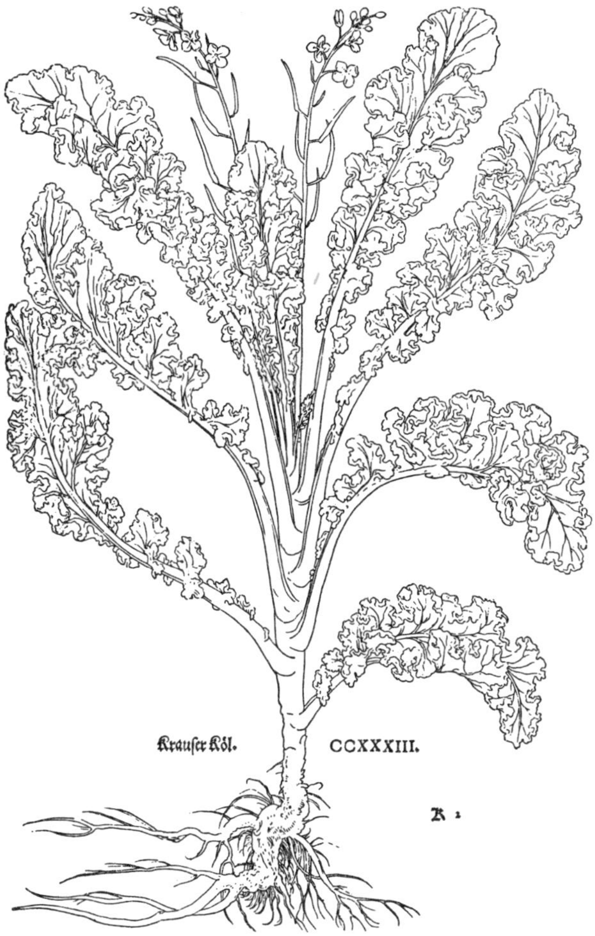

Abb. 40. Krauser Kohl (entsprechend unserem Grünkohl). Holzschnitt aus dem Kräuterbuch von Leonhart Fuchs (1543).

können wir froh sein, daß sich die damaligen Bearbeiter um Abbildungen bemühten.
Jüngste unserer Kohlsorten ist der Rosenkohl. Dieser erschien erstmals im Jahre 1785 in Belgien unter der Bezeichnung Brüsseler Kohl (vgl. E. Schiemann 1932, S. 282). Diese Forscherin nimmt an, daß er durch Mutation eines hochstämmigen Sprossenkohls entstanden sei.
Sieht man sich Ende Oktober eine Rosenkohlpflanze an, so fallen zwei Kennzeichen auf: die Hochstämmigkeit und die Kopfbildung der gipfelständigen Blätter. Es ist

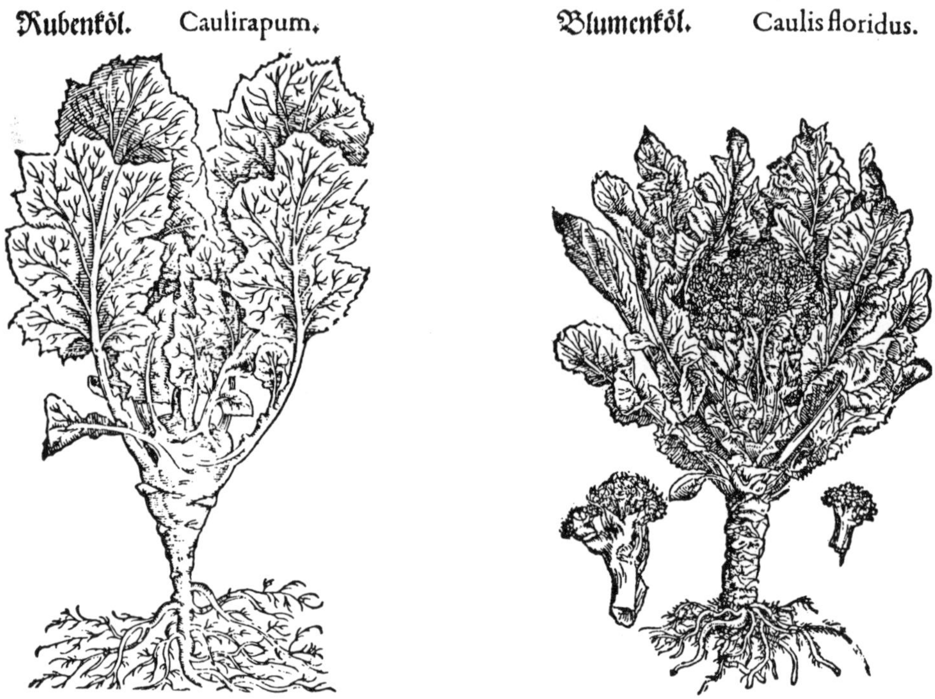

Abb. 41. Links Kohlrabi, rechts Blumenkohl. Holzschnitte aus dem Kräuterbuch von Joachim Camerarius (1586).

zwar nur ein lockerer Kopf, aber alle Blätter, auch die tiefer stehenden, zeigen löffelförmige Einkrümmung. Das ist nur bei Kopfkohl der Fall, nie bei einer der anderen Formen, die krause oder glatte Blätter haben können, doch keine löffelförmigen. Ob der Rosenkohl deshalb aus einer Kreuzung zwischen einem hochstämmigen Sprossenkohl mit einem Kopfkohl hervorgegangen sein kann?

Es sind zwar einige Male in naturkundlichen Büchern des 16. und 17. Jahrhunderts vielköpfige Kohlformen abgebildet worden (an einer Staude bei Nürnberg sogar »34 Häupter«, Wiedergabe bei Helm 1963), aber alle sind niederwüchsige Pflanzen und haben deswegen sicher nichts mit dem Rosenkohl zu tun.

Die heutigen Wildsippen

Wilder Kohl hat seine Hauptverbreitung im Mittelmeerraum, kommt aber auch an den Küsten des Atlantischen Ozeans von der Bucht von Biskaya bis in den Kanal und bis Helgoland vor (Abb. 42).
Er ist in erster Linie ein Felsbewohner, teils an den Küstenkliffen, teils in den Gebirgen (z B. auf Sardinien, Korsika, Mittel- und Süditalien, Kreta, Peloponnes). Erst in zweiter Linie findet sich der Kohl auch auf den Stränden, die den Kliffen vorgelagert sind, z. B. bei Dover (Südengland).
Wie die Landkarte Europas erkennen läßt (Abb. 42) gibt es fünf größere, in sich abgeschlossene Verbreitungsgebiete von wildem Kohl, meistens getrennt durch Meer oder Gebirge. In diesen voneinander isolierten Gebieten haben sich spezielle Formen herausgebildet, die sich durch hohen oder niederen Wuchs, verzweigte oder unver-

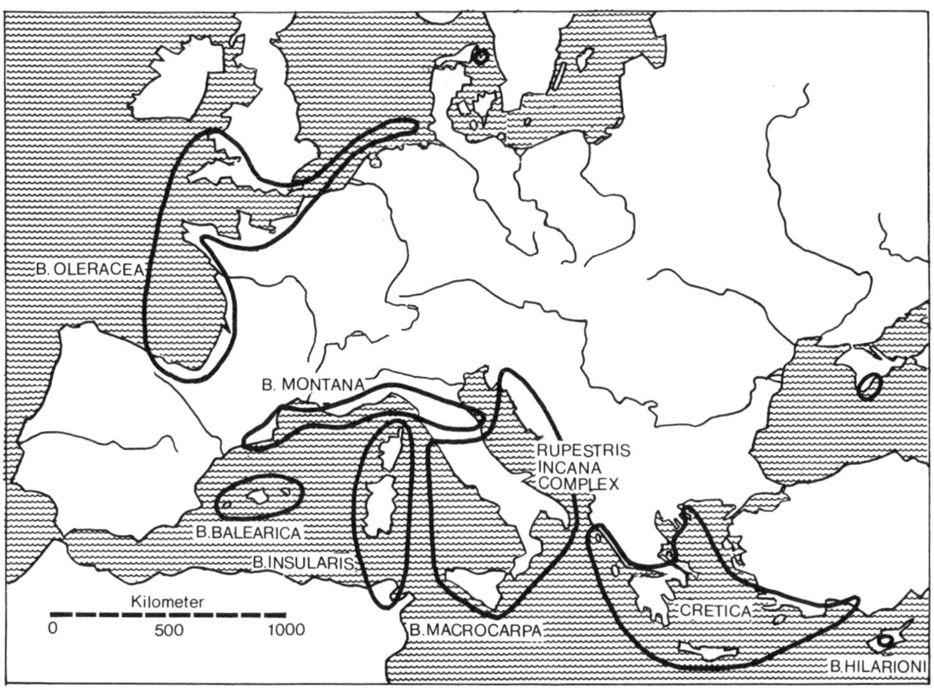

Abb. 42. Verbreitungsgebiete von Wildkohl (*Brassica oleracea*) in Europa. Nach Snogerup (1980), umgezeichnet. Die Form *B. balearica* auf den Balearen (Ibiza, Mallorca und Menorca) ist nach Angaben von Helm (1963) eingezeichnet.

zweigte Stengel, die Beschaffenheit der Blätter (dünn oder fleischig, behaart oder unbehaart, gestielt oder sitzend usw.) und die Blütenfarbe (gelb oder weiß bzw. cremefarben) unterscheiden. Sie werden in Abb. 42 und in manchen Floren mit eigenen Artnamen oder Artengruppen-Namen bezeichnet. Aber alle haben als gemeinsame Merkmale denselben Chromosomensatz (2n = 18). Alle sind miteinander kreuzbar, wenn sie zusammengebracht werden, ebenso wie diese alle mit sämtlichen Kulturvarietäten des Kohls kreuzbar sind. Alle haben denselben Blütenbau und relativ große, kräftige Blätter, welche die Menschen in vorgeschichtlicher Zeit verständlicherweise verlockt haben, diese Pflanzen zu nutzen und in ihre Gärten oder Äcker zu säen oder zu verpflanzen.

Die nachfolgende Beschreibung von Vorkommen und Aussehen der Wildformen von Abb. 42 ist der Bearbeitung von Snogerup (1980) entnommen. Dabei läßt sich zur Zeit nicht entscheiden, ob diese als eigene Arten oder geographische Rassen anzusehen sind.

B. cretica Lam.: Südliches Griechenland, einschließlich Kreta, Südwesttürkei. Auf den marinen Kliffen wächst eine mehrjährige (5–8jährig), hellgelb bis weiß blühende Form mit verzweigten, holzigen Strünken und fleischigen Blättern. In den felsigen Bergen des Peloponnes und von Kreta wächst eine weißblühende Form mit hohen Stengeln und langgestielten Blättern. Es kommen aber in den Mischgebieten Formen zwischen beiden vor.

B. rupestris-incana-Komplex: Mittel- und Süditalien mit Sizilien und einem Teil Jugoslawiens. Es ist eine sehr heterogene Gruppe aus Arten, Unterarten oder Varietäten, deren verwandtschaftliche Verhältnisse nicht ganz geklärt sind. Gemeinsame Merkmale sind die großen, verhältnismäßig dünnen, behaarten Blätter und, bei blühenden Pflanzen, ein einzelner hoher, gipfelständiger Blütentrieb, der sich erst oben verzweigt.

B. insularis Moris: Korsika, Sardinien, Tunesien. Pflanzen niedrig, verzweigt, ähnlich *cretica.* Steife, fleischige Blätter. Blüten groß, weiß.

B. montana L.: Nördliche Mittelmeerküste von Spanien, Frankreich (Riviera), Italien. Strauchige, mehrjährige Pflanzen mit unbehaarten und behaarten, grünen (nicht blaugrauen) Blättern.

B. oleracea L.: Küstenfelsen des Atlantiks, von Spanien bis Südengland, einschließlich der Kreidefelsen an der englischen und französischen Kanalküste. Auch Helgoland. Hervorgehoben wird die graugrüne Farbe seiner Blätter, die gänzlich haarlos sein sollen. Aussehen und Wuchsorte dieser Pflanzen (Taf. 48) verdanke ich dem Botaniker Dr. James Greig von der Universität Birmingham. Dieser Wildkohl von der Südwestküste Englands wächst sowohl in den Spalten der Kreidekalke, aus welchen das Kliff dort (in Wales, westlich Cardiff) besteht, als auch an dessen oberem Rand, wo eine nie-

dere Rasenvegetation beginnt. Die glatten, kräftigen, fleischigen Kohlblätter sind gestielt und am Rande mehr oder minder gewellt, von graugrüner Farbe. Ein niederer, holziger, mehrjähriger Strunk ist in einige, ebenfalls niederwüchsige Seitentriebe verzweigt. Die abgebildete Pflanze zeigt blühende und nicht blühende Triebe. Die ganze Pflanze ist infolge der Windexponiertheit verhältnismäßig niedrig und gedrungen. Die Blütenfarbe ist gelb.
Westlich der Hafenstadt Dover ließ sich Entsprechendes beobachten. Hier gab es jedoch zwei verschiedene Standorte: zur Hauptsache am Kliff, wo Kohlpflanzen in den Spalten und auf dem Verwitterungsboden, zusammen mit wilder Rübe (*Beta maritima*) sowie anderen Salz- und Süßwasserpflanzen, wuchsen. Die Blätter dieses wilden Kohls waren blaugrün, mit dünner Wachsschicht, an der Basis mit Fiederlappen, die Blattstiele grün oder blaurot. An den jungen Blättern aber ließ sich eine kurze, steife Behaarung feststellen (Abb. 43). Junge und ältere Blätter sind mindestens doppelt so dick wie gleichgroße unserer Kulturkohlarten. Der andere Standort befand sich auf

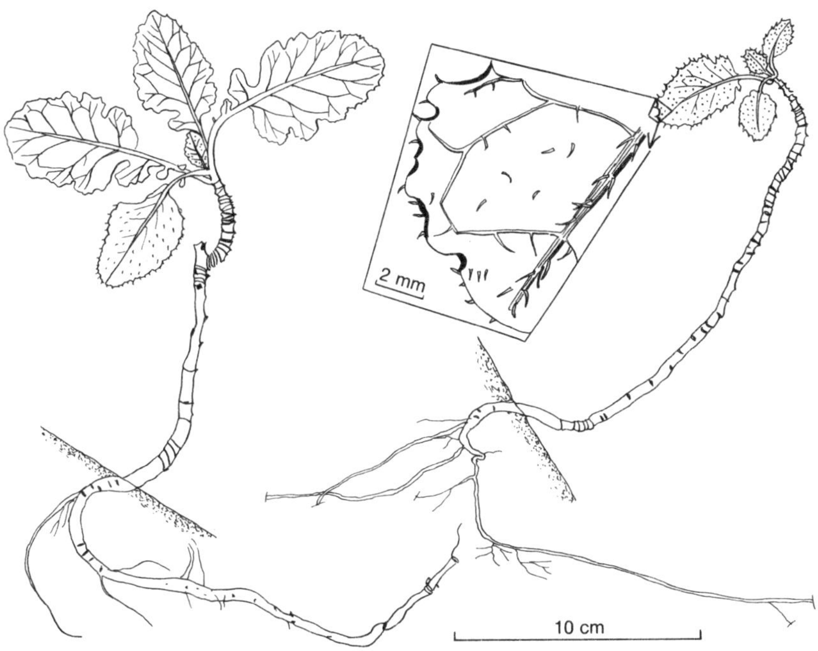

Abb. 43. Zwei Jungpflanzen des Wildkohls von den Küstenfelsen bei Dover (Südengland). Die kleinen Pflanzen sind bereits mehrere Jahre alt, erkennbar an den Blattstielmarken am dünnen holzigen Stengel. Die jungen Blätter sind an der Unterseite mit kleinen, steifen Haaren besetzt, während die sich später entwickelnden Blätter kahl und durch Wachsüberzug blaugrün bereift sind.

dem steinigen Brandungswall der Wintersturmfluten, der also im Sommer wohl nur ausnahmsweise überflutet wird. Und hier wuchsen Wildkohlpflanzen neben Hornmohn (*Glaucium flavum*) sowie den Meeresstrandpflanzen Meerkohl (*Crambe maritima*) und wilder Rübe (*Beta maritima*). Dieser vollsalzige Standort hatte die Blätter des Wildkohls (*Brassica oleracea*) so dick und fest werden lassen und mit einer kräftigen Wachsschicht versehen sowie den Wuchs so gedrungen gemacht, daß Blätter und Wuchs der beiden verschiedenen Kohlgattungen (*Brassica* und *Crambe*) kaum zu unterscheiden waren. Einzig an den Früchten war dies problemlos möglich (*Brassica* mit langen Schoten, *Crambe* mit kugeligen Kapseln). Hieran wird zum einen der prägende Einfluß des Standorts deutlich, zum anderen zeigt es, daß der Wildkohl (*Brassica oleracea*) als Felsbewohner zwar an sich keine Salzpflanze ist, aber doch einen starken Salzgehalt (bis 30% Kochsalz) nicht nur gut verträgt, sondern dabei erst recht dick und fest wird.

Der Wildkohl der englischen Landschaften Hampshire, Sussex und Kent wird 1904 in der Flora von Townsend als Common Sea Cabbage oder Sea Colewort angegeben. Er sei selten, stellenweise häufig, mit Standorten an Seekliffen und Küsten, manchmal auch an wüsten Stellen (ruderal). Er wird von einigen Botanikern für ursprünglich einheimisch, von anderen als verwildert aus Gärten angesehen. Früheste schriftliche Notizen darüber stammen aus dem Jahre 1655 von Lobel. Der Wildkohl bei Dover wird schon um 1548 genannt.

Den wildwachsenden Kohl von Helgoland habe ich zweimal aufgesucht. Dieser gedeiht dort so gut, daß er zur Zeit seiner Blüte Mitte Juni durch die leuchtend gelbe Farbe fast ebenso als Wahrzeichen dieser Insel gelten kann wie der rote Sandsteinfelsen. Er wächst an den hohen, senkrecht abfallenden Felsen, und zwar in Spalten an Schichtgrenzen mit geringsten Mengen an Verwitterungsboden, dann auf den Schuttkegeln, die sich an der Basis der Felsen angesammelt haben und die nur aus dem Verwitterungsboden des Sandsteinfelsens bestehen (Taf. 50–52). Schließlich auch in den Anlagen und Gärten, wo er neuerdings offensichtlich als Zierpflanze betrachtet wird. Dieser Helgoländer wildwachsende Kohl entspricht in Wuchs und Beschaffenheit der Blätter nicht dem von Dover. Die blaurote Farbe der Blattstiele an einem Teil der Pflanzen sieht zwar auf den ersten Blick wie Ableitung von Kulturkohl aus, doch hat sich gezeigt, daß diese Erscheinung, bedingt durch Rotfärbung des Zellsaftes mittels Anthocyan, von den Standortfaktoren abhängig ist. Starke Sonneneinstrahlung, zeitweiser Mangel an Wasser und anderes fördern die Bildung dieses Farbstoffes. Die Helgoländer wildwachsenden Kohlpflanzen sind, wie die südenglischen, mehrjährig. Ein Alter bis zu fünf Jahren ließ sich an den holzigen Strünken anhand der Blattmarken am Stengel vieler Pflanzen abzählen. Wahrscheinlich ist er noch langlebiger.

Es ist aber wiederholt von Botanikern darauf hingewiesen worden, daß es sich bei dem

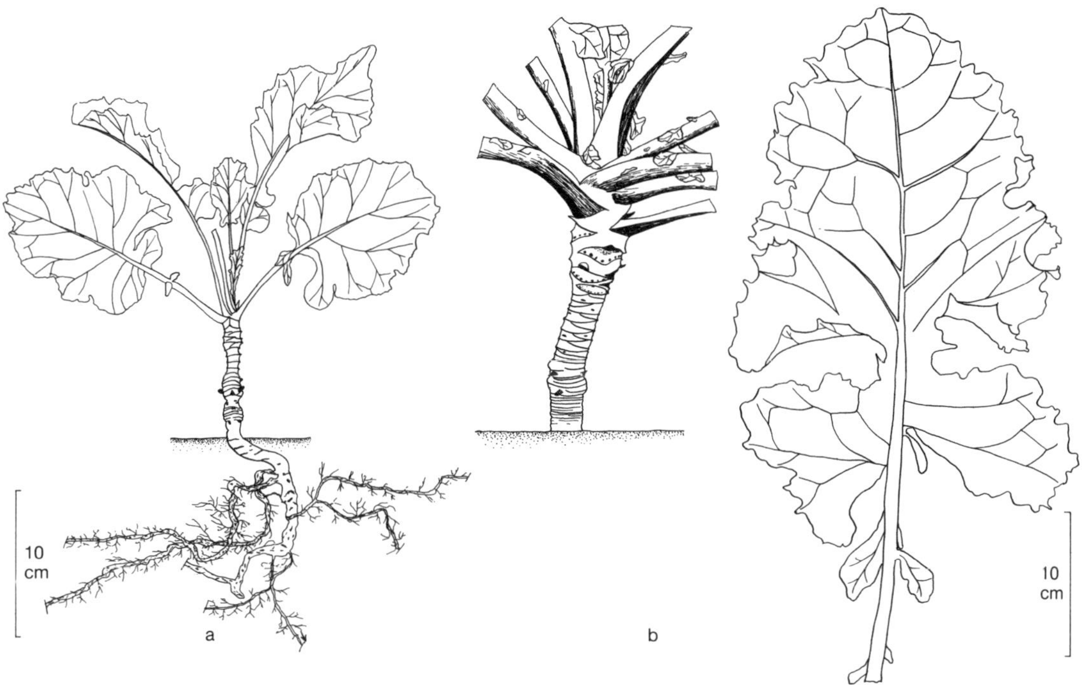

Abb. 44. Wildkohl vom Wildstandort und nach Pflege in Kultur. a) Links auf Buntsandsteingrus am Fuße der Felsen von Helgoland, am 17. 6. 1984; b) rechts dieselbe Pflanze nach Umpflanzen und dreimonatigem Aufenthalt in meinem Garten in Stuttgart. 17. 9. 1984. Bei gleichem Maßstab wie links ist die enorme Vergrößerung von Stengel und Blättern sichtbar.

wildwachsenden Helgoländer Kohl auch um verwilderten Kulturkohl handeln könnte. Wenn das wirklich der Fall ist, so sind die Merkmale seines derzeitigen Wildzustandes doch erstaunlich, wie z. B. Mehrjährigkeit, obwohl es auf Helgoland im Winter auch strengen Frost geben kann. Weiterhin sind die dünnen, holzigen Strünke mit langen Wurzeln Anpassungen an die felsbewohnende Lebensweise, ebenso, daß die Pflanzen vier bis fünf oder mehr Jahre benötigen, ehe sie Blütenschäfte treiben. Schließlich ist die ausgesprochene Vorliebe dieses Kohls für Felsstandorte ein Hinweis für dessen ursprüngliche Wuchsorte irgendwo am Atlantik oder am Mittelmeer.
Die Frage also, ob es sich bei dem Helgoländer wildwachsenden Kohl um echten Wildkohl oder um verwilderten Kulturkohl oder um Formen zwischen beiden handelt, ist nach dessen botanischer Beschaffenheit, jedenfalls für das bloße Auge, nicht sicher zu entscheiden. Mikroskopische Untersuchungen der Zellen und Zellgewebe,

chemische Analysen, die Auswertung historischer Pflanzenlisten von Helgoland und Wachstumsversuche könnten vielleicht mehr Licht hier hineinbringen.
So hat die Verpflanzung einiger Wildkohlstauden von Dover und von Helgoland in meinen Stuttgarter Garten zwei interessante Beobachtungen ergeben: 1. Vier Pflanzen von Dover entwickelten sich zu verschieden aussehenden Pflanzen, davon einer niederwüchsigen mit großen, breiten Blättern. Sie bekamen Ähnlichkeit mit Kulturformen, erfroren aber im folgenden Winter. Zwei Helgoländer Pflanzen haben einen anderen, doch in sich einheitlichen Typus. Sie bildeten am Gipfel des Stengels eine offene Blattrosette. 2. Die Ansprache der beiden Helgoländer Pflanzen auf die dreimonatige Umsiedlung in den Stuttgarter Garten war außerordentlich groß. Diese Entwicklung vom 17. 6.–17. 9. 1984 zeigen Abb. 44a und b. Die Größenzunahme war am ausgeprägtesten in der Verdickung des Stengels unterhalb der Gipfelknospe. Auch dessen Längenzuwachs war beträchtlich. Die Blattgröße erreichte etwa das Dreifache. Ein Kopf oder Ansätze dazu zeigten sich nicht, aber die flach ausgebreitete Blattrosette hatte am 2. Oktober einen Durchmesser von 70 bis 90 Zentimeter erreicht. Diese und eine weitere Helgoländer Kohlpflanze haben in Stuttgart zwei Winter unbeschadet überstanden.
Man sieht, daß die Helgoländer Pflanzen in Kultur keiner unserer derzeitigen Kulturkohlvarietäten ähnlich geworden sind. Weiterhin ist deren starke Ansprache auf bessere und gleichmäßigere Boden- und Feuchtigkeitsbedingungen beachtlich. Zwei Blätter habe ich 30 Minuten lang gekocht und dann gegessen. Sie waren gut genießbar. Das zeigt, wie nützlich sich Wildkohl den Menschen vorgeschichtlicher Zeitepochen erweisen konnte.

Ableitung unserer Kohlvarietäten

Die Kohlvarietäten leiten sich von den Wildsippen ab, die in den Mittelmeerländern und an der atlantischen Westküste Europas einheimisch sind. Wo und wann solche Wildkohlpflanzen in Kultur genommen worden sind, läßt sich für die ältesten Zeiten nicht eingrenzen. Man kann nur vermuten, daß diese auffälligen Blattpflanzen der Felsklippen an den Meeresgestaden und im Gebirge an vielen Stellen zu verschiedenen Zeiten zunächst abgepflückt und dann in Kultur genommen worden sind. In diesem Zusammenhang ist eine Notiz des schwedischen Kohlforschers Snogerup von Interesse, der 1980 berichtete, daß er im Westen der Insel Samos den dort einheimischen Wildkohl (*B. cretica*) auf einem Acker angepflanzt gesehen habe. Die befragten Fischer sagten, sie äßen diesen als Salat.
Kreuzungen im Experiment sind zwischen allen Wildsippen und Kulturvarietäten

möglich, denn alle haben dieselbe Chromosomenzahl (2n = 18). Auch natürlicherweise entstehen Hybriden, sobald Wildsippen und Kulturformen im selben Garten oder in der Nachbarschaft wachsen. Kreuzungen, Mutationen und immer wieder Kreuzungen mit den neu entstandenen Hybriden führten schließlich in verschiedenen Gebieten zu den bekannten Kulturvarietäten.

Wo sich das etwa abgespielt haben könnte, darüber lassen sich einige Anhaltspunkte aus der Morphologie der Pflanzen und über Blätterbeschaffenheit bei wilden und kultivierten Kohlen gewinnen. So soll nach Snogerup (1980) die graugrüne, völlig unbehaarte Blattoberfläche des Wildkohls (*B. oleracea*) von der Atlantikküste Frankreichs dieselbe sein wie die unseres Kopfkohls und Rosenkohls, weswegen er deren Ursprung von jenen annimmt (vgl. die Verbreitungskarte Abb. 42, S. 185). Es muß aber dazu bemerkt werden, daß die Blattformen des Wildkohls von Südengland und Helgoland mit ihrer fiederlappigen Basis nichts mit jungen Kopfkohlpflanzen zu tun haben, dagegen Ähnlichkeit zeigen mit Kohlrabi, Markstammkohl und Brokkoli. Auch an die Behaarung junger Wildkohlpflanzen von Südengland sei erinnert.

Die Stammkohle sollen sich nach Snogerup vom italienischen *rupestris-incana*-Komplex herleiten. Der Sprossenkohl mit seinem verzweigten Wuchs findet sich in entsprechender Weise beim Wildkohl (*B. cretica*) in Südgriechenland (einschließlich Zypern und Kreta). Dieselbe *B. cretica* ist wahrscheinlich auch die Vorfahrin von Brokkoli und Blumenkohl, weil *B. cretica* unter günstigen Bedingungen früher als andere Blüten treiben kann. Diese Interpretationen nach den morphologischen Vergleichen sprechen für Ursprünge aus verschiedenen Gebieten.

Über den zeitlichen Ablauf der Entstehung der Kulturvarietäten vom Kohl haben wir schon berichtet. Fassen wir dies von der Sicht der verschiedenen Varietäten zusammen, so ergibt sich folgendes: Grüner Krauskohl wurde schon im klassischen Altertum Griechenlands (3. Jh. v. Chr.) und in Italien während der römischen Zeit angebaut. In Deutschland wird dieser in den Kräuterbüchern des 16. und 17. Jahrhunderts abgebildet. Diese Form war somit sehr gebräuchlich. Ihr Ursprung ist sicherlich im Raum Italien–Griechenland anzunehmen.

Markstammkohl und Kohlrabi gehen wahrscheinlich auf die frühen Kulturformen der *B. rupestris-incana*-Gruppe Italiens zurück, denn Plinius berichtete von den Verdikkungen des Kohlstamms zwischen den Blättern beim Pompejaner Kohl. In Deutschland wurden Kohlrabi in mehreren Kräuterbüchern des 16. Jahrhunderts abgebildet. Kopfkohl gab es in Form fest geschlossener Köpfe im Mittelmeergebiet nicht. Dort hatten sich nur mehr oder minder dichte Kronen aus großen Blättern entwickelt. Die ältesten Nachweise wirklich fest geschlossener Kohlköpfe aus Deutschland finden sich in den Holzschnitten der Kräuterbücher des 16. Jahrhunderts. Vermutlich gab es den Kopfkohl als Rot- und Weißkraut aber schon zur Zeit der Äbtissin Hildegard von

Bingen (1098–1179). Nur fehlen aus dieser Zeit Abbildungen und Beschreibungen. Es werden nur die Namen genannt. Kopfkohl ist von seiner Biologie her ein Gewächs des gemäßigten Klimas und nicht geeignet für das heiße, trockene Sommerklima des Mittelmeerraumes.

Über Brokkoli und Blumenkohl haben wir schon gesagt, daß diese vermutlich aus Südgriechenland (eventuell von Kreta oder Zypern) stammen. Helm (1963) schreibt, daß die Genuesen wahrscheinlich die ersten waren, die Brokkoli und Blumenkohl um 1490 von dort nach Italien brachten. Von Italien aus gelangte der Blumenkohl nach Frankreich, Flandern (dem heutigen Belgien) und Deutschland. Abbildungen von Blumenkohl erschienen von 1542 an.

Über den Rosenkohl als verhältnismäßig junger Form im 18. Jahrhundert in Belgien, wo er zuerst auftrat, wurde schon berichtet. Ob er durch Mutation oder aus unbeabsichtigter Hybridisierung hervorging, läßt sich nicht mehr feststellen. Möglicherweise gab es diesen in Belgien aber schon mehrere Jahrhunderte zuvor, wie aus schriftlichen Quellen hervorzugehen scheint (näheres bei Helm 1963).

Für alle heutigen kultivierten Kohlvarietäten kann man zusammenfassend sagen, daß sie sich von der einen Art (oder Sammelart) *Brassica oleracea* L. ableiten lassen. Diese kommt heute noch als Wildkohl in den Mittelmeerländern und an der Atlantikküste von der Bucht von Biskaya bis Südengland und Helgoland vor. Der Wildkohl ist infolge seiner Standorte auf Klippen und Felsen und der mehr oder minder vorhandenen Isoliertheit der Verbreitungsareale in Form unterschiedlicher geographischer Rassen (oder Varietäten oder Unterarten) ausgebildet, die sich auch morphologisch sowie durch andere Merkmale unterscheiden. Unser Kulturkohl entstand in diesen verschiedenen Gebieten. Einige ließen sich für bestimmte Kulturvarietäten wahrscheinlich machen. Nähere Kenntnisse wären sicherlich noch zu gewinnen, wenn die heute existierenden Wildsippen in allen Gebieten, wo sie bis jetzt erhalten geblieben sind, vergleichend botanisch bearbeitet würden: ihr genaues Aussehen, ihre morphologische, histologische und chemische Beschaffenheit, ihre Ökologie und Pflanzengemeinschaften, ihre Standortansprüche. Wenn es auch nicht mehr genau dieselben Wildformen wie vor 2000 Jahren sind, so würde eine derartige monographische Bearbeitung, verbunden mit Nutzungsarten alter Landrassen durch die Menschen in abgelegenen Gebieten, doch Aufschlüsse bringen. Mit fortschreitender »Kultivierung« aber wird dies, mit Ausnahme der Klippenstandorte, in absehbarer Zeit wohl nicht mehr möglich sein.

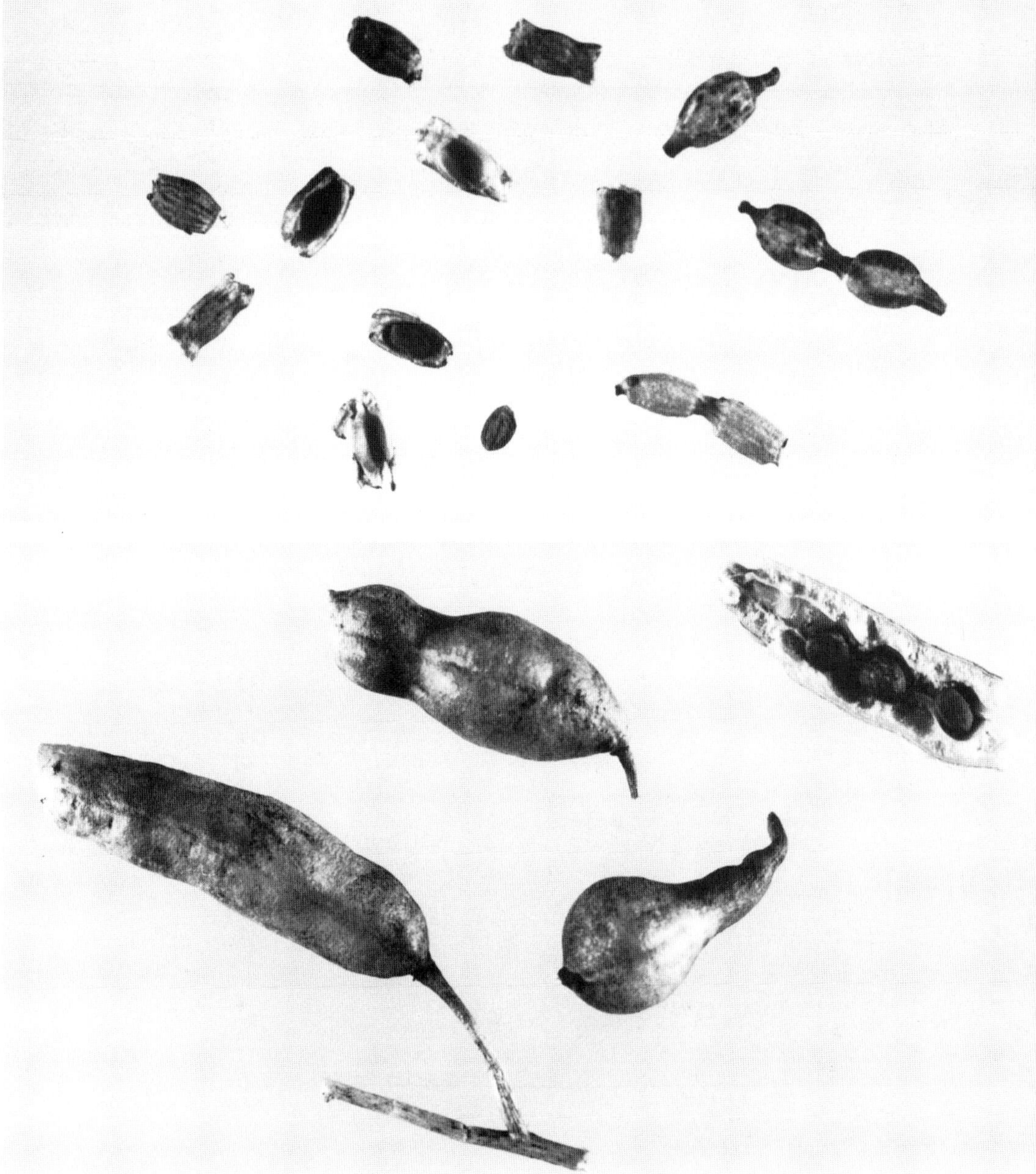

Tafel 53 Reife Gliederschoten von Wild- und Kulturpflanze. Oben: Hederich (*Raphanus raphanistrum*). Die ursprünglich lange Schote ist bei der Reife in die einzelnen Glieder zerfallen, mit je einem Samen darin. Das ist ein Wildpflanzenmerkmal und dient der natürlichen Verbreitung. Unten: Rettich (*Raphanus sativus*). Hier sind die Früchte zwar unregelmäßig, aber nicht zerfallen, je mehrere Samen enthaltend: Das Nicht-mehr-Zerbrechen der reifen Früchte ist ein Kulturpflanzenmerkmal. Vergr. 2,2x.

Tafel 54 Älteste überlieferte farbige Wiedergabe vom Rettich. Aus dem Codex des Dioskorides (um 60 n. Chr.), in der ersten farbigen Kopie von 500–511 in Konstantinopel. Foto: Universitätsbibliothek Erlangen.

RETTICH, RADIESCHEN, EISZAPFEN (*Raphanus sativus* L.)

Kennzeichnung. Anbaugebiete. Inhaltsstoffe

Die gemeinsamen Merkmale von Rettich, Radieschen und Eiszapfen bestehen in der fleischigen, mehr oder minder scharf schmeckenden Wurzel bzw. Knolle, in der Übereinstimmung von Blüten und Früchten (Abb. 45) und derselben Chromosomenzahl (2n = 18). Sie gehören zur Familie der Kreuzblütler (*Cruciferae = Brassicaceae*). Die Blütenblätter von Rettich, Radieschen und Eiszapfen sehen im allgemeinen weiß mit lila Aderung oder blaßlila aus. Die Früchte sind nicht nach dem Typus der einfachen Schote gebaut, wie es beim Raps und Kohl der Fall und überhaupt bei den Kreuzblütlern häufig ist, sondern nach der nur selten vorkommenden Form der Gliederschote. Diese ist perlschnurartig eingeschnürt und durch quer verlaufende Kammerwände unterteilt, welche im Innern aus einem schwammigen Mark bestehen. In jeder Kammer liegt ein Same.Bei der Reife bleibt die Gliederschote geschlossen (Abb. 45e, f).
Außer den gemeinsamen Merkmalen gibt es jedoch Unterschiede zwischen Rettichen einerseits und Radieschen bzw. Eiszapfen andererseits. Deswegen werden beide Gruppen anderen Unterarten zugeordnet (bei Helm 1957 sogar verschiedenen Arten). Diese haben auch eine voneinander abweichende Entwicklungsgeschichte. Im folgenden werden sie daher getrennt behandelt.
Bei Rettichen (*Raphanus sativus* L.) ist die fleischige Wurzel größer, derber und schärfer im Geschmack. Sie wächst bei den meisten Sorten bis dicht unter den Blätterschopf in der Erde. Die Blätter sind bis zu 40 Zentimeter lang, fiederlappig und unterseits auf den Blattnerven von kurzen, anliegenden Haaren rauh. Rettiche lassen sich den ganzen Sommer über im Freien ziehen. Derzeit werden in den Samenkatalogen der Züchtereien in der Bundesrepublik bis zu 17 Sorten angeboten: weiße, rote, schwarze und blaue, diese in lang, halblang oder rundlich.
Radieschen (*Raphanus sativus radicula*) sind in allem kleiner, dünnschaliger, zarter und weniger scharf. Die Blätter sind im Verhältnis breiter, auf der ganzen unteren Blattfläche von kurzen, anliegenden Haaren rauh. Die Knolle ragt immer zur Hälfte oder mehr aus der Erde hervor. Das liegt daran, daß sich diese zum größeren Teil aus dem Stengelstück unterhalb der Keimblätter (Hypokotyl) bildet (in Abb. 45b, durch eine gestrichelte Linie markiert. Entsprechendes in a beim Rettich). Das Radieschen war früher eine ausgesprochene Frühjahrspflanze, weil seine vegetative Entwicklung (Knolle und Blattrosette) an kurze Tageslängen und an kühlere Temperaturen angepaßt war. Unter den heutigen 15 bis 17 Sorten sind aber auch solche, die im Sommer oder Herbst gesät werden können. Die meisten bilden eine kugelige Knolle, die Sorte

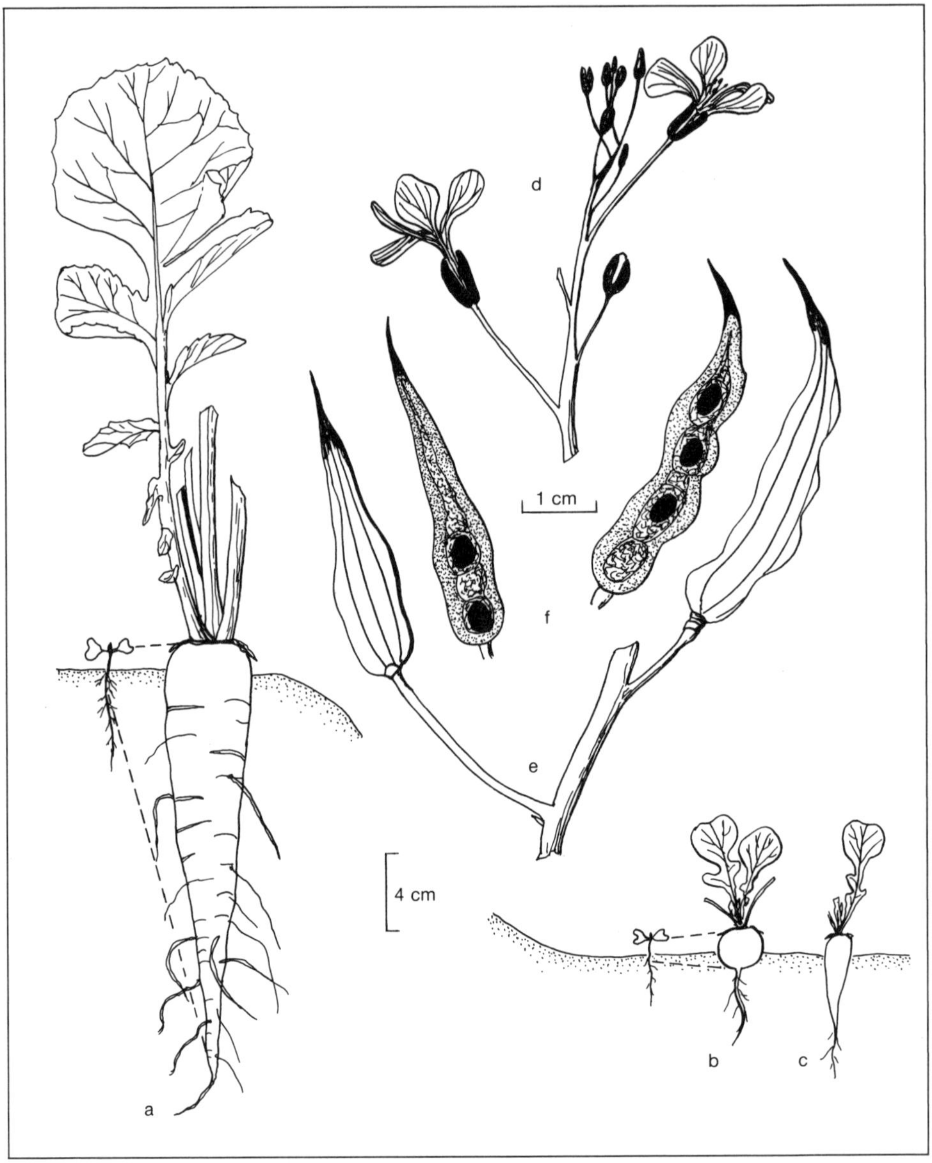

Abb. 45. Rettich (a), Radieschen (b) und Eiszapfen (c) (*Raphanus sativus*). Links jeweils die Keimpflanze, um deutlich zu machen, welche Teile sich verdicken. d–f) Blüten und Früchte. e–f) zwei aufgeschnittene Gliederschoten (von der Außen- und Innenseite), mit Samen.

Flamboyant ist halblang rot mit weißer Spitze. Die Eiszapfen sind praktisch lange, weiße Radieschen.
Der Rettich wird in den verschiedensten Gebieten und Klimazonen der Erde angebaut. In Europa und Nordamerika wird Rettich in Hausgärten und gebietsweise in Gartenbaubetrieben gezogen. Der Anbau reicht relativ weit nach Norden. In Ostasien (China und Japan) ist ihr Verbrauch wesentlich größer. Rettiche werden dort nicht nur roh, sondern auch gekocht gegessen und als Viehfutter verwendet. Eine Sorte des japanischen Riesenrettichs wird bis zu 30 Kilogramm schwer (abgebildet im Handbuch der Pflanzenzüchtung Bd. VI, S. 45).
Insgesamt sind drei verschiedene Varietäten herausgezüchtet worden: 1. Der bei uns übliche Rettich mit eßbarer Wurzel, der außer in Nord- und Mitteleuropa im Mediterrangebiet, Vorderen Orient, China und Japan kultiviert wird. 2. Der Ölrettich, ohne verdickte Wurzel, aber mit ölreichen Samen, aus denen besonders in Ägypten, aber auch in Japan und China Öl gewonnen wird. 3. Der Schlangenrettich von Ostindien und Java. Bei diesem sind die Schoten überlang (25–100 cm), so daß sie durch ihre Last die Stengel zu Boden drücken. Sie werden als Gemüse gegessen.
Das Radieschen ist nicht so weit verbreitet, weil es ursprünglich nur in einem engeren Klimabereich und zwar im Mittelmeergebiet, besonders Italien, im Winter- und Frühjahrsanbau gezogen wurde; heute ist es auch in Mittel- und Nordeuropa üblich.
Der mehr oder minder scharfe Geschmack rührt vom Gehalt an verschiedenen Senfölen her. Außerdem finden sich geringe Mengen von Verbindungen mit Senfölen (Glykoside). Diese haben ausgesprochene antibakterielle Wirkung. Zusammen mit der harntreibenden Wirkung des Rettichs bedingen sie die therapeutischen Verwendungen des Rettichsaftes (nach Schormüller 1974).
An Vitaminen enthalten Rettiche und Radieschen viel Vitamin C (in den Blättern noch mehr), ferner Spuren von Vitamin B_1, B_2 und A. Von den Mineralien ist Kalium am meisten vertreten. Der eigentliche Nährwert ist gering, da Rettiche und Radieschen im Mittel zu 93–94% aus Wasser bestehen. Von den etwa 5% Nährstoffen überwiegen die Kohlenhydrate mit 3,5–3,9%. Nähere Angaben finden sich in Tab. 8, S. 172.

Die Geschichte des Rettichs

Überreste von Rettichen in archäologischen Ausgrabungen könnten sich nur von Früchten und Samen erhalten. Die Möglichkeit hierfür ist aber gering, da Rettiche für den Normalverbrauch ja nicht in Samen schießen. Bisher ist nichts derartiges aus vorgeschichtlicher Zeit gefunden worden. Aber was für die Rübe (*Beta vulgaris*) und Garten-Melde (*Atriplex hortense*) gilt, von denen trotzdem hin und wieder Früchte aus römerzeitlichen Ablagerungen in Deutschland ausgelesen werden konnten, müßte auch für den Rettich möglich sein. Das Aussehen der Samen und Früchte, im Vergleich zu denen des nahe verwandten Hederichs (*Raphanus raphanistrum*), wird in Taf. 53 gezeigt.

Die ältesten Hinweise zur Nutzung des Rettichs sollen nach Wein (1964) aus Nordchina stammen. Im übrigen liegen die Anfänge der Rettichkultur im dunkeln. Sie gehen jedenfalls nicht bis zum Bau der Cheopspyramide in Ägypten (4. Dyn., ca. 2600 v. Chr.) zurück, wie Herodot berichtet hat. Da das aber noch in vielen heutigen landwirtschaftlichen Büchern so steht, soll dies kurz erklärt werden. Als der griechische Gelehrte und Reisende Herodot im 5. Jahrhundert v. Chr. auch Ägypten besuchte, sei ihm bei der Cheopspyramide berichtet worden, in Hieroglyphen stünde daran geschrieben, für wie viele Talente Silber die damaligen Pyramidenarbeiter mit Zwiebeln und Rettichen hätten beköstigt werden müssen. Die Ägyptologin und Botanikerin Frau Dr. R. Germer schrieb mir auf meine Frage am 30. 1. 1985 dazu: »Die Stelle bei Herodot darf man nicht als Beleg für Rettichanbau nehmen. Die Ägypter hätten nie so etwas »profanes« wie eine Lebensmittelrechnung auf eine Pyramide geschrieben. Es gibt die allgemein akzeptierte Erklärung für diese Herodotstelle, daß Herodot einem sehr phantasievollen Reiseführer glaubte, der auch keine Hieroglyphen mehr lesen konnte.« Direkte Funde sowie schriftliche oder bildliche Nachweise in Ägypten *vor* der griechisch-römischen Zeit sind nach Renate Germer (1985) nicht gesichert.

Aus der Zeit des klassischen Altertums in Griechenland und Italien gibt es dann aber genaue Angaben über Rettiche (zusammengefaßt von Lenz 1859). So nennt der griechische Philosoph und Naturforscher Theophrastos (371–287 v. Chr.) verschiedene Sorten von Rettich (raphanis): »Der korinthische Rettich wächst am stärksten und bildet seine Wurzelmasse über der Erde aus, nicht wie die übrigen abwärts. Der thracische ist am unempfindlichsten gegen Winterkälte. Der bötische schmeckt am besten, ist rund, der kleonäische dagegen lang. Je glatter die Blätter, desto lieblicher ist der Geschmack, je rauher die Blätter, desto schärfer der Geschmack.« Die älteste uns überlieferte Abbildung findet sich im Codex von Dioskorides (Taf. 54).

Columella schrieb in seinem Buch über Landwirtschaft De re rustica (etwa 64 n. Chr.): »Rettig (raphani radix) wird zweimal im Jahre gesät; im Februar, wenn wir ihn noch im Frühjahr essen wollen; die zweite Aussaat wird im August vorgenommen. Die Behandlung besteht darin, daß er in gedüngte, gut bearbeitete Erde gesät wird, daß er dann, wenn er eine Zeitlang gewachsen ist, mit Erde bedeckt wird, denn er wird hart und pelzig, wenn er über sie hervorragt.«

Plinius der Ältere (23–79 n. Chr., Italien) schrieb in seiner Naturgeschichte (Nat. hist. XIX, 26) über den Rettich (raphanus) unter anderem: »In Ägypten steht der Rettig wegen des vielen Öls, das seine Samen geben, in großem Ansehen. Der Rettig verlangt lockeren, feuchten Boden . . . In kalten Gegenden gedeiht er so gut, daß er in Germanien die Größe neugeborener Kinder erreicht. Er wird zu verschiedenen Zeiten gesät . . . Salz ist für ihn ein guter Dünger, daher begießt man ihn mit Salzwasser und bestreut ihn in Ägypten mit Soda, wodurch er einen vortrefflichen Geschmack erhält. Überhaupt benimmt ihm Salz die Bitterkeit. Gekocht wird er milder und kann wie Kohlrüben (napus) gegessen werden.«

Galenus aus Pergamon (129–199 n. Chr.) schrieb: »Den Rettig (raphanis) verzehrt man roh mit Salz oder Essig. Arme Leute kochen auch den Stamm und die Blätter.«

Dies sind einige der Beispiele, die zeigen, daß Rettiche im 1. und 2. Jahrhundert n. Chr. in Ägypten, Italien, Griechenland und sicher stellenweise im römischen Germanien gezogen wurden. Auch geht daraus hervor, daß es bereits zwei Kulturformen gab. Ölrettich in Ägypten und den Wurzelrettich in den anderen Gebieten.

In Deutschland und der Schweiz erfahren wir über den Rettich erst aus dem Mittelalter, frühestens vom 9. Jahrhundert an. Er wurde in den Klostergärten gezogen. Die Äbtissin und Naturforscherin Hildegard von Bingen (1098–1179) nennt ihn retich. Albertus Magnus (1200–1280) bezeichnet ihn als radix. Im 16. Jahrhundert, mit dem Aufkommen des Buchdrucks und der Abbildungen durch druckbare Holzschnitte, erscheint der Rettich in fast allen Kräuterbüchern, so z. B. bei Otto Brunfels (1532), Leonhart Fuchs (1543), Hieronymus Bock (1532), Rembert Dodonaeus (1554). Die Holzschnitte zeigen längliche Rettiche sowie an den blühenden Trieben die zugespitzte Gliederschote (Abb. 46). Hieronymus Bock nennt zwei verschiedene Formen und zwar den »Gemeinen Rhetich als zu Straßburg und Speier, danach die lange Rhetich werden etwann lang wie die Steckrüben, am Geschmack süsser und milter dann die runden, wachsen inn Lothringen und umb die statt Metz.«

Sehen wir aus der wissenschaftlichen Zusammenstellung von Friedrich Alefeld (1866) die im vorigen Jahrhundert in den deutschen Bundesstaaten üblichen Sorten vom Rettich (nur in Auszügen): »Winterrettige waren spätreifend, um sie im Winter zu essen. Sie trieben im nächsten Jahre Blüte und Frucht. Die Wurzeln waren härtlich, scharf, groß, d. h. 1–6 Pfund schwer. Die Sorten: 1. weißer spanischer mit großer, langer Wurzel, äußerlich grünlich, innen hart, weiß, scharf. 2. Schwarzer Erfurter mit langer Wurzel, außen rauh und schwarz, innen hart weiß, beißend scharf. Dieser ist am verbreitetsten. 3. Brauner mit länglich-birnenförmiger Wurzel, mittelgroß innen hart, weiß. 4. Weißer runder mit länglich-runder Wurzel. – Sommerrettige reiften früh, wurden im Sommer und Herbst gegessen. Sie sind zarter, milder, kleiner, nämlich 1/2–2 Pfund schwer. Die Sorten: 1. Weißer Frührettig mit langer, weißer Wurzel, schießt gerne, 2. Schwarzer Sommerrettig mit langer, schwarzer Wurzel, schießt gerne, 3. Weißer runder Wasserrettig, in Deutschland häufig gebaut. 4. Gelbgrüner

Abb. 46. Holzschnitte von Rettichen aus dem 16. Jahrhundert in Deutschland. Links und Mitte von J. Camerarius (1586), rechts von Otto Brunfels (1532).

Sommerrettig = Gelbes Radieschen. Wurzeln klein, zartfleischig und angenehm schmeckend, gelblichgrün, rundlich. Bildet den Übergang zu den Radieschen. 5. Roter, runder Sommerrettig. Wurzel länglich bis rund, violett bis rosenrot, zart, beliebt. 6. Schwarzer runder Sommerrettig. Schießt gerne und taugt nicht viel.«

Die Geschichte des Radieschens

Diese geht nicht so weit zurück wie die des Rettichs. Schriftliche Nachrichten vom Radieschen in Mitteleuropa gibt es erstmals aus dem 16. Jahrhundert. Nach den historischen Studien von K. Wein (1964) veröffentlichte im Jahre 1536 der Frankfurter Buchdrucker Christian Egenolph einen Holzschnitt unter dem Namen Raphanus Retig, welchen vier Jahre später Th. Dorsten als Raphanus minor vel communis bezeichnete. Diese Abbildung wurde von den Botanikern A. De Candolle (1883) und O. E. Schulz (1919) als Darstellung des Radieschens erkannt. (Nach Wein ist die Knolle 3,2 cm lang und 1,3 cm breit und weist erst in größerer Entfernung vom oberen Ende Seitenwurzeln auf). Auf die Nennung des Radieschens (*R. praelongus*) durch Konrad Gesner (1561) haben wir schon hingewiesen. Aus den historischen Studien von K. Wein (1964) geht weiterhin hervor, daß L'Obel (latinisiert Lobelius) aus Flandern für das belgisch-niederländische Gebiet in seinen Holzschnitten (1561, 1570 und 1575) die Blattunterschiede zwischen Rettich und Radieschen deutlich machte. Nach den Beschreibungen des Arztes und Botanikers Kaspar Bauhin besaß das in und um Basel gezogene weiße Radieschen eine längliche Form, während eine rote Form aus Italien gekommen war. Von der zweiten Hälfte des 16. Jahrhunderts an wurde das Radieschen in Deutschland auch in Privatgärten, zusammen mit dem Rettich gehalten, so in Meißen, Helmstedt, Leipzig, Nürnberg, Regensburg, Heidelberg.

Im 17. Jahrhundert findet sich das längliche Radieschen (*R. minor oblonga*) für folgende Gebiete genannt: Pisa in Norditalien, im königlichen Garten von Paris, aus der Umgebung von Middelberg/Holland als *R. minor purpureus*, also das rote Radieschen, in Uppsala und Umgebung (Schweden) 1673, im botanischen Garten der Universität Åbo in Finnland, in Norwegen zuerst in der Hafenstadt Trondheim, in Schottland 1683 in Edinburgh. Somit war das längliche Radieschen im 17. Jahrhundert in alle Länder Europas gelangt, wenn auch wohl erst an einzelne Orte. 200 Jahre später beschrieb Friedrich Alefeld (1866) in seiner landwirtschaftlichen Flora die zu der Zeit in den deutschen Bundesstaaten gezogenen Radieschen (*Raphanus sativus radicula* D.C., Monatsrettig) folgendermaßen: »Wurzel nur einige Lothe, nie 1/2 Pfund schwer, fleischig, eßbar, zart, wenig scharf. Die Pflanze ist einjährig, ja selbst innerhalb 3 Monaten seine Samen zur Reife bringend.« Folgende neun Sorten führt Alefeld an (nur in Auszügen): »1. Das Glasradieschen ist ein langer, weißer Frühlingsrettig in Eisenach/ Thüringen und Hohenheim/Schwaben. 2. Hellrother, langer Monatsrettig. 3. Purpurrother Frühlingsrettig mit langer Wurzel. 4. Graues, langes Radieschen. 5. Holländisches kleines rundes Knollenradies, weiß, früh. 6. Gemeines weißes Radieschen, rundlich, spät. 7. Forellenradieschen, Wurzel hellroth, klein, früh. 8. Violettes Radieschen, rund, klein, früh. 9. Rothfleischiges Radieschen, auch innen roth.«

Hieraus ist ersichtlich, daß sich in rund 200 Jahren das Radieschen in ganz Mittel- und Nordeuropa durchgesetzt hatte und in vielen Sorten gezogen wurde: in langen und runden Formen, weiß und rot, für Frühlings- und spätere Aussaat.

Wilde Verwandte und mutmaßliche Ableitung des Rettichs

Ein direkter Vorfahr des Rettichs ist nicht bekannt. Früher wurde der Hederich (*Raphanus raphanistrum* ssp. *raphanistrum*) dafür gehalten, ein Ackerunkraut auf sauren Böden. Hederich blüht ebenso wie der Rettich weiß mit blauer Aderung, kann jedoch auch in hellgelb blühenden Formen, selbst am gleichen Standort, vorkommen. Die Wurzel des Hederichs ist dünn und holzig, riecht und schmeckt aber beim Aufschneiden schwach nach Rettich.

Für die Kulturpflanzenwerdung des Rettichs aus einer wild wachsenden *Raphanus*-Art kommen sowohl das Mittelmeergebiet als auch die Kaukasus-Region in Frage. Für Italien werden in der Flora d'Italia von Sandro Pignatti (1982) vier Unterarten der Hederich-Gruppe (*Raphanus raphanistrum*) angegeben. Zwei von diesen gelten als nähere Verwandte des Rettichs. Es sind Landra (ssp. *landra*) und der Meeresstrand-Hederich (ssp. *maritima*). Beides sind Pflanzen, die gelb blühen und größer werden als der bei uns einheimische Hederich. Landra wächst in Italien als Ackerunkraut und auf Auffüllplätzen. Freistehende Pflanzen erreichen eine Höhe von 1,2–1,5 Meter und sind stark verzweigt. Die Fruchtschoten sind, wie beim Rettich, zwar eingeschnürt, aber zerbrechen nicht bei der Reife. Den Meeresstrand-Hederich (ssp. *maritima*) habe ich im Sommer 1985 aus Samen in meinem Stuttgarter Garten gezogen. Zuerst bildete sich eine Blattrosette, welche dem Boden flach auflag. Im August hatten sich umfangreiche, stark verzweigte Pflanzen von über einem Meter Höhe und über einem Meter Durchmesser mit ebenfalls gelben Blüten entwickelt. Die Wurzel erreichte eine Dicke von rund 20 Millimeter, hatte eine ca. 2 Millimeter mäßig harte Rinde und einen ca. 15 Millimeter dicken, weichen, weißen Innenteil (Zentralzylinder), der stark und scharf nach Rettich riecht und schmeckt. Man kann sich leicht vorstellen, daß eine Pflanze mit solchen Eigenschaften der Wurzel von den Menschen der vor- und frühgeschichtlichen Zeit begehrt war und sie diese bei ihren Wohnungen ausgesät haben.

Abweichend vom Rettich sind vor allem die gelben Blüten von Landra und dem Meeresstrand-Hederich, während der Gewöhnliche Hederich (ssp. *raphanistrum*) meistens dieselben weißen, violett geaderten Blütenblätter besitzt wie der Rettich und nur selten gelbe. Immerhin zeigt das Verhalten des Hederichs mit zwei Blütenfarben, daß dies kein so wesentlicher Unterschied ist. Es kann also der Rettich aus dieser oder mehreren der genannten Wildformen des Hederichs im Mittelmeergebiet allmählich

entwickelt worden sein. Nach dem Bautypus des Proteins besteht die engste Verwandtschaft unseres Rettichs mit dem italienischen Landra.
Eine andere Möglichkeit der Rettichentstehung wird von verschiedenen Botanikern und zusammenfassend von Elisabeth Schiemann (1932) südlich des Kaukasus angenommen: Es soll (nach De Candolle) dort eine rettichähnliche Wildart einheimisch sein, so daß als Ursprungsgebiet des Rettichs das Gebiet zwischen Kleinasien, Palästina und dem Kaukasus, vielleicht auch Griechenland, in Frage kommt.
Es ist aber gut möglich, ja wahrscheinlich, daß sich durch Bastardieren mit den lokalen Wildarten die verschiedenen Varietäten (Ölrettich in Ägypten, Wurzelrettich anderwärts) sowie zahlreiche Spielarten mit der Zeit herausgebildet haben und Änderungen immer wieder stattfanden. Der bei uns vorkommende Gewöhnliche Hederich wird demnach nicht als direkter Vorfahre des Rettichs angesehen, wohl aber ist dessen spätere Einkreuzung möglich.

Die Ableitung des Radieschens

Auch diese ist immer noch nicht befriedigend geklärt. K. Wein (1964) vertritt die Ansicht, daß es sich von Landra aus Italien ableite. Landra ist früher in Italien als Salat oder Gemüse gegessen worden. Sie vermittelt (nach Hegi) aufgrund der Beschaffenheit der Pflanze den Übergang zwischen Hederich und Rettich/Radieschen.
Das Radieschen erschien in Mittel- und Westeuropa zuerst im 16. Jahrhundert. E. Schiemann schreibt (1932), daß die Araber es den »fränkischen Rettich« nannten. Daraus sei zu schließen, daß diese es erst bei ihrem Eindringen in Spanien zu der Zeit kennengelernt hätten. Weil Landra wild im westlichen Mittelmeergebiet und am Atlantik vorkomme, werde das Radieschen von manchen Botanikern in verwandtschaftliche Beziehung zu dieser Wildart gesetzt. Obwohl hierfür nähere botanische Untersuchungen bisher fehlen, ist doch sicher, daß das Radieschen nicht einfach eine Spielart des Rettichs ist, sondern erst in späterer Zeit auf andere Ausgangsformen von *Raphanus* zurückgeht.
Zusammenfassend gilt für Rettich, Radieschen und Eiszapfen: Alle in Mitteleuropa angebauten sind Kulturformen mit Senfölen und Vitamin-C-haltiger fleischiger Wurzel bzw. Knolle. Sie gehören zwei Gruppen an, nämlich Rettich einerseits und Radieschen mit Eiszapfen andererseits. Beide Gruppen sind zu verschiedenen Zeiten entstanden und haben nicht dieselben Vorfahren. Die Rettichkultur ist sehr alt. Die Anfänge liegen im dunkeln. In Kultur entstanden der Ölrettich (mit ölreichen Samen, aber dünner, nicht eßbarer Wurzel), der Schlangenrettich mit eßbaren Schoten und der in Europa allgemein verbreitete Wurzelrettich. Dieser wurde zu einer wichtigen Genuß-,

Nahrungs- und Heilpflanze wegen seines würzig-scharfen Geschmacks und seiner antiscorbutischen, antibakteriellen und therapeutischen Wirkungen. Während in Ägypten nur der Ölrettich sowie in den Tropen der Schlangenrettich angebaut wurde, ist in Vorder- und Mittelasien, in Fernost und im ganzen Mittelmeergebiet während des klassischen Altertums der Wurzelrettich in verschiedenen Spielarten genutzt worden, in Deutschland nachweisbar erst vom Mittelalter an. Die Ableitung des Rettichs von einer bestimmten wilden Stammpflanze der Gattung *Raphanus* ist bis heute unsicher. Unser Hederich wird nicht als Vorfahr angesehen, kann aber durch spätere Einkreuzungen beteiligt gewesen sein, ebenso wie auch andere Wildarten. Die Kultur des Radieschens ist lange nicht so alt. Nachgewiesen ist sein Anbau in Deutschland erst in der Renaissancezeit (16. Jahrhundert). Wahrscheinlich stammt es aus Italien, wo der mögliche wilde Vorfahr Landra (*R. raphanistrum* ssp. *landra*) wild wächst, welcher dort als Salat oder Gemüse gegessen wurde. Das Radieschen ist jedenfalls nicht nur eine späte Spielart des Rettichs.

MANGOLD, ROTE RÜBE (ROTE BETE), RUNKELRÜBE, ZUCKERRÜBE (*Beta vulgaris* L.)

Kennzeichnung der vier Kulturformen

Von dieser einen Art (oder Sammelart) aus der Familie der Gänsefußgewächse (*Chenopodiaceae*) sind von den Menschen vier wichtige Nutzpflanzenformen im Laufe sehr unterschiedlicher Zeiträume entwickelt worden (Abb. 47). Heute werden in Deutschland folgende angebaut.

1. Mangold (var. *cicla*). Hierbei sind die Blätter samt den Blattstielen groß und kräftig ausgebildet (Taf. 55). Diese Blattstiele dienen der Pflanze als Speicherorgane. Sie enthalten die hauptsächlichsten Nährstoffe. Die Wurzel ist kleiner als bei den eigentlichen Rüben, aber sie ist doch verhältnismäßig groß, oben breit und wird nach unten geradlinig schmaler, wobei auch dickere Nebenwurzeln abzweigen (Abb. 47a).

Abb. 47. Die vier Kulturformen der Rübe (*Beta vulgaris*). a) Mangold (var. *cicla*), b) Rote Rübe, Bete (var. *esculenta*), c) Runkelrübe (var. *rapa*), d) Zuckerrübe (var. *altissima*). ▷

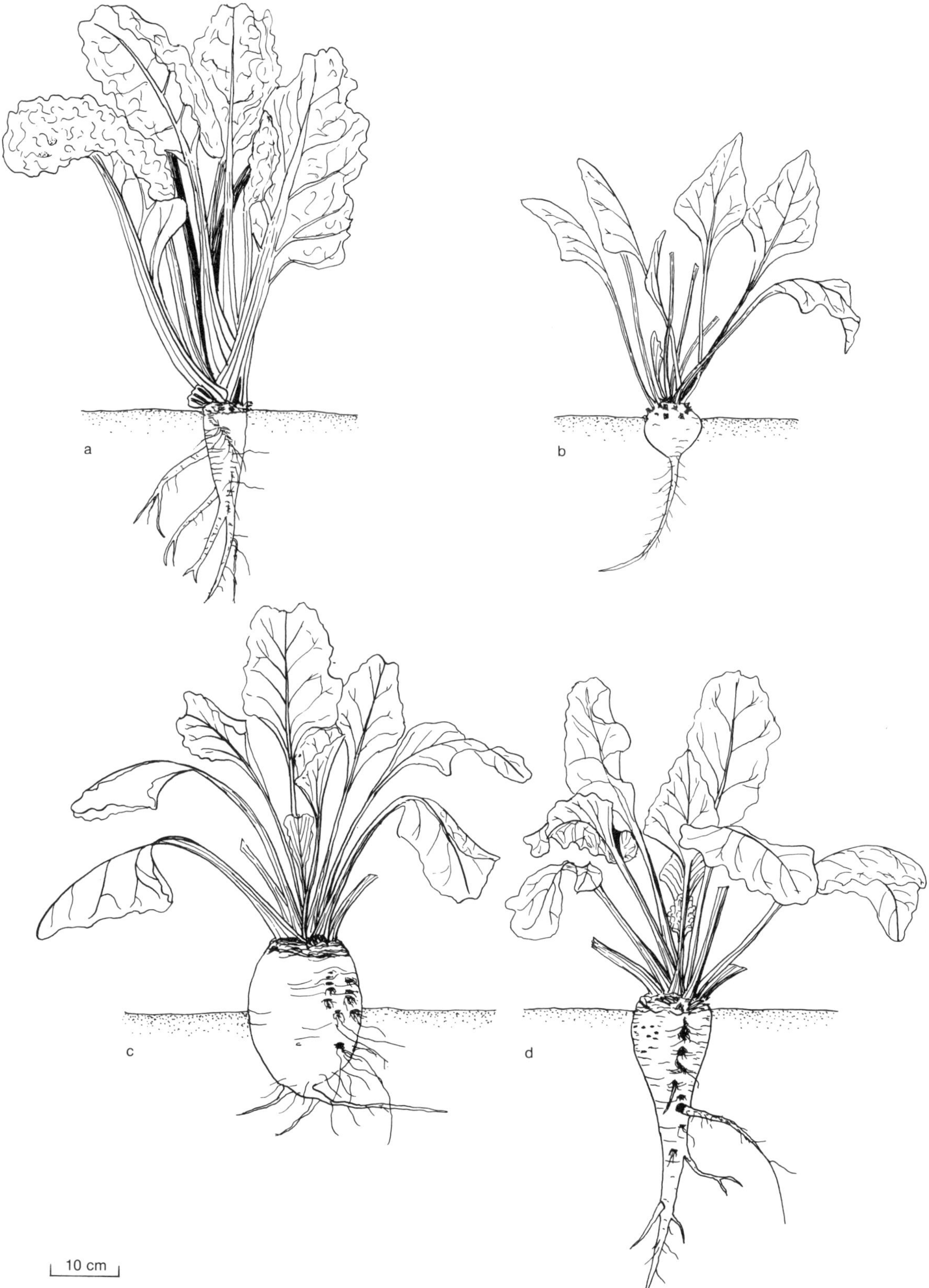
a
b
c
d
10 cm

Der eigentümliche Name »Mangold« geht nicht, wie sonst üblich, auf einen lateinischen Namen oder auf eine Pflanzeneigenschaft zurück. Er erscheint frühestens vom 13. Jahrhundert an und in den Kräuterbüchern des 16. Jahrhunderts. Im Mittelalter wurden die Bezeichnungen beta und cicla in den Pflanzenlisten verwendet. Die Benennung von Mangold für die beta-Blattpflanze, teilweise im 16. Jahrhundert auch mit für die Rote Bete, ist von einigen Sprachforschern auf den althochdeutschen Männernamen »Managolt« (bedeutet »Vielherrscher, Stärke, Kraft«) zurückgeführt worden. Das soll aber nach Heinrich Marzell (1943) unwahrscheinlich sein. Damit bleibt diese seltsame Bezeichnung weiterhin rätselhaft.

Derzeit werden in den Katalogen der Samenzüchtereien Nord- und Süddeutschlands zwei bis drei Sorten von Mangold für Blatt-/Rippennutzung angeboten. Teils sind dies grün-, teils gelbblättrige. Bei allen werden die großen, langen Blätter sowie die breiten, weißen Rippen hervorgehoben. Eine Neuzüchtung der Sorte »Vulkan« hat rote Blätter und rote Blattrippen.

Für die Zubereitung als Gemüse können entweder die Blätter für sich, ähnlich wie Spinat, und die Blattstiele (Rippen) auch für sich gekocht werden. In Westfalen auf dem Lande wurde in der ersten Hälfte unseres Jahrhunderts der Mangold (Blätter und Rippen) zusammen mit Kartoffeln und Rauchfleisch als Eintopf gegessen. Die Kartoffeln sogen das Wasser auf, das Rauchfleisch (Speck) war eine angenehme Zugabe zu dem Eigenaroma des Mangolds. Diese Nutzpflanze war ein gebräuchliches Gericht für den Sommer und Herbst.

2. Rote Rübe, Rote Bete, Salatrübe (var. *esculenta*). Bei dieser Kulturform sind der untere Teil des Stengels (unterhalb der Keimblätter) und der obere Teil der Hauptwurzel zu einer kugelförmigen oder länglichen Rübe verdickt. Die Blätter sind lang gestielt, mit dünnem Blattstiel und die Blattflächen bedeutend kleiner als beim Mangold (Abb. 47b). Die rote Farbe wird durch stickstoffhaltige aromatische Verbindungen (Betalaine) hervorgerufen. Außerdem ist ein stickstofffreies Gelbpigment enthalten, das in saurer Lösung in rot übergeht (Schormüller 1967–69, Bd. V/2). Die Rübe dient der Pflanze als Speicherorgan, um im folgenden Jahr frühzeitig genug ihren Blütenschaft daraus treiben zu können, an dem in großer Anzahl Fruchtknäuel mit darin enthaltenen Samen reifen. In der Rübe sind deshalb die dieser Pflanze eigenen Nährstoffe, Mineralien und Vitamine enthalten.

Die Rote Rübe (Bete) wird vorzugsweise in gekochtem Zustand als Salat gegessen, seltener als warmes Gemüse. In anderen Teilen der Erde, z. B. in Indien, werden auch weiße Rüben (Bete) angebaut.

3. Runkelrübe, Futterrübe (var. *rapa*). Diese Pflanze wird wesentlich größer als die Rote Rübe (Bete). Runkelrüben haben eine elliptische Form und erreichen ein Gewicht von etwa 1000–1500 Gramm. Die Rinde ist außen gelb, das Rübenfleisch aber

im allgemeinen weiß. An dem hohen Heraussstehen der Rübe aus der Erde wird deutlich, daß diese teils aus dem Stengel, teils aus der Hauptwurzel entstanden ist (Abb. 47c).

Runkelrüben werden nur für Viehfutter genutzt, und zwar werden Rüben und Blätter getrennt in Mieten oder in Silos zur Einsäuerung für den Gebrauch im Winter aufbewahrt.

4. Zuckerrübe (var. *altissima*). Diese ist innen und außen weiß. Ihre Form ist anders als die der Runkelrübe, nämlich oben breit und nach unten fast linealisch zugespitzt. Sie wächst ganz in der Erde, besteht somit nur aus einer Verdickung der Hauptwurzel (Abb. 47d).

Zuckerrüben werden ausschließlich zur Gewinnung von Zucker angebaut. Die extrahierten Schnitzel dienen noch als wertvolles Viehfutter.

Wachstumsbedingungen. Inhaltsstoffe

Nach Becker-Dillingen (1928, 1929a) sind die besten Rübenböden gut drainierte, tiefgründige, humose Lehm-, Ton- und Mergelböden in ebener Feldlage. Sehr gut bis gut sind auch mergelige, sandige Lehmböden mit durchlässigem Untergrund sowie Sandböden mit hohem Grundwasserstand, wenn diese humusreich genug sind. Der Untergrund soll Nährstoffe in ausreichender Menge enthalten.

Rote Rüben und Mangold haben geringere Ansprüche. Sie können in jedem Boden gedeihen, der eine gewisse Menge an Feuchtigkeit und Nährstoffen enthält. Warme Lagen werden zwar bevorzugt, da die Pflanzen, besonders junge, etwas frostempfindlich sind. Mangold ist gegen Kälte am widerstandsfähigsten. Er kann unter einer Schneedecke oder gegen Barfröste leicht bedeckt im Freien überwintern. Rote Rüben mit langer Knolle wollen bessere Böden und haben eine etwas längere Vegetationszeit als Sorten mit runder Knolle.

Zu den Ansprüchen an das Klima ist folgendes zu sagen: Runkel- und Zuckerrüben sind in der Jugend frostempfindlich. Auch in ausgereiftem Zustand erfrieren die Blätter und oberen Teile der Wurzel sehr schnell. Deshalb wird z. B. die Runkelrübe nur bis zum 56. Breitengrad (Norddänemark und Südschweden) angebaut.

Das Klima beeinflußt auch den Nährstoffinhalt. In kühleren Gegenden wird sie zuckerreicher als in heißen Landschaften. Außer der Temperatur sind Licht und Wasser wichtig. Rüben benötigen volle Besonnung, damit die Blätter ausreichend assimilieren können, um Zucker in der Rübe ansammeln zu können. Die Regenmenge soll nicht unter 400–570 Millimeter pro Jahr liegen. Demgemäß ist die geographische Verbreitung des Runkel- und Zuckerrübenanbaus die gemäßigte Zone Europas, Asiens und Nordamerikas. Wo der Zuckerrübenanbau auch in trockene Gebiete übergreift (wie in einigen Teilen der USA), geschieht dies mit künstlicher Bewässerung. Im Mittelmeerraum werden keine Runkel- und Zuckerrüben angebaut, wohl aber Rote Rüben und Mangold, die beide in Italien im Garten gezogen werden.

Die Nährstoffinhalte für Mangold und Rote Rüben werden von Souci et al. (1981) angegeben (vgl. auch Tab. 8, S. 172): Bei Mangold sind in 100 g frischen Blättern und Blattrippen nur 1,4–2,6 g Protein, 0,1–0,4 g Fett und 2,8–4,0 g Kohlenhydrate enthalten. Mangold ist also arm an den eigentlichen Nährstoffen Eiweiß, Fett und Kohlenhydraten. Dagegen sind die Mineralien Kalium mit 349–400 mg und Kalzium mit 100–105 mg reichlich und Eisen mit 2,5–3,0 mg in mäßiger Menge vorhanden. An Vitaminen gibt es zwar sechs verschiedene, aber in mittleren Anteilen können nur Carotin (1,2–6,0 mg) und Vitamin C (ca. 39 mg) genannt werden.

Rote Rüben enthalten etwas mehr Kohlenhydrate (6,8–8,7 g in 100 g frischen Rüben). Dazu rechnen Rohr-, Frucht- und Traubenzucker, Stärke und Pektinstoffe. Letztere sind für den Menschen ebenfalls verdaulich. Es sind die Gallert- und Gelierstoffe, welche sich auch in manchen Obstarten, z. B. unreifen Äpfeln, finden. An Mineralien ist nur Kalium mit 321–350 mg reichlich vorhanden. Von den fünf Vitaminen ist nur Vitamin C nennenswert (8–13 mg). Außer diesen Stoffen enthält die Rote Rübe geringe Mengen an organischen Säuren, wie Äpfel-, Wein-, Zitronen- und Oxalsäure. Das besondere, etwas streng erdige Aroma aber ist mit diesen Stoffen nicht erklärt.

Runkelrüben enthalten noch mehr Kohlenhydrate (6,7–10,6 g).

Zuckerrüben enthalten von allen Rüben die meisten Kohlenhydrate (17–25 g auf 100 g frische Rüben). Davon entfallen 18–20 g auf Zucker.

Die Geschichte von Mangold und Beta-Rüben in Deutschland

Überreste dieser Pflanzen in Bodenfunden aus archäologischen Ausgrabungen können sich nur in Form der Fruchtknäuel erhalten (Abb. 48). Obwohl die Nachweischancen damit ziemlich gering sind, ist dies doch die einzige Möglichkeit, etwas über die Zeit vor den bildlichen oder schriftlichen Überlieferungen zu erfahren.

Die ältesten dieser Fruchtknäuel aus Deutschland stammen aus dem römischen Militärlager Novaesium in Neuß am Rhein und aus der römischen Zivilsiedlung des Militärlagers Butzbach im Rhein-Main-Gebiet. Sie wurden zusammen mit anderen Überresten von Nahrungsmitteln und Abfällen von dem botanischen Bearbeiter der Ausgrabungen, K.-H. Knörzer (1970 und 1973), herausgelesen und abgebildet. Sie haben entweder dem Mangold oder Beta-Rüben angehört.

Aus den Jahrhunderten der Völkerwanderungszeit wissen wir nichts über diese Nutz-

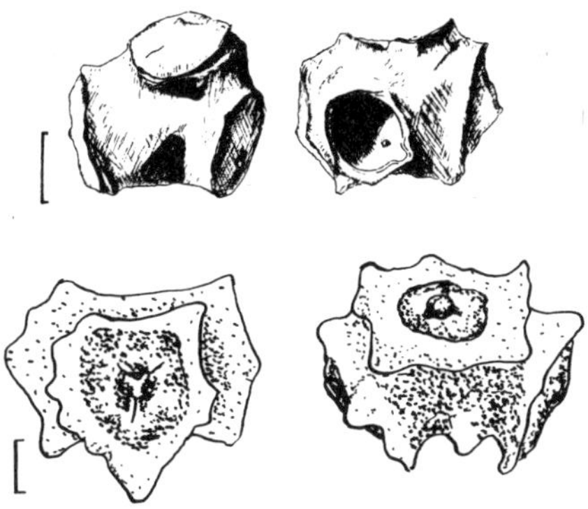

Abb. 48. Fruchtknäuel von Rübe oder Mangold (*Beta vulgaris*). Oben: Zwei verkohlte Exemplare aus dem römischen Militärlager Novaesium (Neuss) am Rhein (2. Jh. nach Chr.). Aus Knörzer (1970). Unten: Zwei heutige Exemplare von Runkelrübensaat, unverkohlt. Die geringe Größe der römischen Knäuel ist durch das Verkohlen bedingt, wobei die korkigen, fünfstrahligen Blütenhüllblätter verbrannt sind und die ganze Frucht geschrumpft ist. Maßstäbe 1 mm.

pflanzen. Die ersten schriftlichen Nennungen von *beta* beginnen im Mittelalter mit Karl d. Gr. und der systematischen Anlage von Klostergärten durch die Mönche vom 9. Jahrhundert an, besonders der Benediktiner (zusammengestellt und kritisch bewertet von Fischer-Benzon 1894 und Fischer 1929). Danach gibt es zwei Inventare kaiserlicher Gärten aus dem Jahre 812. Das erste enthält Namen von Blumen, Kräutern und Gemüse, aber keine Beta. Das zweite betrifft den Garten des Hofgutes Treola (heute Triel-sur-Seine bei Versailles, nach Angaben von Vogellehner 1984). Hier werden unter 27 Arten von Kräutern und Gemüse sowie als einziger Blume, der Lilie, auch betas, also Mangold oder Rote Bete, genannt. Ebenfalls betas werden im Capitulare Karls d. Gr. unter 72 Arten von Kräutern, Gemüse, Fruchtbäumen und Blumen aufgeführt. Im Entwurf zum Klostergarten von St. Gallen/Schweiz aus dem Jahre 820 finden sich 18 Beete mit Gemüse und Kräutern, darunter eines mit der Bezeichnung betas.

Daß die beta-Mangold/Rüben nicht die einzigen Rüben waren, geht z. B. aus dem »Compendium der Naturwissenschaft« hervor, das Hrabanus Maurus, der gelehrte Berater Karls d. Gr. verfaßt hat. Darin werden rapa, napus und betas genannt. Bei den ersten beiden handelt es sich vermutlich um die Weiße Rübe (*Brassica rapa*) und die Steckrübe (*Brassica napus*).

Diese Auflistung von Pflanzennamen in lateinisch kann jedoch nicht nur auf Deutschland bezogen werden, denn das kulturelle Erbe der Antike, also des klassischen Griechenlands und des Römischen Reiches, war noch so dominierend, daß die dort kultivierten nützlichen Pflanzenarten auch in die Verzeichnisse und Gärten nördlich der

Alpen aufgenommen wurden. Das blieb noch bis in das 14. und 15. Jahrhundert so; ja, vom 10. bis 14. Jahrhundert an kamen noch neue Pflanzen durch die hohe Gartenkultur der Araber in Spanien hinzu.

Die Bücher waren handschriftlich. Sie wurden immer wieder abgeschrieben, einschließlich des Abmalens der farbigen Bilder. Alle fußten auf den großen Gelehrten und Schriftstellern der Antike. So wurde z. B. das Buch »De Materia media« (darin der »Codex«) des Griechen Dioskorides (etwa 60 n. Chr.), welcher das damalige Wissen aller Arzneipflanzen des Mittelmeerraumes zusammenfaßt, einschließlich farbiger Abbildungen, zuerst zwischen 500 und 511 in Konstantinopel kopiert. Von dieser Handschrift (heute Wiener Staatsbibliothek) sind im Laufe des Mittelalters viele Abschriften hergestellt worden, die letzte noch im Jahre 1478 unter weitgehender Abänderung.

Darüber dürfen allerdings nicht die eigenständigen botanischen Beobachtungen und Niederschriften einzelner bedeutender Naturforscher, wie des Albertus Magnus vergessen werden, auch wenn deren Werke sich in dem oben beschriebenen Rahmen halten, nämlich daß der Lebensraum der Pflanzen irgendwo in Mitteleuropa oder im Mittelmeergebiet war.

Zur engeren lokalen Eingrenzung in Deutschland gibt es Abgabenverzeichnisse von etwa 1300 an. So werden z. B. in einem Verzeichnis aus einem Weistum in Westfalen des Jahres 1344 folgende zu versteuernden Produkte der Bauerngärten aufgeführt: raban (Rüben), cibölle, knobloch, kabaz (Kappes, Weißkraut), magsam (Mohnsamen), hanf und Hanfsam. Dazu kamen nach Hermann Fischer (1929) »für den persönlichen Bedarf noch Hülsenfrüchte, wie Saubohnen, Fäseln (Grüne Bohnen) und Erbsen, Porree, Meerrettich oder Rettiche, je nach Landschaft Melde oder Spinat und schließlich noch einige Küchenkräuter«.

Aber erst mit dem Zeitalter der Entdeckungen, im 16. Jahrhundert, als der Buchdruck aufgekommen war, lassen sich viele Pflanzenarten oder Varietäten genauer umgrenzen. Das ist schon durch die Abbildungen in den Kräuterbüchern, in Form von Holzschnitten, der Fall. Doch ist die naturgetreue Wiedergabe bei den einzelnen Verfassern solcher Kräuterbücher unterschiedlich. Ein Beispiel für Mangold (Blatt-/Rippennutzung) stellt der »Römische Mangolt« von Otto Brunfels (1532) dar (Abb. 49). Als Mangold ist er erkennbar anhand der verbreiterten Blattstiele und der dünnen, verzweigten Wurzel. Im Text geht Brunfels aber nur auf medizinische Wirkungen ein. Eine Gegenüberstellung von »Weißem Mangolt« und »Rotrüben« stammt etwa aus der gleichen Zeit von Leonhart Fuchs (1543). Es sind zwar blühende Pflanzen, an welchen die Unterschiede zwischen Blatt- und Rübenpflanze nicht mehr so deutlich sind, aber bei der Rotrübe ist die Wurzel oben verdickt zu einer länglich-ovalen Knolle (Abb. 50).

Tafel 55 Mangold (*Beta vulgaris* ssp. *vulgaris*), Sorte Lukullus: gelber, krausblättriger als Rippen- und Schnittmangold. Höhe ca. 55 cm. Stuttgart, Juli 1983.

Tafel 56 Wildrübe (*Beta vulgaris* ssp.) in Israel. Oben: Wüstenlandschaft zwischen Jerusalem und dem Toten Meer bei Ein Fawwar, 200 m ü. M., 300 mm Niederschläge. Die Wildrüben im Vordergrund als niederliegende Rosetten, links dahinter in aufrechter Form. Unten: Nahaufnahme einer niederliegenden Wildrübe. 20. 4. 1983.

Tafel 57 Teil einer Wildrübenpflanze von der englischen Südküste bei Plymouth, hinter dem Deich, auf nacktem Boden. Oben: Etwa 1/4 dieser Pflanze ausgegraben. Die Pfahlwurzel reicht noch tiefer in die Erde. Unten: Nahaufnahme der Wurzel, oberer Teil. Die Länge, Zähigkeit und Verholzung zeigt die Mehrjährigkeit dieser Pflanze. 27. 7. 1984.

Tafel 58 Wildrübe (*Beta vulgaris* ssp. *maritima*) auf Helgoland. Oben: Jungpflanzen am Strand auf Buntsandsteingrus. Unten: Ein ausgegrabenes Exemplar mit Wurzel. Sie ist innen weiß, schmeckt nach Rübe, ist aber zart.

Tafel 59 Wildrübe (*Beta vulgaris* ssp. *maritima*) auf Helgoland, dicht neben den Pflanzen von Taf. 58. Gipfeltrieb einer zweijährigen Pflanze mit Blütenknospen. Höhe der ganzen Pflanze etwa 70 cm, Durchmesser über 1 m. Die Pflanze ist von unten an stark verzweigt. Beachte die dicken, fleischigen Blätter. Der Standort wird bei Spring- und Sturmfluten von Seewasser überspült. 17. 6. 1984.

Tafel 60 Wildrüben (*Beta vulgaris* ssp. *maritima*) in Italien. Oben: Lagune von Orbetello. Der Salzgehalt des Wassers wird durch die gelben Algendecken (*Chaetophora*) und Queller (*Salicornia fruticosa*) in der vorderen Uferpartie angezeigt. Der Standort der Wildrübe ist etwas höher im Gras. Unten: Nahaufnahme einer Wildrübenpflanze. Sie hat krause Blätter, die mehr in Richtung Mangold gehen. Angaben und Fotos: O. Wilmanns, Universität Freiburg.

Tafel 61 Die Helgoländer Wildrübe (von Taf. 58 unten) nach Verpflanzung in den Garten der Verfasserin in Stuttgart und vier Monaten Aufenthalt dort, am 17. 10. 1984.

Tafel 63 Garten-Melde (*Atriplex hortensis*). ▷
Jungpflanze im Juni für Blattgemüse.

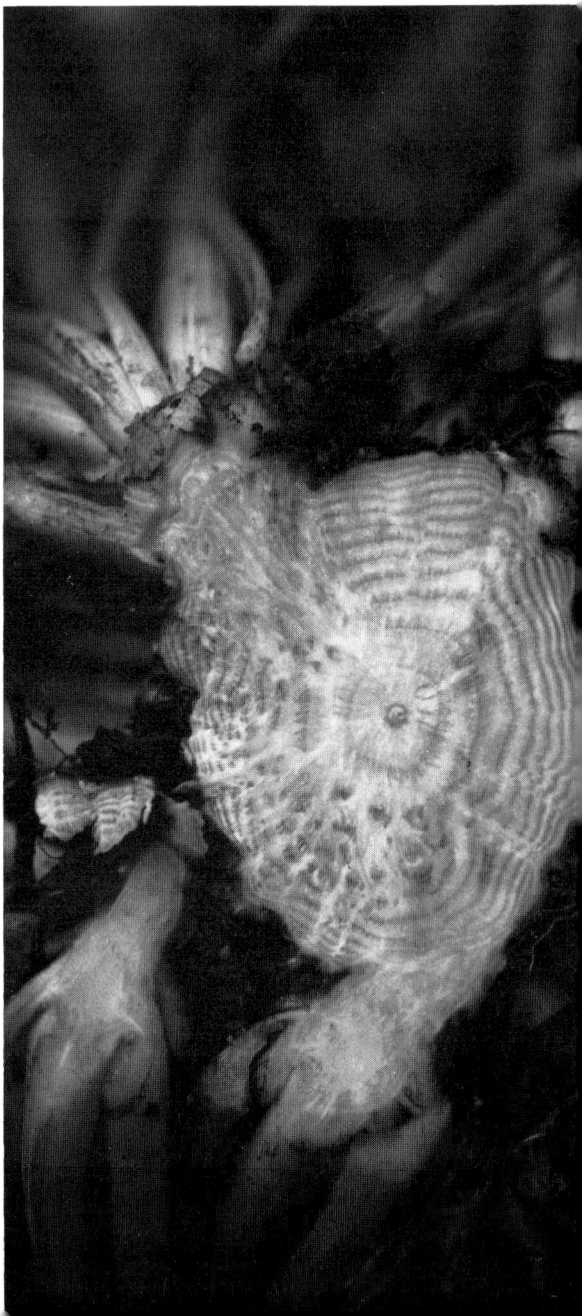

Tafel 62 Oben: Die abgeschnittenen 14 Triebe der Wildrübenpflanze von Taf. 61. Im Gegensatz hierzu haben Kulturrüben nur einen Trieb. Unten: Die quer durchgeschnittene Rübe mit Seitenwurzeln und Seitentrieben. Der Durchmesser der Rübe im oberen Teil betrug 4–6 cm.

a

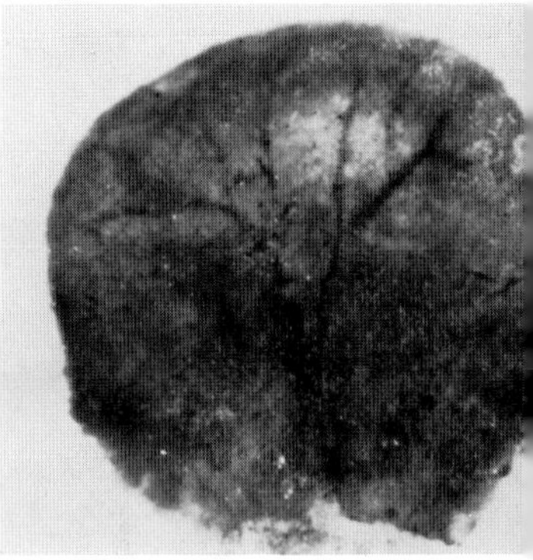

b

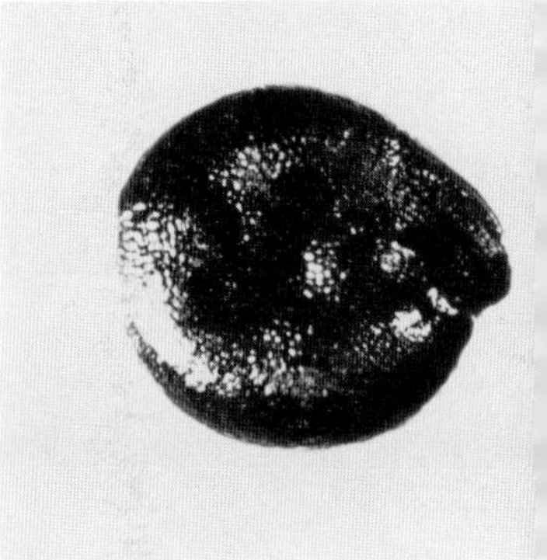

c

Tafel 64 Garten-Melde (*Atriplex hortensis*) im fruchtenden Zustand. a) Stengelenden der etwa 1,80 m hohen Pflanze, nat. Gr. b) Römerzeitliche Fruchthülle und c) ein Same aus der Brunnenfüllung des römischen Ostkastells von Welzheim (Südwestdeutschland), 180–260 n. Chr. Aus Körber-Grohne u. Piening (1983). Vergr. 20x.

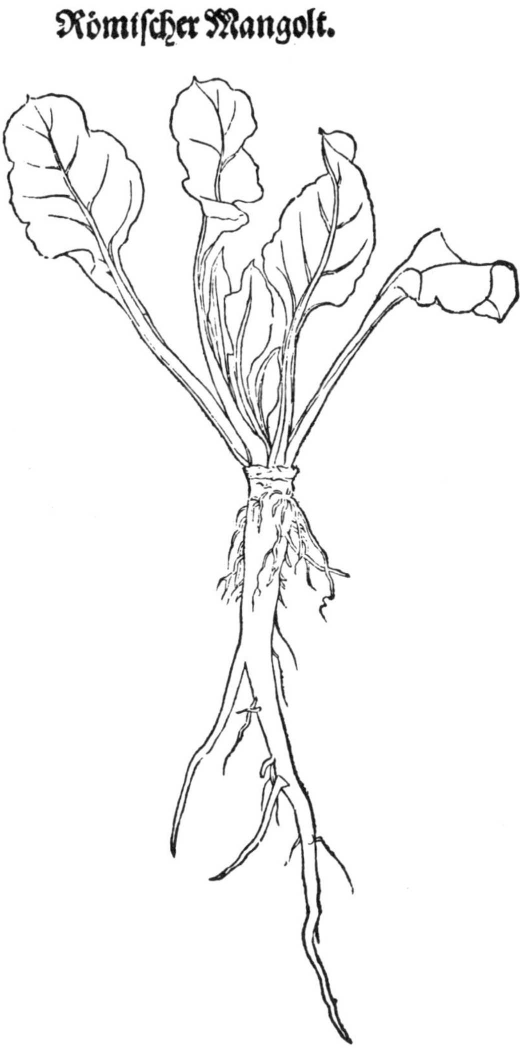

Abb. 49. Römischer Mangold. Holzschnitt aus dem Kräuterbuch von Otto Brunfels (1532).

Abb. 50. Rote Bete. Ein blühendes Exemplar. Holzschnitt aus dem Kräuterbuch von Leonhart Fuchs (1543).

Aus dem dargelegten geht hervor, daß jedenfalls vom 16. Jahrhundert an der Mangold für Blatt-/Rippennutzung sehr gebräuchlich war und mit großen, langen Blättern in einer dunkelgrünen und einer gelbblättrigen Sorte in Gärten und auf Äckern gezogen wurde. Die Roten Rüben aber tauchen seltener auf. Sie besaßen eine längliche Knolle und dienten als Salatrübe dem menschlichen Genuß. Es ist anzunehmen, daß dies auch schon im Mittelalter so war.

Die Runkelrübe wird als »Rungelsen« zuerst von Hieronymus Bock (1561, Kreutterbuch, Straßburg S. 265) für das Rheinland genannt. Die weitere Geschichte hat Bekker-Dillingen (1928) zusammengestellt, worauf sich das folgende bezieht. 1582 nennt Lonicerus für dieselbe Gegend ein Rungkraut und Rungsel. 1583 beschrieb A. Caesalpinus eine gelbe Salatrübe. 100 Jahre später berichtet Hohberg in seiner Georgica curiosa (Nürnberg 1682), daß »die Wasser- und Kohlrüben zumeist nur feldmäßig, Rote Rüben, Mangold oder Beißkohl nur in den Gärten als Salat und Blattgemüse, Runkelrüben aber fast nur am Rhein und in Franken zu finden« seien. 1786 soll die Runkelrübe nach England gekommen sein. Auch nach Prag, Wien und Ungarn kam die Runkel aus Deutschland. Im 18. Jahrhundert setzte sich hier ihr feldmäßiger Anbau durch.

Auf welche Weise es vor 1561 zu den ersten Runkeln am Rhein gekommen ist, bleibt unklar, da sie von gelben Rüben ausgegangen sein müssen, in den Kräuterbüchern des 16. Jahrhunderts jedoch nur Rotrüben genannt werden. Aber in Italien gab es gelbe und rote Beta-Rüben. Im Zeitalter der Entdeckungen, in dem so viele Pflanzen von Kaufleuten und Reisenden aus dem Mittelmeerraum und von anderwärts mitgebracht wurden, wovon Verzeichnisse von Privatgärten in Deutschland Zeugnis ablegen, könnte leicht auch einmal Saatgut der gelben Beta-Rübe an den Niederrhein mitgebracht worden sein. Die dicken, also die Runkelformen, sind dann im feuchten, gemäßigten Klima des Niederrheingebiets herausgezüchtet worden. Becker-Dillingen gibt an, es sei zur feldmäßigen Bebauung der Brache gewesen, um durch vermehrte Blattmasse und dickere Rüben besseres und mehr Winterfutter zu gewinnen.

Zur Entwicklung der Zuckerrübe ist folgendes zu sagen. 1747 analysierte der Apotheker Markgraf in Oberschlesien den Zucker in den dort angebauten weißen Runkelrüben. Er stellte fest, daß dieser mit Rohrzucker identisch war und wies auf die Möglichkeit zur Gewinnung von Zucker aus diesen Rüben hin. 1786 begann Achard in Oberschlesien mit entsprechenden Versuchen und Rübenzuckererzeugung im großen. Der Zuckergehalt der dortigen Runkelrübe betrug im Mittel 8,8 Prozent. Durch züchterische Auslese von 1838 bis 1908, also in 70 Jahren, konnte der Zuckergehalt bis zu einem Maximum von rund 16 Prozent gesteigert werden. Heute sind es 18–20 Prozent. Auch in Frankreich wurden von Vilmorin (1853–1923) intensive Zuckerrübenzüchtungen vorgenommen. Er hatte sich anfangs Saatgut von Achard aus Oberschlesien schicken lassen. Hierdurch erklärt E. Schiemann die große botanische Einheitlichkeit der Zuckerrüben. 1925 betrug die Welterzeugung von Rübenzucker etwa die Hälfte des Rohrzuckers. 1982 knapp ein Drittel (mit 285594 Tausend Mt, nach F-A-O).

Die Geschichte von Beta außerhalb Mitteleuropas

Die bisher ältesten Reste der Pflanzen selbst (4 Fruchtkelche) wurden in der jungsteinzeitlichen Küstensiedlung (ca. 2000 v. Chr.) in Aartswoud in Nordholland gefunden. Der Bearbeiter J. P. Pals (1984) vermutet, daß es sich dabei um Teile der wilden Meeresstrands-Rübe (*Beta vulgaris* ssp. *maritima*) handelt, welche an der dortigen Nordseeküste natürlicherweise vorkommt. Die Früchte der Wild- und Kulturrübe sind nicht unterscheidbar. Doch gibt es für diese frühe Zeit keine Hinweise für den Anbau von Gemüsepflanzen im nördlichen Mitteleuropa. Wohl aber könnten die Blätter der wilden Rüben gepflückt und gegessen worden sein.

Aus dem Alten Ägypten (Saqqarah-Pyramide, 3. Dyn.) beurteilt Renate Germer (1985) ein Stengelstück mit Blüten und Blättern von *Beta* kritisch. Sie schreibt, da diese Pflanzenart heute noch in Ägypten ein verbreitetes Unkraut sei, könne man aus diesem einen Fund keine Gemüsenutzung der *Beta* in Form von Gartenbau in pharaonischer Zeit herleiten.

Alles übrige sind schriftliche Nachweise aus dem Mittelmeergebiet und dem Vorderen Orient. Diese Quellen sind von Lenz (1859) und von E. O. v. Lippmann (1925, 1926) zusammengestellt worden, woraus hier das Wichtigste mitgeteilt wird.

Der älteste schriftliche Hinweis ist die Bezeichnung silqa in einer Pflanzenliste aus den Gärten des babylonischen Königs Merodachbaiadan, der 722–711 v. Chr. regierte. Diese Liste enthält unter anderen Speisepflanzen Salat, Kresse, Knoblauch, Koriander, Dill, Thymian, lapti (die weiße Eßrübe *Brassica rapa*) und silqa. Was unter silqa zu verstehen ist, wird erst durch mehrere griechische, römische und syrische Schriften verständlich. So schrieb der griechische Gelehrte Theophrastos (371–287 v. Chr.): »Teutlion hat eine lange, dicke, gerade Wurzel, wie der Rettich (raphanis), sie ist fleischig, schmeckt süß und angenehm, so daß sie von einigen roh verzehrt wird.« Theophrastos bemerkte weiter, teutlion leukon (die weiße teutlion) werde außerdem sikelikon (die sizilische) genannt. Der Römer Plinius (23–79 n. Chr.) nennt beta alba auch sicula, also die sizilische *Beta*. Catul spricht von sicula beta. Es hat sich also wohl um eine Mangold-/Rübenform mit eßbarer Wurzel gehandelt, wobei die sizilianische ganz besonders gut gewesen sein muß.

Aus sprachlichen Erwägungen soll das Wort silqa für das Babylonien des 8. Jahrhunderts vor Christus ein Fremdwort sein, was bedeutet, daß die Nutzpflanze silqa nicht in Babylonien einheimisch war. Daraus wird geschlossen, daß silqa mit der sicula, also der sizilianischen Rübe, identisch sei. Da im 8. Jahrhundert v. Chr. Seefahrt und Handel im Mittelmeer durch die Küstenbewohner Palästinas (die Phönizier) in voller Blüte standen, ist es leicht denkbar, daß die sizilianische sicula (Mangold/Rübe) mit eßbarer, fleischiger Wurzel mit den Phöniziern an die Küste Palästinas (des heutigen Syrien, Israel usw.) gelangt ist. Die Entsprechung der Namen silqa und sicula wird gestützt durch die Bezeichnung silka in Syrien gegen 200 n. Chr., als zur Zeit des römischen Weltreichs diese Rüben in weißer und roter Form auch dort allgemein angebaut wurden.

Was ist von der Pflanze Mangold/Rübe (teutlion, sicula, beta) verwendet worden? Schon vor Theophrastos wurden Rüben (seutlon oder teutlion) verschiedentlich genannt, so von dem Komödiendichter Kratinos (vor 400 v. Chr.) und von dem berühmten griechischen Arzt Hippokrates (460–377). Danach galt die Rübe in Athen als alltägliche Marktware, von der man sowohl die Blätter als auch die Wurzeln verzehrte. Sie diente außerdem als Krankenkost und als Heilmittel.

Das Vorhandensein einer roten und einer weißen Form geht, jedenfalls in Griechenland, bis ins 4. Jahrhundert v. Chr. zurück. So habe Diphylos von Siphnos empfohlen, die rote Rübe, die nahrhafter und wohlschmeckender als die weiße sei, als mildes harntreibendes Mittel zu verwenden. Er benutzte den Saft der Rübe (seutlon) als Heiltrank sowie (eingekocht?) auch anstelle des Honigs. Das spricht schon auf den Zuckergehalt des Rübensaftes an. Bei E. O. Lippmann heißt es weiter, der griechische Arzt Endemos erwähne nicht lange danach vier Sorten Rüben (teutlion): die weiße, die rote, »die die gewöhnliche ist«, die mit dem Stengel (Blattstiel) und die (deren Blätter) gepflückt wird. Heute nutzen wir bei uns nicht die weiße, sondern nur die Rote Bete sowie den Blatt-/Rippenmangold.

Schriftliche Angaben über die *beta*-Rüben aus dem klassischen Altertum Griechenlands und Italiens liegen nicht nur von Gelehrten und Ärzten vor, sondern auch von Schriftstellern und Komödiendichtern, denn die gewöhnlichen Nahrungspflanzen spielten früher in den Gedanken der Menschen eine viel größere Rolle als es bei uns heute der Fall ist. So schrieb Alexis (ca. 372–270) der Komödiendichter in seinem Lustspiel »Mandragora« folgenden Vers:

»Sagt in gewohnter Sprache irgendwelcher Arzt:
›Dem Kranken gebt dies oder jenes Mittel ein‹,
So lacht man über ihn! Doch sagt derselbe er
Fremdländischen Akzents, so staunt man ob des Spruchs,
Und preiset seine Weisheit überaus! Nennt er
Die Rübe ›Seutlion‹, so spottet wer ihn hört,

Doch spricht er ›Teutlion‹, gleich horcht ein jeder auf,
Und führt voll Eifer sorgsam aus, was er befahl,
Als wär', weiß Gott, von Seutlion und Teutlion
Der Unterschied ganz himmelweit!« (zitiert nach Lippmann, 1925, S. 10).

Zum Alter des Gebrauches der Mangold-Rüben sei abschließend gesagt: Ihr Gebrauch läßt sich in Griechenland bis zum 5. und 4. Jahrhundert v. Chr. zurückverfolgen. Ältere botanische Werke sind verlorengegangen. Unter der Annahme, daß das babylonische Wort silqa aus der Liste dortiger Gartenpflanzen des 8. Jahrhunderts v. Chr. dem Wort sicula (sizilianische Mangold-Rübe) entspricht, muß diese sizilianische Mangold-Rübe schon längere Zeit vor dem 8. Jahrhundert v. Chr. genutzt und gepflegt worden sein, wie lange aber, läßt sich nicht beurteilen.

Wilde Bete und die Ableitung der kultivierten Bete

Die wilde Rübe wird zur gleichen Art *Beta vulgaris* gestellt wie die besprochenen Kulturvarietäten. Das Verbreitungsgebiet der Wildrübe umfaßt die atlantischen Küsten West- und Mitteleuropas, die Nordsee- und teilweise Ostseeküste sowie die Kanarischen Inseln und die ganze Mittelmeerregion bis zum Kaspisee, weiterhin Persien und Mesopotamien. Im einzelnen kommt sie dort nicht überall vor, z. B. auf den Britischen Inseln nicht im Inland, an der Nordseeküste nicht an den Küstenstrecken mit Schlickwatt, sondern nur auf sandigen und steinigen Stränden, dabei gern auf den Tangwällen der Wintersturmfluten, wo solche sich den Sommer über halten.

In den weiter südlich und südöstlich gelegenen Ländern aber wächst die wilde Rübe nicht nur an den Meeresküsten, sondern auch im Inland. Als Beispiel für binnenländische Verbreitung sei die Wildrübe in Israel genannt. Sie wächst dort außer als Ackerunkraut in Getreide- und Hackfruchtäckern, zusammen mit anderen Meldegewächsen, z. B. in der Wüstenlandschaft zwischen Jerusalem und dem Toten Meer (Taf. 56). Auf den abgerundeten Bergen mit tonig-sandig-steinigem Boden (bei 300 mm Niederschlägen pro Jahr, nur im Winter bis März) wächst kein Baum oder Strauch mehr, aber der Boden war im Winter und zeitigen Frühjahr von blühenden Kräutern bedeckt. Am 20. April 1982 war schon die Hälfte aller Pflanzen verdorrt oder in die Erde eingezogen. Auf nacktem Boden sieht man im Vordergrund die rosettenförmig niederliegenden Pflanzen der Wildrübe, dahinter auch in aufrechter Form. Die lange, tiefreichende Pfahlwurzel hatte der Pflanze das Überleben und sogar noch Grünbleiben der kleinen, dicken, saftigen, wohlschmeckenden Blätter ermöglicht.

Entsprechende Zweigestaltigkeit ließ sich auch an der südenglischen Küste bei Plymouth beobachten. Auf nackter Erde mit viel Platz bildeten sich Rosetten, wobei eine einzige Pflanze mehr als einen Quadratmeter bedecken konnte, Tausende von Früchten an den dünnen, niederliegenden Rosettentrieben. Die ausgegrabene Wurzel, die in etwa 20 Zentimeter Länge abriß, zeigte, daß die Pflanze nicht nur zwei-, sondern mehrjährig war (Taf. 57). Wegen ihres Alters war sie zäh und holzig geworden. Wenige Meter daneben, in hohem Grase, standen die Wildrübenpflanzen aufrecht und erreichten Höhen von 60 bis 100 Zentimeter.

Beispiele für ein- und zweijährige Wildrübenpflanzen zeigen die Farbaufnahmen von Helgoland (Taf. 58 und 59) sowie von der Lagune bei Orbetello/Italien (Taf. 60). Die Blätter der jungen, noch nicht blühenden Pflanzen sind relativ dick, saftig, straff, einzig durch das Meerwasser. Davon rührte auch bei den Helgolander Pflanzen der angenehme, erfrischende Geschmack her. Salzig schmecken die Blätter nicht, wie es bei ausgesprochenen Salzpflanzen (Halophyten) der Fall ist. Die Wurzel ist zwar nur bleistiftdünn, aber zart und ebenfalls wohlschmeckend. Man kann sich gut vorstellen, wie sehr diese Pflanze mit den zweierlei Vorzügen ehemals die Menschen verlockt hat, diese bei ihren Wohnstätten anzupflanzen oder auszusäen.

Was dabei geschehen kann, hat die Überpflanzung der jungen Helgoländer Wildrübe (von Taf. 61) in meinem Garten in Stuttgart gezeigt. Der Lößboden war dort nicht besonders gedüngt. Vom 17. Juni bis zum 17. Oktober, also in 4 Monaten, hatte sich eine kräftige Blattrosette von ca. 50 Zentimeter Höhe und etwa gleichem Durchmesser gebildet. Die Blattrosette enthielt außer dem mittelständigen Haupttrieb noch 13 Nebentriebe. Die »Rübe« erreichte im oberen Teil einen Durchmesser von 4–6 Zentimeter und war insgesamt stark verzweigt (Taf. 62). Sowohl von den Blättern als auch von der Rübe habe ich Proben gekocht und im Geschmack angenehm empfunden.

Zu den Wildrüben ist noch anzufügen, daß sich in den verschiedenen Gebieten des Gesamtareals Kleinarten herausgebildet haben, die von manchen Botanikern als eigene Arten beschrieben worden sind. Es heißt, daß die Wildrübe ursprünglich nur im Mediterrangebiet beheimatet gewesen sei und sich von dort aus nach Osten und Westen verbreitet habe. In diesem Zusammenhang gewinnen die Fruchtkelche der Wildrübe aus der steinzeitlichen Küstensiedlung in Nordholland an Interesse, weil zwischen 2500 und 2000 v. Chr. die Verbreitung mindestens bis zur Nordsee gelangt sein muß.

Zur Ableitung unserer Kultur-Beta ist jetzt nicht mehr zu sagen, als daß dies im Mittelmeerbereich vor sich gegangen sein wird, nämlich innerhalb des natürlichen Vorkommens an den Meeresküsten und der Mittelmeerkulturen, die wie die Vorläufer des griechischen und römischen Altertums den Gartenbau frühzeitig betrieben. Hier wird sie an verschiedenen Orten und zu verschiedenen Zeiten genutzt und gepflegt worden sein. Auch der Orient kann in Betracht kommen.

Zusammenfassend läßt sich festhalten: Von der Wildrübe mit ihren zahlreichen Varietäten sind im Laufe der Zeit durch die Menschen vier verschiedene Nutzpflanzen herauskultiviert worden. Das sind Mangold, Rote und Weiße Rübe (Bete), Runkelrübe und die Zuckerrübe. Von diesen sind Mangold und die Weiße Rübe (Bete) am frühesten genutzt worden. Letztere läßt sich vermutlich bis ins 8. Jahrhundert v. Chr. in Babylonien zurückverfolgen, stammt aber wahrscheinlich aus Sizilien. Nach Deutschland kamen Mangold und/oder Rüben (Bete) durch die Römer, nachgewiesen anhand von Früchten in archäologischen Ausgrabungen in römischen Kastellen. Die Runkelrübe erschien zuerst um 1561 am Niederrhein. Sie leitet sich von einer gelbrindigen Form der Rübe (Bete) ab. Die Zuckerrübe ist durch gezielte züchterische Auslese aus der Runkelrübe in Oberschlesien entwickelt worden.

SPINAT (*Spinacia oleracea* L.)

Kennzeichnung. Inhaltsstoffe

Dieser gehört, wie *Beta*, zur Familie der Gänsefußgewächse (*Chenopodiaceae*). Die wenige Wochen alten Spinatpflanzen haben, wenn sie geschnitten werden, aufrecht stehende, gestielte Blätter von ovalrunder oder etwas zugespitzter Form und dicklich-knackiger Beschaffenheit (Abb. 51). Es gibt Sorten mit glatten und andere mit krausen Blättern.

Spinat gab es früher nur als Frühjahrs-, Frühsommer- und Herbstgemüse. Das hängt damit zusammen, daß diese auf Licht empfindlich reagierende Pflanze in Monaten mit kurzen Tagen sich nur vegetativ (Blätter) entwickelt. Im Sommer, wenn die Tage lang sind, bildet sie Blütenschäfte. Inzwischen gibt es auch Sorten, die für den Sommeranbau geeignet sind. Insgesamt werden in den Katalogen der Samenzüchtereien in der Bundesrepublik bis zu 15 Spinatsorten angeboten. Von diesen sollen die Frühjahrssorten, so früh wie es die Jahreszeit erlaubt, ausgesät werden, die Herbstsorten zwischen Mitte August und Anfang September, letzterer Termin auch für Überwinterung.

Als Wachstumsbedingungen werden nach Becker-Dillingen (1956) folgende angegeben: Der beste Boden ist humoser Lehm. Auf leichten Böden wächst er schneller als auf schweren. Sandböden sind nur dann geeignet, wenn sie genügend bewässert werden, denn Spinat ist gegen Trockenheit und Wind empfindlich. Zur Überwinterung kommen nur milde oder schneereiche Lage in Frage.

Wirtschaftlich ist der Spinat eine wichtige Gemüseart geworden, seit er eingefroren werden kann.

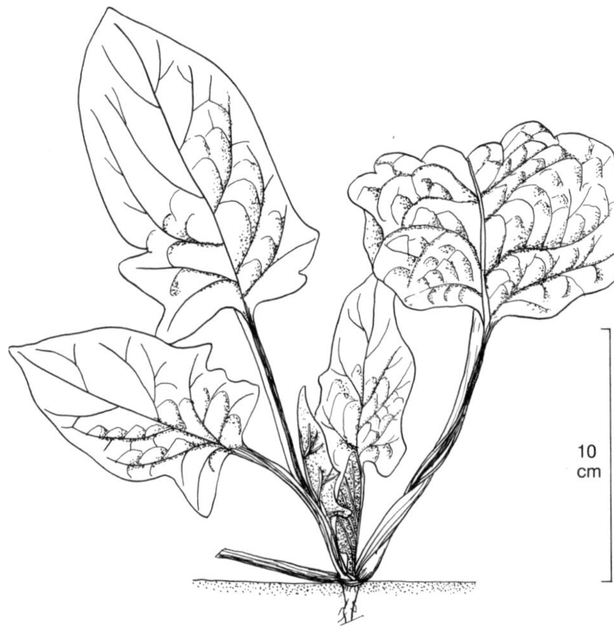

Abb. 51. Junge Spinatpflanze (*Spinacia oleracea*) zur Zeit der Ernte im Oktober.

Spinat gehört zu den stark wasserhaltigen Gemüsen. Von 100 g frisch geerntetem Spinat bestehen 89–94% aus Wasser. An Nährstoffen sind Eiweiß mit 2,0–3,2 g und Kohlenhydrate mit 2,4–3,7 g noch am meisten vertreten. Bezüglich der Mineralien ist Spinat außerordentlich reich an Kalium (470–742 mg) und verhältnismäßig reich an Kalzium (80–190 mg). Aber Eisen ist am meisten von allen unseren Gemüsearten im Spinat vorhanden. Die Werte von 2,8–6,6 Milligramm erscheinen zwar absolut nicht hoch. Doch betragen sie bis zum Doppelten gegenüber anderen eisenhaltigen Gemüsen wie Schwarzwurzeln, Mangold und Ackersalat. Von zehn im Spinat enthaltenen Vitaminen ist nur Vitamin C mit 15–120 Milligramm nennenswert vorhanden, wie man sieht mit großen Schwankungen, bedingt durch Sorte und Jahreszeit. An nicht nützlichen Stoffen ist der relativ hohe Gehalt an Oxalsäure (126 mg lösliche) zu nennen. Vergleichswerte für lösliche Oxalsäure betragen bei Rhabarber 270 Milligramm, bei Roten Beten 53 Milligramm, während unsere meisten Gemüse teils gar keine Oxalsäure, teils nur zwischen 1–5 Milligramm enthalten.

Die Geschichte des Spinats in Deutschland

Die früheste Nennung von Spinat als spinachia findet sich bei Albertus Magnus (1200–1280), dem Dominikanermönch und bedeutenden Pflanzenkenner des Mittelalters, in seinem Buch »De natura rerum«. Er schreibt, als Gemüse übertreffe der Spinat die Melde. Als Kennzeichen werden die borretschähnlichen Blätter, die wegerichähnlichen Blüten und die stacheligen Früchte genannt. Ob der Spinat zu der Zeit tatsächlich in Deutschland bekannt war, ist jedoch ebenso wenig sicher wie aufgrund der Nennung als Spinachia benetz im Hortus sanitas (»Gart der Gesuntheit«), welcher 1485 in Mainz gedruckt worden war. In beiden Fällen enthalten deren Listen von

Abb. 52. Blühende Spinatpflanze. Holzschnitt aus dem Kräuterbuch von Leonhart Fuchs (1543).

Nutzpflanzen auch mediterrane Arten, im »Gart der Gesuntheit« zusätzlich solche aus dem Orient.

Leonhart Fuchs, Doktor der Medizin in Tübingen, nennt in seinem New Kreütterbuch (1543) den Spinat und bildet ihn auch ab. (Abb. 52). Dazu schreibt er: »Spinat oder Spinet würdt auch Bynetsch genent . . . Auff Arabisch Hispanach . . . als Hispanisch kraut, vielleicht darumb, das es auß Hispania erstlich in ander nation ist gebracht worden« (das heißt: auf arabisch Spanisches Kraut vielleicht deshalb, weil es zuerst aus Spanien in andere Nationen gebracht worden ist). Zur Kennzeichnung der Pflanze nennt er weiche, mehlige, dreispitzige Blätter. Die Samen haben zwei spitzige Dörnlein und sitzen zu sechst oder siebt dicht nebeneinander. Hieronymus Bock berichtet in seinem Kreuter Buch (Straßburg 1561): »Bynetsch . . . in der kuchen ist beinahe nichts gemeineres . . . unter allen Kochkreutern (meines Bedünkens) das best und lieblichst.«

Adam Lonicerus bezeichnet den Spinat in seiner Naturalia Historia (Frankfurt 1551) als »Arabibus Hispanach et Hispanicum olus« (Arabisch-Spanisches und Spanisches Gemüse).

Hieraus geht erstens hervor, daß der Spinat im 16. Jahrhundert in Deutschland allgemein in den Gärten als Gemüsepflanze angebaut wurde, zweitens, daß dieser von den Arabern in Spanien gekommen ist, drittens sahen die Blätter dieses Spinats noch anders aus als unsere heutigen (vgl. Abb. 51 und 52). Die dreieckigen, an der Basis fiederlappigen Blätter, wie Fuchs sie abbildet, fanden sich in dieser Form auch in anderen Kräuterbüchern, z. B. bei Camerarius (1586). Die Kleinheit der Blätter auf dem Holzschnitt ist zwar nicht so maßgeblich, da eine blühende Pflanze abgebildet ist, deren Blätter kleiner sind als die der jungen Blattrosetten, aber es ist doch deutlich, daß unser heutiger Spinat breitere und weniger gezähnte Blätter hat.

Die Erklärung dafür erhält man durch das Studium der landwirtschaftlichen Bücher aus der ersten Hälfte des vorigen Jahrhunderts. Dort werden vom Spinat (*Spinachia oleracea* L.) zwei Hauptvarietäten (nebst mehreren Sorten) unterschieden: ein spitzblättriger mit spieß- und pfeilförmigen Blättern und ein rundblättriger mit größeren Blättern, der auch als holländischer großer Spinat bezeichnet wird (Langethal 1845 und Alefeld 1866). Die Beschaffenheit der Früchte, dornig oder glatt, geht durch beide Gruppen, ebenso wie die Nutzung als Sommer- oder Winterspinat.

Heute sind die spieß- und pfeilförmigen nicht mehr in Gebrauch, sondern nur noch die rundlichen, die bei den verschiedenen Sorten länger oder breiter sein können, am Ende abgerundet oder ein wenig zugespitzt.

Mit der ältesten Kulturgeschichte und Herkunft des Spinats hat sich J. Sneep (1962) beschäftigt. Danach sollen die frühesten Erwähnungen in chinesischen und arabischen Schriften zwischen dem 7. und 10. Jahrhundert vorkommen. Aus diesen Gründen

wird vermutet, daß dessen Ursprungsgebiet in Persien, Südturkestan und Nepal lag. Die Araber (Mauren) brachten ihn in die von ihnen seit dem 8. Jahrhundert eroberten Teile Spaniens.
Nach Deutschland kann der Spinat über Spanien gelangt sein. Er kann aber auch von den Kreuzfahrern aus dem Orient mitgebracht worden sein.

Wilder Spinat

Nach Zeven und De Wet (1982) sind die beiden nächsten wilden Verwandten unseres kultivierten Spinats, *Spinacia tetrandra* Stev. und *Sp. turkestanica* Iljin., in Mittelasien beheimatet. Ersterer wächst in der steinigen Steppe des Kaukasus, einschließlich Armenien und Kurdestan. Der zweitgenannte wächst auf den lößbedeckten Vorbergen des Karakum von Usbekistan und Turkmenien. Beides sind windblütige Pflanzen mit Neigung, als Unkraut in Kulturland einzudringen.
Der kultivierte Spinat (*Sp. oleracea* L.) hat sein primäres Verbreitungszentrum in Afghanistan und anderen Teilen Mittelasiens. Hier werden die ganz jungen Pflanzen als Gemüse gegessen. Keine dieser Spinatarten ist folglich in Arabien beheimatet, sondern die Araber müssen sie oder nur die kultivierte Art, aus Mittelasien mitgebracht oder bekommen haben.

GARTEN-MELDE (*Atriplex hortensis* L.)

Allgemeine Angaben

Diese als Blattgemüse (entsprechend Spinat) verwendete Pflanze gehört, wie Spinat und Mangold, zur Familie der Gänsefußgewächse (*Chenopodiaceae*). Garten-Melde wird jedoch bedeutend größer als Spinat. Sie hat kein länger dauerndes Rosettenstadium, sondern wächst kontinuierlich in die Höhe. Eine einzige freistehende, nicht geschnittene Pflanze erreicht zur Blütezeit eine Höhe von etwa 1,7–2 Meter und benötigt einen Platz von gut einem halben Quadratmeter.
Wenn die Saat im Herbst oder im zeitigen Frühjahr ausgebracht ist, entwickeln sich Ende April bzw. im Laufe des Mai Jungpflanzen mit einem Haupttrieb, an dem herzförmig-dreieckige, randlich gezähnte Blätter stehen (Taf. 63). Wenn die oberen Teile dieser Triebe geschnitten werden, können nur die Blattspreiten, nicht deren Stiele,

auch nicht der junge Stengel, verwendet werden, weil nur die Blätter zart sind. Die herunter geschnittenen Pflanzen wachsen dann nach und ergeben Blatternten während des Frühlings und Sommers. Je höher die Pflanzen werden, um so kleiner bleiben jedoch die an den Stengeln verstreuten Blätter. Im August blühen sie und bilden im September/Oktober lange Rispen mit weißlich-kreisrunden, flachen Fruchthüllen (Taf. 64 oben).

Die Garten-Melde ist in Bezug auf Klima, Boden und Licht unempfindlich. Sie wächst überall wie Unkraut, auch im Halbschatten, doch werden bei gut gedüngtem, gelokkertem und bewässertem Boden die Blätter größer und zarter.

Wegen ihres stetigen Längenwachstums ist sie sicherlich nicht für den Anbau im großen, sondern nur für private Gemüsegärten geeignet. Sie wird aber nur noch sehr selten angepflanzt. Im Grunde hat sie der Spinat schon seit fast 200 Jahren weitgehend verdrängt. Im Katalog der Samenzüchterei Wagner/Heidelberg ist sie jedoch (1984) mit zwei Sorten verzeichnet, und zwar als grünblättrige und als gelbblättrige, d. h. daß sie nicht nur in den botanischen Gärten und Sortimenten der Institute für Pflanzenzüchtung überlebt, sondern auch noch für den Gebrauch empfohlen wird.

Bei der Verwendung in der Küche müssen die Blätter im Kochtopf im Gegensatz zum Spinat 5–15 Minuten kochen und schmecken etwas herber. Gebietsweise ist es üblich gewesen, Sauerampferblätter als Geschmackskomponente beizugeben.

Die Geschichte der Garten-Melde in Deutschland

Die ersten Fruchthüllen und Samen fanden sich im römischen Ostkastell von Welzheim (Südwestdeutschland, ca. 50 km nordöstlich von Stuttgart), wo sie in den Verfüllschichten eines ehemaligen Brunnens, zwischen Garten-, Küchen- und anderen Abfällen lagen. Sie waren sehr gut erhalten und kenntlich an der runden Form der Fruchthüllen sowie den schwarzen Samen mit fein-buckeliger Oberfläche (Taf. 64 unten). Zu diesem Kastell am römischen Limes hatte eine Zivilsiedlung (Lagerdorf) gehört, deren Bewohner außer Landwirtschaft auch etwas Gartenbau betrieben haben. Dabei müssen in Samen geschossene Pflanzen mit in den Abfall gekommen sein. Dies ist bisher der früheste Nachweis in Mitteleuropa (Körber-Grohne u. Piening 1983). Da die Garten-Melde während des griechischen und römischen Altertums im Mittelmeerbereich zu den dort kultivierten Gemüsepflanzen gehörte, ist sie ohne Zweifel von den Römern nach Deutschland mitgebracht worden, ebenso wie Mangold und/oder Rote Rüben und die für die Römer unverzichtbaren Gewürze Koriander, Dill und Sellerie.

Ob sie sich nach dem Abzug der Römer, also nach 260 n. Chr., in Deutschland gehalten hat, ist ungewiß.
Erst im Mittelalter taucht in einigen Verzeichnissen ihr Name auf, so im Capitulare Karls d. Gr. (um etwa 800) unter der Bezeichnung adripias. Die Äbtissin Hildegard von Bingen (1098–1179) führt unter anderen Nutzpflanzen attriplex oder melda an. Im Hortus sanitas (Gart der Gesundheit) steht unter anderen die Bezeichnung Atriplex schißmelde (die in die Höhe schießende).
Die Garten-Melde scheint jedoch keine große Rolle in Deutschland gespielt zu haben, denn sie findet sich in den Kräuterbüchern des 16. und 17. Jahrhunderts nur selten. Blattgemüsepflanzen, entsprechend dem Spinat, wurden nämlich im Mittelalter und in der Renaissancezeit verschiedene genutzt wie Mangold, der Meyer oder Fuchsschwanz (*Amaranthus*-Arten) oder der wildwachsende Gute Heinrich (*Chenopodium bonus-Henricus*). Später kam auch der Spinat (*Spinacia oleracea*) hinzu, welcher der Garten-Melde auf die Dauer vorgezogen wurde.
Eine nähere Kennzeichnung der angebauten Sorten erfahren wir aus dem Lehrbuch der landwirtschaftlichen Pflanzenkunde von Chr. Ed. Langethal (1845), in dem die in den deutschen Bundesstaaten angebauten Nutzpflanzen behandelt werden.
Die »Grüne, Gelbe und Rothe Gartenmelde« wird, zusammen mit weiteren Sorten, von Friedrich Alefeld (1866) aufgeführt, wie z. B. die Form *bengalensis* (von Bengalen) mit grünem Stengel, deren Spitzen und die Blätter schön rosa gefärbt sind. Diese sowie die rote und gelbe Garten-Melde eignen sich auch gut als dekorative Gartenpflanzen, wenn sie sich freistehend entwickeln können.

Die Herkunft der Garten-Melde

Atriplex hortensis L. wird von Zeven und De Wet (1982) als wild oder verwildert vorkommend im »temperierten Europa und Asien« angegeben und auch als Bergspinat bezeichnet.
Ihren Anbau im alten Griechenland während der klassischen Zeit gibt Theophrastos (371–287 v. Chr.) an. Er schreibt, daß andrapaxis oder anaphaxis in der letzten Hälfte des Januars bis in die erste Hälfte des Februars gesät wird, sie gehe in acht Tagen auf. Dioskorides (ca. 60 n. Chr.) schreibt: »Atraphaxis, welche auch Chrysolachanon (Goldgemüse) heißt (wohl wegen der gelben Blattfarbe), ist ein bekanntes Gemüse ... sie dient gekocht zum Essen, hat auch einige Heilkraft.« Auch für Italien wird das Säen der Garten-Melde an Stellen, die man bewässern kann, von Palladius in seinem Werk über Landwirtschaft (de re rustica, etwa 380 n. Chr.) angegeben (Vorstehendes nach

Lenz 1859). Sie wird außerdem im Edikt Kaiser Diokletians von 301 n. Chr. aufgeführt. Das ist ein Verzeichnis über Maximaltarife für Getreide- und Lebensmittelpreise. Hier erscheint die Garten-Melde unter dem Namen atriplex. Weiterhin wird atriplex von Isidorus Hispanicus (570–630 n. Chr.) im 17. Buch seiner Elymologia unter etwa 600 Namen von nutzbaren Pflanzen (einschließlich Heilpflanzen, davon 25 Arten Getreide und Gemüse) genannt. Isidorus war Gote und wirkte später als Bischof in Sevilla (Spanien). Die Pflanzenliste betrifft aber nicht nur Spanien, sondern umfaßt alle Arten von Pflanzen, die aus der Zeit der Antike vom Mittelmeerraum ins Mittelalter Mitteleuropas übernommen worden waren (Näheres bei Fischer 1929).

GARTEN-SAUERAMPFER (*Rumex acetosa* L. var. *hortensis*)

Beim Garten-Sauerampfer entwickeln sich im Frühjahr zuerst länglich-ovale, dickliche, langgestielte Blätter von säuerlichem Geschmack. Dies ist die beste Zeit, um die Blätter zu Frühjahrssuppen, als Beimischung für Spinat oder für Salate zu verwenden. Mit Beginn des Sommers treibt die Pflanze 30–100 Zentimeter hohe Blütenstengel. Diese sind aufrecht, gestreift, beblättert, kahl oder papillös-flaumig.
Der Garten-Sauerampfer ist eine Kulturform, die sich von der Wildform durch seine Größe und Beschaffenheit der Blätter deutlich unterscheidet. Saatgut des Garten-Sauerampfers wird in den Samenhandlungen mit einer Zuchtform zum Verkauf angeboten. In den Katalogen der Samenzüchtereien werden sie z. T. unter der Rubrik Gemüse- und Salatpflanzen geführt, z. T. bei den Küchenkräutern. Garten-Sauerampfer wird in Deutschland, Frankreich und England oft in Gemüsegärten gehalten.
Die Herauszüchtung einer Gartenform geht offenbar nicht weiter als etwa 200 Jahre zurück, denn R. V. Fischer-Benzon (1894) führt ihn nicht unter den altdeutschen Gartenpflanzen aus der Zeit zwischen dem 9. und 16. Jahrhundert an. Erst im vorigen Jahrhundert gliedert F. Alefeld (1866) den Sauerampfer in wilde und kultivierte Formen. Diese Kulturformen wurden als Langblättriger (*longifolia*) und als Breitblättriger (*latifolia*) mit blasigen Blättern beschrieben (die zwischen den Adern aufgewölbt sind).
Wenn auch die Gartenformen nicht besonders alt sind, so werden in früheren Zeiten sicherlich im Frühjahr die Blätter des wilden Sauerampfers gesammelt worden sein, auch ohne daß sie eigens in Verzeichnissen genannt worden sind.

MÖHRE, KAROTTE, GELBE RÜBE, WURZEL (*Daucus carota* L.)

Allgemeine Angaben über die Kulturmöhren (ssp. *sativus*). *Inhaltsstoffe*

Diese gehören zur Familie der Doldengewächse (*Umbelliferae* = *Apiaceae*). Die Pflanzen sind zweijährig. Im ersten Sommer bildet sich nur die Wurzel und eine Blattrosette, die aus aufrecht stehenden, langgestielten, mehrfach gefiederten, dunkelgrünen, fein zerschlitzten Blättern besteht. Erst nach Überwinterung wächst im folgenden Sommer ein verzweigter Blütenschaft empor, der Ende August bis September mehrere große, weiße, schwach gewölbte Blütendolden trägt. In der Mitte befinden sich oft einige dunkelrote Blüten. Während der Fruchtreife zieht sich jede Blütendolde vogelnestartig zusammen. Die Früchte sind halbrund (da sie je zu zweit stehen) und auf der gewölbten Seite mit zahlreichen, kleinen Stacheln besetzt.

Wenn man eine Möhre, also die ganz in der Erde gewachsene Wurzel, in Scheiben schneidet, zeigt sie einen gelblichen Innenteil mit feinstrahliger Struktur (sog. Herz). Das ist der Wasserleitungs- und Festigungsteil, den jede Pflanzenwurzel im Zentrum besitzt (Zentralzylinder). Der orangefarbene Außenteil der Möhre aber ist das Speichergewebe, einschließlich der dünnwandigen Leitungsbahnen für die Assimilate, die in Form von Zuckerlösung und anderen Stoffen aus den Blättern herabgeleitet werden. In diesen Speicherzellen sieht man im Mikroskop z. B. das Carotin in Form kleiner kristallähnlicher Partikel liegen. Die Möhrenzüchtung strebt unter anderem einen hohen Carotingehalt, süßen Geschmack und Saftigkeit an.

Möhren gehören zu den Weltwirtschaftspflanzen. Mit 10,4–10,6 Millionen Tonnen jährlicher Erzeugung in der Welt (1979–1981, nach F-A-O) stehen sie an dritter Stelle der Frischgemüse-Pflanzen. Die Anbauzentren liegen in Europa und Asien. In Europa werden Möhren vor allem angebaut in Großbritannien, den Niederlanden und Belgien, Frankreich und Polen. Danach folgen die Bundesrepublik und Italien sowie alle anderen europäischen Länder.

In der Erzeugung der Bundesrepublik stehen Möhren an zweiter Stelle der Gemüsearten. 1980/81 waren es 11 Prozent (nach Kopfkohl mit 38%). Sie werden in den meisten privaten Gemüsegärten angebaut, ferner im großen für den Frischmarkt, zur Wintereinlagerung, Konservierung und zur Saftproduktion (nach den Stat. Jb. der BRD). In den Katalogen der Samenzüchtereien der Bundesrepublik werden bis zu 13 Sorten angeboten. Von diesen sind die meisten französischen (Nantaise sowie die rundliche Karotte) und holländischen (Amsterdamer) Ursprungs. Aber auch deutsche Sorten finden sich, wie Gonsenheimer Treib und Juwarot. Die Sortenunterschiede betreffen Form und Größe der Möhren, Geschmackseigenschaften, Carotingehalt, Eignung für verschiedene Verwendungszwecke und Anbau zu verschiedenen Jahreszeiten.

Die Möhre wächst überall dort, wo es weder zu große Kälte, noch zu große Trockenheit oder Staunässe gibt. Zum Einsäen eignet sich am besten kalkhaltiger, sandiger Lehmboden oder kalkhaltiger Lehmboden, der im Jahr zuvor reichlich gedüngt und gut und tief gelockert worden ist (Näheres in Gartenbüchern).
Nach den Angaben von Schormüller (1974) sowie Souci et al. (1981) ergibt sich folgendes: Möhren haben in bezug auf Gemüse einen mittleren Wassergehalt. In 100 g frischen Möhren sind 10–13 g Trockensubstanz enthalten. Davon entfällt das meiste auf Kohlenhydrate mit 6,0–9,3 g. Von diesen ist der größte Teil Zucker (Trauben-, Frucht- und Rohrzucker). Fett und Eiweiß sind wenig enthalten. Von den mindestens 13 enthaltenen Mineralien ist nur Kalium reichlich vorhanden. Dagegen ist Carotin mit 6–21 mg mindestens dreimal so stark vertreten wie in unseren anderen carotinreichsten Gemüse- bzw. Salatpflanzen: Grünkohl, Spinat, Mangold und Ackersalat (Rapunzel). Der Vitamin-B-Komplex hält sich im Rahmen der meisten anderen Gemüse. Der Vitamin-C-Gehalt ist gering (vgl. Tab. 8, S. 172). Die in Möhren enthaltenen ätherischen Öle (etwa 10 mg auf 100 g) ergeben, zusammen mit den Zuckern, den typischen Möhrengeschmack. Sie sind auch diätetisch von Bedeutung, da sie gegen verschiedene Bakterien wirken, z. B. gegen bakteriellen Säuglingsdurchfall (Enteritis) (Näheres bei Schuphan 1969).
Der Wert der Möhren ist also verschieden bedingt, vor allem liegt es in dem extrem hohen Carotingehalt, der zudem größtenteils in der beta-Form besteht, der Vorstufe des Vitamins A. Die Carotinausnutzung aus rohen Möhren liegt bei 1–20 Prozent, aus gekochten bei 4–60 Prozent, aus homogenisierten (also stark zerkleinerten) bei 46–63 Prozent. Dabei ist zu bedenken, daß Carotin fettlöslich ist. Beim Genuß von Möhren sollte daher Milch oder Öl oder anderes Fett mitgegessen werden. Die biochemischen Wirkungen des Vitamins A bestehen in günstiger Einwirkung auf das Wachstum des jugendlichen Organismus, in der Infektionsabwehr und der Mitwirkung beim Sehvorgang (nach Schormüller 1974).

Die Kulturgeschichte der Möhre in Mitteleuropa

Botanische Nachweise der Möhre aus archäologischen Ausgrabungen wären nur möglich anhand ihrer Früchte. Diese sind auch immer wieder gefunden worden, dabei waren allerdings wilde und kultivierte nicht zu unterscheiden. Da die in Mitteleuropa einheimische Wildmöhre (*Daucus carota* L. ssp. *carota*) auf mäßig trockenen Böden, auf Wiesen, Magerrasen und an Wegrändern fast überall wächst, kann man die prähistorischen Fruchtfunde nicht als Nachweis der Kulturformen verwenden, sondern ist auf schriftliche oder bildliche Überlieferung angewiesen.

Tafel 65 Älteste existierende farbige Abbildung der Möhre (*Daucus carota*) aus dem Codex des Dioskorides (um 60 n. Chr.), in der ersten farbigen Kopie von 500–511 in Konstantinopel. Foto: Universitätsbibliothek Erlangen.

Tafel 66 Wildmöhre (*Daucus carota* ssp. *carota*) von der Schwäbischen Alb. 29. 8. 1984. Links: Blühend und in Fruchtbildung. Deutlich die vogelnestartig zusammengezogenen jungen Fruchtstände. Rechts: Ausgegrabene junge Pflanze, mit Wurzel.

Tafel 67 Riesenmöhre (*Daucus carota* L. ssp. *maximus*) in Israel, 21. 4. 1983. Gezeigt von D. Zohary, Hebräische Universität Jerusalem. ▷

Tafel 68 Eine Dolde der Riesenmöhre von Tafel 67, verkleinert auf etwa 2/3.

Nennungen zwischen dem 9. und 12. Jahrhundert in Pflanzenlisten sind aber nicht sicher nur auf unsere Möhre beziehbar, wie z. B. der Name carvitas im Capitulare Karls d. Gr. (um 800) oder pastinaca und Morkrud in der Physika der Äbtissin Hildegard von Bingen. Diese Bezeichnungen können nämlich sowohl auf Pastinaken (*Pastinaca sativa*) als auch auf Möhren (*Daucus carota*) bezogen werden, weil deren Namen im Mittelalter und auch später oft noch wechselseitig benutzt worden sind. Die erste eindeutige Beschreibung findet sich bei Albertus Magnus (13. Jh.). Dieser Mönch und Gelehrte führt die Möhren unter den Namen daucus an und nennt ausdrücklich zu deren Kennzeichnung die rote Blüte in der Mitte der Blumenkrone. Doch folgt nicht weiter, ob diese als Arznei oder als Speise gedient hat.

Beschreibungen und Abbildungen finden sich erst in den Kräuterbüchern des 16. und 17. Jahrhunderts. So bildet Hieronymus Bock (1546) eine blühende »Geel Rüben« (Gelbe Rübe) ab. Er schreibt dazu, sie werde ziemlich lang, in den gekrönten Blüten, wie Schierling und Kerbel, sei eine rote Mittelblüte. Das Ackerland bei Köln ziehe allgemein diese Rüben, die allgemein gebräuchlich seien für die Küche. In Gegensatz zu dieser angebauten »Gelben Rübe« stellt Hieronymus Bock die wilden, deren Kraut, Blätter, Stengel und Blüten mit purpurner Mittelblüte, der »zamen« (kultivierten) »fast ähnlich» sei, außer daß »die Wurtzel gantz dünn, gantz holtzicht ist . . . selten finers dick, jnwendig weiß, nit geel, wechst . . . hinder den zeunen . . . an den felßen und äckern, under der Bibernellen, an dürrem sandichten ertrich.«

Die Bezeichnung Carota taucht bei Joachim Camerarius auf (Nürnberg 1586). Dessen beigegebenen Holzschnitt zeigt Abb. 53. Er schreibt dazu: »Carot: Welsch genannt, pflegt man daselbst in Gärten zu pflantzen, denn man kocht die Wurtzel . . . schneidets darnach in Scheiblen, und bereitets zum Salat, sonderlich im Winter, da man andere Salatkreuter nicht haben mag.« Es geht daraus hervor, daß diese große, lange Möhre in Welschland (Italien oder Frankreich) gezogen und (zu der Zeit?) nach Deutschland gekommen ist, wie denn am Ende des 16. Jahrhunderts Saatgut von vielen verschiedenen Pflanzen durch Kaufleute und Reisende aus ganz Europa und anderen Teilen der Welt mitgebracht und daheim in Privatgärten ausprobiert wurde.

Über die Farbe dieser angebauten Möhren erfahren wir vor dem 16. Jahrhundert nur selten etwas. Hieronymus Bock (1546) hatte sie als *gelbe* Rübe bezeichnet, wie sie auch heute in Süddeutschland noch heißt. 1684 nennt J. H. Elsshols gelbe, weiße und rote bzw. schwarzrote Möhren. Die Farbe ist deswegen wichtig, weil nur orangefarbene viel Carotin enthalten. Die roten bzw. schwarzroten sind durch den weit verbreiteten roten Blüten- und Blattfarbstoff Anthocyan, der für die Ernährung nebensächlich ist, so gefärbt. Die gelben Möhren besitzen gelbe Farbstoffe und etwas Carotin. Die weißen enthalten keine Farbstoffe.

Orangefarbene Möhren, also die sog. Carotinmöhren, scheinen in den Niederlanden

Abb. 53. Möhre (*Daucus carota*). Holzschnitt von Joachim Camerarius (1586).

aufgekommen zu sein. Jedenfalls sind sie zuerst auf niederländischen Gemälden vom Ende des 17. Jahrhunderts zu sehen. Diese zeigen nach W. A. Brandenburg (1981) »klare Unterschiede zwischen purpurroten und gelb-orangen Karotten«. Er benennt auch diese Gemälde: Pieter Aertsen, »Frucht- und Gemüsestand« im Museum Boymans-van Beuningen, Rotterdam, ferner das Gemälde von Nicolas Maes, »Eine Marktszene in Dordrecht«, im Rijksmuseum Amsterdam. Im 18. Jahrhundert werden in den Niederlanden von mehreren Autoren die dort angebauten Möhren nach deren Form in zwei Gruppen aufgeteilt: Lange, orangefarbene, 1721 von du Vivie, Niederlande, erstmals beschrieben, 1740 von H. Hessen, Deutschland, als Brunswicker bezeichnet und beschrieben; und kleinere, intensivere orange gefärbte sog. Hornmöhren. Diese gab es in drei Sorten als späte halblange (größte), frühe halblange (mittelgroß) und frühe Scarlet horn (kleinste).
Um 1866 wurden von Friedrich Alefeld neun Möhrensorten genannt, die in Deutschland angebaut wurden. Weil die Beschreibungen aufschlußreich sind, werden sie hier

wiedergegeben (etwas gekürzt). »Variationsgruppe 1: Lange Möhre. Wurzel lang, spindelförmig. Fleisch der Wurzel rauher.
1. Weiße, lange Gelbrübe. Wurzel sehr groß, weiß, nicht süß. Als Viehfutter beliebt, da sie reich trägt.
2. Blassgelbe lange Gelbrübe. Wurzel hellgelb, sehr lang, dick, viel süßer als vorige. Für Feldkulturen am empfehlenswertesten, da sie massig wächst und benutzbar zu Allem ist.
3. Rothe Möhre. Wurzel mittelgroß, feurig gelbroth, zartfleischig, deshalb in Gärten sehr beliebt.
4. Dunkelrothe Möhre = Violette spanische. Wurzel ziemlich kurz, dadurch den Übergang zu den Karotten bildend, violett, feinschmeckend. Gut zu Gemüse, besonders aber zum Einmachen.
Variationsgruppe 2: Karotte. Wurzel kürzer, fast zylindrisch.
5. Weiße, runde Karotte. Wurzel weiß, durchscheinend, kurz.
6. Blassgelbe Kar. (= Saalfelder Kar.). Wurzel blassgelb, früh, schmackhaft. In Mistbeeten oft gezogen.
7. Holländische Kar. (frühe, rothe Hornmöhre). Wurzel roth, frühe, schmackhaft. Auch in Mistbeeten gezogen.
8. Noisettes Kar. (späte rothe Hornmöhre). Wurzel roth, spät.
9. Violette Kar. (Pastinade rouge in Frankreich). Wurzel klein, frühreif, sehr gut zum Einmachen und als Gemüse, aber für Suppen nicht geliebt, der färbenden Eigenschaft wegen.«
Hieraus ist in der Mitte des vorigen Jahrhunderts eine große Vielfalt von Möhren ersichtlich: als weiße, gelbe, violette (mit Anthocyan) und rote (in diesem Zusammenhang für orange, als Carotinmöhre). Sie wurden angebaut für Futter- und Speisezwecke. Dann ist von der holländischen, französischen und spanischen die Rede. Heute geht unser Speisebedarf ausschließlich in Richtung orangefarbener Carotinmöhren.

Die Kulturgeschichte der Möhre außerhalb Mitteleuropas

Die ältesten Nachrichten über die Nutzung von wilden Möhren und den Anbau von kultivierten sind uns schriftlich überliefert aus Griechenland und Italien. Der Grieche Dioskorides (um 60 n. Chr.) nennt die wilde Möhre staphylinos und charakterisiert sie durch die weißen Blüten und ein purpurnes Ding in der Mitte. Die Wurzel sei fingerdick, spannenlang, wohlriechend, gekocht eßbar. Sie diene als Arznei. Werde staphylinos im Garten gezogen, so schmecke sie besser, habe aber weniger Arzneikraft.

Die entsprechende farbig gemalte Abbildung in seinem Codex zeigt eine stattliche Wurzel von gelboranger Farbe (Taf. 65). Dioskorides schreibt weiter, daß die Römer für diese Pflanze (staphylinos) die beiden Namen carota und pastinaca gebrauchten. So identifizierten Columella (50 n. Chr.) die kultivierte Form von pastinaca und Plinius (23–79 n. Chr.) die *wilde* Form von pastinaca mit der griechischen Pflanze staphylinos. In Griechenland nennt Diokles (340–260 v. Chr.) in seinem Buch über die Gesundheitslehre die Möhre zwar nicht staphylinos, sondern astaphylinos, sagt aber, daß carota, »welche eine große, wohlbeleibte Möhre ist, besser schmeckt und verdaulicher ist als diese«. Unter staphylinos wird hier also die wilde Möhre und unter carota die kultivierte verstanden. Auch der römische Feinschmecker Apicius, Verfasser des berühmten römischen Kochbuchs, nennt carota.

Hieraus ist ersichtlich, daß in klassischer Zeit in Griechenland und Italien Möhren sowohl für medizinische Zwecke als auch zur Speise genutzt worden sind. Doch erschweren die verschiedenen Bezeichnungen die Deutung so sehr wie bei keiner anderen Nahrungspflanze.

Am eingehendsten hat sich der Niederländer O. Banga (1962) mit Abstammung und Herkunft der Möhre befaßt. Außer ihrer Biologie hat er die Quellen über die rotviolette und gelbe Möhre in Afghanistan sowie ihre weitere Geschichte studiert. Er schreibt, daß Mitteilungen des Arabers Ibn-Al-Awams zufolge die rote und gelbe Möhre im 10. Jahrhundert im Iran (Babylonien und Nabatthea), im 11. Jahrhundert in Syrien und im 12. Jahrhundert in Spanien angebaut worden seien. Im 13. und beginnenden 14. Jahrhundert wurde in Italien eine rotviolette Möhre gezogen, »die, gekocht, ein schönes, rotes Kompott ergab«. Das deutet darauf hin, daß es sich um die Anthocyanmöhre gehandelt hat. Die rotviolette Möhre ist in Frankreich und Deutschland noch im vorigen Jahrhundert angebaut worden. Doch war schon vom 16. Jahrhundert an bei uns hauptsächlich die »Gelbe Rübe« gebräuchlich. Diese diente später, nach dem Allgemeinwerden der Carotinmöhre, noch als Futtermöhre.

Wilde Möhren (*Daucus carota* L.)

Diese Art (oder besser Sammelart) ist in ganz Europa, Vorder- und Zentralasien verbreitet. Wichtigste Merkmale sind weiße Wurzeln bei der mitteleuropäischen (ssp. *carota*) und der mediterranen (ssp. *maximus*), aber purpurrote sowie gelbe Wurzeln bei den zentralasiatischen Formen (ssp. *atrorubus* Alef. = *afghanicus*). In Kleinasien (Türkei) kommen die genannten Unterarten (Subspecies) nebeneinander vor, wo sie sich auch natürlicherweise kreuzen (Zeven and De Wet 1982). An der Wurzelfarbe lassen sich die verschiedenen Kultivierungsformen erkennen, wie berichtet wurde.

Im übrigen ist die Sammelart *Daucus carota* allein schon in Europa so formenreich, daß sie bei extremer Ausbildung den Eindruck von selbständigen Arten macht. Diese zeigen aber doch gleitende Übergänge (Hegi 1906–1929, Band IV. 2). Nach den Spezialbearbeitungen von Thellung (in Hegi) konnten zehn Unterarten in folgenden Gebieten festgestellt werden: »In fast ganz Europa (Nordgrenze Dänemark und Mittelschweden), in den Seealpen bis 2500 m aufsteigend, Südwest-Asien von Kleinasien (Türkei) bis Afghanistan und Ostindien (im Himalaya bis 3000 m), Sibirien, Kanaren, Madeira, Nordafrika.« Darunter gibt es auch Meeresstrandformen.

Hier kann nur auf drei Unterarten eingegangen werden: unsere in Deutschland verbreitete ssp. *carota*, die im Mittelmeergebiet vorkommende ssp. *maximus* und die in Afghanistan wachsende purpurrot- und gelbwurzelige ssp. *atrorubus* (= *afghanicus*).

1. Unsere einheimische Wildmöhre (ssp. *carota*): Von dieser sollen auch die Wurzeln näher beschrieben werden, weil über ihre Nutzung und Kultivierung gelegentlich noch zu lesen ist, daß diese einerseits der Vorläufer unserer Kulturmöhre, andererseits ihre Wurzel hart und holzig sei.

Wir treffen die Wildmöhre in Deutschland als häufige Pflanze auf allen mageren, trokkenen, durchlässigen Böden: auf Magerwiesen im Berg- und Flachland, an Straßen- und Wegrändern. Aber ein Acker- oder Gartenunkraut ist sie nicht. Ihre Lebensdauer beträgt ein oder zwei Jahre. Nach dem Blühen und Fruchten stirbt sie ab.

Betrachten wir einige Pflanzen von der Schwäbischen Alb näher. Im ersten Sommer bildet sich eine Blattrosette von 8–12 Zentimeter Höhe. Sie besteht aus 6–10 gestielten, fein zerschlitzten, graugrünen, fein-behaarten Blättern (Taf. 66 rechts). Die Wurzeln lassen sich nur schwer ausgraben in dem flachgründigen, mit Kalksteinen durchsetzten Boden. Sie stecken ganz in der Erde bzw. den Gesteinsspalten. Sie sind außen weißlich, innen ganz weiß. Carotin ist nicht nachweisbar, wie die chemische Untersuchung von fünf Wildmöhrenwurzeln von der Schwäbischen Alb durch die Landesanstalt für landwirtschaftliche Chemie der Universität Hohenheim am 24. 1. 85 ergeben hat (durchgeführt bis zur Nachweisgrenze von 0,2 mg/kg Trockensubstanz). Die Dicke dieser Wurzeln betrug 4–6 Millimeter, ihre Länge 6–8 Zentimeter. Sie verzweigten sich erst im unteren Teil. Der Querschnitt zeigt, daß der Zentralzylinder mit den Wasserleitungsbahnen und dem Festigungsgewebe reichlich die Hälfte einnimmt, während das zartere Speichergewebe nur etwa 1–1,5 Millimeter des äußeren Teils bildet. Trotzdem waren diese jungen Wurzeln nach 20 Minuten Kochen weich und zart. Ich habe mehrere gegessen und angenehm im Geruch und Geschmack gefunden. Die Kleinheit der Wurzeln und das mühevolle Ausgraben machen es aber nicht wahrscheinlich, daß diese in vorgeschichtlicher Zeit als Nahrungsmittel genutzt wurde, eher vielleicht als Arzneipflanze wegen ihres ätherischen Öls.

Im zweiten oder schon im ersten Jahr treibt die Pflanze einen verzweigten Blütenschaft (Taf. 66 oben). Die weißen, flachen bzw. nur schwach gewölbten Dolden haben einen Durchmesser von 5–8 Zentimeter. In manchen Gegenden fehlt die rote Mittelblüte oder ist selten. Aber an dem vogelnestartigen Zusammenziehen der Dolde bei der Samenreife ist die Wildmöhre deutlich vom Kümmel und anderen weißblühenden Doldengewächsen unterscheidbar. In diesem Stadium ist die Wurzel natürlich zäh und hart, weil die Nährstoffe durch die Bildung des Blütenschaftes verbraucht worden sind und sich zur Verankerung desselben mehr Festigungsgewebe gebildet hat.

2. Die Riesenmöhre (ssp. *maximus*): Im Mittelmeergebiet und im Vorderen Orient sieht man außer der vorigen auch die Riesenmöhre. Sie trägt ihren Namen zu Recht, denn sie wird mannshoch, und die Blütendolden sind hochgewölbt und groß wie Eßteller. Auch ihr dunkelroter Mittelpunkt ist bedeutend größer als bei den mitteleuropäischen Wildmöhren (Taf. 67 u. 68). Nach der Blüte zieht sich die Dolde ebenfalls vogelnestartig zusammen. Die Früchte sind auf der gewölbten Außenseite mit langen Stacheln besetzt, die an der Spitze einen kleinen Widerhaken tragen. Außer im Mediterrangebiet und im Orient kommen sie (nach Hegi) in Portugal, Spanien, Südfrankreich und auf dem Balkan vor.

3. Die afghanische Formengruppe (ssp. *atrorubus = afghanicus*): Hier wachsen nach Angaben von Banga (1962) Wildmöhren, die teils purpurrote, teils gelbe Wurzeln haben. Die rote Farbe sei durch Anthocyan bedingt. Das ist der auch im Rotkohl enthaltene wasserlösliche Farbstoff, der beim Kochen das Kochwasser rot oder blau färbt. Derselbe Farbstoff bedingt die purpurrote, violette und blaue Farbe vieler Blüten und anderer Pflanzenteile. In der gelben Wurzel ist nach Banga »Anthochlor« enthalten. Das ist die ältere Bezeichnung für wasserlösliche blaßgelbe Anthoxanthine. Sie sind dem Anthocyan chemisch nahe verwandt. Ob die gelbwurzeligen Möhren auch Carotin enthalten, wird von Banga nicht angegeben. Diese Möhrenformen soll es wild in ganz Mittelasien geben, wobei das Zentrum der Verbreitung in Afghanistan liege. Sie wurden dort von den Einheimischen teils gesammelt, teils angebaut (um 1960 von Banga beobachtet). Wir haben schon berichtet, daß die Kultur dieser purpurroten Möhren im Mittelalter über Babylonien auch im Mittelmeergebiet bekannt wurde, anschließend ebenso in Spanien, Frankreich, den Niederlanden und Deutschland.

Herkunft und Ursprung unserer Kulturmöhren

Unsere heutigen orangefarbenen, stark carotinhaltigen Möhren sind Ende des 17. Jahrhunderts zuerst in den Niederlanden aufgetaucht. (Anfang des 18. Jh. erstmals beschrieben). Sie sind dort aus gelben Möhren entstanden oder gezogen worden. Die

gelben Möhren (genannt »Gelbe Rüben») waren während des 16.–18. Jahrhunderts in Mitteleuropa die häufigste Form. Außerdem gab es purpurrote und weiße.
Die purpurroten bzw. violettroten, welche durch den Farbstoff Anthocyan so gefärbt sind, stammen zweifellos von der afghanischen Wildmöhre ab.
Die weißen und gelben Möhren des 16.–19. Jahrhunderts sind wahrscheinlich verschiedenen Ursprungs: die weiße aus dem Mediterrangebiet, die gelbe aus Afghanistan. Von der weißen hat deren Hauptbearbeiter Thellung (in Hegi 1906–1929, Bd. IV,2) angenommen, daß sie durch Kreuzungen zwischen der mitteleuropäischen Wildmöhre (ssp. *carota*) und der mittelmeerischen Riesenmöhre (ssp. *maximus*) entstanden ist. Die Kulturmöhre nimmt bezüglich der meisten Merkmale eine Mittelstellung zwischen beiden ein (z. B. bei der Blütendolde, die bei ssp. *carota* flach oder fast flach ist, bei ssp. *maximus* hoch gewölbt und bei unserer Kulturmöhre schwach gewölbt. Da aber in Kleinasien (Türkei) das Überschneidungsgebiet für die weißwurzelige Riesenmöhre sowie die afghanische gelbe und purpurrote Formengruppe ist, sollen Kreuzungen zwischen allen diesen stattgefunden haben.
Daß das vermutlich schon im klassischen Altertum weitgehend der Fall gewesen ist, könnten die verschiedenen, wechselweise benutzten Bezeichnungen belegen: pastinaca (die weiße Wurzeln hat) sowie carota und staphylinos (Kulturmöhre), darunter schon Gelb-orangefarbene (Taf. 65).
Näheres über diese grobe Kennzeichnung hinaus wird erst dann beurteilt werden können, wenn die Wildformen aus den genannten Gebieten nach modernen botanischen Methoden mit denen der Kulturmöhre verglichen werden, wobei auch die Inhaltsstoffe der Wildformen analysiert werden müßten, was bisher (außer beim Anthocyan) nicht geschehen ist.
Zusammenfassend gilt, daß die heutige Möhre wegen ihrer guten ernährungsbiologischen Eigenschaften, ihrer züchterischen Bearbeitung, ihrer Lagerfähigkeit und anderem weltwirtschaftlich so wichtig ist. Sie ist dies erst seit etwa 100 Jahren, nachdem der Carotingehalt in der bisherigen gelben Möhre um ein Vielfaches gesteigert werden konnte und zahlreiche neue Zuchtformen entwickelt wurden. Abstammung und Herkunft weisen für die weißwurzeligen auf das Mittelmeergebiet, bei den gelben und purpurroten auf Kleinasien und Mittelasien (Afghanistan). Kleinasien ist das Verbreitungs- und Vermischungsgebiet aller genannten Formen.

PASTINAKE (*Pastinaca sativa* L.)

Kennzeichnung. Anbau. Inhaltsstoffe

Diese als Wurzelgemüse verwendbare Pflanzenart gehört, ebenso wie die Möhre, zur Familie der Doldengewächse (*Umbelliferae = Apiaceae*), sieht jedoch ganz anders aus, denn sie blüht gelb und hat große, nur einfach gefiederte Blätter.

Pastinaken werden so früh wie möglich ins Freiland gesät, weil die Samen lange zum Keimen brauchen. Der Reihenabstand sollte 30–40 Zentimeter betragen, denn die ausgewachsenen Pflanzen sind höher und breiter als Möhren. Innerhalb der Reihen müssen die Jungpflanzen vereinzelt werden. Im Spätsommer bis Herbst hat sich eine 40–60 Zentimeter hohe, aufrecht stehende, kräftige Blattrosette gebildet, wobei jeder Fiederlappen mindestens 5 x 6 Zentimeter groß ist. Die Wurzel steckt ganz in der Erde, erreicht eine Länge bis über 30 Zentimeter und einen Durchmesser zwischen 4 und 12 Zentimeter. (Die große Sorte wiegt 500–600 g pro Stück, die »halblange« ist etwa so wie längere Möhren). Außen ist sie gelblich-weiß mit dunkleren Querrillen (Taf. 69 rechts), innen schneeweiß. Der Eigengeruch ist erdhaft-aromatisch.

Die Wachstumsbedingungen und anderes werden von Becker-Dillingen (1928) genau beschrieben. Danach ist die Pastinake eine sehr widerstandsfähige Pflanze, deren Wurzel, ohne zu erfrieren, im Winter in der Erde bleiben kann. Das Optimum ihres Anbaues liegt allerdings im feuchten, wintermilden Seeklima Westeuropas. So wurde sie Anfang unseres Jahrhunderts am häufigsten in Frankreich an der Westküste der Bretagne, in Süd- und Nordfrankreich, in den Niederlanden, Belgien, England, Nordirland und stellenweise in Spanien angebaut, meist als Viehfutter, aber auch für Speisezwecke.

Für den Anbau sind humose Lehmböden und Moorboden am besten geeignet. Pastinaken lieben Humus ganz besonders. Sie mögen keine stagnierende Nässe und keinen schweren Tonboden.

Bei Verwendung der Pastinakwurzeln in der Küche fällt auf, daß sie sich beim Schneiden etwas »wattig«, also weich, anfühlen. Sie sind nicht so knackig-fest wie Möhren. Das macht sich auch bei der Kochdauer bemerkbar, die nur etwa halb so lang ist wie bei Möhren oder Kartoffeln. In Stücke geschnittene Pastinaken geben ein weiches, »trockenes« Gemüse von mildem Geschmack, sättigen gut, sind leicht verdaulich und eignen sich zusammen mit Kartoffeln und/oder Möhren als Eintopf.

Die chemische Zusammensetzung erklärt die »Trockenheit«, denn ihr Wassergehalt liegt mit 79–83 Prozent niedriger als bei den meisten anderen Gemüsen. Die im Mittel 20 Prozent Trockensubstanz hält sich etwa im Bereich von Schwarzwurzeln und nur wenig unterhalb grüner Erbsen. Von der Trockensubstanz besteht der größte Anteil

aus Stärke und Zuckern (11–18 g auf 100 g frischer Pastinaken). Eiweiß und Fett sind nur wenig enthalten. Von den verschiedenen Mineralien ist nur Kalium reichlich vertreten (mit 342–740 mg auf 100 g frischer Wurzeln). Carotin und der Vitamin-B-Komplex sind spärlich, Vitamin C (mit 6–32 mg) in mittlerem Anteil vorhanden (Näheres Tab. 8, S. 172).
Die Wurzeln halten sich bis in den April frisch. Pastinaken kommen erst seit wenigen Jahren wieder auf, in Frankreich und England waren sie immer gebräuchlich. Ihre Samen (Früchte) werden in allen Fachgeschäften angeboten.

Die Geschichte der Pastinaken

Die ältesten Nachweise der Pastinake sind wenige Fruchtfunde aus jungsteinzeitlichen Siedlungsschichten im schweizerischen Alpenvorland und in Südwestdeutschland. Es ist aber anzunehmen, daß es sich dabei um Wildpflanzen handelt. Man weiß nicht einmal, ob die Wurzeln überhaupt damals von Menschen genutzt worden sind. Die nächstjüngeren in Deutschland gibt es dann erst aus der Römerzeit und zwar nur aus Xanten am Rhein und aus den Römerkastellen Butzbach und Welzheim. Auch hier läßt sich nicht beurteilen, ob es aus dem Mittelmeergebiet eingeschleppte Wildpflanzen oder schon kultivierte mit dickeren Wurzeln waren. Diese Unklarheit gilt ebenso für ihr mutmaßliches Ursprungsland Italien, wie noch ausgeführt wird. Selbst aus dem Mittelalter gibt es nur drei Stellen mit je einem oder wenigen Fruchtfunden (in Göttingen, Neuss und der Burg Eschelbronn bei Heidelberg).
Pastinaken (*Pastinaca sativa*), Möhren (*Daucus carota*) und Zuckerwurzeln (*Sium sisarum*) sind seit ihren ersten Nennungen in Italien während des klassischen Altertums und später, auch in Mitteleuropa, bis zum 17. Jahrhundert, immer wieder miteinander verwechselt, d. h. ihre Namen oft über Kreuz benutzt worden, so daß es schwierig und oft unmöglich ist, die richtige Pflanze dem heute gebräuchlichen Namen zuzuordnen. Einiges wurde schon bei der Geschichte der Möhre ausgeführt (S. 225 f.). Zusammenstellungen historischer Daten und Versuche ihrer Deutung finden sich bei Lenz (1859), Fischer-Benzon (1894) und Becker-Dillingen (1928). Hieraus wird nur das Wichtigste zusammenfassend dargestellt. Ob Pastinakwurzeln in Italien während der römischen Zeit genutzt worden sind, bleibt wegen dieser Begriffsverwirrung im dunkeln.
Dasselbe gilt für die Nennungen im Capitulare Karls d. Gr. mit der Bezeichnung pastinacas (Möhre? Pastinak?), es werden hier jedoch auch carvitas (Karotten) genannt. Im Entwurf zu dem Klostergarten von St. Gallen (Schweiz) um 820 steht auf einem Beet pastinachus (Möhre?). Die Äbtissin Hildegard von Bingen (1098–1172) erwähnt

Abb. 54. Blühende Pflanze der angebauten Pastinake (*Pastinaca sativa*). Holzschnitt aus dem Kräuterbuch von Joachim Camerarius (1586).

pastinaca und Morkrut (Möhre?). Ob es sich dabei um die Pastinake oder die andere Bezeichnung für Möhren handelt, ist nicht zu ergründen.
In Frankreich aber finden sich Kulturanweisungen für echte Pastinaken von 1393 und 1473 (nähere Angaben bei Becker-Dillingen 1928). Für Deutschland läßt sich Genaueres erst aus den Kräuterbüchern des 16. Jahrhunderts ersehen, weil sich anhand der Holzschnitte tatsächliche Pastinaken und Möhren leicht auseinander halten lassen anhand der großen, einfach gefiederten Blätter bei der Pastinake und den fein zerschlitzten Blättern sowie den vogelnestartigen Fruchtdolden bei der Möhre.
Hieronymus Bock (Mitte 16. Jh.) bezeichnet unsere Pastinake mit Pestnachen, dies sei »eine baurenkost«. Man ziehe sie wie Rüben und Rettich in Gärten, aber der Unterschied zu diesen sei folgender: »In den fasten so alle anderen Ruoben und wutzel verthon und vergangen sind, kriechen diese Pestnachen, fahren in die kuchen (Küchen) . . . ein kost der arbeitseligen.« Joachim Camerarius (Nürnberg 1586, gedruckt

1626), bildet eine Pastinakpflanze ab, unter der Bezeichnung »Zame Pestnachen, Pastinaca domestica« (Abb. 54). Er schreibt dazu, daß es zahme und wilde gibt, die zahmen in den Gärten gepflanzt, auf den Dolden »gelblichte Blumen . . . Die Wurtzel ist dick wie der Rettich, weiß, weych, wohlriechend, am Geschmack süßlecht, und etwas scharff.« Daneben steht eine Abbildung unserer Möhre unter der Bezeichnung »Wilde Pestnachen. Pastinaca sylvestris«. Dies zeigt wiederum, wie kritisch man bei der Auswertung der Namen sein muß.

1845 berichtete Chr. Ed. Langethal, daß sich der Anbau von Pastinaken durch die Einführung der Kartoffel bereits sehr vermindert habe. In dem Lehrbuch der Landwirtschaft von F. Alefeld (1866) werden drei kultivierte Sorten für Deutschland angegeben: »1. Die Lange Pastinake (= Coquaine der französischen Gärten). Wurzel zartfleischig, lang, blaßgelb, möhrenartig, aber von viel aromatischerem Geschmack und beim Kochen leichter zerfallend. 2. Kurze Pastinake (Königspastinaken. Noisette. Lisbonaise der französischen Gärten. Zuckerpastinak der Deutschen). Ähnlich der vorigen, aber die Wurzel dick, zusammengezogen, die Blätter kleiner, früher sich entwickelnd. 3. Siam-Past. (Siam franz.). Wurzel nicht so groß, gelblich, aber zarter und feiner schmeckend als jene, in der Gestalt die Mitte haltend zwischen der kurzen und langen Pastinak. Am meisten geschätzt« (etwas verkürzt nach Alefeld wiedergegeben). Hierbei sind offenbar nur die Gartenformen für den menschlichen Genuß gemeint.

1928 beschrieb Becker-Dillingen vier Sorten für feldmäßigen Anbau als hochwertiges Viehfutter und z. T. für Speisezwecke. Es sind lange weiße (bis 40 cm lang), lange weiche (ungefähr 40 cm lang, am Hals 6–8 cm dick), halblange, kurzlaubige (Wurzel bis zu 15 cm lang, am Hals bis zu 10 cm dick, frühreif) und schließlich runde als beste Sorte für schwere Böden (Wurzel 8–10 cm lang und 12–15 cm breit).

Der Schwerpunkt der Züchtung verbesserter Sorten sowie ihr Gebrauch hat offensichtlich in Frankreich und England gelegen. In Deutschland sind sie in unserem Jahrhundert nur noch selten angebaut worden. In den Statistiken über Freilandgemüse in Deutschland werden sie von 1938 an (oder früher?) nicht geführt. Das heißt, daß sie jedenfalls nicht mehr für den Verkauf gezogen worden sind. Aber auch in Privatgärten waren sie mindestens von den dreißiger Jahren an im Gebiet von Bremen und Bielefeld nicht bekannt. Erst neuerdings, vielleicht seit wenigen Jahren, werden sie in Süddeutschland stellenweise wieder angebaut.

Die Wildpflanze und Ableitung der Kulturart

Die wilde Pastinake (*Pastinaca sativa* ssp. *sylvestris*) ist in Deutschland sehr verbreitet. Am meisten wächst sie an Straßen- und Wegrändern, auf ungenützten Plätzen oder auf Schutt- und Abfallplätzen, zusammen mit Wegwarten (*Cichoria intybus*), Steinklee (*Melilotus*), Disteln (*Cirsium vulgare*) und anderen Ruderalpflanzen, aber auch auf Wiesen. Im Spätsommer und Herbst ist sie leicht kenntlich an ihren lockeren, gelben Blütendolden auf 50–140 Zentimeter hohen, verzweigten Stengeln, an deren Basis die langgestielten, einfach gefiederten Blätter stehen (Taf. 69 links). Sie blüht und fruchtet im zweiten Jahr.

Genauer hinsehen muß man, um die jungen, noch nicht blühenden Pflanzen zu finden. Diese sind den kultivierten in allem ähnlich, doch erheblich dünner. Gräbt man eine solche Pflanze aus, so sieht man eine ca. 10 Zentimeter lange, quergerillte, unverzweigte Wurzel von etwa einem Zentimeter Dicke. Sie ist außen gelbbraun, innen weiß. Ihr Querschnitt läßt einen dünnen, sehr zähen Zentralzylinder und um diesen herum ein dickeres, weiches Speichergewebe erkennen. Der Geruch ist aromatisch, ähnlich wie bei Petersilienwurzel.

Wilde Pastinakpflanzen kommen in ganz Europa und Asien vor. Da sie auch in Italien wachsen, wird angenommen, daß sie dort oder an anderen Stellen im Mediterrangebiet in Kultur genommen worden sind. Ob die Pastinake ursprünglich auch in Mitteleuropa einheimisch war, wird bezweifelt, weil sie in der natürlichen Flora nicht vorkommt, sondern nur auf Kulturland und am meisten in und bei Ortschaften sowie an Weg- und Straßenrändern. Als sehr robuste Pflanze hat sie sich in diesen Gebieten nicht nur gehalten, sondern sogar vermehrt.

Zusammenfassend läßt sich festhalten: Pastinaken sind ein Wurzelgemüse. Die innen weißen und etwas weichen, dicken Wurzeln sind wenig wasserhaltig und reich an Zuckern und Stärke. Sie sind völlig frosthart und im Frühjahr länger haltbar als Möhren. Ihr Anbau ist von den Marschen der Nordseeküste bis in die Bergländer mit ihren klimatisch kühleren Lagen möglich. Der Beginn der Inkulturnahme der wilden Pastinake mit dünnen Wurzeln liegt wahrscheinlich in Italien. Nach Deutschland kam die Pastinake (die wilde als Unkraut oder die kultivierte als Gemüsepflanze?) durch die Römer. Sicher nachgewiesen wird ihr Gebrauch als kultivierte Gemüsepflanze aber erst durch die Kräuterbücher des 16. Jahrhunderts. Am meisten sind Pastinaken vom 17. bis 19. Jahrhundert in Frankreich und England gezogen worden, wo auch eine Anzahl von Sorten gezüchtet worden ist. Noch 1928 gab es in Deutschland sechs verschiedene Sorten, von denen einige für Speisezwecke, andere als Mastfutter für Rinder und Hammel genutzt wurden.

SELLERIE (*Apium graveolens* L.)

Die drei Kulturvarietäten. Inhaltsstoffe des Knollensellerie

Sellerie gehört, wie Möhren und Pastinaken, zur Familie der Doldengewächse (*Umbelliferae = Apiaceae*). Ebenso wie diese, ist der Sellerie zweijährig, d. h. im ersten Sommer wächst er nur vegetativ (Blätter und Wurzeln), erst im zweiten Jahr bildet er 30–100 Zentimeter hohe, verzweigte Blütenstände mit weißen Dolden. Wenn er ausnahmsweise schon im ersten Jahr blüht, dann ist die Temperatur bei der Frühjahrsaussaat oder Jungpflanzenanzucht zu niedrig gewesen. Sellerie zeichnet sich durch einen intensiven, bitter-aromatischen Geruch seiner Blätter aus. Diese sind gefiedert, wobei die Fiederblättchen oben und unten zugespitzt, in der Mitte breit und am Rand gezähnt sind. Die Blätter sind dunkelgrün, glänzend und unbehaart.

In Europa und Nordamerika werden drei Kulturvarietäten gezogen (Abb. 55):

1. Knollensellerie (var. *rapaceum*), angebaut in Mitteleuropa. Die Knolle ist groß, rundlich, außen grünlich-gelb oder bräunlich und durch augenförmige Vertiefungen in unregelmäßig-spiraliger Anordnung strukturiert. Das sind die Blattstielmarken, denn die Knolle ist etwa zu zwei Dritteln durch Verdickung des untersten Teils der Blattrosette und des Sprosses unterhalb der Keimblätter (Hypokotyl) entstanden. Erst unten beginnen in breiter Zone die zahlreichen Wurzeln. Innen ist die Knolle weiß, in der Beschaffenheit etwas weich, im Zentrum manchmal hohl. Diese Art wird in den Gärten gewöhnlich angebaut. Hiervon gibt es bis zu neun verschiedene Sorten, die sich aber nur wenig unterscheiden. Verwendet wird die Sellerieknolle roh oder gekocht zu Salaten, für Suppen, hierfür ebenfalls zur Würze die Blätter.
2. Bleichsellerie, Stiel- oder Staudensellerie (var. *dulce*), angebaut in England, Nordamerika und Frankreich, in der Bundesrepublik selten. Genutzt werden bei dieser Varietät die Blattstiele, die besonders lang und dick sind. Da keine Knolle ausgebildet wird, dienen die Blattstiele zur Speicherung der Nährstoffe, Vitamine und Mineralien. Sie werden gekocht und dann als Salat zubereitet. Ihr Geschmack ist milder und das Sellerieаroma weniger ausgeprägt als bei Knollensellerie. Im Samenhandel wird eine grüne und eine gelbe Sorte angeboten.

Das Bleichen zum Erzielen zarter Blattstiele soll in der ersten Hälfte des September erfolgen. Zu dem Zweck faßt man die Blattstiele einer jeden Pflanze zusammen und umwickelt sie vom Boden bis zum Blattansatz mit Wellpappe oder Stroh. Es darf drei Wochen lang kein Licht an die Blattstiele gelangen. So eingepackt können sie vor dem Frostbeginn im Keller mit den Wurzeln in Sand eingeschlagen werden (Näheres bei Böhmig, 1981). Es gibt jetzt auch Sorten, die auf gelbliche Blattstiele und gelbgrüne

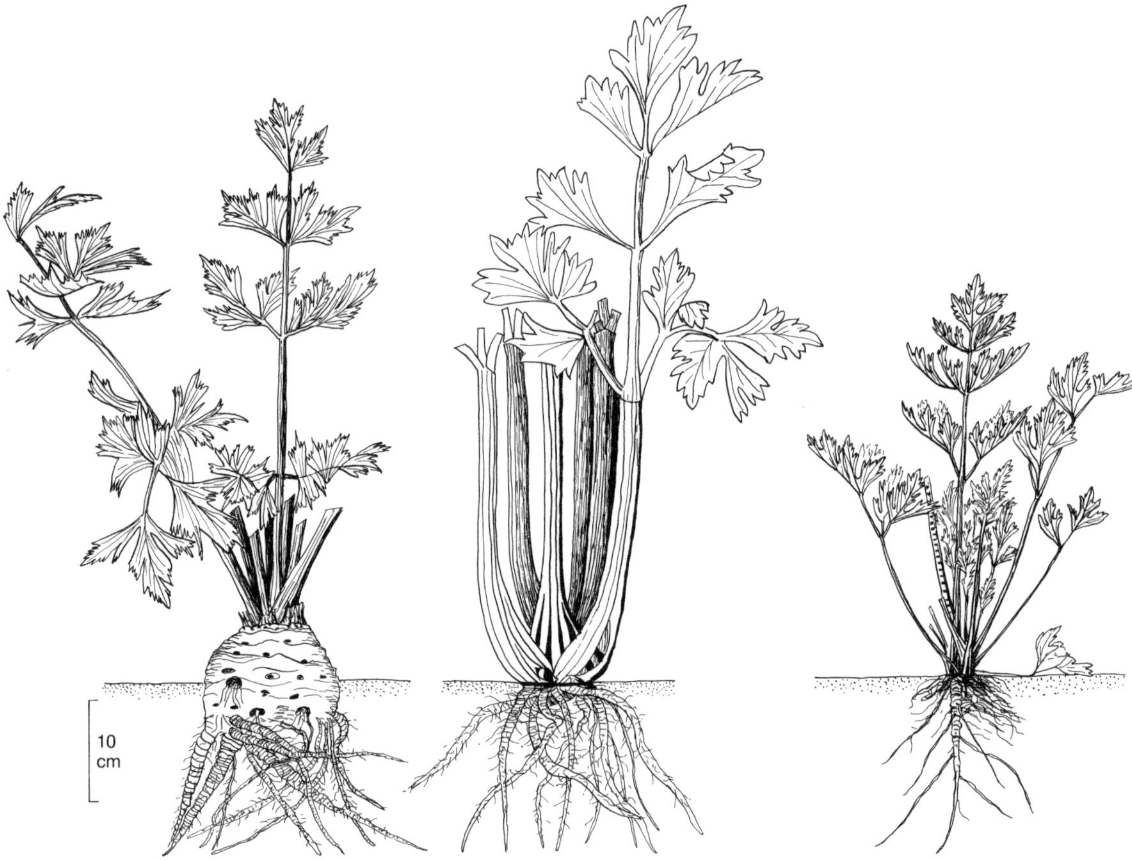

Abb. 55. Die drei Kulturvarietäten des Sellerie (*Apium graveolens*) für Knolle, Blattstiele und Blätter. Links der Knollensellerie (var. *rapaceum*), Mitte Bleichsellerie (var. *dulce*), rechts Schnittsellerie (var. *secalinum*).

Blätter gezüchtet worden sind. Dichter Stand fördert ebenfalls die Bleichung, so daß in solchen Fällen auf ein Umwickeln verzichtet werden kann.

3. Der Schnittsellerie (var. *secalinum*) hat kleinere Blätter und dünnere Blattstiele als Knollen- und Bleichsellerie und wirkt dadurch zierlicher. Eine Knolle wird nicht ausgebildet, sondern nur eine Pfahlwurzel, die oben nicht dicker als 5–7 Millimeter ist und von der dünne bis dünnste Nebenwurzeln abgehen, besonders reichlich an der Basis der Blattrosette. Es gibt zwei Sorten, davon eine mit glatten, dunkelgrünen Blättern, die andere krausblättrig mit besonders starkem Sellerieаroma. Benutzt werden

die Blätter zum Würzen von Suppen und früher auch zum Dekorieren der angerichteten Speisen, ähnlich wie heute die Petersilie.
Die Wachstumsbedingungen sind besser zu verstehen, wenn man die des wilden Sellerie kennt. Dieser findet sich an feuchten, schwach salzhaltigen Stellen, besonders an den Meeresküsten mit tonigem Boden. Dementsprechend liebt auch der Kultursellerie Feuchtigkeit und nährstoffreichen kalkhaltigen Lehmboden, der dazu humusreich und gut gelockert sein sollte. Er mag die Sonne, gedeiht aber auch noch im Halbschatten (Näheres über Sorten und Kultur in Gartenbüchern).
Sein Wassergehalt weist mit 87–90 Prozent mittlere Werte auf etwa wie Möhren, Porree und Rote Bete. Von den 10–13 g Trockensubstanz (bezogen auf 100 g frische Knollen) sind 5–9 g Kohlenhydrate mit relativ viel Trauben-, Frucht- und Rohrzukker. Eiweiß ist wenig, Fett minimal vorhanden. Neben Kalium (276–350 mg) sind weitere acht Mineralien in geringen Mengen enthalten. Von den Vitaminen sind Vitamin E mit 2,6 mg, der Vitamin-B-Komplex mit 0,3–0,4 mg vertreten, also beide in mittleren Anteilen, dagegen wenig Vitamin C. Der besondere, würzige Geruch und schwach süßliche Geschmack beruht nach Schormüller (1974) auf dem Gehalt an ätherischen Ölen und Zucker (vgl. Tab. 8, S. 172).

Die Geschichte des Sellerie in Deutschland

Da der wilde Sellerie nur auf salzhaltigen Böden wächst, können Funde aus archäologischen Ausgrabungen außerhalb der Meeresküsten und salzhaltiger Stellen des Binnenlandes dem angebauten Sellerie zugeordnet werden.
In Deutschland kamen die ältesten Früchte in den römisch besetzten Gebieten zutage. Sellerie war bei den Römern ebenso beliebt wie die Gewürze Dill und Koriander, die in keinem Kastell oder Lagerdorf im römischen Germanien gefehlt haben. Sie ließen sich überall da nachweisen, wo die Erhaltungsbedingungen für unverkohlte Pflanzenreste gut genug waren, z. B. in Ellingen bei Weißenburg/Bayern, Welzheim/Rems-Murr-Kreis, Köngen am Neckar, Butzbach/Rhein-Main-Gebiet sowie Neuss und Xanten am Rhein. Taf. 70 (c, d) zeigt zwei dieser Früchte. Sie gehören zu den kleinsten der Doldengewächse.
Schriftliche Nachrichten aus dem Gebiet nördlich der Alpen, d. h. Nennungen von dessen lateinischer Bezeichnung *apium* setzen erst mit dem Mittelalter, ab etwa 800, ein. Der Name apium ist in dem Capitulare Karls d. Gr. und in dem Plan zu dem Klostergarten von St. Gallen aus dem Jahre 820 enthalten, in letzterem steht apium an einem der 18 Beete für Gemüse- und Gewürz- bzw. Arzneipflanzen. Hier gibt es keine Namensverwechslungen wie zwischen Pastinaken und Möhren. Die schriftlichen

Nennungen von apium setzten sich im Mittelalter fast kontinuierlich fort. Dazu kommen Fruchtfunde aus Fäkaliengruben in Köln (13./14. Jh.) und Neuss (15. Jh.). Deshalb kann man annehmen, daß der Sellerie mindestens in den Kräuter- und Arzneipflanzengärten gezogen worden ist.
Aber in den Kräuterbüchern des 16. Jahrhunderts, im Zeitalter der Entdeckungen, tauchen Nennungen und Beschreibungen nur spärlich auf, dabei oft zusammen mit Petersilie (*Petroselinum crispum*) und Liebstöckel (*Ligusticum officinalis*). Diese drei

Abb. 56. Sellerie. Holzschnitt aus dem Kräuterbuch von Joachim Camerarius (1586).

Tafel 69 Links: Blühende, wildwachsende Pflanze der Pastinake (*Pastinaca sativa* ssp. *sylvestris*) am Ortsausgang der ländlichen Kleinstadt Wiesensteig/Schwäbische Alb, 28. 8. 1984. Rechts: Wurzel der angebauten Pastinake (ssp. *sativa*) vom Wochenmarkt in Stuttgart am 2. 3. 1984 mit 2 Schneeglöckchen zum Größenvergleich und wegen der Jahreszeit.

a

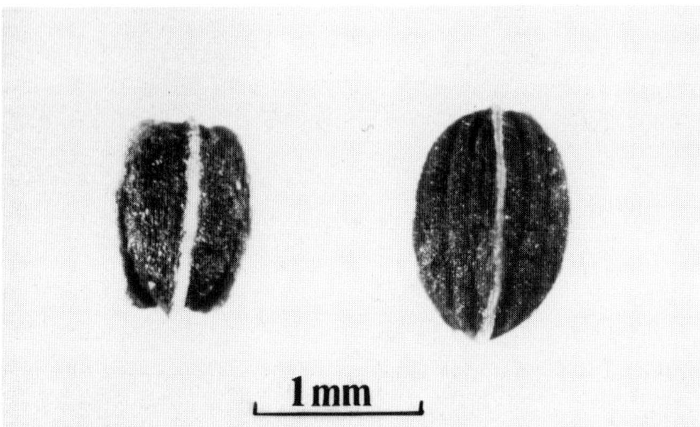

b

c

d

Tafel 70 Sellerie (*Apium graveolens*): a) Zwei Münzen (Didrachmen) der griechischen Stadt Selinunt auf Sizilien (480–409 v. Chr.) mit Blattzipfeln des wilden Sellerie (selinon). Sellerie ist das »redende Wappen« der Münzprägung von Selinunt. Aus O. Bernhard (1924). b–c) Zwei römerzeitliche Selleriefrüchte je in Rücken- und Seitenansicht; Osterburken (Main-Tauber-Kreis), 2. Jh. n. Chr. d) Heutige Selleriefrüchte zum Vergleich.

Tafel 71 Oben: Standort von Wildsellerie (*Apium graveolens*), erkennbar an den weißen Blüten, in der von schwachem Salzwasser geprägten Vegetation von Strandsimse (*Scirpus maritimus*), Schilf (*Phragmites*), Meeresstrand-Dreizack (*Triglochin maritimum*), Meeresstrand-Aster (*Aster tripolium*) u. a. Naturschutzgebiet bei Farlington, nördlich der Insel Wight, englische Südküste. 22. 7. 1984. Unten: Einzelne, noch nicht blühende Pflanze im Andelrasen des Vordergrundes.

Tafel 73 Ausgegrabener Wildsellerie aus dem Andelrasen von Taf. 71 mit Wurzel.

◁ Tafel 72 Zweijähriger, blühender Wildsellerie aus dem Strandsimsen-Schilf-Bestand von Taf. 71.

Tafel 75 Wildwachsende Schwarzwurzel (*Scorzonera hispanica*) auf einem sonnigen, trockenen Gipshügel bei Markt Nordheim/Franken. Die Stelle ist wegen ihrer felsigen Beschaffenheit zwischen den Getreidefeldern ausgespart. Hier wachsen 20–25 Exemplare, zu der Zeit mit großen, gelben Blüten, zusammen mit Wiesensalbei, Kartäuser-Nelke, hochstengeligen Gräsern u. a., 8. 7. 1985. ▷

Tafel 74 Wilde Schwarzwurzel (*Scorzonera hispanica*) auf einem Felsband aus Kalkstein. Bei Colfice, wenige Kilometer östlich Ceprano/Mittelitalien, 120 m ü. M. Der hohe Stengel (links) hat nur einen einzigen Blütenkopf an der Pflanze (rechts) gebildet, hier schon abgeblüht. 1. 6. 1985.

Tafel 76 Reifer Grünspargel (*Asparagus officinalis*), mit einem blühenden Trieb (rechts) und einem fruchtenden (links). Die drei Entwicklungsstadien sind in der Natur nicht gleichzeitig. Aquarell von Georg Oelinger, Nürnberg 1553. Foto: Universitätsbibliothek Erlangen.

werden auch als Eppich bezeichnet und nicht immer botanisch richtig unterschieden, so z. B. bei J. Camerarius (Nürnberg 1586). Der Holzschnitt läßt die Merkmale des Sellerie erkennen: gefiederte, mittelgroße, gezähnte Blätter und sehr kleine Früchte (Abb. 56). Dazu schreibt Camerarius: »Der Wassereppich ist der gemein Eppich, welchen die Apotecker Apium nennen. Er wechst an feuchten orten. Hat größere Stengel und Bletter dann der Petersilg. Ist am Grund stärcker, aber am geschmack nicht so lieblich.« Eine Knolle ist nicht ausgebildet, wenngleich die Basis der Blattrosette relativ breit ist, jedenfalls mehr als bei Wildsellerie.

Während im Mittelalter und in der Renaissancezeit, also bis zum 16. Jahrhundert, der Sellerie wohl nur oder hauptsächlich als Arzneipflanze diente, lassen im 17. Jahrhundert Beschreibungen erkennen, daß er ziemlich allgemein in den Gärten gezogen und daß Blätter, Stengel und Wurzel gegessen wurden. In dieser Zeit beginnen sich unsere heutigen Varietäten herauszubilden: als einfachste Form der Schnittsellerie und zwar überall da, wo Sellerie angebaut wurde, nämlich in Deutschland, Frankreich, Italien und Asien, darunter auch in China. Bleich- und Knollensellerie sind im 17. Jahrhundert in Italien herausgezüchtet worden und von da zu uns, ebenso wie in andere Länder gekommen (Näheres bei Helm 1972).

Im 19. Jahrhundert war die Bedeutung des Sellerie groß, vor allem in England. Es gab aber auch in Deutschland Bleich- und Knollensellerie, jeweils in mehreren Sorten. Aus deren Zusammenstellung von Friedrich Alefeld (1866) sei hier einiges (verkürzt) wiedergegeben: »*Apium graveolens* Linn. Gemeiner Sellerie. Var.-Gr. 1: *Ap. grav. dulce* D. C. Süßer Sellerie (Bleich- oder Stengelsellerie). Die Blattstiele lang, eßbar, die Wurzel spindelförmig, ästig, nicht genießbar. Es werden nur die gebleichten zarten Blattstiele zu Gemüse benutzt. Hierunter fallen vier verschiedene Sorten.

Var.-Gr. 2: *Ap. grav. rapaceum* D. C. Wurzelsellerie. Wurzel dick, rübenförmig, fleischig, wenig Äste entwickelnd. Blattstiele dünn und kürzer als bei der vorigen Gr. Nur die Wurzel wird benutzt (7 Sorten).

Die Kultur des Sellerie beschreibt Chr. Ed. Langethal (1845) sorgsam. Hieraus wird (verkürzt) einiges wiedergegeben. Zuerst erfolgt das Aussäen in warmen Stuben, dann das Einbringen der Jungpflanzen in das kalte Mistbeet. »Das Beet, worauf die Selleriepflanzen im Mai oder Juni verpflanzt werden, muß tief gegraben und vorher sehr stark gedüngt worden sein, kann aber bis dahin mit frühen Früchten, z. B. Salat bepflanzt werden. Zwischen die Salatpflanzen setzt man den Sellerie fußweit von einander, entfernt den Salat, so bald es thunlich, jätet und begießt fleißig und sorgt, daß der Sellerie niemals durch Trockenheit leidet. Im Herbst hebt man ihn aus, schlägt ihn im Keller in Sand ein, wählt die vollkommensten Wurzeln zur Samengewinnung, bringt diese im Mai 1 1/2 Fuß weit ins Land und erntet den Samen im September.«

Aus den Beschreibungen von Langethal (1845) und Alefeld (1866) wird deutlich, daß in der Mitte des vorigen Jahrhunderts bereits dieselben Varietäten (Knollen-, Bleich- und Schnittsellerie) voll kultiviert waren und zwar die ersten beiden in mehreren Sorten.

Die Geschichte des Sellerie im Mittelmeerbereich

Der älteste Beleg von Sellerie stammt aus Ägypten. Es ist eine Girlande aus den Blättern und Blüten von Sellerie, zusammen mit blauen Lotusblüten, mit der die Mumie des Kent geschmückt war (20. Dyn., ca. 1000 v. Chr.). Auf die Nutzung der Blätter und Früchte in der Heilkunde weisen medizinische Texte aus Altägypten mit einer Bezeichnung hin, die höchstwahrscheinlich dem Sellerie gilt (nach Germer 1985).
Wertschätzung und Verwendung des Sellerie waren auch bei den Griechen bedeutend. In der Zeit des klassischen Griechenland nennt der griechische Philosoph und Naturkenner Theophrastos (geb. 371–287 v. Chr.) den Namen eleioselinon (Sumpfsellerie oder wilder Sellerie) unter anderen Nutzpflanzen. (Im heutigen Griechenland wird der angebaute Sellerie als Selinon bezeichnet). Noch früher als bei Theophrastos wurde die westlichste griechische Stadtgründung auf Sizilien im Jahre 628 v. Chr. Selinunt genannt, was übersetzt »Selleriestadt« heißt. Sie liegt an der Mündung des Flusses Selinus, am westlichen Ende der Südküste Siziliens. In diesem sumpfig-salzigen Gelände müssen reichlich Selleriepflanzen gewachsen sein. Daß diese den Griechen bedeutungsvoll waren, geht aus der Prägung von Blattzipfeln auf Münzen hervor (Taf. 70 oben). Diese waren »das redende Wappen der Münzprägung von Selinunt (480–409 v. Chr.)«, wie O. Bernhard 1924 schrieb.
Aus der Zeit um Christi Geburt wird sowohl in Griechenland als auch in Italien von wildem und Gartensellerie berichtet. So schreibt der im südlichen Kleinasien aufgewachsene und in Alexandria studierte Militärarzt Dioskorides etwa 60 n. Chr., daß der Gartensellerie (selinon kypaion) als Arznei gebraucht werde, ebenso wie der wilde Sellerie (eleioselinon). In Italien hieß der Sellerie während der römischen Zeit teils selinon, teils apium. Er wurde für kultische Zwecke verwendet. Virgil schreibt: »Der göttliche Linus schmückte sein Haupt mit Blumen und bitterem Sellerie (apium)«, und derselbe berichtet an anderer Stelle: »Chrysippus und Dionysos stimmen darin überein, daß es Unrecht sei, den Sellerie (apium) an Speisen zu tun, weil er nur zum Leichenschmaus gehöre.« Virgil schreibt weiter: »Die Ufer grünen von Sellerie (apium).« Wilder Sellerie muß also in Italien und Griechenland häufig an meeresnahen Ufern und feuchten Wiesen vorgekommen sein. Andererseits führen Columella (De re rustica, nach 64 n. Chr. erschienen) und Dioskorides (60 n. Chr.) den Sellerie auch unter den Gartengewächsen, zusammen mit Kohl, Salat, Artischocken u. a. auf, und letzte-

rer macht genaue Angaben über deren gärtnerische Zucht. Palladius (5. Jh. n. Chr.), gibt ebenfalls derartige Anweisungen in seinem landwirtschaftlichen Buch De re rustica: »Im April wird der Sellerie (apium) an Stellen gesät, welche warm oder kalt, fett oder mager, jedenfalls aber feucht sind.« Plinius der Ältere (23–79 n. Chr.) berichtet: »Eine Sorte Sellerie (apium) wächst an feuchten Orten und heißt helioselinon« (bedeutet nach Lenz Sumpfsellerie, aber der wilde). »Garten-Sellerie hat teils dichtere und krausere, teils einzelne und glatte Blätter, dünnere oder dickere, heller oder purpur gefärbte oder gefleckte Stämme. – In Achaia (Griechenland) bekränzt man die Sieger in den Nemeischen Spielen mit Sellerie.« Plutarch (45–120 n. Chr.) berichtet: »Wir pflegen Grabmäler mit Sellerie (selinon) zu schmücken« (Zitate und Übersetzung von Lenz 1859).

Wilder Sellerie und Ableitung des kultivierten Sellerie

Wilder Sellerie hat denselben Namen *Apium graveolens* L. wie unser kultivierter, und beide haben dieselbe Chromosomenzahl (2n = 22). Die Wildpflanze hat denselben typischen Selleriegeruch, die Blätter sind gleichfalls langgestielt, gefiedert, mit gezähntem Rand und von dunkelgrüner Farbe. Aber alles ist dünner und zierlicher. Er sieht ähnlich wie Schnittsellerie aus (Abb. 55 rechts). Pflanze und Standort mögen an einer Fundstelle von Farlington (Südengland, gegenüber der Insel Wight) erläutert werden (Taf. 71–73). Dort gibt es Marschen, zwar eingedeicht, aber bei Sturmfluten drückt das Seewasser durch die Schleuse in das Flüßchen, so daß das Hinterland bis zu etwa zwei Kilometer Entfernung von der Küste schwach salzhaltig ist. An den Ufern dieses Flüßchens wächst der Wildsellerie optimal. Er steht zwischen Strandsimse (*Scirpus maritimus*) und Schilf (*Phragmites*). Die verzweigten, blühenden Selleriepflanzen erreichen eine Höhe von 70 bis 100 Zentimeter. Wo aber der Salzgehalt höher ist, wie in dem vorgelagerten Andelrasen (*Puccinellia maritima*), weil hier das Salzwasser der gelegentlichen Sturmfluten nicht abfließen kann, bleiben die Pflanzen kleiner. Sie wachsen zwischen salzverträglichen Pflanzen (Halophyten) wie Bottenbinse (*Juncus gerardi*), Krähenfuß- und Meeresstrand-Wegerich (*Plantago coronopus* und *P. maritima*), Meeresstrand-Dreizack (*Triglochin maritimum*), Meeresstrand-Aster (*Aster tripolium*) und anderen Salzpflanzen. Man sieht aber, daß die höhere Salzkonzentration für den Sellerie nicht mehr optimal ist. Er bleibt klein, wenn auch noch gesund aussehend. Die Wurzel ist dünn und lang, mit mehreren, schwächeren Seitenwurzeln. Ähnlich wie dieser Standort gab es noch um die Jahrhundertwende bis stellenweise in die sechziger oder siebziger Jahre unseres Jahrhunderts zahlreiche Stellen mit Wildsellerie an der Nord- und Ostseeküste. Für die ostfriesischen Inseln Borkum, Juist,

Norderney und Spiekeroog wurden sie für 1901 von Buchenau genannt. Noch 1975 sind solche Pflanzengemeinschaften von Westhoff für die niederländischen Küstengebiete beschrieben worden: auf beweideten, brackischen Grünländern hinter dem Deich und entlang der Flüsse im Deltagebiet sowie an der westfriesischen Wattenmeerküste, also nicht an den vollsalzigen, vorderen Teilen der Wattenmeerküsten, sondern an ihren hinteren Abschnitten, einschließlich der Flußufer. Heute sind derartige Vorkommen rigoros reduziert, weil mit wasserbautechnischen Maßnahmen die Lebensgrundlage dieser Pflanzen zu stark verändert worden ist.

Das frühere Vorkommen an der niederländischen und deutschen Nordseeküste belegen Funde fossiler Selleriefrüchte aus archäologischen Ausgrabungen in der friesischen Marsch bei Leeuwarden (600–400 v. Chr.) und Ezinge (300–100 v. Chr.), wo der botanische Bearbeiter Willem van Zeist (1974) Selleriefrüchte in einem Gemisch von Salz- und Süßwasserpflanzen nachgewiesen hat. Entsprechendes konnte an der schleswig-holsteinischen Westküste in den Wurten (Wohnhügeln aus der Zeit vor dem Deichbau) Elisenhof/Eidermündung und Tofting (2. – 5. Jh. n. Chr.) durch Karl-Ernst Behre (1976 c) festgestellt werden. In allen Fällen ermöglichten die zahlreichen Pflanzenarten die Rekonstruktion einer natürlichen Vegetation, zu der auch der Sellerie als Wildpflanze gehört haben muß.

Ob die Selleriefrüchte der wikingerzeitlichen Handelsniederlassung Haithabu (neben dem heutigen Schleswig) aus dem 9.–11. Jahrhundert wildwachsenden oder in Gärten gezogenen Pflanzen angehört haben, läßt sich nicht beurteilen, denn einerseits konnte Behre (1983) unter vorwiegend Süßwasserarten noch einige Salzpflanzen nachweisen, wie z. B. Meeresstrand-Aster (*Aster tripolium*), Milchkraut (*Glaux maritima*), Bottenbinse (*Juncus gerardi*), Lachenals Pferdesaat (*Oenanthe lachenalii*) u. a., so daß der Sellerie in der Wildflora geeignete Wachstumsbedingungen gehabt hätte, andererseits sind 219 Selleriefrüchte in elf Proben gefunden worden, davon allein 192 in einer einzigen Probe. Letzteres sieht nach Einsammeln der Früchte für Saatgut oder für medizinische Zwecke aus. Insgesamt aber läßt der Bearbeiter die Frage wilder oder angebauter Sellerie offen.

Natürliche Vorkommen des wilden Sellerie gibt es nicht nur an den Meeresküsten, sondern auch an salzhaltigen Standorten des Binnenlandes. Sie werden bei Hegi (1906–1929) für Deutschland von vielen Stellen angegeben, z. B. im Magdeburger Salzgebiet (Salzdahlem), um die Salzwasseraustritte im Braunschweigischen (Salzgitter) und im Westfälischen (Bad Salzuflen und Bad Laer) sowie anderenorts.

Im großen betrachtet ist der Wildsellerie somit eine weit verbreitete Art, nach Hegi »einheimisch in ganz Europa, von England und Lappland bis Südrußland, Westasien bis Ostindien, Nord- und Südafrika«.

Die Ableitung unseres Kultursellerie ist – wie in den vorhergehenden Kapiteln dargelegt – von diesem Wildsellerie erfolgt.
Zusammenfassend kann festgestellt werden, daß unser Sellerie in den drei Varietäten Knollen-, Bleich- und Schnittsellerie vorkommt. Die ersten beiden sind im 17. Jahrhundert durch Auslesezüchtung in Italien entstanden und direkt von dort oder über Frankreich mit der französischen Bezeichnung céleri zu uns gekommen. Im 19. Jahrhundert gab es davon mehrere verschiedene Sorten. In der Zeit vor der Auslesezüchtung zur Erzielung einer verdickten Wurzel oder von dicken Blattstielen wurde in Europa und Asien (auch in China) der Schnittsellerie in den Gärten angepflanzt. Dessen würzige Blätter dienten als Arznei und als Maggi-ähnliches Küchengewürz. Das läßt sich in Deutschland bis zum Mittelalter zurückverfolgen. Die größte Rolle aber hat der Sellerie in Ägypten, Griechenland und Italien gespielt. Mindestens seit etwa 1000 v. Chr. wurde in Ägypten der wilde Sellerie der Meeresgestade und Uferwiesen gepflückt und der Beschreibung für wert erachtet, wohl wegen seines besonderen, herbaromatischen Geruchs und der dekorativen, dunkelgrünen, gesund aussehenden Blätter.

SCHWARZWURZEL (*Scorzonera hispanica* L.)

Kennzeichnung. Anbau. Inhaltsstoffe

Diese Gemüseart hat ihren Namen nach der außen schwarzbraunen Wurzel, welche aber innen weiß ist und zudem einen weißen Milchsaft enthält. Die Wurzeln werden in geeigneten Böden bis zu 30 Zentimeter lang und 3–4 Zentimeter dick. Beim Ausgraben im Garten und Putzen in der Küche zerbrechen sie leicht. Die Blätter sind lang und schmal. Sie stehen während des ersten Sommers in einer aufrechten, stengellosen Rosette zusammen (Abb. 57, links).
Unsere Garten-Schwarzwurzeln bilden die Speisewurzel im ersten Jahr aus. Sie haben jedoch eine lange Wachstumszeit und müssen deshalb schon im März gesät werden. Man kann sie auch bereits im Herbst säen, damit sie im Frühjahr eher keimen. Im Herbst werden die Wurzeln dann geerntet; da sie frosthart sind, können sie über den Winter draußen bleiben, und nach und nach oder im zeitigen Frühjahr verwendet werden. Wegen der Wühlmäuse soll es aber besser sein, sie vor Beginn der Frostperiode auszugraben und im Keller in Sand einzulegen.
Pflanzen, die weiterhin im Boden bleiben, bilden im Sommer des zweiten Jahres einen

verzweigten Blütenstand von 60 bis 120 Zentimeter Höhe. Die Blüten sind gelb und denen des Bocksbarts (*Tragopogon*) ähnlich. Sie gehören zur Familie der Korbblütler (*Compositae = Asteraceae*). Die Pflanzen sterben nach dem Fruchten nicht ab, sondern sind mehrjährig (Abb. 57, rechts).

Als wichtigste Anbaubedingung gilt nach Becker-Dillingen (1929a) ein tiefgründiger, sehr gut gelockerter, nährstoffreicher Boden. Geeignet sind humoser Sand, sandige Moorböden und leichtere humose Lehmböden. Eine gründliche Bodenbearbeitung, einschließlich wiederholten Jäten des Unkrauts, ist notwendig. Steinige Böden sind nicht brauchbar.

Angebaut werden Schwarzwurzeln in allen europäischen Ländern, einschließlich Schweden und Rußland (hier Züchtung der Sorte »Russische Riesen«). Der Anbauschwerpunkt liegt in Süd- und Südosteuropa. In der Bundesrepublik ist ihr Anteil am erwerbsmäßigen Freiland-Gemüsebau aber so gering, daß sie in den Statistischen Jahrbüchern nicht gesondert aufgeführt werden.

Nach den lebensmittelchemischen Untersuchungen von Souci et al. (1981, vgl. Tab. 8, S. 172) sowie von Schormüller (1974) gehören Schwarzwurzeln zu den wasserärmsten Gemüsen. Mit 19,6–22,5 Prozent Trockensubstanz stehen sie frischen Grünen Erbsen (22,7%) nur wenig nach. Die Hauptmenge dieser Trockensubstanz sind Kohlenhydrate. Diese bestehen aber nicht aus Stärke und Zucker, wie sonst üblich, sondern aus Inulin und Mannit. Inulin ist der Hauptspeicherstoff der Korbblütler (z. B. in den Knollen von Topinambur und in Artischocken). Es ist ein wasserlösliches Polysaccharid, aufgebaut aus Fruchtzucker(Fruktose)-Molekülen. Der andere Stoff in der Schwarzwurzel, Mannit, ist ein Zuckeralkohol. Dieser findet sich bei vielen Pflanzen in den Wurzeln, Stengeln und Früchten (z. B. bei Sellerie, Oliven und Zichorien). Am meisten enthalten ist er im Manna, dem aus der Rinde der Manna-Esche (*Fraxinus ornus*) ausfließenden, an der Luft eintrocknenden Saft. Fett und Eiweiß enthält die Schwarzwurzel wenig. Unter den Vitaminen ist Vitamin E (Tokopherol) mit 6,0 mg (auf 100 g frische Wurzeln) bedeutsam. Dieses Vitamin ist besonders reichlich im Keimling von Getreidekörnern und deren Öl enthalten. Unter den Gemüsen kommt es nicht überall vor und wenn, dann in geringerer Menge. Es ist wichtig bei Schwangerschaften, steigendem Alter u. a. (Schormüller 1974). Auch andere Vitamine sind vorhanden, aber in geringen Mengen. Der Rohfaseranteil ist allerdings mit 2,3 Prozent höher als bei den meisten anderen Gemüsen.

Es wurde schon erwähnt, daß in den Wurzeln ein weißer Milchsaft enthalten ist wie auch bei anderen Korbblütlern (z. B. Löwenzahn). Beim Putzen in der Küche werden die Wurzeln braun. Um das zu verhindern, legt man sie am besten bis zum Kochen in Wasser mit Zitronensaft oder in Wasser mit Milch ein.

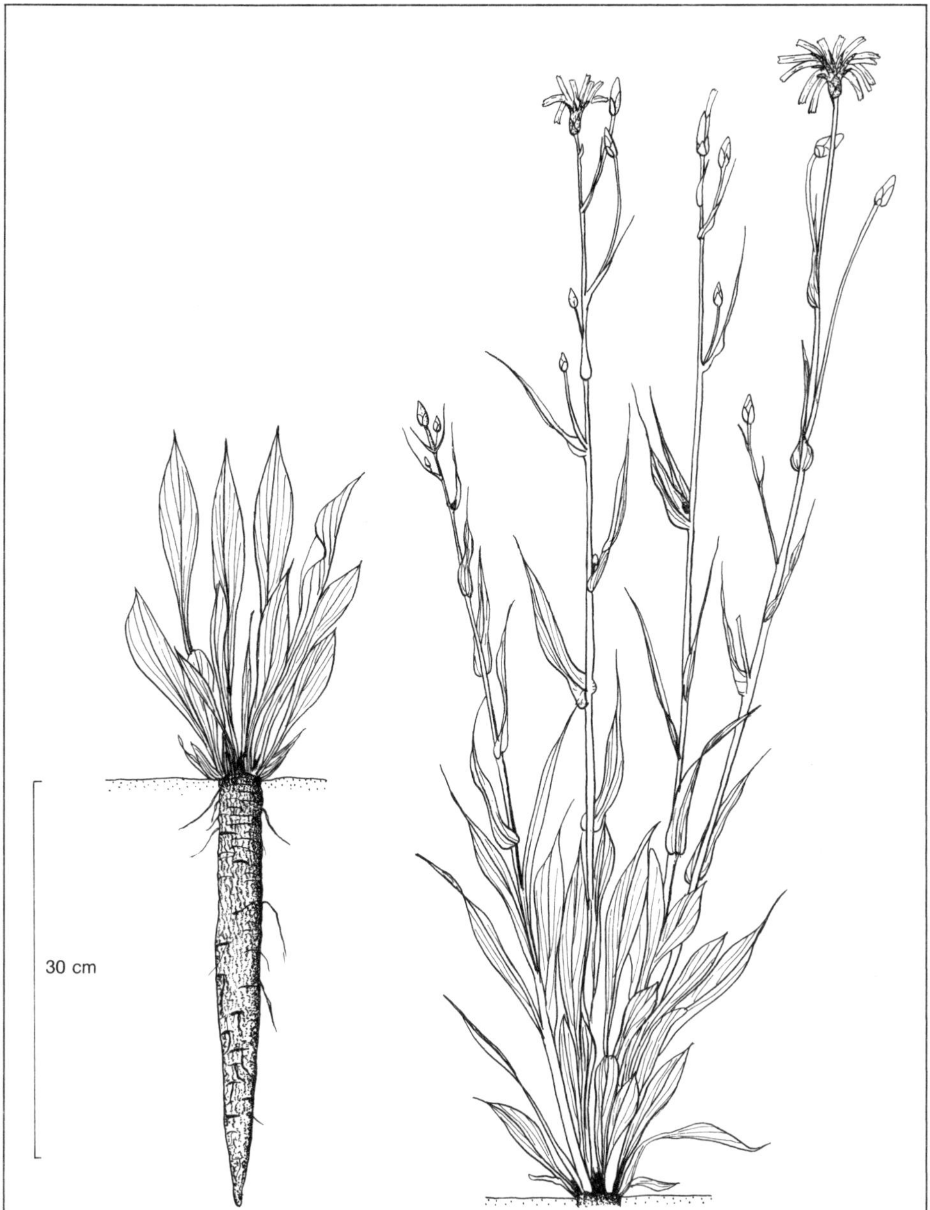

Abb. 57. Schwarzwurzel (*Scorzonera hispanica*). Links einjährige Pflanze im Herbst 1984, rechts dieselbe Pflanze blühend am 11. 6. 1985.

Die Geschichte der kultivierten Schwarzwurzeln und das Vorkommen der Wildart

Nutzung und Anbau der Schwarzwurzel sind nicht besonders alt. Die erste Nennung und Beschreibung stammt von Pietro Andrea Mattioli aus Siena (1500–1577), der schreibt, die Wurzel sei zart und von süßem und lieblichem Geschmack (so in seinem Kräuterbuch, fol. 317 A, zitiert nach Fischer-Benzon 1894). Der lateinische Name der Schwarzwurzel leitet sich nach R. V. Fischer-Benzon vom italienischen scorzone ab, was eine schwarze, giftige Schlange bedeutet. Aus dem Heilmittel gegen Schlangenbiß ist allmählich ein Nahrungsmittel geworden. Auch zufolge Konrad Gesner (1561) und Carolus Clusius (Hist. Pann. 1583) ist die wildwachsende scorzonera gegen Schlangenbiß angewandt worden wie überhaupt gegen Gifte sowie bei Herzkrankheiten, Schwindelanfällen und anderem (Näheres bei Hegi, 1929, Band VI, 2, 1063).
Als Küchenpflanze soll sie nach Hegi in Frankreich bereits gegen 1660 gebraucht worden sein wegen der »äußerst schmackhaften und äußerst gesunden Wurzel«. Für die Schweiz berichtet H. Christ (1923) in seiner Geschichte des alten Bauerngartens über die Nutzung der Schwarzwurzel. Als Gemüse sei sie dort im Jahre 1687 erstmals genannt, ebenso bei Zwinger, Theatr., 1696, ed. 1744, der sagt, daß sie in den Küchen »mit Salz, Butter und Gewürzen in den Herbst-, Wein- und Wintermonaten zu einer angenehmen und gesunden Speise gekocht wird, als welche trefflich gesunde Nahrung dem Geblüte und Leibe giebet.« Um 1770 war sie in ganz Deutschland bekannt. Das darf allerdings nur summarisch gesehen werden, denn 1866 schreibt Alefeld in seiner landwirtschaftlichen Flora, es sei »ein beliebtes Wurzelgemüse der Städter, das aber auf dem Lande noch wenig eingebürgert ist«. Besonders sorgfältige Züchtungen sollen nach Hegi seit 1840 in Lüttich betrieben worden sein. Für 1866 werden von Alefeld vier Sorten aufgeführt, dabei eine aus Südspanien, eine andere als »russische Riesenschwarzwurz«. 1929 (bei Becker-Dillingen) werden zwei Sorten genannt, als beste die »Russischen Riesen«.
Wilde Arten von Schwarzwurzeln gibt es in Mitteleuropa mehrere. Aber als Vorfahr unserer Kulturform kommt nur die Spanische Schwarzwurzel (*Scorzonera hispanica*) in Betracht. Sie ist nicht nur in Spanien beheimatet, sondern wächst in einem sehr weit gespannten Areal: von Südspanien über Nord- und Mittelitalien (doch selten), die Balkanländer (Ungarn, Rumänien), Tschechoslowakei und Südrußland bis zum Kaukasus (Taf. 74). Auch in Mitteleuropa kommt sie nach Hegi vor, und zwar in Frankreich bis zum Pariser Becken, in Südwestdeutschland bis zum Mittelrhein (nur stellenweise) und weiter nach Osten bis Thüringen. Die Wildart ist also im wesentlichen ein Gewächs Süd- und Südosteuropas mit randlichen Standorten in klimatisch günstigen Teilen im südlichen Mitteleuropa.
In Westdeutschland hält Oberdorfer (1957) diese Art für urwüchsig »wohl nur in den

Trockenrasen- und Trockenbuschgesellschaften am Mittelrhein bei Bingen«, dieser warmen, klimabegünstigten Weingegend im Rheinischen Schiefergebirge. Es ist aber wahrscheinlich, daß sie in milden Landschaften früher häufiger vorgekommen ist. So kennzeichnet Hegi deren Standorte von Thüringen bis zum Mittelrhein: »Truppweise an sonnigen, buschigen Hängen, auf Triften, grasigen Hügeln, in lichten Laubwäldern, an Waldrändern, aber ebenfalls auf feuchten, sumpfigen Wiesen. In Mitteleuropa nur im Hügellande.« Auch aus dem vorigen Jahrhundert gibt Langethal (1845) an: »Die Pflanze wächst fast überall in Waldungen und auf freien Waldplätzen wild, wird aber auch oft in Gärten und auf freiem Grablande . . . kultiviert.« Hier läßt sich natürlich nicht beurteilen, was davon wirklich wild und was nur aus Kultur verwildert war. Sie muß aber in den letzten Jahren oder Jahrzehnten so stark zurückgegangen sein, daß sie in Südwestdeutschland nur noch an wenigen Stellen wächst, wie Gespräche mit Botanikern ergeben haben. Eine dieser Stellen im warm-trockenen Mainfranken ist in Taf. 75 zu sehen. Hier wachsen auf einem kleinen, felsigen Gipshügel, der unbebaut inmitten von Getreidefeldern liegt, zwischen hohen Gräsern, Wiesensalbei, Kartäusernelke, Witwenblume u. a. noch etwa 20–25 kräftige Exemplare der Schwarzwurzel. Ihre großen, leuchtend gelben Blüten haben eine gewisse Ähnlichkeit mit denen des Wiesenbocksbarts.

Zusammenfassend kann gesagt werden, daß Schwarzwurzeln eine Gemüseart für den Winter und das zeitige Frühjahr sind. Sie sind biologisch hochwertig wegen ihres relativ großen Trockengewichts, des Vitamin-E-Gehaltes und der besonderen Beschaffenheit der Kohlenhydrate, die nicht aus Stärke und Zucker bestehen, sondern aus Inulin (einem Polysaccharid aus Fruchtzucker) und Mannit (einem Zuckeralkohol). Die Kultivierung ist zuerst in Italien schriftlich bezeugt (etwas vor 1600). Etwa um 1600 ist sie nachweislich in Frankreich als Küchenpflanze verwendet worden. Gegen 1770 war sie in ganz Deutschland bekannt. Die heutigen Hauptanbaugebiete liegen in Süd- und Südosteuropa.

SPARGEL (*Asparagus officinalis* L.)

Wachstumsrhythmus. Inhaltsstoffe. Bedeutung

Im Frühjahr treiben die Sproßknospen an einer unterirdisch wachsenden Sproßachse (Rhizom) zu den Spargeln aus (Abb. 58). Sie wachsen verhältnismäßig schnell, weil sie

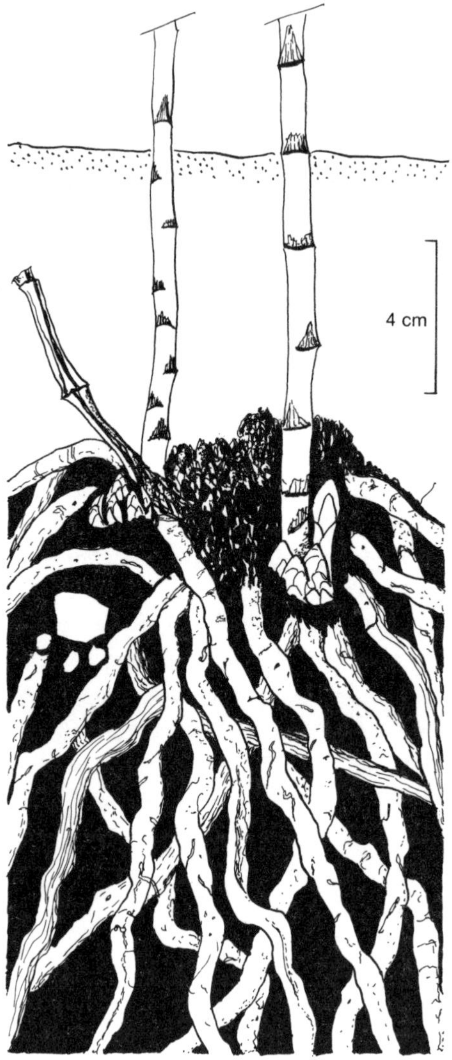

Abb. 58. Teil einer ausgegrabenen Spargelpflanze (*Asparagus officinalis*) im Oktober. An der Basis der zwei alten Stengel sind die Spargeln für das folgende Jahr bereits in Form von 5 bis 7 Sproßknospen angelegt. Diese Sproßknospen bilden sich jedes Jahr neu am Ende einer vieljährigen, in der Erde horizontal wachsenden Sproßachse (in der Abbildung links als weißes Sechseck). Die untere Hälfte des Bildes ist ausgefüllt von den dicken Wurzeln.

von den Speicherstoffen zehren, die im Sommer zuvor in dem Rhizom und z. T. in den dicken Wurzeln abgelagert worden waren. Ist es im Juni feucht genug, dann wird ein Spargel in 8–10 Tagen erntereif. Er wächst pro Tag 3–5 Zentimeter (nach freundlicher Auskunft des Spargelanbauers W. Billau). Die Stechzeit für Spargel dauert von etwa Mitte April bis zum 24. Juni. Danach wachsen die nun noch sich bildenden Spargel weiter zu den grün beblätterten, oben reich verzweigten Stengeln. Sie werden bis zu 1,5 Meter hoch und tragen kleine Büschel mit schmalen »Blättchen« (botanisch sind dies kleine Zweiglein, während die echten Blätter häutige Schüppchen sind). An den unteren Büscheln hängen allein oder zu zweit kleine gelbliche, glockenförmige Blüten. Es gibt weibliche, männliche und zwittrige Pflanzen. Im September sind aus den weiblichen Blüten rote Beeren geworden, die jeweils mehrere schwarze, einseitig abgeflachte Samen mit einer feinen Oberflächenstruktur enthalten.

Als gute Wachstumsbedingungen gelten nach Becker-Dillingen (1929a) humose oder leicht lehmige Sandböden mit hohem Nährstoffgehalt, möglichst mit Kalk. Der Boden muß durchlässig und tiefgründig sein und darf keine stauende Nässe enthalten, denn die Wurzeln gehen 3–5 Meter tief in den Boden hinein. Die Lage soll voll sonnig sein, weil der Spargel Licht und Wärme benötigt. Näheres zur Spargelkultur und zur Anlage von Spargelbeeten muß Fachbüchern entnommen werden.

Der Anbau von Spargel wird in allen europäischen Ländern betrieben, besonders in Südfrankreich, den Niederlanden und Belgien. In der Bundesrepublik lagen die Erntemengen zwischen 1979 und 1981 bei 10 000 Tonnen jährlich. Das ist etwa ein Prozent des Freilandgemüses. Die Spargelerzeugung hat in den vergangenen 30 Jahren stark geschwankt. 1951 waren es nur 4800 Tonnen. Danach stieg die jährliche Erntemenge bis 1974 auf 12 000 Tonnen und sank von da an kontinuierlich. Der meiste bundesdeutsche Spargel wächst auf den sandigen Geestböden in Niedersachsen (nach den Stat. Jb. der BRD).

Der größte Teil des in der Bundesrepublik angebauten Spargels ist der bekannte Bleichspargel, der unter aufgeworfenen Dämmen wächst und daher kein Blattgrün (Chlorophyll) entwickelt. Allmählich aber gewinnt der Grünspargel (wie in Taf. 76) an Bedeutung, weil er mehr Vitamin C und mehr Carotin enthält. Seine Pflege soll einfacher sein, weil er nicht angehäufelt werden muß und auch auf schwereren Böden (Lehm oder Löß) gezogen werden kann. Er schmeckt jedoch anders als der Bleichspargel.

Nach den Nährwerttabellen von Souci et al. (1981) ist der Wassergehalt für Bleichspargel mit 93–94 g (auf 100 g frische Spargel) sehr hoch. Er liegt fast so hoch wie bei Rhabarber, Endiviensalat und Tomaten. Dementsprechend ist der Nährwert gering. Von den etwa zehn darin enthaltenen Mineralien ist nur Kalium in mittleren Werten vertreten. Carotin und der Vitamin-B-Komplex sind gering, doch Vitamin C mit

5–33 mg in mittlerem Anteil vorhanden, wenn auch starken Schwankungen unterworfen (vgl. Tab. 8, S. 172).
Nach Schormüller (1974) ist der für Spargel charakteristische Inhaltsstoff das Asparagin, ein Produkt aus der Aminosäure Asparaginsäure. Asparagin ist in vielen Pflanzenkeimlingen und jungen Pflanzen enthalten. Es kann dem Menschen zur Entgiftung körperfremder Stoffe dienen. Außerdem ist es als harntreibendes Mittel bekannt.
Die Beliebtheit des Spargels aber beruht wohl auf dem ganz besonderen, feinen Duft und Geschmack sowie der ungewöhnlichen Beschaffenheit dieses eigentümlichen Gemüses.

Die Geschichte des Spargels

Es gibt vom Spargel keine archäologisch-botanischen Reste aus Deutschland, auch nicht aus der Römerzeit, obwohl dies möglich sein könnte.
Über das Mittelalter wissen wir bezüglich des Spargels nichts, abgesehen von einer Nennung von sparagus bei Albertus Magnus (1200–1280), bei der jedoch unsicher ist, ob es sich tatsächlich um unseren Spargel handelt. Man muß aber annehmen, daß der Spargel im Laufe des Mittelalters von Mönchen nach Deutschland gebracht worden ist und hier allmählich bekannt wurde. Sonst wären die häufigen schriftlichen und bildlichen Angaben in den Kräuterbüchern des 16. Jahrhunderts nicht denkbar.
In den Kräuterbüchern der Renaissancezeit (16. Jh.) taucht nun fast allgemein der »Spargen« auf, mit Abbildungen (Taf. 76), Beschreibungen und Angaben für dessen Verwendung. Verwendet wurde der Spargel sowohl für Arznei als auch zum Essen. So schreibt Otto Brunfels (1532): »Spargen seind der Herze schleck und vor allen anderen garten kreütere gelobt.« Verwendet werde er auch als Arznei. Leonhart Fuchs (1543) berichtet zusätzlich über wildwachsende Spargeln: »Spargen wachsen gern an steynigen und leymichten (lehmigen) orten, werden auch in den gärten gezilet (gezogen).« Die Nutzung wird wie bei Otto Brunfels angegeben. Joachim Camerarius (1586, gedruckt 1626) gibt Hinweise auf wildwachsende und in Gärten angebaute Spargel, denn sie wachsen »an leimichten und feuchten Gründen, auff den Gebirgen und Felsen«, und zu den in Gärten gepflanzten: »Die jungen Spargenzincken . . . sind ein gebräuchlicher Salat, süß und lieblich zu essen.« Diese und die Wurzeln werden auch für Medizin gebraucht.
Rund 200 Jahre später schreibt Langethal (1845) in seinem Lehrbuch der landwirtschaftlichen Pflanzenkunde über den Gemeinen Spargel (*Asparagus officinalis* L.): »Es gibt zwei Spielarten: grünen und weißen. Der erstere ist als Pfeife weniger dick, grünweiß, aber in seiner ganzen Länge sehr zart, der letztere hat dickere, am obern Ende

rötlichweiße Pfeifen, die aber gegen das untere Ende hin etwas holzig sind. Beide Arten werden häufig cultiviert.« Sodann gibt er eine genaue Anleitung zur Anlage und Pflege von Spargelbeeten. Als Boden führt er sandhaltigen, kalkigen Auenboden an. Er schreibt weiter: »Der Spargel wächst auf unseren Auenwiesen wild, ist schon seit langem als Culturpflanze bekannt, wird ganz besonders in Erfurt, Ulm, Darmstadt, Bamberg und Hamburg gezogen. Wahrscheinlich haben wir seine Cultur von den Italienern gelernt. Dort gibt es noch andere Arten, welche theils wild wachsen, theils cultiviert werden.« Beim Gebrauch als Speise schreibt er: Spargel »wirkt auf die Geschlechtsorgane anregend, gibt dem Harn einen widrigen Geruch und verursacht bei übermäßigem Genusse Bluthamen. Man glaubt, daß ein eigentümlicher Stoff, Asparagin genannt, alle diese Wirkungen hervorbringe.«
Die früheste Verwendung des Spargels ist für Griechenland und Italien zur Zeit des klassischen Altertums belegt. Es gibt viele Beschreibungen über Vorkommen, Kultur und Verwendung. Aus den Zusammenstellungen von Lenz (1859) und Fischer-Benzon (1894) sei hier nur einiges herausgegriffen. Im alten Griechenland (4. Jh. v. Chr.) wurde nicht unsere Spargelart, die dort nicht vorkommt, sondern der Spitzblättrige Spargel (*Asparagus acutifolius* L.) genutzt. In Italien dagegen wachsen beide Arten. Die römischen Schriftsteller Cato, Columella, Plinius, Palladius und andere machen genaue Angaben über die Spargelkultur. Der Anbau erfolgte auf die gleiche Weise wie heute. Auch in der Größe standen sie unseren nicht nach.
Wenn man bedenkt, wie bekannt und beliebt der Spargel im Römischen Reich während des Altertums war, wäre es sehr wohl möglich, daß seine Kultur auch mit in die römischen Provinzen gebracht wurde und Nachweise anhand von Samen nur noch ausstehen.

Wilder Spargel und die Ableitung unseres Kulturspargels

Die Gattung *Asparagus* L. umfaßt nach Hegi (1929, Bd. II, S. 260 f.) »etwa 100 Arten, die in der alten Welt, vor allem in den regenarmen Gebieten und im östlichen Mittelmeer beheimatet sind. In der Hauptsache sind es Xerophyten (Trockenpflanzen), die durch den unterirdischen, oft fleischigen Wurzelstock, die verkümmerten Blätter und die Chlorophyll enthaltenden Zweiglein (welche wie Blättchen aussehen) an den trokkenen Standort gut angepaßt sind.« Es sind zum Teil dornige Pflanzen, oft als meterlange Spreizklimmer über Felsen und Gebüsch wachsend.
In Europa gibt es der Flora Europaea zufolge (Bd. 5, S. 46 ff.) 15 Arten. Davon wachsen die meisten im Mittelmeergebiet sowie in Spanien und Portugal, mehrere Arten in der UdSSR, einschließlich der Krim und bis nach Mittelasien. Darunter befinden sich

Meeresstrandarten, die auf sandigem Boden nahe der Küste gedeihen, wie z. B. *Asparagus maritimus* im Mediterrangebiet und Südosteuropa. Die jungen Triebe einer stacheligen Art (*Asparagus acutifolius*) wurden in der Zeit des klassischen Altertums in Griechenland (bei Theophrastos 387–280 v. Chr.) als Spargel gegessen.

Asparagus officinalis L. ist aber die einzige Art, von der sich unser Gartenspargel ableitet. Seine wildwachsende Form ist außerordentlich weit verbreitet: Mittel- und Südeuropa, Vorderasien, westliches Sibirien und Nordafrika (nach Hegi). Die ursprünglichen Zentren sind sicherlich das Mediterrangebiet und Osteuropa. In Italien wächst dieser wilde Spargel, nach freundlicher Auskunft von Herrn Dr. E. Götz, auf steinigen (kiesigen) Hängen, dort, wo die Macchie etwas aufgelichtet ist. Er kann bis zum Meer heruntergehen, ist jedoch kein Gewächs der Dünen und des Strandes. Die Einheimischen schneiden gelegentlich von diesen wilden Spargelpflanzen die jungen Triebe (Spargel) ab und essen sie.

Auch in Deutschland gibt es Wildvorkommen von *Asparagus officinalis*. In den ehemals breiten Flußbetten von Rhein, Main und Donau finden sich seitlich des heutigen (schon vor rund 100 Jahren) begradigten Verlaufs alte Kies- und Sand(Ton)bänke. Dort wachsen viele Arten von Trockenpflanzen und locker stehende Sträucher. Man nennt dies einen Stromtal-Halbtrockenrasen (*Mesobrometum alluviale* nach Oberdorfer 1957). Darin wächst stellenweise auch der wilde Spargel (*Asparagus officinalis*). Ob dieser hier tatsächlich wild ist oder nur aus Kulturen verwildert, ist nicht ganz sicher zu sagen, obwohl der Standort in einem Strombett mit gelegentlichen Hochwässern das Vorkommen als echte Wildart wahrscheinlich macht. Als verwildert aus dem Anbau des Kulturspargels sind dagegen die häufigen Wuchsstellen an Wegrändern, grasigen Abhängen, an Hecken, auf Dünen und Dämmen u. a., besonders in Sandgebieten, anzusehen. Auf wilden Spargel wird schon in manchen Kräuterbüchern des 16. Jahrhunderts hingewiesen, und 1845 schreibt Langethal in seiner landwirtschaftlichen Flora: »Der Spargel wächst auf unseren Auenwiesen wild.« Damit sind vermutlich derartige Stromtal-, Kies- oder Sandbänke gemeint.

Die Ableitung unseres Kulturspargels geht zweifellos auf den wilden *Asparagus officinalis* zurück.

Zusammenfassend gilt, daß die ältesten Nachrichten über die Verwendung der jungen Sprosse von Spargel (*Asparagus*) uns aus dem klassischen Griechenland (4. Jh. v. Chr.) überliefert sind, und zwar die dornige Art (*Asparagus acutifolius*). Aus dem Römischen Reich gibt es aus der Zeit zwischen dem 1. Jahrhundert v. Chr. bis zum 2. Jahrhundert n. Chr. viele Berichte über Nutzung und Anbau von Spargel (*Asparagus officinalis*), dieselbe Spargelart wie die bei uns angebaute. Nach Mitteleuropa kam die Spargelkultur durch die Mönche, wahrscheinlich während des hohen oder späten Mittelalters. Im 16. Jahrhundert sind in den Kräuterbüchern fast allgemein Abbildungen und Beschreibungen von Spargel enthalten; er wurde für Medizin verwendet, wurde aber auch als Gemüse gegessen.

PORREE, ZWIEBEL, SCHALOTTE, LAUCHZWIEBEL (*Allium sp.*)

Die Gattung *Allium* gehört zu den Liliengewächsen (*Liliaceae*). Die Blüten stehen zu vielen in je einer Scheindolde zusammen, die eine beträchtliche Größe erreichen kann (Taf. 77). Alle Arten sind krautige, mehrjährige Pflanzen, die oberhalb der Wurzeln entweder Zwiebeln bilden oder doch verdickte Grundachsen haben. Blätter und Stengel haben den typischen Zwiebel- oder Lauchgeruch.

Die *Allium*-Arten sind Gewächse der nördlichen Halbkugel, wo sie in 250–500 Arten wild vorkommen (Helm 1956). Ihr Verbreitungsschwerpunkt aber liegt in den Steppen und Bergländern Asiens und im Mittelmeergebiet, einschließlich Nordafrika mit Ägypten.

Für Deutschland werden von Oberdorfer (1979) 29 *Allium*-Arten angegeben. Davon kommen 24 Arten wild vor und zwar auf den verschiedensten Standorten, wie z. B. Bärlauch (*A. ursinum*) in feuchten Laubwäldern, Weinberglauch (*A. vineale*) auf sonnigen Hügeln und in Weinbergen, wilder Schnittlauch (*A. schoenoprasum*) mit einer Varietät in Flachmooren und an sandigen Ufern, mit einer anderen Varietät im Gebirge auf humosen, kalkreichen Steinschuttböden.

An Kulturarten, die bei uns im Freiland als Gemüsepflanzen angebaut werden, sind es die vier Arten: Porree, Zwiebel, Schalotte und Lauchzwiebel. Auf Schnittlauch (*A. schoenoprasum*) und Knoblauch (*A. sativum*), also Gewürzpflanzen, soll hier nicht näher eingegangen werden.

PORREE, LAUCH (*Allium porrum* L.)

Kennzeichnung. Bedeutung. Inhaltsstoffe

Bei den 30–80 Zentimeter hohen, halbjährigen Pflanzen, auch Lauch oder Winterlauch genannt, sind die langen, breiten Blattscheiden verdickt und zu Speichern für Nährstoffe umgebildet. Diese erst setzen sich in die flachen, breiten, linealischen Blattspreiten fort.

Als Boden ist nach Becker-Dillingen (1929 a, 1956) nahrhafter, feuchter, humusreicher Lehm am besten geeignet, während leichter Sand und schwerer Ton nicht in Betracht kommen. Wenn man lange gebleichte Stangen erhalten will, empfehlen Gartenbücher, die jungen Pflanzen in Gräbchen zu setzen, in denen die Erde nach und nach mit dem Wachstum der Pflanzen aufgefüllt und zuletzt die größeren Pflanzen noch angehäufelt werden.

Porree kann im Winter im Freien stehen bleiben, obwohl die Blätter durch den Frost leiden. Die meisten Leute graben ihn vor dem Frost aus und schlagen ihn im Freien ein. Aber die stehengebliebenen Pflanzen sterben nicht ab. Solche, die man zur Saatgutgewinnung behalten will, treiben im Frühjahr einen hohen Blütenschaft, an dessen Ende sich im Juli unter einer langspitzigen, braunen Hülle eine große Knospe für den Blütenstand entwickelt. Nach Abwerfen der Hülle entsteht eine etwa faustgroße Blütenkugel (Scheindolde) mit zahllosen, rosa gefärbten Einzelblüten, die emsig von Bienen beflogen werden (Taf. 77). In den Fruchtfächern haben sich im Spätherbst jeweils mehrere kleine, schwarze Samen gebildet.

Porree ist in vielen Ländern eine wichtige Gemüsepflanze; so in Frankreich, Großbritannien, Belgien, Niederlande, Dänemark, Schweiz, Nordspanien, Italien, auf dem ganzen Balkan, in Ägypten, Polen und Rußland.

In der Bundesrepublik betrugen die Erntemengen des gewerblich angebauten Porrees für 1979–1981 jährlich zwischen 33 000 und 34 000 Tonnen. Das sind nur rund 3 Prozent des Gemüseanbaues (nach den Stat. Jb. der BRD). Damit steht Porree etwa gleich mit Grünen Bohnen und Sellerie, aber weit hinter Kopfkohl, Möhren, Blumenkohl und Kopfsalat. Am meisten Porree wird in Nordrhein-Westfalen angebaut. In den privaten Gemüsegärten sieht man den Porree nahezu überall, wo Bodenart und Klima geeignet sind.

Aufgrund der Nährwerttabellen von Souci et al. (1981) ergibt sich folgendes: Der Wassergehalt ist mit 86–91 % etwa mittelhoch, ungefähr so wie bei Möhren. In den sich daraus ergebenden 9–14 g Trockensubstanz (auf 100 g frische Ware) sind Kohlenhydrate mit 5–9 g am meisten vorhanden, danach folgt Eiweiß mit 2–2,5 g. Fett ist in ihnen ganz wenig enthalten, der Rohfaseranteil mit 1–1,5 g relativ gering. Von den fünf Mineralstoffen sind nur Kalium (200–250 mg), Kalzium (52–114 mg) und Phosphor (30–57 mg) nennenswert. An Vitaminen ist der B-Komplex wenig, Vitamin C mit 17–78 mg ist in mittlerer Höhe, Carotin ganz wenig enthalten (vgl. Tab. 8, S. 172). Dazu kommt ein gewisser Anteil der typischen Alliumstoffe (organische Schwefelverbindungen), die bei der Zwiebel näher behandelt werden (S. 261 f.).

Die Geschichte des Porrees

In den schriftlichen Quellen Deutschlands läßt sich der Name porrum bzw. porros bis zum Capitulare Karls d. Gr. und den frühesten Inventaren kaiserlicher Gärten vom Anfang des 9. Jahrhunderts zurückverfolgen. In der Physika der hl. Hildegard (1098–1179) werden sowohl Porrum als auch Lauch genannt. Nach ihren Beschreibungen haben diese Pflanzen jedoch röhrige oder hohle Blätter, wie dies bei der Zwiebel und beim Schnittlauch der Fall ist, aber nicht beim Porree.
Sichere Kunde über den Porree erhalten wir aus den Kräuterbüchern vom Ende des 16. Jahrhunderts an. So gibt Joachim Camerarius aus Nürnberg (1586 geschrieben, 1626 gedruckt) in seiner Neubearbeitung eines älteren Kräuterbuches von Mattioli aus Siena Abbildungen und Beschreibungen mehrerer Allium-Arten, von denen folgende mit heutigen Namen sicher zu identifizieren sind: Porree, Schnittlauch, Schalotte und Zwiebel (Abb. 59). Vom Porree ist sowohl eine junge, nicht blühende Pflanze als auch ein überwintertes, blühendes Exemplar abgebildet. Vergleicht man dies mit unserem heute angebauten, so fällt die Veränderung im unteren Stengelteil auf. Der von 1586 besitzt an der Basis eine Zwiebel, unser heutiger ist dort nur schwach verdickt. Die Fähigkeit unseres Porrees, unter bestimmten Bedingungen Zwiebeln zu bilden, ist verschiedentlich beschrieben worden (Fischer-Benzon 1894, Becker-Dillingen 1929 a). Wird nämlich der Blütenschaft, der im zweiten Jahr emporwächst, frühzeitig abgeschnitten, entwickeln sich an der Stengelbasis eine bis mehrere Zwiebeln.
Die ältesten Nachweise von Lauch stammen aus Ägypten, und zwar (nach Keimer 1984 und Germer 1985) aus dem Neuen Reich (18.–20. Dyn., 1550–1320 v. Chr.) und aus der Spätzeit (bis zur 24. Dyn., 7. Jh. v. Chr.). Es handelt sich um Pflanzenfunde in Gräbern. Bildliche Darstellungen fehlen. Das Älteste sind Beigaben von mehreren Stücken mit Blättern und Wurzeln im Grab des Taiyn (18. Dyn.). Diese werden jedoch von V. Loret für Knoblauch gehalten, denn die Blätter des heutigen Lauch in Ägypten sind nach Germer schmaler als bei europäischen und ähneln deshalb den Knoblauchblättern. Aus den 20.–26. Dynastien wurden 1886 von Schiaparelli in einem Grabe zu Dra Abu el Nega drei Päckchen aufgerollter Lauchschäfte und Blätter gefunden. In einem Grabe beim Assasif (Theben) lag ein großes Lauchbündel, bestehend aus 60 Zentimeter langen Stengeln und Blättern.
Der hieroglyphische Name für Lauch ist belegt seit dem Anfang des Mittleren Reichs (ab 11. Dyn., 2050–1991 v. Chr.). Das Wort Lauch hat aber auch die Bedeutung für Gemüse im allgemeinen. Daraus kann nach Renate Germer auf die damalige Bedeutung des Lauchs als Gemüsepflanze geschlossen werden.
In Blumengebinden aus Mumiengräbern sind von Georg Schweinfurth Blätter von *Allium kurrat* nachgewiesen worden. Kurrat ist eine porree-ähnliche Lauchart, dessen

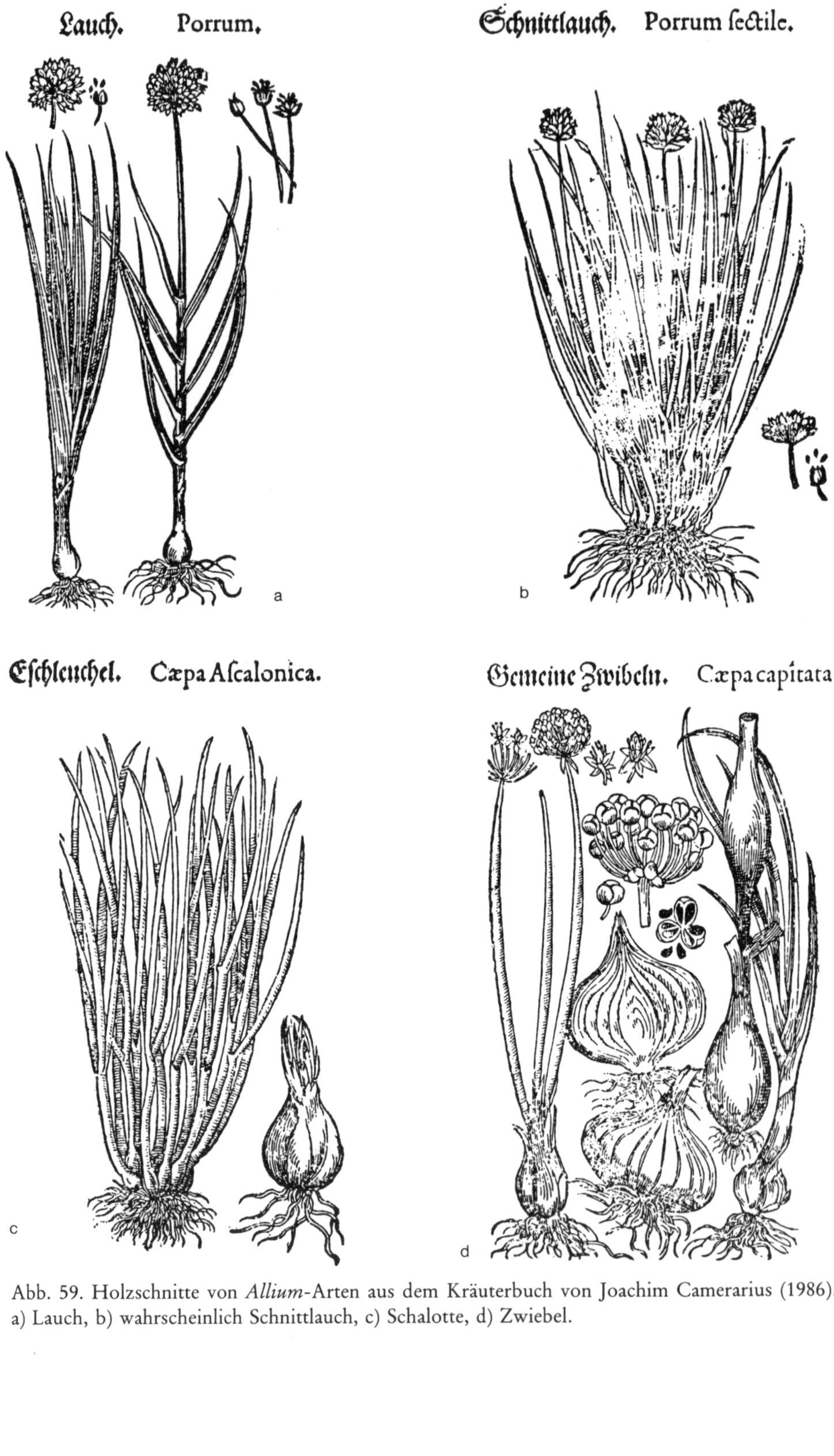

Abb. 59. Holzschnitte von *Allium*-Arten aus dem Kräuterbuch von Joachim Camerarius (1986). a) Lauch, b) wahrscheinlich Schnittlauch, c) Schalotte, d) Zwiebel.

Blätter heute noch unter dieser Bezeichnung in Ägypten, dem Yemen und in Palästina als Salat, Würze und Aphrodisiakum gegessen werden.
In Griechenland und im Römischen Reich, zur Zeit des klassischen Altertums, sind außer Zwiebeln und Knoblauch auch Lauch(Allium)arten zur Nutzung der grünen Blätter als Gemüsepflanzen angebaut worden. Fischer-Benzon, der diese Quellen 1894 ausgewertet hat, schreibt, daß in Italien zwei Arten unterschieden wurden: porrum capitatum und porrum sectivum. Ersterer entspräche unserem gewöhnlichen Porree, der zweite wurde mehrmals abgeschnitten, weil vermutlich die Blätter als Gemüse genutzt worden seien. Die letztgenannte Pflanze kann aber auch eine andere *Allium*-Art gewesen sein. Eine farbige Abbildung, die unserem Porree etwa entspricht, findet sich bei Dioskorides (60 n. Chr.) in der Kopie, die zwischen 500 und 511 in Konstantinopel angefertigt worden ist (Taf. 78).

Herkunft und nächster Verwandter

Porree gibt es nicht als Wildpflanze. Sein nächster Verwandter ist der wilde Sommerlauch (*Allium ampeloprasum* L.). Dieser wird seit dem großen französischen Botaniker De Candolle (1883) als direkte Stammform des kultivierten Porrees angesehen. Der wilde Sommerlauch ist einheimisch im Mittelmeergebiet, in Kleinasien (Türkei), im Vorderen Orient und in Nordafrika (nach Hegi). Eine Vorstellung von der Pflanze in Mittelitalien gibt Taf. 79. Jede Pflanze bildet einen einzigen, unverzweigten, runden Stengel. An dessen Spitze steht eine große, halbkugelige Blütendolde, die je nach Blütenzustand rosarot oder grünlich-weißlich ist. Der Stengel ist in der unteren Hälfte bis etwa ein Drittel Höhe mit drei bis vier schmalen, flachen Laubblättern besetzt, von denen jedes Blatt eine nach unten bis zur Zwiebel reichende Blattscheide bildet. Die in der Erde wachsende Zwiebel ist zwischen 2 und etwa 5 Zentimeter breit, weißhäutig und besteht aus 2–3 (bis 5) Teilzwiebeln, auf deren Rücken je eine kleine etwa erbsengroße Brutzwiebel (Bulbille) sitzt. Man sieht die Pflanzen in Gras- oder niederer, halboffener Strauchvegetation (Garigue), sogar direkt neben den Straßen.
Von dort mitgebrachte Zwiebeln trieben im folgenden Frühjahr schon nach einer Woche aus. Nach einem Monat hatten sich bis zu 25 Zentimeter hohe Pflanzen mit je vier langen, schmalen Blättern und geschlossenen Blattscheiden entwickelt. Von unserem Lauch (Porree) unterscheiden sie sich vor allem durch eine grasgrüne (statt blaugrüne) Farbe und dünnerem, mehr in die Länge gestrecktem Wuchs. Sie lassen sich deutlich von der heutigen Kulturart unterscheiden.
Allium ampeloprasum soll im ersten Teil unseres Jahrhunderts stellenweise auch in Mitteleuropa angebaut worden sein, z. B. bei Erfurt und Nürnberg, in Südwesteng-

land, in Westirland und in Westfrankreich. Die kleinen, weißen Zwiebelchen wurden als sog. Perlzwiebeln für Speisezwecke gebraucht, u. a. für die Mixed Pickles oder gesondert in Essig eingelegt. In England und Frankreich findet sich diese Pflanzenart heute noch in den früheren Anbaugebieten in verwildertem Zustand. Für Deutschland wird sie in den Floren nicht angegeben.
Das nahe Verwandtschaftsverhältnis zwischen Porree und dem wilden Sommerlauch spiegelt sich auch in der gleichen Chromosomenzahl ($2n = 32$) wider, die dann nur noch der ägyptische Kurrat hat. Eine grundlegende botanische Bearbeitung der kultivierten *Allium*-Arten samt ihren wilden Vorfahren oder Verwandten hat Helm (1956) gegeben.
Wir haben den Porree jedenfalls ursprünglich aus Italien und wahrscheinlich im Laufe des Mittelalters bekommen. Theoretisch wäre es denkbar, daß er auch schon während der Römerzeit im römischen Germanien gezogen worden ist. Funde gibt es bisher noch keine. Aber da der Porree aus Samen vermehrt wird und diese eine gut kenntliche Form und Struktur haben, darf damit gerechnet werden, daß diese in römischen Gruben- oder Brunnenfüllungen auftauchen, so wie es bei anderen Pflanzen der Fall war (z. B. bei der Garten-Melde, Rübe/Mangold, Dill, Sellerie).

ZWIEBEL (*Allium cepa* L. var. *cepa*)

Kennzeichnung. Bedeutung. Inhaltsstoffe

Unsere Zwiebel, auch Küchenzwiebel, Speisezwiebel oder Sommerzwiebel genannt, ist ein extrem stark gestauchter Sproß. Ihre ein bis drei kleinen gelblichen Spitzen kann man sehen, wenn man eine Zwiebel der Länge nach aufschneidet. Sie sitzen in der Mitte über der Wurzelbasis. Die dicken, saftigen, weißen Zwiebelteile sind große Schuppen, die als Speicher für Reservestoffe ausgebildet sind. Diese Speicherstoffe werden von der Pflanze aufgezehrt, wenn sie im Frühjahr des zweiten Jahres ihre röhrenförmigen Blätter und den 30–100 Zentimeter hohen Blütenschaft hervortreibt. Der Blütenschaft ist ebenfalls röhrig und unterhalb der Mitte bauchig aufgetrieben. Die an der Spitze stehende, kugelige Scheindolde besteht aus vielen kleinen, grünlichweißen Blüten.
Die Zwiebel ist in den vergangenen rund 40 Jahren züchterisch stark bearbeitet worden, vor allem in den USA, in den Niederlanden, Schweden, Schweiz und Italien, bis

etwa 1960 durch einfache Ausleseverfahren (Kuckuck und Kokabe 1962), um bestehende Sorten zu verbessern und neue Sorten zu züchten. Die Verbesserungen bezogen sich auf Erhöhung des Ertrages, größere Haltbarkeit, Widerstandsfähigkeit gegenüber Krankheiten und anderes.

Derzeit werden in den Katalogen der Samenzüchtereien der Bundesrepublik Samen von 7 bis 11 Sorten Zwiebeln mit gelblich-brauner Haut, eine mit roter und eine mit weißer Haut angeboten. Die Sortenunterschiede betreffen Form, Farbe und Reifezeit. Bei dem Anbau mit Steckzwiebeln stehen nicht so viele Sorten zur Verfügung.

Als beste Böden für Zwiebeln gelten nach Becker-Dillingen (1929 a) humusreicher, sandiger Lehm oder lehmiger Sand. »Auf nicht zu trockenen und nährkräftigen, leichteren Böden werden besondere haltbare Zwiebeln gewonnen. Hoher Grundwasserstand, dichte, schwere Ton- und Torfböden sind ungeeignet. In warmen Sommern mit mäßigen Niederschlägen wachsen die Zwiebeln am besten.«

Sehr gute Wachstumsbedingungen sind in Ägypten und Ungarn gegeben. Die Hauptanbaugebiete in Europa liegen in Spanien (Valencia, Kanaren), Italien (Oberitalien, Sizilien, Sardinien), auf Zypern, in Niederösterreich, in der Tschechoslowakei, Polen und Ungarn. In Deutschland befinden sich die Hauptanbaugebiete am Niederrhein (Köln, Düsseldorf, Krefeld), in Unterfranken (Bamberg, Nürnberg) und bei Darmstadt. Im Osten ist es das fruchtbare Ackerbaugebiet um Magdeburg–Leipzig, ferner das Spreewaldgebiet bei Berlin (nach Helm 1956).

Die Erntemengen von Zwiebeln in der Bundesrepublik liegen mit 21500 Tonnen (für 1978/79) unter denen des Porrees. Es sind nur 1,2 Prozent des Erwerbsgemüseanbaus im Freiland (nach den Stat. Jb. der BRD).

Aus den Nährwerttabellen von Souci et al. (1981) geht folgendes hervor: Zwiebeln haben mit 86–89% einen etwas geringeren Wassergehalt als Porree. Von den 11–14 g Trockensubstanz (bezogen auf 100 g frische Zwiebeln) überwiegen die Kohlenhydrate mit 9,4–10,0 g. Davon bestehen etwa zwei Drittel aus Zuckern (überwiegend Trauben- und Fruchtzucker). Protein ist mit 1,0–1,4 g nur mäßig vorhanden, doch besteht es aus 11 Aminosäuren, unter denen auch die lebenswichtigen, wie z. B. Lysin, vertreten sind. Fett ist wie bei den meisten Gemüsearten mit 0,1–0,4 g wenig enthalten. Mineralstoff- und Vitamingehalt sind ähnlich wie beim Porree (vgl. Tab. 8, S. 172).

Bei dem Zwiebelaroma, d. h. der zu Tränen reizenden Substanz, handelt es sich nach Schormüller (1974) um flüchtige ätherische Senföle. Das sind organische Schwefelverbindungen (verschiedene Glutamylpeptide). Diese bedingen die heilende und Infektionen verhütende Wirkung, die schon in ältesten Zeiten bekannt war. Sie sind in allen *Allium*-Arten enthalten, aber in ungleicher Menge.

Der Geschmack der Zwiebeln wird durch den Gehalt an Zucker, ätherischen Ölen, besonders den Gehalt an Schwefelverbindungen und ihren Wassergehalt bestimmt. Je geringer der Wassergehalt und je mehr Schwefelverbindungen, um so schärfer ist die Zwiebel. Diese Eigenschaften sind stark von Umweltfaktoren abhängig, d. h. von Klima, Boden, Düngung und anderen.

Die Geschichte der Zwiebel

Archäologische Nachweise, etwa aus der Römerzeit, gibt es aus Deutschland nicht. Die ältesten Nachrichten bei uns gehen bis in das frühe Mittelalter zurück. Im Capitulare Karls d. Gr. werden cepas genannt. In zwei Inventaren kaiserlicher Gärten (aus Frankreich oder Deutschland) finden sich cepas und scalonias, ebenso im Entwurf zu dem Klostergarten von St. Gallen (Schweiz) cepas und ascalonias. Unter cepas sind unsere Zwiebeln zu verstehen, unter scalonias bzw. ascalonias eine andere Zwiebelart, sehr wahrscheinlich die Schalotte (*Allium ascalonicum*). Auch in den späteren mittelalterlichen Schriften fehlt die Zwiebel nirgends. In den ersten Kräuterbüchern mit Abbildungen und näheren Beschreibungen aus dem 16. Jahrhundert erfahren wir von mehreren Sorten. So nennt Leonhart Fuchs (1543) lange und runde, rote und weiße. In dem Holzschnitt wird ein blühendes Exemplar wiedergegeben, das den unterhalb der Mitte aufgeblasenen Stengel und die große Blütenkugel (Scheindolde) deutlich erkennen läßt (Abb. 60). Er schreibt dazu: »Zwibeln werden allenthalben in gärten gepflanzt . . . Die Zwibel säet man im Mertzen, blüen im Heumonat fürnemlich, bringen folgends den schwarzen Samen.« Daß sie außer als Küchenpflanze in starkem Maße als wichtige Arzneipflanze gebraucht wurde, ist begreiflich.

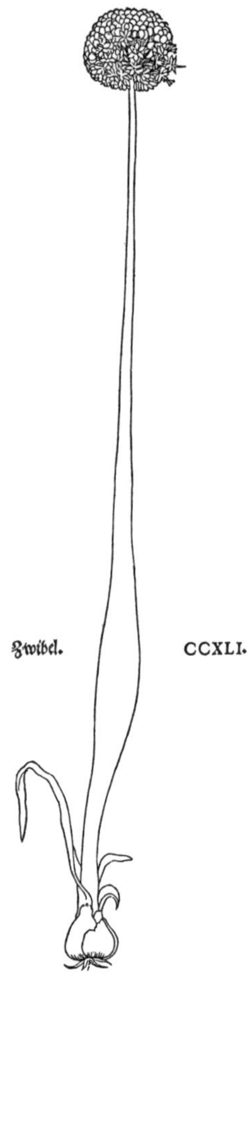

Abb. 60. Blühende Küchenzwiebel (*Allium cepa*).
Holzschnitt aus dem Kräuterbuch von Leonhart Fuchs (1543).

Die älteste Kultivierung, von der wir Kunde haben, stammt aus Ägypten. Neuerdings sind alle bis jetzt vorliegenden Belege von Frau Dr. R. Germer kritisch gesichtet und veröffentlicht worden (1985 und in Keimer 1984). Daraus geht hervor: Nachweise von Zwiebeln im Alten Reich beruhen nur auf bildlichen Darstellungen, seit den Pyramidentexten (etwa ab 2200 v. Chr.) auch auf schriftlichen Nennungen. Vom Neuen Reich an (etwa 1550 bis etwa 1085 v. Chr.) gibt es echte Pflanzenfunde, denn in die Gräber wurden ganze Bündel von Zwiebeln mitgegeben, manchmal auch Zwiebeln mit in die Binden der Mumien eingewickelt.
Die aus dem Alten Reich genannten Bilder (1.–6. Dyn., ca. 3000–2100 v. Chr.) stammen aus vielen Grabkammern. An ihren Wänden sind Opfertische mit Körben samt den Opfergaben als Reliefs oder gemalt dargestellt. Aber auch Ernteszenen gibt es, wie z. B. in der Mastaba des Hetepherachet (Taf. 80). Unter anderem ist dabei ein Feldarbeiter zu sehen, der in der ausgestreckten Hand drei Zwiebeln samt Blättern hält und in der anderen eine Zwiebel, die er gerade ißt. Dahinter werden Getreideähren geschnitten.
Ein Zwiebelbeet mit Bewässerung und Ernte sowie die Fülle von Opfergaben sind in einer der Grabkammern von Beni Hasan zu sehen (Abb. 61), aus der Zeit des Mittleren Reichs (12. Dyn., ca. 1991–1786 v. Chr.). Die beiden Zwiebelbündel (rechte Bildhälfte) zeigen die herabhängenden, zugespitzten Blätter. Oft stecken diese in Futteralen, wie es neben dem Salat der Taf. 82 zu sehen ist.
In den Pyramidentexten gibt es ein ägyptisches Wort für die Zwiebel (als hieroglyphisches Bildzeichen, das aus drei zusammengefaßten Zwiebeln besteht). Diese Bildzeichen finden sich von da an bis kurz vor der griechischen Zeit (4. Jh. v. Chr.)
Aus alledem geht nach Ludwig Keimer und Renate Germer hervor, daß die Zwiebel im alten Ägypten Volksnahrungsmittel war und zu den beliebtesten Gemüsen gehörte. Die ägyptische Zwiebel soll nämlich nach Germer viel milder sein als die bei uns. Besonders als Zukost zu Brot und Fleisch wurde sie geschätzt. Auch bei religiösen Opferriten spielte sie eine große Rolle. So trugen bei den Sakaris-Festen in Theben (Neues Reich, 18.–20. Dyn., ca. 1550–1085 v. Chr.) am Tage des Umzugs um die Mauern die Festteilnehmer Zwiebeln um den Hals. Für Medizin, Aberglauben und Zauber wurden Zwiebeln ebenfalls verwendet.
Als zur Zeit des Neuen Reiches die Juden unter der Führung von Moses und Aaron aus der generationenlangen Gefangenschaft in Ägypten durch die Wüste zogen, auf dem Wege nach Kanaan, gehörten auch Zwiebeln zu den Speisen, nach denen sie sich sehnten. So heißt es im 4. Buch Mose, 11,5: »Wir gedenken der Fische, die wir in Ägypten umsonst aßen und der Melonen (fälschlich hat Luther Kürbisse übersetzt), der Pfeben (Wassermelonen), Lauchs, Zwiebeln und Knoblauchs.«
Im Griechenland der mykenischen Zeit nannte Homer (8. Jh. v. Chr.) in der Ilias im

Abb. 61. Ägyptische Darstellungen von Zwiebelbündeln in Grabkammer Nr. 3 von Beni Hasan, 12. Dynastie (ca. 1991–1786 v. Chr.). Oben: Bewässerung und Ernte eines Zwiebelfeldes. Rechts liegt ein Zwiebelbündel. Unten: Der Verstorbene sitzt in seiner Grabkammer mit Opfergaben, rechts unten zwei Zwiebelbündel. Zeichnerische Wiedergabe in Newberry (1893).

Tafel 77 Blühender Lauch oder Porree (*Allium porrum*) im Stuttgarter Gemüsegarten der Verfasserin. Eine Blütenkugel (wie rechts) enthält mehrere hundert Einzelblüten, die von Bienen beflogen werden. Höhe der Pflanzen 1,20–1,50 m. Juli 1976.

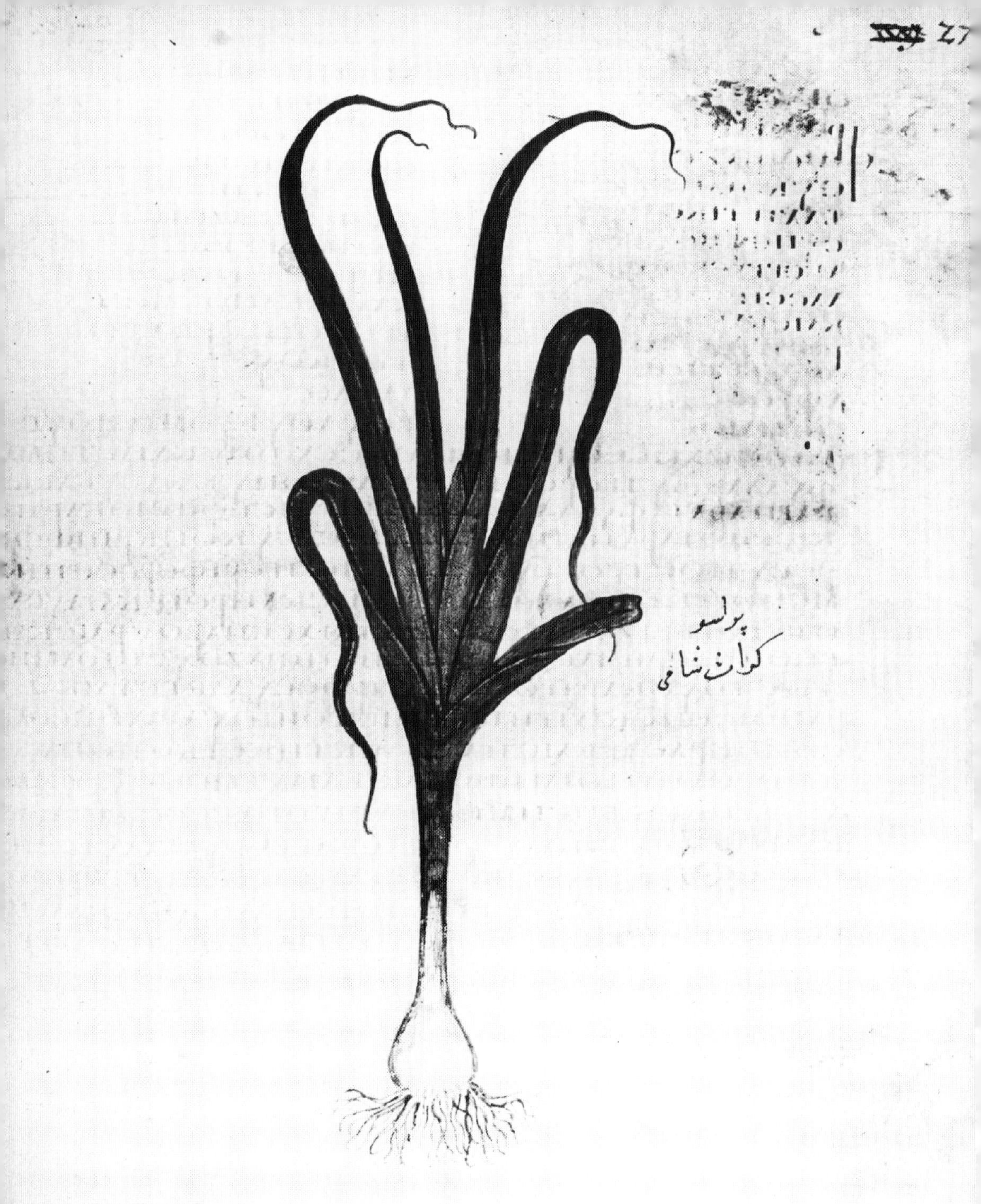

Tafel 78 Älteste überlieferte Abbildung des Lauch oder Porree (*Allium porrum*) aus dem Codex des Dioskorides (um 60 n. Chr.), in der ersten farbigen Kopie von 500–511 in Konstantinopel. Foto: Universitätsbibliothek Erlangen.

Tafel 79 Wilder Sommerlauch (*Allium ampeloprasum*), der Vorfahr unseres Porree. Rechts eine blühende Pflanze im Grasbewuchs des Tiberdeiches bei Rom. Durchmesser der Blütenkugel ca. 5 cm. Links zwei ausgegrabene Pflanzen von dort mit Zwiebeln. Höhe der Pflanzen ca. 58 cm. Durchmesser der linken Zwiebel 2,3 cm. 1. Juni 1985.

Tafel 80 Ein ägyptischer Schnitter des Getreidefeldes, mit seiner Sichel unter dem Arm, ißt eine Zwiebel und hält in der ausgestreckten Hand ein Zwiebelbündel. Unten steht ein Korb mit Broten. Steinrelief in der Grabkammer des Hetepherachet, 5. Dynastie (2560/2420 oder 2466/2325 v. Chr.). Relief und Foto: Rijksmuseum van Oudheden, Leiden/Niederlande.

11. Gesang (630) auch Zwiebeln: Zur »Stärkung nach schrecklichem Kampf . . . stellte sie (die lockige Maid Hekemede) auf einen Tisch . . . einen ehernen Korb mit Zwiebeln gefüllt als Imbiß zum Trunke, ferner auch goldenen Honig und Mehl der heiligen Gerste, auch einen herrlichen Becher . . . mit starkem pramneischen Wein.« Im 4. Jahrhundert beschreibt Theophrastos verschiedene Sorten von Zwiebeln, die nach den Herkunftslandschaften benannt waren.
Aus der Zeit des Römischen Reiches werden von Dioskorides (60 n. Chr.) lange, runde, gelbe und weiße Zwiebeln aufgeführt. Im Rom der älteren Zeit wurden Zwiebeln und Knoblauch viel und allgemein gegessen. So schreibt Varro (116–27 v. Chr.): »Unsere Großväter waren recht brave Leute, obgleich ihre Worte einen derben Knoblauch- und Zwiebelgestank hatten« (alium et cepe olere). Im späteren Kaiserreich, mit der Verfeinerung der Sitten, waren sie nur noch im Volke und bei den Kriegern ein beliebtes Nahrungsmittel. Von Vornehmen wurden sie gemieden, so daß die Bezeichnung »Zwiebelesser« bald den Charakter eines Schimpfwortes annahm. Die Römer legten für den Zwiebelanbau (einschließlich des Knoblauchs) besondere Gärten an (cepinae), für die sie eigene Gärtner hielten (ceparii).
Es ist wahrscheinlich, daß die Römer eine so wichtige Pflanze auch in die germanischen Provinzen mitgebracht haben. Aber botanische Nachweise der Samen gibt es bisher nicht.
Nicht nur in Ägypten und in den Mittelmeerländern sind Zwiebeln, einschließlich des Knoblauchs, viel verwertet worden (und werden es heute noch), sondern überhaupt im ganzen Orient.

Verwandtschaft und Herkommen unserer Küchenzwiebel

Die Verwandtschaftsverhältnisse sind übersichtlich zusammengestellt von Kuckuck und Kokabe (1962). In die Verwandtschaftsgruppe (Sektion) der Küchenzwiebel gehören noch drei weitere Kulturarten: Schalotte (*A. ascalonicum*), Schnittlauch (*A. schoenoprasum*) und Lauchzwiebel (*A. fistulosum*), außerdem mehrere Wildarten, die alle in Mittel- und Ostasien in den Gebirgen und Steppen vorkommen (Afghanistan, Altaigebirge, nördliche Mongolei, Ost- und Westturkestan, Sibirien). Sie werden zum Teil noch zur Nahrung gesammelt. Es ist wahrscheinlich, daß dort einmal der wilde Vorfahr unserer Küchenzwiebel gewachsen ist. Welche Art das war und ob es sie noch gibt, darüber gibt es nur Vermutungen.
Das Mittelmeergebiet, auch Ägypten, wird als sekundäres Verbreitungsgebiet angesehen. Das bedeutet, daß die Ägypter der Pyramidenzeit die Zwiebelkultur aus dem Osten übernommen haben, sicherlich über die älteren Hochkulturen in Mesopotamien und diese ihrerseits von den Berg- und Steppenvölkern Mittelasiens.

SCHALOTTE (*Allium ascalonicum* Hort.)

Die Schalotte, auch Eschlauch genannt, ist eine Art, die draußen überwintern kann. Aus einer im Herbst oder Frühjahr gesteckten Zwiebel haben sich vom folgenden Sommer an fünf bis sieben neue Zwiebeln entwickelt. Jede ist etwa 3–4 Zentimeter breit, enthält aber in ihrer braunen Schale zwei bis drei ungleich große Teilzwiebeln von etwas schiefer Form. Die Blätter stehen in einem Büschel zusammen. Sie sind röhrenförmig, aber dünner und kürzer als bei der Küchenzwiebel.

»Schalotten verlangen einen leichten, sandigen Boden. Gepflanzt wird von September bis November oder im Februar, spätestens im März mit 15–20 Zentimeter Reihenweite und 5–8 Zentimeter Entfernung innerhalb der Reihen auf guten, altgedüngten Böden. Wenn die Blätter im Juli welken, entnimmt man die Ernte dem Erdreich, wäscht und trocknet sie« (nach Becker-Dillingen, 1929 a, S. 786). Sie gedeihen aber auch gut auf Lößlehm.

Schalotten sind in Deutschland nur noch wenig bekannt. Hingegen werden sie nach Auskunft von Frau Ulrike Piening in Frankreich viel verwendet. Sie sind milder und feiner im Aroma als die Küchenzwiebel.

In wildem Zustand kommt die Schalotte in Vorderasien und im Orient vor. Wir haben bei der Geschichte der Zwiebel gesehen, daß die Schalotte in den frühen karolingischen Verzeichnissen und im Entwurf zum Klostergarten von St. Gallen genannt wurde. Das bedeutet, daß diese Zwiebelart mindestens auch im Mittelmeergebiet genutzt wurde.

Die Bezeichnung Schalotte (*A. ascalonicum*) leitet sich von der Stadt Askalon im heutigen Israel ab. Nach Mitteleuropa soll sie ein zweitesmal von Kreuzfahrern gebracht worden sein. Nähere Angaben finden sich bei Hegi (1909–1929).

LAUCHZWIEBEL (*Allium fistulosum* L.)

Heute nennt man die Lauchzwiebel teilweise auch Bundzwiebel. Ältere Volksnamen sind z. B. Röhrenlauch, Winterheckzwiebel, Ewige Zwiebel, Schnittzwiebel, Schlottenzwiebel, Lange Bollen und Welsche Zwiebel.

Diese Pflanze mit den vielen Volksnamen ist eine mehrjährige, also ausdauernde Zwiebelart, die vollkommen winterhart ist. Die dicken, röhrenförmigen Blätter werden 30–50 Zentimeter hoch. In der Erde bilden sich weiße, weichhäutige, rundliche oder längliche Zwiebeln, die kleiner als die Küchenzwiebel sind.

Die Zwiebeln werden zwischen Mitte April und Mitte Mai gesät oder im Frühherbst gesteckt und bleiben im Winter im Freien. Im Winter wie im zeitigen Frühjahr kann man die schnittlauchähnlichen, doch wesentlich dickeren, hohlen, aromatischen Blätter als Frischgemüse oder mit Salat essen, ebenso wie die sich im Sommer kontinuierlich bildenden Nebenzwiebeln. Blätter (genannt Schlotten) und Zwiebeln sind milder im Geschmack als unsere Küchenzwiebel.
In den Katalogen der Samenzüchtereien der Bundesrepublik werden zwei bis vier Sorten unter der Bezeichnung Lauchzwiebeln (*A. fistulosum*) angeboten.

Die Geschichte der Lauchzwiebel

Diese Lauchzwiebelart gehört in Mitteleuropa nicht zu den alten Gemüsepflanzen wie z. B. Küchenzwiebeln, Kohl und Rüben. Mit der Aufklärung der Nutzungsgeschichte der kultivierten *Allium*-Arten hat sich Helm (1956) befaßt. Danach ist der Zeitpunkt ihres ersten Erscheinens in Europa ungewiß. Es kann während des Mittelalters oder auch am Ende desselben gewesen sein. Weil sie früher oft mit der Schalotte (*A. ascalonicum*) verwechselt wurde, läßt sich die Frage nicht endgültig klären.
In den Kräuterbüchern des 16. Jahrhunderts, wie bei O. Brunfels (1532), L. Fuchs (1543) und H. Bock (1546), ist sie nicht enthalten. Die frühesten Abbildungen, die ich gefunden habe und die sich möglicherweise als Lauchzwiebeln deuten lassen, stehen in dem Kräuterbuch von Joachim Camerarius (1585, gedruckt 1626). Die zwei Holzschnitte, bezeichnet als Schleißzwiebeln und Schnittzwiebeln, lassen jedenfalls dicke, stengelartige Blätter und an der Basis einen Horst von mehreren, länglichen Zwiebeln erkennen (Abb. 62).
Helm berichtet, Dr. Elsholz, der Leibarzt des Großen Kurfürsten von Brandenburg (1640–1688), habe *Allium fistulosum* als etwas allgemein Bekanntes bezeichnet. Auch in England und Frankreich war sie während dieser Zeit in Kultur.
Aus der Mitte des letzten Jahrhunderts erfahren wir von Langethal (1845): *A. fistulosum*, bezeichnet als Winter-, Röhren-, Schlotten-, Schnittzwiebel oder Hohllauch, »wird häufig schon seit langer Zeit bei uns cultiviert. Die Zwiebeln sind einfach, mehrere stehen büschelartig zusammen. Die Samen bringt man mit der Baumblüte ins Land, verpflanzt die jungen Pflanzen um Johannis fußweit und je drei beisammen. Überstehen die strengste Kälte im Winter. Während des Sommers treiben sie Nebenzwiebeln.« Alefeld schrieb 1866: Röhrenlauch (*A. fistulosum*) »öfter als Rabatteneinfassung gepflanzt und als Küchengewürz benutzt; der Geschmack mild. Völlig winterhart«.
Ihre älteste Geschichte aber liegt nicht in Europa, sondern in China. Hier war sie nach

Schnittzwibeln. Cæpa sectilis.

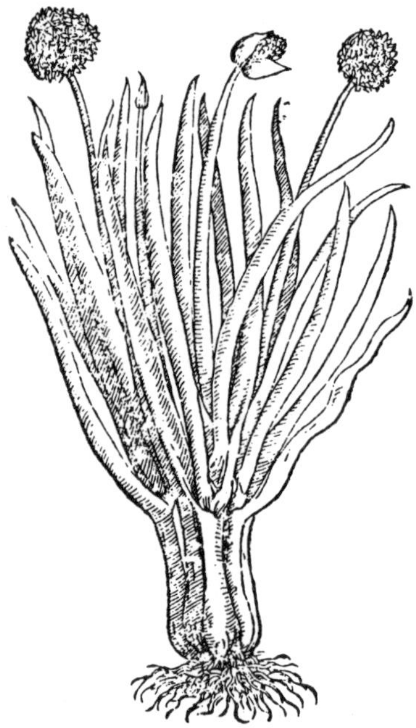

Schleißzwibeln. Cæpa fissilis.

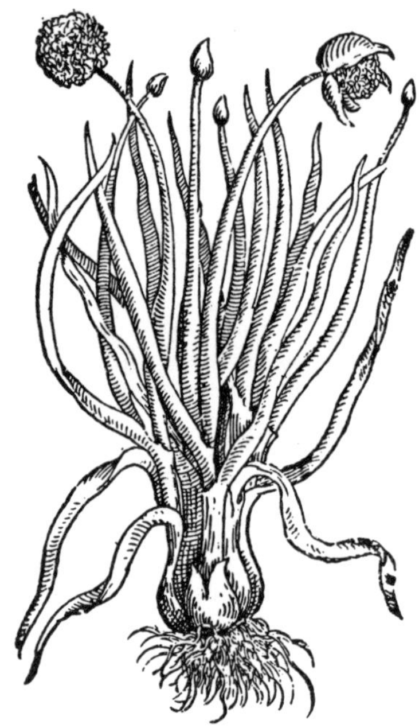

Abb. 62. Möglicherweise zwei unterschiedliche Formen von Lauchzwiebeln. Holzschnitte aus dem Kräuterbuch von Joachim Camerarius (1586).

Helm seit den ältesten nachweisbaren Zeiten *die* Zwiebelart als Nahrungspflanze. Ihre Kulturen verbreiteten sich auch nach Japan. Heute gibt es in China und Japan von der Lauchzwiebel viele Sorten. Sie entspricht in ihrer Stellung dort unserer Küchenzwiebel und dem Porree.

Das Ursprungszentrum soll in Zentral- und Westchina liegen. Von dort aus seien die alten Kulturformen sowohl nach Japan als auch über Rußland nach Europa gebracht worden. Es wird nicht mehr angenommen, daß sie von der in Sibirien wildwachsenden *A. altaicum* abstammt, wie es noch in älteren Büchern steht.

Zusammenfassung für die kultivierten Allium-Arten

Die 250–500 Wildarten sind überwiegend Steppen- und Gebirgspflanzen Asiens und des Mittelmeerraumes. In beiden Teilen Deutschlands kommen nur 24 Arten wild vor, darunter der Schnittlauch.

Von den wenigen *Allium*-Arten, die Menschen in Kultur genommen haben, stammen die ältesten Nachweise für Zwiebeln und Knoblauch aus dem Alten Reich Ägyptens (von der 5. Dyn. an). Aber auch andere *Allium*-Arten, die sich jedoch nicht genau botanisch einordnen lassen, sind dort in Gärten angebaut worden. Zwiebeln und Knoblauch waren ebenfalls im ganzen Orient (wie heute noch) uralte, wichtige, kultivierte Pflanzen als Würz-, Nahrungs- und Heilmittel. Die ältesten Nachweise für Lauch (Porree) stammen ebenfalls aus Ägypten, doch erst aus dem Neuen Reich (18.–26. Dyn.).

In Mitteleuropa läßt sich der Anbau der Küchenzwiebel (z. T. auch der Schalotte) bis zu den frühmittelalterlichen Verzeichnissen von Nutzpflanzen (9. Jh.) zurückverfolgen. Im Laufe des Mittelalters wurden außerdem noch mehrere andere *Allium*-Arten angepflanzt, wie Gemüselauch (*A. oleraceum*) und Knoblauch, andere Arten von wild wachsenden genutzt. Im 16. Jahrhundert war außer Küchenzwiebeln und Schalotten der Porree voll da. Im 17. Jahrhundert kamen die Lauchzwiebeln (*A. fistulosum*) hinzu.

Herkunft und Wildarten ließen sich nur teilweise ermitteln. Die Zwiebel stammt aus den Gebirgen und Steppen Mittel- und Ostasiens. Ein wilder Vorfahr ist nicht bekannt. Der Porree wird von dem wilden Sommerlauch (*A. ampeloprasum*) abgeleitet, der heute noch im Mittelmeergebiet und im Orient in der Garigue sowie als Unkraut in dortigen Weinbergen verbreitet ist. Die Schalotte stammt aus Vorderasien und/oder dem Orient. Eine Wildform ist nicht bekannt. Die Lauchzwiebel ist eine uralte Kulturpflanze Chinas. Ihre Herkunft wird für Zentral- und Westchina angenommen. Die Wildform ist nicht bekannt.

BLATTSALATE

Am gebräuchlichsten ist in Deutschland der Freilandanbau folgender drei Arten: Kopfsalat (*Lactuca sativa* var. *capitata*) für Frühjahr bis Herbst; Endiviensalat (*Cichorium endivia*) für den Herbst; Feld- oder Ackersalat (*Valerianella locusta*) für den Herbst, Winter und das zeitige Frühjahr.

Seit einigen Jahren sieht man in zunehmendem Maße in Gemüsegärten verschiedene Formen von Zichoriensalaten (*Cichorium intybus* var. *foliosum*), darunter besonders Zuckerhutsalat und den roten Radicchio, beide für den Herbst und Winterbeginn. Auch Pflücksalate sind mit neuen Sorten aufgekommen (z. B. Eichenlaubsalat). Die schon vor 50 Jahren in Gärten gezogenen Schnittsalate sind wieder mehr zu sehen. Weiterhin muß die Kultivierung von Chicorée (*Cichorium intybus* var. *foliosum*) und Bleich-Löwenzahn (*Taraxacum officinalis*) für den Winter und das zeitige Frühjahr genannt werden.

LATTICH (*Lactuca sativa* L.)

Die vier Kulturvarietäten

Es gibt die verschiedensten Varietäten von kultiviertem Lattich (*Lactuca sativa*). Folgende werden derzeit in den Katalogen der Samenzüchtereien in Deutschland geführt (Abb. 63 a–d): Kopfsalat, einschließlich Eis- oder Krachsalat (var. *capitata*), Schnittsalat (var. *secalina*), Pflücksalat (var. *acephala*), Römischer Salat (var. *romana*), auch Romana, Binde- oder Kochsalat genannt. Eine weitere Varietät, der Spargelsalat (var. *asparagina* Bailey = var. *angustana* Host), wird nicht angeführt (Abb. 63 e).
Wer Salat ißt, ohne ihn selbst anzubauen, kennt diesen nur in der Form der gebrauchsfertigen Blätter. Sie bilden beim Kopf- und Eissalat die bekannten Köpfe, beim Schnitt- und Pflücksalat dagegen offene Rosetten. Ihre vegetative Entwicklung ist bei den meisten Sorten abhängig von der Tageslänge. Ist eine Sorte z. B. auf das Frühjahr abgestimmt, so bildet sie nur zu dieser Jahreszeit Blattrosetten oder Köpfe. Werden die Tage zum Sommer hin länger, dann »schießen« sie in den Blütenschaft. Im folgenden sollen die Varietäten (nicht Sorten) kurz charakterisiert werden.
Kopfsalat und Eis- oder Krachsalat (var. *capitata* Abb. 63 d). Von Kopfsalat zum Freilandanbau gibt es heute in der Bundesrepublik bis zu 30 verschiedene Sorten. Davon sind die meisten Frühjahrsformen, die ab Mitte März ins Freiland gesät werden können und deren Jungpflanzen auch Spätfröste überstehen. Für den Sommeranbau sind nur der Eis- oder Krachsalat mit den dicken, knackigen Blättern geeignet. Diese schießen nicht infolge der langen Sommertage. Einige neuere Sorten gibt es auch, die im Frühjahr, Sommer und Herbst gesät werden können. Sogenannter Wintersalat wird im September ins Freiland gesät und bildet im Mai feste, große Köpfe. Das ist aber nur in milden Klimabereichen möglich (z. B. Oberrhein).
Schnittsalat oder Lattich (var. *secalina* = var. *crispa*, Abb. 63b) gibt es in zwei bis drei Sorten, als grüner oder bräunlicher, kraus- oder glattblättriger. Er kann keine Köpfe bilden. Schnittsalat ist sehr praktisch für die privaten Gemüsegärten, da deren Reihen

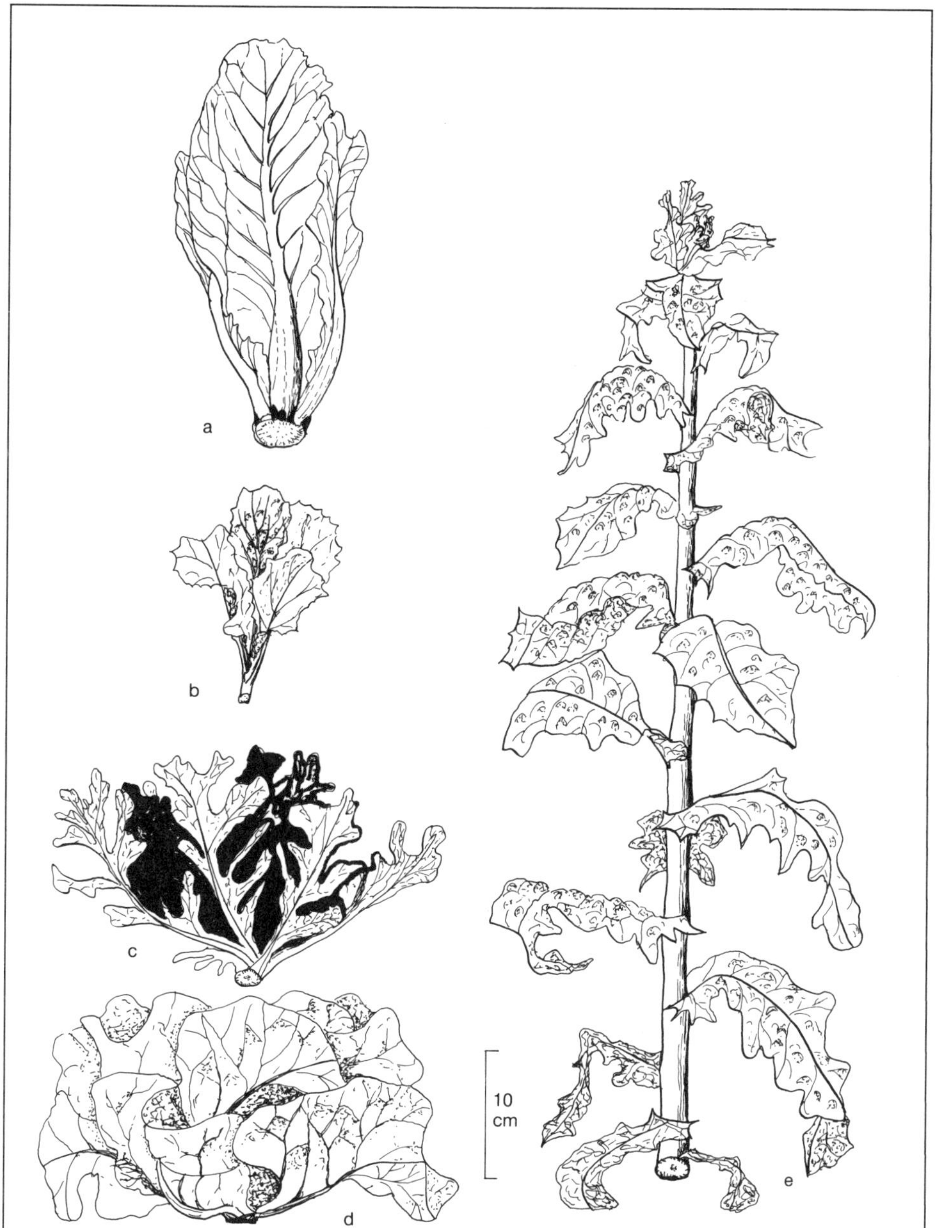

Abb. 63. Die Varietäten des Salats (*Lactuca sativa*). a) Bindesalat (Römischer, var. *romana*), b) Schnittsalat (var. *secalina*), c) Pflücksalat (var. *aceptala*), d) Kopfsalat (var. *capitata*), e) Spargelsalat (var. *asparagina* = *angustana*). Die Sortenvielfalt wird hier nicht berücksichtigt.

wochenlang geschnitten werden können, wenn man das »Herz« stehen läßt. Sie lassen sich vom Frühjahr bis zum Herbst in Etappen säen.

Pflücksalat (var. *acephala* Abb. 63c). Von diesem gibt es bei uns bis zu vier Sorten. Vor einigen Jahren ist der grüne und rote Eichblattsalat, der lange in Vergessenheit geraten war, wieder aufgekommen. Dieser bildet eine breite, lockere Blattrosette aus eichenblattartig gebuchteten Blättern. Er kann lange Zeit von außen nach innen gepflückt werden. Es ist ein Salat für die zweite Julihälfte bis Oktober.

Romana-, Römischer-, Binde- oder Kochsalat (var. *romana*). Dieser bildet hohe (30–50 cm), schmale, langovale, feste oder lockere Köpfe (Abb. 63 a). Dieser Salat (Lattich) des Mittelmeergebietes wird entweder roh oder gekocht gegessen. Nach etwa 20 Minuten Kochzeit ist ein Gemüse von außerordentlich feinem Geschmack fertig, ohne den bitteren Beigeschmack wie bei Endivie. Im deutschen Samenhandel (Heidelberg) werden zwei Sorten für das Freiland angeboten. Binde- oder Kochsalat wurde bereits mit drei Sorten von Becker-Dillingen (1929 a, 1956) beschrieben. Zu der Zeit mußten die großen, steil aufrecht stehenden Blätter noch zusammengebunden werden. Das ist bei den heutigen, verbesserten Sorten nicht mehr nötig, da sie sich nun von selbst wenigstens locker schließen.

Beim Spargelsalat (var. *asparagina* Bailey = *angustana* Host., Abb. 63 e) wird der lange, dicke Stengel, ähnlich wie bei Grünspargel verwendet. Diese Varietät ist eine chinesische Spezialität, im alten China seit über 1000 Jahren in Kultur und dort aus dem Kompaß-Lattich (*Lactuca serriola*) entwickelt worden. Aber am Anfang unseres Jahrhunderts wurde Spargelsalat auch in Deutschland angebaut. Becker-Dillingen gab 1929 dessen Kultur für Hessen und Niedersachsen an. Geerntet werden konnte vom Sommer bis zum Herbst. Die Sprosse wurden auch im Winter gegessen, und zwar in Salz eingelegt, wie bei Salzbohnen und Sauerkraut. Die Pflanzung erfolgte nach Abernten der Frühkohlrabi und Früherbsen (vgl. Becker-Dillingen 1929 a).

Da diese Pflanzenart heute in Deutschland nicht mehr bekannt ist, seien hier meine Erfahrungen aus dem Sommer 1985 mitgeteilt. Die im Frühjahr gesäten Pflanzen hatten im Juli eine Höhe von 70 bis 80 Zentimeter erreicht (zu der Zeit noch ohne Blütenknospen). Der 15–20 Millimeter dicke Stengel trägt wechselständig große, dünne Salatblätter, die jedoch härter als beim Kopf- oder Schnittsalat sind (Abb. 63 e). Sie können auch roh gegessen werden. Die Pflanze wird als Gemüse genutzt. Dazu müssen die Stengel entblättert und sorgfältig geschält werden, ähnlich wie man es bei Spargel tut, denn die Rindenschicht ist faserig und hart (sie enthält das Festigungsgewebe und die Leitungsbahnen, darunter auch die mit bitterem Milchsaft gefüllten). Zum Gebrauch bleibt dann das gut ein Zentimeter dicke, grüne Mark. Dieses, in Stücke geschnitten oder als Stange belassen, in etwas Wasser, mit Salz und Fett 20–25 Minuten gekocht, ergibt ein angenehmes Gemüse. Es hat kein besonderes Eigenaroma (gar keine Ähnlichkeit mit Spargel), wirkt vielmehr durch seine glasartige, smaragdgrüne, etwas knackige Beschaffenheit.

Lebenszyklus. Wachstum. Bedeutung. Inhaltsstoffe

Salat ist einjährig. Das bedeutet, daß sich Blätter-, Blüten- und Fruchtentwicklung zwischen Frühjahr und Herbst abspielen (außer Wintersalat). Ein Beispiel möge dies erläutern. Im März gesäter Salat hat bis Mai feste Köpfe gebildet. Im Juni schießen diese in den Blütenschaft, der im Juni bis Juli etwa 50 Zentimeter hoch wird, oben stark verzweigt ist und zahlreiche, kleine blaßgelbe Blüten trägt (Abb. 64). Die zahlreichen Früchte reifen im Juli bis August und fliegen mit Hilfe ihrer kleinen Haarkronen im August bis September davon. Danach stirbt die Pflanze ab.
Das Aufschießen des Blütenschaftes fällt also in den Sommer mit seinem lang andauernden Tageslicht. Deshalb nennt man den Salat eine Langtagpflanze.
Das Ziel der Pflanzenzüchtung ist es gewesen, mehr Sorten zu ziehen, die neutral gegenüber der Tageslänge sind, damit sie auch im Sommer angebaut werden können. Außerdem sollte der Salat gegen Wärme und Trockenheit unempfindlicher werden. Auf diese Weise sind schon vor Jahrzehnten die Sommersalate Trotzkopf, Wunder von Stuttgart und die Eissalate gezüchtet worden. Für den Sommeranbau geeignet sind der Kochsalat sowie Schnitt- und Pflücksalate. Die Pflanzenzüchtung hat sich weiterhin um Kälteresistenz und Widerstandsfähigkeit gegenüber Pflanzenkrankheiten bemüht und setzt diese Arbeiten weiter fort.
Für Wachstum und Standort sind nach Becker-Dillingen (1956) humose, lockere Lehmböden am besten geeignet. Geringe Böden geben harte Blätter. Schwerere Böden sind besser als Sandböden. Neutrale bis ganz schwach alkalische Bodenreaktion ist optimal. Der Wasserbedarf ist mittelgroß, etwa wie bei der Tomate. Der Boden soll in einem ständigen, guten Feuchtigkeitszustand sein. Kopfsalat benötigt volles Licht. Der Wärmebedarf liegt über dem von Möhre, Endivie und den Kohlarten, aber gut abgehärtete Setzlinge vertragen wenige Grade Frost. Salatanbau ist in ganz Mitteleuropa, von der Ebene bis in die subalpine und alpine Stufe möglich, wenn die Standorte feucht sind und sich in warmer, sonniger Lage befinden. In heißem Klima ist die Kopfbildung schlecht. Das zeigt der Römische Salat (var. *romana*).
Statistiken über den erwerbsmäßigen Anbau liegen nur für Kopfsalat vor. Diese betrugen für die Bundesrepublik zwischen 1978 und 1981 jährlich 70 000 – 75 000 Tonnen. Das sind etwa 6–7 Prozent des Freilandgemüsebaues. Seit der Mitte der sechziger Jahre ist der Anbau von Kopfsalat ständig gestiegen und hatte 1970 etwa das Doppelte der Produktion von 1938–1958 erreicht (nach den Stat. Jb. der BRD).

Aufgrund der Nährwerttabellen von Souci et al. (1981) und des Handbuchs für Lebensmittelchemie von Schormüller (1967–1969) ergibt sich bei dem hohen Wassergehalt (93–96%) des Kopfsalats ein geringer Nährwert bezüglich Eiweiß und Kohlenhydrate. Von den Kohlenhydraten besteht etwa die Hälfte aus Zucker, und zwar überwiegend aus Frucht- und Traubenzucker (Fructose und Glucose). Fett ist nur in Spuren enthalten. Unter den Mineralien ist Kalium mit 140–313 mg (auf 100 g frischen Salat) am meisten vertreten. Kalzium und Phosphor erreichen mit 17–51 bzw. 19–57 mg mittlere Werte. Der Gehalt an Carotin und Vitamin B ist gering, der von Vitamin C mit 8–22 mg von mittlerer Höhe (vgl. Tab. 8, S. 172). Dem Gehalt an verschiedenen organischen Säuren (Äpfel-, Oxal-, Zitronen- und Bernsteinsäure) verdankt der Salat seinen erfrischenden Geschmack. Die sehr geringen Anteile von Mannit und Asparagin sollen die Ursache der anregenden Wirkung sein.

Wenn Kopfsalat in einen Blütenschaft aufschießt, enthält der dicke Sproß reichliche Mengen an weißem Milchsaft. Dieser hat dank seines hohen Gehaltes an Lactucin und verwandten Stoffen eine den Schlaf fördernde Wirkung. Bei Hegi (1929, Band VI, 2) wird beschrieben, daß diese Stoffe auch im Milchsaft anderer Latticharten, wie dem Kompaß-Lattich (*L. serriola*), am meisten aber im Gift-Lattich (*L. virosa*), enthalten sind. Letzterer ist aus diesen Gründen Anfang unseres Jahrhunderts für medizinische Zwecke in Thüringen, bei Schweinfurt, Nürnberg und in anderen klimagünstigen Gegenden vorübergehend angebaut worden.

Die Geschichte des Grünen Salats in Deutschland

In archäologischen Ausgrabungen mit guten Erhaltungsbedingungen (Feuchtböden) wäre es möglich, seine Früchte in römerzeitlichen Kulturschichten zu finden, weil sie sich von denen des nächsten wilden Verwandten, des Kompaß-Lattichs (*Lactuca serriola*), unterscheiden lassen. Das ist aber bisher in Mitteleuropa nicht der Fall gewesen. Doch sollte man bei botanischen Untersuchungen darauf achten.

Bei schriftlicher Überlieferung findet sich die älteste Nennung des Namens Lactucas im Capitulare Karls d. Gr. (um 800). Die Bezeichnung lactuca ist die im Römischen Reich des Altertums für Salat übliche. Von lactuca leitet sich der deutsche Name Lattich ab. Im Entwurf des Klostergartens von St. Gallen aus dem Jahre 820 ist unter 18 Beeten für Küchengewächse und Heilkräuter auch eins für lactuca eingetragen. Die Äbtissin und Naturforscherin Hildegard von Bingen (1098–1179) nennt in ihrem Werk Physika den Latich, außerdem den wilden latich, silvestres lactucae. Mit letzterem ist das bei uns verbreitete Unkraut Kompaß- oder Stachel-Lattich (*Lactuca serriola* L. = *Lactuca scariola* L.) gemeint. Die Apotheken führten früher die Blätter als Herba Lactucae silvestres.

Abb. 64. Blühende Salatpflanze (*Lactuca sativa*). Holzschnitt aus dem Kräuterbuch von Leonhart Fuchs (1543).

Auch in anderen mittelalterlichen Verzeichnissen wird lactuca oder lactucenkraut genannt. Aber wir erfahren nichts über ihre Häufigkeit oder gar Anwendung. (Nur als Arznei oder auch zum Essen?).

Das wird erst anders mit dem Aufkommen der gedruckten und bebilderten Kräuterbücher der Renaissancezeit. So bildet Leonhart Fuchs (1543) zwei Kulturformen ab: Krausen, breyten lattich (Abb. 64) und Grossen Lattich. Er beschreibt aber drei Formen: 1. »Der krause Lattich ist der schönste, hat krause, gefaltete, runzelige, zerkerfte Blätter, anzusehen wie ein Kalbsgekröse.« Sein Stengel sei etwa mannshoch, rund, mit vielen »ästlin oder zincken, welche am obersten der gipffeln tragen kleine geele (gelbe) gefüllte blümlin, die werden zu einr grawen wollen (grauen Wolle) und fleugt alsdann der harig schwarzgraw samen dahin wie am Grindkraut«. 2. Der Breite Lattich hat runde, breitere Blätter, ist sonst aller Gestalt nach dem Krausen gleich. 3. Der Große Lattich »gewindt grosse breyte bletter, thüt sich gegen dem hertzen zusammen« wie kleine weiße Kohlköpfe. Seine Samen sind weiß. Dies ist der in Deutschland älteste Nachweis von Kopfsalat. Verwendet werden die Formen des Lattichs sowohl für Arznei als auch zum Essen: »Ist zu summers zeit ein angemessen essen, vertreibt unlust, und macht begird zu essen.« L. Fuchs beschreibt also zwei Formen von nicht kopfbildendem Lattich und eine mit Kopfbildung. Auf die gleichzeitige Nennung des wilden Lattichs (oder Kompaß-Lattichs) wird bei Besprechung der mutmaßlichen Wildart eingegangen.

In den Kräuterbüchern des 16. Jahrhunderts findet man aber auch Verwechslungen zwischen Lattich (*Lactuca sativa*) und Endivie *(Cichorium endivia)*, wie z. B. bei Otto Brunfels (1532). In dessen Kräuterbuch ist ein Holzschnitt mit Antiffien (Endivien) bezeichnet. Doch muß die Pflanze wegen ihrer kleinen, gelben Blüten ein *Lactuca* sein, denn Endivie hat als Verwandte der Wegwarte (*Cichorium intybus*) große, himmelblaue Blüten.

Dieselben drei Formen des Grünen Salates oder Lattichs finden sich bei Joachim Camerarius (1586, gedruckt 1626). Dieser bildet nicht nur einen in Blüten geschossenen Salat ab, sondern auch einen »Kopf« und ein Blatt (Abb. 65).

Über 300 Jahre später beschreibt Langethal (1845) in seinem Lehrbuch der landwirtschaftlichen Pflanzenkunde den Gartensalat oder Lactuken-Salat (*Lactuca sativa* L.) folgendermaßen: »Der Garten-Salat variiert durch Form, Größe, Farbe und Lage seiner Blätter. Man unterscheidet: a) Den Schnittsalat, mit tief eingeschnittenen, mehr oder weniger krausen, grün oder rot gefärbten Blättern. b) Den Bindsalat . . . mit ganzrandigen, langen, in einer halbgeschlossenen Rosette aufrecht stehenden grünen oder rothen Blättern. c) Den Kopfsalat, mit breiten, blasigen, in einer dichten Rosette beisammen stehenden Blättern, die sich später zu einem Kopfe vereinigen. Alle Arten werden, bevor sie Stengel treiben, als Salat oder Gemüse benutzt; wenn sie Stengel getrieben haben, kann man ihre Milch als ein Schmerz stillendes, beruhigendes, Schlaf bringendes Mittel gebrauchen, dieselbe durch Einschnitte in den Stengel oder durch Auspressen der Stengelrinde gewinnen. Im erstern Falle läßt man die heraustretende Milch am Stengel vertrocknen.« Sodann folgt die Kulturanleitung für die genannten drei Varietäten.

Aus Mitteleuropa (vor allem Frankreich, Holland, Deutschland) beschreibt Alefeld

Krauſer junger Lattich. Lactuca criſpa.

Vollkommender blüender Lattich. Lactuca floreſcens.

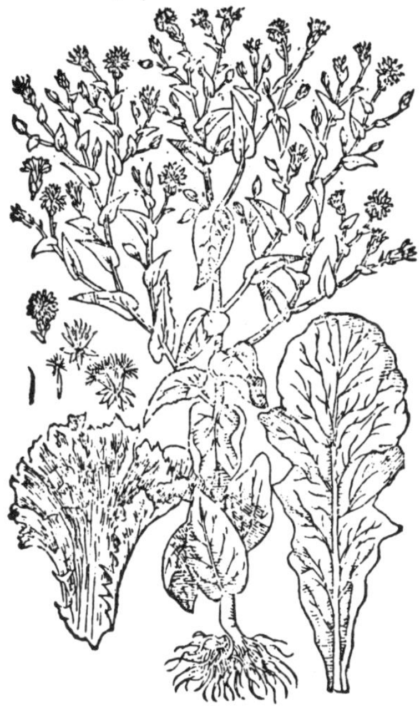

Abb. 65. Links eine der ältesten Abbildungen von Kopfsalat. Rechts daneben ein blühendes Exemplar. Holzschnitte aus dem Kräuterbuch von Joachim Camerarius (1586).

(1866) allein 65 Sorten des *Lactuca*-Salates. (Diese Sorten beruhen nach Alefeld auf den Beschreibungen des französischen Lattich-Kenners Noisette). Unter diesen Sorten befindet sich bereits der Eichen-Schnittsalat (*Lact. sat. quercina* und *purpurea*) mit rotgefleckten bzw. dunkelroten Blättern, der danach wohl außer Gebrauch gekommen war und der heute als Neuheit den Markt erobert (möglicherweise in abgewandelter Form). Auch der jetzt wieder aufkommende Bindesalat (oder Römischer Salat) wird 1866 bereits mit neun Sorten aufgeführt. Zu der Zeit waren mindestens 44 Sorten Kopfsalat bekannt, sogar zweifarbige, ferner rotfleckige, gelbe und grüne. Die Früchte waren je nach Sorten weiß oder schwarz. Es gab nicht nur Kopfsalat für Frühjahr und Herbst, sondern auch für den Sommer und für Überwinterung.

Die ältesten Nachrichten über den Lattich bzw. Salat (Lactuca)

Die ältesten Darstellungen stammen aus Ägypten. Von der 4. Dynastie an (ca. 2680/2580 v. Chr.) finden sich auf Reliefs und Gemälden in Grabkammern Darstellungen von Pflanzen mit langen, schmalen Blättern, die an einem Strunk sitzen (Taf. 81 und 82). Diese werden von Botanikern, die sich lange mit altägyptischen Pflanzen beschäftigt haben, als Lattich bezeichnet. Es sind nach Keimer (1924) langblättrige Formen, wobei die langen, schmalen Blätter an einem aufrechten Stengel stehen. Wo die unteren Blätter abgefallen oder entfernt worden sind, befinden sich Blattnarben (Taf. 82, unter den Zwiebeln). Diese Pflanzen sind zusammen mit anderen Nahrungsmitteln oft auf Opfertischen zu sehen, z. B. auf dem hier abgebildeten Relief.
In verwandtschaftlicher Beziehung werden diese Lattichdarstellungen dem Bindesalat oder Römischen Salat zugeordnet. Davon gab es am Anfang unseres Jahrhunderts nicht nur stengellose Blattrosetten, sondern auch Formen mit einem aufrechten Sproß, an dem »lange Blätter aufwärts streben« (Keimer 1924). Dieser war nach Renate Germer (1985) in Ägypten von Anfang an in der Varietät *longifolia* Lam. in Kultur. »Er hat heute einen keulenförmigen Wuchs, kann eine Höhe von 1 m erreichen, trägt längliche Blätter und rispig angeordnete gelbe Blütenköpfchen. Die ganze Pflanze ist milchsaftführend. Außer als roher Salat werden die Blätter auch gekocht als Gemüse gegessen, und aus den Samen gewinnt man ein Speiseöl.«
Auch Herodot berichtet über das Ägypten des 6. Jahrhunderts v. Chr., daß der Lattich, den die Ägypter embrosi nannten, dort eine wichtige Gemüsepflanze sei.
Offenbar von Ägypten haben die Griechen den Salatanbau übernommen. Jedenfalls wird Salat unter der Bezeichnung thridax von drei griechischen Gelehrten genannt: von dem bedeutenden Arzt Hippokrates (460–377 v. Chr.) sowie den Philosophen und Naturkennern Aristoteles (384–322 v. Chr.) und Theophrastos (371–287 v. Chr.). Zu der Zeit wurden in Griechenland mindestens drei Salatrassen oder -formen unterschieden, darunter jedoch keine mit Köpfen. Ihre medizinischen Eigenschaften werden gelobt.
Offensichtlich von den Griechen haben die Römer den Anbau von Salat übernommen. Aus der Zeit des Kaisers Augustus, wie im ganzen 1. Jahrhundert n. Chr., erfahren wir Genaueres darüber. Dieser Salat wurde in Italien lactuca genannt, wegen des weißen Milchsaftes, den die aufgeschossenen Stengel enthalten (von lateinisch lactuca = Milch), manchmal auch noch mit dem griechischen Namen thridax. Columella (50 n. Chr.) nennt mehrere Sorten von Salat, wobei jede ihre besondere Aussaatzeit habe. So besitzt der Cäcilianische braune, fast purpurrote oder auch grüne krause Blätter und wird dort im Januar ausgesät. Der Kappadozische zeichnet sich durch bleiche, dicke, kammförmig eingeschnittene Blätter aus und wird im Februar gesät. Eine Sorte

aus der Provinz Bätika ist weiß und stark krausblättrig. Der Zyprische trägt rötlich-weiße, glatte, sehr zarte Blätter.
Zur Verwendung heißt es bei Plinius (23–79 n. Chr.): »Man ißt ihn wegen seiner kühlenden Eigenschaften, vorzugsweise im Sommer. Er hat auch die gute Eigenschaft, daß er Appetit macht.« Nach der Heilung des Kaisers Augustus von einer Krankheit, bei welcher der Arzt ihm Salat als Arznei verordnet hatte, kam der Brauch auf, Salat auch einzumachen für Zeiten, in denen es keinen frischen gab. Das wurde nach Columella folgenderweise gemacht: »Man reinigt seine Stengel (des in die Höhe gewachsenen Salates), soweit sie mit zarten Blättern besetzt sind, salzt sie in einem Gefäß ein, läßt sie einen Tag und eine Nacht stehen, bis eine Salzlake an ihnen entstanden. Dann wäscht man sie ab, breitet sie auf Flechtwerk aus, bis sie zu trocknen beginnen. Nun mischt man sie mit etwas trockenem Dill (anethum), Fenchel (foeniculum), Raute (ruta) und gehacktem Porree (porrum) und trocknet das Ganze noch besser. Sodann legt man den Salat so in Töpfe, daß er lagenweise mit grünen Gartenbohnen (faseolus) wechselt, welche vorher einen Tag und eine Nacht in Salzlake gelegen haben und dann getrocknet worden sind. Das Ganze begießt man mit der zwei Drittel aus Essig und ein Drittel aus Salzlake bestehenden Brühe. Obenauf kommt eine dicke Lage Fenchel, jedoch so, daß die Brühe noch übersteht . . . Das Eingemachte darf nie trockenstehen. Von außen werden die Gefäße oft mit einem reinen Schwamm (spongia) abgewischt und mit recht frischem Quellwasser gekühlt« (nach der Übersetzung von Lenz 1859, S. 139).
Der Gartensalat (thridax oder lactuca) wird nach Galenus (129–199 n. Chr.) roh verzehrt, »solang er noch jung ist. Sobald er aber im Sommer in Samen gehen will, pflegt man ihn zu kochen und mit Olivenöl, Essig und anderen Zusätzen zu genießen.« Wegen der einschläfernden Wirkung des Milchsaftes, der nur im aufgeschossenen Stengel reichlich enthalten ist, diente dieser auch als Schlafmittel. Darüber berichtet Galenus weiter: »Als ich älter zu werden begann . . . war ich nur dadurch imstande, mir den nötigen Schlaf zu verschaffen, daß ich abends eine Portion gekochten Salats verspeiste« (also den geschossenen). Die Blätter der jungen Salatpflanzen (des gebrauchsfertigen Kopf- oder Schnittsalates) enthalten den Milchsaft noch nicht bzw. nur in Spuren. Vielleicht hängt es mit diesen verschiedenen Inhaltsstoffen zusammen, daß (zur Zeit des Kaisers Domitianus 81–96 n. Chr.) Salat als appetitanregende Vorspeise genossen wurde. Der römische Arzt Galenus schrieb im Jahre 164 n. Chr. von der allgemeinen Verwendung des Salats in Italien. Im Edikt des römischen Kaisers Diokletian aus dem Jahre 301 n. Chr. über Maximalpreise für Getreide und andere Lebensmittel werden unter den Gemüsepflanzen auch Salate (lactucae) angegeben. Das heißt, daß diese nicht nur privat angebaut wurden, sondern auch zur Handelsware gehörten.

Ableitung und Herkunft

Salatpflanzen (*Lactuca sativa*) sind nur in Kultur bekannt. Hin und wieder tauchen sie auch kurzfristig verwildert auf, z. B. an Ablegestellen von Gartenabfällen. Aber als echte Wildpflanzen gibt es sie nirgends.
Nur in halbwildem Zustand, auch als Primitivformen bezeichnet, sind sie bisher in vier Gebieten festgestellt worden. Mitte des vorigen Jahrhunderts entdeckte Kotschy auf dem Berg Arask Cool im westlichen Kordofan (Sudan/Afrika) salatähnlichen, wilden Lattich in mehreren Formen mit verschiedenen Blattfarben (lauchgrün, rötlich, gelblich und gefleckt, Näheres bei Alefeld 1866). In den fünfziger Jahren unseres Jahrhunderts sind bei Aswan/Oberägypten zwei verschiedene Formen primitiven Salats von Botanikern beobachtet worden, von denen die eine den Ägyptern schon lange als Schaffutter diente. Die andere Form hat ölreiche Früchte, aus denen Öl gepreßt wird (Näheres und Fotos der Pflanzen bei Lindquist 1960, S. 336). An weiteren Primitivformen ist eine 1895 von Haussknecht in den Bergen von Nerczynsk (Kurdistan/Iran) entdeckt worden. Die andere wurde 1846 im Altai-Gebiet (Mittelasien) von Fischer und Meyer gefunden und beschrieben. Keine dieser Primitivformen bildet eine Blattrosette aus, sondern sie wachsen kontinuierlich zu einem beblätterten, in die Höhe strebenden Sproß. Die Blätter sind bei einigen ungeteilt, randlich gezähnt, bei anderen mehr oder minder geteilt oder gebuchtet. Neuerdings ist aber Näheres nur über die oberägyptischen Primitivformen bekannt.
Will man wissen, welche Art als Vorfahr des Salats in Frage kommen kann, muß man sich in der Gattung des Lattichs (*Lactuca*) umsehen. Diese läßt sich nach den Chromosomenzahlen (8, 9 und 17) in drei Verwandtschaftsgruppen gliedern. Zu der mit 9 Chromosomen gehören nur unser Salat (*L. sativa*), der Kompaß-Lattich (*L. serriola* = *L. scariola*), der Gift-Lattich (*L. virosa*) und der Weiden-Lattich (*L. saligna*). Diese vier Arten sind also einander relativ nahe verwandt, aber kreuzungsfähig in freier Natur sind nur Salat und Kompaß-Lattich. Bei künstlicher Befruchtung geht dies auch mit den anderen beiden Arten, was in der Züchtung zur Erzielung besserer Resistenz gegen Krankheiten und tierische Schädlinge verschiedentlich angewendet worden ist. Eine enge Verwandtschaft besteht somit zwischen dem Salat und dem Kompaß-Lattich. Die Übereinstimmung betrifft in erster Linie eine völlige morphologische Gleichartigkeit der Chromosomen. Außerdem ist ein Genaustausch zwischen beiden Arten möglich, ohne Verminderung der Fruchtbarkeit.
Der Kompaß-Lattich ist ein robuster Kulturbegleiter. Man kann ihn manchmal in Städten und auf dem Land neben dem Gehwegpflaster im Juni bis September wachsen sehen, ferner auf unbebautem Land in Ortschaften (Taf. 83). Es ist eine absonderlich aussehende Pflanze, da ihre länglichen, gebuchteten, steifen Blätter im allgemeinen

Tafel 81 Lattichernte (Blattsalat der römischen Form) auf einem Relief des Alten Reichs von Ägypten. Diese Szene ist nur ein kleiner Ausschnitt aus dem gesamten Relief. Relief und Foto: Ägyptisches Museum West-Berlin.

Tafel 82 Lattich (Blattsalat der römischen Form) und andere Opfergaben auf der Stele des Emsaef, 11. Dynastie, Ägypten. Die Opfergaben sind von links oben nach rechts unten: Chate-Melone (länglich, gurkenähnlich), eine Weintraube, Schale mit Feigen oder Sykomoren, Gefäß mit spitzem Dekkel, darunter Brote verschiedener Form, eine Lattichpflanze (Bildmitte), 4 Zwiebeln mit den Blättern in einem Etui, darunter gerupfter Vogel, ferner Teile von geschlachteten Tieren. Stele und Foto: Kestner-Museum, Hannover. Erläuterungen der Opfergaben durch Renate Germer, Hamburg, mündlich, 1984.

Tafel 83 Kompaß-Lattich (*Lactuca serriola*). Links eine blühende Pflanze vor einer leerstehenden Scheune in Stuttgart-Birkach, Alte Dorfstraße, 20. 8. 1985. Rechts eine jüngere, noch nicht blühende Pflanze, etwa 1/4 der Höhe wie links. Auf einem Parkplatz in Stuttgart-Birkach, 2. 8. 1985. Deutlich die senkrecht gestellten Blätter. Kompaß-Lattich ist der nächste wilde Verwandte unseres Kopfsalats.

Tafel 84 Kompaß-Lattich (*Lactuca serriola*) in der kleinen Ortschaft Barbarano/Mittelitalien, am Rand eines Treppenaufgangs. 2. 6. 1985. Die Blätter sind ungeteilt, am Rande gewellt, damit größere Ähnlichkeit zu unserem Kopfsalat.

nicht waagerecht, wie üblich, sondern meistens senkrecht stehen, nach Süden bis Südwest gewendet. Deshalb heißt sie auch Kompaßpflanze.
Für den Augenschein sind die in Deutschland wachsenden Formen des Kompaß-Lattichs den blühenden Salatpflanzen nicht ähnlich. Nur das Senkrechtstellen und Zur-Sonne-Wenden der Blätter kann man bei Kopfsalat, der zum Blütenschaft aufgeschossen ist, beobachten. Auch der Spargelsalat (var. *angustana*) hat teilweise diese Eigenschaft. Weiterhin betonen alle Botaniker die erhebliche Formenmannigfaltigkeit des Kompaß-Lattichs in seinem riesigen Verbreitungsgebiet, das heute ganz Europa, Asien und Teile Afrikas umfaßt, von den Ebenen bis in die Hochgebirge. Sein Primärzentrum aber liegt im östlichen Mittelmeergebiet bis Mittelasien.
Im einzelnen berichtet K. Lindqvist (1960) bezüglich der Formenmannigfaltigkeit, daß es außer der in Taf. 83 wiedergegebenen typischen Form in den Alpen (Aostatal) und in Italien auch Formen gäbe, mit ungeteilten, unbestachelten Blättern, außerdem ungeteilte, bestachelte und auch geteilte, unbestachelte. Taf. 84 zeigt eine Kompaß-Lattich-Pflanze mit ungeteilten, bestachelten Blättern in Mittelitalien.
Ursprünglich ist der Kompaß-Lattich wohl nicht in Mitteleuropa einheimisch gewesen, da seine Früchte in archäologischen Ausgrabungen Mittel- und Osteuropas frühestens in der Römerzeit aufgetaucht sind und zwar bisher nur in Welzheim (bei Stuttgart), während weitere Funde erst aus dem Mittelalter stammen (nach Auskunft von Hj. Küster). Im 16. Jahrhundert wird der Kompaß-Lattich, in Zusammenhang mit Salat, jedoch in fast allen Kräuterbüchern abgebildet. Es ist eine Pflanzenart von starker Ausbreitungskraft.
Wegen der engen verwandtschaftlichen Beziehungen zwischen Salat und Kompaß-Lattich ist immer wieder vermutet worden, der Kompaß-Lattich sei der Vorfahr unseres Salats. In vielen Büchern wird dieser als mutmaßliche Stammform bezeichnet. Aber die Sache ist nicht so einfach und bis heute unsicher geblieben. Einen Überblick über die bisher erzielten Ergebnisse haben J. Helm (1954) und K. Lindquist (1960) gegeben. Beide betonen wie alle anderen Botaniker, daß jede Theorie über den Ursprung des Salats die außerordentlich enge Verwandtschaft zwischen Salat (*Lactuca sativa*) und Kompaß-Lattich (*L. serriola*) in Betracht ziehen müsse. Wie aber diese Beziehungen einst gewesen sind, ist völlig ungeklärt. Ob die Anfänge des Grünen Salats von einer der vielen Formen des Kompaß-Lattichs ausgingen oder ob beide, wie Geschwister, von gemeinsamen Vorfahren abstammen oder ob noch weitere Möglichkeiten bestehen.
Jedenfalls ist die Entwicklungsgeschichte des Salats sicherlich ein lange andauernder Vorgang gewesen, wobei Mutationen und immer erneutes Hybridisieren stattgefunden haben werden. Dabei spielte die unbewußte Auslese seitens des ur- oder frühgeschichtlichen Menschen eine wichtige Rolle.

Von den heutigen Salatvarietäten gelten der Römische Salat oder Bindesalat mit länglichen Blättern und ohne Kopfbildung für Blattnutzung, der Spargelsalat mit Nutzung des Strunks (Stengels) als die urtümlichsten. Unsere Form des Kopfsalats mit runden, festen Köpfen ist im gemäßigten, feuchten Klima Mitteleuropas und zwar erst vom Mittelalter an, in den Klöstern gezüchtet worden. Die Ursprungsgebiete für den Salat liegen im Bergland von Ostafrika und Ägypten sowie in Asien.
Zusammenfassend läßt sich feststellen: Grüner Salat gehört zu einer Pflanzenart von ungeheurer Variabilität. Eine ähnliche Vielfalt findet sich unter unseren Kulturpflanzen nur noch beim Kohl. Vom Salat gibt es zwar nur fünf Varietäten, diese aber in außerordentlich vielen Sorten, besonders beim Kopfsalat. Die ältesten bildlichen Belege lattichartiger Pflanzen stammen aus dem Alten Reich von Ägypten (ab etwa 2700 v. Chr.). Aus der Zeit um 500 v. Chr. wird die Nutzung von Lattich als Nahrung schriftlich für Ägypten, Persien und Griechenland belegt. Von den Griechen haben die Römer den Lattich(Salat)-Anbau übernommen. Kopfsalat in unserem Sinne ist aber nicht im Mittelmeerbereich gezüchtet worden, sondern erst nördlich der Alpen, im Mittelalter durch die Klöster. Vom 16. bis 18. Jahrhundert waren in Deutschland drei Salatformen bekannt, und zwar zwei Varietäten Schnittsalat und eine Varietät Kopfsalat. Der starke Aufschwung des Salats erfolgte erst in den letzten etwa 150 Jahren in fast allen europäischen Ländern. Bei der Abstammung von einer Wildpflanze hat der auch bei uns vorkommende Kompaß-Lattich oder ein naher Verwandter von diesem eine wichtige Rolle gespielt.

ENDIVIE (*Cichorium endivia* L.)

Kennzeichnung. Anbau. Bedeutung

Diese Salatart bildet keine geschlossenen Köpfe, sondern mehr oder weniger dichte Rosetten aus dickeren Blättern als der Kopfsalat; auch schmeckt sie leicht bitter, ist ein Salat für Herbst und Winter, d. h. im Winter ist Einlagerung in frostfreien Räumen notwendig bevor es starke Fröste gibt. Die ersten Nachtfröste schaden den noch draußen stehenden Pflanzen nicht.
Bei den 5–8 in Deutschland gängigen Sorten werden zwei Hauptgruppen unterschieden: Escariol hat breite, dicke, fast ganzrandige Blätter, ist am haltbarsten und für die Einwinterung am besten geeignet. Die Krausblättrige Endivie eignet sich mehr für den Frischbedarf und ist nicht so lange haltbar.

Früher wurden in den Gärten die Endivienpflanzen im Herbst mit Bast zusammengebunden, damit sie im Lauf von etwa drei Wochen innen bleichten. Dadurch werden die Blätter weicher und verlieren an Bitterstoffen. Heute sieht man das Bleichen in den privaten Gemüsegärten nicht mehr. Die Sorten sind kurzblättriger und die Rosetten dichter, so daß dadurch die inneren Blättchen etwas gelblich werden. Aber im ganzen sind diese Formen härter als die gebleichten.

Der Anbau wird nach Becker-Dillingen (1929 a) am besten auf neutralen (also weder sauren noch basischen), lockeren, kräftigen, altgedüngten Böden in sonniger, geschützter Lage betrieben.

Der gesamte Lebenszyklus, einschließlich der Blüte und Fruchtbildung, spielt sich in einem oder anderthalb Jahren ab, je nach dem Zeitpunkt der Aussaat. Die im Juli blühenden Pflanzen werden 60–120 Zentimeter hoch, sind oben sparrig verzweigt und haben in den Blattachseln hellblaue Blütenköpfe. Sie ähneln denen der Wegwarte (*Cichorium intybus*) und zeigen auch deren besondere Eigenschaft, nur am Vormittag geöffnet zu sein. Sie werden von Insekten bestäubt. Die reifen Früchte haben keine Flughaare wie die des Grünen Salats.

Endiviensalat ist nach Hegi (1929, Band VI, 2) eine Salatform, die besonders von romanischen Völkern geschätzt und gepflegt wird, wobei auch die Alpen genannt werden, in denen Endivie bis 1500 Meter bzw. 2000 Meter Höhe angebaut werden kann.

Nach den Statistischen Jahrbüchern der Bundesrepublik wurden 1978/79 jährlich 7500 Tonnen Endiviensalat im Erwerbsgemüsebau erzeugt. Das ist etwa ein Zehntel des Kopfsalats.

Die Inhaltsstoffe entsprechen etwa denen des Kopfsalats (vgl. Tab. 8, S. 172).

Die Geschichte der Endivie in Deutschland

Die früheste schriftliche Nennung unter der Bezeichnung intubas liegt aus dem Capitulare Karls d. Gr. (um 800) vor. Das kann sowohl für das damalige Heilige Römische Reich Deutscher Nation gelten als auch für dessen herrschaftliche Krongüter in Frankreich. Aber in weiteren Listen von Arznei- und Nahrungspflanzen aus dem 9.–12. Jahrhundert findet sich im allgemeinen nur der Grüne Salat (Lactuca), nicht die Endivie. Im 13. Jahrhundert wird endivia bei Albertus Magnus aufgeführt, doch kann er sie auch während seines Studiums in Oberitalien (Padua) gesehen haben.

Abbildungen und Beschreibungen von Endivienpflanzen finden sich in einigen Kräuterbüchern des 16. Jahrhunderts, z. B. bei Leonhart Fuchs (Abb. 66). Hier wie auch bei anderen Autoren jener Zeit wird die Endivie in die Verwandtschaft der Wegwarte gestellt, wobei erstere die »zahme« ist, d. h. die in Gärten gezogene, letztere eine

Wildpflanze, die an den Wegen wächst (Taf. 85 unten). Beide haben große, blaue Blüten. Die Antiffien bei Brunfels sind allerdings keine Endivien, sowohl nach seiner Abbildung als auch weil er die Blüten als klein und gelb beschreibt.
In dem »Kreütterbuch . . . der Kreütter, so in teutschen Landen wachsen«, das Hieronymus Bock 1546 geschrieben hat, berichtet dieser von den »zahmen Endivien . . ., die in gärten gezielt (gezogen) werden«. Sie seien »vorzeiten auß Burgundia zu uns kommen, daher sie eine edle Fürstin von Croia . . . hat bringen lassen und folgens in das Hertzogtumb außgeteilt worden«.
Bei Joachim Camerarius (1586, gedruckt 1626) sehen wir auch die zwei Grundformen

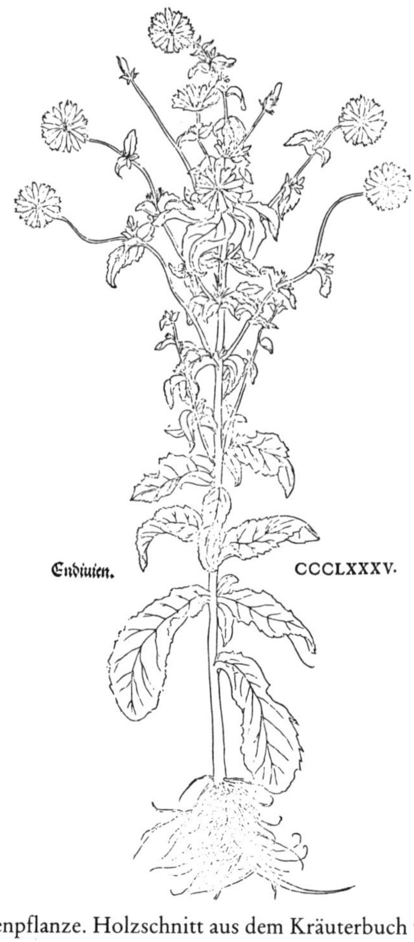

Abb. 66. Blühende Endivienpflanze. Holzschnitt aus dem Kräuterbuch von Leonhart Fuchs (1543).

Endiuien. Endiuia. Intybus satiuus.

Grosse krause Endiuien. Endiuia crispa.

Abb. 67. Die zwei Grundformen des Endiviensalats, links die ganzrandige (Escariol), rechts die geschlitztblättrige. Holzschnitte aus dem Kräuterbuch von Joachim Camerarius (1586).

der kultivierten Endivie: die ganzrandige und die geschlitztblättrige (Abb. 67). Diese Abbildungen sind außerdem aufschlußreich, weil die Pflanzen im eßbaren Rosettenstadium dargestellt sind und nicht im hochgewachsenen blühenden Zustand. Einzelne Blüten und Früchte werden oben gezeigt, die Früchte ganz richtig ohne Flughaare. In der Mitte des vorigen Jahrhunderts bezeichnet Friedrich Alefeld (1866) die Endivie (*Cichorium endivia* L.) als »Gemüse- und Salat-, auch Suppenpflanze und unentbehrlich für jede mitteleuropäische Haushaltung von einigem Comfort. Gebraucht wurden nur die Blätter und zwar meist in gebleichtem Zustande.« Alefeld unterscheidet zwei Hauptgruppen: 1. Sommer- oder Schnittendivie mit kurzer Entwicklungszeit und schmaleren Blättern. Diese wird nur zu Gemüsen, nicht zu Salat benutzt. Hierunter vier Sorten (eine indische, eine »feine italienische«, eine französische und eine deutsche aus Sachsenhausen). 2. Winterendivie mit längerer Entwicklungszeit und reicherem Wuchs. Diese zu Salat, Suppen und Gemüse benutzt. Hierunter zwei breitblättrige Skariol-Endivien-Sorten, eine krause und eine mooskrause mit fein zerschlitzten Blättern sowie eine gelbe, die nicht gebunden zu werden braucht.

Die Geschichte der Endivie im Mittelmeergebiet und ihre Ableitung

Die Nutzung der Endivie läßt sich bis zum Römischen Reich des klassischen Altertums zurückverfolgen. Sie wurde dort mit intybus oder intubum bezeichnet. Es war genau bekannt, daß sie in Italien den Winter besser verträgt als der Salat (*Lactuca*) und selbst in kalten Gegenden mit Beginn des Herbstes gesät werden konnte. Nach der Beschreibung von Plinius (23–79 n. Chr.) wurde die Endivie, ebenso wie der Salat, in Krügen mit Salz und Essig eingelegt, um sie später gekocht zu essen. Plinius berichtet weiter: »Will man die Blätter bleichen, so wählt man aus weißem Samen gezogene Pflanzen, bestreut sie, sobald sie groß sind in der Mitte mit Küstensand und bindet die Blätter am Stengel zusammen« (Übersetzung von Lenz, 1859).

Viel später, in der Renaissancezeit, wird die Endivie in dem Kräuterbuch von Mattioli (1500–1577) als »zahme scariol« und Gartenscariol bezeichnet. Sie ist heute in Italien eine verbreitet kultivierte Nutzpflanze, die aber meist gekocht als Gemüse gegessen wird.

Die Vorfahrin der angebauten Endivie (*Cichorium endivia* L. ssp. *endivia*) ist die wilde Endivie (*Cichorium endivia* L. ssp. *divaricatum* = *C. pumilum*). Diese ist nach Hegi im ganzen Mittelmeergebiet als Wildpflanze verbreitet. Es ist eine bis etwa 30 Zentimeter hohe, verzweigte, blau blühende, einjährige Pflanze mit behaarten Blättern (Taf. 85 oben). In Italien soll sie aber heute nach Aussagen des Botanikers Prof. Dr. S. Pignatti (Rom) nur noch stellenweise vorkommen, dann aber in großer Zahl. Er schreibt in seinem Brief dazu: »Diese Art wächst sehr reichlich in einem eigenartigen Gebiet bei Civitavecchia (nordwestlich von Rom). Es handelt sich um Kalkmergel, der Boden ist schwer und ungelüftet, zur Zeit (9. 6. 85) schon steinhart und durch die Trockenheit tief gespalten, schwach sauer. Die entsprechende Vegetation sind Viehweiden, wo die Wildform der Artischocke weit verbreitet ist. Dazwischen die kleinen Pflänzchen des *Cichorium*, jetzt in Blüte, stark zerbissen durch Kuhfraß (die Pflanze soll offensichtlich gut schmecken!).«

Es kann daher angenommen werden, daß die wilde Endivie zuerst in Italien aus der dort einheimischen Wildform *pumilum* kultiviert wurde. Anschließend ist sie offenbar in Frankreich besonders gepflegt worden. Von Burgund aus wurde sie nach Deutschland gebracht. Über einen zweiten Weg soll sie im Jahre 1548 aus China und Japan nach Europa und zwar nach England gekommen sein, wo die Endivie, wie auch in den kühleren Zonen Indiens, inzwischen angebaut worden war (Alefeld 1866).

Zusammenfassend läßt sich festhalten: Endiviensalat ist im wesentlichen ein Blattsalat für den Herbst, mit der Möglichkeit der Einlagerung, wenigstens für den ersten Teil des Winters. Die älteste Nutzung ist für Italien aus der Zeit von etwa Christi Geburt an schriftlich belegt. Von da muß diese Nutzpflanze nach Frankreich gekommen sein.

Ob die Endivie in Deutschland schon im Mittelalter gebraucht wurde, ist nicht ganz sicher. Auf jeden Fall gibt es im 16. Jahrhundert Abbildungen und Beschreibungen aus Deutschland, die sogar das Vorhandensein der beiden heute noch üblichen Grundformen belegen. Doch erst seit der Mitte des 19. Jahrhunderts wurde die Endivie viel und in mehreren Sorten angebaut.

ZICHORIENSALAT, RADICCHIO, CHICORÉE (*Cichorium intybus* L. var. *foliosum*) und ZICHORIENWURZEL (var. *sativum*)

Die drei Kulturformen

Zur Blattnutzung sind von der Wegwarte (*Cichorium intybus*) drei Kulturformen (var. *foliosum*) gezüchtet worden (Abb. 68). Auf die Zuchtform bezüglich der Wurzel (var. *sativum*), d. h. der im 18. und 19. Jahrhundert so viel gezogenen Zichorienwurzel wird auf S. 291 f. kurz eingegangen.

Zichoriensalat oder Fleischkraut bildet im Herbst bis zu 40 Zentimeter hohe, ovale, lockere Köpfe (Abb. 68 a). Sie sind äußerst widerstandsfähig gegen Witterungseinflüsse, überstehen ohne abzusterben starke Fröste. Deswegen können Pflanzen zur Samengewinnung über Winter draußen bleiben. Die Köpfe für den Verzehr aber werden vor Winterbeginn geerntet. Sie lassen sich in geeigneten, kühlen Räumen noch eine Zeitlang frisch halten. Wegen des bitteren Geschmacks der Blätter werden sie eher gekocht als roh gegessen, als Beilage zu Fleisch (daher die Bezeichnung Fleischkraut). Die beste Aussaatzeit ist, nach Angaben der Samenzüchtereien, Anfang Juni.

Radicchio ist eine der italienischen Sorten von rotblättrigem Zichoriensalat (Abb. 69 b). Bei Freilandanbau in Deutschland bildet er kleine, lockere Köpfe. Die Blätter sind dick und weinrot mit breiten, weißen Rippen. Sie eignen sich vorzüglich für Rohkost und als Beilagen zu kalten Platten, weil sie infolge der Dickblättrigkeit allerlei Substanz bieten und durch die rot-weißen Farben dekorativ aussehen.

Der in Italien verbreitete Frühjahrsanbau soll sich nördlich der Alpen wegen der größeren Feuchtigkeit nicht lohnen, sondern nur der Anbau für die Herbsternte mit der Sorte Palla Rossa (nach freundlicher mündlicher Mitteilung von Herrn Deiser, Gartenbauschule Stuttgart-Hohenheim). Gesät wird dabei ab Juni oder Juli und geerntet ab September.

Chicorée wird in zwei bis drei Sorten zur Aussaat in Deutschland angeboten. Dieser gebleichte, längliche Salat (Abb. 68 c), wie er vom November oder Dezember an wäh-

Abb. 68. Die vier Kulturformen der Wegwarte (*Cichorium intybus*). a–c) Zur Blattnutzung (var. *foliosum*), d) zur Wurzelnutzung (var. *sativum*). a) Zichoriensalat (Fleischkraut), b) Radicchio, c) Chicorée (nach dem Treiben im dunklen Keller, noch mit der Wurzel). Gezeichnet wurde ein für den Verzehr wenig geeignetes Exemplar, um die Blattrippen (weiß) und die reduzierten Blattflächen (schraffiert) zu zeigen, d) Zichorienwurzel. a, b und d am 18. Oktober 1984, c im Februar 1985.

rend der Wintermonate für Rohkost oder zum Kochen gebraucht wird, besteht aus den dicht aneinandergepreßten Rosettenblättern, die im Dunkeln aus einer fleischigen Wurzel austreiben.
Die im Freiland gezogenen Chicorée-Pflanzen sehen wie Wurzelzichorie aus (Abb. 68 d). Sie haben wie diese aufrechte Blattrosetten aus länglichen, gezähnten Blättern. Becker-Dillingen (1956) gibt eine genaue Kulturanleitung. Danach erfolgt die Saat Anfang Mai bis Mitte Juni ins Freiland bei 30 Zentimeter Reihenabstand und späterem Ausdünnen innerhalb der Reihen auf 15 Zentimeter. Im Oktober oder November werden die Pflanzen gelockert und mit der Wurzel ausgezogen. Die Wurzeln sind frosthart, die Blätter ein wertvolles Viehfutter. Sie werden vor dem Einmieten in 2–5 Zentimeter Höhe über dem Wurzelhals abgeschnitten, denn das Herz muß erhalten bleiben. Zum Treiben müssen die Pflanzen im Dunkeln in feuchtem Sand eingemietet werden. Abb. 68 c zeigt eine eingemietete Pflanze am Ende des Winters. Es ist ein etwas mißglücktes Exemplar, denn die weißen Blattrippen sind schmaler und der gelbe Saum daran (die späteren Blattflächen) breiter als bei in Läden angebotenen. An der Basis der Blätter stehen noch die dunkelbraun gewordenen Herzblätter vom Winterbeginn. Der im Frühjahr austreibende Chicorée zieht seine Kraft aus der mit Nährstoffen reich angefüllten, großen, fleischigen Wurzel.

Ableitung und Geschichte der Kulturformen

Die Stammform von Zichoriensalat, Radicchio und Chicorée ist die Wegwarte (*Cichorium intybus*), eine ein- bis mehrjährige Pflanze von 20 bis 100 Zentimeter Höhe und starker, sparriger Verzweigung (Abb. 69). Von Juli bis September sieht man vormittags die wundervollen blauen, strahlenförmigen Blüten (Taf. 85 unten), denn diese an Wegen wachsende Pflanze schließt ihre Blütenköpfe um die Mittagszeit. Die grundständigen Blätter sind schrotsägeförmig eingeschnitten und mehr oder minder behaart.
Die Wegwarte wächst an trockenen, sonnigen Stellen, und zwar an Weg- und Straßenrändern, sogar an solchen mit viel Autoverkehr (Taf. 85 unten). Außerdem sieht man sie auf unbebautem oder ungepflegtem, steinigem, trockenem Gelände, auf Grasplätzen und Geröll. Sie ist (nach Hegi, 1929) in Mitteleuropa bis Sibirien, Vorder- und Mittelasien, im Mittelmeergebiet und in Nordafrika verbreitet. Bei Hegi wird allerdings für wahrscheinlich gehalten, daß sie im nördlichen Mitteleuropa in früher Zeit (als Archäophyt) eingeschleppt worden ist, weil sie hier eine Wegrandpflanze ist und in der natürlichen Vegetation fehlt.
Sie diente schon den Römern des klassischen Altertums unter dem Namen intybus als

Abb. 69. Blühende Wegwarte. Holzschnitt aus dem Kräuterbuch von Leonhart Fuchs (1543).

Arzneipflanze. Das war auch in Deutschland während des Mittelalters so, wo sie in fast allen Verzeichnissen auftaucht, unter dem Namen sunnenwirbel bei der hl. Hildegard (1098–1179). Der Name nimmt vermutlich Bezug auf die Sonnenempfindlichkeit ihrer Blütenköpfe (drehen zur und mit der Sonne, schließen um die Mittagszeit). Eine Gartenform der Wegwarte wird 1586 von Joachim Camerarius in dessen Kräuterbuch abgebildet, unter der Bezeichnung »Gartenwegwart« der »Feldwegwart« gegenübergestellt (Abb. 70). Wie man sieht, hat die Gartenform weniger tief gespaltene

Blätter. Endivien und Gartenwegwarte wurden beide damals in den Gärten (jedenfalls im Gebiet von Nürnberg, wo Camerarius lebte) für Salat im Winter gezogen. Entsprechendes berichtet auch Tabernaemontanus (1588) über die »Zahme Wegwarten Cichorii sativi«, deren Blätter weniger tief gespalten seien und zur Speise lieblicher als bei der wilden Wegwarte.

Wie heutige Beobachtungen beim Heranziehen von Wegwartenpflanzen aus Früchten in gutem Gartenboden zeigen, spricht diese Art leicht auf Verbesserung ihrer Wachstumsbedingungen an. Die Blätter werden größer, dünner und sind weniger behaart. Die Gartenzichorie des 16.–18. Jahrhunderts spielte aber im Vergleich zu Endivien und Lattich-Salat keine große Rolle. So wird sie auch nicht in den ausführlichen Verzeichnissen von F. Alefeld (1866) genannt.

Die nächste Züchtungsrichtung hatte nicht Verbesserung der Blätter, sondern eine

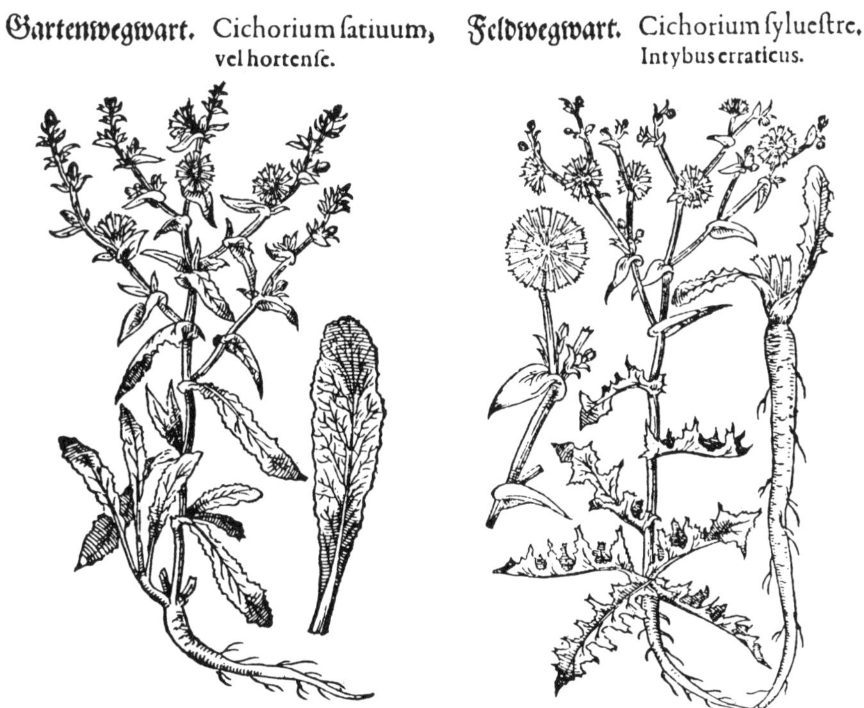

Abb. 70. Links: Eine der ältesten Abbildungen der kultivierten Wegwarte, der einfachsten Form von Zichoriensalat. Rechts: Die Wildart. Holzschnitte aus dem Kräuterbuch von Joachim Camerarius (1586).

Verdickung der Wurzel zum Ziel (Abb. 68 d). In geröstetem Zustand verlieh sie dem damals teuren Bohnenkaffee mehr dunkle Farbe und Bitterkeit (Kräftigkeit). Sie wurde aber auch ab Mitte des 18. Jahrhunderts als eigenes Kaffeegetränk gebraucht. Friedrich d. Gr. förderte diesen Anbau. Im Jahre 1763 wurden in den Gebieten um Berlin, Breslau und Magdeburg große Kulturen angelegt. In der Mitte des vorigen Jahrhunderts wurden mehrere Sorten der Wurzelzichorie in verschiedenen Gegenden Deutschlands und anderer europäischer Länder angebaut. Auch bei Becker-Dillingen (1929 a) wird die Wurzelzichorie noch behandelt. Heute spielt sie wirtschaftlich keine Rolle mehr. Ihre Früchte werden aber noch im Handel angeboten. Sie ist vollständig winterhart.

Die dritte Kulturform wurde der Chicorée. Er ist im Gebiet von Brüssel als »Brüsseler witloof« (Weißlaub) um etwa 1830 aufgekommen. Wenn man die enorm verdickte Wurzel sieht, aus der im Handel käuflicher Chicorée seine gelblichen Blätter (hauptsächlich als Blattrippen) getrieben hat, erkennt man, daß die Züchtung damals von der Wurzelzichorie ausgegangen ist. Auch die Blattformen der Rosetten im Herbst im Freiland stimmen überein.

Eine ganz junge Kulturform ist der Zichoriensalat (Abb. 68 a). Er wird in Deutschland noch nicht viel länger als etwa 25–30 Jahre angebaut. So fehlt er in den Handbüchern des Gemüsebaus von Becker-Dillingen 1929 und 1956. Er ist auch noch nicht in allen Gegenden bekannt.

Radicchio (Abb. 68 b) für Freilandanbau ist erst vor wenigen Jahren aus Italien zu uns gekommen.

Die Beispiele der vier relativ jungen Kulturformen der Wegwarte zeigen eindrucksvoll, wie aus einer entwicklungsfähigen Wildpflanze in überschaubarer Zeit verschiedene Kulturformen werden können. Wegen ihrer Frosthärte und Widerstandsfähigkeit werden diese vermutlich zunehmend genutzt, vor allem, wenn die Bitterstoffe (besonders im Zichoriensalat) weiter reduziert werden können.

FELDSALAT (*Valerianella locusta* Bet. = *V. olitoria* Poll.)

Anbau. Inhaltsstoffe

Feldsalat gehört zur Familie der Baldriangewächse (*Valerianaceae*). Was wir als Feld- oder Ackersalat (im Volksmund auch als Rapunzeln) bezeichnen und im Herbst, Winter und zeitigen Frühjahr essen, sind die jungen Blattrosetten (Taf. 87 unten). Sie sind vollkommen winterhart. Weil man diesen Blattsalat von Oktober bis März, aus dem

Garten oder feldmäßig angebaut, bekommen kann und wegen seines guten Geschmacks, ist er sehr beliebt. In den Katalogen der Samenzüchtereien der Bundesrepublik werden 9–10 verschiedene Sorten angeboten. Es sind deutsche, französische und holländische Züchtungen, teils für das Freiland, teils für den Anbau unter Glas oder Folie.

Der im August bis September gesäte Feldsalat kann im folgenden Frühjahr nur so lange zum Verzehr geerntet werden, wie er im Rosettenstadium bleibt. Im April aber treibt er mehrere dünne, zierliche und gabelteilig verzweigte Blütenstengel. Am Ende eines jeden Seitentriebs stehen Blütenköpfe mit kleinen, blaßblauen, fünfzipfeligen Blüten. Die Früchte reifen im Juni bis Juli. Danach stirbt die Pflanze ab.

Über die Anbaubedingungen schreibt Becker-Dillingen Näheres (1929 a). Danach wird entweder Ende Juli gesät für die Ernte im Herbst oder Ende August bis Anfang September für die Ernte im Winter oder Frühjahr oder im Frühjahr so früh wie möglich mit Ernte im Mai. Als Boden ist leichter Lehm am besten geeignet. Feldsalat gedeiht bei uns in jedem Klima.

Der Anbau von Feldsalat findet sich in allen europäischen Ländern. In der Bundesrepublik ist der Marktanteil des erwerbsmäßigen Gemüsebaus mit 2800 Tonnen jährlich (für 1979/80) sehr gering. Aber in den privaten Gemüsegärten fehlt er fast nirgends.

Die Inhaltsstoffe des Feldsalats sind nach Souci et al. (1981) folgende: Der Wassergehalt liegt mit 87–95% etwas niedriger als bei Endivien- und Kopfsalat. Fett in Form von Öl ist mit 0,2–0,5 g (bezogen auf 100 g frischen Feldsalat) etwa doppelt so hoch wie bei diesen. Der Hauptwert aber liegt in dem hohen Carotin- und Vitamin-C-Gehalt, die beide drei- bis viermal so hoch liegen wie bei Kopf- und Endiviensalat. Der Vitamin-B-Gehalt ist gering (Näheres vgl. Tab. 8, S. 172).

Die Kulturgeschichte des Feldsalats in Mitteleuropa

Der Feldsalat gehört zu den wenigen Pflanzen, die nicht im Mittelmeerbereich, sondern in Mitteleuropa kultiviert worden sind. Die ältesten Nachweise sind Früchte von zwei Feldsalatarten (*V. locusta* und *V. dentata*) in mehreren Pfahlbausiedlungen aus der Jungsteinzeit und Bronzezeit am Bodensee, Zürichsee und anderen Seen des nördlichen Alpenvorlandes. Da aber beide Arten als Wildpflanzen eingestuft werden, läßt sich nicht beurteilen, ob Feldsalat gegessen wurde, was jedoch durchaus möglich sein kann. Doch ist mit einem gezielten Anbau während der Stein- und Bronzezeit (zwischen 4600 und 800 v. Chr.) ganz sicher nicht zu rechnen. Das wird auch noch nicht angenommen für die römische Zeit in den germanischen Provinzen, für die aus dieser Zeit auch Fruchtfunde weiter nördlich vorliegen, wie z. B. aus dem Rheinland (Neuss

am Rhein), Butzbach in Hessen und Welzheim in Baden-Württemberg. Selbst aus dem Mittelalter fehlt jeder Hinweis auf Nutzung.
Erst im 16. Jahrhundert tauchen spärliche Angaben darüber auf, daß dieser im Winter auf dem Felde grünt (als Ackerunkraut) und dort als Wildsalat gesammelt wurde. Um die Zeit wurden aber ebenfalls die kleinen Blattrosetten einer Glockenblumenart (*Campanula rapunculus*) gesammelt, die Rapuntzel oder Rapüntzchen genannt wurde, so bei Otto Brunfels (1532) und Hieronymus Bock (1546), (Abb. 95, S. 447). Das sind die echten Rapunzeln, die noch um 1929, ebenso wie der Feldsalat, in Gärten gesät wurden, um im Winter und zeitigen Frühjahr die Blätter, bei der Rapunzel-Glockenblume auch die verdickten Wurzeln, als Salat zu essen. Beide Pflanzenarten sind im 16. Jahrhundert und wohl auch noch später entweder miteinander verwechselt oder gemeinsam bezeichnet worden.
Erst im Jahre 1701 gibt es bei Florinus die Angabe, daß man den Ackersalat im Monat August aus dem Acker ausheben und in die Gärten pflanzen könne (nach Becker-Dillingen, 1929 a). So setzte das Ziehen in Gärten wohl erst nach 1700 ein. Um 1845 wurde Feldsalat sowohl in Gärten gesät als auch im Winter und Frühjahr auf dem Feld gesammelt, wie dies Chr. Ed. Langethal in seinem Lehrbuch der landwirtschaftlichen Pflanzenkunde beschreibt. F. Alefeld führt 1866 zwei Sorten von *Valerianella locusta* zum Anbau in Gärten an. Außerdem wurde eine weitere Feldsalatart (*V. carinata*) in Gärten gezogen, wenn auch seltener.
Für 1929 nennt Becker-Dillingen von *Valerianella locusta* vier Sorten (Deutscher, Dunkelgrüner Vollherziger, Holländischer und Koblenzer), ferner den Italienischen (*V. eriocarpa*), der gelbgrüne Blätter hat.

Die Wildarten. Ableitung des kultivierten Feldsalats

In Deutschland kommen sechs Arten von Feldsalat (*Valerianella*) vor, hauptsächlich *V. locusta*. Die Blätter der Rosette sind etwas schmaler und von hellerem Grün als bei unseren heutigen Gartenformen derselben Art. Auch die blühende Pflanze ist stärker verzweigt. Bei einem freistehenden Exemplar zählt man leicht bis zu 15 Triebe. Daran sieht man, daß sich in 150–200 Jahren diese Art in Kultur erkennbar verändert hat.
Alle in Deutschland wachsenden Wildarten sind (waren) am meisten als Unkräuter in Wintergetreidefeldern und Brachen auf Lehmböden sowie in Weinbergen verbreitet. Seit dem Ende der sechziger Jahre findet man wilden Feldsalat noch häufig in Weinbergen mit Handbetrieb (Taf. 86 und 87 oben). In den Wintergetreidefeldern aber sieht man ihn wegen der chemischen Spritzungen nur noch ganz sporadisch, dann allerdings in hoher Stückzahl. Die besten Wachstumsbedingungen in der Ackerflur

hatte er in den Brachäckern, die nur ein Jahr lang zur Bodenerholung nicht bestellt wurden. Von dort ist er von der Landbevölkerung körbeweise eingesammelt worden. Als dann mit dem Beginn des wirtschaftlichen Aufschwungs diese Ackerlandbrachen aufgegeben und alle Felder genügend mit Mineraldünger versehen werden konnten, verschwand dort die Hauptlebensgrundlage für den Ackersalat.
Nicht ganz so häufig sind (waren) der Gezähnte Feldsalat (*V. dentata* Poll.), der Gekielte Feldsalat (*V. carinata* Loisl.) und der Geöhrte Feldsalat (*V. rimosa* Bast = *V. auricula* DC). Die anderen beiden Arten, der Krönchen-Feldsalat (*V. coronata* DC) und der Wollfrüchtige Feldsalat (*V. eriocarpa* Desf.) kommen (kamen) nur jeweils vorübergehend eingeschleppt aus dem Mittelmeergebiet vor.
Außer als Acker- und Weinbergunkräuter kommen zwei Wildarten des Feldsalats (*Valerianella locusta* und *V. carinata*) auch in der natürlichen Vegetation vor und zwar in wärmeliebenden süd- bis mitteleuropäischen Felsgrus-Pflanzengesellschaften (*Alyssum alyssoides-Sedum album*-Verband). Das ist ein niedriger, lückiger Bewuchs auf flachgründigen Verwitterungsböden von Felsköpfen und Felsgraten. In dieser Vegetation kommen die beiden genannten Feldsalatarten aber nur in klimatisch besonders günstigen Bergländern vor, wie im Rheinischen Schiefergebirge (Mittelrheingebiet, Rheinhessen, Pfalz, Mosel- und Ahrtal), d. h. deren trockensten und wärmsten Teilen. Hier wächst bald die eine oder andere Art, zusammen mit Fettkräutern (wie *Sedum album*), Thymian, Federgras (*Stipa*), Lieschgras (*Phleum phleoides*) und anderen Hitze und Trockenheit vertragenden Pflanzen. Listen und Beschreibungen dieser interessanten Vegetation hat Dieter Korneck (1974, S. 57 ff.) gegeben.
Die obengenannten Arten sind in ganz Mittel- und Südeuropa, Nordafrika, Vorderasien, im Kaukasus und in Persien verbreitet. Der Schwerpunkt aber liegt im Mittelmeergebiet. Hier gibt es (nach Hegi, 1928, Band VI, 1) etwa 80 Arten der Gattung *Valerianella.* Die Tatsache, daß zwei unserer heute in Mitteleuropa beheimateten Arten in vielen jungsteinzeitlichen Pfahlbau- bzw. Ufersiedlungen des nördlichen Alpenvorlandes, in Verbindung mit Getreideresten, nachgewiesen worden sind, spricht für die Einschleppung von Feldsalatfrüchten mit Getreide (als Saatgut) aus dem Mittelmeerraum. Die aus jener Zeit nachgewiesenen Arten sind der Gewöhnliche Feldsalat (*V. locusta = olitoria*) und der Gezähnte Feldsalat (*V. dentata*). Beide fanden sich später auch in römerzeitlichen Ablagerungen aus Südwestdeutschland und dem Rheinland, zusammen mit einer neu dazugekommenen dritten Art, dem Geöhrten Feldsalat (*V. rimosa*).
Der angebaute Feldsalat leitet sich von der Wildpflanze gleichen Namens (*V. locusta*) ab. Unsere heutige gebräuchliche Bezeichnung Feld- oder Ackersalat kommt also nicht daher, daß dieser auf Feldern oder Äckern gezogen wurde, sondern ist die jahrhundertealte Benennung für die Wildpflänzchen, die auf und neben den Feldern und

in Weinbergen wuchsen, wo diese als Wildsalat im Herbst, Winter und zeitigen Frühjahr als willkommenes Grün geholt wurden. Dafür sprechen auch die zahlreichen lokalen Namen, wie Kornsalat (Tirol), Rebe(n)salat (in Weinbergen), Fettkes (wegen der fettglänzenden Blätter, in Westfalen), Schmalzkraut (im Fränkischen), Mausohr, -öhrchen (Rhein und Mosel), Feldkrop (Ostfriesland), Sunnenwirbele (Elsaß, Baden) usw. (nach Hegi 1928, Band VI. 1).

Außer dem Gewöhlichen Feldsalat (*V. locusta*) ist auch der Gekielte Feldsalat (*V. carinata*) im vorigen Jahrhundert in Gärten gezogen worden. Aber der heute in Deutschland angebaute geht nur auf *V. locusta* zurück.

Wir haben mit dem Feldsalat somit eine der wenigen Nutzpflanzen, die in kultiviertem Zustand nicht aus dem Mittelmeerraum oder dem Orient stammt, sondern die in Deutschland selbst, zunächst (im 16. Jh.) nur in Gärten ausgesät und dann auch durch Auslesezüchtung in eine Kulturpflanze umgewandelt wurde. Parallel geht aber damit bis heute in Weinbaugebieten das Sammeln von wildem Feldsalat zum Essen.

PORTULAK (*Portulaca oleracea* L.)

Die in Gärten gesäte Kulturform (ssp. *sativa* = *Portulaca sativa*) ist eine zarte Pflanze mit kleinen eiförmigen Blättern (bis zu 3 cm Länge und etwa 2 cm Breite). Diese sitzen einander gegenüber und zwar an der Spitze des Triebs so dicht, daß es von oben aussieht wie ein »vierblättriges Kleeblatt«. Die Blätter sind ebenso wie der Stengel dickfleischig und saftig. Etwa drei Wochen nach der Aussaat kann man den oberen Teil der Pflänzchen (von 5–6 cm Länge) abschneiden, um ihn als Salat (oder gekocht) zu verwenden. Der Geschmack ist neutral, in keiner Weise wie ein Gewürz, vielleicht eine Spur erdhaft, jedenfalls erfrischend dank der Zartheit und Saftigkeit.

Nach etwa sechs Wochen bilden sich an den nunmehr verzweigten Pflanzen kleine gelbe, an den Enden der Triebe sitzende Blüten. Aus jeder Blüte entsteht eine Kapsel mit sehr vielen kleinen Samen.

Heute wird Portulak nur noch selten angebaut. Von den Samenzüchtereien in der Bundesrepublik wird er lediglich in Heidelberg mit einer Sorte »Gelber« angeboten, zur Verwendung als Gemüse und Salat. (Nicht zu verwechseln mit der Sommer-Zierpflanze Portulakröschen *Portulaca grandiflora*). In den Jahren 1924–1956 wurden von Becker-Dillingen drei Sorten zur Nutzung als »Suppenzutat, als Salat und als Spinat« angegeben.

Die Inhaltsstoffe sind nach Souci et al. (1981) folgende: 91–94% Wasser, um 3,5% Kohlenhydrate, 0,9–2,0% Fett, 0,6–0,9% Rohfaser und 1,2–1,6% Mineralien. Von sechs angegebenen Mineralien sind Magnesium mit 151 mg und Kalium mit 390 mg reichlich vertreten. An Vitaminen ist Vitamin C mit 18–25 mg relativ viel enthalten. Ferner gibt es etwas Vitamin B_1 und B_6 sowie etwas Carotin (vgl. Tab. 8, S. 172).

Bei den Anbaubedingungen muß man in Betracht ziehen, daß Portulak von allen in diesem Buch genannten Nutzpflanzen der weitaus kälteempfindlichste ist, denn seine Keimlinge sterben bereits bei +10° Celsius ab, wie Weeda und Westra (1985) schreiben. Portulak kann im Freiland also nur in milden Klimalagen und nur in Perioden mit warmem Sommerwetter gezogen werden. Wie mehrere Aussaaten in meinem Stuttgarter Garten von Mitte Mai bis Mitte Juni 1986 gezeigt haben, ist die Saat an zwei bis drei warmen Tagen zwar aufgegangen, aber durch danach einsetzende kalte, nasse Witterung (10–14°C) jeweils wieder abgestorben. Erst als vom 18. Juni an kontinuierlich warmes Sommerwetter einsetzte, verdarb die neu eingebrachte Saat nicht, und die Pflanzen entwickelten sich gut. Die sehr kleinen Samen werden nach Angaben von Becker-Dillingen (1924, 1956) breitwürfig ausgebracht, ohne sie zu bedecken, doch drückt man sie an. Sie dürfen nur ganz dünn ausgesät werden, denn die Jungpflanzen brauchen wegen ihrer flach ausgebreiteten und der Sonne dargebotenen Blätter ausreichend freien Platz um sich (bei den erntefähigen Pflanzen 5–6 cm, später beim weiteren Wachstum mehr), anderenfalls bleiben sie im Wachstum zurück. Sie benötigen volle Sonne, können später auch gut Trockenheit vertragen. Als Bodenarten sind Sandböden am besten geeignet, sofern sie nährstoffreich oder kalkhaltig sind. Auch Lößboden ist brauchbar.

Portulak gehört zur Familie der Portulakgewächse (*Portulacaceae*). Diese ist heimisch in den Tropen und Subtropen, mit Ausnahme unserer Art (*P. oleracea*), die ihren Schwerpunkt im Mediterrangebiet hat, außerdem aber bis in warm-gemäßigten Teilen Mitteleuropas wächst.

Die Geschichte des Portulaks aufgrund von Samenfunden geht in Deutschland bis in die Römerzeit zurück, doch nur in Neuss am Rhein. Die nächstfolgenden gehören erst dem Mittelalter an (13.–15. Jh.), gefunden im Rheinland, in Braunschweig und Breslau. In Osteuropa (Polen und Tschechoslowakei) gibt es zwischen dem 9. und 15. Jahrhundert zahlreiche Samenfunde, deren Bewertung unterschiedlich ist. Haben die Samen in Abfallschichten zusammen mit verschiedenen Unkräutern gelegen, wird dieser Portulak ebenfalls als Unkraut angesehen. Fanden sich die Samen aber in Latrinen, ohne Vermischung mit Haus- oder Gartenabfällen, dann darf man annehmen, daß dieser Portulak gegessen worden ist, wobei die Samen als unverdaulich übrig geblieben sind. Wir haben bereits gelesen, daß er große Mengen winzig kleiner Samen erzeugt.

Über die Nutzung geben verschiedene schriftliche Quellen Auskunft. Als älteste findet sich Portulak bei Theophrastos (371–287 v. Chr.) in Griechenland, wo dieser unter 30 Gemüse- und Gewürzpflanzen aufgeführt wird. Um 60 n. Chr. wird er von Dioskorides aus dem Mittelmeerbereich genannt. Er werde als Speise genossen und gegen allerlei Übel gebraucht. Um 301 n. Chr. ist portulaca in der sog. Hermeneumata in Italien verzeichnet, in Zusammenhang mit Gemüse- und Gewürzpflanzen (wie Fenchel, Ampfer, Melde, Basilikum, Kresse u. a.). Von dieser Bezeichnung portulaca leitet sich der bei uns übliche Name Portulak ab und davon, verballhornt, die deutschen Bezeichnungen Burtzel, Purzella, Borgel oder Burtel. Es ist begreiflich, daß in Italien und Griechenland während der heißen, trockenen Sommer eine saftreiche, zarte Pflanze ohne scharfen Geschmack wie Portulak seit altersher als willkommene Nutzpflanze angesehen wurde.

In Deutschland findet sich Portulak frühestens in der Physika der hl. Hildegard (1098–1179) erwähnt, unter den Bezeichnungen Burtel und portulaca. Über die Verwendung verlautet nichts. Sie ist jedoch mindestens für das späte Mittelalter anzunehmen, denn in dem Kräuterbuch von Leonhart Fuchs (1543) wird sowohl der kultivierte als auch der wilde Portulak unter der Bezeichnung Burtzel (lateinisch portulaca) abgebildet und beschrieben. Ersterer ist in allem dicker (fleischiger) und größer: gebraucht für Salat mit Essig und Öl sowie für medizinische Zwecke.

Der wilde Portulak (ssp. *oleracea*) ist stärker verzweigt. Wo er auf offenem Boden wächst, liegt er diesem flach an. Die Blätter sind höchstens halb so breit wie bei der Kulturform. Sie sind weniger zart. Im westlichen Mitteleuropa hat er seinen Schwerpunkt im Oberelsaß, kommt außerdem im Rhein-Neckar-Gebiet, am Bodensee und in anderen, ausgeprägt sommerwarmen Gebieten vor. Er gedeiht auf offenem Boden, am besten auf Sand, soweit dieser viel Nährstoffe oder Kalk enthält. Auch hier wächst Portulak am liebsten in vollem Licht, in lückiger Vegetation. Er kommt aber auch als Acker- und Gartenunkraut vor. So wurde er von Oberdorfer (1957) von den leicht erwärmbaren und kalkhaltigen Dünensanden in der nördlichen Oberrheinebene zwischen Heidelberg und Mainz genannt, wo er als Unkraut in Spargelfeldern, Gemüsegärten und Kartoffeläckern, zusammen mit verschiedenen Wildhirsen und Liebesgras, vorkam. Aus den südlichen Niederlanden ist er von den Dünenstreifen in Kennermerland beschrieben worden (Weeda u. Westra 1985). Mindestens seit zwei Jahrhunderten kommt der wilde Portulak weltweit vor (auch in Amerika), doch nur in Gebieten, die sich von Klima und Boden her eignen.

Der kultivierte Portulak ist somit eine zu Unrecht vergessene Nutzpflanze, da er sich für Sandböden (nur kalkhaltige oder nährstoffreiche) und Sommertrockenheit eignet, wo es im Sommer schwierig ist, anderen Blattsalat zu ziehen.

Verschiedenes

HONIGMELONE (*Cucumis melo* L.)

Allgemeine Angaben. Inhaltsstoffe

Diese Pflanzenart aus der Familie der Kürbisgewächse (*Cucurbitaceae*) soll hier behandelt werden, weil römerzeitliche Melonensamen an zwei Stellen in Deutschland nachgewiesen worden sind. Bei der Deutung der Funde erhob sich die Frage, ob eine Pflanze mit so hohen Wärmeansprüchen überhaupt nördlich der Alpen im Freiland gezogen werden könne. Auf die Erörterung der verschiedenen damit zusammenhängenden Aspekte wird zum Schluß zurückgekommen.

Die Pflanzen mit bis zu einem Meter langen, liegenden oder mittels Wickelranken kletternden Stengeln sind einjährig. Schon bei leichtem Frost werden sie abgetötet. Die Laubblätter sind fünfeckig mit abgerundeten Ecken, Blätter und Stengel von weichen, grauen Haaren bedeckt, Blüten klein (1–2,5 cm breit), gelb und meist eingeschlechtig. Das Wurzelsystem ist nur schwach entwickelt, so daß die Pflanzen regelmäßig Wasser benötigen. Die Früchte sind im allgemeinen eiförmig bis kugelig und außerordentlich vielgestaltig.

Die kultivierten Honigmelonen werden nach Angaben von Brücher aufgrund der Fruchtschale und der Aromastoffe in zwei Varietäten aufgeteilt: Netzmelonen (var. *reticulatus*) mit korkiger, rauher, netzförmiger Oberfläche und stark duftendem Fruchtfleisch (Sorten *Cantalupa* und *Persian*) und glattschalige Früchte (var. *inodorus*) mit weniger aromatischem Fruchtfleisch (Sorten *Casaba* und *Honey Dew*).

Die Inhaltsstoffe des Fruchtfleisches von Honigmelonen sind etwa folgende: 85–89% Wasser, 7–12% Zucker und Stärke, 0,04–0,3% Fett, 0,5–0,9% Mineralien und 1,0–1,1% Holzfasern (aus Becker-Dillingen, 1929). Die Samen sind reich an Öl und Eiweiß.

Als Ursprungsgebiet werden von Heinz Brücher Asien und Afrika angegeben. Eine wilde Melonenart (*Melo agrestis*) kommt als Unkraut in Zentralasien vor, eine andere Wildart (*M. figaro*) in Palästina und Afrika, ebenfalls als Unkraut. Von vorwiegend kultivierten Formen stamme *Melo adana* aus dem Taurusgebirge und habe sich bis zum Mittelmeer verbreitet. Ihre Früchte seien klein und mehlig. Die schon bei den Netzmelonen genannte *Cantalupa* stammt aus Armenien (Van-See) und hat ein gutes Aroma. Aus ihr wurden zahlreiche Kultursorten entwickelt. Andere Varietäten haben Vanillearoma, wie *Melo ameri* aus dem Iran, wieder andere Birnenaroma wie *Melo chandalak* aus Zentralasien. Mehrere Varietäten sind reif nicht eßbar, können aber in unreifem Zustand wie Gurken verwendet werden wie *Melo adzhur* in Arabien oder *Melo flexuosus* mit schlangenförmigen Früchten im Iran und in Afghanistan. Eine weitere Varietät hat ganz besonders hohen Zuckergehalt (13%), lange Früchte, vorzügliches Aroma wie *Melo Zard* in Armenien. Auch in China und Japan sind Kulturformen entwickelt worden, doch nicht mit süßem, sondern herbem Geschmack. Insgesamt werden heute Hunderte von Sorten in den Tropen und Subtropen der ganzen Welt zur Erfrischung und als Nahrungsmittel angebaut.

In Deutschland spielt der Anbau von Honigmelonen naturgemäß nur eine ganz untergeordnete Rolle.

Zum Anbau von Melonen in Deutschland schreibt Becker-Dillingen (1929), daß sie im allgemeinen unter Glas gezogen werden, denn sie stellen hohe Ansprüche an Klima und Boden. Sie wollen viel Sonne, Wärme und Feuchtigkeit. Ein Freilandanbau sei aber in milden Gegenden Deutschlands möglich. Die Melonenbeete müssen an sehr geschützten Stellen angelegt werden, wie z. B. vor Mauern oder an sonnigen Hängen usw. Auch Windschutz ist notwendig. Mitte Mai werden die jungen Pflanzen, die man im Haus oder unter Glas aus Samen herangezogen hat, auf ein Beet mit lehmiger, nahrhafter Gartenerde oder auf ein Hügelbeet aus Dünger und Kompost gepflanzt. In der ersten Zeit müssen sie nachts mit Strohmatten oder anderer Überdeckung vor Abkühlung geschützt werden. Die stark rankenden Pflanzen soll man in fachgerechter Weise beschneiden, weil sie sonst keine Früchte ansetzen. Der Anbau erfordert also außer der geeigneten klimatischen Lage auch gekonnte gärtnerische Pflege.

Die Kulturgeschichte der Melone (*Cucumis melo*)

Das Älteste über den Anbau von Melonen wissen wir aus Ägypten (ab ca. 4000 bzw. 3500 v. Chr.). Es handelt sich aber dabei um eine andere Varietät oder Art als die zuvor genannten, nämlich die Chate-Melone oder einfach Chate (var. *chate* (L.) Naud ex Boiss.), wie aus den Untersuchungen der Gräberfunde und den bildlichen Darstellungen hervorgeht (vgl. besonders Keimer 1924 und Germer 1985). Hiernach sind diese Chate-Melonen längliche, gurkenähnliche Früchte, die auch gelegentlich fälschlich als Gurken bezeichnet worden sind.

Im pharaonischen Ägypten waren es dieselben Chate-Melonen, die heute noch in Ägypten und im Sudan feldmäßig angebaut werden. Sie waren damals eines der wichtigsten Anbauprodukte.
Vorgeschichtliche Reste von Melonen sind in verschiedenen Teilen Asiens aufgedeckt worden. Hier waren es die Samen, die von Botanikern als *Cucumis melo* bestimmt wurden. Die ältesten lagen in der Spirit-Höhle (Nordthailand) und wurden auf die Zeit zwischen 10000–5500 v. Chr. datiert, bearbeitet von C. F. Gorman (1970). Ein weiterer Nachweis stammt aus China in Chi en Shan Yong, datiert auf den Zeitraum zwischen ca. 2750 und 1000 v. Chr., angegeben von K. C. Chang (1973). Eine dritte Fundstelle liegt in Indien und gehört der großen steinkupferzeitlichen Stadtkultur von Harappa an (einem Nebenfluß des Indus, Zeit zwischen etwa 2200–1700 v. Chr.), bearbeitet von M. D. Kajale (1977). Die vierte Fundstelle von Samen der *Cucumis melo* liegt in Shar-i Sokhata/Iran und wurde auf ca. 2000 v. Chr. datiert (1977 von L. Costantini bearbeitet). Ob diese Melonen von Wild- oder Kulturformen stammen, ob sie bereits angebaut wurden, wie dies im alten Ägypten der Fall war, oder ob sie von Wildpflanzen gesammelt worden sind, geht aus den oben genannten Schriften nicht hervor. Es ist ja ein großes Areal, in dem verschiedene Formen von *Cucumis melo* wild verbreitet waren.
Anders verhält es sich in Griechenland, besonders im Norden des Landes. Dort sind letzthin in den spätbronzezeitlichen Schichten von Tyrins (12. und 11. Jh. v. Chr.) sowie in den früheisenzeitlichen Schichten des Siedlungshügels Kastanas (8. Jh. v. Chr.), unter großen Mengen an Nutzpflanzenresten, auch einige Melonensamen (*Cucumis melo*) zutage gekommen. Der botanische Bearbeiter Helmut Kroll (1982) nimmt diese Melonenfunde als Zeichen dafür, daß zu der Zeit in Griechenland außer dem Ackerbau auch schon Gartenbau betrieben wurde, denn Melonen können im Mittelmeergebiet nur mit künstlicher Bewässerung gezogen werden.
In den schriftlichen Nachrichten aus Griechenland und Italien, zur Zeit des klassischen Altertums, werden Melonen verschiedentlich als melopepo bezeichnet. Die Vorsilbe melo (= Apfel) diente zur Unterscheidung gegenüber anderen Kürbisgewächsen, besonders dem häufigen Flaschenkürbis (*Lagenaria*). Samen von Melonen sind in römerzeitlichen Schichten beim Kolosseum in Rom zusammen mit anderen Fruchtkernen gefunden worden.
Aus der römischen Zeitepoche stammen auch drei Fundstellen in Deutschland. Davon liegen zwei in der geschützten, fruchtbaren Wetterau, etwas nördlich von Frankfurt; in Butzbach war zur Römerzeit ein Kastell mit dazugehöriger Zivilsiedlung.
Die dritte Stelle ist das Römerkastell Ellingen bei Weißenburg (südlich Nürnberg), in einer der im Sommer heißesten Gegenden Deutschlands. Hier fanden sich bei der botanischen Bearbeitung einer Brunnenfüllung, die aus verschiedenen Abfällen bestand,

einige gut erhaltene Melonenkerne, zusammen mit vielen anderen Überresten von Nahrungsmitteln. Sie wurden identifiziert von den Biologiestudenten Kai-Steffen Frank und Hans-Peter Stika am botanischen Institut der Universität Hohenheim.
Bei der Deutung der Melonenkerne kann es drei Möglichkeiten geben: 1. Die Melonen sind aus Italien importiert worden; 2. Einer der Römer hat Samen aus Italien mitgebracht, um sie beim Kastell auszusäen; 3. Die Früchte sind an Ort und Stelle beziehungsweise in der Nähe gewachsen.
Eine Einfuhr dieser Früchte bei der damaligen langen Transportzeit (auf dem Schiffsweg oder mit Pferd und Wagen) ist zweifelhaft. Zwischen Möglichkeit zwei und drei läßt sich nicht unterscheiden. Aber wenn man die Wachstumsbedingungen und die klimatisch günstige Lage beider Orte in Erwägung zieht, dann wäre ein Anbau an beiden Stellen möglich gewesen.
Im Mittelalter wurden in Deutschland mehrere Bezeichnungen verwendet: pepo, melo, melopepo, Pfedemo, citrullus und andere. Damit sind Melone, Gurke (?) und Flaschenkürbis benannt worden. Es läßt sich daran aber nicht feststellen, was im Einzelfall gemeint war. Im 16. Jahrhundert wurde die Verwirrung noch größer durch das Hinzukommen der Kürbisse aus der Neuen Welt.
Die Kantalup-Melonen sind nach Alefeld (1866) erst im 15. Jahrhundert nach Europa gelangt. Römische Missionare sollen sie aus Armenien in die päpstliche Burg Cantalupo gebracht und von da aus weiter verbreitet haben.

GURKE (*Cucumis sativus* L.)

Kennzeichnung. Inhaltsstoffe

Wie die Melone hat die Gurke einen mehrere Meter lang auf dem Boden liegenden oder kletternden Stengel, kleine, männliche oder weibliche Blüten und verhältnismäßig große ungeteilte Blätter. Im Unterschied zur Melone ist die Beschaffenheit der Früchte anders, der Stengel vierkantig und mit steifen Haaren bedeckt. Die fünfeckigen Blätter haben zugespitzte Ecken.
Nähere Angaben über die Ansprüche an Klima und Boden finden sich in den meisten Gartenbüchern und besonders bei Becker-Dillingen (1929 a). Danach stellen die Gurken was Temperatur, Feuchtigkeit und Bodenqualität anbelangt relativ hohe Ansprüche, wenn auch lange nicht so hohe wie die Melone. Die Gurkensamen keimen erst bei

+10° bis +12° Celsius und Fröste töten die Pflanzen ab. Naßkalte Jahre bringen Mißwuchs. An Bodenarten sind warmer, durchlässiger und humusreicher lehmiger Sand am besten geeignet. An Dünger ist Stallmist, der im Herbst aufgebracht wird, am günstigsten.

Gurken finden sich in verschiedener Weise und in zahlreichen Sorten angebaut. Von den Samenzüchtereien in der Bundesrepublik werden bis zu 22 Sorten für das Freiland angeboten, darunter die meisten für Einlegegurken und einige für Salat- und Schälgurken, bis zu vier Sorten für Frühbeet und bis zu elf Sorten für Treibhäuser zur Gewinnung der langen, schlanken Salatgurken.

Der Anbau erfolgt in allen Teilen der Welt, die sich klimatisch dafür eignen. Am verbreitetsten ist dies in den GUS-Staaten und in Asien der Fall. In der Bundesrepublik lagen die Erntemengen für Gurken zwischen 1976 und 1981 bei 18 000 bis 30 000 Tonnen jährlich. Das sind etwa 2–3 Prozent des erwerbsmäßigen Freiland-Gemüsebaues (nach den Stat. Jb. d. BRD).

Der Nährwert von Gurken ist geringer als der von der Melone. Von 100 g frischen Gurken bestehen 96–97 g aus Wasser. Von den 3–4 g fester Substanz sind 1,0–2,2 g Kohlenhydrate (davon am meisten Frucht- und Traubenzucker), 0,5–0,8 g Eiweiß, 0,05–0,3 g Fett, 0,4–0,9 g Mineralien und 0,3–0,6 g Rohfaser. Von den Mineralien sind Kalium, Kalzium, Phosphor und Natrium am meisten vertreten. Der Vitamingehalt ist gering: etwas Vitamin C, Carotin und die Vitamine B_1, B_2 und B_6 (nach Souci et al. 1981, vgl. Tab. 8, S. 172). Gurkensamen enthalten viel Öl und Eiweiß.

In Europa werden die Gurken meist sauer eingelegt oder roh als Salat gegessen. In Asien ißt man sie im allgemeinen gekocht. Die Blätter dienen als Kochgemüse.

Das Ursprungsgebiet der Gurke ist Indien. Dort wächst die mutmaßliche Wildform *Cucumis hardwickii* Royle in den subtropischen Tälern des Himalaya. Wie H. Brücher (1977) berichtet, sind in Indien unzählige Kulturformen entwickelt worden, die sehr verschieden aussehen und schmecken. Sie reichen von kleinen, eiförmigen Früchten bis zu Riesenformen, die über einen Meter lang werden. Die Gurkenfrüchte der Primitivformen sind ganz oder teilweise bitter, weil sie den Bitterstoff Elaterimid enthalten (als natürlichen Schutz gegen vorzeitigen Tierfraß), wie Brücher schreibt. Die Auslese durch den Menschen ging im Laufe der langen Zeit in Richtung auf nicht bittere Früchte. Selbst heute kommt es noch vor, daß die Gurkenenden, besonders am Stielansatz, bitter sind oder daß ausnahmsweise eine ganze Gurke bitter ist.

Auch Zeven und De Wet (1982) sehen Indien als Primärzentrum für die Gurke an, wo also Nutzung der Wildformen und Anbau zuerst betrieben wurden. Die davon ausgehenden Sekundärzentren seien einerseits China und Japan, wo besonders lange Gurken gezüchtet worden sind, andererseits Vorderasien mit der Türkei, dem Vorderen Orient, dem Gebiet zwischen dem Schwarzen und dem Kaspischen Meer sowie Arabien. Erst von da aus gelangten Gurken nach Griechenland, auf den Balkan und in andere Länder am Mittelmeer.

Die Kulturgeschichte der Gurke

Es ist merkwürdig, daß im prähistorischen Indien aus den steinkupferzeitlichen großen Städten der Indus-Kultur (wie Harappa) unter den zahlreichen Überresten von pflanzlichen Nahrungsmitteln zwar Melonensamen, aber keine Gurken gefunden worden sind.

Die ältesten Gurkensamen aus archäologischen Ausgrabungen fand Hans Helbaek (1966 c) in der assyrischen Stadt Nimrud aus dem 7. Jahrhundert v. Chr. Diese Stadt lag am Oberlauf des Tigris (heutiger Iran). Hier war bei der Ausgrabung ein mit Abfällen zugeschütteter Brunnen freigelegt worden, in dem sich auch Speisereste fanden: Gerste, Linsen, Weizen sowie Obstkerne von Weinreben, Feigen, Granatäpfeln und die genannten Gurkensamen.

Sonst gibt es aus der ganzen vor- und frühgeschichtlichen Zeit nur spärliche schriftliche Nachrichten. Es heißt, die Gurke sei auf sumerischen Tontäfelchen der Dynastie III von Uruk (etwa 3000 v. Chr., in Mesopotamien) identifiziert worden. Aber zu der Zeit war die Keilschrift auf den Tontafeln noch nicht sehr lange in Gebrauch. Die verhältnismäßig wenigen Zeichen auf den Lebensmittellisten betreffen Lieferungen von Brot, Bier, Getreide, Schafen usw. an eine Anzahl von Personen der Tempel. Es sei »unmöglich, eine genaue Übersetzung dieser Anhäufung von Zeichen vorzunehmen« (nach Mallowan, 1961). Deshalb ist wohl Vorsicht geboten hinsichtlich einer so speziellen Bezeichnung wie der Gurke.

Aus dem pharaonischen Ägypten stammen keine Gurken, wie Ludwig Keimer (1924) und Renate Germer (1985) berichten. Was in dem hochentwickelten Gartenbau schon des Alten Reichs und später oft für Gurken gehalten wurde, hat sich bei näherer Untersuchung als die länglichen Chate-Melonen erwiesen.

Im alten Griechenland haben Theophrastos (371–287 v. Chr.) und Dioskorides (1. Jh. n. Chr.) eine Nutzpflanze mit siküos, sikûs oder sikyon bezeichnet. Es sei eine kühlende Speise. Bei den Römern hießen entsprechende Früchte cucumis. Obwohl die Anleitung zu ihrem Anbau ausführlich wiedergegeben wird (vgl. Lenz, 1859), erfahren wir über die Pflanze selbst doch nur, daß man die Früchte auch in Tongefäßen einlegte und zwar mit Weinhefe oder in Salzlake oder in Essig. Von den römischen Provinzen nördlich der Alpen sind Gurkensamen bisher nur aus dem römischen London mitgeteilt worden (Wilcox, 1977).

Von den schriftlichen Verzeichnissen des deutschen Mittelalters werden im Capitulare

Gurcken. Cucumeres.

Lange Gurcken. Cucumeres longi.

Abb. 71. Gurken (*Cucumis sativus*). Holzschnitte von zwei verschiedenen Formen aus dem Kräuterbuch von Joachim Camerarius (1586).

Karls d. Gr. (um etwa 800) Cucumeres genannt. Cucumer heißen die als Gurken gedeuteten Nutzpflanzen auch bei Albertus Magnus (13. Jh.). In der Physika der hl. Hildegard (12. Jh.) wird dieser Name nicht aufgeführt. So groß die Zweifel sein können, ob unter Cucumer im Mittelalter wirklich Gurken und nicht etwa andere Früchte derselben Pflanzenfamilie verstanden wurden, wie z. B. Melonen oder Flaschenkürbisse, so geht doch aus den beiden Holzschnitten von Joachim Camerarius (1586, gedruckt 1626) deutlich hervor, daß Gurken dargestellt sind (Abb. 71). Man sieht auf dem linken Bild die warzige Oberfläche der Früchte, auf dem rechten Bild die sehr lange, schlanke Form. Beide haben kleine Blüten, während Melonen und Kürbisse große Blüten besitzen. Diese echten Gurken werden auch als Cucumeres bezeichnet.
Gehen wir in der Zeit nochmals bis ins Mittelalter zurück, so liegen fast alle Fundstellen von Samen aus archäologischen Ausgrabungen in Osteuropa und Ostdeutschland.

In Krakau fanden sich die ältesten, schon aus der Zeitspanne zwischen 650 und 950 auf dem Wawelhügel dieser alten Stadt, wie Krystina Wasylokowa (1984) berichtete. Sie lassen sich dann kontinuierlich bis 1250 verfolgen. In Breslau lagen Gurkensamen in den Schichten des 11. Jahrhunderts. In der Tschechoslowakei sind sie in mehreren Altstadtkernen nachgewiesen worden, wie in Most aus dem 14. Jahrhundert, in Uhersky Brod vom 15. Jahrhundert an. Erst seit dem Zeitalter der Entdeckungen (16. Jh.) haben sich Gurkensamen auch weiter westlich gefunden, bisher nur in Amsterdam.
Emanuel Opravil (1979), der in der Tschechoslowakei viele dieser mittelalterlichen Gurkensamen untersucht hat, bezeichnet die Gurke als ein »markantes slawisches Fruchtgemüse«. Zu diesem Thema bemerkt Gustav Hegi (1906–1929) folgendes: »Außer den Slaven, die heute noch leidenschaftlichen Verehrer der Gurken, wußten bereits die Lausitzer Wenden (südöstlich Berlin) die schönsten Früchte auch ohne Mistbeete zu ziehen. Noch heute ist der Spreewald die Gurkenkammer von Berlin. Überhaupt spielen in Norddeutschland die nach slavischer Sitte in Salz eingelegten ›sauren Gurken‹ oder in Essig, Meerettichstückchen, Pfeffer und Senf eingemachten ›Essig- oder Senfgurken‹ als billiges Volksnahrungsmittel namentlich in den heißen, in den Großstädten ruhigen Sommermonaten eine große Rolle. Die stille Zeit des Sommers, Juli und August, hat der Volksmund bekanntlich mit dem Namen ›Sauregurkenzeit‹ belegt. Die ›Sauren Gurken‹ schmecken infolge einer Milchsäuregärung sauer, wobei die in Salzwasser sich entwickelnden Milchsäurebazillen aus dem Zucker der Gurke Milchsäure bilden, ohne daß auch nur ein Tropfen Essig dazukommt.«
Die Hauptanbaugebiete für Gurken in Deutschland lagen in der ersten Hälfte unseres Jahrhunderts außer im Spreewald bei Berlin um Erfurt, Halle, Naumburg, Quedlinburg und in Schlesien sowie stellenweise in Württemberg (bei Ulm und Stuttgart-Untertürkheim).

KÜRBIS (*Cucurbita maxima* Duch. und *C. pepo* L.)

Die zwei Arten

Unter der Bezeichnung Kürbis werden in der Bundesrepublik im Samenhandel zwei Arten angeboten: Der Riesenkürbis (*C. maxima* = *C. gigantea*) und der Gewöhnliche Kürbis (*C. pepo*). Beide sind einjährige Pflanzen mit lang kriechenden Stengeln (bis 10 m Länge). Sie können auch an Gerüsten klettern, da die Triebe Wickelranken besitzen. Die Blüten sind groß, dunkelgelb und getrenntgeschlechtig. Beide sind aber nach Herkommen und Beschaffenheit der Früchte ganz verschiedene Pflanzenarten. Da ihr lateinischer Name im allgemeinen nicht auf den Samentüten des Handels vermerkt ist, sei hier eine Kennzeichnung für beide Arten gegeben (nach Brücher 1977 und Becker-Dillingen 1928):

Riesenkürbis (*C. maxima*): »Die Samen haben keinen oder nur einen schwach erhobenen Rand, sind an der Spitze schräg abgeschnitten und meist weiß. Das Fleisch ist körnig-mehlig ohne Fasern und zerfällt beim Kochen« (Brücher). Die Früchte sind außen netzig (ähnlich den Netzmelonen), der Stielansatz der Frucht ist im Querschnitt rund und außen korkartig. Die Früchte lassen sich (im Winter) lange lagern. Zum Wachstum braucht der Riesenkürbis in der Jugend mehr Wärme als der Gewöhnliche Kürbis. Der Riesenkürbis wird derzeit häufiger im Samenhandel angeboten und zwar in den zwei Sorten »Riesenmelone« (gelbe, genetzte Früchte) und »Großer gelber Zentner«.

Gewöhnlicher Kürbis (*C. pepo*): »Die Samen sind deutlich gerandet und nicht weiß. Das Fruchtfleisch enthält Fasern und zerfällt darum nicht beim Kochen« (Brücher). Die Früchte sind mattglänzend, rahmfarben oder grün mit weißer Marmorierung. Der Stielansatz weist tiefe Längsfurchen auf und ist nicht korkig. Nach H. Brücher konnte diese Art wegen rascheren Wachstums und besserer Kältetoleranz auch in temperierten Klimazonen weiter nach Norden (Skandinavien bis 60°) und in den Gebirgen höher hinauf kultiviert werden.

Unter den heute im Samenhandel in der Bundesrepublik angebotenen Sorten scheint höchstens eine (Grüner Zentner) dem *C. pepo* zugehörig zu sein. Eine erst seit wenigen Jahren für den Gartenbau in Deutschland bekannt gewordene Varietät des Gewöhnlichen Kürbis ist die Gemüseart Zucchini (*Cucurbita pepo* var. *giromontii*). Die Zucchini »ranken« nicht. Sie bilden umfangreiche Pflanzen von etwa einem Meter Durchmesser und etwa 0,5–0,75 Meter Höhe. Eine Pflanze hat langgestielte, schräg aufrecht stehende, große Blätter mit steifen Haaren. Die Blattstiele sind dünnwandig und hohl. Die Blüten entsprechen denen des Kürbis. Die Früchte wachsen aus dem Zentrum der Pflanze, dicht über dem Boden zu mehreren hervor. Sie sind walzenförmig, mit stumpfen Enden, an der Oberfläche glänzend und entweder dunkelgrün oder grüngelb oder leuchtend gelb gefärbt.

Im Gegensatz zum Kürbis ist bei den Zucchini die Vegetationszeit kurz. Geerntet werden die unreifen Früchte schon im Sommer, wenn sie 15–20 Zentimeter lang sind. Man gebraucht sie ungeschält zum Schmoren oder Kochen als Gemüse. Von einer einzigen Pflanze kann man über längere Zeit hin ernten.

Im Samenhandel werden bis zu sechs Sorten angeboten. Zucchini sind Freilandpflanzen mit ähnlichen Klimaansprüchen wie Kürbis, aber man sieht sie in den Gärten nicht auf Komposthaufen, sondern in gewöhnlicher, doch nahrhafter und gut gelockerter Gartenerde. Sie benötigen neben viel Platz viel Sonne.

Bedeutung und Inhaltsstoffe von Kürbis

Die Anbaumengen in Deutschland für Kürbis und Zucchini werden statistisch nicht erfaßt, da sie mehr in Gärten gezogen werden. Weltwirtschaftlich gesehen sind Kürbisarten von Bedeutung, besonders in Ländern mit tropischem, subtropischem oder doch heißem Klima. In Europa erzeugen Rumänien, Ungarn und Spanien die meisten Kürbisse. Das ist in erster Linie der Gewöhnliche Kürbis (*C. pepo*), auch Sommerkürbis genannt, den Becker-Dillingen (1929) auch noch für Deutschland als »sehr guten Einmach- und Küchenkürbis« mit rankenden und einer nicht rankenden Sorte aufführt. Davon werden in den tropischen und subtropischen Ländern nach Brücher (1977) die Früchte roh oder gekocht gegessen, die getrockneten Streifen des Fruchtfleisches als Vorräte aufbewahrt, die Blätter als Gemüse genutzt, die Samen geröstet als Ölfrüchte verzehrt und die Blüten auch gegessen.
Kürbis steht im Nährwert zwischen Melone und Gurke. 100 g seines Fruchtfleisches enthalten 90–93 g Wasser, rund 5 g Stärke und Zucker, 1–1,2 g Eiweiß, 0,1–0,2 g Fett, 0,7–0,8 g Mineralien und 1,2–1,3 g Rohfaser (nach Souci et al. 1981, vgl. Tab. 8, S. 172). Im einzelnen schwanken diese Werte bei den verschiedenen Sorten stark. Die Samen enthalten 34–38% Öl und viel Eiweiß.

Die Kulturgeschichte von Kürbis in Deutschland

Die ältesten Kürbissamen aus Mitteleuropa wurden in Schichten des 17. Jahrhunderts im Altstadtkern von Amsterdam gefunden. Sie lagen zusammen mit anderen Überresten von Nahrungsmitteln und wurden von N. A. Paap (1984) als Gewöhnlicher Kürbis (*C. pepo*) bestimmt. Ebenfalls aus dem 17. Jahrhundert stellte U. Lappe (1978) dieselbe Art in der Ruine Neideck in Arnstadt (Ostdeutschland) fest.
Abbildungen und Beschreibungen von »Kürbis« sind in mehreren deutschen Kräuterbüchern des 16. Jahrhunderts enthalten, z. B. bei Otto Brunfels (1532) und Leonhart Fuchs (1543). Aber daraus ist nicht immer Sicheres zu entnehmen, da »Kürbis« gleichgesetzt wird mit »colocyntha« der alten Griechen (Koloquinte ist die Wassermelone) und »cucurbita« der Römer im klassischen Altertum. Im Mittelalter und auch noch in der ersten Hälfte des 16. Jahrhunderts sind die Bezeichnungen für Melone, Koloquinte, Gurke und Kürbis weitgehend verwechselt worden. Wahrscheinlich kam das

Abb. 72. Kürbisse (*Cucurbita* spec.). Holzschnitte von zwei verschiedenen Formen aus dem Kräuterbuch von Joachim Camerarius (1586).

daher, weil diese Früchte wohl noch selten waren und außerdem eine große Formenvielfalt besaßen.

Aber die Holzschnitte von Joachim Camerarius (1586, gedruckt 1626) geben deutlich erkennbare Kürbisarten wieder (Abb. 72). Camerarius nennt sie »Fremde oder Indianische«. Die Blätter beschreibt er als scharf und rauh (also mit stacheligen Haaren), die aufsteigenden Stengel seien schärfer und rauher (als bei den Melonen), hätten »große, goldgelbe Blumen«. Man läßt sie klettern bis zum Herbst, danach schneidet man die Früchte ab.

Für die Mitte des vorigen Jahrhunderts beschreibt Chr. E. Langethal (1845) in seinem Lehrbuch der Landwirtschaftlichen Pflanzenkunde folgende Kürbisarten: In erster Linie der Gemeine Kürbis (*Cucurbita pepo* L.). »Er findet sich in mancherlei Spielarten, darunter der gelbe, grüne, runde Feldkürbis am nutzbarsten, werden häufig in den milderen Gegenden Deutschlands in das Runkel-, Kartoffel- oder Krautfeld gebracht.

Außerdem zieht man noch den Zentner- oder Riesenkürbis (*Cucurbita maxima* Duch.), welcher Früchte von 40, 60 und 100 Pfund, ja sogar 200 Pfund bringt, aber nur auf Komposthaufen gut gedeiht.« Außerdem hat man den Melonenkürbis (*C. moschata* Duch.) sowie zwei andere Arten.
»Am häufigsten benutzt man den Kürbis zur Fütterung der Schweine, doch dient er auch als Gemüse. Aus seinen Samen kann man ein wohlschmeckendes Salatöl schlagen. 1 Pfund Kerne geben 6–7 Loth Oel« (Langethal 1845).

Kürbisarten in Amerika

Kürbisse gehören zu den ältesten Nahrungspflanzen Amerikas. Nicht das Fruchtfleisch der damals kaum birnengroßen bitteren Früchte, sondern ihre öl- und eiweißreichen Samen müssen aufgrund der Funde in den frühen Höhlenschichten bereits in der Nacheiszeit von den nomadisch lebenden Indios gegessen worden sein – viel früher also als Mais und Bohnen.
Kürbisse sind nur in Amerika beheimatet, wie archäologische Nachweise und die Verbreitung der Wildarten belegen. Alle heute in Europa und Asien gezogenen Nutz- und Zierkürbisse der Gattung *Cucurbita* sind amerikanischen Ursprungs und erst nach der Entdeckung Amerikas durch Kolumbus nach Europa gekommen. Bei den im Altertum mit cucurbita bezeichneten Früchten in Griechenland, Italien und Asien wird es sich teils um Flaschenkürbisse (*Lagenaria*), teils um Melonen (*Cucumis melo*) oder andere Vertreter derselben Familie gehandelt haben.
Bei den archäologischen Nachweisen in Amerika müssen wir zwei verschiedene Regionen unterscheiden (Abb. 73). Mexiko als Ursprungsgebiet für den Gewöhnlichen Kürbis (*C. pepo*), für den Moschuskürbis (*C. moschata*) und für *C. mixta;* Südamerika, vor allem Peru, für den Riesenkürbis (*C. maxima*). Die beiden Regionen trennen nicht nur 4000–5000 Kilometer, sondern auch ganz verschiedene Kulturen und Lebensweisen der Indios. In beiden Gebieten konnten sich Pflanzenreste wegen der immerwährenden Trockenheit erhalten, vom Kürbis die Samen, Stücke der Rinde, Stielansätze der Früchte und intakte Früchte.
Die in Mexiko aus den bisherigen Ausgrabungen geborgenen Kürbisfragmente sind von dem amerikanischen Kürbisspezialisten Th. W. Whitaker (1981) zusammengestellt worden. Weitere Angaben, besonders für Nordamerika finden sich in dem neuen Buch von R. J. Ford (Ed., 1985). Danach stammen die ältesten Kürbisreste aus dem Süden des Staates Mexiko. Sie wurden als Gewöhnlicher Kürbis (*C. pepo*) bestimmt und fanden sich in der Guila Naquitz-Höhle im Hochtal von Oaxaca, wurden mit Radiokarbon auf 10700–9200 v. Chr. datiert. In die Zeit zwischen 7000–5000 v. Chr. gehö-

Abb. 73. Fundstellen von prähistorischen Kürbisresten in Amerika. Nördlich des Äquators der Gewöhnliche Kürbis (*Cucurbita pepo*): 1–4 Mexiko: 1 Tamaulipas, 2 Tehuacan, 3 Oaxaca, 4 Nordmexiko; 5 Süden der USA, Ozark Highlands. Südlich des Äquators der Riesenkürbis (*C. maxima*): 6 Peru.

ren *C. pepo*-Reste aus den Ocampo-Höhlen von Tamaulipas. Im Tehuacan-Gebiet, südlich von Mexiko-Stadt, wurden in Höhlenschichten aus der Zeit von ca. 5200 v. Chr. an Reste einer weiteren Kürbisart (*C. mixta*) gefunden, ab 4900–3500 v. Chr. außerdem Reste vom Moschuskürbis (*C. moschata*) und ab etwa 2000 v. Chr. in diesem Tehuacan-Gebiet auch der erstgenannte Gewöhnliche Kürbis (*C. pepo*). Weitere Fundstellen von *C. pepo* sind in Nordmexiko und in den Ozark Highlands im Mittleren Osten der USA aufgedeckt worden (ca. 2000 v. Chr.).

Die Überreste dieser Kürbisarten haben sich alle in Höhlen oder unter geräumigen Felsdächern gefunden, zusammen mit anderen Nahrungsüberresten sowie verschiedenartigen Abfällen, die sich bei Menschen ansammeln, die längere Zeit an einer Stelle wohnen. Über die näheren Umstände dieses Gebiets ist schon beim Mais berichtet worden (S. 91 f.).

Die Kürbisarten der nomadischen Zeitepoche waren Wildpflanzen, die zwar nur kleine, wenige Zentimeter große Früchte hervorbrachten, jedoch zahlreiche öl- und eiweißreiche Samen enthielten. Als wilder Vorfahr für den Gewöhnlichen Kürbis (*C. pepo*) wird der Texas-Kürbis (*C. texana*) angesehen. Diesen beschreibt H. Brücher (1977) in seinem Buch über »Tropische Nutzpflanzen« und bringt auch Abbildungen. Eine solche Pflanze bildet lange Ranken (d. h. kriechende oder kletternde Stengel) und erzeugt zahlreiche kleine, hartschalige Früchte von nur 4 bis 5 Zentimeter Durchmesser, die oben dünn und unten rundlich sind. Sie sind grün und leuchtend gelb längsgestreift, sehen somit einigen Formen unserer Zierkürbisse ähnlich. Das Verbreitungsgebiet erstreckt sich nach Brücher über Texas und Mexiko. Er wächst an Flußufern auf Treibgut und klettert auch auf Bäume. Die amerikanischen Botaniker waren lange Zeit darüber im Zweifel, ob diese Art eine echte Wildpflanze oder nur vom Kürbisanbau verwildert sei. Doch wurde sie zuletzt als Wildpflanze angesehen, allerdings schon modifiziert durch Kreuzung mit dem angebauten Gewöhnlichen Kürbis.

Zum Wildkürbis *C. texana* berichtet Brücher weiter, daß sich unter den normalerweise bitteren Früchten gelegentlich Mutanten mit nicht bitterem Fruchtfleisch befinden. Wenn die früheren Menschen einmal derartige nicht bittere Früchte fanden, waren sie sicherlich bestrebt, diese zu vermehren. Eine solche Auslese im Laufe zahlloser Generationen hat Größenzunahme, Formenvielfalt und neue Beschaffenheit der Früchte zur Folge.

Der Anbau von Kürbissen hatte sich jedenfalls mit der Zeit über die ganzen südlichen USA ausgedehnt, denn im Jahre 1539 fand der Spanier De Soto bei »seinem Landen in Florida, nahe der Tampa Bay, Felder von Mais, Bohnen und Kürbissen; in Coligoa, westlich vom Mississippi, Bohnen und Kürbisse in großer Menge, auch anderswo«. So berichtete L. Wittmack (1888) über »Die Heimat der Bohnen und Kürbisse«.

Kürbisse gehörten damals in Amerika also zu den wichtigen pflanzlichen Nahrungsmitteln. Heute werden sie dort in verschiedenster Weise gegessen (nach Whitaker): gekocht, fritiert, gebacken, sauer eingelegt oder kandiert. Auch die öl- und eiweißreichen Samen werden roh, geröstet oder fritiert gegessen.

In den letzten 300 Jahren sind nach Angaben von H. Brücher (1977) vom Gewöhnlichen Kürbis (*C. pepo*) in allen Teilen der Welt unzählige Varietäten von eßbaren Kürbissen und Gartenspielarten (die nicht eßbar sind) gezüchtet worden: rankende und buschförmige. Zu den letzteren gehören z. B. die Zucchini. Eine weitere Variante ist der »Ölkürbis«, der »schalenlose« Samen hat, d. h. in Wirklichkeit sind nur die äußeren Schichten der Samenschale unverdickt geblieben. Deshalb sind sie zart. Die Samen

Tafel 85 Oben: Wilde Endivie (*Cichorium endivia* var. *pumilum*), die mutmaßliche Vorfahrin des Endiviensalats. Hier auf einer Viehweide bei Civitavecchia (nordwestlich von Rom/Mittelitalien), 9. 6. 1985, Foto: S. Pignatti, Universität Rom. Unten: Wegwarte (*Cichorium intybus*), Stammpflanze von Zichorienwurzel, Chicorée, Zichoriensalat und Radicchio. Sie ist völlig winterhart und resistent gegenüber Autoabgasen. Dieses üppige Exemplar steht an einer Hauptverkehrsstraße in Tübingen, an der Haltelinie vor einer Ampel. 2. 8. 1985.

Tafel 86 Wilder Feldsalat (*Valerianella* ssp.). Oben: die jungen Blattrosetten in einem Weinberg unterhalb der Ruine Staufen in Staufen, südöstlich von Freiburg, Ende März 1985. Foto: K. und U. Piening, Stuttgart. Unten: Blühende Pflanzen als Ackerunkraut in einem Roggenfeld, Anfang Juli 1985. Auf dem »Kalten Feld«, Schwäbische Alb, südlich von Schwäbisch Gmünd, ca. 800 m ü. M. Foto: D. Rodi, Schwäbisch Gmünd.

Tafel 87 Feldsalat (*Valerianella locusta*). Oben: Wilder Feldsalat als Unkraut in einem Weinberg bei Vaihingen/Enz, Ende März 1985. Unten: Kultivierter Feldsalat im Gemüsegarten der Verfasserin, ebenfalls Ende März. Neben der Pflanze liegt ein vorjähriges Buchenblatt zum Größenvergleich.

Tafel 88 Tomatenpflanze (*Lycopersicon spec.*) mit kleinen, gelben Früchten. Aquarell von Georg Oelinger (1553), Nürnberg. Seine Bezeichnung: Poma Amoris Minora Lutea (Kleiner gelber Liebesapfel).

Tafel 89 Tomatenpflanze mit roten, großen Früchten, die unseren heutigen Fleischtomaten ähnlich sind. Aquarell von Georg Oelinger (1553), Nürnberg. Seine Bezeichnung: Mala Aurea oder Poma Amoris (Goldapfel oder Liebesapfel).

Tafel 90 Früchte und Blätter der Tomate (*Lycopersicon esculentum*). Zeichnung von Konrad Gesner in der Historia Plantarum, 1561.

sehen grün aus. Eine neuere Varietät (var. *malakosperma*) enthält 46% Öl, 34% Protein und 16% Kohlenhydrate (diese Angaben und Näheres darüber bei Brücher, 1977).

Lange bevor auf dem Hochland von Peru die Inkas ihre großen Städte mit Tempeln bauten (ab etwa 1000 n. Chr.), war die peruanische Küste westlich der Kordilleren von Indios besiedelt (etwa ab 6000 v. Chr.). Margareth Towle, die 1961 zahlreiche Pflanzenreste aus archäologischen Ausgrabungen bearbeitet hat, berichtet über diesen Küstenstreifen (von rd. 2000 km Länge). Dort ist Wüste, die quer durchschnitten wird von Flüssen, von denen aber nur wenige ständig Wasser führen. Die Randgebiete werden ackerbaulich genutzt mittels künstlicher Bewässerung. Das Klima ist im Sommer trocken und kühl, im Winter sehr neblig.

In diesem immer trockenen Wüstenboden haben sich in und bei den prähistorischen Siedlungen meterdicke Abfallschichten von Nahrungsresten und Gebrauchsgegenständen angesammelt. Aber auch in altperuanischen Gräbern sind die organischen Materialien erhalten geblieben, sogar die Farben der gewebten Stoffe, in die Tote eingehüllt waren. Früchte, Knollen, Körner und andere Nahrungsmittel lagen noch in ihren Behältern wie Säcken, Taschen, Netzen und Schalen aus Kürbissen. Blüten steckten oft in den bunten Kleidungsstücken der mumifizierten Körper.

Die beiden Arten Moschuskürbis (*C. moschata*) und Feigenblättriger Kürbis (*C. ficifolia*) sind an der Nordküste während der Prieta-Kultur (ca. 2500–ca. 1200 v. Chr.) in und bei den Indiosiedlungen gezogen und gefunden worden, zusammen mit anderen Nutzpflanzen wie Baumwolle (*Gypsopium*), Pfeffer (*Capsicum annuum*) und anderen, aber auch mit wild wachsenden Sammelpflanzen. Erst in der sog. Klassischen Periode, von etwa Christi Geburt an, kamen bei geregeltem Ackerbau weitere Nutzpflanzen hinzu, z. B. der Riesenkürbis (*C. maxima*), Coca, Guave und Ananas. In den Gräbern von Ancon im mittleren Teil der Küste (ab 750 v. Chr.) sind Samen des Riesenkürbis (*C. maxima*) und des Moschuskürbis (*C. moschata*) unter den Beigaben gefunden worden. Den Riesenkürbis hatten die Indios auch als Tongefäße nachgebildet. Er war von etwa Christi Geburt an bis zur Ankunft der Spanier eine allgemein verbreitete und viel genutzte Nahrungspflanze (Näheres bei M. Towle, 1961).

Als wilder Vorfahr des Riesenkürbis wird *Cucurbita andreani* angesehen. Er kommt nach H. Brücher (1977) heute in der Pampa (Grasland) Argentiniens, in den Kordillerentälern im Norden des Landes und in den Uferregionen der großen Flüsse Uruguays und Boliviens vor. Die lang kriechende oder rankende Pflanze bildet eine große Menge dunkelgrüner, kleiner Früchte (5–7 cm Durchmesser) mit zahlreichen Samen darin. Die Oberfläche ist glatt, gerippt oder warzig, die Fruchtschale außerordentlich hart. Auch bei diesen ist das Fruchtfleisch bitter, mit Ausnahme seltener bitterstofffreier Mutanten.

Die gegenwärtig in Chile, Argentinien, Bolivien und Peru angebauten Landsorten von *C. maxima* sind unübersehbar mannigfaltig in ihrer Formen- und Farbenvielfalt. Es gibt Zwergformen von Gänseeigröße bis zu Riesenfrüchten von 150 Zentimeter Durchmesser und bis zu 120 Kilogramm Gewicht. Dieser ist damit die größte Frucht der Erde, noch größer als die asiatische Jackfrucht (*Artocarpus heterophyllus*), wie Brücher berichtet.

TOMATE (*Lycopersicon esculentum* Mill.)

Die Tomate ist eine Verwandte der Kartoffel. Beide gehören der gleichen Familie der Nachtschattengewächse (*Solanaceae*) an. Aussehen und Anbaubedingungen sind heute so allgemein bekannt, daß hierauf nicht weiter eingegangen werden soll.
Die Empfindlichkeit von Tomatenpflanzen gegen Frost und kalte, nasse Witterung wird verständlich, wenn man sich vergegenwärtigt, daß sie aus den Tropen und Subtropen stammen. Deswegen soll zuerst etwas über ihre Herkunft und über die Wildarten gesagt werden, erst danach zur Geschichte ihrer Verbreitung in Europa als »Liebesapfel«.

Wildarten, Verbreitung und Kultivierung

Wilde Tomatenarten mit roten Früchten sind nach H. Brücher (1977) nur im nördlichen Südamerika sowie in der Karibik einheimisch. Vier Arten gibt es heute noch, drei davon haben kleine Früchte von 10–15 Millimeter Durchmesser und 1–3 Gramm Gewicht. Sie sind mit zahlreichen Samen angefüllt. Unter den genannten ist die kirschenförmige Wildtomate (*L. cerasiforme*) die verbreitetste. Sie gelangte von Südamerika aus auch in die Tropen und Subtropen der Alten Welt. Die anderen drei Arten kommen nur in Amerika vor. Die Johannisbeertomate (*L. pimpinellifolia*) hat lediglich johannisbeergroße Früchte. Humboldts Wildtomate (*L. humboldtii*) wächst in Venezuela bei Valencia am Seeufer sowie in den Flußniederungen und deren Gebüschen. Ihre Früchte sind mit 4–6 Zentimeter Durchmesser etwa viermal so groß wie die der Kirschtomate. Eine vierte Art von Wildtomate (*L. cheesmanii*), ist auf den Galapagosinseln heimisch. Ihre Früchte enthalten besonders viel Carotin beta. Nach Ch. M. Rick (1978) ist diese Art gänzlich unempfindlich gegen Meerwasser, denn sie wächst am Strand, kaum zwei Meter über der Flutlinie und nur etwa fünf Meter von dieser entfernt. Man könne sie mit Meerwasser begießen, ohne daß es ihr schadet, während normale Tomatenpflanzen davon eingehen.

Bei den genannten vier Arten läßt sich nur sagen, daß es Wildtomaten mit roten Früchten sind (es gibt auch solche mit grün bleibenden Früchten), beheimatet in den Tropen und Subtropen des nördlichen Südamerika, die unterschiedlichste Standorte besiedeln. Nach Brücher läßt sich vorerst nicht beurteilen, ob die eine oder andere Art als Vorfahr der Kulturtomate in Frage kommt.

Als weitere Herkunftsmöglichkeit wird Mexiko genannt, weil es dort heute eine große Vielfalt von Landsorten einfacher Kulturtomaten im Anbau gibt. Außerdem sind die einzelnen vorgeschichtlichen Tomatensamen im Tehuacan-Tal südlich Mexiko-Stadt gefunden worden. Diese lagen in Höhlenschichten aus der Zeitperiode zwischen 200 v. Chr. und 700 n. Chr., als es dort bereits Städte mit Tempeln gab und die Indios Ackerbau mit künstlicher Bewässerung betrieben. In Peru sind bisher keine archäologischen Reste von Tomaten aufgedeckt worden.

Auf jeden Fall haben wir die Kultivierung der Wildtomaten den Indios in Süd- und Mittelamerika zu verdanken. Das kann aus den frühesten Abbildungen von Tomatenpflanzen in Europa geschlossen werden (Anfang 16. Jh.). Zu der Zeit waren erst wenige Jahrzehnte seit ihrer Einführung vergangen. Die Abbildungen zeigen Formen mit großen bis sehr großen Früchten. Brücher betont, daß diese eingebuchteten Großformen noch heute auf den Indianermärkten Mexikos, unter einer enormen Vielfalt von Sorten, feilgeboten würden.

Die Vergrößerung der Früchte bei der Tomate beruht nicht auf einer Vermehrung der Chromosomen, sondern besteht in einzelnen Schritten von Genmutationen mit Auslese der willkommensten Früchte durch den Menschen. Das hat der deutsche Pflanzengenetiker H. Stubbe in einem 16 Jahre dauernden Experiment gezeigt, in dem er aus der peruanischen Wildtomate (*L. pimpinellifolia*) von etwa einem Zentimeter Fruchtgröße eine Kulturtomate von mehreren Zentimetern Größe gezüchtet hat.

Die jetzigen Wildtomaten Amerikas sind für die Einkreuzung in heutigen Kulturtomaten von großer Bedeutung, da sie viel Widerstandskraft gegenüber solchen Krankheiten besitzen, die beim Anbau hochgezüchteter Kulturtomaten, besonders in Monokulturen, eine bedrohliche und wachsende Rolle spielen (Schadinsekten, niedere Pilze, Viren, Bakterien). Wildtomaten stellen daher, ebenso wie die zahlreichen Landsorten in Mittel- und Südamerika, wichtige Genreserven dar.

Tomaten in Europa. Inhaltsstoffe

Die ältesten Holzschnitte von Tomatenpflanzen in Europa, z. T. farbig koloriert, stammen aus der Zeit zwischen etwa 1516 und 1553. Sie zeigen große Früchte, die mit ihren Ausbuchtungen an unsere heutigen Fleischtomaten erinnern (Taf. 90). Entsprechendes ist auf Taf. 89 in einem kolorierten Holzschnitt von Georg Oelinger aus Nürnberg (1553) zu sehen. Derselbe Verfasser hat noch zwei andere Formen mit gelben Früchten abgebildet, von denen die kleinfrüchtige in Taf. 88 wiedergegeben ist. Wie diese neue Frucht, die sich verhältnismäßig bald nach der Entdeckung Amerikas in Europa verbreitete, aufgenommen wurde, läßt sich aus dem Kommentar von Joachim Camerarius (1586) ersehen. Er schreibt: »Amoris poma (Liebesapfel) oder Goldäpffel (Poma aurea): In Welschland (Italien) pflegen diese Früchte etliche zu essen mit Pfeffer, Oel und Essig gekocht, aber es ist ein ungesunde Speiß, und die gantz wenig nahrung geben kann.« Die Bezeichnung in Frankreich ist zu der Zeit Pomme d'amours (Liebesapfel). Die Namen »Tumatl Americanorum« und »Mala peruviana« (Apfel aus Peru) stehen in dem dreibändigen Pflanzenwerk »Historia plantarum universalis« (Bd. III, 621) von Johann Bauhin (1541–1613), der Arzt und Botaniker war und lange Zeit in Schwaben lebte.
Obwohl die Tomate verhältnismäßig früh in Europa bekannt geworden war, dauerte es unterschiedlich lange, bis sie sich als Nahrungspflanze durchgesetzt hatte. Im Jahre 1866 heißt es für Deutschland bei Friedrich Alefeld vom »Eßbaren Liebesapfel« (*Lycopersicon esculentum*): »Im nördlichen Teile unseres Gebietes nur als Zierpflanze gezogen, im südlichen aber seines Nutzens wegen als Zukost- und Suppenpflanze.« Hiervon werden sieben Sorten beschrieben: 1. rotfrüchtige gewöhnliche (var. *vulgare*), 2. gelbfrüchtige (var. *luteum*), 3. mit kleinen, roten, gerippten Früchten (var. *myrobalaneum*), 4. mit kleinen, runden, kirschenähnlichen Früchten (var. *cerasiforme*), 5. mit kleinen, runden, gelben Früchten (var. *Humboldtii*), 6. mit birnförmigen, roten Früchten (var. *pyriforme*) und 7. entsprechendes in gelb (var. *cydonica*). Dabei handelt es sich jedenfalls bei Nr. 5 (var. *Humboldtii*) um eine Art von Wildtomate, die Alexander von Humboldt um 1800 aus Venezuela mit nach Europa gebracht hat (vgl. S. 314).
Obwohl es zu der Zeit also mehrere Sorten gab, verbreitete sich der Gebrauch von Tomaten für die Küche in Deutschland erst in den zwanziger Jahren unseres Jahrhunderts, in den Städten früher als auf dem Lande, wo die Leute mehr am Althergebrachten hingen und gegenüber Neuem mißtrauisch waren. In Frankreich, Italien, Österreich und Ungarn hatte sie sich bereits um Jahrzehnte früher durchgesetzt. Dabei wird das wärmere Klima sicherlich eine Rolle gespielt haben.
Seit den dreißiger Jahren pflanzte aber wohl jeder, der einen Garten besaß, auch To-

maten an, und man sah sie in Norddeutschland im Spätsommer und Herbst auf den Wochenmärkten. Heute werden in den Katalogen der Samenzüchtereien in der Bundesrepublik bis zu 25 Sorten von Tomaten angeboten.

Der Anteil der erwerbsmäßig angebauten Tomaten an der Gemüseproduktion in der Bundesrepublik ist jedoch sehr gering (unter 1%). In der Weltproduktion stehen Tomaten mit 50,4 Millionen Tonnen jährlich an erster Stelle des Gemüseanbaus, noch vor Kohl und Hülsenfrüchten. Am meisten wird sie in Nord- und Mittelamerika (besonders Mexiko), Südamerika, China und Ägypten (nach F-A-O 1981) angebaut.

Als Inhaltsstoffe werden folgende angegeben: In 100 g frischen Tomaten sind etwa enthalten: 93–95 g Wasser, 1,9–4,0 g Kohlenhydrate, 0,7–1,0 g Eiweiß, 0,2–0,3 g Fett, 0,6 g Mineralstoffe und 0,6–0,8 g Rohfasern. Von zehn Mineralien ist nur Kalium mit 264–314 mg reichlich enthalten, Magnesium und Eisen fehlen. An Vitaminen haben Tomaten am meisten Vitamin C mit 20–29 mg, in geringen Mengen die Vitamine E, K, B_1, B_2, B_6 und andere sowie etwas Carotin (vgl. Tab. 8, S. 172). Tomaten sind somit nicht besonders reich an Nährstoffen, aber sie enthalten viele Vitamine, Mineralien und Spurenelemente.

Teil II.
Die nur in der Vergangenheit angebauten Arten

Es sind die Arten, deren Anbau in der Vergangenheit durch archäobotanische Nachweise und/oder historische Quellen belegt ist, die aber seit 1981 (oder schon früher) nicht mehr in den Statistischen Jahrbüchern für Landwirtschaft der Bundesrepublik Deutschland und in den Katalogen der Samenzüchtereien (vgl. S. 481) geführt werden. Das Ende des Anbaus in der Bundesrepublik liegt bei manchen Kulturpflanzen erst ein oder zwei Jahrzehnte zurück, wie z. B. bei Mohn und Hanf, bei denen dieser wegen möglichen Rauschgiftmißbrauchs verboten wurde, obwohl mit beiden Pflanzenarten mehrere Jahrtausende lang in Mitteleuropa kein Mißbrauch getrieben worden ist. Bei anderen hat der Anbau schon Anfang des vorigen Jahrhunderts nachgelassen, wie z. B. beim Lein, der allen Menschen Europas seit Beginn des Ackerbaus seine nahrhaften Samen und seinen Rohstoff Flachs für das Leinen geschenkt hat. In Deutschland lebt dieser hauptsächlich in dem Namen des »Bielefelder Leinens« sowie in einer Reihe von Orts- und Flurnamen fort. Indessen scheint sich neuerdings wieder ein Anbau anzubahnen.

Wieder andere kennen wir nur noch dem Namen nach, wie z. B. die Hirse als Hirsebrei aus unseren Märchen. Wer weiß schon, daß diese Hirse in der Bronze- und Eisenzeit eine wichtige Getreideart in ganz Europa war, sogar bis hinauf nach Schweden? Wer hat Hirsepflanzen wachsen gesehen? Von den Linsen, um die Esau im Alten Testament sein Erstgeburtsrecht an seinen Bruder Jakob verkauft hat, meint vielleicht mancher, sie seien nur Gewächse wärmerer Klimate. Und doch sind sie noch im vorigen Jahrhundert, nach alter Tradition, auf der rauhen Schwäbischen Alb zusammen mit Gerste gesät und als Brot verbacken worden, um eine eiweißreichere Ernährung zu bekommen.

Dies und anderes ist Gegenstand von Teil II dieses Buches. Man sieht jene Pflanzen nicht mehr in unserer Feldflur, nicht mehr in den Gärten. Aber sie sind mit dem Leben unserer Vorfahren, mit unserer Kultur, auf das engste verwoben.

Tafel 91 Oben: Die drei Spelzweizenarten in der natürlichen Haltung ihrer reifen Ähren. Links Dinkel (*Triticum spelta*), Mitte Emmer (*Triticum dicoccum*), rechts Einkorn (*Triticum monococcum*). Verkleinert auf ca. 2/3. Unten: Links Spelzweizen (hier Einkorn) und rechts Nacktweizen (hier Saatweizen) nach dem Dreschen. Beim Spelzweizen zerfällt die Ähre nur in die Vesen (die bespelzt bleibenden Ährchen), beim Nacktweizen sind die nackten Körner ausgefallen und die Ährenspindel ist nicht zerbrochen. Verkleinert auf ca. 3/4.

Tafel 92 Einkorn (*Triticum monococcum*). Oben: Eine Ähre in natürlicher Haltung bei der Reife. Nat. Gr. Unten: 6 verkohlte Ährchengabeln aus der früheisenzeitlichen Siedlung Freiberg-Geisingen (mittleres Neckarland). Bestimmung: U. Piening, Univ. Hohenheim. Vergr. 8x.

Mehlfrüchte

Die Getreidearten, die in Deutschland nur in der Vergangenheit eine Rolle gespielt haben, sind alle Spelzgetreide, also Arten wie Gerste, Hafer und Dinkel, deren Körner nach dem Dreschen bzw. im Mähdrescher von Spelzen umschlossen bleiben und für menschliche Ernährung erst in Mühlen entspelzt werden müssen. Sie stehen in Gegensatz zu den Nacktgetreiden wie Weizen und Roggen, bei denen der zweite Arbeitsgang nicht notwendig ist. Die drei Spelzweizenarten sind zum Vergleich in Taf. 91 oben in der natürlichen Haltung ihrer reifen Ähren zusammengestellt: links der schmale, unbegrannte Dinkel, in der Mitte Emmer, rechts das zierliche, aufrecht stehende Einkorn. Taf. 91 unten zeigt links die gedroschene Ähre einer Spelzweizenart (hier Einkorn), rechts eine ebenfalls gedroschene Ähre des Gewöhnlichen Weizens. Die Einkornähre ist nur in ihre Abschnitte zerfallen, während bei der Weizenähre die nackten, gebrauchsfertigen Körner neben den losen Spelzen und der heil gebliebenen Ährenspindel liegen. Auch Hirse ist ein Spelzgetreide. Selbst beim Buchweizen ist der eßbare Kern von einer Schale umgeben.

EINKORN (*Triticum monococcum* L.)

Biologische Angaben. Inhaltsstoffe

Einkorn ist die zierlichste aller Getreidearten. Seine Halme sind am dünnsten, die Ähren am kleinsten und flachsten. Beiderseits der Ährenspindel sitzt jeweils nur ein Korn (daher der Name Einkorn). Die Ähren, mit langen, dünnen Grannen besetzt, bleiben auch bei der Reife aufrecht stehen (Taf. 92 oben). Ein Einkornfeld sieht während der Blütezeit goldbraun aus (Taf. 93), im Gegensatz zu den anderen Getreidearten, die zu der Zeit grünliche oder bläuliche Farbtöne zeigen. Im 19. Jahrhundert ist das Einkorn

in Deutschland nur mit einer Sorte beschrieben worden (Alefeld 1866 und Strebel 1888).
Das Spelzgetreide Einkorn ist ein Verwandter unseres Weizens, d. h. es gehört in dieselbe Gattung *Triticum*, hat aber eine geringere Chromosomenzahl. Es ist nur diploid, während Weizen und Dinkel hexaploid sind, also dreimal so viele Chromosomen besitzen (vgl. die Übersicht S. 38).
Da Einkorn unempfindlich gegenüber Winterkälte ist, wurde es in Deutschland als Winterfrucht angebaut und nur dann im Frühjahr gesät, wenn andere Getreidearten erfroren waren. Gesät werden die Vesen (also das nicht entspelzte Dreschgut), weil beim Entspelzen zwischen den Mahlsteinen der Embryo leicht verletzt wird. Die Saatdichte kann bei Wintersaat gering sein wegen der enormen Bestockung. Bei unserem Versuchsfeld von Wintereinkorn auf der Schwäbischen Alb sind 15–20 Halme aus einem Korn hervorgegangen, wie wir im August 1984 ausgezählt haben.
Verwendet wurde das entspelzte Einkorn nach dem Schroten zu Grütze sowie zu Mehl gemahlen für Brot und Mehlspeisen. Die Inhaltsstoffe für reife, trockene Körner ohne Spelzen waren bei zwei süddeutschen Anbaugebieten, mit einem Wassergehalt von 12% folgende: 57–58% Kohlenhydrate, 17–18% Protein, 2,5–2,9% Fett, um 2,4% Mineralstoffe und um 1,6% Fasern (nach Tab. 1, S. 27, umgerechnet). Einkorn ist also bedeutend proteinreicher als Weizen. Das ist durch den besonders hohen Klebergehalt bedingt, was man auch beim Teigkneten merkt. Das Mehl hat eine gelbliche Farbe und ergibt ein relativ dunkles Brot.
Die Vesen wurden in den vergangenen Jahrhunderten auch als gutes Kraftfutter für Pferde verwendet. Das dünne, zähe Stroh ist noch am Anfang unseres Jahrhunderts im Neckarland zum Anbinden von Weinreben benutzt worden. Außerdem ist es zum Flechten gut brauchbar.

Die Geschichte des Einkorns in Europa

An prähistorischen Resten des Einkorns sind verkohlte Körner und Basisteile seiner Ährchen in zahlreichen Fundstellen erhalten geblieben (Taf. 92 unten). Auch Abdrücke der Spreu vom Entspelzen haben sich oft in gebranntem Lehm von Keramikscherben und im Wandbewurf abgebrannter Häuser nachweisen lassen, d. h. die Spreu diente zum Magern von Ton oder Lehm.
Die älteste Ackerbaukultur in Mitteleuropa (Bandkeramik) basierte im wesentlichen auf den zwei Getreidearten Emmer und Einkorn, während eine dritte Getreideart (Gerste) nur gebietsweise angebaut wurde. Einkorn stand an zweiter Stelle (nach Emmer). Es war an 30 von 37 auswertbaren Fundstellen in Deutschland vertreten. Seine

jeweiligen Mengenanteile schwanken. Oft waren Emmer und Einkorn fast in gleichen Mengen vorhanden. Stellenweise konnte Einkorn jedoch 60–80 Prozent des Getreides erreichen, wie z. B. in Hienheim an der Donau (südwestlich von Regensburg) und im Rheinland bei Mönchengladbach. Im Bereich der Mittelgebirge kam es im allgemeinen weniger vor. Im Mittelneolithikum änderte sich daran nichts.

Auch im Jungneolithikum blieb die Bedeutung des Einkorns groß. In Deutschland war es an 25 von 39 auswertbaren Fundstellen vertreten. Die relative Abnahme hängt mit der enormen Gebietserweiterung der Steinzeitkulturen vom Alpenrand bis Südschweden sowie mit dem Bekanntwerden von zwei weiteren Getreidearten zusammen: Gerste in Norddeutschland und gebietsweise im Alpenvorland sowie Nacktweizen im Alpenvorland. Ganz im Norden (Südschweden) war Einkorn, den Untersuchungen von Hakon Hjelmqvist (1963) zufolge, am Beginn des dortigen Neolithikums die wichtigste Getreideart. Dasselbe gilt für die fruchtbare Lößlandschaft des mittleren Neckarraumes, wo Einkorn zu Beginn des Jungneolithikums häufiger angebaut wurde als Emmer und Nacktgerste.

Mit dem Beginn der Bronzezeit ging Einkorn überall in Europa zurück, so z. B. in Schweden auf etwa ein Fünftel der Werte vom Neolithikum. In Deutschland konnte es nur noch an 6 von 30 auswertbaren Fundstellen nachgewiesen werden. Der Rückgang dauerte auch während der vorrömischen Eisenzeit an. Ausnahmen aus römischer Zeit sind nur wenige bekannt, wie z. B. in Bad Mergentheim (Main-Tauber-Kreis), also im nichtrömischen Germanien, wo in einer Siedlungsgrube des 2. Jahrhunderts etwa 40 Prozent des Getreides aus auffallend großen Körnern von Einkorn bestanden (Taf. 94 oben).

Vom frühen Mittelalter an ist es in Bodenfunden aus ganz Deutschland nicht mehr nachgewiesen worden. Doch wurde Einkorn z. B. in Südwestdeutschland stellenweise in geringem Umfang noch angebaut, wie aus Steuerlisten seit etwa 1400 hervorgeht.

Über den Anbaustand um 1838 berichtet Alexander von Lengerke, daß Einkorn, nächst Emmer, die unbedeutendste Getreideart sei. »Nur in Schwaben trifft man sie häufiger im Felde, aber nie in großer Ausdehnung, etwas auch in der Rheinpfalz.« In Württemberg kam es hauptsächlich noch auf der Ostalb (Oberamt Heidenheim) vor. Hans Jänichen zufolge wurden im heutigen Kreis Konstanz um 1870 auf 348 Morgen Land 540 Zentner Einkorn gewonnen, davon allein 377 Zentner vom Bodanrück (1 Morgen = 1/4 Hektar). 1936 wurde es im Kreis Balingen noch feldmäßig und 1939 im Kreis Heilbronn von mehreren Weingärtnern in kleinen Stücken angebaut wegen des dünnen, zähen Strohs, zum Anbinden der Reben (nach K. u. F. Bertsch 1947). Seit den fünfziger bis sechziger Jahren hat auch diese Art der Nutzung aufgehört.

Außerhalb Deutschlands ist Einkorn um die Jahrhundertwende noch vereinzelt in der

Schweiz und in Südfrankreich, doch am meisten in Spanien sowie in den Balkanländern angebaut worden.

Die ältesten prähistorischen Einkornfunde außerhalb Mitteleuropas. Ableitung des Einkorns

Die bisher ältesten prähistorischen Reste des Einkorns sind in Nordsyrien gefunden worden und zwar in den untersten Siedlungsschichten des Tells Mureybit (Taf. 94 unten. Lage der Fundstelle: Abb. 5, S. 50). Diese gehören dem präkeramischen Neolithikum an, das hier auf 8400–7500 v. Chr. datiert wird. Die Botaniker W. van Zeist und W. A. Casparie konnten 1968 dieses Einkorn als Wildeinkorn (*Triticum boeoticum* var. *thaoudar*) bestimmen, das zusammen mit Wildgerste gesammelt worden war. Weitere Nachweise von Wildeinkorn stammen aus der Türkei (Demircihüyük) und aus dem Irak (Choga Mami).
In gewissen frühen Zeitstufen gab es Einkorn in Übergangsformen zwischen wild und kultiviert. Das ließ sich an zwei Fundorten in der Türkei belegen (in Çatal Hüyük, 5800–5600 v. Chr., und in Çayönü 7500–6500 v. Chr., Lage der Stellen: Abb. 5, S. 50).
Fundstellen mit voll kultiviertem Einkorn sind im Vorderen Orient zahlreich. Die meisten liegen in der Türkei, im Iran und in Syrien. Auch in den präkeramischen Schichten des Neolithikums in Jericho am Toten Meer konnte Einkorn (zusammen mit Emmer und Gerste) festgestellt werden. An den meisten Stellen kam Einkorn in geringeren Mengen vor als Emmer. Es spielte die zweite oder auch dritte Rolle im Anbau der Getreidearten.
Die heutige Verbreitung von wildem Einkorn (*Triticum boeoticum*) ist von Harlan und Zohary (1969) genau untersucht worden. Danach muß man unterscheiden zwischen zwei ökogeographischen Rassen, einer kleinen einkörnigen (var. *aegilopoides*), die auf dem Balkan, im nördlichen Griechenland und in der westlichen Türkei vorkommt und einer größeren, zweikörnigen Rasse (var. *thaoudar*), die in der östlichen Türkei, im nördlichen Irak und im Iran wächst. Bastarde zwischen beiden gibt es in der mittleren Türkei und im südlichen Kaukasus. Zu den Lebensbedingungen beider Rassen berichten die oben genannten Botaniker, diese seien kälteverträglicher als Gerste. Wildeinkorn käme noch in 2000 Meter Höhe in der südwestlichen Türkei vor. Bei beiden Einkornrassen müsse außerdem zwischen primären und sekundären Standorten unterschieden werden. Die primären befinden sich in der noch einigermaßen natürlichen Vegetation, wie z. B. an den Abhängen der Basaltfelsen (Taf. 95). Unter sekundären Standorten versteht man Unkrautvegetationen, also den Bewuchs in verlas-

senen Ortschaften, an Weg- und Feldrändern sowie in Getreidefeldern. Wildeinkorn neigt stark zur Unkrautrolle ebenso wie Wildgerste (*Hordeum spontaneum*), während Wildemmer (*Triticum dicoccoides*) diese Neigung nicht hat. Daraus ergibt sich die wichtige Folgerung, daß die Vorkommen des Wildeinkorns in Griechenland, im Süden von Jugoslawien und in Bulgarien nicht als ursprünglich angesehen werden. Als ursprünglich, d. h. einheimisch, wird das Wildeinkorn demnach nur in der Türkei und im Zagros-Taurus-Bogen sowie im nördlichen Syrien und Irak angesehen.

Vergegenwärtigt man sich noch einmal die prähistorischen Funde des wilden und des in Kultivierung befindlichen Einkorns, so läßt sich daraus ableiten, daß das Kultur-Einkorn (*Triticum monococcum*) von einem Wild-Einkorn (*T. boeoticum*) abstammen muß. Es ist vermutlich zuerst in der südlichen Türkei und in Nordsyrien (am Oberlauf des Euphrat) angebaut worden.

Die weitere Ausbreitung des voll kultivierten Einkorns nach Mitteleuropa hat sich, den Funden zufolge, über Griechenland und/oder den Balkan in den altneolithischen Ackerbaukulturen abgespielt. In Jugoslawien war dies die sogenannte Vinča-Kultur, in der Einkorn und Emmer als Hauptgetreidearten angebaut wurden. Dasselbe gilt für Ungarn in der Zeit zwischen etwa 5000 und 4000 v. Chr. Die Ausbreitung der ältesten mitteleuropäischen Ackerbaukultur (Bandkeramik) hat sich wohl in mehreren Einwanderungswellen vollzogen. Diese Leute nahmen das Saatgut für Einkorn und Emmer aus ihren Heimatgegenden mit. Daß Emmer dabei die erste Rolle spielte, Einkorn die zweite, ist bereits gesagt worden.

In der mitteleuropäischen Bandkeramik wurde das Einkorn durch die einkörnige Rasse, die Körner mit vorgewölbter Bauch- und Rückenseite hat (Taf. 94 oben), repräsentiert. In der älteren Vinča-Kultur Jugoslawiens aber waren noch beide Rassen vertreten, wie Maria Hopf feststellen konnte. Offenbar hat sich die zweikörnige Rasse auf ihrem Weg nach Westen und Norden nicht gehalten.

Rückblickend über das Einkorn ist festzuhalten: Es ist eine zierliche Getreideart (flache Ähren, dünne lange Halme), doch außerordentlich klimahart, angebaut als Wintergetreide in Bergländern und in der europäischen Lößregion. Einkorn ist ein Verwandter unseres Weizens, doch proteinreicher als dieser. Es wurde genutzt für Brot und Brei. Kulturgeschichtlich war Einkorn außerordentlich wichtig, denn es gehörte zu den drei Getreidearten (mit Emmer und Gerste), die in den frühesten, steinzeitlichen Ackerbaukulturen im Vorderen Orient sowie in Mittel- und Nordeuropa angebaut worden sind. Obwohl sein Rückgang schon seit der Bronzezeit erfolgt ist, hat es sich gebietsweise, wie z. B. in Südwest-Deutschland, bis in unser Jahrhundert gehalten.

EMMER, EMER, ZWEIKORN, SOMMERDINKEL (*Triticum dicoccum* Schübl.)

Biologische Angaben. Inhaltsstoffe

Emmer hat dickere Halme, breitere Blätter und schwerere Ähren als Einkorn, die bei der Reife hängen (Taf. 96). Bei der einzelnen Ähre sitzen die bespelzten Körner dichter übereinander und sind auch feingliedriger als beim Dinkel (vgl. Taf. 97 oben mit Taf. 21 oben). An der Emmerähre reifen auf jedem Absatz der Ährenspindel zwei Körner (daher auch der Name Zweikorn). Ihre fest umhüllenden Spelzen laufen in je eine dünne Granne von einigen Zentimeter Länge aus. Vom Emmer gab es am Ende des vorigen Jahrhunderts in Deutschland fünf Landsorten. Diese unterschieden sich durch weiße, rote oder schwarze Ähren sowie kahle oder samtartig behaarte Spelzen. Eine Sorte hatte sogar ästige Ähren. Der Anbau erfolgte im allgemeinen als Sommerfrucht, weil die junge Saat im Winter leicht erfriert. Nur eine Sorte, »ästiger Winteremmer«, konnte als Winterfrucht genutzt werden (vgl. Alefeld 1866 und Strebel 1888). Gesät werden wie bei Einkorn und Dinkel die Vesen, also das nicht entspelzte Dreschgut. Emmer ist wie Einkorn und Dinkel ein Spelzgetreide, das der Ernährung der Menschen für Brot und Brei diente. Sein Mehl ist kleberreicher als das unseres gewöhnlichen Weizens. Die Inhaltsstoffe reifer, trockener Körner ohne Spelzen waren bei zwei süddeutschen Herkünften und einem Wassergehalt von 12% folgende: 55–61% Kohlenhydrate, 15–21% Protein, 2,4–2,5% Fett, um 2,4% Mineralstoffe und um 1,6% Fasern (aus Tab. 1, S. 27, umgerechnet). Emmer ist im vorigen Jahrhundert auch zu Graupen verarbeitet worden. Diese wurden wegen ihres Wohlgeschmacks denen der Gerste vorgezogen. Die Vesen (die noch nicht entspelzten Ährchen) galten als gutes Pferdefutter.

Das Urteil Sachverständiger von 1838/1840 über den Wert des Emmers im Verhältnis zu anderen Getreidearten lautete dahin, daß der Emmer nie eine größere Ausdehnung erhalten würde, doch in trockenen Lagen anstelle des Hafers mehr berücksichtigt werden solle, wenigstens in Süddeutschland (nach Angaben von Lengerke 1840). Heute wird er unter anderem noch in der nordöstlichen Türkei angebaut.

Die Geschichte des Emmers in Mittel- und Nordeuropa

An prähistorischen Resten des Emmers können verkohlte Körner, Ährchengabeln und Hüllspelzen bestimmt werden (Taf. 97 unten).

Während der ältesten Ackerbaukultur in Mitteleuropa (Bandkeramik) war Emmer die wichtigste Getreideart. Er ist an jeder der 37 auswertbaren Fundstellen mit Getreide in ganz Deutschland nachgewiesen worden. Seine jeweiligen Mengenanteile schwanken. Oft kamen Emmer und Einkorn in etwa gleicher Menge vor. Reinfunde von Emmer gab es vorwiegend im Bereich der Mittelgebirge. Im Mittelneolithikum waren die Anteile etwa gleich.

Auch im Jungneolithikum blieb Emmer die wichtigste Getreideart. Er war in 34 von 39 auswertbaren Fundstellen in Deutschland vorhanden. Doch gab es Gegenden, wo er hinter Einkorn und Nacktgerste erheblich zurückstand, z. B. stellenweise im fruchtbaren mittleren Neckarland. Über die enorme gebietsmäßige Ausdehnung der Steinzeitkulturen vom Alpenvorland bis Schweden und das Hochkommen von zwei weiteren Getreidearten (Gerste und Weizen) ist bereits beim Einkorn berichtet worden. In Dänemark war in diesem Zeitabschnitt Emmer ebenfalls das Hauptgetreide, während er im Alpenvorland in einigen Kulturen hinter Weizen zurückblieb, in anderen Kulturen wie in der Westschweiz (im Spätneolithikum) aber eine wichtige Getreideart bildete.

Ähnlich wie Einkorn, ging die Bedeutung des Emmers von der Bronzezeit an zurück, doch zögernder als jenes. Auch muß man regional unterscheiden. Während der Rückgang im Norden (Schweden und Dänemark) stärker war, behielt Emmer im Westen (östliche Niederlande und Nordwestdeutschland) länger seine beherrschende Stellung.

Zu Beginn der vorrömischen Eisenzeit (ab ca. 800 v. Chr.) kam er, bis auf Ausnahmen, nur noch sporadisch und mit wenigen Prozentanteilen vor, z. B. in Schweden, Dänemark, in den Niederlanden und in beiden Teilen Deutschlands. Die Ausnahmen mit weiterhin viel Emmer befanden sich im Küstengebiet der Nordsee zwischen Rhein und Elbe, soweit keine Einflüsse von Salzwasser dorthin gelangen konnten. In Mitteldeutschland erreichte er manchenorts Werte zwischen 5 und 30 Prozent des Getreides. Auch in römischen Kastellen wie Neuss am Rhein und Welzheim sowie in dem römischen Gutshof Bondorf bei Stuttgart, ferner in Mainz, war Emmer in römischer Zeit immerhin noch mit 8–10 Prozent des Getreides vertreten (Taf. 97 unten). Die letzten Fundstellen mit Emmer als Hauptgetreide hat es bei Stralsund an der Ostsee sowie an den Unterläufen von Rhein und Ems gegeben.

Vom frühen Mittelalter an bis zur Wikingerzeit (etwa 300–1000) kam Emmer nur noch selten und mit weniger als einem Prozent des Getreides vor, dies aber noch in Schweden, Dänemark und in ganz Deutschland. Eine gewisse Häufung von Fundstellen ist in den slawischen Siedlungen zwischen Elbe und Oder zu verzeichnen. Von 1200 an fehlt er in den Funden nahezu ganz. Daß sein Anbau in Deutschland aber nicht völlig erloschen war, geht aus den folgenden schriftlichen Nachrichten hervor. Aus dem Mittelalter (etwa um 1300) gibt es in Schwaben Flurnamen wie Emerland, Emeracker, die den Anbau des Emmers dort bezeugen. Er wurde als Sommerfrucht angebaut und lief z. T. unter der Bezeichnung »Sommerdinkel«. Das Mehl galt als besonders kräftig. Das daraus bereitete Brot oder Mus wurde sehr geschätzt (Jänichen 1970). Für das Ende des vorigen Jahrhunderts ist Emmeranbau in Südwestdeutschland (Württemberg, Baden, Elsaß, Mittelrhein, Franken) und in der Schweiz bezeugt, vorzugsweise als Sommerfrucht. Im Jahre 1905 sind noch fünf bis sechs Landsorten im Anbau gewesen, worauf schon hingewiesen wurde. Im Jahre 1936 gab es einen letzten Emmeracker bei Reutlingen und 1945 einen in Wiesensteig (im Filstal der Schwäbischen Alb, nach Bertsch 1947).

Die ältesten Emmerfunde außerhalb Mitteleuropas. Ableitung des Emmers

Abdrücke im Lehmverputz von Häusern sowie verkohlte Körner und Ährchen vom Emmer wurden im Vorderen Orient in den ältesten jungsteinzeitlichen Schichten (dem präkeramischen und frühen keramischen Neolithikum) gefunden. Diese werden auf die Zeit zwischen etwa 8000 und 6000 v. Chr. datiert. Sie fanden sich in der Türkei (Çayönü 7500–6500 v. Chr., Hacilar 6750 v. Chr., und Çatal Hüyük 5850–5600 v. Chr.), in Israel (Beidha 6500 v. Chr. und Jericho am Jordan 8000–5900 v. Chr.), in Syrien (Tell Aswad ca. 7800–ca. 6600 v. Chr., Tell Ramad ca. 6400 v. Chr.) und im südlichen Iran (Alikosh ca. 7800–5900 v. Chr.). Die Lage der Fundstellen geht aus Abb. 5, S. 50 hervor. An den meisten dieser Stellen lag Emmer von Anfang an in voll kultiviertem Zustand vor. In Çayönü konnte van Zeist (1972) jedoch in den untersten Schichten nur die schmalen Körner von Wildemmer feststellen. Erst in dem darüber liegenden Siedlungshorizont tauchten die dickeren Körner des Kulturemmers sowie Formen auf, die zwischen der wilden und der kultivierten Form des Emmers liegen. Emmer war in Çayönü das Hauptgetreide. Hans Helbaek hatte schon 1966 festgestellt, daß in Jarmo (Irak) in den Schichten aus der Mitte des 7. Jahrtausends v. Chr. die Emmerkörner noch dem Wildemmer nahestehen. In den präkeramischen Schichten der beiden Siedlungen Hacilar und Alikosh habe Emmer zwar schon auf einer Kulturstufe gestanden, sei aber noch relativ kleinkörnig gewesen. In Taf. 98 sind die großen, vollen Emmerkörner und -ährchen (Vesen) aus der jüngeren neolithischen Siedlungsschicht von Hacilar zu sehen. Der Bearbeiter Helbaek beschrieb 1970, daß sie deswegen so vorzüglich erhalten geblieben seien, weil sie nach dem Verkohlen in einen unbrauchbar gewordenen Brunnen geschüttet worden sind, wo sie dann über 7000 Jahre unberührt verblieben.

Emmer ist in fast jeder neolithischen und metallzeitlichen Siedlung des Vorderen Orients anzutreffen. Er war dort unbestritten Hauptgetreide, stellenweise zusammen mit Gerste und viel wichtiger als Einkorn. Auch in den Hochkulturen Mesopotamiens

Tafel 93 Rand eines blühenden Einkornfeldes. Botanischer Garten der Univ. Hohenheim. 8. 7. 1977.

Tafel 94 Verkohlte Körner von vorgeschichtlichem Einkorn. Oben: Kultiviertes Einkorn (*Triticum monococcum*) aus einer Siedlungsgrube des 2. Jh. n. Chr. in Bad Mergentheim (Main-Tauber-Kreis). Aus U. Piening (1982). Unten: Wildeinkorn (*Triticum boeoticum* var. *thaoudar*) aus dem Tell (Wohnhügel) Mureybit (Nordsyrien). Vorkeramisches Neolithikum, ca. 8400–ca. 7500 v. Chr. Aus van Zeist und Casparie (1968).

Tafel 95 Oben: Wildeinkorn (*Triticum boeoticum*) vor dem Berg Karadag bei Can Hasan im Konya-Becken, Zentraltürkei. Unten: Anderer Standort von Wildeinkorn zwischen Zerr-Eichengebüsch auf Basalt, östliche Türkei. Beide Fotos 1971 von G. Hillman, Universität London.

Tafel 96 Emmerfeld bei beginnender Reife. Versuchsfläche (Nährstoffinhalte) in der Gemeinde Waldhausen bei Geislingen/Schwäbische Alb, 30. 8. 1985. Ergebnisse: Tab. 1.

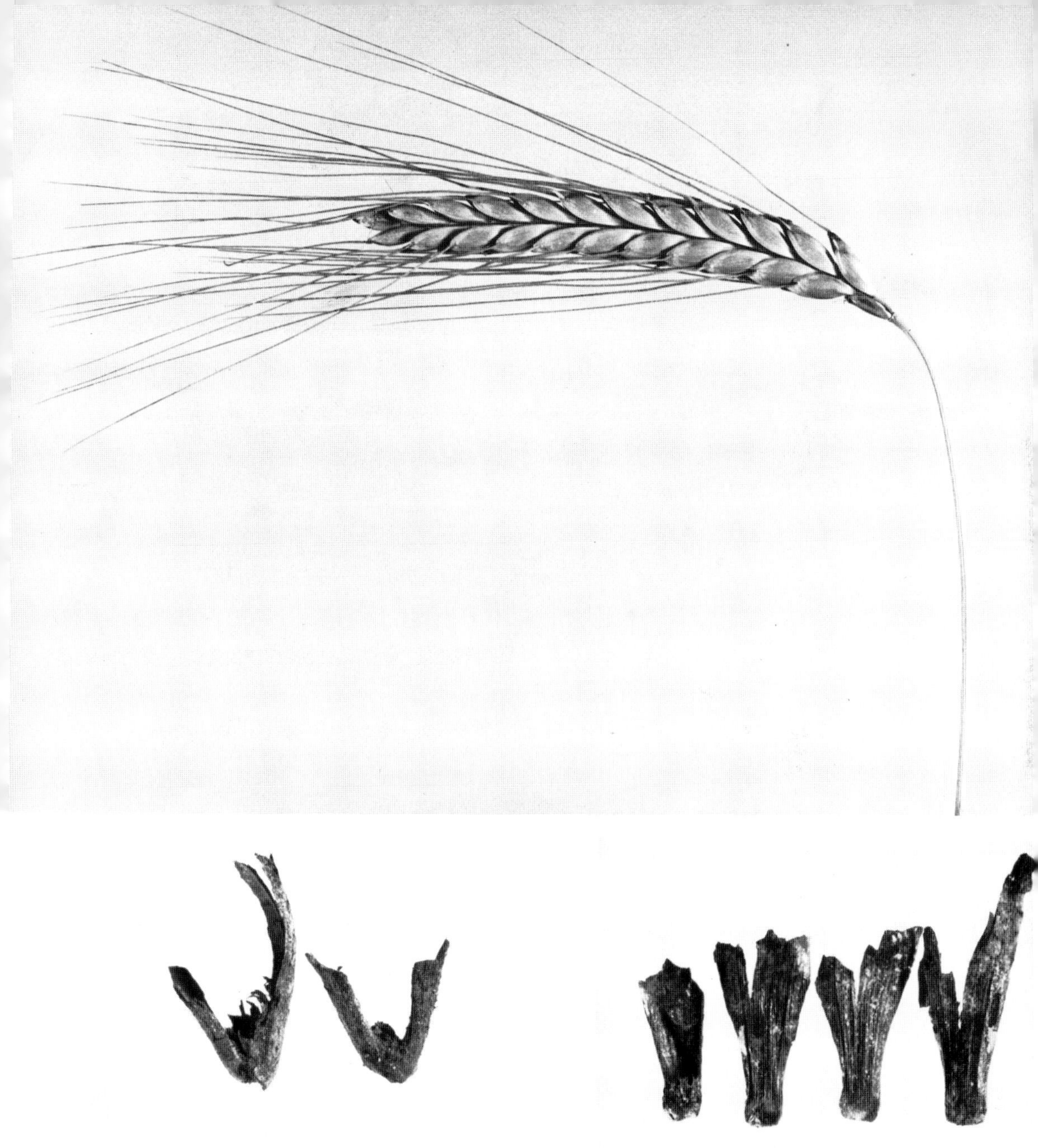

Tafel 97 Emmer (*Triticum dicoccum*). Oben: Eine Ähre in natürlicher Haltung bei der Reife. Nat. Gr. Unten: Von links nach rechts 2 verkohlte Ährchengabeln und 4 Basisteile von Hüllspelzen. Aus dem verkohlten Vorratsfund von Emmer im Keller des abgebrannten römischen Gutshofes von Bondorf bei Stuttgart. 2./3. Jh. n. Chr. Vergr. 6x. Aus Körber-Grohne und Piening (1979).

Tafel 98 Verkohlte Reste von Emmer aus der steinzeitlichen Siedlung Hacilar/Türkei. Etwa 5400 v. Chr. Es sind Körner (oben), Vesen (Mitte) und Ährchengabeln (unten). Aus H. Helbaek (1970). Vergr. 3,6x.

Tafel 99 Oben: Wildemmer (*Triticum dicoccoides*) blühend, aus dem Standort unten, Mitte April 1983. Verkleinert auf etwa 1/2. Unten: Standort von Wildemmer und Wildgerste in den Judäischen Bergen, Südseite, Nähe von Jerusalem. Standorte der Verfasserin gezeigt von D. Zohary, Hebräische Universität Jerusalem.

Tafel 100 Oben: Kolbenhirse (*Setaria italica*) zur Zeit der Reife (rechts daneben Einkorn). Unten: Reife Rispenhirse (*Panicum miliaceum*). Beides im Botanischen Garten der Univ. Hohenheim, 20. 8. 1975.

und Ägyptens war, was oft als Weizen bezeichnet wurde, in Wirklichkeit Emmer. Als Vorfahr des Kulturemmers wird in den genannten Gebieten der Wildemmer (*T. dicoccoides*) angesehen. Beide haben dieselbe Chromosomenzahl und auch dasselbe Genom AB. Er kommt heute noch vor in der Südosttürkei, in Israel, Südsyrien, Nordirak und Westiran (vgl. die Übersicht S. 38).

Verbreitung und Standortansprüche des Wildemmers (*T. dicoccoides*) sind, ebenso wie die von Wildeinkorn und Wildgerste, von Harlan und Zohary (1969) gründlich untersucht worden. Danach hat Wildemmer, im Gegensatz zu den anderen beiden Wildgetreiden, keine Neigung zu Unkrautstandorten, d. h. als Unkraut in Getreidefelder, verlassene Siedlungen oder ähnliches einzudringen. Wildemmer wächst heute also lediglich auf sog. primären Standorten. Das sind steppenartige Vegetationsformen in voller Besonnung, mit nur einzelnen Büschen und Bäumen, auf hartem Dolomitfels, mit einer Verwitterungsschicht von lehmiger Erde, also auf gutem Boden und in günstiger Lage. An solchen Standorten findet man heute noch eine kräftige, großkörnige Form von Wildemmer (Taf. 99). Eine kleinere Rasse soll es im Zagros-Taurus-Bogen in lichten Eichenhainen zusammen mit Wildeinkorn und Wildgerste geben.

Formen dieses Wildemmers, wohl ähnlich den heutigen, werden von den genannten Forschern als Vorfahren des Kulturemmers angesehen. Der Wildemmer selbst ist aber offenbar keine beliebig alte Wildpflanze, weil er bereits doppelt so viele Chromosomen hat wie das Wildeinkorn. Deshalb wird von Genetikern angenommen, daß der Wildemmer aus einer Kreuzung zwischen Wildeinkorn und einer anderen, bisher nicht bekannten Wildgetreideart, hervorgegangen ist. Das muß sich lange vor den ältesten Anbauversuchen des Menschen abgespielt haben.

Der Emmer hat sich in Mitteleuropa dann zusammen mit Einkorn und Gerste ausgebreitet. Der neolithische Ackerbau mit diesen Getreidearten begann in Knossos auf Kreta und im östlichen Teil des griechischen Festlandes schon kurz vor 6000 v. Chr., in Jugoslawien gegen 5000 v. Chr., in Bulgarien gegen 4800 v. Chr., und unsere mitteleuropäische Bandkeramik ging ab etwa 4600 v. Chr. vermutlich weitgehend vom Raum des heutigen Ungarn in Richtung Westen aus.

Zusammenfassend läßt sich festhalten: Emmer ist eine Spelzweizenart mit schlanken, doch dichten Ähren. Er ist in Deutschland noch im 19. Jahrhundert in mehreren Landsorten angebaut worden, hat sich an wenigen Stellen in Schwaben bis in die dreißiger und vierziger Jahre unseres Jahrhunderts gehalten. Er wurde vorzugsweise als Sommerfrucht angebaut, weil die junge Saat frostempfindlich ist. Emmerkorn wurde für Brot und Suppen genutzt. Es ist proteinreicher als Weizen. Emmer war in allen steinzeitlichen Ackerbaukulturen im Vorderen Orient die bedeutendste Getreideart. Er hat sich als der »Weizen« des alten (pharaonischen) Ägypten herausgestellt. Sein allmählicher Rückgang setzte in Europa schon im Laufe der Bronzezeit ein, doch blieb

Emmer gebietsweise noch bis in die Jahrhunderte n. Chr. eine wichtige Getreideart, z. B. in den Süßwasserbereichen des Nordseeküstengebietes. Emmer stammt aus dem Vorderen Orient. Sein Vorfahr ist der Wildemmer, den es heute dort noch gibt.

HIRSE (*Panicum miliaceum* L., *Setaria italica* [L.] Beauv. und *Digitaria sanguinalis* [L.] Scop.)

Hirse sieht ganz anders aus als unsere übrigen Getreidearten. Ihr Anbau in Deutschland ist seit Anfang unseres Jahrhunderts erloschen. In der Vergangenheit aber hat Hirse bei uns in der Ernährung auch eine Rolle gespielt. Eine Erinnerung daran stellen die Nennungen von Hirsebrei in mehreren unserer Märchen dar.
Es gab in Deutschland drei Hirsearten: Rispenhirse (*Panicum miliaceum*), Kolbenhirse (*Setaria italica*) und Bluthirse (*Digitaria sanguinalis*). Von diesen war die Rispenhirse die übliche und allgemein verbreitete, die anderen beiden sind nur zeitweise und nur in manchen Gebieten genutzt worden.

Die Hirsearten. Kennzeichnung. Inhaltsstoffe

Rispenhirse (*Panicum miliaceum* L.) ist eine 50–80 Zentimeter hohe Pflanze. Sie besitzt bei der Reife große, überhängende (bis 20 cm lange), lockere Rispen mit einer Vielzahl kleiner Körner (Taf. 100 unten). Am Anfang unseres Jahrhunderts wurden von der Rispenhirse mindestens drei Varietäten angebaut. Die Flatterhirse (var. *effusum*) hatte eine lockere Rispe (Taf. 100 unten). Bei der Klumphirse (var. *contractum*) und der Dickhirse (var. *compactum*) war diese in unterschiedlich starkem Maße zusammengezogen. Auch die Farbe der Spelzen konnte verschieden sein. Es gab grau-, braun- und schwarzspelzige Formen, die sich unter anderem in der Reifungsdauer unterschieden. Die rote reifte am frühesten, die graue galt im Anbau als am sichersten (nach Strebel 1888). Aber die kleinen, entschälten Früchte waren bei allen gleich. Sie dienten der menschlichen Nahrung für Brei.
Kolbenhirse, auch Welscher Fennich oder Vogelhirse genannt (*Setaria italica* [L.] Beauv.), hat anstelle der Rispe einen großen, lappig gegliederten Kolben (Taf. 100 oben). Die Pflanzen sind höher (bis 1 m) und die Stengel dicker als die der Rispenhirse. Wie bei dieser, reift zwischen den weichhäutigen Hüllspelzen jeweils nur ein kleines,

bespelztes Korn. Die fest anliegenden Vor- und Deckspelzen sind jedoch nicht glatt, sondern durch kleine, wellige Querrippen und Buckelchen fein strukturiert. Der innen sitzende Kern ist ebenfalls rundlich und nur bei Lupenvergrößerung von dem der Rispenhirse unterscheidbar. Im Jahre 1888 waren in Deutschland (nach Strebel) drei Varietäten im Anbau: die kleine gelbe (var. *moharia*), die große gelbe (var. *maxima*) und die orangegelbe (var. *media*). Die große Varietät wurde zur Körnergewinnung für menschliche Nahrung und für Hühnerfutter verwendet, die anderen Varietäten für Grünfutter und Heubereitung.

Nach Alexander von Lengerke (1840) ist Rispenhirse die geeigneteste Nahrungspflanze auf sandigen Böden, auf umgebrochenem Land sowie auf Moorländern. Hier bringt Hirse gute Körnererträge und macht die alte Grasnarbe mürbe. Rispenhirse wird Mitte Mai gesät, wenn es keine Fröste mehr gibt, Kolbenhirse dagegen wegen längerer Vegetationszeit schon im April. Beide Hirsearten müssen als Hackfrüchte behandelt werden, d. h. der Boden zwischen den Reihen muß durch zweimaliges Hakken gelockert, das Unkraut gejätet und zu dicht stehende Saat ausgedünnt werden. Die Ernte erfolgt im August, in kühleren Jahren im September.

Als Anbaugebiete galten am Anfang unseres Jahrhunderts für die Rispenhirse: in Deutschland die sandigen Gebiete nördlich bis Pommern, Posen, Thüringen und Brandenburg, in etwas größerem Umfange in Österreich-Ungarn. Größte Ausdehnung war in den unteren Donauländern und im südlichen Rußland. Die Kolbenhirse wurde 1895 noch vereinzelt in Süddeutschland angebaut, ferner strichweise in Ober- und Niederösterreich sowie ziemlich viel in Ungarn.

Die heutigen Anbaugebiete der Rispenhirse sind nach Rudolf Mansfeld (1952) »Zentralasien (hier die meist gebaute Hirse), China, besonders im Norden, Japan, Indien, Südrußland, Donauländer«. Für die Kolbenhirse gilt entsprechendes, doch geht sie weiter nach Westen (einschließlich Afghanistan und Iran). Gebietsweise werden diese zusammen mit Hirsen anderer Gattungen angebaut (mit *Echinochloa* in China, *Sorghum* in Afrika und Indien, *Pennisetum* u. a. Arten in Afrika). Es sind die halbtrockenen Gebiete der Tropen und Subtropen, besonders in Landschaften mit lang andauernder Trockenheit, in Gebirgs- und Vorgebirgslagen. So soll in den Grenzgebieten zwischen Iran und Afghanistan jeweils nach Trocken- und Hungerjahren der Anbau beider Hirsearten auf Kosten der Gerste zunehmen. (Näheres im Handbuch für Pflanzenzüchtung, 1959, Bd. II).

In Mitteleuropa wurde Hirse nur als Brei gegessen, weil sie sich als Brotgetreide wegen des fehlenden Klebers nicht gut eignet. In Asien dienen Hirsen jedoch als Brei- und Brotfrucht (für Fladenbrot). Es gibt dort allerdings auch Formen, die Kleber enthalten. Die Inhaltsstoffe entspelzter Körner von Rispenhirse sind folgende: 11–14% Wasser, 68–72% Kohlenhydrate, 10–11% Protein, 2–5% Fett, 0,7–2,4% Mineral-

stoffe und 0,6–2,1 % Fasern (nach Souci et al. 1981). Hirse ist also reich an den drei Grundnährstoffen Kohlenhydrate, Eiweiß und Fett. Bei der Verwendung als Viehfutter galten die Körner beider Hirsearten als sehr gutes Hühnerfutter. Der Gebrauch von Kolbenhirse als Vogelfutter ist bekannt. Auf die Nutzung grün geschnittener Hirse als Grünfutter oder Heu ist schon hingewiesen worden.
Bluthirse (*Digitaria sanguinalis* [L.] Scop.) ist keine Kulturpflanze, sondern eine vermutlich erst seit dem Mittelalter angebaute Wildpflanze, die es heute nur als Unkraut auf leichten Böden gibt (in Gärten, auf Hackfruchtäckern, an Wegen u. a.). Sie ist rot überlaufen und hat 3–7 fingerförmig stehende, dünne Ähren. Angebaut wurde sie nur im östlichen Deutschland und in den ärmsten Teilen der Steiermark und von Tirol. Das war noch 1840 so (nach Lengerke 1840, S. 656).

Die Geschichte der Hirse in Mitteleuropa

Überreste von Hirse aus archäologischen Ausgrabungen sind gut erkennbar. Das zeigen z. B. die unverkohlten Entspelzungsabfälle, die immer wieder in kleinen Häufchen (wohl für den Tagesbedarf) auf den Hofplätzen der Feddersen Wierde bei Bremerhaven, aus dem 1.–3. Jahrhundert n. Chr. gefunden wurden (Taf. 101 unten). Ab und zu lag noch ein unversehrt gebliebenes Korn dazwischen. Häufiger sind verkohlte Körner, die oft in Klumpen zusammengebacken sind, wenn Vorräte sich in einem ab-

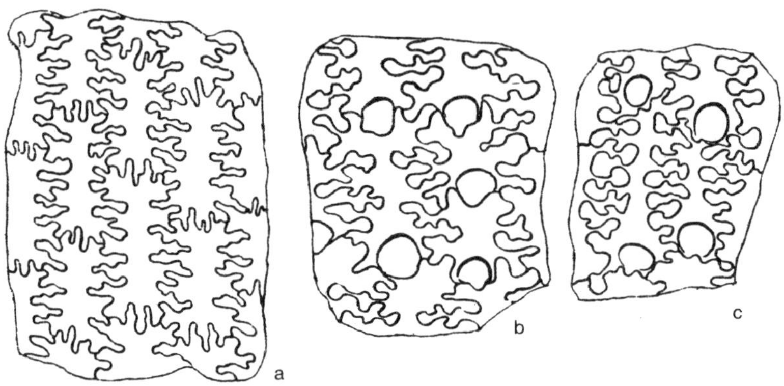

Abb. 74. Zellgewebe aus der Epidermis der Spelzen von Hirsearten. a) Rispenhirse (*Panicum miliaceum*), b) Kolbenhirse (*Setaria italica*) und c) ihre wilde Vorfahrin, die Grüne Borstenhirse (*S. viridis*). Hier sind die Zellen nur kleiner als bei der Kulturart. Aus F. Netolitzky (1914).

brennenden Hause befunden hatten. In solchen Fällen ist eine Zuordnung zur Rispenhirse oder Kolbenhirse nicht immer möglich oder leicht. Als zusätzliches Hilfsmittel, wenn noch Spelzenreste dabei sind, können diese vom botanischen Bearbeiter verascht werden, denn die Zellwände der Spelzen enthalten Kieselsäure, und diese liefert mikroskopisch analysierbare Zellgewebe. Dieses vorzügliche Hilfsmittel der Bestimmung hat der Arzt und Mikroskopiker Fritz Netolitzky schon 1900 entwickelt und angewendet (Abb. 74). Das ist dann wichtig, wenn außer Rispen- und Kolbenhirse auch Wildhirsen, sei es als Unkraut oder gesammelt, in Betracht gezogen werden müssen oder die Untersuchungen weltweit geschehen, z. B. in ägyptischen Mumiengräbern oder in Fernost, wo es noch andere Hirsearten geben kann.

Die beiden ältesten Funde von Rispenhirse stammen aus der Bandkeramik (Altneolithikum). Die Fundstellen liegen in Ostdeutschland und zwar südlich von Leipzig und nordöstlich des Harzes im Kreis Hadersleben. Hier kam Hirse zusammen mit Emmer und Gerste vor. Aus dem Jungneolithikum gibt es zahlreiche Funde von Rispen- und Kolbenhirse in den Ufersiedlungen am Bodensee und an den schweizerischen Seen des Alpenvorlandes.

Regional betrachtet, war die Nutzung von Hirse während der Steinzeit wohl nur auf das nördliche Voralpenland und den Osten Deutschlands beschränkt, während in allen übrigen Getreidefunden aus der Schweiz und aus Deutschland keine Hirse nachgewiesen werden konnte.

Das änderte sich von der Bronzezeit an, in der 19 Prozent der Getreidefundstellen in ganz Deutschland Rispenhirse enthielten. Sie lagen außer im Osten auch in Westfalen und im Niederrheingebiet (Aachen, Mönchengladbach). Rispenhirse wurde während dieser Periode ebenfalls in den Niederlanden und Dänemark, sogar an mehreren Fundplätzen Südschwedens nachgewiesen. Sie kam weiterhin in den Moor- und Seeufersiedlungen der Nordschweiz vor. Aber der Anteil der Hirse am Getreide war im allgemeinen gering.

In der vorrömischen Eisenzeit (700 v. Chr. – Chr. Geb.) breitete sich die Hirse stark aus und war nun in 31 Prozent der Fundstellen mit Getreide in Deutschland enthalten. Das Areal mit Hirse zog sich etwa von der Oberlausitz im Osten über das Vorland des Harzes, Westfalen, das Gebiet um Göttingen bis zum Niederrhein (Grevenbroich, Düren, Erftkreis) und weiter nach Westen bis in die Niederlande. In Südwestdeutschland spielte Hirse dagegen kaum eine Rolle.

Kolbenhirse kam fast nur im Rheinland vor und meist zahlreicher als die ebenfalls dort nachgewiesene Rispenhirse. In den anderen Gebieten aber ist mit wenigen Ausnahmen (z. B. Neckarland) allein die Rispenhirse nachgewiesen worden.

Im jüngeren Teil der Eisenzeit (Latèneperiode) kamen Fundorte an der Niederelbe und an der unteren Ems hinzu. Reinfunde von Hirse und größere Anteile am Getreide

gab es an mehreren Stellen. Der Hirseanbau während der vorrömischen Eisenzeit umfaßte auch Italien, Spanien, Portugal und Österreich.
Kolbenhirse war die wichtigste Hirseart in Portugal, Spanien, Italien und im Rheinland, Rispenhirse dagegen in Mittel-, Nord- und Osteuropa sowie Griechenland.
Während der drei Jahrhunderte nach Christi Geburt blieben die Verhältnisse ähnlich, wenn nicht ein gewisser Abwärtstrend sichtbar wird. Die Hirse ist offenbar dem stark zunehmenden Anbau der Gerste mehr und mehr gewichen.
Vom Mittelalter an verlagerte sich ihr Schwerpunkt eindeutig nach Ostdeutschland (Vorland des Harzes, Elbe-Oder-Gebiet). Vor allem die Slawen, die zwischen dem 9. und 11. Jahrhundert die sandigen, sumpfigen Niederungen beiderseits der Elbe und Oder sowie die seenreiche Priegnitz nördlich von Berlin besiedelten, dort Pfahlbauten

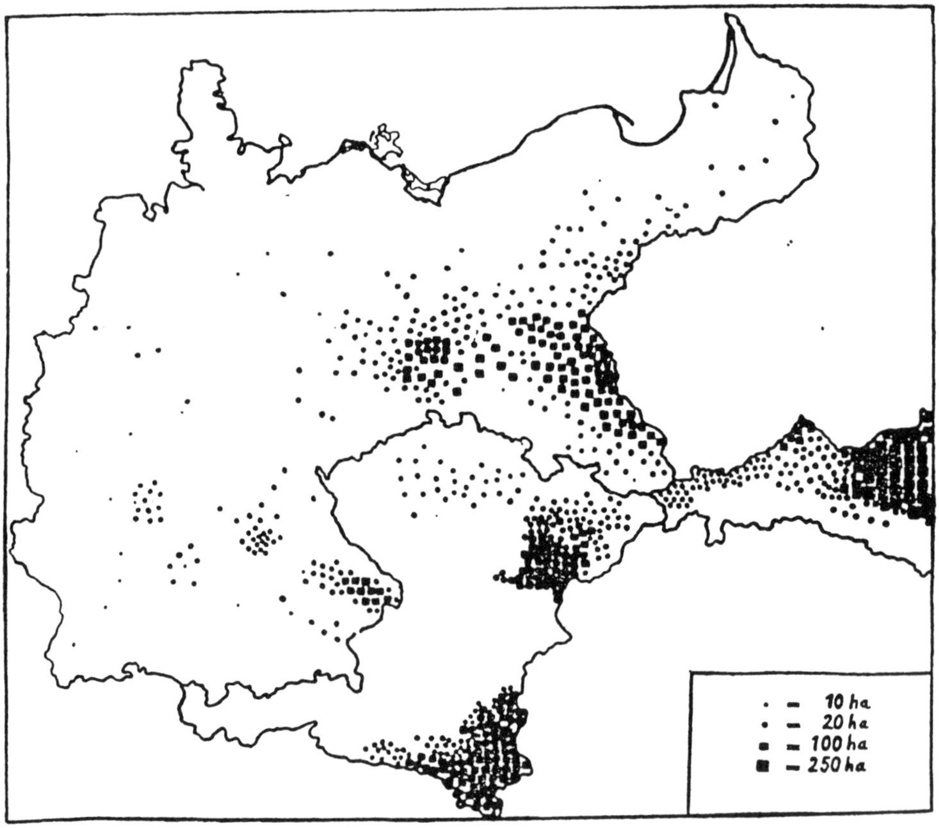

Abb. 75. Der Anbau von Hirse im Jahre 1878 im Deutschen Reich und in Österreich. Aus Böckler (1954).

und Burgwälle bauten, konnten dies wohl nur mit den an Sandböden angepaßten Getreidearten, wie Hirse und Roggen, die ihr Hauptgetreide bildeten. Auch in den südwestrussischen Ebenen war Rispenhirse in den ersten fünf Jahrhunderten n. Chr. eine wichtige Getreideart. Der Osten blieb das ganze Mittelalter hindurch bis an das Ende des vorigen Jahrhunderts Zentrum des Anbaus von Rispenhirse.
Von der frühen Neuzeit an erfahren wir einiges aus landwirtschaftlichen Beschreibungen und Erhebungen. Ihr Rückgang begann im 18. Jahrhundert. Zu der Zeit soll sie noch viel von den ärmeren Volksschichten gegessen worden sein. Der an sich schon weit fortgeschrittene Rückgang geht aus dem Anbaustand von 1878 hervor (Abb. 75). Am Anfang unseres Jahrhunderts war er im Deutschen Reich praktisch erloschen (Abb. 76).

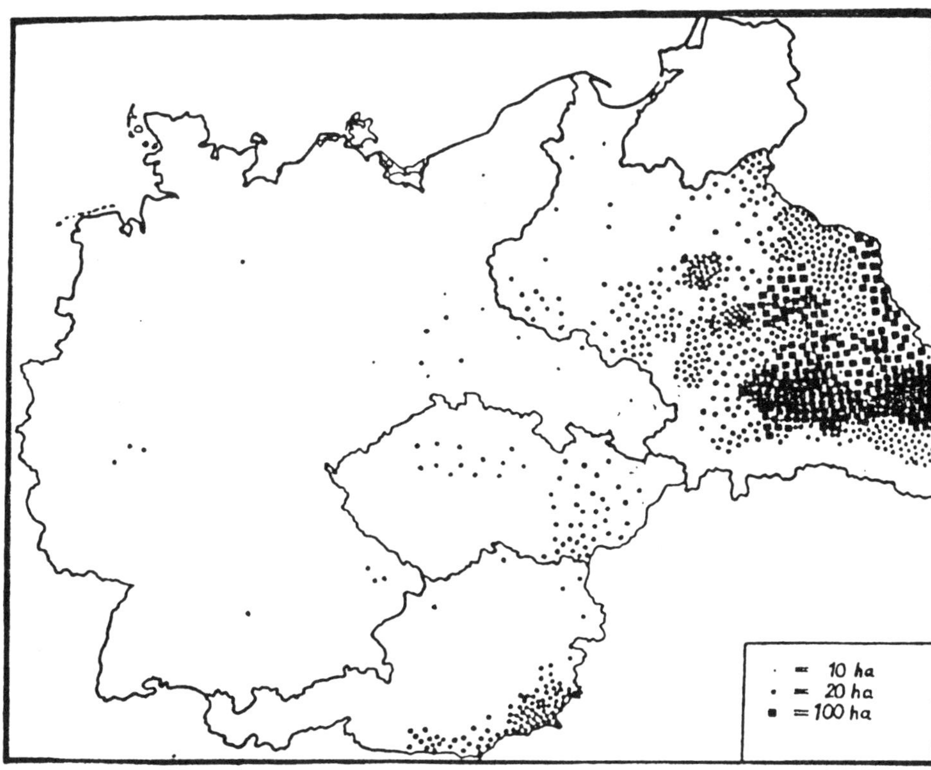

Abb. 76. Der Anbau von Hirse im Jahre 1927 im Deutschen Reich, Österreich, Tschechoslowakei und Westpolen. Aus Böckler (1954).

Die Ursache dieser Entwicklung sieht W. Böckler (1954) in der Intensivierung der Landwirtschaft seit dem Beginn des 19. Jahrhunderts sowie dem Durchsetzen der Kartoffel. Auch vermehrte Einfuhren von Reis hatten daran teil. Für das Bleiben der Hirse in den slawischen Ländern möchte Böckler die Vorliebe der Slawen für Hirsebrei und ihr stärkeres Festhalten an Traditionen sehen. Aber seit 1970 ist sie auch in Polen und in der Tschechoslowakei infolge fortschreitender Intensivierung der Landwirtschaft weitgehend verdrängt worden.

Die ältesten Hirsefunde in Europa

Die beiden ältesten mitteleuropäischen Funde von Rispenhirse in Ostdeutschland aus der Bandkeramik sind schon genannt worden. Ein weiterer stammt aus der bandkeramischen Siedlung Gomolova bei Belgrad, wo Rispenhirse vom Beginn der Siedlung an etwas vorkam, sich aber an derselben Stelle bis etwa 800 v. Chr. kontinuierlich gehalten hat. Das vierte Gebiet liegt in Süßrußland, nordwestlich des Schwarzen Meeres. Hier kam Rispenhirse in der frühen Tripolje-Kultur (ab 3600 v. Chr.) vor und blieb dort nachweisbar bis ins Mittelalter. Das früheste Auftreten der Rispenhirse lag somit im Raum von Ostdeutschland bis Osteuropa.
Die ältesten Funde von Kolbenhirse stammen aus den schweizerischen und süddeutschen Pfahlbau- und Moorsiedlungen des nördlichen Alpenvorlandes und gehören dem mittleren Teil der Jungsteinzeit an. In Portugal gibt es aus dem letzten Abschnitt der Jungsteinzeit ein Getreidesilo, das mit Körnern der Kolbenhirse gefüllt war. Die Kolbenhirse in Europa ist also jünger als die Rispenhirse.

Die Bedeutung der Hirse in Italien und Griechenland während der Antike

Hierüber gibt es eine ganze Anzahl von Beschreibungen seitens römischer Schriftsteller (in deutscher Übersetzung von Lenz 1859). Im Anbau waren üblich sowohl Kolbenhirse (genannt Welsche Hirse panicum) als auch Rispenhirse (genannt Gemeine Hirse milium). Columella (50 n. Chr.) schreibt in de re rustica: »Zum Getreide kann man auch den Welschen Hirsen und den Gemeinen Hirsen rechnen . . . Welschen Hirsen wird durch Stampfen von der Schale befreit und gibt dann, vorzüglich mit Milch gekocht, einen Brei der nicht übel schmeckt. Der Gemeine Hirsen wird zu Brot und Brei verwendet.« Strabo (64 v. Chr. – ca. 23 n. Chr.) berichtet: »Das Tal des ins Schwarze Meer fließenden Thermodon ist feucht, mit frischem Grün bedeckt, ernährt Herden von Rindern und Pferden, und die meisten Felder sind mit Welschem Hirsen und Gemeinem Hirsen bestellt. Noch nie haben die Leute in diesem Tal Hungersnot erlebt.«

Nach Plinius (23–79 n. Chr.) wurde auch in Norditalien (Campanien) viel Gemeine Hirse gebaut. »Man kocht dort aus ihm eine weiße Puls (puls) und bäckt aus ihm ein recht süßes Brot. Die sarmatischen Völker (asiatische Reitervölker) leben vorzugsweise von Hirsebrei, mischen auch rohes Mehl mit Pferdemilch oder mit Blut aus den Schenkeladern der Pferde hinein und essen es so. Welscher Hirsen ist in ganz Gallien (Frankreich) gebräuchlich. In Italien zieht man ihn in der Landschaft, welche der Po durchfließt und mischt Bufbohnen (Ackerbohnen *Vicia faba*) hinzu, ohne welche man dort überhaupt nichts zubereitet.«

Die Nutzung der Hirsen im alten China

Hui-Lin Li (1970) zufolge liegt das Ursprungs- und Entwicklungszentrum der chinesischen Kultur im nordchinesischen Bergland, das ist am Mittellauf des Huang Ho (Gelber Fluß) in den Landschaften Shensi, Shanxi und der südlichen Mandschurei (35.–40. Breitengrad, Korea und der Mittelmeerregion entsprechend). Die nordchinesischen Bergländer bestehen aus mächtigem Löß. Dort sind Tausende von neolithischen Siedlungen aufgedeckt worden. Sie liegen alle nahe an Flüssen, doch so hoch darüber, daß sie sicher vor Überschwemmungen sind. Der Lößboden mit über 100 Meter Mächtigkeit ist ein Garant für andauernde Fruchtbarkeit, aber die Niederschläge sind im Jahresmittel so gering, daß gerade noch ein Ackerbau von bestimmten Nutzpflanzen möglich ist. Ab 2500 v. Chr. sind als einzige Getreidearten Rispenhirse (*Panicum miliaceum*) und Kolbenhirse (*Setaria italica*) zusammen mit verschiedenen anderen Nutzpflanzenarten gefunden worden. Auch in dem ältesten heiligen Buch (Buch der Oden) aus dem 11.–6. Jahrhundert v. Chr. werden unter 150 wichtigen Nutz- und Wildpflanzen diese beiden Hirsearten mehrmals genannt, ebenso wie Gräser (*Gramineae*) und Wermut (*Artemisia*), die demnach zu der Zeit in der Wildvegetation eine große Rolle gespielt haben müssen, was für eine Steppenvegetation spricht. Reis gab es zuerst in Südostasien. Weizen und Gerste sind gegen 1300 v. Chr. in Nordchina aus Südwestasien eingeführt worden. Sie sollen jedoch, Ping-ti Ho zufolge, in China bis einige Jahrhunderte v. Chr. keine nennenswerte Bedeutung gehabt haben. Nach dieser Zeit dienten Reis und Weizen nur den herrschenden Chinesen als Nahrungsmittel und für zeremonielle Angelegenheiten, während Hirsen und Gerste die Getreidenahrung des Volkes bildeten. In dieser Intensität sind Rispen- und Kolbenhirse von keinem anderen Volk der Erde jahrtausendelang als Grundnahrungsmittel genutzt worden.

Ursprung und Abstammung

Beide Hirsearten haben ihren heutigen Anbauschwerpunkt in Zentral- und Ostasien. Rispenhirse reift im Himalaya noch bis in Höhen von 3000 Meter. Auch ihr Mannigfaltigkeitszentrum, d. h. das Gebiet mit dem größten Formenreichtum, befindet sich dort. Es reicht bei der Kolbenhirse jedoch weiter nach Westen (einschließlich Iran und Afghanistan). Die Abstammung von wilden Vorfahren muß bei beiden Arten getrennt behandelt werden.

Rispenhirse (*Panicum miliaceum*): Der russische Botaniker Vavilov hat 1926 (S. 179) berichtet, daß es in der Mongolei Formen der Rispenhirse gibt, deren Ährchen bei der Reife von selbst ausfallen. Solche Wild- oder Primitivformen dienen damit ihrer natürlichen Verbreitung. Inzwischen sind nach Angaben von Mansfeld (1952) derartige Formen als *Panicum spontaneum* Lyssov bezeichnet worden. Sie wachsen als Unkraut in kultivierter Rispenhirse und werden als deren Primitiv-Verwandte angesehen. Mansfeld betont jedoch, daß die Frage, ob es sich dabei um echte Wildpflanzen handelt (demnach Vorfahr der Rispenhirse) oder um genetische Rückschläge aus der kultivierten Rispenhirse durch Mutationen (als sog. Fatuoide), nicht eher entschieden werden kann als bis genetische Untersuchungen über diese wild wachsende Hirse vorliegen.

Kolbenhirse (*Setaria italica*): Hier sind sich alle Forscher einig, die Grüne Borstenhirse (*S. viridis* [L.] P. B.) als deren wilde Stammform anzusehen. Sie ist im ganzen kleiner, ihre Früchte fallen bei der Reife von selbst aus, auch an den Spelzen gibt es Unterschiede gegenüber der Kulturart. Sie wird von Mansfeld angegeben für »Europa (nur im Norden fehlend), Nordafrika, Sibirien, Ostasien«. Auch in Deutschland kommt sie als einjähriges Unkraut vor und zwar auf leichten, sandigen und lehmigsandigen Böden, besonders in Gärten, auf Hackfruchtäckern, auf Brachland, an Zäunen, Wegen und in Weinbergen. Kümmerformen sind oft rot überlaufen.

In den warmen Gebieten Eurasiens nimmt Afghanistan eine besondere Stellung für den frühen Anbau der Kolbenhirse ein, denn nur hier sind Übergangsformen zwischen der wilden und kultivierten Form festgestellt worden. Das wichtigste Indiz hierfür ist ein Proteintest. Die chemischen Eigenschaften des Proteins im Nährgewebe (Speichereiweiß) der Grünen Borstenhirse sind verschieden bei Pflanzen, die in Europa und in China gewachsen sind. Dagegen waren in Afghanistan beide Proteintypen vertreten. Das spricht dafür, daß Afghanistan *eine* Region des ersten Anbaus ist. Dennoch ist es möglich, daß die Hirse an verschiedenen Stellen Eurasiens erstmals angebaut wurde.

Rufen wir uns noch einmal die ältesten Funde der Kolben- und Rispenhirse in Europa ins Gedächtnis, so waren Zeit und Orte für beide Arten verschieden. Die der Rispen-

hirse sind um mehr als ein halbes Jahrtausend älter und liegen in Ostdeutschland bis Osteuropa. Die ältesten der Kolbenhirse stammen aus Westeuropa und aus dem nördlichen Alpenvorland. Beide Arten können also ursprünglich nicht gemeinsam nach Westen verbreitet worden sein. Sollten beide aus Mittelasien stammen, dann sind sie mit verschiedenen Wanderzügen gekommen. Die andere Möglichkeit ist eine zweite Entstehung der Kolbenhirse (außer der afghanischen) in Westeuropa. Was davon zutrifft, kann vielleicht durch künftige Untersuchungen geklärt werden.
Zusammenfassend ist festzuhalten: In Deutschland gab es in vorgeschichtlicher und späterer Zeit Rispen-, Kolben- und Bluthirse. Erstere war die wichtigste. Noch am Ende des vorigen Jahrhunderts wurden von der Rispenhirse mehrere Landsorten angebaut. Hirsen sind Pflanzen mit großem Wärme-, aber geringem Wasserbedürfnis. Sie eignen sich für sonnige, trockene Lagen. Als Weltgetreide haben Kolben- und Rispenhirse in Asien, besonders Nordchina und Japan, heute noch große Bedeutung zur Ernährung der Menschen, denn Hirse ist reich an den Grundnährstoffen Kohlenhydrate, Eiweiß und Fett. Die ältesten Reste der Rispenhirse fanden sich in Ostdeutschland und Osteuropa im Altneolithikum, die der Kolbenhirse in Westeuropa und im nördlichen Alpenvorland im Jungneolithikum. Von der Bronzezeit an (ab etwa 1800 v. Chr.) hatten sie sich in ganz Mittel-, Nord- und Osteuropa ausgebreitet, doch ihr Anteil am Getreide war im allgemeinen gering. Im Mittelalter verlagerte sich der Schwerpunkt des Anbaues nach Osten. Hirse wurde von den Slawen besonders geschätzt. Ihr Rückgang in Deutschland setzte im 18. Jahrhundert ein, bedingt durch den Anbau von Kartoffeln und durch verstärkte Einfuhren von Reis. Der Ursprung beider kultivierter Hirsearten liegt in Ost- und Zentralasien.

BUCHWEIZEN (*Fagopyrum* spp.)

Die zwei Arten. Inhaltsstoffe. Verwendung

Buchweizen ist keine Getreide(Gräser)art, sondern gehört zur Familie der Knöterichgewächse (*Polygonaceae*), bei denen die Stengel knotig gegliedert sind und jeder Knoten von einer röhrigen Scheide umhüllt ist. Wegen seiner mehlhaltigen Früchte ist der Buchweizen aber ähnlich wie Getreide genutzt worden. In Deutschland gab es den Gewöhnlichen und den Tatarischen Buchweizen.
Gewöhnlicher Buchweizen (*Fagopyrum esculentum* Moench = *F. sagittatum* Gilib.) ist der früher allgemein angebaute. Die Pflanzen sind einjährig, etwa 30–50 Zentime-

ter hoch, haben gestielte, herzförmige Blätter und weiße oder rosarote Blüten, die zu vielen in Rispen zusammen stehen. Die Stengel färben sich vor dem Fruchten rot (Taf. 102). Ein Buchweizenfeld sieht während der Blüte wie weißer oder rötlich überhauchter Schnee aus (Taf. 103 oben) und duftet außerdem kräftig.

In jeder Blüte reift eine Frucht. Sie ist dreikantig, etwa 4–6 Millimeter lang und etwa 3 Millimeter breit und sieht wie eine kleine Buchecker aus (Taf. 103 unten). Daher rührt wohl der Name Buchweizen. Zur Namenserklärung gibt Hegi an, diese Bezeichnung sei nur in Norddeutschland üblich, während in Mittel- und Süddeutschland die Namen Heidenkorn, heidnisch Korn und Taternkorn, auch Haid'n (bayerisch-österreichisch) gebräuchlich seien (weitere Beispiele von Namen bei Hegi, Band III). Diese Namen weisen auf die Herkunft aus Asien zu einer Zeit, in der es sowohl Christen als auch Heiden gab. Die Bezeichnung Haid'n könnte entweder dasselbe bedeuten oder Bezug nehmen auf arme Standorte wie Heiden, wenn diese für Ackerland umgebrochen werden.

Der Tatarische Buchweizen (*F. tataricum* [L.] Gaertn.) ist ebenfalls einjährig. Seine Blüten sehen grünlich aus. Die Pflanzen sind kräftiger, haben mehr Blattmasse und, vor allem, die Stengel färben sich vor der Fruchtreife nicht rot, sondern bleiben grün. Die Früchte fallen bei der Reife leicht aus. Außerdem haben sie die Eigenschaft des Keimverzuges, d. h. sie keimen in unregelmäßigen Abständen. Der Tatarische Buchweizen wurde nur in größeren Gebirgshöhen angebaut und löste dort den kälteempfindlichen *F. esculentum* ab. Lehmann schreibt (1940), diese Art (*F. tataricum*) sei in Deutschland zuerst 1733 in Memmingen als Gartenpflanze gezogen worden.

Buchweizen wurde im wesentlichen für menschliche Ernährung genutzt und zwar wegen seiner stärke- und eiweißreichen Früchte. Erst danach folgten seine Verwendungen als Viehfutter, zur Gründüngung und als Bienenweide.

Für die menschliche Ernährung müssen die Früchte geschält werden. Nach Lehmann (1940), dem auch das folgende entnommen ist, beträgt der Schalenanteil bis zu 30 Prozent, danach gehen nochmal 10–12 Prozent der äußeren Kornschichten als schwach mehlhaltige Kleie für die menschliche Ernährung verloren, so daß nur knapp 40 Prozent hierfür genutzt werden können. Sie wurden in Mühlen zu Grütze, Grieß und Mehl verarbeitet.

Als Inhaltsstoffe geschälten Buchweizens werden von Souci et al. (1981) folgende angegeben: um 13% Wasser, etwa 72,4% Kohlenhydrate, 9–11% Protein, 1,4–2,0% Fett, 1,6–1,9% Mineralstoffe und 1,5–1,6% Fasern. Daraus geht sein hoher Anteil an Kohlenhydraten (fast ausschließlich als Stärke) und Protein (in biologisch hochwertiger Zusammensetzung) hervor.

Das Mehl ist zum Brotbacken wegen seines fehlenden Klebers nur dann brauchbar, wenn es mit Weizen- oder Roggenmehl versetzt wird. Dann kann auch Gebäck daraus hergestellt werden, wie es in den östlichen USA noch 1940 stellenweise üblich war. Buchweizenmehl wurde für Pfannkuchen verwendet, die, handdick mit Speck gebakken, auch kalt als Tagesproviant mitgenommen wurden (z. B. im Hümmling/Ostfriesland, im Teufelsmoor bei Bremen). Die »Knödel« in Schleswig-Holstein bestanden aus Buchweizenmehl, Fett, Essig, Sirup oder Honig mit Obstfüllung. In Südtirol waren die aus dem Mehl gebackenen »Plenten« wegen ihrer hungerstillenden Wirkung sehr beliebt. In Österreich (Steiermark, Kärnten) aß man den »Heidensterz«, ein breiartiges Gericht, als dortige Nationalkost. In Westfalen wurde Buchweizenmehl in die Grützwurst getan, und die »Panhas« aus Mehl, Fleisch, Blut, Fett und Gewürz als deftiges Essen hergestellt.

Grütze war ein weiteres wichtiges Produkt aus Buchweizen. Sie wurde auch in die Hafenstädte verkauft, wo sie im 17. und 18. Jahrhundert als Schiffsproviant für die langen Reisen begehrt war wegen ihrer Nahrhaftigkeit und langen Haltbarkeit.

Als Braugut zur Herstellung von Bier konnte Buchweizen ebenfalls verwendet werden. Buchweizenbier wurde noch in unserem Jahrhundert in Mecklenburg und Schlesien getrunken. Weiterhin kann Spiritus aus den Körnern gebrannt werden.

Bei der Nutzung als Viehfutter wurde Buchweizen als Kraftfutter für Hühner und die Kleie noch für Schweine gebraucht. Bei ungeschälten Körnern trat aber bei Rindern und Schweinen eine eigenartige Krankheit auf, die auf Stoffe in der Schale zurückgeführt wird. Als Grünfutter und für Gründüngung bevorzugte man den schnellerwüchsigen Tatarischen Buchweizen. Er wurde später durch Leguminosen abgelöst.

Als Bienenweide hatten Buchweizenfelder noch bis etwa 1940 für die Wanderimkerei Bedeutung.

Wachstumsbedingungen, heutige Verbreitung, Herkunft und Ableitung

Die Ansprüche an Standort und Klima werden von Becker-Dillingen (1927), Lehmann (1940) und Klapp (1958) beschrieben. Daraus wird hier einiges mitgeteilt.

Die Heimat beider Buchweizenarten sind die Steppen der hochgelegenen Gebirgsländer Zentral- und Ostasiens. Die Sommer sind dort warm, aber nur kurz; daran ist Buchweizen angepaßt; er reift innerhalb von 10 bis 12 Wochen. Wegen der Kälteempfindlichkeit des Gewöhnlichen Buchweizens kann dieser nur als Sommerfrucht angebaut werden. Er läßt sich in Europa noch bis 70° nördlicher Breite und im Gebirge bis etwa 800 m Höhe ziehen, stirbt jedoch schon bei etwa + 2° Celsius ab. Die Aussaat darf erst Ende Mai bis Anfang Juni erfolgen, weil die Keimung genügend Bodenwärme braucht. Sein weiteres Gedeihen ist stark witterungsabhängig. Deshalb ist Buchweizen in Europa unsicherer im Ertrag als alle anderen unserer Feldfrüchte.

Die Böden sollen leicht, locker, sandig, eher trocken als feucht und warm sein. Der Buchweizen ist kalkmeidend und säurefest, wächst gut auf Torf-, Moor- und Heideböden sowie auf neu gerodetem Waldland. Dank seiner besonders langen Wurzelhaare ist er eher in der Lage, Mineralstoffe und Feuchtigkeit auch ärmsten, trockenen Standorten zu entnehmen als andere Pflanzen.
Heutige Anbauländer sind in erster Linie die Sowjetunion und China. Für Polen und die Nordostslowakei wurde ein Anbau in kleineren Stücken in höheren Berglagen noch 1980 registriert.
Außer den beiden Kulturarten Gewöhnlicher und Tatarischer Buchweizen, die beide einjährig sind, gibt es die Wildart *F. cymosum*. Diese ist mehrjährig und besitzt Rhizome. Die Früchte fallen von selbst aus und haben ausgeprägt die Eigenschaft von Keimverzug. Diese Wildart ist in Nordindien und in China heimisch. Es wird vermutet, daß sie die Stammform der beiden Kulturarten ist. Eine endgültige Klärung können allerdings erst genauere Untersuchungen erbringen.
Von den beiden Kulturarten ist der Tatarische Buchweizen erst halbkultiviert, denn seine Früchte fallen noch leicht aus. Er wächst in hohen Berglagen des Himalayas in Nordostindien und China unter klimatisch harten Bedingungen und ist offenbar weniger und nur in extremen Lagen angebaut worden. Demgegenüber ist der Gewöhnliche Buchweizen (*F. esculentum*) eine voll domestizierte Nutzpflanze mit festsitzenden Früchten und ohne Keimverzug. Da diese Art in China und Sibirien auch als Unkraut vorkommt, wird angenommen, daß sie dort domestiziert worden ist.

Die Geschichte seiner Nutzung

In China soll die Nutzung des Gewöhnlichen Buchweizens sehr alt sein. Doch in den vorgeschichtlichen Funden, früher als etwa 1000 v. Chr., sind zwar Hirsen und später Reis, Weizen, Gerste und andere Nutzpflanzen nachgewiesen worden, aber kein Buchweizen. Auch im Buch der Oden (11.–6. Jh. v. Chr.) wird er unter den 150 wichtigen Kultur- und Wildpflanzen nicht genannt. Buchweizen muß demnach in China erst nach dieser Zeit aufgekommen sein.
Die bisher ältesten Buchweizenfrüchte sind im Südwesten der Sowjetunion gefunden worden und zwar in den Siedlungen Elabuga, Neprovo und Azov. Diese liegen im fruchtbaren Steppengebiet nördlich des Schwarzen Meeres (heutige Ukraine), datiert auf den Beginn der Eisenzeit (7./6. und 5./4. Jh. v. Chr.). Dort lebten zu der Zeit die Skythen, die teils Ackerbauern, teils berittene Nomaden waren. Letztere haben auch Handel mit griechischen Städten betrieben und unterhielten Beziehungen zu Thrakern (heutiges Bulgarien) und Kelten. So berichtete jedenfalls Herodot (5. Jh. v. Chr.).

In Wirklichkeit kann der Anbau von Buchweizen in diesem Gebiet viel älter sein, aber der Handel damit nicht früher als etwa 800 v. Chr., weil es erst seit dieser Zeit dort die berittenen Nomaden gab. In der Ukraine hat wahrscheinlich der Buchweizenanbau mindestens bis zum Mittelalter angedauert, denn die Grabhügel der Sewerjan- und Poljanstämme aus dem 10.–12. Jahrhundert n. Chr. enthielten regelmäßig Buchweizenkörner (nach Opravil 1974).

Die Ausbreitung des Buchweizenanbaus nach Westen wird durch Funde der Früchte in mittelalterlichen Städten belegt (bei archäologischen Ausgrabungen in den Altstadtkernen im Zuge von Bauarbeiten). In Polen ließ sich dies an zwei Stellen aus dem frühen Mittelalter (6./10. Jh.) und in Krakau (11./12. Jh.) belegen, nachgewiesen durch Krystina Wasylikowa (1984). In der Tschechoslowakei und in Ungarn gibt es mehr Funde aus dem frühen Mittelalter (ab 10. Jh.) und danach kontinuierlich bis zum 17./18. Jahrhundert (zusammengestellt von Opravil 1974).

In Deutschland sind Buchweizenfrüchte bisher nur im Rheinland gefunden worden und zwar an mehreren Stellen, wie in Duisburg in Schichten des 9./16. Jahrhunderts (Zeitspanne nicht näher eingrenzbar), in Neuss im 14./15. und 16. Jahrhundert sowie außerdem in der Burg Brüggen bei Viersen im 15. Jahrhundert. Der botanische Bearbeiter K.-H. Knörzer schließt daraus, daß der Anbau von Buchweizen im Rheinland im 15. Jahrhundert begonnen hat.

Auf niederländischem Boden sind Nachweise der Früchte nur in Amsterdam aufgetaucht, in Schichten aus dem 13. Jahrhundert und von dieser Zeit an kontinuierlich bis zum 19. Jahrhundert (Paap 1984).

Auch anhand der Pollenkörner in Torfmooren und fossilen Böden (Plaggenesch) ist Buchweizen gut nachweisbar, denn seine Pollenkörner sind groß und deutlich strukturiert. Die ältesten stammen aus Polen. Sie sind gleichaltrig mit den Buchweizenkörnern der Skythen, gehören also an den Beginn der Eisenzeit. Die Bearbeiterin, K. Wasylikowa (1984), deutet diese frühen Pollenfunde in Polen so, daß Buchweizen (*Fagopyrum* spec.) zu der Zeit dort vorgekommen sein müsse, doch noch ohne Nutzung, vielleicht als Unkraut.

In Deutschland ist Buchweizenpollen an zahlreichen Stellen Norddeutschlands festgestellt worden: als nördlichstes in Holstein, Ostfriesland, im nordöstlichen Niedersachsen und südlich bis zum Nordrand der Mittelgebirge (Steinhuder Meer NW Hannover sowie bei Elze NW Hildesheim). Da die Pollendiagramme meist bis in vorgeschichtliche Zeit zurückreichen, läßt sich der Beginn der Buchweizen-Pollenkurve frühestens vom 13.–14. Jahrhundert an datieren. Besonders interessant erwiesen sich die Zusammenhänge zwischen Buchweizen und Roggen im nordöstlichen Niedersachsen (Flögeln beim Ahlenmoor) sowie im nordwestlichen Teil (Dunum/Ostfriesland), wie Karl-Ernst Behre (1976 a u. b) anhand von Pollenanalysen aufzeigen konnte. Seit dem Mittelalter (10. Jh.) war nämlich in den norddeutschen Sandgebieten Roggen als Wintergetreide zur Hauptfeldfrucht geworden und wurde jahrelang auf denselben Flächen angebaut. In Flögeln fällt nun der Beginn der Buchweizen-Pollenkurve in die Zeit des mittelalterlichen Siedlungsrückgangs (Wüstungsperiode vom 14. bis 16. Jh.). Buchweizen begann dort also angebaut zu werden, als die übrigen Ackerpflanzen zurückgingen. Bei Dunum/Ostfriesland konnte Behre an den Pollenkörnern der Nutzpflanzen im Ackerboden (seit dem 10. Jh. kontinuierlich durch Heideplaggen erhöht, sog. Plaggenesch) zeigen, daß ungefähr vom 12. Jahrhundert an bis in die Neuzeit Buchweizen als Zwischenfrucht in gewissen Zeitabständen angebaut worden sein muß.

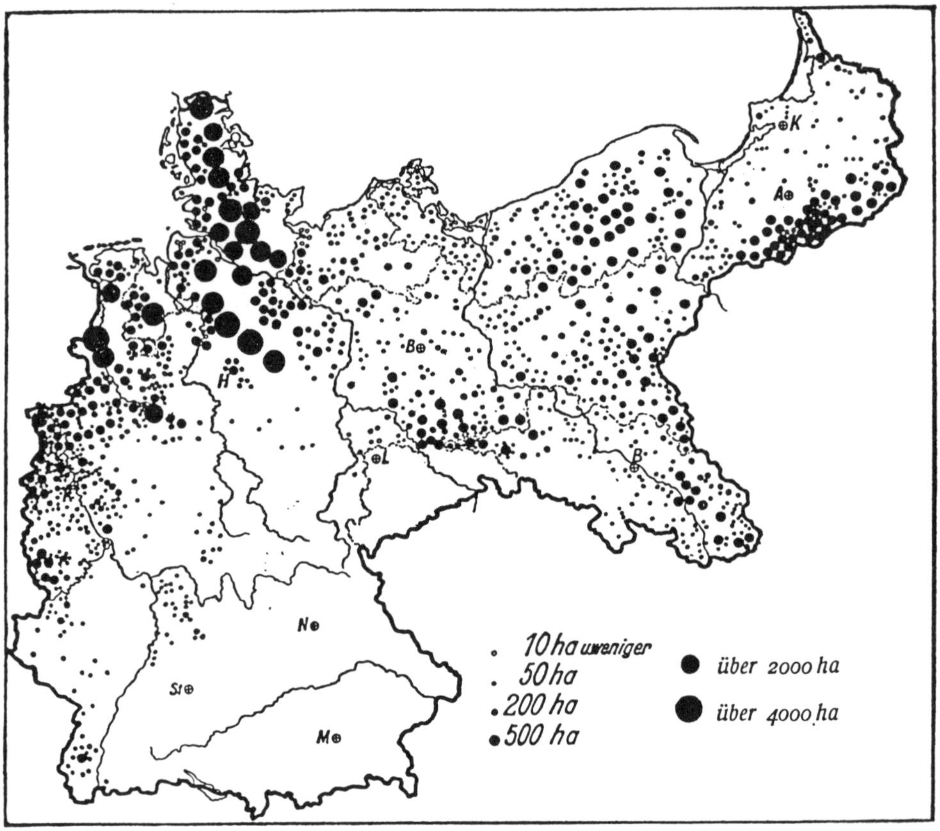

Abb. 77. Der Anbau von Buchweizen im Deutschen Reich im Jahre 1878, angegeben in Flächenanteilen. Aus Lehmann (1940).

Tafel 101 Hirse (*Panicum miliaceum*). Oben: Heutige Hirse, davon links die gebrauchsfertigen, entspelzten Körner, rechts noch mit Spelzen. Vergr. 8x. Unten: Vorgeschichtliche Reste aus der Wurt Feddersen Wierde bei Bremerhaven, etwa 2. Jh. n. Chr. Links eine Schicht mit Entspelzungsabfällen, Vergr. 6x; rechts ein bespelztes Korn. Vergr. 20x. Aus Körber-Grohne (1967).

Tafel 102 Buchweizen (*Fagopyrum esculentum*). Höhe der Pflanzen 70–80 cm. Botanischer Garten der Univ. Hohenheim. 15. 7. 1984.

Tafel 103 Oben: Buchweizenfeld auf dem Weyerberg, beim Teufelsmoor, ca. 30 km nordöstlich von Bremen, um 1900. Ölgemälde von F. Overbeck (Galerie Cohrs-Zirus, Worpswede bei Bremen). Unten: Buchweizenfrüchte. Äußerer Kreis: Früchte mit Schale; innerer Kreis: mit abgelöster Schale (wie bei einer Nuß), also gebrauchsfertig. In der Mitte ein Weizenkorn zum Größenvergleich. Vergr. 2,5x.

Tafel 104 Kulturlinse und Wildlinse. Oben: Eine Pflanze der Wildlinse (*Lens orientalis*) aus der Macchie in den Judäischen Bergen bei Jerusalem, Israel, der Verfasserin gezeigt von D. Zohary, Univ. Jerusalem. Verkleinert auf etwa $^2/_3$. Unten: Ein Seitenzweig (etwa $^1/_4$ der Pflanze) der angebauten Linse (*Lens culinaris*). Daneben einige Linsen. Botanischer Garten der Univ. Hohenheim. 25. 8. 1984. Verkleinert auf etwa $^1/_2$.

Für Deutschland werden im folgenden einige schriftliche Erstnennungen von Buchweizen aus Urkunden und Listen in zeitlicher Reihenfolge zusammengestellt (nach Losert 1953, Krause 1895 und anderen): 1380 eine »ausgestellte Urkunde, die sich auf Berkhof (2 km nördlich von Elze im Leinetal) bezieht, besagt, daß der Herr von Sprockhove an den herzoglichen Hof in Celle außer einer Geldabgabe für den ›Teghede‹ (Zehnten) auch eine solche in ›bokweten‹ zu entrichten hatte« (nach Losert); 1396 in einem Nürnberger Archiv, wonach Buchweizen im dortigen Kislings- oder Spitalhof gezogen wurde; 1413 in Schwerin; 1436 in einem Geldregister des Amtes Gadebusch in Mecklenburg; 1450 im Kloster Malchow, wo »ein Drömt Buchweizen verkauft oder verpfändet werden könnte«; 1461 wird er im Nassauischen in einer Kel-

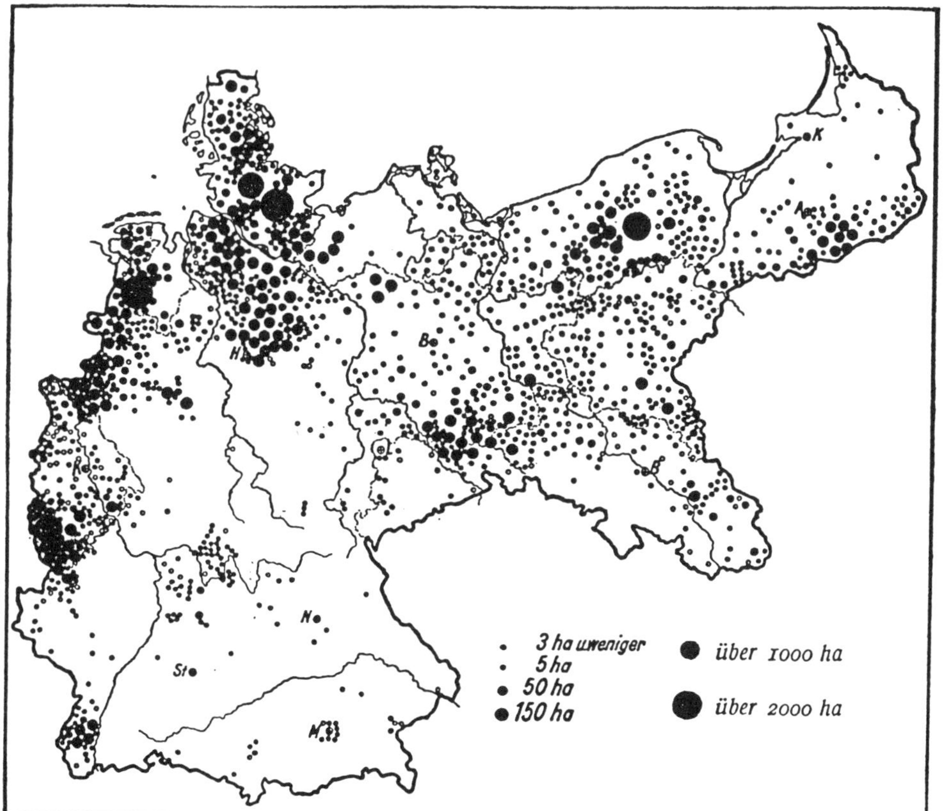

Abb. 78. Der Anbau von Buchweizen im Deutschen Reich im Jahre 1913, angegeben in Flächenanteilen. Aus Lehmann (1940).

lereirechnung aufgeführt, was darauf schließen läßt, daß er als Braugut verwendet worden ist (nach Krause). In der Folge wird er in niederdeutschen Bibeln genannt, die 1470 in Köln, 1492 in Lübeck sowie 1520, 1522 und 1523 in Halberstadt gedruckt wurden. Die Namen lauteten »Bockwete« und »Bockweit«. 1546 gibt Hieronymus Bock eine genaue Beschreibung der Pflanze. 1553 ist sie im Siegerland schon auf den Ginsterhainen der Hauberge (näheres s. u.) anstelle von Korn angesät worden. Lehmann beschreibt, daß Buchweizen im Jahre 1597 in England angebaut wurde und daß dieser um dieselbe Zeit eine allgemein verbreitete Nahrung der ärmeren Bevölkerung war. So hatte sich diese fremde Frucht im Laufe des 15. und 16. Jahrhunderts über fast ganz Europa verbreitet, allerdings nur in den klima- und bodenmäßig ungünstigsten Gegenden. Am meisten wurde er im 17. Jahrhundert angebaut. Im 18. Jahrhundert begann in Frankreich schon wieder sein Rückzug, wurde dort auch nur im Zusammenhang mit Bauernnot und Armut genannt.
In Deutschland blieb der Buchweizenanbau im 18. und 19. Jahrhundert gebietsweise beachtlich. Den Anbaustand von 1878 zeigt Abb. 77. Daran wird deutlich, daß Buchweizen in Nordwest-, Nord- und in ganz Ostdeutschland verbreitet war, aber kaum im mittleren Teil und so gut wie gar nicht in Süddeutschland. Der Schwerpunkt lag in Ostfriesland, Niedersachsen und Holstein, wo 1878 noch bis über 15 Prozent der Ackerfläche mit Buchweizen bestellt waren. Bis 1913 war dies um ein Mehrfaches zurückgegangen (Abb. 78), doch die Verbreitung ähnlich umfangreich geblieben. In den Schwerpunktgebieten waren es damals bis zu 4 Prozent der Ackerfläche. Nach dem Ersten Weltkrieg ging der Buchweizenanbau rapide zurück und lebte nur in den dreißiger Jahren noch einmal auf. Zu der Zeit gab es zahllose Kleinstflächen, lediglich in der Eifel, in Ostfriesland und in Holstein größere. Von den sechziger Jahren an wird Buchweizen aber weder in den landwirtschaftlichen Statistiken und Lehrbüchern über den Ackerbau in der Bundesrepublik Deutschland aufgeführt noch in den Statistiken der Europäischen Gemeinschaft.

Der Buchweizenanbau in Deutschland während der Zeit starker Nutzung (18. und 19. Jh.)

Im folgenden sollen einige Anbaugebiete vorgestellt werden, die besonders charakteristisch für den Buchweizenanbau waren. Diese umfaßten nicht die fruchtbaren, lehmigen Ackerböden, sondern lagen im Bereich armer Sandböden, in den Heide- und Moorgebieten sowie in Mittelgebirgen mit sauer verwitternden und vulkanischen Gesteinen im Bereich der Hackwälder (Haubergswirtschaft). Es waren außerdem Gebiete in abseitiger Lage zu Märkten und Verkehr, besonders wenn man den damaligen Mangel an Straßen bedenkt.

Noch relativ gute Anbaubedingungen gab es auf den Plaggeneschböden in Ostfriesland, im Emsland und im Oldenburgischen. Das ist dort die älteste Düngungsform für die armen Sandböden der nordwestdeutschen Altmoränengebiete. Wir haben schon berichtet, daß diese Wirtschaftsweise dort bis ins 10. Jahrhundert zurückreicht und durch den Beginn des intensiven Winterroggenanbaues bedingt gewesen ist. Dabei wurde die oberste Bewuchsschicht mit dem daran haftenden Sandboden (meist Heideplaggen) abgestochen bzw. abgeschlagen (abgeplaggt), in die Viehställe als Streue getan und danach auf die Felder zum Düngen und zur Humusbildung gebracht. Hierdurch erhöhte sich der Ackerboden im Laufe der Jahrhunderte um mehr als einen Meter. In späterer Zeit wurde dann auch Buchweizen angebaut, dem Pollenbefund zufolge im Wechsel mit Roggen, anderem Getreide (wahrscheinlich Sandhafer) und Lein.

Im Gegensatz zu diesen relativ alten Plaggeneschböden mit ihren dörflichen Siedlungen waren die Moore und Heidegebiete bis in das 18. Jahrhundert hinein unbewohnt geblieben. Moore und Ödland waren staatliches Eigentum. Um die Mitte des 18. Jahrhunderts riefen mehrere Landesfürsten, unter ihnen Friedrich II. von Preußen und der englische König Georg III. von Kurhannover zur Urbarmachung und Besiedlung der großen Moore auf, d. h. zu einer bedeutenden Binnenkolonisierung. Als Beispiel für die dabei gehandhabte Moorbrandwirtschaft, bei der Buchweizen generationenlang die pflanzliche Ernährungsgrundlage bildete, sei die Kultivierung des Teufelsmoors bei Bremen angeführt, die etwa 1750 begann und bis Anfang unseres Jahrhunderts andauerte, anschaulich beschrieben von Peter Rabenstein (1982) in Wort und Bild.

Bei dieser Moorbrandwirtschaft im Zuge der Hochmoorkultivierung wurde nach oberflächlicher Entwässerung alljährlich im Mai das Moor abgebrannt und in die noch warme Asche Buchweizen gesät. Dieser war die einzige Frucht, die auf dem Moorboden gedeihen konnte, denn Roggen und Hafer ließen sich erst nach Aufbringen von Sand anbauen. Aber wegen seiner großen Empfindlichkeit gegenüber Frost und Witterungseinflüssen waren die Erträge unsicher und blieben bei schlechter Witterung aus. Im Speisezettel der Moorbauern gab es den Buchweizen dreimal täglich, als Klöße und Pfannkuchen. Die Pfannkuchen dienten auch als Proviant für die 6–8 Stunden dauernde Schiffsfahrt nach Bremen zum Verkauf des Torfs. Den letzten Abschnitt dieses armen, entbehrungsreichen Lebens um die Jahrhundertwende haben die berühmt gewordenen Worpsweder Maler in ihren Bildern festgehalten.

Bei der Brandwirtschaft in den Mittelgebirgen Eifel, Odenwald und dem Siegerland war Buchweizen nicht die ausschließliche Frucht, sondern ein Glied in der Rotation mit Roggen, Hafer und Kartoffeln. Dabei handelte es sich um verschiedene Formen von Niederwaldwirtschaft, die im Wechsel mit Feldbau und Beweidung standen. Der Eichen-Niederwald diente zum Schälen für die Gewinnung von Gerberlohe (Rottwirtschaft). Nach dem Schälen wurde das Gestrüpp verbrannt und zumeist Hafer eingesät, stellenweise Buchweizen und danach Roggen. Nach einigen Jahren ließ man den Wald für 18–20 Jahre wieder aufkommen. Bei der Hackwald- und Röderwirtschaft im Odenwald auf Buntsandstein geht der Wechsel von Eichenschälwald und Feldwirtschaft bis ins 13. Jahrhundert zurück. Sie wurde vorzugsweise an den steilen Berghängen in Südlage betrieben. Nach dem Brandroden hat man vier bis fünf Jahre Buchweizen, Roggen, Hafer und Kartoffeln im Turnus angebaut, danach das Gelände eine Zeitlang beweidet und zuletzt wieder dem Wald überlassen. Hier wurden beide Buchweizenarten gesät. Bei der Haubergswirtschaft im Siegerland, wo der Nieder- oder Mittelwald zur Holzkohlengewinnung für das Hüttenwesen genutzt wurde, war der Wechsel Wald-Feldwirtschaft entsprechend. Sogar auf völlig degradierten Böden dieser Bergländer, wo nur noch Gras, Heide und Ginstergestrüpp wuchsen, betrieben die dortigen Bewohner in 20–60jährigem Turnus eine Brandwirtschaft, um noch Feldfrüchte anbauen zu können. Das waren zunächst wiederholt Roggen, dem je ein Jahr Brache folgte, danach Hafer und zuletzt Buchweizen.

Die Hauptanbaugebiete von Buchweizen waren außer den schon beschriebenen die Hochmoore und Heidegegenden im heutigen Niedersachsen, in Westfalen und auf dem unfruchtbaren Mittelrücken Holsteins. Buchweizen galt hier als Nahrungsmittel und Handelsware. Er wurde im Wechsel mit Roggen und Hafer angebaut, vom 19. Jahrhundert an auch mit der Kartoffel. Weitere Landschaften für Buchweizenanbau waren Pommern (Handel mit Buchweizengrütze nach Krakau ab 1850), die Mark Brandenburg (dasselbe nach Hamburg als Matrosenkost), das Oderbruch, das masurische Seengebiet, das größtenteils Heidecharakter hatte, wo Buchweizen und Hirse erzeugt, die, ebenfalls als Grütze vermahlen, nach Königsberg und Warschau verfrachtet wurden. Buchweizen diente auch als Gründüngung. In Oberschlesien war am Anfang des 19. Jahrhunderts ein Fünftel der Fläche mit Buchweizen bestellt, der im Preis dem Roggen entsprach. Im Braunschweigischen zog man ihn nur auf den Sandfeldern. In Hessen (Prov. Fulda) ergab er ein Drittel der Kornernte, diente aber auch als Pferdefutter. In Württemberg stand das »schwarze Welschkorn« nie in Ansehen und blieb sogar noch hinter Hirse zurück. Weiter kam der Buchweizen in der Umgebung Frankfurts, im Westerwald, Vogelsberg und Spessart vor.

Außer für die Ernährung diente Buchweizen als Stoppelfrucht, d. h. er entwickelte sich erst nach der Getreideernte auf den Stoppelfeldern bis zur Blüte im Herbst. Dann wurde er für Grünfutter gemäht, so z. B. im südlichen Deutschland und nördlichen Österreich.

Die starke Nutzung des Buchweizens in Landschaften eingespielten Ackerbaus sowie auf Ödländereien war nur möglich in einer Zeit mit starkem Bevölkerungswachstum, großem Bedarf an allem Lebensnotwendigen, Binnenkolonisierung mit Urbarmachung von Mooren und anderem Ödland größten Umfanges. Mit der Intensivierung der Landwirtschaft sowie der Entwicklung und Anwendung von künstlichen Düngemitteln ist der Buchweizen als Nahrungsmittel, als Viehfutter, für Bienenweide und für Gründüngung anderen Nutzpflanzen gewichen, die sicherer im Anbau und auch ertragreicher waren.

Zusammenfassend läßt sich festhalten: Buchweizen ist eine stärke- und eiweißreiche Mehlfrucht. Er gehört botanisch nicht zu den Getreidearten, sondern zu den Knöterichgewächsen. Heimat und Ursprung liegen in den Steppen Mittel- und Ostasiens. Die ältesten Funde von Buchweizenfrüchten stammen aus Skythengräbern in der Ukraine, ab dem 7./6. Jahrhundert v. Chr. Weiter westlich, in Ungarn, der Tschechoslowakei und Polen gehören die Funde von Früchten erst dem Mittelalter an (ab 6./10. Jh.). Die noch weiter westlichen Funde aus dem Niederrheingebiet und Amsterdam datieren ab 12. und 13. Jahrhundert, häufiger seit dem 15. Jahrhundert. Der älteste Anbau von Buchweizen läßt sich pollenanalytisch fassen. Das war in Deutschland im 13. und 14. Jahrhundert. Beim Anbau vom 15./16. Jahrhundert an, mit Schwerpunkt im 17. und 18. Jahrhundert, hat Buchweizen in West- und Mitteleuropa nicht die herkömmlichen Getreidearten ersetzt, sondern wurde als anspruchsloseste Ackerfrucht auf ärmsten Sandböden und bei der Moorkultivierung, außerdem bei der sog. Brandwirtschaft in manchen Mittelgebirgen, angebaut, wo sonst keine anderen Nutzfrüchte gedeihen konnten.

Hülsenfrüchte (Leguminosae)

Von den Hülsenfrüchten, die in der Vergangenheit über lange Zeit eine mehr oder minder große Rolle für die menschliche Ernährung gespielt haben, ist der Anbau von Linsen (*Lens culinaris*), Kichererbsen (*Cicer arietinum*) und Linsenwicken (*Vicia ervilia*) in Deutschland erloschen.

Die Ackerbohne (*Vicia faba*) hätte wegen ihrer kleinkörnigen Formen auch in Teil II gehört, weil diese heute nur noch als Viehfutter oder zur Gründüngung angebaut wird; aber wegen des engen Zusammenhangs mit der großkörnigen Speisebohne (Dicke Bohne, Puffbohne) ist *Vicia faba* insgesamt in Teil I beschrieben worden (vgl. S. 117 ff.).

Ein Anbau der Langbohne bzw. Kuherbse (*Vigna unguiculata*, Vorgängerin unserer Grünen Gartenbohne), zur Verwendung der unreifen Hülsen als Gemüse, kann nördlich der Alpen seit oder nach der römischen Zeit stattgefunden haben, ist aber nicht sicher erwiesen. Das gilt nur für ihr Ursprungsgebiet Afrika, sowie davon abgeleitet für das Mediterrangebiet seit dem klassischen Altertum. Was für Deutschland darüber zu sagen ist, wurde daher schon in Zusammenhang mit der Grünen Bohne (*Phaseolus vulgaris*) behandelt (vgl. S. 99 ff.). Es folgt deshalb jetzt nur noch die Beschreibung der Linsen, Kichererbsen und Linsenwicken.

LINSEN (*Lens culinaris* Med. = *L. esculenta* Moench)

Wachstumsbedingungen. Bedeutung

Linsen sind einjährige, kleine, zierlich wirkende Pflanzen von 15–50 cm Höhe. An dünnen, stark verzweigten Stengeln sitzen gefiederte Blätter, deren 4–7 einzelne Fiedern lang und schmal sind. Im oberen Pflanzenteil laufen sie meist in eine Wickelranke aus. Die sehr kleinen, unscheinbaren Blüten stehen im Juni–Juli zu zweit an langen,

dünnen Stielen. Sie sind weiß, aber das hintere Blütenblättchen (Fahne) besitzt eine lila Aderung. Ende August bis Anfang September haben sich daraus kurze, breite, hellbraune Hülsen entwickelt mit jeweils zwei Linsen (Samen) darin (Taf. 104 unten). Über die Wachstumsbedingungen in Deutschland findet sich Näheres bei Alexander von Lengerke (1840) und Carl Fruwirth (1921). Danach sind Kalk-, Mergel- und natürliche Gesteinsschuttböden, die nur wenig Feinerde enthalten, am besten für den Linsenanbau geeignet; ebenso schiefrige, kiesige Äcker, wenn sie humushaltig sind. Auch Sandböden, soweit sie Kalk enthalten, sowie Löß sind möglich. Nicht geeignet sind schwere Tonböden, da sich in ihnen die Wurzeln nicht genügend entwickeln können. Die Aussaat soll möglichst früh erfolgen, aber etwas später als bei Palerbsen, weil Linsen empfindlicher gegen Kälte als diese sind. Etwa Mitte April ist die für Linsen angemessene Zeit. Die Saatgutmenge kann um ein Drittel weniger als bei Erbsen sein. Erdlockerung und Reinhaltung von Unkraut sind zu ihrem Gedeihen erforderlich. Bezüglich der Temperaturansprüche ist daran zu erinnern, daß Linsen selbst auf der rauhen Schwäbischen Alb erfolgreich als Winterfrucht unter dem Getreide angebaut worden sind. Trockenheit und Wärme fördern aber die Entwicklung und den Samenertrag. Nässe verursacht üppiges Blattwachstum, doch geringen Hülsenansatz. Düngung mit Mist oder Kunstdünger ist nicht angebracht, weil dadurch auch nur die Blatt- und Stengelmasse vermehrt wird, ohne Samen zu bilden.
Die historischen Hauptanbaugebiete im Deutschen Reich (bis nach 1920) lagen in Bergländern der Muschelkalk- und Juraformation, wie z. B. der Ostabhang des Schwarzwaldes und die Schwäbische Alb.
Weltweit gesehen, liegen die Hauptanbaugebiete für Linsen rund um das Mediterrangebiet und in Teilen Süd- und Westasiens. Die Weltproduktion liegt bei 1,128 Millionen Tonnen (für 1981). Davon entfällt gut die Hälfte auf Indien. Danach kommen die Türkei und Syrien. In Europa werden Linsen in Spanien und Frankreich angebaut, etwas auch in Griechenland, Italien, Tschechoslowakei, Jugoslawien, Ungarn und Bulgarien (Angaben nach F-A-O).

Varietäten, Sorten und Anbaumengen in Deutschland zwischen 1840 und 1920

An Varietäten und Sorten gab es um 1840 in den Deutschen Bundesstaaten nach A. v. Lengerke (1840) hauptsächlich die »kleine, gemeine, deutsche Feldlinse und die große Gartenlinse. Letztere ist größer, mehlreicher und von hellerer Farbe. Außerdem gibt es die Provencer Linse, die mit Erbsen Ähnlichkeit hat, ferner schwarze und weiße Linsen, letztere mit mehr rundlichen Körnern.«
Aus der Zeit um 1920 werden für das Deutsche Reich folgende Varietäten und Sorten

von Fruwirth (1921) in seinem Handbuch des Hülsenfruchtanbaus beschrieben: Kleinkörnige Linsen – Körner im Durchmesser 3–4,3 mm sowie 1,8–2,6 mm dick. Pflanzen 18–28 cm hoch. »Sie liefern meist einen höheren Ertrag als die großkörnigen Linsen und immer geschmackvollere Körner.« Hierzu gehört die Kleine Rote Linse mit kleinen, bauchigen Körnern, auch als Winterfrucht gebaut. Davon werden drei Sorten genannt.

Großkörnige Linsen – Körner im Durchmesser 4,8–7,3 mm sowie 2,1–2,5 mm dick. Davon gibt es drei Sorten, z. B. die Große Hellerlinse aus Lothringen und die Gemeine Linse. Letztere ist eine Linse mit kleineren Samen, die grünlich-gelb gefärbt sind. Die Schwarze Linse ist bauchiger als die übrigen Sorten. Züchterische Bearbeitung ist bis 1916 nicht vorgenommen worden.

Die Anbaumengen der Linsen in Deutschland zwischen 1878 und 1900 sind aus folgender Tabelle zu entnehmen.

Tab. 9 Anbauflächen in 1000 Hektar für Linsen (Lens culinaris), Erbsen (Pisum sativum) und Bohnen (Vicia faba) im Deutschen Reich (nach Fruwirth 1914)

Trockenfrüchte	1878	1883	1893	1900
Linsen (Speise)	39,9	30,0	23,8	19,0
Erbsen (Speise und Futter)	468,4	407,1	328,0	236,2
Bohnen (Speise)	18,1	12,9	9,8	8,0
(Futter)	136,3	148,7	163,4	152,9

Daraus geht hervor, daß um 1900 noch auf 19000 Hektar Linsen im Deutschen Reich angebaut wurden. Ihr Anbau ging aber schon seit längerem zurück. Im Verhältnis zu Erbsen war ihr Anteil gering, wenn auch höher als der der Bohnen für Speisezwecke. Fruwirth (1914) betont jedoch, daß in den Statistiken die Werte für Hülsenfrüchte im Verhältnis zu Getreide allgemein zu gering angegeben werden, weil die Anteile für Gründüngung und die kleineren randlichen Streifen von Sonderkulturen mit den Zahlen nicht erfaßt werden.

Verwendung und Nährstoffgehalt

Die hauptsächliche Nutzung ist die der trockenen Samen für menschliche Nahrung zu Suppen oder Gemüse (mit der Schale) und in Breiform (ohne Schale). Linsen wurden in ärmeren Gegenden auch in gemahlenem Zustand dem Brotmehl beigemischt. Für das Stroh gibt Fruwirth (1921) an, es sei sehr nährstoffreich und zart, das proteinreich-

ste von den Hülsenfrüchtlern und daher als Viehfutter gut geeignet. Auch zur Gründüngung wurden Linsen gesät.
Der Nährstoffgehalt von Linsen, im Vergleich mit anderen Hülsenfrüchten, Weizen und Fleisch, geht aus Tab. 2, S. 101 hervor. Daraus ist ersichtlich, daß in 100 Gramm Linsen 22–26 g Eiweiß, 47–60 g Kohlenhydrate und 1–2 g Fett enthalten sind. Diese Anteile entsprechen im großen und ganzen denen von Trockenerbsen und Trockenbohnen. Auch die Anteile an Vitaminen und Mineralstoffen sind ähnlich.

Die Geschichte der Linsen in Mitteleuropa nach Bodenfunden aus archäologischen Ausgrabungen

Linsen waren, zusammen mit Erbsen, Bestandteile der ältesten Ackerbaukultur (Bandkeramik) in Mitteleuropa (Abb. 79). Von den Fundstellen mit verkohlten Linsen oder deren Abdrücken in Keramikscherben liegt eine an der Donau (Hienheim) südwestlich von Regensburg, eine weitere im mittleren Neckarland (Ludwigsburg-Oßweil), mehrere im Niederrheingebiet bei Jülich und Düren und schließlich zwei in Ostdeutschland (Nerkewitz und Eisenberg). Die Linse war also in den Mittelgebirgen verbreitet, begrenzt im Süden durch die Donau.
Im Vergleich zu Erbsen sind Linsen jedoch weniger vertreten. Es sind nur halb so viele Fundstellen mit Linsen, und die Anzahl der verkohlten Körner ist im allgemeinen geringer. Nur einmal liegt offenbar ein Vorratsfund vor (Eisenberg in Thüringen), wo sich ca. 500 verkohlte Linsen zusammen fanden.
Vom mittleren Teil des Neolithikums an (Rössener und Schussenrieder Kultur) war der Anteil von Hülsenfrüchten an den Getreidefunden insgesamt stark zurückgegangen, so daß von 76 Fundstellen mit Nutzpflanzenresten in beiden Teilen Deutschlands nur fünf auf Erbsen und zwei auf Linsen entfallen. Aber in dieser Zeit erschienen sie erstmals in den steinzeitlichen Ufersiedlungen im schweizerischen Alpenvorland, zusammen mit Erbsen.
Mit Beginn der Bronzezeit stieg der Anteil an Hülsenfrüchten wieder. Dazu kamen zwar in dieser Zeitperiode erstmalig auch Bohnen (*Vicia faba*), die an ebenso vielen Orten gefunden wurden wie Erbsen und Linsen zusammen. Von den größten beiden Linsenfunden stammt der eine aus dem mittleren Neckarland (Heilbronn-Neckargartach). In dieser endbronzezeitlichen Siedlung lagerten nur verkohlte Hülsenfrüchte, davon am meisten Linsen. Die andere Stelle mit 80 Linsen in einem großen Ackerbohnen- und Gerstenvorrat befindet sich in Ostdeutschland (Nebra a. d. Unstrut). Auch als Grabbeigaben in Tongefäßen haben Linsen gedient.
In der vorrömischen Eisenzeit ist der Anteil der Linse etwas größer als vorher. Es gibt

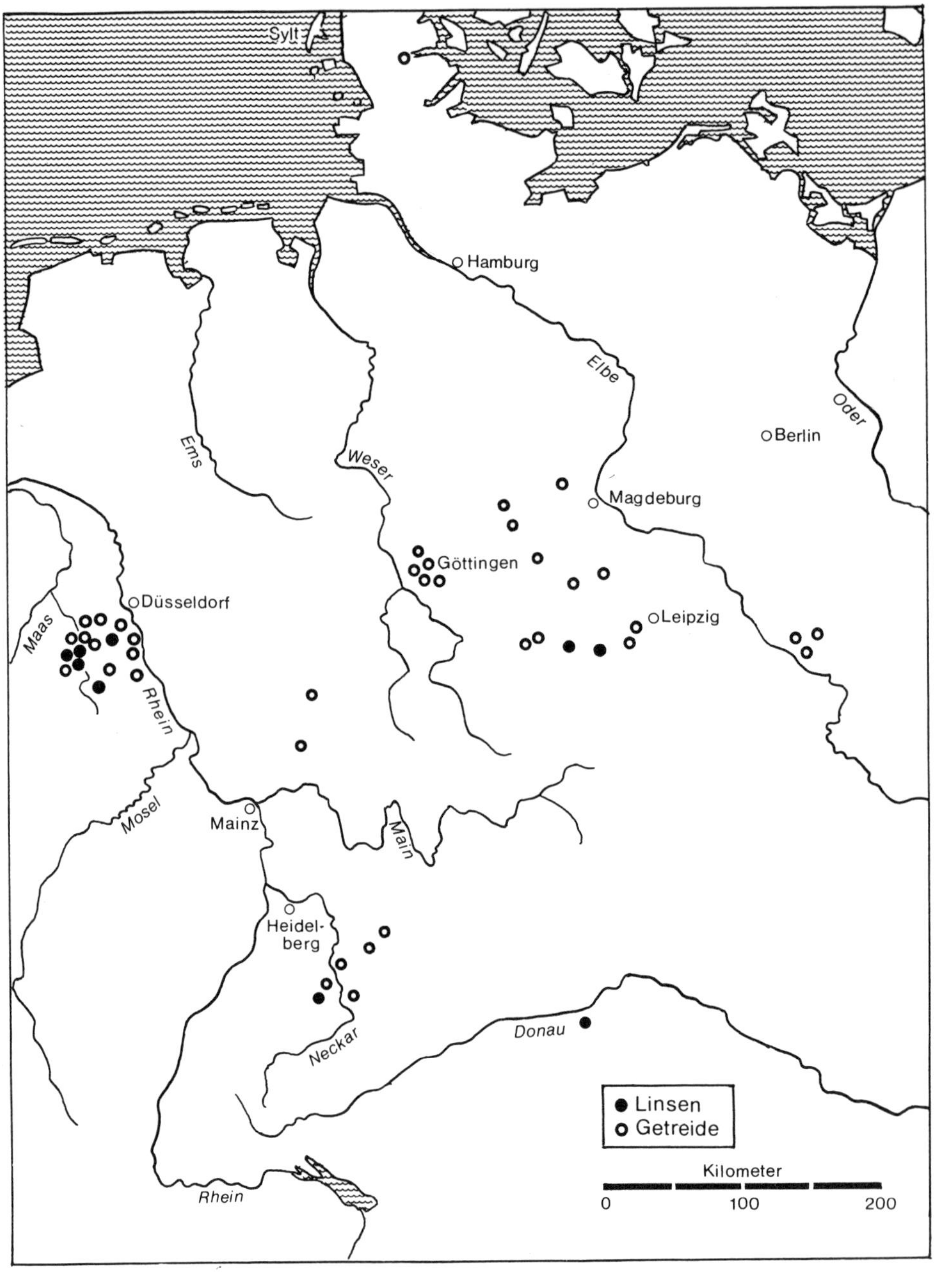

Abb. 79. Verbreitung prähistorischer Linsenfunde aus der ältesten Jungsteinzeit (Bandkeramik). Um den Anteil der Linsen an den Getreidefundstellen zu zeigen, sind diese auch eingezeichnet.

in ganz Deutschland 15 Fundstellen mit Linsen, gegenüber 13 mit Erbsen und 13 mit Ackerbohnen. Hervorzuheben ist die deutlich größere regionale Ausdehnung, die zu der Zeit weiter nach Osten, bis Striegau in Schlesien, reicht. Dort war ein hallstattzeitlicher Ringwall, in dessen Inneren sich große Mengen an verkohltem Weizen fanden und dazwischen Linsen und Erbsen. Derartige Vorräte mit ähnlicher Zusammensetzung lagerten ebenfalls in dem gleichaltrigen Ringwall von Ostro in der Oberlausitz. Erwähnenswert ist weiterhin die Nutzung von Linsen in der hallstattzeitlichen Heuneburg auf der Schwäbischen Alb an der oberen Donau. Dort konnten in den Scherben des Gebrauchsgeschirrs zahlreiche Abdrücke von Nutzpflanzensamen festgestellt werden. Darunter befanden sich 21 Abdrücke von Linsen, weitere von Erbsen, Ackerbohnen, Lein, Färberwaid, Leindotter und von mehreren Getreidearten. Besonders wichtig sind die großen Siedlungsfunde im westlichen Niederrheingebiet bei Düren und Neuss, wo Wohn-Stall-Häuser, Speicher und 17 Gruben aus der jüngeren Eisenzeit (Latène) freigelegt worden sind. Sie enthielten, nach K.-H. Knörzer, eine große Artenvielfalt an verkohlten Pflanzenresten: Linsen, Linsenwicken, Erbsen und Ackerbohnen, Lein und Leindotter sowie sieben Getreidearten.

Während der Römerzeit gab es Linsen in mehreren Kastellen und Gutshöfen, so z. B. in Südwestdeutschland in Rainau-Buch, Lauffen am Neckar und in Bondorf bei Böblingen; in Nordwestdeutschland im Römerlager Oberaden bei Lünen a. d. Lippe. Aber auch im freien Germanien fanden sich Linsen, z. B. in Bad Mergentheim.

Von der Völkerwanderungszeit bis zum Ende des Mittelalters ging der Anteil an Linsen gegenüber Erbsen und Ackerbohnen in ganz Deutschland deutlich zurück. So enthielten zwischen 350 und 1200 nur 4 von 49 Fundstellen mit Getreide auch Linsen, gegenüber 7 mit Erbsen und 8 mit Ackerbohnen. Die Linsenfundstellen liegen bei Marburg sowie in den Kreisen Brandenburg und Neubrandenburg, d. h. in den Sandgebieten um Berlin. Zwischen 1250 und 1600 enthielten 17 Getreidefundstellen gar keine Linsen mehr, aber auch kaum andere Hülsenfrüchte, so daß für diesen Zeitabschnitt weitere Fundbearbeitungen abgewartet werden müssen.

Linsenanbau in Deutschland vom Hochmittelalter bis in die frühe Neuzeit

Aus der Zeit zwischen dem 13. und 18. Jahrhundert berichtet H. Jänichen (1970) über den Linsenanbau in Schwaben. Danach wurden in Urkunden und Hofbeschreibungen seit dem 13. Jahrhundert Bohnen (*faba*), Linsen und Erbsen zwar häufiger aufgeführt, aber im Verhältnis zu den Getreidearten doch nur in geringerem Maße. »In den Gärten und Ländern baute man diese Früchte meist rein an, im Acker oft mit Halmfrüchten gemischt.« So war es z. B. am oberen Neckar, in der Baar (das hochgelegene Hügel-

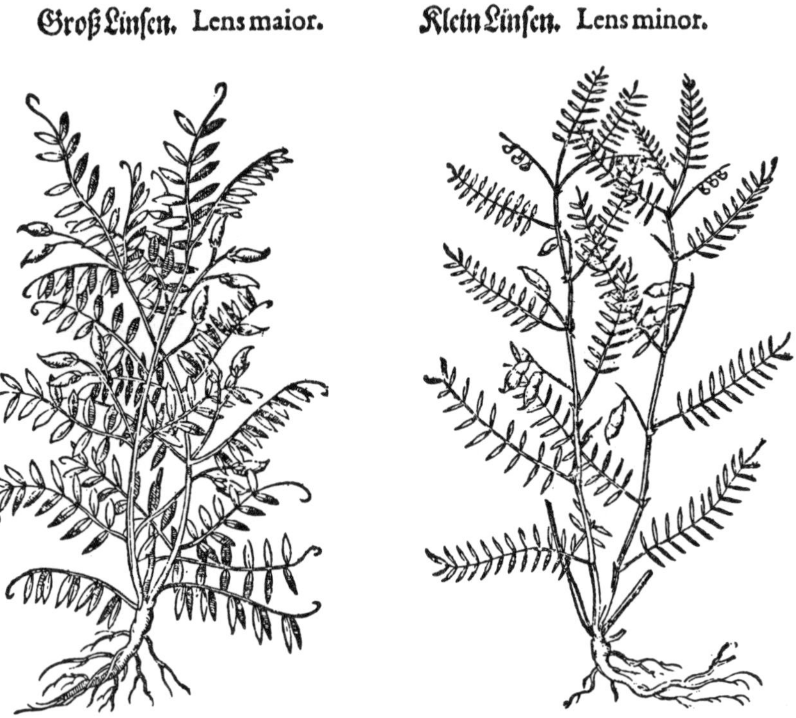

Abb. 80. Die beiden Hauptformen von Linsen während der Renaissancezeit in Deutschland. Holzschnitte aus dem Kräuterbuch von Joachim Camerarius (1586).

land südöstlich des Schwarzwaldes) und auf der Schwäbischen Alb, wo die »Laisegerscht« (Linsengerst), also Linsen und Gerste gemischt gesät, gedroschen und gemahlen wurde. Aus dem Mehl ist ein »schmackhaftes, etwas rauhes und schweres Brot« hergestellt worden. Noch am Anfang des 19. Jahrhunderts hielt man dort an dieser Art Fruchtbau fest. In den rauhesten Gegenden der Schwäbischen Alb wurden zwischen dem 13. und 19. Jahrhundert auch Winterlinsen und Winterroggen im Gemenge häufig angebaut.

Als Sorten dieser Zeit sind im Kräuterbuch von Mattiolus, in der Neubearbeitung von Camerarius (Zeitraum 1586–1626), große und kleine Linsen abgebildet (Abb. 80). In der Beschreibung heißt es: »Die Linsen sind mit Blettern unnd Blumen den Wicken gleich. Sie haben kleine, kurtze, runde, flache Körnle, die sind mit einem dünnen Häutlein bekleydet.« Es gibt zweierlei: Die ersten (Klein-Linsen) sind weiß, klein und

anmutiger zu essen, blühen weiß. Die anderen (Groß-Linsen) sind aschenfarbig, ein wenig größer, mit braunweißen Blüten.
Einen Einblick in den Linsenanbau der deutschen Bundesstaaten und von Österreich aus der Zeit um 1839 gibt A. v. Lengerke (1840) in seinem Buch über die Verhältnisse in der Landwirtschaft und Industrie jener Zeit. Hieraus stammen die folgenden Angaben: »Die Linse, allgemein bekannt und eine sehr beliebte Kochfrucht, wird in Deutschland doch nur in geringer Ausdehnung und in mehreren Gegenden gar nicht gebauet.« Als Erklärung wird die Unsicherheit des Ertrags und das spärliche Stroh angegeben, außerdem könne die Frucht nur in kleinen Mengen abgesetzt werden.
Angebaut wurde sie damals in Kärnten, der Steiermark und Tirol; in Brandenburg, bei Erfurt, in der Moselgegend in ziemlicher Menge; ferner in Ober- und Niederbayern, in der Oberpfalz und um Regensburg, in Schwaben und Neuburg a. d. Donau, in Mittel-, Ober- und Unterfranken, in der Pfalz und etwas in Sachsen, außerdem in Baden, Kurhessen und im Braunschweigischen. In der Marsch fehlten Linsen, dagegen wurden sie auf der Geest stellenweise kultiviert.
»Württemberg erzeugt 4000 Scheffel Linsen mehr als Erbsen und Bohnen (*faba*). Auf geringwertigem Kalkboden baut man mit entschiedenem Vorteil Linsenrocken und Linsenspelz. Die Linsen halten als Unterfrucht unter Spelz (Dinkel) und Rocken (Roggen) selbst in rauhen Gegenden den Winter aus . . . Am Abhang des Schwarzwaldes in der Muschelkalkformation wird häufig Linsengerste (Gerste mit Linsen) gesät.«
Nach A. v. Lengerke gab es mehrere Varietäten, vor allem die »kleine, gemeine, deutsche Feldlinse und die große Gartenlinse. Letztere verlangt aber eine sorgfältigere Behandlung und fleißiges Ausjäten des Unkrauts.«
Die Ernte erfolgt durch Ausraufen oder Mähen bei trockenem Wetter, wenn die Hülsen bräunlich zu werden beginnen. Zwei bis drei Tage liegen sie in Schwaden auf dem Acker und werden dann eingefahren. Als normaler Ertrag gelten 8–10 Scheffel pro Morgen (1 Morgen = 0,25 Hektar).
Vom Wert und Preis her waren die Linsen bei uns »ein beliebtes dürres Gemüse« und wurden teurer bezahlt als andere Hülsenfrüchte.

Die ältesten Linsenfunde aus archäologischen Ausgrabungen. Ausbreitung nach Mitteleuropa

Die ältesten Linsenfunde stammen aus dem östlichen Mittelmeergebiet, aus Ägypten und dem Orient (Abb. 81). Hier sind auch die ältesten Erbsenfunde zutage gekommen (Abb. 30, S. 137). Die Parallele in der Nutzung der beiden Pflanzenarten ist offensichtlich, doch mit dem Unterschied, daß Linsen in den ältesten Zeitabschnitten an den

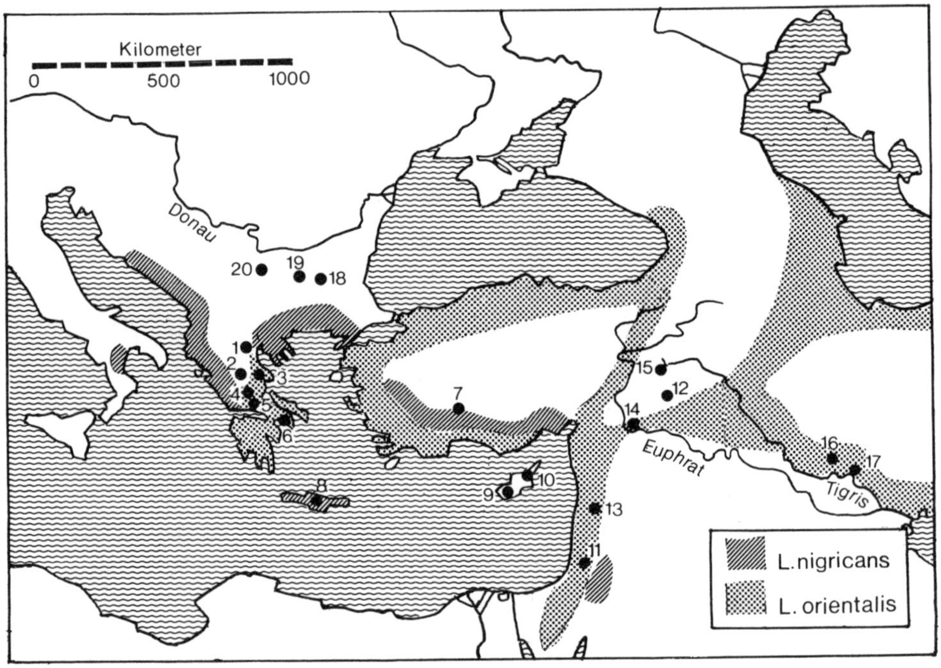

Abb. 81. Steinzeitliche Linsenfunde aus archäologischen Ausgrabungen (20000–4600 v. Chr., Alt- bis Jungsteinzeit). Verbreitung der zwei heutigen Wildlinsenarten, die unseren Kulturlinsen am nächsten verwandt sind: in Schraffur *Lens nigricans*, in Punktraster *L. orientalis.* 1–6, 8 Griechenland; 9, 10 Zypern; 11 Jericho (Israel); 12, 13, 14 Aswad, Ramad, Mureybit (Syrien); 7, 15 Hacilar, Çayönü (Türkei); 16, 17 Ali Kosh, Tepe Sabz (Iran); 18, 19, 20 Azmak, Kazanluk, Chevdar (Bulgarien). Aus Cubero (1984), vereinfacht. Nähere Angaben zu den Ziffern s. S. 465.

meisten Stellen früher genutzt und auch mengenmäßig deutlich bevorzugt worden sind. Erst im Laufe des Spätneolithikums gleicht sich diese verschiedene Bewertung aus.

Die allerältesten Linsen sind in den altsteinzeitlichen Schichten (Paläolithikum, 20000–7000 v. Chr.) in der Franchthi-Höhle (Peloponnes) gefunden worden (Abb. 81). Sie stammen von wildwachsenden Linsen, die die Menschen während der letzten Eiszeit oder gegen deren Ende, zusammen mit Wildgetreiden und anderen Wildpflanzensamen sammelten. Ein ähnlicher Bestand zusammengetragener Pflanzen setzt sich in derselben Höhle in den darüberliegenden Schichten der Mittelsteinzeit (ca. 7000–6000 v. Chr.) fort.

Zwischen etwa 7800 und 6500 v. Chr. wurden im sog. »Fruchtbaren Halbmond«

(Abb. 5, S. 50) die ersten dauerhaften Siedlungen unter freiem Himmel (nicht mehr in Höhlen) angelegt und mit dem Anbau von Nutzpflanzen begonnen. In diesem Zeitabschnitt, dem präkeramischen Neolithikum (Jungsteinzeit, aber noch vor Erfindung der Töpferei), gehörten Wildlinsen zu den bevorzugten Hülsenfruchtarten.
Im Laufe des Neolithikums nahm die Größe der Linsensamen zu, so daß es sich dann vermutlich um Kulturlinsen handelt. Wie lange dieser Vorgang gedauert hat, läßt sich vorerst nicht genügend einengen, da hierfür mehr Pflanzenreste in dichterer Schichtenfolge und einwandfreier Datierung notwendig wären.
In Griechenland gibt es mehrere Fundstellen aus dem Frühneolithikum (6200–5300 v. Chr.), in denen viele Linsen (kultivierte und nicht näher beurteilbare) gefunden worden sind. Sie waren dort die am meisten genutzten Hülsenfrüchte. Das gilt nicht nur für das Festland, sondern auch für die großen Inseln Kreta und Zypern.
Im westlichen Mittelmeer dagegen fanden sich Linsen erst wesentlich später. Doch die Anzahl der botanisch untersuchten Fundstellen in Süditalien und Südspanien ist viel geringer als im östlichen Mittelmeer, so daß man hier erst weitere Untersuchungen abwarten muß.
Die in der Altersstellung anschließenden Fundstellen liegen in Jugoslawien (Anza I–III und Obre, 5300–4500 v. Chr.) und in Bulgarien (Azmak, Chevdar und Kazanluk, 4800–4600 v. Chr.). So breiteten sich die Linsen über die frühen Ackerbaukulturen des Balkans nach Mitteleuropa aus.
Im Vorderen Orient und in Ägypten haben Linsen seit alter Zeit eine große Rolle in der Ernährung gespielt. Es sei an das Alte Testament der Bibel erinnert, als Esau sein Erstgeburtsrecht an seinen Bruder Jakob für ein Gericht Linsen verkaufte. Aus Ägypten liegen eine Reihe von Linsenfunden der prädynastischen Zeit und als Grabbeigaben aus pharaonischen Zeitabschnitten vor (vgl. Germer 1985). Sogar gekochte Linsen waren dabei, denn in einem Grabe zu Dra-Abu el Nega aus der 12. Dynastie (ca. 1990 – ca. 1780 v. Chr.) fanden sich auf Näpfen niedergelegte gekochte Breiklumpen, die teils aus grob geschroteten Gerstenkörnern, teils aus Linsen bestanden. Von letzteren ließen sich einige aus der Masse lösen und waren in Größe und Form gleich wie die kleine Linsenart, die im heutigen Ägypten allgemein angebaut wird (nach Schweinfurth 1883).

Heutige Wildlinsen, Ableitung unserer Kulturlinsen

Mit der Verbreitung heutiger Wildlinsen, der verwandtschaftlichen (taxonomischen) Gliederung der Wild- und Kulturlinsen und der Ableitung der kultivierten Linsen haben sich in neuerer Zeit besonders J. Cubero und D. Zohary befaßt.

Die Kartenskizze (Abb. 81) läßt erkennen, daß heute drei Arten (Species) von Wildlinsen rund um das Mittelmeer und im Vorderen Orient bis Mittelasien verbreitet sind. Von diesen wächst die Schwarzwerdende Linse (*Lens nigricans*) mehr westlich und nördlich (Nordwestafrika, Spanien, Südfrankreich, Italien, Griechenland, Kreta, Zypern, südliche Türkei), auskeilend in Israel und Syrien; die Orientalische Linse (*Lens orientalis*) im östlichen Bereich (südliches Griechenland, Türkei, Vorderer und Mittlerer Orient). Mischgebiete beider Arten sind aus der Karte zu ersehen. Dazu kommt eine dritte Art (*Lens ervoides*), die seltener vorkommt und stärker abweichende Merkmale hat.

Eine Vorstellung vom Aussehen der Orientalischen Wildlinse vermittelt Taf. 104 oben. Das kleine, aufrechte, verzweigte Pflänzchen wuchs im niederen Teil der Macchie in den Judäischen Bergen, nicht weit von Jerusalem. In den herabhängenden Hülsen hatten sich am 20. April 1983 jeweils zwei kleine, runde, flache Samen entwickelt. Anfang bis Mitte Mai werden diese trocken.

Als nächste Verwandte oder Vorfahren unserer Kulturlinsen kommen nach Cubero (1984) am ehesten *Lens orientalis* und *Lens nigricans* in Betracht. Diese haben den gleichen Chromosomen- und Genbestand wie *Lens culinaris* (die Kulturlinse). Am meisten ähneln sich nach D. Zohary (1973) die Orientalische und die Kulturlinse. Das wurde mit der sog. Komponentenanalyse festgestellt, bei der eine große Anzahl von makro- und mikroskopischen Merkmalen verglichen wird. Demgegenüber zeigt die weniger häufig vorkommende dritte Wildlinsenart (*Lens ervoides*) besondere Merkmale, die es möglich erscheinen lassen, daß sie eine bereits abgeleitete Form darstellt.

Die ältesten Fundnachweise kleinsamiger Wildlinsen sowie etwas größersamiger Kulturlinsen liegen in den heutigen Verbreitungsgebieten von *Lens orientalis* und *Lens nigricans*, wobei sich die frühesten Stadien der Kultivierung im Bereich von *Lens orientalis* befinden, wie wir gesehen haben. Sicherlich sind Wildlinsen zu verschiedenen Zeiten und an verschiedenen Stellen von den Menschen bei ihren Wohnstätten ausgesät und gepflegt worden.

Zusammenfassend läßt sich folgendes festhalten: Linsen gehörten zu den frühesten Ackerfrüchten im Vorderen Orient und in Europa seit dem Beginn der steinzeitlichen Siedlungen. Als typische Berglandpflanze ist die Linse in Europa aber weder ins Flachland gegangen (wie die Erbse) noch der Ausdehnung der steinzeitlichen Siedlungen nach Norden gefolgt. In Deutschland wurden die Linsen in kalkhaltigen Bergländern der Mittelgebirge und der Lößregion bis Anfang unseres Jahrhunderts angebaut. Allerdings hat ihr Anbau in Mitteleuropa nie die Bedeutung erlangt wie im Vorderen Orient und in Ägypten.

KICHERERBSE, KICHER (*Cicer arietinum* L.)

Die Kichererbse gehört wie unsere Gartenbohne zu den Leguminosen. Sie ist einjährig, hat einen vierkantigen, mehr oder minder verzweigten, 20–50 cm hohen Stengel. Die Laubblätter sind unpaarig gefiedert, mit 11–13 ovalen Fiederblättchen. In jeder Achsel eines Laubblattes hängt eine einzelne, langgestielte Blüte von 10 bis 12 Millimeter Länge. Die sich daraus entwickelnde Hülse ist aufgedunsen und enthält ein oder 2 (selten 3) große Samen (5–14 mm lang) von asymmetrischer Form und etwas vorspringender Keimwurzel (Abb. 82). Die ganze Pflanze ist mit klebrigen Köpfchenhaaren besetzt. Das Drüsensekret enthält Äpfelsäure und Oxalsäure.
Die Kichererbse, eine bedeutende Nutzpflanze des Mittelmeerklimas und der Subtropen, wird heute von Portugal und Spanien über Marokko, Algerien, den Vorderen Orient und die Türkei bis nach Indien angebaut, am meisten in Indien und Spanien. Da die Kichererbse eine ausgesprochen wärmebedürftige Pflanze ist, ähnlich wie Ölbaum und Zitrusfrüchte, lohnt sich deshalb ein Anbau in Mitteleuropa nicht.
In diesem riesigen Verbreitungsgebiet lassen sich mehrere Formen oder Varietäten unterscheiden. So nennt Becker-Dillingen (1929 b) unter anderen *forma vulgare* mit schwarzen Samen, die in Südeuropa und Indien für Futterzwecke angebaut wird; *forma macrospermum* hat ebenfalls schwarze, aber besonders große Samen, die als Kaffee-Ersatzmittel dienen; *forma fuscum* hat rotbraune Samen und wird in Südeuropa viel angebaut; *forma album* hat gelblichweiße Samen und ist am besten zur menschlichen Ernährung geeignet. Die auch in die Bundesrepublik als Trocken-Hülsenfrüchte eingeführten Kichererbsen müssen vor dem Kochen mindestens 12 Stunden in Wasser eingeweicht werden. Nach 30–40 Minuten Kochzeit ergibt die gelblichweiße Form ein wohlschmeckendes, leicht verdauliches, proteinreiches Essen.
Getrocknete Kichererbsen enthalten bei ca. 11% Wasser etwa 59% Kohlenhydrate, 13,0–24,9% Protein, 1,6–5,2% Fett, 2,2–3,0% Mineralien und 2,3–5,3% Rohfasern. Von den Mineralien ist Phosphor mit 375–480 mg (auf 100 g) am meisten vorhanden. Von neun darin vorkommenden Vitaminen sind die Vitamine E und C am reichlichsten (nach Souci et al. 1981).
Als Nahrungsmittel dienen die Samen in vielen verschiedenen Zubereitungsformen, die von Becker-Dillingen (1929 b) näher beschrieben werden. Sie sind als »garbanzos« Nationalgericht in Spanien, werden in grünem Zustand roh oder ausgereift und gekocht oder geröstet gegessen. Da reife Kichererbsen ziemlich hart sind, sollen sie um so besser schmecken, je länger die Zubereitung dauert. Im Orient ist »Schimitt« ein gebräuchliches Gebäck, das aus vergorenen Samen hergestellt wird. Als »Leblebiji« werden in der Türkei die zweimal gerösteten und von der Samenschale befreiten Kichern bezeichnet. In der Provence wird Mehl aus Kichererbsen und Weizen gemischt und zu

Gebäck verarbeitet. Die Hindus in Indien essen auch die ganzen jungen Kicherpflanzen als Salat oder gekocht wie Spinat. Außer für menschliche Kost dienen die Samen oder die Grünpflanzen als Viehfutter.

Die ältesten Funde aus archäologischen Ausgrabungen gehören der Jungsteinzeit (Neolithikum) in der Türkei und im Vorderen Orient an. In Griechenland sind Kichererbsen vom Spätneolithikum an in Thessalien nachgewiesen worden. Minde-

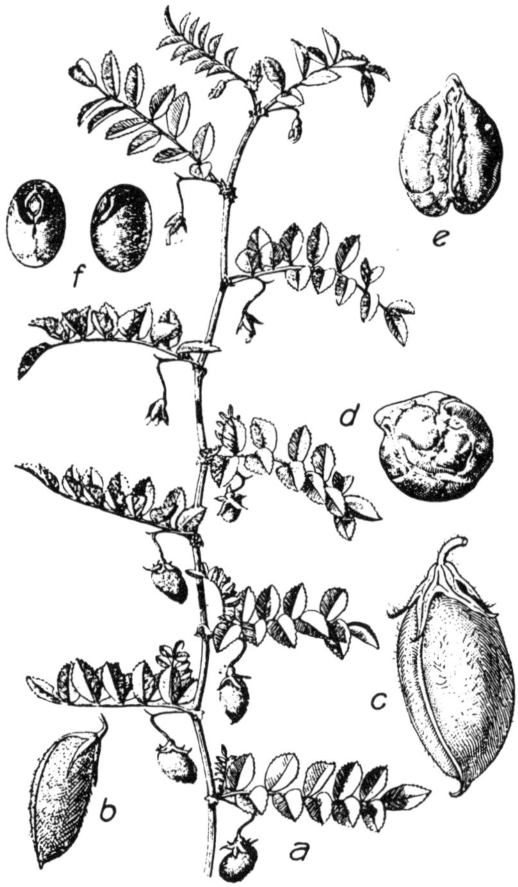

Abb. 82. Kichererbse (*Cicer arietinum*). Aus G. Hegi (1965).

stens seit dem Beginn der Metallzeiten gehörten sie auch in Griechenland und Italien zum festen Bestand der Hülsenfrüchte. In der Zeit des klassischen Altertums werden sie in allen Schriften, die Anbau und Nutzpflanzen behandeln, genannt.
In Deutschland gehört der älteste und bisher einzige Fund von Samen der Römerzeit an. So sind in dem römischen Militärlager Novaesium (Neuss) am Rhein an einer Stelle 764 verkohlte Kichererbsen aus dem 1. Jahrhundert n. Chr. gefunden und von K.-H. Knörzer (1970) beschrieben worden. Knörzer vermutet, daß es sich um einen aus Italien importierten Vorratsfund handelt, da auch verkohlter Reis in der Nähe gelegen hatte.
Vom frühen Mittelalter an erscheint die Kicher aber in nahezu allen Pflanzenverzeichnissen: im Capitulare Karls d. Gr. (um 800) als cicerum italicum. Der Zusatz italicum sollte sicherlich anzeigen, daß dies eine Pflanze aus Italien war. Die hl. Hildegard von Bingen (1098–1179) erwähnt die Kicher als leichte und angenehme Speise und als Mittel gegen Fieber. Albertus Magnus (1200–1280) unterscheidet drei verschiedene Formen der cicer: eine rote, weiße und schwarze oder dunkle. In einigen Kräuterbüchern des 16. Jahrhunderts wird sie als Ziser oder Zisererbsen bezeichnet. Doch waren sie offenbar zu der Zeit selten, denn Hieronymus Bock (1551) schreibt über die Zysern, sie seien in der Küche nicht in Gebrauch, jedoch für Arznei. Oft würden sie mit Platterbsen (*Lathyrus*) verwechselt.
Für die Mitte des vorigen Jahrhunderts gibt F. Alefeld (1866) zwei in Deutschland angebaute Formen an: Eine weißblühende mit großen, weißen Samen, »diese ist die beste und am meisten gebaute Sorte« und eine großsamige mit blauroten Blüten und schwarzen Samen, angebaut »öfter in Gemüsegärten«. Zur Nutzung schreibt Alefeld, sie werde wie die Erbse als Suppen- und Gemüsepflanze gebraucht, sei von feinem Geschmack, verlange aber sehr warme Lage.
Um 1929 war nach Becker-Dillingen (1929 b) der Anbau »so ziemlich ganz erloschen«. Dieser sei ohnehin nur in den wärmsten Gegenden des Weinklimas möglich, wie in der Pfalz, am Rhein und in manchen Gegenden Württembergs. Dunkelsamige Formen wurden hier in den Weinbergen angebaut und geröstet als Kaffee-Ersatzmittel (nach dem Ersten Weltkrieg) gebraucht.

LINSENWICKE (*Vicia ervilia* [L.] Willd.). Mit Vorbehalt!

Der Vorbehalt bezieht sich darauf, daß die Samen zwar in vielen vorgeschichtlichen pflanzenhaltigen Funden in archäologischen Ausgrabungen aufgetaucht sind, aber daß bezüglich ihrer Nutzung für menschliche Ernährung noch weitgehend Unklarheit besteht, nicht zuletzt wegen der darin enthaltenen Giftstoffe. Dennoch soll sie hier kurz behandelt werden, weil weitere vorgeschichtsbotanische Bearbeitungen möglicherweise Aufklärungen bringen können.

Die Linsenwicke, auch Erfe, Ervilie, Wicklinse oder Steinlinse genannt, gehört, ebenso wie Erbsen, Bohnen, Linsen und Kichererbsen, zur Familie der Schmetterlingsblütler und zwar in die Gattung der Wicken (*Vicia*). Es sind einjährige Pflanzen mit aufrechtem oder aufsteigendem, kantigem Stengel von 20 bis 60 Zentimeter Höhe, der im oberen Teil stark verästelt ist. Die Pflanze sieht wegen ihrer gefiederten Blätter aus 8–12 Paaren kleiner, länglicher Blattfieder der Linse etwas ähnlich, ist im ganzen aber derber und dickstengeliger. Auch ist die Blütenfarbe nicht weiß, wie bei der Linse, sondern blaßgelb. Vor allem sind die Hülsen der Linsenwicke größer und zwischen den Samen eingeschnürt (Abb. 83).

Abb. 83. Linsenwicke (*Vicia ervilia*). Aus G. Hegi (1965).

Die Linsenwicke ist im Mittelmeergebiet und in der Türkei beheimatet. Sie wurde 1929 besonders häufig in Spanien, Italien, Griechenland, Syrien usw. angebaut. Sie ist nicht so klimaempfindlich wie die Kichererbse, denn sie verträgt leichte Fröste bis – 4° Celsius. Bei – 7° bis – 8° C geht sie zugrunde (nach Becker-Dillingen 1929 b). In Deutschland wurde sie nur selten gesät. Das war der Fall im Mittelrhein-, Nahe-, Glan- und Moseltal unter der Bezeichnung »Steinlinse«, um 1868 auch in Stuttgart-Plieningen u. a. Genutzt wurde sie dort zur Körnergewinnung, als Grünfutter (mit etwas Hafer oder Roggen) und zur Gründüngung (nach Hegi 1906–1929).
Über die Verwendung der Samen berichtet Becker-Dillingen (1929 b), daß diese als Futter für Wiederkäuer (Rinder und Schafe, besonders Hammel) verwendet werden. Aber bei Schweinen, Pferden und Maultieren beobachtete man Muskelkrämpfe, Erstickungen und Darmerkrankungen. Beim Menschen waren Magenkrämpfe, Erbrechen, Durchfall, Blutharnen, Schüttelfrost u. a. die Folge. Diese Erscheinungen gehen auf einen Giftstoff in den Samen zurück, der aber durch Dämpfen und Auslaugen unschädlich gemacht werden kann, so daß nach geeigneter Behandlung Linsenwicken auch von Menschen gegessen werden können.
Die ältesten prähistorischen Samen sind in archäologischen Ausgrabungen aus dem Neolithikum in der Türkei (ca. 5750 v. Chr.) gefunden worden, sowie aus dem Mittleren Reich von Ägypten (11.–13. Dynastie, ca. 2000 – ca. 1600 v. Chr.).
In die Bronzezeit (12. und 11. Jh. v. Chr.) gehören die Funde aus Tyrins/Peloponnes und anderen Stellen in Griechenland. Dort gab es immer wieder so viele Samen der Linsenwicke, daß diese als hauptsächlichste Hülsenfrucht angesehen wird, weswegen deren botanischer Bearbeiter, Helmut Kroll, an eine Nutzung denkt, ob aber für die Menschen oder ihre Haustiere, läßt sich nicht beurteilen.
In Deutschland tauchen die Samenfunde seit der ältesten Ackerbaukultur (Bandkeramik) ab und an in archäologischen Ausgrabungen auf. Die wenigen jeweils vorhandenen Samen mit ihrer eigentümlichen dreieckigen Form weisen aber nur auf eine Beimengung als gelegentliches Unkraut zwischen Getreide und manchmal auch zwischen Erbsen und Linsen hin. Nutzung oder sogar Anbau kann nicht daraus abgeleitet werden, auch nicht in der Römerzeit nördlich der Alpen.
Bei den Schriftstellern des klassischen Altertums in Griechenland und Italien wird die Linsenwicke vor allem als Mastfutter für Rinder genannt. In den botanischen Schriften in Deutschland fehlt sie sowohl im Mittelalter als auch in der Renaissancezeit. Auch in dem Buch von Fischer-Benzon (1894) wird sie nicht genannt. Erst im vorigen Jahrhundert führt Friedrich Alefeld (1866) sie unter der Bezeichnung »Eßbare Erfilie (*Ervum sativa* Lk.) = Stein- oder Wicklinse« an und bemerkt dazu: »Trägt reichlicher als die Linse, ist aber von minder kräftigem Geschmacke. Suppenpflanze wie diese.«

Faserpflanzen, Ölfrüchte, Gewürze, Arzneien, Drogen

In diesem Kapitel werden vier Pflanzenarten besprochen, denen die Nutzung ihrer ölreichen Samen gemeinsam ist. Lein, Hanf, Leindotter und Mohn dienen zur Herstellung von Pflanzenölen. Ihre Samen sind außerdem eiweißreich. Als Faserpflanze war der Lein oder Flachs in ganz Europa, einschließlich Ägypten, seit den Anfängen der Ackerbaukulturen *die* Pflanze zur Herstellung von Leinwand und Nähgarn. Als Gewürz- bzw. Geschmackspflanzen konnten Leindotter und Mohn dienen: die Samen von ersterem mit senfartig-scharfem, von Mohn mit mild-fettigem Geschmack. Als Arznei sind alle vier Pflanzenarten verwendet worden bzw. werden es z. T. heute noch. Aber von überragender Bedeutung muß für die mehr als 6000jährige Vergangenheit der Schlafmohn mit seinen den Schmerz lindernden und Schlaf bringenden Milchsaft gesehen werden. Jeder wird sich vorstellen können, was das bei körperlichen Schmerzen bedeutete, bevor die moderne Medizin aufkam. Der Mißbrauch des Mohnsaftes für Opiumrauchen ist jung gegenüber dem hohen Alter dieser segensreichen den Schmerz stillenden Wirkung.

LEIN, FLACHS (*Linum usitatissimum* L.)

Die verschiedenen Formen

Lein, in Deutschland seit etwa 15 Jahren in den Statistiken nicht mehr geführt, gehört immer noch zu den Kulturpflanzen von weltwirtschaftlicher Bedeutung wegen der beiden Produkte, die wir dieser wunderbaren Pflanze verdanken: die Fasern (Flachs) für Textilien, Garne und anderes, die Samen zum Ölpressen, zur Nahrung und für Medizin. Auslese und Züchtung sind in diese beiden Richtungen erfolgt. Wegen der großen Bedeutung wird der Lein ausführlicher behandelt als jede der anderen Kulturpflanzen in Teil II.

Faserleine wachsen am besten im gemäßigten, feuchten Klima West-, Mittel- und Osteuropas. Es sind hochstengelige und von der Basis an im allgemeinen unverzweigte Pflanzen. Ihre Samen werden auch als Ölfrüchte, zur Nahrung und für Medizin genutzt, doch sind sie kleiner als beim Öllein.
Ölleine sind Gewächse heißen, trockenen Klimas, denn Sonne und Trockenheit verursachen einen niederen, verzweigten Wuchs und ölreichere Samen. Diese Leinformen werden im Mittelmeergebiet, in Nordafrika, Indien, der Türkei und in Südamerika angebaut. Ihre Fasern sind kürzer, gröber und weniger haltbar und werden im großen nicht verwendet.
Das heutige Anbauverhältnis (1981) dieser beiden Hauptformen des Leins in der Welt ist so, daß 79 Prozent auf Öllein entfallen und 21 Prozent auf Faserlein (nach F-A-O). Dabei steigt der Anbau von Öllein seit Jahren, der von Faserlein geht zurück, wegen der Konkurrenz von Baumwolle und Kunstfasern sowie anderer wirtschaftlicher Faktoren.
Außer dieser Unterteilung des kultivierten Leins nach der Hauptnutzungsart gibt es von botanischer Sicht her Unterschiede zwischen den verschiedenen Varietäten und Sorten, die weltweit angebaut werden. Das betrifft außer der Wuchshöhe und Verzweigungsart auch Sommer- und überwinternde Formen, weiterhin solche mit Kapseln, die sich bei der Reife von selbst öffnen (Springlein) und andere, die geschlossen bleiben (Schließlein), Blütenfarbe blau, weiß oder rosa und anderes. Es kann hier nicht der Ort sein, die Verwandtschaftsverhältnisse und Benennungen näher zu behandeln, dafür muß auf die Fachbücher verwiesen werden (Tobler 1927, Schilling 1944).
Im folgenden soll nur von den Faserleinen die Rede sein, also den in Mitteleuropa angebauten. Die Angaben richten sich nach E. Schilling (1944). Diesem Fachmann zufolge kommen drei Formen Faserleine vor: Sommerlein, der der allgemein übliche ist, und die beiden seltenen und nur auf wenige Reliktgebiete beschränkten Varietäten oder Unterarten Winterlein und Springlein.
Sommerlein (var. *typicum* Schilling) ist einjährig, daher wird er im Frühjahr gesät und im Sommer geerntet. Die einzelne Pflanze ist je nach Sorte und Gegend etwa 60–90 Zentimeter hoch (Extreme bis 170 cm). Sie bildet im allgemeinen, vor allem bei dichtem Stand, nur einen Stengel aus, selten basal austreibend, einen oder zwei weitere (Abb. 84 e). An diesen sitzen kleine, längliche Blätter in wechselständiger Anordnung. Im oberen Teil verzweigt sich der Stengel zu einer lockeren Rispe. Daran entwickeln sich von Juni bis Mitte Juli blaue Blüten, bei manchen Sorten auch weiße (Taf. 105). Aus den Blüten werden im Juli bis August runde, geschlossen bleibende Kapseln. In jeder reifen zehn Samen. Diese können erst durch Dreschen (Zerschlagen der Kapseln) gewonnen werden. Deshalb bezeichnet man diesen Lein auch als Schließ- oder Dreschlein.

d
g
20 cm
a
b
c
e
f

Winterlein, Römischer Winterlein (var. *bienne* Mill.) wird im Herbst gesät. Die Jungpflanzen überwintern und können im folgenden Sommer frühzeitiger als der Sommerlein geerntet werden. Die Kälteverträglichkeit ist größer als beim Sommerlein. Doch bedürfen die Jungpflanzen einer schützenden Schneedecke. Er kann auch als Sommerlein angebaut werden. Winterlein hat geschlossen bleibende Kapseln wie der vorige. Um 1944 gab es nur noch geringfügigen Anbau in der Schweiz, in Oberbayern, Kärnten, Krain, Westfrankreich, Italien und Spanien.

Springlein oder Klanglein (*L. crepitans* Boenningh = *L. humile* Lam.) besitzt Kapseln, die bei der Reife mit einem Klang aufspringen. Bei der Ernte würden daher die Samen herausfallen, wenn nicht besondere Vorkehrungen getroffen werden. Nach F. Alefeld (1866) wurde der Springlein auch Johannisflachs genannt, weil dieser um Johanni (21. Juni) gesät wurde und nur 40 Tage bis zur Reife benötigt. Die Fasern seien weicher und weißer, aber von geringerer Qualität. Er wurde häufig in Frankreich angebaut. Es ist eine altertümliche, aussterbende Form, die 1944 nur noch in geringem Umfange anzutreffen war und zwar im Bayerischen Wald, im Mühlviertel Österreichs, in Tirol, Nordspanien, Portugal, der Ukraine sowie anderen Teilen der Sowjetunion, aber auch in Ägypten.

Die besten Anbaubedingungen für Faserleine sind nach Becker-Dillingen (1928) gemäßigtes, feuchtes Klima. So liegen die geeignetsten Anbaugebiete in den Marschen der Nordsee, den Lößflächen Mitteleuropas, im Alpenvorland, auf den weiten Ebenen Osteuropas und in vielen Gebirgsländern wie Tirol, Sudeten, Nordkarpaten.

Faserlein wird heute noch in vielen Ländern der Erde angebaut. Den Hauptteil des Anbaus in der Welt mit 1,286 Millionen Hektar bestreitet zu 75 Prozent die Sowjetunion. Auf Europa entfallen nur 17,5 Prozent. Der Rest von 7,5 Prozent verteilt sich auf Ägypten, Asien, Amerika. In Europa werden in Polen 59 Hektar, Frankreich 41, der Tschechoslowakei 29, Belgien und Luxemburg 7, Ungarn 4 und in den Niederlanden 3 Hektar angebaut. Das entspricht einer Welterzeugung von 602 000 Tonnen Faserlein (für 1981, nach F-A-O).

◁ Abb. 84. Gegenüberstellung von Wildlein (*Linum bienne*) und Kulturlein (*L. usitatissimum*). a) Wildlein, der Vorfahr unseres Kulturleins, mit reifen und bereits aufgesprungenen Kapseln (d) auf schlechtem, trockenen Standort bei Cassino (Mittelitalien) am 1. 6. 1985. b) Große Pflanze des Wildleins mit Blüten, unreifen Kapseln und noch grünen Blättern auf gutem, mäßig feuchten Standort bei Viterbo, Latium (Mittelitalien) am 2. 6. 1985. c) Jungpflanze, etwa acht Wochen alt. d) Eine reife Kapsel aus a, von oben und von der Seite, daneben die Samen. e) Angebauter Sommerlein mit Blüten und unreifen Kapseln. f) Zwei Jungpflanzen, etwa acht Wochen alt. g) Reife Kapsel mit den Samen in entsprechender Ansicht wie der Kulturlein aus dem Botanischen Garten der Univ. Hohenheim am 7. 7. 1985. Kapseln und Samen etwa in nat. Gr.

Die Gespinstfasern und ihre Gewinnung

Die Gespinstfasern sind eingebettet in die Stengelrinde. Darin bilden sie Gruppen, d. h. Bündel von etwa 15 oder mehr einzelnen Faserzellen (Taf. 106). Die Länge der Einzelfasern beträgt zwar nur zwischen 4 und 10 Zentimeter (im Mittel etwa 3 cm), aber durch das Verzahnen und Zusammenhaften innerhalb des Bündels ergibt sich die erhebliche Länge des spinnfähigen Flachses.

Die Aufbereitung hierfür ist sehr arbeitsaufwendig. Wie dies vor sich ging, schildert Eduard Schoneweg (1923) für eines der ältesten und bedeutendsten Flachsanbaugebiete Deutschlands: die Grafschaft Ravensberg bei Bielefeld, wo das Bielefelder Leinen seinen Ursprung hat. Seine Beschreibung bezieht sich auf die Zeit zwischen 1905 und 1913. Aus dem genannten Buch werden die Hauptarbeitsgänge kurz wiedergegeben.

Die Ernte: Wenn sich der Flachs gelb färbte, wurden die Stengel mit der Hand ausgerauft. Man band sie in Bündel und stellte sie in Stiegen zusammen. Nach dem Trocknen auf dem Feld wurde der Flachs heimgefahren.

Nun ging es daran, die Samenkapseln vom Flachs zu trennen. Sie wurden geriffelt (plattdeutsch reepen), d. h. durch einen großen Kamm mit Eisenzinken gezogen (Taf. 107 oben). Danach gab es Hefepfannkuchen (Püfferken) und Zichorienkaffee. Die Knoten (Samenkapseln) mußten unter öfterem Umwenden nachgetrocknet werden. Erst später, im Herbst, wurden sie gedroschen. Die leeren Schalen nannte man Knotenkaff. Man streute ihn gern in den Hühnerstall. Mit einer Wurfschaufel wurde guter und schlechter Samen getrennt. Der beste Samen flog am weitesten. Er wurde als Saatlein verwendet, während man die übrigen zur Schlagmühle brachte, um Leinöl und Leinkuchen (die Preßrückstände) daraus zu gewinnen.

Die Flachsröste: Wenn die Knoten (Samenkapseln) abgestreift waren, band man die Stengel wieder in Bündel. Jeder größere Hof hatte einen Rösteteich, der in der Sonne liegen sollte (zur Begünstigung der Gärung). In diesen stieg nun der »Einröster« (Taf. 107 unten), der Fachmann also, der die Flachsbündel sachkundig in den Teich packte, die obersten mit Stroh abdeckte und das ganze mit Zweigen oder Brettern und Steinen beschwerte. Nach 2–3 Tagen trieben in dem Wasser Gasblasen. Nach ein paar weiteren Tagen fiel der Flachs in sich zusammen. Ob er fertig war, prüfte man an einigen Stengeln. Konnte man den Holzteil herausziehen und die äußere Haut leicht entfernen, war der Flachs gut geröstet. Bei der Röste vergären die aus Pektin bestehenden Mittelteile der Zellwände in der Rindenschicht. Übrig bleiben die Faserbündel, d. h. der eigentliche Flachs, außerdem der Holzteil im Stengelinnern und die Außenhaut. Erst 1776 wurde im Ravensberger Land die Tauröste versuchsweise ausprobiert.

Die aus dem Wasser gezogenen Bündel breitete man nun zum Trocknen auf einem

Stoppelfeld oder einer Wiese aus und wendete diese mit einem Knüttel jeden Tag. Der trockene Flachs wurde heimgefahren und in verschiedenen Arbeitsgängen behandelt: Zuerst das Boken, d. h. Weichschlagen der Bündel auf einem breiten Holzklotz mit einem kantigen Knüttel. Für die Bewältigung großer Mengen gab es aber Hammerwerke (Bokemühlen), die ein »Bokemüller« versah und die meist mit Wasserkraft betrieben wurden.

Nach dem Boken des Flachses wurde er gebrochen. Das hölzerne Instrument hieß Breche oder Racke (Taf. 108 oben). Das fand am besten im Freien statt, nicht nur wegen des Staubes, sondern vor allem wegen der Feuergefahr, die die zerbrechenden Holzteile der Stengel (Scheben) verursachen. Flachs durfte nicht bei Licht (den damaligen Talg- und Petroleumlampen) und Feuer gereinigt werden. Die wertlosen Scheben wurden später zum Feueranmachen und zum Streuen der Ställe benutzt.

Nun folgte das Reiben (Ribben) mittels eines stumpfen Reibeisens auf einem rauhen Lederlappen (Taf. 108 unten) und danach das Schwingen (Schlagen). Beides war notwendig, um die letzten holzigen Stengelteile zu entfernen.

Der abschließende Arbeitsgang bestand im Hecheln. Dabei nahm man eine Handvoll Flachs, schwang ihn in die Eisenzinken des Hechelbretts und riß ihn gewaltsam durch. Erst benutzte man ein grobes Zinkenbrett, dann ein feineres, so lange, bis die parallelen, spinnfähigen Flachsfasern vom Werg getrennt waren. Gehechelt wurde immer bei Tageslicht, wegen der großen Brennbarkeit des Hechelflachses. Nach dem Hecheln war der Flachs fertig zum Verspinnen.

Die bäuerlichen Gerätschaften kann man in Volkskunde- und Heimatmuseen anschauen. Aber schon in der Zeit zwischen 1830 und 1860 begannen Entwicklung und Einsatz von Maschinen für alle diese Arbeitsgänge (vgl. Hoffmann 1957 und Schoneweg 1923).

Die Samen und ihre Verwendung. Inhaltsstoffe

Leinsamen enthalten, bei 6–14% Wasser, ca. 22–44% Öl, 17–31% Eiweiß und 18–29% Kohlenhydrate. Zu diesem hohen Nährwert kommt noch als günstige Tatsache hinzu, daß das Öl 17–31% Linolsäure enthält, eine der lebensnotwendigen (essentiellen) Fettsäuren. Bei der Verwendung von Leinsamen zur Ernährung müssen diese zerkleinert (geschrotet) sein, weil die dicken Samenschalen bei der Verdauung nicht angegriffen werden (Inhaltsstoffe, Becker-Dillingen, 1928).

Leinöl, gewonnen durch Pressen oder Extrahieren, wird in Mitteleuropa nicht als Speiseöl genutzt, sondern für technische Zwecke (Firnis, Lacke, Linoleum), weil es ei-

nes der wenigen Pflanzenöle ist, die trocknen können. In den heißen Ländern wie Indien, Südamerika u. a. dient Leinöl auch direkt der Ernährung.
Leinsamen, ganz oder geschrotet, werden außerdem medizinisch und für Diät verwendet, wobei die bei Quellung in Wasser freiwerdenden Schleimstoffe der Samenschale wichtig sind.

Die Geschichte des Leinanbaus in Mitteleuropa

Lein ist in archäologischen Ausgrabungen gut nachweisbar (Taf. 109). Am häufigsten wurden Samen gefunden, in verkohltem oder unverkohltem Zustand oder als Abdrücke in Topfscherben und Wandbewurf aus Lehm. In Feuchtbodensiedlungen haben sich auch Teile der Stengel oder Dreschrückstände der Kapseln, ja sogar hin und wieder ganze Leinstengel erhalten. Nur in zwei Fällen ließen sich bisher auch die Gespinstfasern daraus isolieren (Taf. 110).
Der abgebildete Lein (Taf. 109) ist 1960 in der norddeutschen Wurtensiedlung Feddersen Wierde ausgegraben worden (zwischen Bremerhaven und Cuxhaven). Er gehört dem 2.–3. Jahrhundert n. Chr. an. Dieser Lein entspricht dem modernen, kultivierten Lein (*Linum usitatissimum*), nur daß er wesentlich kleiner war. Er wurde nur 23–31 Zentimeter hoch (gegenüber 60–90 cm bei heutigem Lein). Auch seine Gespinstfasern waren nur etwa halb so dick wie die heutigen. Die Samen hingegen standen in der Größe heutigen kleinsamigen Formen nur wenig nach.
Der Samen war damals eine wichtige Nahrungsquelle für pflanzliches Öl und Eiweiß. Auch die Fasern sind gewonnen worden, wie stetige Ansammlungen zerkleinerter Stengelreste (vom Brechen) und auch gewebte Stoffreste von Leinwand in diesem Wohnhügel (Wierde) zeigen. Wollstoffe aus gesponnener und gewebter Schafwolle wurden damals, zumindest in Norddeutschland, aber mehr hergestellt.
Diese so überaus nützliche Kulturpflanze brachten, wie archäologische Funde zeigen, die Bandkeramiker auf die Lößflächen Mitteleuropas nördlich der Donau und westlich bis Nordfrankreich mit. Außerdem findet sie sich bei den 800–1000 Jahre später erschienenen Seeufer- und Moorsiedlern im nördlichen und westlichen Alpenvorland. Über die Nutzung des Leins weiß man sicher, daß die Samen als Nahrungsmittel eine wichtige Rolle spielten. Ob schon bei den Bandkeramikern die Fasern für Garn oder Kleidung benutzt wurden, läßt sich derzeit nicht beurteilen, weil verkohlte Textil- und Fadenreste bisher in dieser Kultur nicht gefunden wurden. Anders sieht es bei den jungsteinzeitlichen Voralpenleuten aus. Hier, in den Ufer- und Pfahlbausiedlungen am Bodensee und an den schweizerischen Seen sind verkohlte Stücke von Leinwand und von geknüpften Fischnetzen wiederholt bei den Ausgrabungen geborgen worden

(Taf. 111). Sie sind hergestellt aus sehr dünnem und gleichmäßig gesponnenem Flachs, wobei zwei einfache Fäden vor dem Weben oder Netzeknüpfen zu Zwirn zusammengedreht wurden. Die Stoffe sind in Leinenbindung gewebt, haben verschiedenartige Webekanten und oft auch Muster (E. Vogt 1937).

Außer in diesen beiden Gebieten gibt es vereinzelte Funde von Leinsamen aus dem jüngeren Neolithikum in Südengland und Polen. In Irland und Schottland begann der Leinanbau in der nachfolgenden Bronzezeit (ab ca. 1800 v. Chr.). Für Norddeutschland, Dänemark und Schweden sind bisher keine Leinsamenfunde bekannt geworden, die älter als eisenzeitlich sind (ab etwa 500 v. Chr.). Während der römischen Kaiserzeit (1.–3. Jh. n. Chr.) aber stand der Anbau von Lein auch bei den Anwohnern rund um die Nordsee in hoher Blüte.

Vom Mittelalter an findet man Lein oder Flachs in sämtlichen Verzeichnissen und Schriften über Nutzpflanzen angegeben. Hier erfahren wir Näheres über die vielfältigen medizinischen Anwendungen der Leinsamen. Dasselbe betrifft die Leinenweberei. Obwohl diese, wie wir gesehen haben, in Deutschland und in der Schweiz bis in die Jungsteinzeit zurückreicht, werden unsere Kenntnisse darüber doch erst vom Mittelalter bzw. von der Renaissancezeit (16. Jh.) an besser.

Im letzten Jahrhundert wurde in Deutschland so viel Lein angebaut, daß das daraus gewebte Leinen über den eigenen Bedarf hinaus ein wichtiger Handelsartikel geworden war. Bestimmte Gegenden stellten Zentren berühmter Leinenweberei dar, wie z. B. das fruchtbare Ravensberger Land bei Bielefeld, die Schwäbische Alb bei Laichingen und andere. Nach Alefeld (1866) hatte jede Landschaft ihre besonderen Sorten des »Gemeinen Leins«: blau- und weißblütige, groß- und kleinblütige, die Stengelhöhe 1,5 bis 2,5 Fuß hoch (also ca. 45–75 cm). Es waren alles Faserleine, in erster Linie wegen der Leinenweberei gezogen.

Betrachtet man die Größe der Anbauflächen für Lein in den wichtigsten Leinen erzeugenden Ländern zwischen 1875 und 1981 (Tab. 10), so läßt sich daraus ersehen, daß Rußland bzw. die Sowjetunion bei weitem an der Spitze stand und steht (1981 noch 75%). Deutschland aber nahm 1875 die zweite Stelle ein und erzeugte bedeutend mehr als alle übrigen europäischen Länder. Der drastische Rückgang erfolgte nicht erst vor kurzer Zeit, sondern bereits zwischen 1875 (oder früher?) und 1900. Dieser Rückgang zeichnete sich überall ab, außer in Rußland, am meisten aber in Deutschland, wo der Leinanbau von 215 auf 34 Hektar absank.

Die Hauptursache war das Aufkommen der Baumwolle, die einfacher und billiger in der Aufbereitung ist und auch andere Eigenschaften hat. Leinen ist dauerhaft, kühl und glänzend, aber auch steif, wenn es dick ist. Demgegenüber sind aus Baumwolle gewebte oder gewirkte Produkte warm, nicht glänzend (nur nach besonderer Behandlung) und schmiegsam.

Tab. 10 Anbauflächen für Faserlein in den wichtigsten Flachs erzeugenden Ländern (1895–1926 nach Becker-Dillingen [1928], und 1955–1981 nach F-A-O). Zahlen in 1000 Hektar.

Land Jahr	1875	1900	1926	1955	1981
Rußland bzw. UdSSR	910	940	1318	1477	952
Polen	?	?	108	115	59
Deutsches Reich bzw. beide Teile	215	34	24	38	0
Österreich	94	70	4	1	0
Italien	81	50	7	16	2
Frankreich	79	19	27	58	41
Belgien und Luxemburg	57	40	24	29	7
Irland	45	15	3	1	0
Niederlande	20	12	14	32	3
Schweden	15	3	0	4	0
Dänemark	7	1	0	3	0
Ungarn	4	10	2	6	4
Großbritannien	3	0,2	0,4	6	0
Finnland	3	1	5	1	0
Griechenland	0,4	0,4	?	4	0
Ägypten	?	29	1,5	11	29
Tschechoslowakei	?	?	?	54	29
Türkei	?	?	?	28	9
Jugoslawien	?	?	?	10	0
Bulgarien	?	?	?	7	6

Der Abwärtstrend des Faserleins hielt weltweit bis heute an, wenn auch eine gewisse Wiederbelebung während der beiden Weltkriege und danach, eingetreten war. Nur in der Sowjetunion hatte der Leinanbau noch bis 1955 zugenommen. In der Bundesrepublik waren es 1951/55 noch jährlich fünf Hektar. 1957 war hier der Leinanbau erloschen. In Ostdeutschland waren es 1956 noch 32 Hektar, 1971 noch 11 Hektar und 1979 auch dort erloschen (nach den Stat. Jb. der BRD).

Älteste Leinfunde. Lein im Alten Ägypten

Leinsamen aus älteren Zeitperioden als die der mitteleuropäischen Bandkeramiker stammen aus archäologischen Ausgrabungen des Vorderen Orients. Diese sind in erster Linie von den beiden Vorgeschichtsbotanikern Hans Helbaek und Willem van Zeist bearbeitet und zusammenfassend dargestellt worden. Einige der im folgenden genannten Orte sind in Abb. 5, S. 50 eingetragen.
Die ältesten sind Nr. 16 (Ali Kosh/Iran, ca. 7500–6700 v. Chr.) und Nr. 11 (Çayönü/Südosttürkei, ca. 7000 v. Chr.) aus dem präkeramischen Neolithikum. Die hier nachgewiesenen Leinsamen sind so klein, daß sie als Wildlein (*Linum bienne*) bestimmt wurden.
Die ältesten Leinsamen, die wegen ihrer größeren Meßwerte bereits zum angebauten Lein gerechnet werden, sind in Syrien gefunden worden (Nr. 7, Ramad). Auch dies ist noch die Kulturstufe des präkeramischen Neolithikums. Die Bearbeiter van Zeist und Bakker-Heeres (1975) beschrieben, daß in der älteren Siedlungsschicht (von ca. 6200 bzw. 6100 v. Chr.) die Menschen noch in halb unterirdischen Rundhütten wohnten. Ihre Werkzeuge stellten sie aus Knochen und Feuerstein her. Sie besaßen Gefäße aus poliertem Stein und hatten Tonfigürchen von verschiedenen Tieren. In der nächst jüngeren Siedlungsschicht (von ca. 6000 v. Chr.) waren die Häuser bereits rechteckig und aus luftgetrockneten Lehmziegeln gebaut. Auch gab es Schalen und Gefäße aus ungebranntem Ton. Insgesamt konnten hier etwa 300 verkohlte Leinsamen ausgelesen werden, die 3,1–3,2 Millimeter (umgerechnet auf unverkohlten Zustand 3,4–4,0 mm) lang waren, gegenüber 2–3 Millimeter Länge bei heutigem Wildlein (*L. bienne*).
Wie Abb. 5 erkennen läßt, liegen die meisten dieser frühen Fundstellen mit Leinsamen östlich des Tigris und zwar teils in den Vorbergen des Zagrosgebirges, teils am Oberlauf des Tigris. Drei Stellen finden sich außerdem in Syrien (bei Damaskus). Alle gehören in die Zeitspanne zwischen 7500 und 5000 v. Chr. Bei einer weiteren Fundstelle auf Zypern, die auch in die ganz frühe Periode (präkeramisches Neolithikum) gestellt wird, ließ sich nicht sicher entscheiden, ob die Leinsamen zum Wildlein oder schon zum kultivierten Lein gerechnet werden können. Eine Fundstelle liegt in Griechen-

land (Sesklo/Peloponnes). Sie wird auf etwa 5500 v. Chr. datiert. Die beiden Stellen mit Leinsamen in Bulgarien (Kazanluk und Chevdar) wurden auf 4800 bzw. 4600 v. Chr. datiert.

Die ältesten Leinsamen stammen folglich teils von wildem, teils von kultiviertem Lein aus Syrien und aus der östlichen Vorgebirgsseite von Mesopotamien. Leider sind bisher aus der mesopotamischen Hochkultur (die rund 1000 Jahre älter als die von Ägypten ist) weder Textilfunde noch bildliche Darstellungen angebauter Nutzpflanzen gefunden worden. Und Nachweise von Samen mit botanischer Bearbeitung sind ganz spärlich. So ist man bei der Nutzung des Leins für Garn und Stoffe auf Funde in Ägypten angewiesen. Gewebtes Leinen ist dort nach Angaben von Renate Germer (1985) seit dem Beginn des 4. Jahrtausends v. Chr. durch Funde belegt. Die ältesten Reste mehrerer Stücke Leinen stammen aus El Badâri in Oberägypten. Einige Jahrhunderte jünger, aber noch aus der Steinkupferzeit (ca. 3500 – ca. 3000 v. Chr.), wird das Leinentuch aus dem vorgeschichtlichen Grab von el-Gebelên in der Libyschen Wüste östlich von Oberägypten eingestuft. Auf das Leinentuch sind Ruderschiffe in Rot, Schwarz und Weiß gemalt (Taf. 112). Auf dieser und anderen bildlichen Darstellungen vorgeschichtlicher Zeit sieht man die Menschen teilweise nackt, teilweise mit einem weißen Lendentuch bekleidet. Letzteres ist allgemein zu sehen von der 4. Dynastie an (ab 2700/2600 v. Chr.), also im Alten Reich. Ebenfalls aus der 4. Dynastie stammt der »älteste erhaltene Beleg für Mumienbinden aus Leinen. Auch waren die Eingeweide der Hetepheres, der Mutter des Cheops, in Leinenstreifen gewickelt.« (Nach briefl. Auskunft von Frau Dr. R. Germer, 1985). Bildliche Darstellungen von der Flachsernte sind in Gräbern des Alten Reichs erhalten (also vor 2400/2100 v. Chr.).

Von den Leinpflanzen selbst sind wiederholt Samen und Kapseln als Beigaben in Gräbern des Mittleren Reichs (11.–13. Dyn.) gefunden worden. Die Hauptperiode ihrer botanischen Bearbeitung liegt schon in der zweiten Hälfte des letzten Jahrhunderts, als englische, französische, deutsche und andere Archäologen die ägyptischen Gräber ausgruben. Die Pflanzen von Beigaben und Mumienkränzen waren so gut erhalten, als wären sie erst vor kurzer Zeit getrocknet worden. Einer der informativsten Leinfunde stammt aus einem Grab bei Dra-Abu el Nega, der Totenstadt von Theben in Oberägypten, aus der 12. Dynastie (1991–1786 v. Chr.). Darin fand sich ein Gefäß, das ganz mit Leinkapseln angefüllt war, also ein Nahrungsvorrat für das Jenseits. Die Leinkapseln sind von dem Botaniker G. Schweinfurth (1883) genau untersucht worden. Sie entsprechen dem heutigen Lein, nur sind sie etwas kleiner (8 mm lang, 6,8 mm breit). Die darin enthaltenen Samen sind mit 5 Millimeter Länge ziemlich groß. In den Kapseln befanden sich an den Scheidewänden lange und stark entwickelte Haare. Diesem Merkmal zufolge bestimmte Schweinfurth den Lein als Springlein (*L. humile* Mill.).

Tafel 105 Blühender Lein (*Linum usitatissimum*). Im Botanischen Garten der Univ. Hohenheim. 7. 7. 1976.

Umseitig:
Tafel 106 Gespinstfasern von Lein im mikroskopischen Bild. Oben: Querschnitt durch einen Leinstengel in dessen äußerem Teil; rechts außen die Oberhautzellen, links davon die quergeschnittenen Faserbündel, die im polarisierten Licht des Mikroskops hell aufleuchten; links das Zellgewebe des verholzten Stengels. Unten: Vier dieser Faserbündel in Längsansicht. Jedes Bündel enthält 12–35 Einzelfasern. Vergr. 200x.

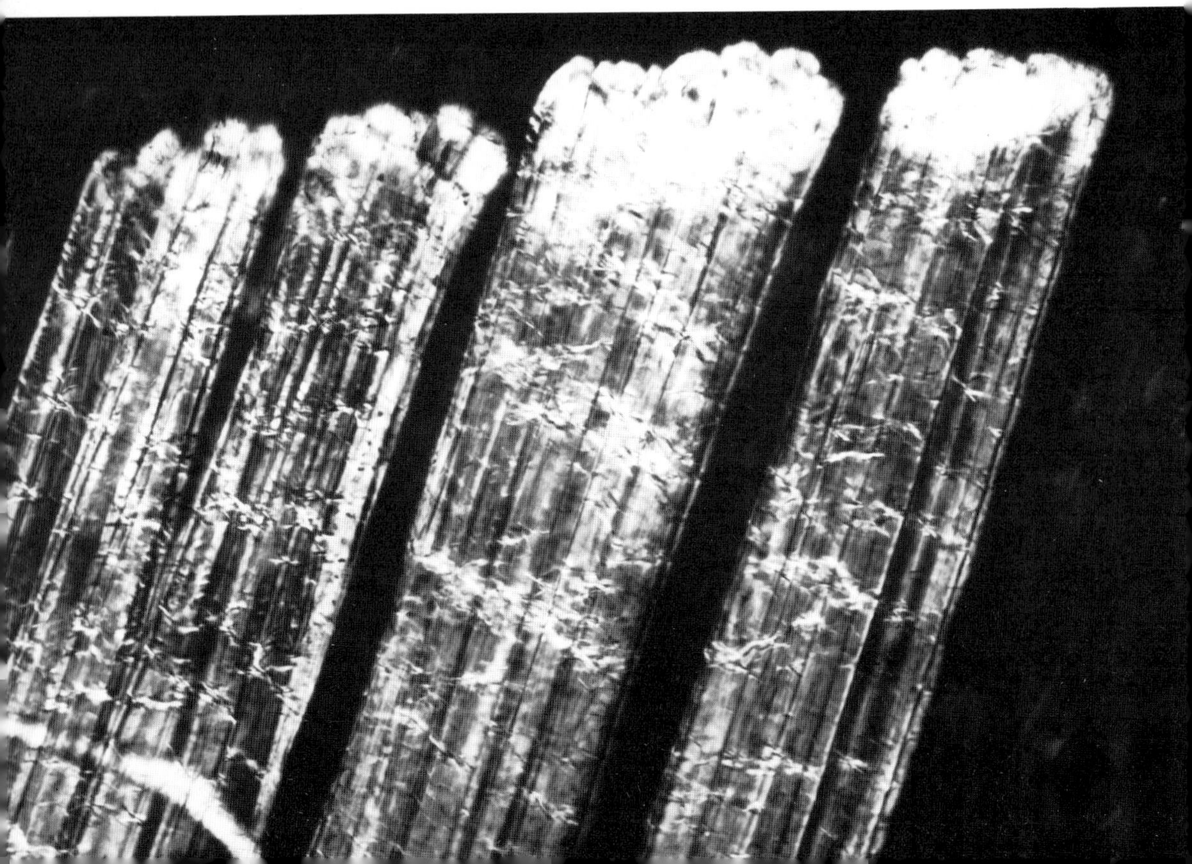

Tafel 107 Arbeitsgänge bei der Aufbereitung des Leins für Fasergewinnung. Oben: Abriffeln der Samenkapseln. Unten: Einlagern der Leinstengelbündel in den Rösteteich. Im Ravensberger Land bei Bielefeld in uralter Tradition der Leineweberei. Fotos: Stadtarchiv Bielefeld; Datum der Aufnahmen zwischen 1905 und 1913.

Tafel 108 Fortsetzung von Tafel 107. Oben: Brechen, unten: Ribben.

Tafel 109 Vorgeschichtliche Leinfunde aus der Wurt Feddersen Wierde bei Bremerhaven, 2.–3. Jh. n. Chr. Bündel von Leinstengeln mit abgetrennten Kapselenden (links). Verkl. auf 1/2; drei Leinsamen (rechts oben), Vergr. 15x; und Druschreste (Kapselbruch) vom Dreschplatz, Vergr. 6x. Aus Körber-Grohne (1967).

Tafel 110 Einzelne isolierte Gespinstfasern des Leins. Links aus den vorgeschichtlichen Leinstengelbündeln (Taf. 109), rechts von heutigem Lein zum Vergleich. Mikrofotografien in polarisiertem Licht, Vergr. 300x. Deutlich der geringere Durchmesser der vorgeschichtlichen Fasern.

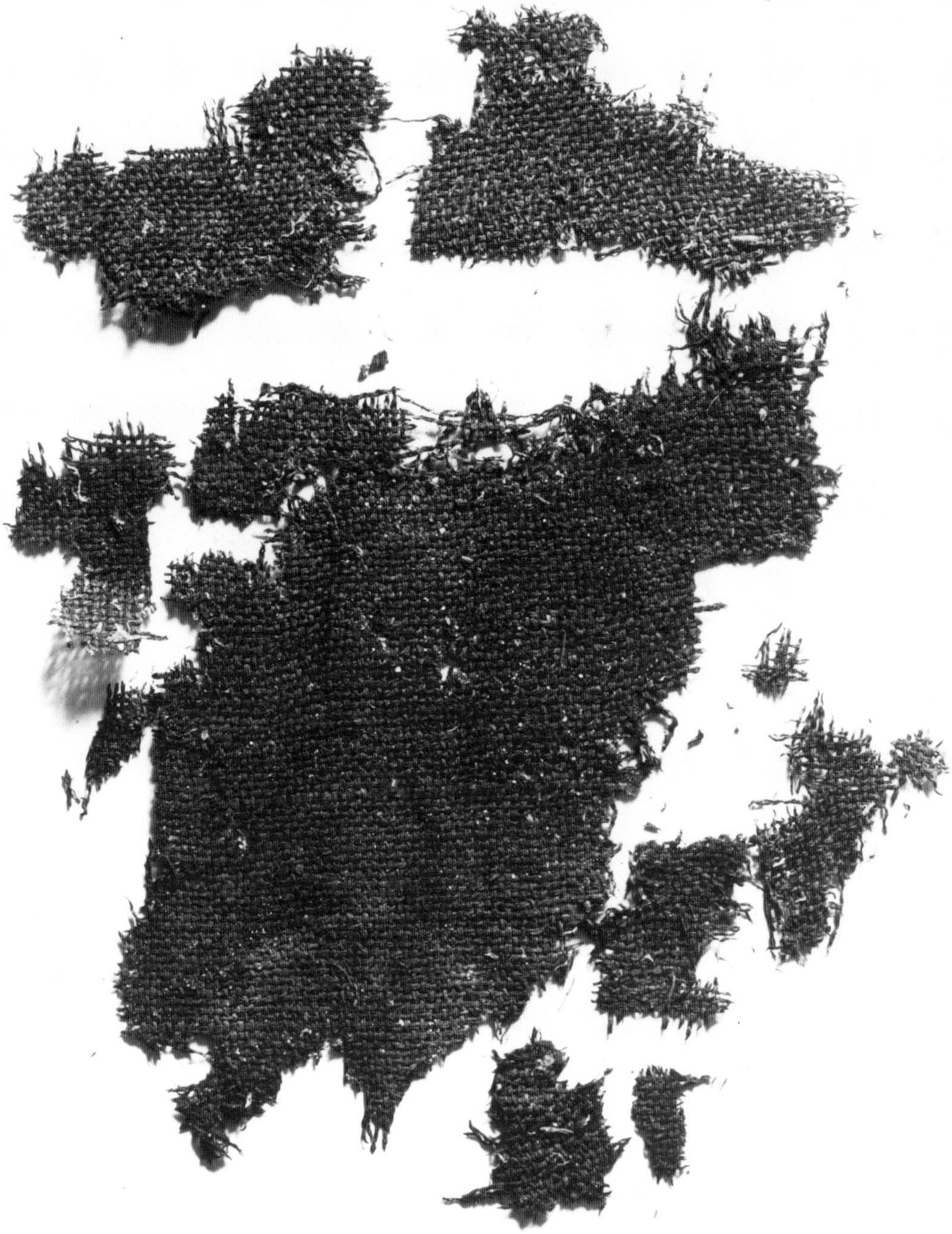

Tafel 111 Fragmente jungsteinzeitlicher Leinwand von Öhningen-Wangen am Bodensee. Die Stücke sind verkohlt. Nat. Gr. Fund und Foto: Landesdenkmalamt Baden-Württemberg.

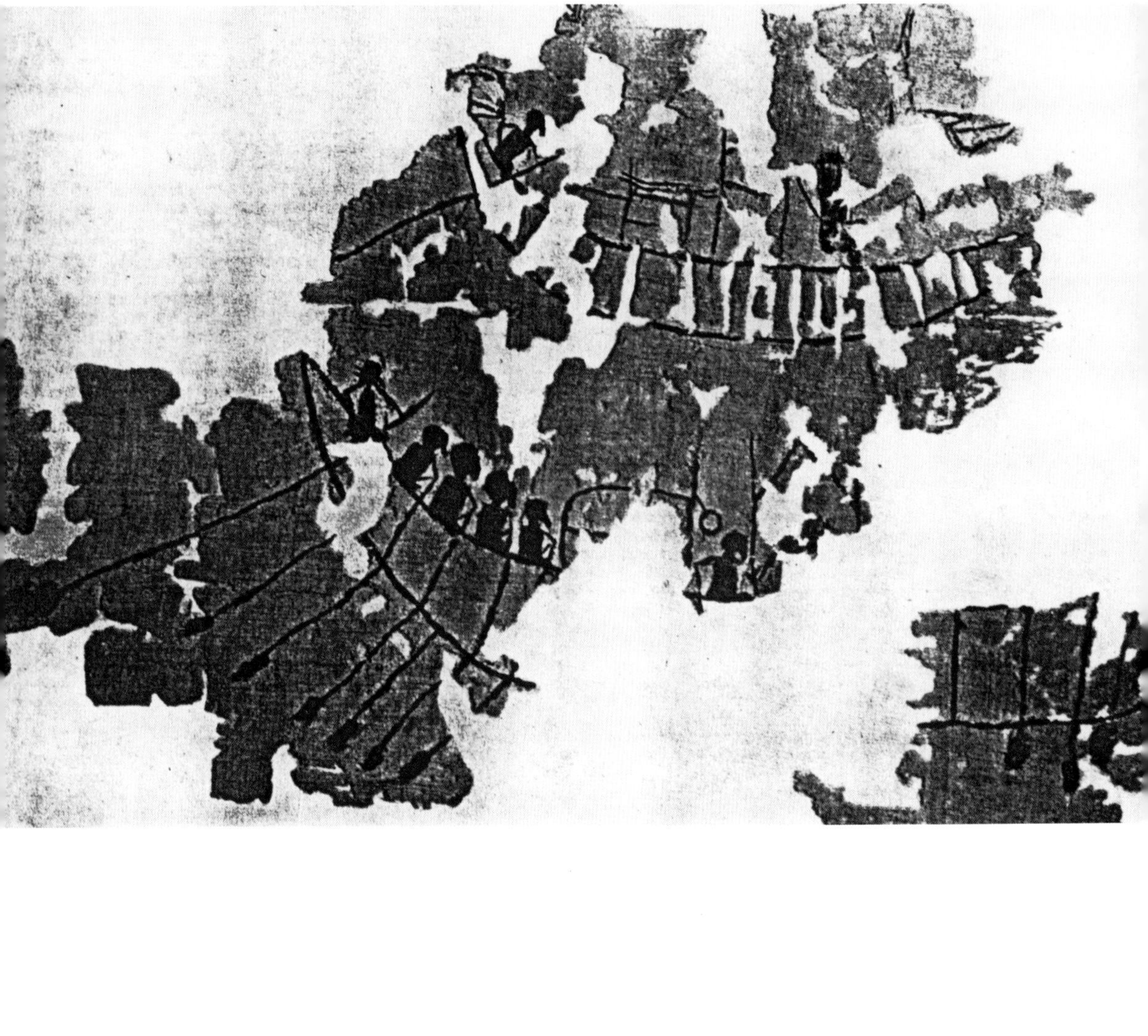

Tafel 112 Vorgeschichtliches hellrot gefärbtes Leinentuch mit zwei dunkelrot gemalten Schiffen und Ruderern. Beigabe in einem Grab in el-Gebêlen, libysche Wüste, westlich Oberägypten, Stein-Kupferzeit (ca. 3500/3000 v. Chr.). Aus H. W. Müller, Altägyptische Malerei, 1957.

Die genannte Form des Kulturleins, bei der die Kapseln während der Reife aufspringen, wurde Ende des letzten Jahrhunderts in Ägypten angebaut. Er wurde aber schon vor der Reife der Kapseln gerauft und zwar morgens, wobei man die Pflanzen so hinlegte, daß die Wurzeln der einen Reihe die Kapseln der benachbarten bedeckten, damit diese sich nicht öffneten (nach Körnicke 1888).
Leinanbau und Leinenweberei haben also in Ägypten vom Beginn der Niltalbesiedlung an (seit dem Anfang des 4. Jahrtausends v. Chr.) eine bedeutende Rolle gespielt.

Wilder Lein und die Abstammung des Kulturleins

Der kultivierte (angebaute) Lein wächst nicht wild oder verwildert. Von den verschiedenen Arten wilden Leins kommt nur der zweijährige Schmalblättrige Lein (*Linum bienne* Miller = *L. angustifolium* Huds.) als Vorfahr unseres Kulturleins in Frage, vor allem wegen seiner Größe, dem übereinstimmenden Bau der Spaltöffnungen und der relativ kurzen Lebensdauer. Der Name »Zweijähriger Lein« (*L. bienne*) ist im Grunde irreführend und bedeutet zwei Kalenderjahre. In Wirklichkeit dauert im Mittelmeerklima (mit dem Winter als Regenzeit und den überwiegend trockenen Sommern) sein Wachstum mit der Samenkeimung von etwa Oktober/November des einen Jahres bis zur Samenreife im Mai/Juni des folgenden Jahres, also ungefähr 6–8 Monate (oder noch kürzer).
Eine einzelne Pflanze (Abb. 84) bildet einen bis mehrere Stengel aus, die je nach Standort 30–120 Zentimeter hoch werden. Die daran sitzenden Blättchen sind schmaler und Kapseln sowie Samen kleiner (Kapseln 3–4 mm lang, Samen 2–3 mm lang) als bei unserem Lein. Zudem springen die Kapseln bei der Reife von selbst auf wie bei vielen Wildpflanzen zum Zwecke der Samenverbreitung. Die Scheidewände der Kapseln sind behaart und die 7–8 Millimeter großen Blüten hellblau.
Dieser Wildlein kommt natürlicherweise im ganzen Mittelmeergebiet, in Nordafrika, Vorder- und Mittelasien vor. In dem großen Verbreitungsareal unterscheidet man zwei geographische Hauptrassen: eine atlantisch-mediterrane Rasse oder Form, mit Schwerpunkt im Mittelmeergebiet und eine kontinentale, mit Schwerpunkt in Vorder- und Mittelasien.
Es wurde bereits beschrieben, daß östlich und nördlich des Tigris auch Fundstellen mit vorgeschichtlichen Samen von Wildlein (*L. bienne*) dabei waren bzw. solche Samen, bei denen eine Unterscheidung zwischen Wild- und Kulturlein nicht möglich war, wie z. B. auf Zypern. Im frühen bis mittleren Neolithikum (ca. 7500–5500 v. Chr.) wurde der Wildlein kultiviert. Daran gemessen ist das bemalte Leinentuch

von el-Gebelên aus Oberägypten (3500/3000) wesentlich später. Doch muß man bedenken, daß es bereits ein Produkt (Leinwand) aus der aufbereiteten Faser ist.
Wo hat der altägyptische Lein seine Wurzel? In der älteren mesopotamischen Kultur? Das wäre möglich. H. W. Müller (1959) schildert aber in seinem Buch über ägyptische Malerei, das Bildschaffen Alt-Ägyptens sei ein afrikanisches und hamitisches Erbe, d. h. die Afrikaner im Westen und die Hamiten im Osten seien daran beteiligt gewesen. Zeugnisse dafür legen die Felsbilder von Menschen und Tieren ab, die sich sowohl im Westen auf der libyschen Seite, als auch im Osten auf der arabischen Seite des Nils finden. Ebenso zeugen davon die auf Tongefäße gemalten Bilder aus der Steinkupferzeit, als die Menschen begannen, das Niltal Oberägyptens zu besiedeln (Anfang des 4. Jahrtausends). Das bedeutet, daß die Nutzung des Leins, sogar für Fasergewinnung und Weben, auch auf der afrikanisch-libyschen Seite betrieben worden sein muß. Vor dem 4. oder 5. Jahrtausend war es dort feuchter, weil es während der letzten Eiszeit in Nordafrika mehr Niederschläge gegeben haben soll.
Die wilde Leinpflanze (*L. bienne = L. angustifolium*) kann aber (und wird wohl auch) an vielen Stellen genutzt und später angebaut worden sein. Zuerst werden die relativ großen Kapseln mit den ölreichen Samen zum Sammeln verlockt haben. Dabei wird jeder gemerkt haben, wie zäh die Stengel sind, d. h. wie faserreich deren dünne Rinde ist, daß sie sich deshalb gut als Bindfaden eignet und daß sich auch dünne Fäden daraus herstellen lassen, wenn die Rinde bzw. die Stengel entsprechend bearbeitet werden. Funde von Leinengarn außerhalb Ägyptens sind selten. Dünne Zwirnfäden können sich aber in verkohltem Zustand erhalten und sind unter Umständen mikroskopisch bestimmbar.
Verfolgt man zum Abschluß, wie wir in Mitteleuropa zu unserem Lein gekommen sind, so könnte sich das folgende interessante Bild ergeben. Während im allgemeinen in Mitteleuropa der Sommerlein angebaut wird (im Frühjahr gesät, im Sommer geerntet), ist im Alpenvorland bis in unser Jahrhundert ein Winterlein angebaut worden (im Herbst gesät, die Jungpflanzen überwintern, Ernte im folgenden Frühsommer). Diesen letztgenannten Wachstumsrhythmus haben kurzlebige Mittelmeerpflanzen natürlicherweise, weil es in der Mittelmeerregion vorzugsweise im Winter Regenfälle gibt. Nach dem April aber beginnen alle kurzlebigen Kräuter oberirdisch zu verdorren. Leinsamen, mit diesem Wachstumsrhythmus direkt aus Italien in das Gebiet nördlich der Alpen gebracht, ergeben deshalb zunächst einen Winterlein. Anders wird es sich bei dem Sommerlein abgespielt haben. Dieser ist offensichtlich aus dem östlichen Mittelmeer über den Balkan, die Donau entlang, weiter über Ungarn, nach Mitteleuropa gekommen. Auf jenem langen Weg hatten die vielen Pflanzengenerationen Zeit genug, sich von Winterlein auf Sommerlein umzustellen.
Die Inkulturnahme des wilden Zweijährigen oder Schmalblättrigen Leins (*Linum*

bienne) kann (und wird) im gesamten Mittelmeergebiet, in Nordafrika und dem Vorderen bis Mittleren Orient überall, mehr oder minder unabhängig voneinander, vor sich gegangen sein. Die bisherigen vorgeschichtlichen Funde von Lein und Leinen ermöglichen vorläufig nur ein lückenhaftes Bild. Es ist notwendig, dieses durch sorgsame vorgeschichtsbotanische Untersuchungen weiter zu unterbauen und besonders auch mikroskopische Textiluntersuchungen vorzunehmen.
Zusammenfassend für Lein (*Linum usitatissimum* = der Allernützlichste) läßt sich folgendes festhalten: Er ist heute noch eine Pflanze von weltwirtschaftlicher Bedeutung und zwar hauptsächlich wegen der Ölgewinnung von der gezüchteten Form Öllein. Die Leinpflanze gehört zu den ältesten Nutzpflanzen in Europa, Nordostafrika, Ägypten und dem Vorderen Orient als einzige Faserpflanze für Textilien und außerdem zur Verwendung der öl- und eiweißreichen Samen zur Ernährung sowie mindestens seit römischer Zeit auch für Heilzwecke. Schon in der Jungsteinzeit war die volle technische Aufbereitungsweise der Leinfaser aus der Stengelrinde bekannt, wie die dünn und gleichmäßig gesponnenen Fäden in den gewebten Textilien im nördlichen Alpenvorland in den Pfahlbausiedlungen zeigen. Im Mittelalter war Leinwand in verschiedenen Gebieten Deutschlands ein wichtiger Handelsartikel. Erst die Einführung der Baumwolle im großen am Ende des 19. Jahrhunderts hat die sehr arbeitsintensiven Vorarbeiten (Anbau und Flachsaufbereitung) für die Leinenherstellung zum Erliegen gebracht.

HANF (*Cannabis sativa* L.)

Biologische Angaben. Bedeutung

Hanf, dessen Anbau in der Bundesrepublik seit 1981 wegen der Gefahr des Drogenmißbrauchs verboten wurde (Betäubungsmittelgesetz), ist eine Nutzpflanze von weltwirtschaftlicher Bedeutung zur Verwendung der Fasern und der ölreichen Samen. Für die gemäßigte Zone ist es die zweitwichtigste Faserpflanze nach Lein.
Hanf bildet mit Hopfen zusammen die kleine Familie der Hanfgewächse (*Cannabinaceae*), die mit den Brennesselgewächsen eng verwandt ist, u. a. wegen der kleinen, einfachen windbestäubenden Blüten.
Hanf ist eine einjährige Pflanze, die nur einen Stengel bildet, der je nach Sorte und Gegend 1,2–3 (5) Meter hoch wird. Er ist vierkantig und dick, von anliegenden Haaren rauh. Die großen, handförmig geteilten Blätter sind zusammengesetzt aus länglichen,

gezähnten, zugespitzten Abschnitten (Abb. 85). Die Pflanzen riechen stark. Es gibt männliche und weibliche Pflanzen, wobei die weiblichen größer sind und später reifen. Die Blütenstände (Trugdolden bis Rispen) befinden sich in den Achseln der oberen Laubblätter. Die männlichen Blüten bestehen nur aus je fünf hängenden Staubblättern und ebensovielen grünlichen Hüllblättchen. Die zahlreichen Früchte reifen an den weiblichen Pflanzen, wobei eine Frucht 3–5 Millimeter lang und etwa 2 Millimeter breit ist und von einem kapuzenartigen Hüllblatt locker umgeben wird.

Mit den Ansprüchen des Hanfs an Klima und Boden hat sich Heuser (1927) befaßt. Danach ist der Anbau in der ganzen gemäßigten Zone, im Mittelmeergebiet und in den Subtropen möglich. Aber er benötigt mehr Sonnenwärme als Lein. Am besten gedeiht Faserhanf in gemäßigtem, feuchtem Klima. Zur Samenreife ist mehr Wärme und Sonne notwendig als zur Faserreife. Der Boden muß tiefgründig, humos, kalkhaltig und stickstoffreich sein, die Wasserversorgung gut. Besonders geeignet sind nährstoffreiche Flußtäler und gut entwässertes Moorland. Ungeeignet sind arme Sandböden, schwere Tonböden und alle Böden, die an stauender Nässe leiden. Für Neuumbruch und als Pionierpflanze zur Niedermoor- und Ödlandkultivierung hat sich Hanf nach W. Hoffmann (1957) hervorragend bewährt, auch deswegen, weil alles Unkraut in einem Hanffeld vollständig unterdrückt wird (allein durch die Höhe und Dichte des Bestandes). Außerdem soll der Humusgehalt des Bodens zunehmen, weil das starke Wurzelwerk im Boden verbleibt.

In Deutschland beschränkte sich der Hanfanbau um etwa 1928 (nach Becker-Dillingen) in der Hauptsache auf die Gegend zwischen Unterelbe und Weser sowie auf das Flußgebiet der oberen Ems. Auch im Havelland (westlich Berlin), in Baden, Württemberg, Bayern und in Elsaß-Lothringen wurde Hanf angebaut. Insgesamt war der Hanfanbau in Deutschland aber nicht bedeutend, wenn man ihn mit anderen Ländern vergleicht.

Die Welterzeugung für Faserhanf zwischen 1909/13 und 1981 geht aus Tab. 11 hervor. Daran zeigt sich, daß die Gesamtproduktion beträchtlich war und ist. Mit Abstand das meiste wurde und wird in China, Rußland (UdSSR) und Indien angebaut. In den Jahren 1909/13 lag der Anteil von Italien, Polen, Korea, Frankreich und den Balkanstaaten auch noch verhältnismäßig hoch. Die starke Beteiligung durch Italien, Polen und die Balkanstaaten blieb bis 1955 etwa gleich. Erst danach sank er, außer in Rumänien, ab.

Viel umfangreicher aber ist heute die Haschisch- bzw. Marihuanagewinnung aus Hanf. Ihre Zentren sind Mittelamerika (besonders Mexiko), der Vordere Orient, das nördliche Afrika und Indien (näheres bei Wagner 1970).

Abb. 85. Männliche Hanfpflanze. Holzschnitt aus dem Kräuterbuch von Otto Brunfels (1532).

Tab. 11 Welterzeugung an Hanffaser und Hanfsamen. Angaben in 1000 Hektar. 1909–1926 nach dem Annuaire International de Statistique Agricole (aus Becker-Dillingen 1928), 1955–1981 nach F-A-O. Für die Bundesrepublik nach den Statistischen Jahrbüchern der BRD.

Land Jahr	1909/13	1926	1955	1981
Rußland / UdSSR	679	925	598	113
China	?	?	?	150
Indien	?	?	244	110
Italien	81	105	34	0
Polen	31	43	24	5
Korea (beide)	19	30	9	10
Jugoslawien	15	28	62	4
Frankreich	14	5	2	0
Japan	12	8	3	1
Türkei	?	?	13	9
Ungarn	11	10	34	8
Spanien	9	6	9	0
Rumänien (Romania)	6	55	55	36
USA	3	0	0	0
Bulgarien	3	4	19	3
Österreich	0,7	0,4	0	0
Deutschland	0,6	0,4		
Bundesrepublik			2	0
Belgien	0,3	0,02	0	0
Chile	0,3	2	4	4
Pakistan	?	?	0	10

Die Gespinstfasern

Die Gespinstfasern sind wie beim Lein Bastfasern. Aber entsprechend der enormen Länge und Dicke der Hanfstengel, bilden sich in der Rinde mehrere Bastfaserringe aus und zwar im unteren Teil des Stengels am meisten, nach oben zu abnehmend (Abb. 86). Jede dieser schwarz gezeichneten Gruppen ist ein Bündel von Einzelfasern. Diese sind im äußeren Ring gröber (Durchmesser 50–70 Mikrometer) als im inneren Ring, wo sie mit 12–30 Mikrometer im Mittel dünner als Leinfasern sind. Die Einzelfasern haften innerhalb eines Bündels ziemlich fest zusammen. Deshalb können sowohl sehr feinfädige, weiße, leinwandähnliche Textilien aus Hanfgarn gewebt werden als auch derbe, gröbere, doch äußerst feste Stoffe, je nachdem ob die Faserbündel durch die Aufbereitung aufgetrennt worden sind oder nicht.
Die Gewinnung der Faser erfolgt, entsprechend wie beim Lein, durch technische Röste- (Rotte-) Verfahren, anschließend ein Schwingprozeß (Brechen, Schlagen) und Hecheln (Kämmen). Dabei werden die Langfasern zum Verspinnen von den Kurzfasern für Werg getrennt. Die Langfasern sind natürlich am wertvollsten. Sie werden bzw. wurden verwendet für Hanfgarn, Segeltuch, Riemen, Feuerwehrschläuche, Postsäcke, Zelte, Wäscheleinen, Seile und anderes. In letzter Zeit sind dafür mehr und mehr die Kunstfasern eingesetzt worden. Werg dient als Dichtungsmaterial für Wasserleitungen, Seilerwaren, Säcke u. a. Auch Mischgeweben wurde Hanf zugesetzt (vgl. Hoffmann 1957). Am meisten sind derbe, besonders haltbare Stoffe und Seilerwaren (Stricke, Schiffstaue) aus Hanf hergestellt worden. Sie zeichnen sich durch größere Dauerhaftigkeit gegenüber Nässe aus als Lein. Chemisch besteht die Hanffaser ebenfalls aus Zellulose und Hemizellulosen, aber im Unterschied zum Lein ist auch Holzstoff (Lignin) eingelagert. Hanf lieferte nach Heuser (1927) »eine der stärksten und dauerhaftesten Langfasern des Handels«.

Die Früchte als Quelle für Öl

Hanffrüchte sind eine wichtige Quelle für pflanzliches Öl. Ihr Gehalt an verdaulichen Nährstoffen beträgt im Mittel: 29% fettes Öl, 13% Eiweiß und 17% Kohlenhydrate (vgl. Tab. 4, S. 149). Hanföl kann als gutes Speiseöl dienen. Es ist biologisch wertvoll, weil es zu 46–70% aus der lebenswichtigen (essentiellen), hochungesättigten Linolsäure besteht (vgl. Tab. 5, S. 151). Das Öl wird durch Zerkleinern und nachfolgendes Pressen der Früchte gewonnen. Der Rückstand läßt sich als eiweiß- und stärkehaltiges Futtermittel für Schweinemast verwenden.
Das ausgepreßte Öl wird in China, der UdSSR und in südlichen Ländern direkt als

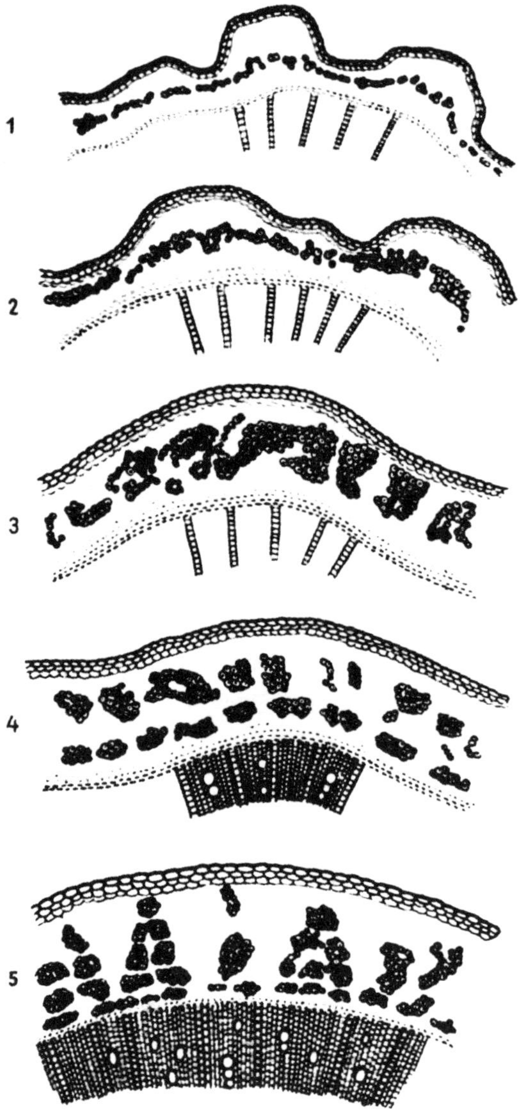

Abb. 86. Hanf. Querschnitte durch den äußeren Teil des Stengels mit der faserhaltigen Rinde in verschiedener Höhe. 1 Stengelspitze, 2 oberes Drittel, 3 Stengelmitte, 4 unteres Drittel, 5 Stengelbasis. Die schwarz gezeichneten Gruppen sind Bündel von Einzelfasern. Aus Heuser (1927).

Speiseöl verwendet. Es wird außerdem benutzt zur Margarineherstellung und für technische Zwecke, wie Firnis, Seife und anderes (genauere Angaben bei Hoffmann 1957).

Haschisch (Marihuana)

Dieses Rauschgift befindet sich in den Drüsenhaaren der oberen Stengelteile weiblicher Pflanzen, besonders auf den Hüllblättern der Früchte. Im gemäßigten und kühleren Klima ist der Gehalt dieser Droge jedoch wesentlich geringer als bei Pflanzen der Varietät *indica*, die in den Tropen gewachsen sind (Indien, Vorderer Orient, nördliches Afrika, Mexiko). Dasselbe gilt für Kulturhanf (*Cannabis sativa*) gegenüber Wildhanf (*C. ruderalis*), der viel mehr und größere Harzdrüsen besitzt als der in Europa kultivierte. Trotzdem ist wegen der Zunahme der Rauschgiftsucht zum Schutze der menschlichen Gesundheit in vielen Ländern der Anbau von Hanf verboten worden, nachdem über zweieinhalb Jahrtausende lang Menschengenerationen nur Nutzen aus dieser Pflanze gezogen haben, ohne ihre Gaben im großen zu mißbrauchen. Im Handbuch der Pflanzenzüchtung von 1961 (Band V, S. 245) werden Forschungsvorhaben aufgezeigt, um haschischarme oder -freie Hanfsorten zu züchten, damit auf die Dauer nicht auf diese wertvolle Nutzpflanze verzichtet werden muß.

Die Geschichte des Hanfs in Europa

Die ältesten Funde in Europa stammen vom Beginn der vorrömischen Eisenzeit (Hallstattzeit, 800–400 v. Chr.). Drei jungsteinzeitliche Nachweise (aus Burgäschisee/Schweiz, Eisenberg/Thüringen und Vöslau/Österreich), die in Büchern immer wieder genannt werden, haben sich bei kritischer Nachforschung nicht aufrecht erhalten lassen (vgl. Körber-Grohne 1985).

Einer der beiden Hanfreste aus der Eisenzeit ist ein Seilstück aus Hanfbast, das sich im vorgeschichtlichen Salzbergwerk Hallein bei Salzburg zusammen mit verschiedenen Geräten bei den damals verunglückten Bergleuten gefunden hat.

Der andere der Funde stammt aus dem Grabhügel des keltischen Fürsten von Hochdorf bei Stuttgart, datiert auf etwa 500 v. Chr. Unter den Resten einer blockhausartigen Kammer lag der tote Fürst auf einem bronzenen Liegesofa, das in mannigfacher Weise gepolstert war und zwar mit Fellen, Zweiglagen und vielerlei verschiedenen Stoffen. Von den gewebten Stoffen spielten solche aus Hanfbast eine große Rolle (Taf. 113 oben). Sie waren nicht aus den aufbereiteten, reinen Fasern hergestellt, sondern die

Stengelrinde war in schmalen Streifen abgezogen, versponnen und dann gewebt worden, sogar in unterschiedlichen Mustern. Die Bestimmung als Hanfbast gelang sowohl durch den speziellen Bau der Hanffaser, wie er im polarisierten Licht deutlich erkennbar wird (Taf. 113 unten), als auch durch den Bau der Spaltöffnungen auf der Stengelrinde der Bastfäden (vgl. Körber-Grohne 1985). Es geht daraus hervor, daß zu der Zeit Hanf dort angebaut worden sein muß. Aber die Aufbereitung der Faser durch Röste, Brechen, Hecheln, wie diese beim Lein allgemein angewendet wurde, ist damals auf den Hanf noch nicht übertragen worden.

Erst aus der römischen Kaiserzeit (1.–4. Jahrhundert n. Chr.) gibt es Fundstellen mit Hanffrüchten in Polen (Krakau) sowie in Römerkastellen im Rheinland (Neuss) und in Hessen (Butzbach).

Der früheste gewebte Stoff aus der voll aufbereiteten Hanffaser ist im Grab der Merowinger-Königin Arnegunde gefunden worden, die in der Zeit zwischen 565 und 570 in der Kathedrale St.-Denis in Paris bestattet wurde. Nach der Beschreibung von Werner (1964) war der in Stein gehauene Sarg zuunterst mit einer Decke (oder einem Mantel) aus rotem Wollstoff ausgelegt worden und darüber ein gewebtes, hanfenes Laken gebreitet. Die Königin selbst war in Leinen und Seide gekleidet.

(Zum Laken aus Hanfgarn sei hier eine Zwischenbemerkung erlaubt: Schöne, weiße, doch etwas dicke Bettwäsche (Laken und Kopfkissenbezüge), aus Hanfgarn gewebt, habe ich kürzlich von Ungarndeutschen gezeigt bekommen. Sie waren bis mindestens 1940 in dem betreffenden Gebiet Ungarns üblich, weil dort als einzige Faserpflanze Hanf angebaut wurde).

Es zeigte sich also, daß die Menschen des frühen Mittelalters nicht nur die nahrhaften Früchte vom Hanf verwendet haben, sondern nun auch die beim Lein lange bekannten Aufbereitungsweisen zur Fasergewinnung nutzten. Im Mittelalter mehren sich dann die Funde von Früchten. Sie sind zwischen dem 10. und 13. Jahrhundert außer in Mittel- und Osteuropa auch in England und Norwegen häufiger. Die Wertschätzung des Hanfs geht außerdem daraus hervor, daß in dem Schiffsgrab der Königin von Oseberg/Norwegen (Wikingerzeit) zu Beigaben und Ausstattung auch Hanffrüchte sowie Textilien aus Hanfgarn gehörten. Die früheste schriftliche Nennung von Hanf findet sich im Capitulare Karls d. Gr. (um 800). In der Physika der hl. Hildegard (1098–1179) stehen die Bezeichnungen Cannabus und Hanff.

Im 16. Jahrhundert gibt es Abbildungen und Beschreibungen von Hanf in fast allen Kräuterbüchern (Abb. 85). Die Angaben dabei sind meistens medizinischer Art. Von Drogenanwendung ist aber nie die Rede.

In der Mitte des vorigen Jahrhunderts bezeichnet Friedrich Alefeld (1866) den »Gebauten Hanf (*Cannabis sativa* Linn.) als Gespinst- und Oelpflanze, eine der wichtigsten Pflanzen Mitteleuropas«. Näheres über diese Pflanze erfahren wir bei Chr. Ed.

Langethal (1845). Unter anderem heißt es: »Die ganze Pflanze hat einen betäubenden, etwas widerlichen Geruch ... Man rechnet den Hanf zu den narkotischen Mitteln, denn der Saft seines Blattwerks betäubt und bringt Raserei hervor. Seine Früchte sind aber beruhigende Mittel, geben ein fettes Oel, das man zu 20 Prozent gewinnt. Am allergemeinsten und wichtigsten ist indeß der Gebrauch des Hanfes zu Gespinsten. Seine Fäden stehen zwar den Leinenfäden an Feinheit nach, übertreffen sie aber an Haltbarkeit.« Es folgt dann die genaue Anleitung zur Fasergewinnung, welche Fasern zum Spinnen am geeignetsten und welche für die Seiler am brauchbarsten sind.
Hanf ist in größeren Mengen bis 1955 in der Bundesrepublik und bis 1971 in Ostdeutschland angebaut worden (nach den Stat. Jb. d. BRD).

Die frühe Geschichte des Hanfs in Ostasien und im Mittelmeergebiet

China ist das Land, in dem die Hanfnutzung aufgekommen ist. Das geht weit zurück, bis in die Jungsteinzeit (Neolithikum). Darüber berichtet Hui-Lin Li (1974). In China sei nur eine Art von Faserpflanze einheimisch und das sei der Hanf (*Cannabis*). Schon in der Yang-Shao-Kultur (etwa 4200–3200 v. Chr.) seien Abdrücke von gewebten Stoffen und von Schnüren auf den Unterseiten von Tongefäßen zu finden. Außer der Nutzung als Faserpflanze für fein gewebte Stoffe sei die Bedeutung der Hanfsamen (Früchte) als Nahrungsmittel und für medizinische Zwecke ebenso alt wie bedeutungsvoll. Die Samen galten im alten China als eine der ganz wichtigen Körnerfrüchte (für Brei), ebenso wie Hirse und später Reis und Sojabohnen. Das habe vom Neolithikum bis ins 6. Jahrhundert n. Chr. angedauert. Danach seien die Hanfsamen von anderen Nahrungsmitteln verdrängt worden.
Hinsichtlich der medizinischen Anwendung gäbe es Niederschriften aus der Zeit von 110 bis 207 n. Chr. Darin beschreibt der chinesische Arzt Hua T'O, daß er einen Sud der Fruchthüllen mit Wein vermische, um sie Patienten zum Trinken zu geben, die operiert werden sollten. Dieser Arzt unterschied klar zwischen den toxischen Fruchthüllen und den ungiftigen Samen. Die Fruchthüllen wurden noch für weitere medizinische Verwendung gebraucht, außerdem aber dazu, Rauschzustände heraufzubeschwören. Diese Wirkung wird folgendermaßen beschrieben: »Es bewirkt Halluzinationen (man sieht Teufel). Der Sinn für Ort und Zeit verschwindet.«
Erst im 8. Jahrhundert v. Chr. haben die Völker, die nördlich von China wohnten, nämlich die Skythen, die drei Anwendungen der Hanfpflanze übernommen. Über diese Reitervölker der asiatischen Steppe erfahren wir Näheres aus den Grabhügeln (Kurganen) vom Fuße des Hohen Altai. Diese Grabhügel liegen im Dauerfrost, und deshalb ist alles darin seit dem 8.–1. Jahrhundert v. Chr. fast völlig frisch erhalten ge-

blieben, einschließlich der bunten Farben der gewebten Stoffe. In den Gräbern fanden sich auch Vorrichtungen zur rituellen »Hanfdampfberauschung«. Die Vorrichtung hierfür war folgende: In einem Metallgefäß lagen Steine und angekohlte Hanffrüchte mitsamt den Fruchthüllen (von wildem Hanf *C. ruderalis* Janisch). Daneben befanden sich drei Zeltstangen. Was vermutlich die Altai-Skythen damit gemacht haben, beschreibt der griechische Schriftsteller und Reisende Herodot (484–428? v. Chr.) von den Skythen, die zu der Zeit nördlich des Schwarzen Meeres lebten: »Wollen die Skythen baden, so stellen sie drei Stangen gegen einander, ziehen wollene Decken darüber, schließen Alles recht fest, legen glühende Steine unter dieses Zelt, und streuen Hanfsamen auf die Steine, worauf ein Rauch und Dampf entsteht, als wenn es ein hellenisches Schwitzbad wäre, den Skythen ist aber das ihrige so angenehm, daß sie vor Wohlbehagen brüllen« (nach Lenz 1859). Die Früchte müssen natürlich auch hier noch mit den Fruchthüllen zusammen gewesen sein.

Über Hanf als Faserpflanze haben wir ebenfalls die frühesten Nachrichten aus dem östlichen Mittelmeergebiet bis zum Balkan von Herodot. Er schreibt hierzu: »Die Thracier (im heutigen Bulgarien) machen Kleider aus Hanf, welche ganz so aussehen wie leinene, so daß Leute, die sich nicht genau darauf verstehen, sie nicht voneinander unterscheiden können« (nach Lenz 1859). In Griechenland scheint der Hanf zu Herodots Zeit noch nicht kultiviert worden zu sein, aber im ganzen hellenistischen Kleinasien soll nach Ptolemaeus Philadelphus (3. Jh. v. Chr.) Hanf für Seile angebaut worden sein (d. h. in der heutigen Türkei). König Hiero von Syrakus bezog den Hanf, den er zur Ausrüstung seines Riesenschiffes brauchte, vom Rhônefluß. Alle nannten die Verwendung und vorzüglichen Eigenschaften des Hanfes für Seile und Stricke, vor allem für die Seefahrt.

Nach Indien ist der Hanf aus China, bzw. durch Vermittlung der Skythen, ebenfalls nicht vor dem 8. Jahrhundert v. Chr. gelangt. Erst seit dieser Zeit hat sich im tropischen Indien die Varietät *indica* herausgebildet, d. h. der haschischreichere indische Hanf.

Wilder Hanf und die Ableitung des kultivierten Hanfs

Die wilde Form von Hanf wird von Zeven und De Wet (1982) für Zentralasien angegeben. In der Flora Europaea (1964) ist außer dem Kulturhanf (*Cannabis sativa*) eine andere Art angegeben, *C. ruderalis* Janisch. Sie wächst in Auenwäldern an Flußufern, ähnlich wie bei uns die Große Brennessel. Und entsprechend wie diese, kommt der wilde Hanf auch ruderal vor, d. h. als Unkraut an wüsten Stellen. Der wilde Hanf Rußlands und Asiens ist also primär eine Pflanze feuchter, nährstoffreicher Auenwäl-

der an Flüssen. Sekundär ist seine starke Tendenz, auf offene, vom Menschen geschaffene Bodenstellen zu gehen, wie z. B. in Siedlungsnähe, wo sich Abfälle und Nährstoffe für Pflanzen anreichern. Der wilde Hanf hat auf seinen Blättern und Fruchthüllen mehr Harzdrüsen als der kultivierte Europäische (vgl. Körber-Grohne 1985). Diesen wilden Hanf gibt es zumindest in der UdSSR heute noch (denn die Verfasserin bekam 1982 solche Exemplare geschickt). Ganz sicher gibt es auch Kreuzungen zwischen echt wildem, verwildertem und kultiviertem, so daß gleitende Übergänge gegeben sind.
Hinweise für älteste Kultivierung liegen nur aus China vor. Auch nach Indien ist der Hanf erst später gelangt, wo sich unter dem Einfluß des tropischen Klimas die stark toxische Variante *indica* ausgebildet hat.
Zusammenfassend für Hanf läßt sich folgendes festhalten: Die Pflanze ist uns heutzutage praktisch nur durch den Drogenmißbrauch der Haschisch enthaltenden Sproßenden und Blätter bekannt sowie dessen chemische Rauschgiftsteigerung Marihuana. Hanf hat aber als Faserpflanze sowie dank seiner öl- und eiweißreichen Früchte für die Menschen eine große Rolle gespielt, und zwar in China von der Steinzeit an bis nach Christi Geburt. Hanfdampfberauschung haben in vorgeschichtlicher Zeit nur die asiatischen Steppenvölker (die Skythen) geübt. In den Mittelmeerkulturen des klassischen Altertums stand die Fasernutzung für Seile, besonders Schiffstauwerk, an erster Stelle, da die Hanffaser auch im Wasser lange Zeit haltbar bleibt. In Mitteleuropa bildete Hanf nach dem Mittelalter das Hauptmaterial für Seilerwaren, löste somit den Bast aus Baumrinde ab. In Ländern, in denen kein Lein angebaut wurde (z. B. stellenweise in Ungarn und Bulgarien) diente die Hanffaser auch zur Herstellung von Webwaren. Heute hat Hanf immer noch weltwirtschaftliche Bedeutung als Faser- und Ölfrucht besonders in der UdSSR, China und Indien.

LEINDOTTER (*Camelina sativa* [L.] Crantz)

Biologische Angaben. Bedeutung. Inhaltsstoffe

Leindotter, eine Ölfrucht, gehört zur Familie der Kreuzblütler (*Cruciferae* = *Brassicaceae*). Es ist eine einjährige oder überwinternd-einjährige Pflanze (Taf. 114 links). Aus der Wurzel wächst ein einzelner Stengel von 50 bis 70 Zentimeter Höhe, der im oberen Teil schräg aufwärts stehende Seitentriebe bildet. Daran entwickeln sich in traubiger Anordnung viele gestielte, kleine blaßgelbe Blüten. Der Stengel ist von unten bis oben wechselständig beblättert, wobei die unteren Blätter leicht fiederteilig oder nur gezähnt sind. Stengel und Blätter sind entweder von kleinen Haaren besetzt oder kahl. Die Samen sind sehr klein (nur etwa 1,5–2,0 mm lang), länglich und gelbbraun bis rotbraun gefärbt. Sie reifen zu vielen in birnförmigen Schötchen.

Die Bezeichnung Dotter kann sich sowohl auf die hellgelbe Blütenfarbe beziehen als auch auf die kräftige Farbe der Samen oder beides. Doch ist der in England gebräuchliche Name »gold of pleasure« (Gold der Freude, des Vergnügens) am ausdrucksvollsten. Der französische Volksname heißt »Sesame d'Allemagne« (Deutscher Sesam). Volkstümliche Bezeichnungen gibt es in allen Ländern, in denen der Leindotter angebaut wurde bzw. noch wird.

Über die Klima- und Bodenbedingungen erfahren wir Näheres von Langethal (1845) und Becker-Dillingen (1928). Danach kann Leindotter im ganzen Gebiet mit Wintergetreideklima gezogen werden. An Bodenarten ist sandiger, kalkhaltiger Lehm am besten geeignet, wenn dieser genügend Nährstoffe enthält. Auch auf trockenem Sandboden gedeiht er noch. Wegen seiner kurzen Vegetationsperiode von 12 bis 14 Wochen und seiner Unempfindlichkeit gegen Frost ist er im vorigen Jahrhundert oft als Aushilfsfrucht gesät worden, wenn z. B. Winterraps erfroren war. Er galt als sicherer Ersatz und auch als widerstandsfähiger gegenüber tierischen Schädlingen als Raps. Gezielte Feldversuche 1961 im Außendeichland der Nordseemarsch zwischen Weser- und Elbmündung, haben seine geringe Empfindlichkeit gegenüber Wind und Salzwasserüberflutungen gezeigt (Körber-Grohne 1967). Nach der Sturmflut vom 4. und 5. Juli 1961 richteten sich die niedergelegten Leindotterpflanzen auf den Versuchsfeldern wieder etwas auf und brachten ihren eben begonnenen Fruchtansatz zur Reife. Wenn auch die Samen kleiner blieben (66–77% des 1000-Korn-Gewichts vom Saatgut), so schnitten sie doch mit einem Mengenverhältnis von Einsaat zu Ernte von 1 : 13 bis 1 : 20 ab. Dadurch erwiesen sie sich als robuster gegenüber den hier geschilderten Bedingungen als Gerste und Lein.

Die Samenerträge für Leindotter sind mit 7–13 (maximal 20) Doppelzentner pro Hektar geringer als die von Raps, für den 12–18 (in den Marschen bis 30) Doppelzentner pro Hektar angegeben werden (nach Becker-Dillingen 1928).

In den Statistiken über den Anbau von Feldfrüchten wird der Leindotter weder im Statistischen Jahrbuch der Bundesrepublik Deutschland für 1950 bis 1982 erfaßt noch weltweit von der F–A–O (in Rom). Für 1928 erwähnt Becker-Dillingen den Anbau auf mageren, sandigen Böden in Belgien, Holland, Elsaß-Lothringen, Baden, Polen, Mähren, den Balkanstaaten und im europäischen und asiatischen Rußland. In Deutschland sei er ohne Bedeutung. Jürgen Schultze-Motel schrieb 1979, daß der Anbau des Leindotters nach dem Zweiten Weltkrieg in der DDR wieder aufgenommen worden sei, begleitet von züchterischer Bearbeitung. 1978 sah er den Leindotter noch

im Südosten von Polen im Anbau. Das daraus gewonnene Öl werde dort in der Tierheilkunde verwendet. In letzter Zeit sei man wieder auf den Leindotter aufmerksam geworden und habe Anbauversuche in Kanada, Schweden, Dänemark, Polen und in der Sowjetunion durchgeführt. Wegen der kurzen Vegatationsdauer und der Widerstandsfähigkeit der Jungpflanzen gegen Kälte wird die Anbaumöglichkeit für nördliche Gebiete hervorgehoben.
Genutzt wurden bzw. werden die ölhaltigen Samen. Von den Dreschrückständen ergaben die Schötchen ein brauchbares Schaffutter (nach Hegi). Das Stroh konnte als Einstreu in Ställen verwendet werden, diente aber vorzugsweise wegen der steifen, harten Stengel zum Binden von Besen.
Den Samen merkt man beim Zerkauen den hohen Ölgehalt an. Sie hinterlassen aber auf der Zunge einen scharfen Geschmack nach Senf oder Rettich, könnten dementsprechend auch als Würze, z. B. auf Brot und Brötchen, verwendet werden. Die Samen enthalten rund 32% Rohfett. Beim Kaltpressen ergeben sie 18–20% Öl, beim Heißpressen 23–25% und beim Extrahieren etwa 28% Öl (nach Becker-Dillingen 1928). Als verdauliche Nährstoffe werden rund 27% Öl, 17% Eiweiß und 17% Kohlenhydrate angegeben (vgl. Tab. 4, S. 149). Das Öl ist als Speiseöl verwendbar, doch ist es biologisch nicht besonders wertvoll wegen des Gehalts an Eicosen- und Erucasäure. Das ist bei anderen Samenarten von Kreuzblütlern auch der Fall (vgl. Tab. 5, S. 151). Am Beispiel des Raps ist jedoch erwiesen worden, daß durch gezielte Pflanzenzüchtung diese für die Ernährung ungünstigen Fettsäuren gegen günstigere ausgetauscht werden können. Leindotteröl wurde auch verwendet als Leuchtöl und für Seifen sowie wegen seiner schnell trocknenden Eigenschaften für Firnisse (näheres bei Becker-Dillingen 1928).

Die Geschichte des Leindotters

Es ist im Falle des Leindotters nicht sinnvoll, dessen Geschichte nach Gebieten aufzuteilen, sondern sie soll nach ihrer Zeitabfolge berichtet werden. Die frühesten Leindotterfunde stammen aus dem Neolithikum, sind spärlich und auf zwei weit voneinander entfernt liegende Gebiete beschränkt, das eine davon in Ostdeutschland. Dort werden für Erfurt und Merseburg Samen angegeben; in Gerwisch, Kr. Burg, fand sich eine Schötchenklappe. Das andere Gebiet ist das nördliche Alpenvorland der Westschweiz. Von den beiden spätneolithischen Ufersiedlungen am Neuenburger (Neuchâteler) See konnte in Auvernier unter vielen Kulturpflanzen- und Ackerunkrautsamen ebenfalls eine Schötchenklappe des Leindotters nachgewiesen werden; in Yverdon fanden sich in den unteren Siedlungsschichten über 200 unverkohlte Samen. Diesen letzteren Befund bezeichnet dessen Bearbeiter, Helmut Schlichtherle (1981), als besonders wichtig, weil diese Leindottersamen zusammen mit Lein vorkamen. Eine derartige Gleichläufigkeit war in den oberen Schichten derselben Siedlung bei Getreide und Mohn nicht gegeben. Der Leindotter muß also auf den Leinfeldern der Steinzeitleute von Yverdon als Unkraut gewachsen sein. Ob diese Leindottersamen genutzt wurden oder nicht, läßt sich nicht beurteilen. Hier wäre aber jedenfalls der zeitlich früheste Nachweis des Leindotters als typisch geltendes Ackerunkraut des Leins. Hierauf und auf die Namensbildung Leindotter wird später noch zurückgekommen.

Über die Entwicklung und Ausbreitung des Leindotters in Europa und Südwestasien haben letzthin Karl-Heinz Knörzer (1978) und Jürgen Schultze-Motel (1979 a) berichtet und die vorgeschichtlichen Fundstellen genau aufgeführt.

In der Bronzezeit (1800–800 v. Chr.) gibt es Funde von Samen und Fruchtklappen aus mehreren entfernt voneinander liegenden Gebieten: aus dem Siedlungshügel (Tell) Demirçihüyük in der nordöstlichen Türkei, aus dem Pfahlbau Valeggio am Mincio/Norditalien, aus Ungarn an zwei Stellen, aus der Tschechoslowakei bei Brno, aus Nordholland und aus Dänemark, beide Male an zwei Stellen.

Von der vorrömischen Eisenzeit (800 v. Chr. – Chr. Geb.) an vermehren sich die Fundstellen beinahe über ganz Europa, bis einschließlich Südschweden (aber ohne Spanien und Frankreich). Sind dabei im allgemeinen jeweils einzelne Samen oder Schötchen gefunden worden, so waren größere Ansammlungen bzw. Klumpen reiner Samen vom Leindotter selten. Nur solche legen natürlich Zeugnis davon ab, daß diese zu Nahrungszwecken gesammelt worden sind.

Den frühesten Hinweis dafür gibt eine größere Menge von Leindottersamen in einem verkohlten Speiserest aus Dessau-Törten (Ostdeutschland), der der Bronzezeit angehört (1800–800 v. Chr.). Aus der älteren vorrömischen Eisenzeit (Hallstatt D, etwa 500 v. Chr.) stammt ein Vorratsgefäß mit verkohlten Leindottersamen, das in Niedermerz, Kr. Aachen, gefunden worden ist. Dem 2.–1. Jahrhundert v. Chr. wird ein tönerner Backteller aus Krien, Kr. Anklam/Mecklenburg, zugerechnet, auf dessen einer Seite sich massenhaft Schötchen des Leindotters eingedrückt hatten (Taf. 115). Wahrscheinlich ist dieser Teller, nachdem er aus Ton gefertigt worden war, auf diese Dreschrückstände gelegt worden, damit er besser trocknen konnte, bevor er gebrannt werden sollte. Auch aus Dänemark lassen sich Beispiele für Leindotter als Nahrungsmittel anführen, so z. B. die Moorleiche von Tollund (etwa 400 v. Chr.), die in ihrem Magen 90 Leindottersamen unter verschiedenen anderen pflanzlichen Nahrungsmitteln enthielt.

Ob während dieser Zeitperiode die Leindottersamen von Leindotter als Unkraut gesammelt wurden oder von bereits stellenweise angebautem, läßt sich nicht beurteilen.

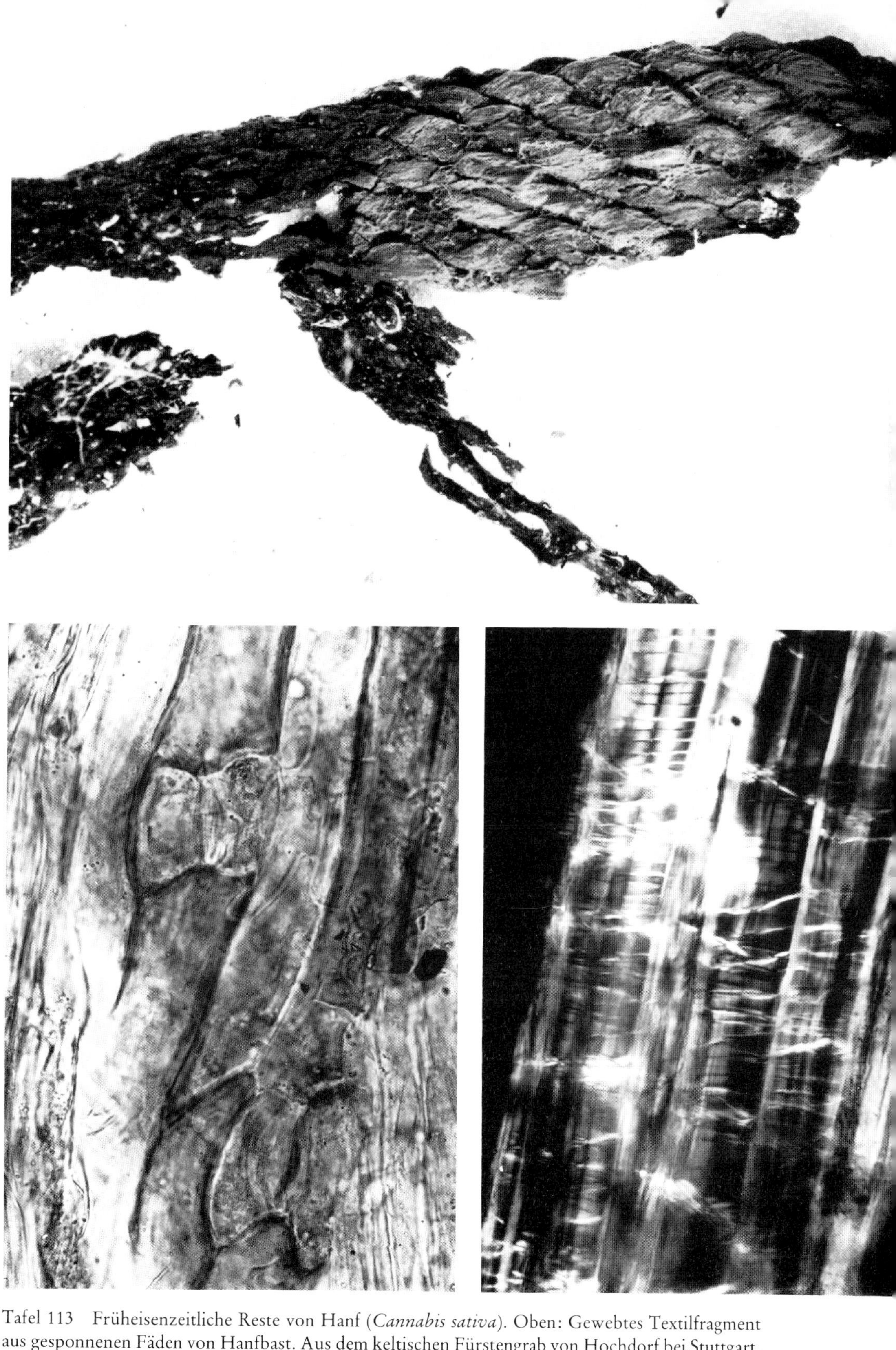

Tafel 113 Früheisenzeitliche Reste von Hanf (*Cannabis sativa*). Oben: Gewebtes Textilfragment aus gesponnenen Fäden von Hanfbast. Aus dem keltischen Fürstengrab von Hochdorf bei Stuttgart, etwa 500 v. Chr. Vergr. 10x. Unten: Links Oberhautzellen von Hanf mit zwei Spaltöffnungen aus obigem Textilstück; rechts ein Bündel der Fasern daraus. Vergr. 400x.

Tafel 114 Leindotter mit Früchten. Obere Zweigenden der stark verzweigten Pflanzen. Links kultivierter Leindotter (*Camelina sativa*), rechts Kleinfrüchtiger Leindotter (*C. microcarpa*), der als der wilde Vorfahr gilt. Pflanzen verkleinert. Botanischer Garten der Univ. Hohenheim. 15. 8. 1985.

Tafel 115 Oben: Scherbe eines Backtellers mit Abdrücken von Schötchenklappen des Leindotters aus Krien, Kr. Anklam (Mecklenburg), 2.–1. Jh. v. Chr. Nat. Gr. Unten: Ausschnitt in Form von Latex-Abgüssen. Vergr. 3x. Aus Schultze-Motel (1979 a).

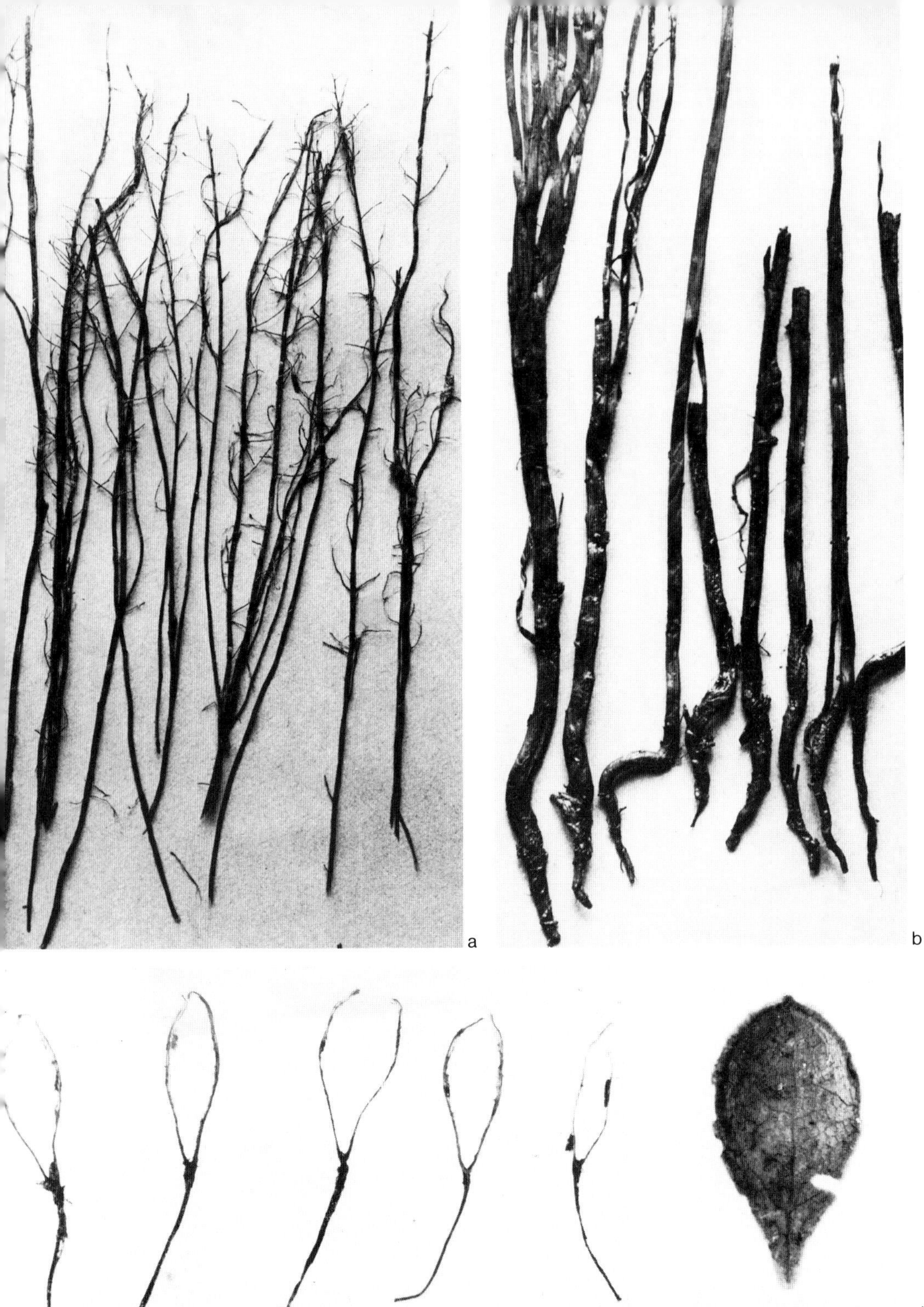

Tafel 116 Unverkohlte Reste des Leindotters (*Camelina sativa*): a) Obere Stengelenden mit den Ansatzstellen für die Fruchtklappen (Schötchen), b) untere Stengelenden mit Wurzeln, c) Randteile der Schötchen, d) ein Schötchen von außen. Aus der Wurt Feddersen Wierde bei Bremerhaven, 1. Jh. n. Chr. a–b) verkl. auf 1/2, c) Vergr. 3 x, d) 6 x. Aus Körber-Grohne (1967).

Ein eigenständiger Anbau aber wird sich, nach Vermutungen von K.-H. Knörzer und W. van Zeist, von etwa 500 v. Chr. im Niederrheingebiet, in Holland und auch sonst im Küstengebiet der Nordsee angebahnt haben. Jedenfalls bauten die Bewohner der Wurt Feddersen Wierde im Küstengebiet zwischen Weser und Elbe, nachweisbar von etwa Christi Geburt bis etwa 300 n. Chr., Leindotter in Reinkultur an. Unter den Ackerfrüchten, die in der damals noch unbedeichten Seemarsch (auf den im Sommer sturmflutfreien Uferwällen) gezogen wurden, hatte Leindotter ungefähr denselben Stellenwert wie Gerste, Hafer, Lein und Feldbohnen. Ganze Lagen der abgedroschenen Stengel und immer wieder Haufen und Häufchen der Fruchtklappen (vom Ausdreschen der Samen) wurden während der mehrjährigen Ausgrabungen freigelegt (Taf. 116). Daß die Samen der Ernährung gedient haben, ist unbestritten, aber ob damals schon Öl daraus gewonnen wurde, läßt sich nicht beurteilen.

Leindotter war somit außer dem Lein zu einer wichtigen Ölfrucht geworden und dies vor allem im nördlichen Europa rund um die Nordsee. Was in Süddeutschland und dem Rheinland der Mohn bedeutete, war im Norden der Leindotter.

Von der Völkerwanderungszeit an gehen die archäobotanischen Nachweise in beiden Teilen Deutschlands drastisch zurück. Von zehn Fundstellen dieses Bereiches mit Nutzpflanzenresten, aus der Zeit zwischen 350 und 750 gibt es nur eine einzige, die auch Leindotter enthält. Im frühen und hohen Mittelalter ist dies nicht viel anders, denn unter 42 Fundstellen mit Nutzpflanzenresten enthält lediglich eine im norddeutschen Küstengebiet (Elisenhof an der Eidermündung/Schleswig-holsteinische Westküste) etwas Leindottersamen. Auch Schriften aus dem Mittelalter mit Listen der angebauten Nutzpflanzen erwähnen nirgends den Leindotter. Erst in den Kräuterbüchern des 16.Jahrhunderts taucht er in den Bildern und Beschreibungen auf, doch nicht in der Rolle einer Nutzpflanze. So berichtet Hieronymus Bock (1546), daß der Flachsdotter täglich im Flachs wächst, besonders im Elsaß und am Rhein, »würt er doch stets als ein böß unkraut außgejerten (ausgejätet) . . . würt allein im Flachs funden, dem er mit kraut, stengel unn bollen (Früchten) gleich ist«. Hier tritt der Lein- oder Flachsdotter also als Unkraut in Leinfeldern auf. Auch Camerarius (1586, gedr. 1626) schreibt Entsprechendes: »Wechst im Lein oder Flachs . . . deshalb nennet mans Pseudolinum. Der Same ist weißgelb, am Geschmack süß, eine angenehme Speiß der Fincken und Zeißken (Zeisige).«

Sollte der Leindotter im Laufe der Völkerwanderungszeit und/oder des Mittelalters aus der Kontrolle der Saatgutreinigung geraten sein? Für die vorgeschichtliche Zeit (Jungsteinzeit bis etwa Christi Geburt) läßt sich bei Vorratsfunden von Getreide und anderen Feldfrüchten immer wieder beobachten, wie wenig Unkrautsamen diese enthalten. Vielleicht war in der weit zurückliegenden Zeit die Ernte so kostbar, daß Erntegut und Unkrautsamen sorgfältig getrennt wurden. Aber in den Wirren der Völker-

wanderungszeit und in dem oft von Seuchen heimgesuchten Mittelalter ist das wohl nicht immer möglich gewesen. Wäre es sonst erklärbar, daß die tödliche Erkrankung, die durch Mutterkorn verseuchtes Getreide (besonders Roggen) hervorgerufen wurde, zeitweise epidemieartig vom 13. bis 17. Jahrhundert andauern konnte? Dabei sind diese »Mutterkörner« schwarz und ungefähr doppelt so groß wie die Getreidekörner. Man hätte sie leicht herauslesen können. So mag auch das Saatgut für den Flachs nicht immer gut genug gereinigt worden sein.
Für die Mitte des letzten Jahrhunderts berichtet Friedrich Alefeld (1866) in seinem landwirtschaftlichen Lehrbuch: »*Camelina sativa* Crantz. Gebauter Leindotter, Flachsdotter, Dotterkraut, kleiner Oelsamen, Finkensamen. Unter dem Getreide und auf Schutthaufen von Mittel- und Südeuropa bis Nordasien. Als Oelpflanze gebaut. Der Ertrag nicht überreich, aber sicher und auf geringem Boden, namentlich Sand, zu erreichen.« Entsprechendes berichtet Langethal (1845).
Daraus geht einerseits die Unkrautrolle, andererseits eigenständiger Anbau wegen des Öls hervor, dieser Anbau aber auf armen Böden und nützlich als Aushilfsfrucht, wenn anderes ausgewintert war.

Ursprung und Ableitung des angebauten Leindotters

Von *Camelina* (Dotter) werden vier oder fünf Arten oder Unterarten unterschieden. Diese fassen einige botanische Bearbeiter als echte Arten auf (z. B. in der Flora Europaea), andere als Unterarten (Subspecies) von *Camelina sativa* (wie bei Hegi, Bearbeiter der Cruciferen ist Thellung). Die folgenden Angaben richten sich zur Hauptsache nach Hegi (Band IV, 1, S. 368 ff.).
Als wilde Ausgangsform wird der Kleinfrüchtige Leindotter (ssp. *microcarpa* Andrz.) angesehen. Er hat dieselbe Chromosomenzahl (2n = 40) wie der angebaute Leindotter, unterscheidet sich aber im Aussehen deutlich von diesem. Hauptunterschiede sind die kleineren, rundlichen, dickwandigen Schötchen, die Kleinheit der Samen (nur 0,7–0,8 mm lang) und die stark behaarten Blätter gegenüber dem Gebauten Leindotter mit seinen länglich-ovalen Schötchen aus dünner Wand, mit größeren Samen (1,5–2,0 mm lang) und wenig behaarten bis kahlen Blättern (Taf. 114).
Der Kleinfrüchtige Leindotter kommt nur in den »östlichen, kontinentalen Gebieten vor: in Thüringen, Böhmen und Mähren, Südosteuropa und Südwestasien. Er gilt als Steppenpflanze, wächst in der natürlichen Vegetation wie z. B. auf sonnigen Hügeln, an steinigen, südexponierten Hängen, auf Grastriften, auf Felsen, von der Ebene bis in die subalpine Stufe (im Wallis bis 1750 m) ansteigend.« Außerdem wächst er an Un-

krautstellen wie »auf Äckern (besonders Getreide- und Luzernenfeldern), Brachfeldern, Wegrändern, Straßengräben, Mauern, Schuttstellen und Grasdämmen«.
Von den drei weiteren Unterarten (ssp. *pilosa*, ssp. *sativa* und ssp. *alyssum*) hat keine so rundliche und dickwandige Fruchtklappen (Schötchen), sondern länglich-ovale (jedenfalls doppelt so lang wie breit) und dünnwandige, die Samen sind größer (über 1,5 mm, bei ssp. *alyssum* 2–2,5 mm lang).
Bei diesen drei Unterarten wird die ssp. *pilosa* als eine Übergangsform zwischen der Wildart (*microcarpa*) und der angebauten (*sativa*) angesehen. Primitivmerkmal ist die starke Behaarung (als Verdunstungsschutz an den sonnenexponierten Stellen der Wildvegetation). Diese Form ist 1909 in Südrußland zuweilen als »Winterdotter« angebaut worden, soll aber auch in Rußland als Unkraut in Wintersaaten vorkommen.
Die Unterart *sativa*, unser Gebauter Leindotter, wächst außer im reinen Anbau auch als Unkraut auf Getreideäckern und an wüsten Stellen. Diese Leindotterform ist nur noch wenig behaart oder auch unbehaart. Durch den dichten Stand in den Leindotterkulturen ist das genannte Merkmal mit der Zeit verlorengegangen.
Als letztes folgt die Unterart *alyssum* (Miller) Thellung. Hier sind die Schötchen am größten, im oberen Teil breit-birnförmig und mit der Spitze 9–12 mm lang, die Samen am größten (2–2,5 mm lang). Diese Form sei ganz auf die Leinäcker beschränkt, wo sie sich als typisches Leinunkraut herausgebildet hat. In Europa habe sie sich mit dem Leinanbau verbreitet.
Die Umformung bei dem Dotter hat sich also unbewußt und unbeabsichtigt allmählich durch den Ackerbau treibenden Menschen vollzogen.
Die Heimat der Wildform (ssp. *microcarpa*) liegt also in Südosteuropa und Südwestasien. Im Vorderen Orient ist Leindotter aber nicht zur Kulturpflanze geworden. Seine Ausbreitungsrichtungen lassen sich anhand der archäobotanischen Nachweise bisher nur in großen Zügen rekonstruieren. Danach kam der Leindotter als Ackerunkraut, zusammen mit Getreide und Lein oder nur mit letzterem, einerseits über den Balkan, andererseits über Italien und/oder das Rhônetal bis in das nördliche Alpenvorland. Die Wellen der Unkrauteinschleppung können natürlich in mehreren zeitlichen Schüben vor sich gegangen sein (mit Saatgut). Welche Bedeutung dabei die Zusammensetzung der Ackerunkräuter für die Herkunftsbestimmung des Leindotters hat, ist von Hakon Hjelmqvist (1950) und Elsbeth Lange (1978) dargelegt worden. Wenn nämlich genügend Fundstellen mit Dreschabfällen (die Unkrautsamen enthalten) archäobotanisch durchgearbeitet sind, werden die Ausbreitungswege der betreffenden Nutzpflanzen und zugehörigen Unkräuter gesicherter erfaßt werden können. Diese Abläufe und Umformungen für die zurückliegenden rund 4000 Jahre genauer zu rekonstruieren, wird nur gelingen, wenn erstens in weiteren archäologischen Ausgrabungen diese Unkräuter sorgsam ausgelesen, bestimmt und gezählt werden, zwei-

tens den Fruchtklappen (Schötchen) des Leindotters besondere Aufmerksamkeit gewidmet wird, weil diese zum Erkennen der verschiedenen Formen bzw. Unterarten am wichtigsten sind.
Zusammenfassend für den Leindotter läßt sich folgendes festhalten: Er ist allein wegen seiner öl- und eiweißreichen Samen zur Ernährung und später auch zum Ölpressen genutzt worden. Leindotter ist eine äußerst anspruchslose Pflanze, die noch unter extremen Klima- und Bodenbedingungen (Sand, Salz) gedeihen kann. Diese Pflanzenart hat eine merkwürdig wechselhafte Geschichte von einer wilden Steppenpflanze Südosteuropas und Vorderasiens zum Ackerunkraut, wobei sie Kulturpflanzeneigenschaften annahm: Einschleppung stellenweise nach Mitteleuropa schon in der Jungsteinzeit und dort Sammeln der Samen von den wild wachsenden Pflanzen; über 3000 Jahre später wichtige angebaute Nutzpflanze in Mitteldeutschland sowie rund um die Nordsee; sank im Mittelalter zum schlimmen Unkraut in Getreide- und Leinfeldern ab. Seit etwa 1950 bringt ihm die Pflanzenzüchtung Interesse entgegen wegen der Anspruchslosigkeit dieser ertragreichen Ölfrucht.

MOHN (*Papaver somniferum* L.)

Kennzeichnung. Bedeutung

Der angebaute Mohn, auch Schlafmohn, Gartenmohn, Magsamen genannt, gehört in die Familie der Mohngewächse (*Papaveraceae*). Er ist eine einjährige, kräftige, 30–150 Zentimeter hohe Pflanze, deren Stengel und Blätter kahl und blaugrün bereift sind. Stengel, Blätter und Kapseln enthalten einen weißen Milchsaft, solange sie noch grün sind. Am meisten Milchsaft ist in den unreifen Kapseln vorhanden. Durch diese Merkmale unterscheidet sich der Schlafmohn hauptsächlich von den leuchtend rot blühenden Wildmohnarten.
Die Laubblätter des Schlafmohns sind länglich, schräg nach oben stehend und am Rande gekerbt oder gesägt. Der Stengel ist in unterschiedlicher Höhe verzweigt, wobei sich am Ende eines jeden Triebs eine große, hängende Blütenknospe entwickelt. Diese richtet sich auf, sobald sie sich anschickt zu blühen. Die dann aufrecht stehende Blüte ist groß. Sie erreicht mit ihren vier Blütenblättern einen Durchmesser bis zu 10 Zentimeter. Diese umgeben einen dichten Kranz aus vielen blaugrünen Staubblättern. In deren Mitte sitzt die junge Kapsel, gekrönt von einem 8–12strahligen Dach, das aus

den Narbenstrahlen besteht, auf die die Pollenkörner von Käfern und anderen Insekten übertragen werden.

Der Schlafmohn ist in der Blüten- und Samenfarbe sowie der Kapselform sehr variabel. So können die Blütenblätter violett, rot oder weiß sein, die Samen schwarz oder weißblau, die Kapseln mehr rund oder mehr länglich. Bei den Zierformen des Schlafmohns gibt es auch geschlitzte Blütenblätter und gefüllte Blüten.

Insgesamt werden zwei Hauptgruppen unterschieden, nämlich Schüttmohn (convar. *nigrum*) und Schließmohn (convar. *somniferum*). Bei dem Schüttmohn öffnen sich während der Reife unterhalb der dachförmigen Narbenstrahlen Löcher, aus denen die kleinen Samen bei Bewegung der Kapseln (schon durch stärkeren Wind) geschüttet werden, daher der Name Schüttmohn. Beim Schließmohn bleiben die Kapseln auch bei der Reife geschlossen, und die Samen können erst durch Zerschlagen der Kapseln gewonnen werden. Der Schüttmohn ist der primitivere, also entwicklungsgeschichtlich der ältere. Schließmohn kann nur von Menschen ausgesät werden.

Die Ansprüche an Klima und Boden beschreibt Geisler (1980). Danach ist mildes, halbkontinentales Klima am besten geeignet. Das Temperaturminimum für die Keimung liegt bei + 3° Celsius. Jungpflanzen vertragen Nachtfröste. Wegen der langen Vegetationszeit von 120 bis 140 Tagen von der Saat bis zur Reife der Samen soll der Mohn so früh wie möglich gesät werden. Mit dem Wachstum steigen die Ansprüche an Wärme und Feuchtigkeit. Während der Blüte und Samenreife ist viel Wärme notwendig, da diese den Samenertrag und auch den Ölgehalt erhöht. Die Böden sollen nährstoffreich sein. Am besten ist Lößlehm oder Lehmboden.

Mohn gehört zu den Weltwirtschaftspflanzen, in erster Linie wegen der Opiumgewinnung. Aber wegen des Opiummißbrauchs (von Opium und dessen chemischem Umwandlungsprodukt Heroin) sind von dem »International Narcotic Control Board«, mit Sitz in Genf, nur acht Länder zum Mohnanbau zugelassen. Das waren in der Reihenfolge ihrer Produktionsmengen (für 1972): Indien (an 1. Stelle mit 50 000 ha), UdSSR, Türkei, Iran, Pakistan, Japan sowie ein kleines Gebiet in Birma und Jugoslawien. Die Größe der erlaubten Anbauflächen ist von der Kommission errechnet worden, um den Weltbedarf an pharmazeutisch benötigten Opiaten zu decken. Die medizinisch verwendbaren Inhaltsstoffe des Opiums sind zwar weitgehend synthetisch herstellbar, aber es ist auch jetzt immer noch wirtschaftlicher, sie aus dem Milchsaft des Mohns zu isolieren. Heute steht dabei die Gewinnung von Codein, dem wichtigsten Hustenreiz stillenden Mittel, an erster Stelle.

Illegalen Mohnanbau zur Erzeugung von Rauschgift gibt es in großem Umfang in Afghanistan und im sog. Goldenen Dreieck: Thailand, Laos und Birma (Angaben nach Viereck 1977).

In Mitteleuropa ist Mohn bisher wegen seiner Samen angebaut worden. Der Umfang dieses Anbaus war aber gering und wird in den Statistischen Jahrbüchern der Bundesrepublik Deutschland seit 1958 nicht mehr geführt. In Frankreich kann man hin und wieder noch Mohnfelder sehen. In Polen sowie in der Tschechoslowakei findet sich Mohn noch in Gärten und feldmäßig in kleinen Stücken, wie es Kühn und Mitarbeiter im Jahre 1980 auf ihren botanischen Reisen gesehen und beschrieben haben. Entsprechendes konnte man früher auch in milden Gegenden Deutschlands beobachten, da Mohnsamen für mancherlei Gebäck gebraucht wurden und ja auch heute noch werden. Größer ist diese Art von Nutzung in Ungarn.

Verwendung und Inhaltsstoffe

Verwendet werden vom Schlafmohn zwei ganz verschiedene Produkte: der Milchsaft für vielerlei medizinische Zwecke, aber auch mißbraucht als Rauschgift, die Samen wegen ihres Ölgehaltes und als Zutat für Gebäck.

Der weiße Milchsaft, der in allen grünen Teilen der Pflanze enthalten ist, vorwiegend aber in der unreifen Kapselwand, wird in getrocknetem Zustand Opium genannt (von griechisch opion). Dieses besteht aus einer kautschukähnlichen Masse, die etwa 25 Alkaloide enthält, davon vier mit bedeutender medizinischer Anwendung. Am wichtigsten ist die Schlaf bringende, Schmerz und Husten stillende Wirkung. Das beruht auf folgenden Stoffen: Morphin (mit 3–23% im Opium enthalten) ist das wirksamste den Schmerz stillende Mittel, das aber auch süchtig machen kann. Morphin (Morphium) wurde 1804 von dem deutschen Apotheker F. W. Sertürner entdeckt sowie als Alkaloid erkannt und konnte von da an gezielt dosiert für Kranke eingesetzt werden. Noscapin (zu 2–10% im Opium) und Codein (zu 0,2–3% im Opium) sind wichtige Hustenreiz stillende Mittel. Der Weltbedarf an Codein steigt jährlich um etwa 5 Prozent. Papaverin (zu 1%) wirkt krampflösend, besonders im Magen-Darm-Kanal und im Bereich der Gallen-Harnwege. Man verwendet Opium außerdem als Mittel gegen Durchfall, als Dämpfungsmittel bei Koliken sowie auch äußerlich zur Schmerzstillung (Angaben nach Viereck 1977, Wagner 1970 und Frau Apothekerin Elisabeth Wellmann, Bremen, mündlich).

Um Rauschgift aus Opium zu gewinnen, muß es besonders fermentiert und aufbereitet werden. Opiumrauchen ist im frühen Mittelalter im Kulturkreis der Mohammedaner aufgekommen, denen vom Koran der Genuß des Weines verboten war. Von dort aus kam das Opiumrauchen nach China und Indien und auch in andere Länder (näheres bei Pfeiffer 1962).

Für die Nutzung der Samen zum Pressen von Öl sind die auf hohen Ölgehalt gezüchteten Sorten des Schließmohns mit großen, hellen Samen am besten geeignet. In den

Mohnsamen selbst ist kein Opium enthalten, sondern die folgenden verdaulichen Nährstoffe: 40,9% Öl, 16,0% Kohlenhydrate und 13,6% Eiweiß (vgl. Tab. 4, S. 149). Mohnöl schmeckt und riecht angenehm und ist außerdem ein biologisch wertvolles Speiseöl, denn es besteht zu rund 62 Prozent aus der hoch-ungesättigten, lebenswichtigen (essentiellen) Linolsäure (vgl. Tab. 5, S. 151). Das Pressen des Mohnöls wird bei Becker-Dillingen (1928) näher beschrieben. Danach wird zuerst kalt gepreßt. Das ergibt 30–35 Prozent Speiseöl. Das zweite Pressen erfolgt heiß und ergibt 10–12 Prozent Ausbeute. Letzteres wird nur technisch verwendet und zwar für Seife und Malerfarben, denn Mohnöl gehört zu den trocknenden Ölen.

Die Geschichte des Mohns

Die ältesten Funde von Samen des Schlafmohns stammen aus der frühesten Kulturepoche der Jungsteinzeit (Bandkeramik, etwa 4600–3800 v. Chr.). In ihrem großen

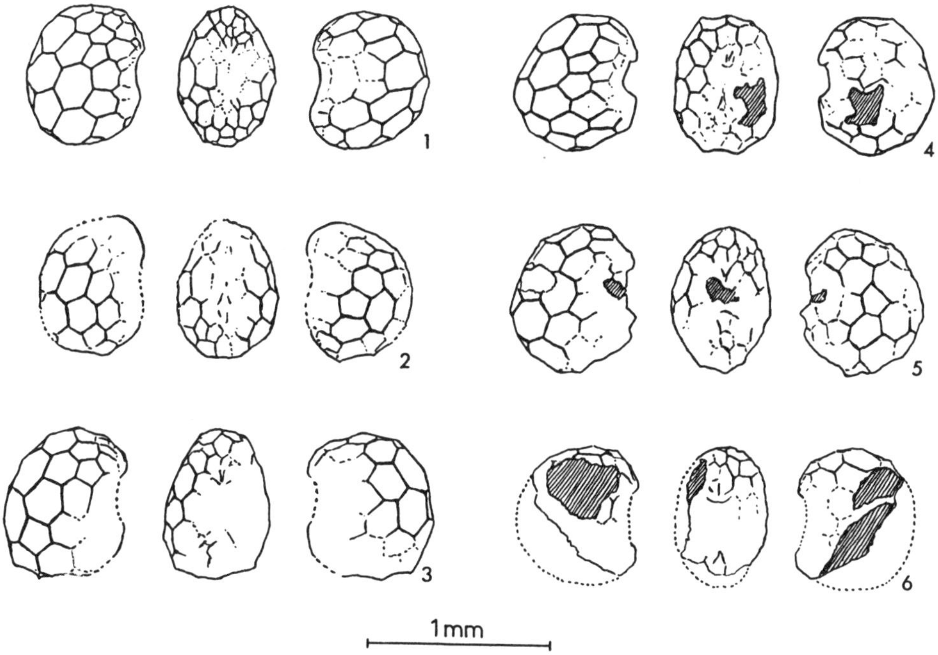

Abb. 87. Verkohlte Samen von Schlafmohn bzw. Borstenmohn (*Papaver setigerum*) aus drei bandkeramischen Siedlungen des Rheinlands. Aus Knörzer (1971).

Verbreitungsareal quer durch Mitteleuropa, sind die Samen des Schlafmohns aber nur im westlichsten Abschnitt und zwar auf der linken Rheinseite bis fast an die Maas, gefunden worden. Jeweils wenige Mohnsamen lagen in den Siedlungsschichten unter Resten von Getreide, Lein und Hülsenfrüchten. Der dort arbeitende Vorgeschichtsbotaniker, K.-H. Knörzer, hat 1971 zehn dieser Fundstellen mit Mohn zusammenfassend beschrieben. Dazu kommen zwei Stellen aus den östlichen Niederlanden, bearbeitet von C. C. Bakels (1982). Ein Ausschnitt aus den von Knörzer wiedergegebenen Abbildungen zeigt rundliche Samen von weniger als ein Millimeter Größe und deutlichen fünf- oder sechseckigen Netzmaschen (Abb. 87). Aufgrund ihrer Kleinheit bestimmte er sie als wilden Schlafmohn (= Borstenmohn *Papaver setigerum*).
Aus der mittleren und späten Jungsteinzeit (etwa 3000–2000 v. Chr.) stammen dann viele Funde mit Schlafmohn rings um die westlichen und mittleren Alpen. Es sind die Pfahlbau-, Seeufer- und Moorsiedlungen: eine bei Mailand (Italien), zwei im französischen Alpenvorland, die meisten an den großen und kleinen Schweizer Seen, am Bodensee und im Federseegebiet Oberschwabens. In deren Siedlungsschichten mitsamt den Abfällen wurden teils wenige, teils sehr viele verkohlte und unverkohlte Mohnsamen gefunden. Im Pfahlbau Robenhausen im Pfäffiker See bei Zürich konnte auch eine verkohlte Kapsel geborgen werden, die 12 Millimeter hoch und 10 Millimeter im Durchmesser war. Außerhalb des Alpenvorlandes sind Mohnsamen dieser Zeitepoche nur noch im Neckarland (Hochdorf bei Stuttgart) und bei Krakau in Polen zutage gekommen.
In den gleichen Zeitraum gehört ein besonders wichtiger Fund. In Südostspanien wurde in der Fledermaushöhle bei Albuñol, Provinz Granada, ein Begräbnisplatz mit Beigaben vom Ende des Neolithikums (ca. 2500 v. Chr.) aufgedeckt. Nach dem Bericht des botanischen Bearbeiters, Ernst Neuweiler (1935), waren es »mehrere natürlich vertrocknete Leichen, zusammen mit Keramik, Holzgeräten, Steinwerkzeugen sowie mehreren aus Spartogras (*Stipa tenacissima*) geflochtenen Körbchen. Diese enthielten ›Liebesgaben‹, speziell Haarlocken und Mohnreste.« Von letzteren bekam Neuweiler vier Kapseln geschickt (Abb. 88). Sie waren klein und rundlich (die Meßwerte von Länge und Durchmesser betragen: 15/13,5, 15/15, 12/12,5 und 15/13,5 mm). Unter den jeweils neun Narbenstrahlen des Kapseldeckels sind Löcher vorhanden, es handelt sich also um Schüttmohn. Wegen der rundlichen Kapselform bestimmte Neuweiler diesen steinzeitlichen spanischen Mohn als Schlafmohn (*P. somniferum*).
Auch in der nachfolgenden Bronzezeit (ca. 1800 – ca. 800 v. Chr.) blieb das nördliche Alpenvorland das Gebiet, in dem die meisten Mohnreste gefunden worden sind. Aus dieser Zeitepoche stammen die ersten beiden Nachweise von bewußt gesammelten Mohnsamen. Bei dem einen handelt es sich um ein Gefäß aus der Wasserburg Buchau

Abb. 88. Mohnkapseln (*Papaver somniferum*) aus der Fledermaushöhle bei Albuñol, Prov. Granada (Südostspanien). Ende der Jungsteinzeit (etwa 2500 v. Chr.). Aus Neuweiler (1935).

(späte Bronzezeit), das mit Mohnsamen angefüllt war (bearbeitet von Bertsch 1950). Das andere ist eine Ansammlung, d. h. ein Klumpen verkohlter Mohnsamen aus der Schalkenburg bei Quenstedt, Kr. Hettstedt in der DDR (bearbeitet von Schultze-Motel, 1979 b).

Im Mittelmeergebiet stammen die ältesten Funde von Schlafmohn ebenfalls aus der Bronzezeit. Außer einigen wenigen frühbronzezeitlichen Samen aus Kastanas in Makedonien (nördlichstes Griechenland) fanden sich in demselben Siedlungshügel sowie etwas südlicher in Tiryns, von der Spätbronzezeit an (12. und 11. Jh. v. Chr.) so viele Samen des Schlafmohns, daß der Bearbeiter, Helmut Kroll (1982), eine Nutzung annimmt. Andererseits seien auch in etlichen Getreidefundstellen zahlreiche Mohnsamen enthalten gewesen, so daß dieser Mohn vermutlich außerdem als Unkraut vorgekommen sein könnte.

Ebenfalls aus der Bronzezeit gibt es zahlreiche archäologische Nachweise des Schlafmohns in Griechenland, auf Kreta, Zypern und kleineren griechischen Inseln, die ausführlich von den griechischen Forschern Kritikos und Papadaki (1967) beschrieben worden sind. Davon gebe ich hier etwas wieder.

Als erstes Beispiel möge die Göttinnenfigur aus Gazi auf Kreta dienen (Taf. 118). Sie gehört der spätminoischen Kultur III an (ca. 1400–1200 v. Chr.). Es ist die größte von insgesamt fünf Tonfiguren mit erhobenen Händen. Alle haben verschiedene Attribute. Nur diese trägt drei in Ton nachgebildete, angeritzte Mohnköpfe im Haar hinter dem Stirnband. Nach Form und Größe stellen sie Schlafmohn dar. Die Einschnitte bezeichnen die typische Weise, in welcher der Milchsaft (opium) gewonnen wurde. Die Augen der Göttin sind geschlossen, als wenn sie schliefe (Mohnsaft = opium: Bringer des Schlafes und des Todes).

Taf. 119 a zeigt Frauen in kretischer Tracht (Glockenrock und barbusig), die rechts sitzende hält drei Mohnköpfe, die mittlere eine zweiblütige Lilie, die linke Blumen. Es handelt sich um eine Goldschmiedearbeit auf einem goldenen Siegelring, ausgegraben auf der Akropolis von Mykene (Griechenland, 16. Jh. v. Chr.). Nach Ansicht der Archäologen sind es Göttinnen der Natur und Fruchtbarkeit.
Auf die Gewinnung des Milchsaftes (opium) weisen ebenfalls die kleinen Tongefäße hin (Taf. 119 b), die der Form von Schlafmohnköpfen nachgebildet sind, wobei dem linken zwei senkrechte Farbstreifen aufgemalt sind, die wohl den ausfließenden Milchsaft nachahmen sollen. Diese stammen von Zypern (Periode I, 1600–1400 v. Chr.). Aufgrund ihrer Form wird vermutet, daß sie dem Aufbewahren und Transport von Opium dienten, denn solche zyprischen Gefäße wurden auch in ägyptischen Gräbern (18. Dyn., ca. 1550–1320 v. Chr.) und an vielen anderen Stellen im östlichen Mittelmeerraum gefunden.
Später wurden Mohnköpfe außer in Ton, noch in Metall und Knochen nachgeformt und z. B. als Haarnadeln (Taf. 119 c) verwendet (2.–1. Jh. v. Chr., Griechenland) oder als Anhänger für Halsketten, Gewichte für Waagen u. a. Als Sinnbilder für Fruchtbarkeit, Fülle und Gesundheit finden sich oft Getreideähren zusammen mit Mohnköpfen abgebildet, z. B. in der Hand der Demeter (römisch: Ceres), die im klassischen Griechenland und römischen Reich als Göttin der Ackerbaukultur verehrt wurde (Taf. 119 d). Diese Statue stand Ende des 5. bzw. Beginn des 4. Jahrhunderts v. Chr. auf der Agora von Athen. Beide Attribute – Getreideähren und Mohn – sind sogar auf griechische und römische Münzen geprägt worden (Taf. 119 e), wie die drei Beispiele von links nach rechts zeigen. Die vierte stellt den römischen Kaiser Domitian dar, der als Demeter verkleidet ist, gekrönt mit Weizenähren und drei Mohnköpfen, auf der fünften Münze ist die Göttin Athene abgebildet. Der Mohnkopf dahinter mag bedeuten, daß außer Verwundung im Krieg auch Linderung der Schmerzen durch den Mohnsaft gegeben werden kann. (Näheres zu Pflanzenbildern auf griechischen und römischen Münzen siehe Bernhard, 1924).
Sehr frühe Zeugnisse über die Nutzung eines Pflanzenextrakts mit Namen »gil« soll es in Keilschrifttexten bei den Sumerern geben (Ende 3. Jahrtausend v. Chr.). Sie wurden in der prähistorischen Stadt Nippur, dem damaligen Zentrum der Sumerer, gefunden, die südlich von Bagdad lag. Dieser Extrakt »gil« soll »Glücklich oder Vergnügen« bedeuten und wird mit dem Opium des Schlafmohns identifiziert. Aber Abbildungen und Samenfunde gibt es nicht. Bei den Assyrern und Persern wird Opium erst im 7. bzw. 6. Jahrhundert v. Chr. genannt. In Indien und China sowie Japan erscheint Opium nicht vor dem Mittelalter.
Mit dem Beginn der schriftlichen Aufzeichnungen auch über Pflanzen von Ärzten und Naturforschern seit etwa 800 v. Chr. in Griechenland, erfahren wir, daß Mohn ange-

baut und wozu er genutzt wurde. Die früheste Nennung einer Droge namens »nepenthes«, die Kummer und Sorgen vergessen machen soll, sowie von Mohnköpfen findet sich bei dem griechischen Dichter Homer in der Ilias und Odyssee. Um etwa die gleiche Zeit im 8. Jahrhundert v. Chr. berichtet Hesiod von der Stadt Mekone (Mohnstadt) in der Nähe von Korinth, was auf viel Anbau von Mohn hindeutet. Die früheste nähere Kennzeichnung hat Theophrastos (371–287 v. Chr.) gegeben. Er unterschied den eingetrockneten Milchsaft der Kapsel (opos = opium) von dem weniger wirksamen Saft der ganzen Pflanze (mekonion).

Aus der klassischen Zeit können wir dann in mehreren Schriften des 1. Jahrhunderts n. Chr. genau lesen, was mit dem Schlafmohn (papaver) gemacht wurde. So schreibt der griechische Arzt Dioskorides (etwa 60 n. Chr.) in seinem Buch De materia medica (4, 65): »Der Samen des Mohns wird von Gesunden ins Brod gebacken, auch wird er wie Sesam mit Honig verzehrt. Die Sorte mit großem Kopfe und weißen Samen nennt man thylacitis. Die Abkochung der Blätter und Köpfe macht schläfrig . . . der Milchsaft (opium), in der Größe einer Erve (Linsenwicke) eingenommen, beschwichtigt Schmerzen, bringt Schlaf, befördert die Verdauung. In größerer Gabe ist er gefährlich, kann Schlafsucht und Tod bewirken.« Es folgt dann die Beschreibung, wie Pasten (mekoneion) aus dem Saft der Kapseln und Blätter gewonnen werden und wie der einschläfernde Saft, den man opium oder opion nennt, durch senkrechte Einschnitte in der Kapselwand gewonnen wird (übersetzt von Lenz 1859). Zu derselben Zeit (1. Jh. n. Chr.) befahl Kaiser Nero in Rom seinem Leibarzt Andromachus, ein Medikament zu machen, das alle Krankheiten heilt. Der Arzt stellte Theriak her, der aus Extrakten verschiedener Pflanzen und aus Opium bestand und der bei den arabischen Ärzten bereits hochgeschätzt war. Der römische Arzt Galenus (129–199 n. Chr.) gab den eingetrockneten Milchsaft des Mohns als Husten-, Fieber- und Beruhigungsmittel, außerdem gegen vergiftete Wunden und Schlangenbiß. Er rühmt das ägyptische Opium, spricht jedoch auch vom libyschen und spanischen Opium (nach Pfeiffer 1962). Während der Jahrhunderte vor und nach Christi Geburt wurde besonders viel Schlafmohn in Phrygien (dem westlichen Teil der heutigen Türkei) angebaut.

Zusammenfassend über die schriftlichen und archäologischen Nachweise des Schlafmohns aus der Zeit von etwa 1500 v. Chr. bis in die ersten Jahrhunderte n. Chr. im Mittelmeerraum läßt sich folgendes festhalten: Die Bedeutung des Schlafmohns war seit der Bronzezeit außerordentlich groß. In Verbindung mit Getreideähren oder Blumen spricht dies für Symbolik mit der Natur, für Fruchtbarkeit und Gesundheit. Die mit den ältesten Funden zusammen erscheinenden Einritzungen beweisen die Gewinnung des Milchsaftes opium: genutzt zum Vergessenmachen von Kummer und Sorge, zur Linderung von körperlichen Schmerzen, als Bringer des Schlafs und bei hohen Dosen auch des Todes, weiterhin als Medizin gegen verschiedene Krankheiten.

Die große Bedeutung des Mohns wird verständlich, wenn man sich klarmacht, daß es keine andere Pflanze gibt, die so viele starke Wirkungsmöglichkeiten, und zwar dosierbare, in sich vereinigt wie der Schlafmohn. Dazu kommt noch die Verwendung der Samen als fett- und eiweißreiches Nahrungsmittel sowie für Ölgewinnung.
Mit der medizinischen Bedeutung des Schlafmohns hängen wahrscheinlich auch die Samenfunde in manchen Römerkastellen der germanischen Provinzen nördlich der Alpen zusammen, wo vorher kein Mohn nachweisbar war (z. B. in Welzheim am obergermanischen Limes, in Butzbach/Hessen), sogar in den Römerkastellen in Südengland und in Schottland. Nach der Römerzeit blieben in Deutschland die Samenfunde von Mohn spärlich. Häufiger wurden sie erst im Mittelalter.
In den schriftlichen Quellen des Mittelalters wird Mohn unter der lateinischen Bezeichnung papaver in allen Verzeichnissen von Nahrungs- und Arzneipflanzen aufgeführt, angefangen vom Capitulare Karls d. Gr. um 800 und dem Entwurf zum Klostergarten von St. Gallen aus dem Jahre 820. Die hl. Hildegard (1098–1179) nennt ihn in ihrem Werk »Physika«. Albertus Magnus (1200–1280) unterscheidet den Wildmohn vom Gartenmohn (papaver hortense) und erwähnt Formen mit weißen und dunklen Samen. Die europäischen Ärzte des Mittelalters hielten Opium für sehr gefährlich und wandten es nur als Bestandteil der sog. Schlafschwämme an. Diese waren mit Opium und Pflanzensäften von Nachtschattengewächsen getränkt und wurden Kranken vor Operationen an Mund und Nase gehalten, damit sie einschlafen sollten. So führte der berühmte Chirurg, Guy de Chauliac, im 14. Jahrhundert viele Operationen nach Behandlung mit Schlafschwämmen durch.
Wurde Opium in Europa ausschließlich für medizinische Zwecke verwendet, so kam im Orient sein Genuß als Rauschdroge auf. Es gibt keine schriftlichen Hinweise dafür, daß dieser weiter als bis ins frühe Mittelalter (7. Jh.) zurückreicht (nach Studien von Pfeiffer, 1962). Die Anhänger Mohammeds, denen der Koran den Genuß von Wein verbietet, hatten begonnen nach anderen berauschenden Mitteln zu suchen. Die Chinesen kauten vom 13. Jahrhundert an Opium und seit dem 17. Jahrhundert, nachdem ihnen ihr Kaiser das Tabakrauchen verboten hatte, rauchten sie es.
Kehren wir aber nach diesem Exkurs nach Deutschland zurück. Außer dem lateinischen Namen papaver hat der Mohn auch den althochdeutschen Namen mago, magesamo (im frühen Mittelalter). In der Renaissancezeit (16. Jh.) heißt der Mohn noch allgemein Magsamen, doch taucht in dieser Zeit erstmals die Bezeichnung Mon und Ölsamen auf, so bei Leonhart Fuchs (1543). Er beschreibt Formen mit weißen Blüten und weißen Samen, braunleibfarbenen und roten Blüten mit schwarzen, hellgelben und grauen Samen. Zur medizinischen Anwendung empfiehlt er: »Blätter und Köpfe in Wasser gekocht, bringen den Schlaf, legt die Schmerzen, nützlich dem Husten. In zu großer Menge genossen, ist er tödlich. Der Saft heißt auf Latein opium.«

Magsamen. Mohe. Papauer hortense. Gefüllter Mahen. Papauer pleno flore.

Abb. 89. Ungefüllter (links) und gefüllter (rechts) Schlafmohn. Holzschnitte aus dem Kräuterbuch von Joachim Camerarius (1586).

Erwähnung von Ölpressen findet sich etwas später in dem Kräuterbuch von Joachim Camerarius (1586, gedruckt 1626). Er bezeichnet den Mohn als Papaver hortense, Magsamen, Mohe, Mahen. Seine Abbildung (Abb. 89) zeigt sowohl ungefüllte als auch gefüllte Mohnblüten. Er wird gepflanzt »im Ackerfeld und in Gärten«. Camerarius führt dieselben Sorten wie L. Fuchs an und fährt fort: »eine weißblühende Sorte aus Venedig und nicht weit vom Meer in Hollandt gesähet wirt und große Knöpff (Köpfe) . . . tregt, voller schönes süßes weissen Samens, davon sie ein süß öl pressen und den Schwindtsüchtigen geben.«

In der Folgezeit hat sich die Nutzung des Mohns in erster Linie auf die Ölgewinnung verlagert. In der Mitte des vorigen Jahrhunderts berichtet Chr. Ed. Langethal (1845): »Der weißsamige Mohn, Berliner Mohn, mit reinweißen oder hochrothen Blumen und geschlossenen Kapseln ist unstreitig der beste und ölreichste . . . Der blaue

Schließmohn (mit hellrothen, am Grunde prupurrot gefleckten Blumenblättern und blauen Samenkörnern) ist als Speisematerial vorzüglich, giebt auch einen bedeutenden Ölertrag. Der graue Schüttmohn liefert am wenigsten Öl.« Langethal gibt von *Papaver somniferum* L., Gartenmohn, Mohn, Magsamen, Oelsamen eine genaue Beschreibung des Aussehens, der Anbauweise und der benötigten Bodenqualität. Zu Opium, an welches das Morphium gebunden sei, vermerkt er, daß dieses durch Einschneiden der grünen Kapseln gewonnen und in europäischen Opiumfabriken aufgearbeitet werde, daß aber die Erfahrung gezeigt habe, daß »unser Opium dem orientalischen an Güte nachsteht«. Von einem Mißbrauch des Opiums als Rauschgift in Europa ist nirgends die Rede. Dieses Problem existiert in Deutschland erst seit etwa 20 Jahren.

Wilder Schlafmohn und die Ableitung des Kulturmohns

Mit der Frage nach der Abstammung des kultivierten Schlafmohns haben sich Vorgeschichtsbotaniker und Botaniker seit mehr als 100 Jahren befaßt. Schon der große französische Forscher De Candolle nahm 1896 an, daß der Borstenmohn des Mediterrangebietes (*Papaver setigerum* DC.) der wilde Vorfahr unseres Schlafmohns sei. Beide Arten lassen sich fruchtbar miteinander kreuzen. Eingehende Bearbeitungen der genetischen Verhältnisse, der morphologischen Merkmale und der Verbreitung der Wildart haben neuerdings Hammer und Fritsch (1977) und Fritsch (1979) durchgeführt. Der Name Borstenmohn (*P. setigerum* DC.) rührt von der Borste her, in welche die Zipfel der tief eingeschnittenen Laubblätter enden. Seine Kapseln sind klein und länglich (etwa 17–18 mm lang, ca. 1 cm breit), der Kapseldeckel hat nur 5–8 Narbenstrahlen, der Chromosomenbestand ist diploid (2n = 22) und tetraploid (2n = 44). Die Samen der diploiden Pflanzen werden mit 0,9–1,4 Millimeter Länge angegeben, die der tetraploiden Pflanzen sind merkwürdigerweise kleiner (0,6–0,9 mm).
Das heutige Anbaugebiet ist der »nördliche Teil des Mittelmeergebietes mit Schwerpunkt im Westen, ausstrahlend bis zu den Kanaren und östlichsten Standorten in Griechenland und Zypern«. Die tetraploiden Sippen sind meist Unkrautformen (ruderal und segetal), die diploiden aber sind selten geworden. Die Bearbeiter halten es für möglich, daß diese diploiden Sippen des Borstenmohns im Laufe der Zeit im Kulturmohn aufgegangen sind. Kreuzungen mit Kulturmohn sind sowohl mit diploiden als auch mit tetraploiden Sippen möglich. Für die letzteren konnten die Bearbeiter eine tetraploide Landsorte von Kulturmohn (als Schüttmohn) in Italien ausfindig machen, die besonders kleine, aber rundliche Kapseln hatte (nur etwas über 1 cm groß). Pflanzen des kultivierten Schlafmohns (*P. somniferum*) sind in der Mehrzahl jedoch diploid (2n = 22). Als wesentliche Merkmale werden angegeben, daß die Laubblätter weniger

tief eingeschnitten sind und gar nicht oder nur bei großen Blättern in einer Borste enden. Die Kapseln sind im allgemeinen groß und breit (ca. 20 mm breit und ca. 24 mm lang), der Kapseldeckel größer und mit mehr Narbenstrahlen (8–18), auch die Samen sind größer. Aber in bezug auf alle Merkmale ergaben sich beim Kulturmohn erhebliche Variationsbreiten. So sind Bastardierungen, besonders von diploidem Borstenmohn mit Kulturmohn festgestellt worden. Um solche Formen könnte es sich bei dem gelegentlichen Anbau von Borstenmohn und Kulturmohn in Nordfrankreich handeln.

Wegen der Ähnlichkeit und der vollen Kreuzbarkeit sowie der zahlreichen Übergangsformen kann es keinen Zweifel geben, daß der Borstenmohn der Vorfahr des Kulturmohns ist. Beide sollen daher nicht mehr als getrennte Arten bezeichnet werden, sondern als Unterarten der Gesamtart Schlafmohn (*Papaver somniferum*), dabei der Borstenmohn als Unterart (Subspecies) *setigerum* und der Kulturmohn als Subspecies *somniferum*.

Zusammen mit diesen Ergebnissen hat Jürgen Schultze-Motel (1979 b) die Nachweise des Schlafmohns aus vorgeschichtlicher Zeit ausgewertet. Am wichtigsten sind dafür natürlich die Kapselfunde aus der spanischen Höhle und von Robenhausen aus dem nördlichen Alpenvorland, beide aus dem Spätneolithikum. Die spanischen hatten bereits rundliche Kapseln und müssen zum eigentlichen Schlafmohn gestellt werden, die von Robenhausen waren länglich und standen, dem Bearbeiter zufolge, dem Borstenmohn nahe. Jedenfalls muß es bereits zu der Zeit verschiedene Formen des Schlafmohns bzw. des Borstenmohns gegeben haben. Die Übernahme in Kultur wird, der Verbreitung des Borstenmohns zufolge, im Mittelmeergebiet vermutet, in erster Linie im westlichen Teil.

Wie wir gesehen haben, liegen die frühgeschichtlichen Funde im Westen (Spanien, Alpenvorland, Niederrheingebiet); aber im östlichen Mittelmeergebiet, namentlich in Griechenland, muß die Nutzung des Mohns auch weit zurückreichen, wenn in der Bronzezeit Gottheit und Mohnkapseln mit Einschnitten für die Milchsaftgewinnung so eindrucksvoll vereint dargestellt sind und es zahlreiche Funde von Nachbildungen der Schlafmohnköpfe gibt.

Im Westen bleibt jedoch vorerst vieles unklar, besonders das isolierte allerfrüheste Vorkommen im Niederrheingebiet zwischen Rhein und Maas aus der Zeit der Bandkeramik (4500–3800 v. Chr.). Die Bandkeramik leitet sich nämlich nicht von mittelmeerischen Kulturen ab, sondern kam von Südosten, über den Balkan. Aber auf der ganzen Strecke bis zum Rhein fehlen Mohnsamen in dieser Kulturperiode. Wenn auch die archäobotanischen Reste aus dem Rheinland von K.-H. Knörzer besonders sorgsam bearbeitet worden sind, so liegen aus den letzten Jahren ebenfalls Bearbeitungen aus dem Neckarland, aus Mittel- und Ostdeutschland sowie anderen Ländern vor, die mit modernen Analysemethoden durchgeführt wurden. Gewiß sind verkohlte Mohnsamen noch kleiner als unverkohlte und außerdem ziemlich zerbrechlich, so daß es schwierig ist, sie unter anderen Nutzpflanzenresten nicht zu übersehen. Sollte es zwischen Rhein und Maas *vor* der Zeit der Bandkeramik schon kulturelle Verbindungen mit dem Süden, dem westlichen Mittelmeergebiet, gegeben haben? Oder kann der wilde Borstenmohn zwischen Maas und Rhein damals natürlicherweise verbreitet gewesen sein? Oder ist es doch eine Nachweislücke in den übrigen Gebieten der Bandkeramik? Jedenfalls wird es nötig sein, bei künftigen Bearbeitungen besonderes Augenmerk darauf zu richten. Auf die Bedeutung dieser noch ungelösten Fragen, besonders in kulturgeschichtlicher Hinsicht, hat die niederländische Vorgeschichtsbotanikerin C. C. Bakels (1982) hingewiesen.

Trotz allem hat sich aber die schon vor langer Zeit ausgesprochene Annahme bestätigt und untermauern lassen, daß unser Kulturmohn von Wildsippen des Borstenmohns abgeleitet werden kann, die im Mediterrangebiet beheimatet sind. Im Orient liegt also nicht sein Ursprung.

Rückblickend ist über den kultivierten Mohn festzustellen, daß dessen Bedeutung keineswegs mit den beiden Extremen Rauschgift einerseits, Gebäckzutat und Mohnöl andererseits erschöpft ist. Denn es gibt keine andere Nutzpflanze, die den Menschen bereits seit vorgeschichtlicher Zeit mit ihrem Milchsaft (Opium) so starke und dazu dosierbare Schmerz stillende, Husten mildernde, Schlaf bringende und andere medizinische Wirkungen geschenkt hat und dies noch heute tut. Um so mehr ist es eine Tragik, daß gerade von dieser Pflanze das Opium als Rauschgift – erst seit dem Mittelalter – mißbraucht worden ist und dies bis heute in zunehmendem Maße.

Tafel 117 Kultivierter und wilder Schlafmohn (*Papaver somniferum*) zur Zeit der Fruchtreife. Links der kultivierte (ssp. *somniferum*), rechts der wilde (Borstenmohn, ssp. *setigerum*), im Wuchs niedriger und mit schmaleren Kapseln. Botanischer Garten der Univ. Hohenheim, 15. 7. 1978.

Tafel 118 Terrakotta-Figur einer Göttin mit drei Mohnkapseln an der Kopfbedeckung, ausgegraben in Gazi, Kreta, 6 km westlich von Heraklion, späte Bronzezeit, ca. 1400–1200 v. Chr. Objekt und Foto: Museum von Heraklion.

b

a

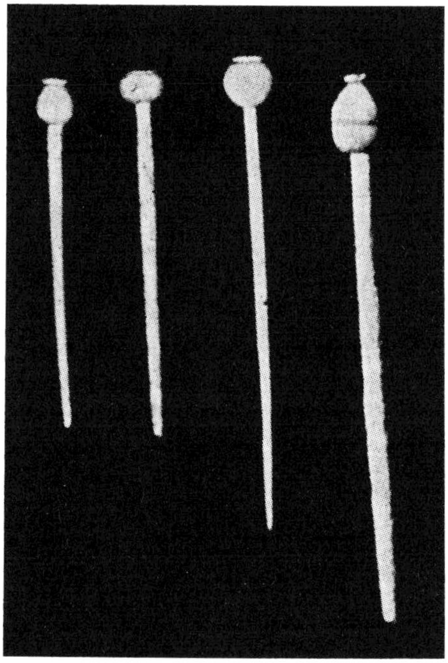

c

d

e

f

Tafel 119 Vorgeschichtliche und antike Wiedergaben von Schlafmohn aus dem östlichen Mittelmeergebiet: a) Goldener Siegelring aus der Akropolis von Mykene, Griechenland, 16. Jh. v. Chr.; b) Tonvasen von Zypern, 1600–1400 v. Chr.; c) Haarnadeln aus Knochen von verschiedenen Stellen in Griechenland, 2.–1. Jh. v. Chr.; d) Statue der Göttin Demeter von der Agora in Athen, eine Mohnkapsel in der Hand haltend, Ende 5./Beginn 4. Jh. v. Chr.; e) Ausschnitt aus d; f) griechische und römische Münzen, 1. u. 2. Jh. n. Chr. Abbildungen aus Kritikos und Papadaki (1967).

Tafel 120 Waidpflanze (*Isatis tinctoria*) im ersten Sommer. In diesem Rosettenstadium wird sie gemäht zur Gewinnung des Farbstoffes Indigo. Botanischer Garten der Univ. Hohenheim, 21. 7. 1985.

Färbepflanzen

Pflanzen, die zum Färben geeignete Farbstoffe enthalten, gibt es viele. Die Gewinnung der Farbstoffe und die Färbeverfahren sind jedoch im Schwierigkeitsgrad unterschiedlich. Hiernach lassen sich drei Hauptgruppen aufstellen:
1. Der Farbstoff ist in der lebenden Pflanze nicht zu Ende entwickelt und noch farblos. Die Farbstoff enthaltenden Pflanzenteile müssen erst eine Gärung durchmachen und dann an die Luft kommen. Dabei erfolgt der letzte Schritt von der farblosen Vorstufe zum Farbstoff (durch Reduktion und anschließende Oxidation). Das ist nur beim Färberwaid (*Isatis tinctoria*), der den blauen Farbstoff Indigo liefert, der Fall. So erstaunlich die frühe Entdeckung des ungewöhnlichen Vorgangs auch war, daß ein farbloser Pflanzensaft in den Blättern des Waids durch diese Vorgänge erst in den blauen Farbstoff umgewandelt wird, ist das Färbeverfahren selbst doch einfach. Daher ist es verständlich, daß Färberwaid seit vorgeschichtlicher Zeit zum Blaufärben (auch für menschliche Körper) verwendet worden ist.
2. Der Farbstoff ist in der Pflanze bereits ausgebildet. Er muß lediglich aus dieser herausgeholt werden. Das trifft nur für den Saflor (= Färberdistel *Carthamus tinctorius*) zu. Auch diese Färbung, für Rot, geht bis in vorgeschichtliche Zeit zurück und wurde für Stoffe, Lebensmittel und Schminke genutzt.
3. Die Farbstoffe aller anderer Pflanzenarten sind in diesen zwar ebenfalls fertig ausgebildet, können aber nur nach einer Vorbehandlung der Wolle, Seide, Baumwolle oder des Leinens auf den Fasern haften. Das geschieht durch Beizen mit Metallsalzen, die einerseits Wasch- und Lichtechtheit, andererseits auch verschiedene Farbtöne einer Grundfarbe bewirken. Wegen dieser komplizierten Verfahren ist es verständlich, daß die sog. Beizenfärberei erst später als die beiden vorigen aufgekommen ist, im Mittelmeergebiet für mehrere Farben zur Zeit des klassischen Altertums, in Mitteleuropa erst im Mittelalter und später.
Einige Pflanzenarten unserer Wildflora sind für Färbezwecke so gebräuchlich gewesen, daß dies in ihrem Artnamen zum Ausdruck gekommen ist, wie z. B. Färbermeister (*Asperula tinctoria*), dessen rote Wurzel besonders in Skandinavien anstelle des Krapps verwendet wurde. Färberginster (*Genista tinctoria*), Färberscharte (*Serratula*

tinctoria) und Färberkamille (*Anthemis tinctoria*) ergaben auf Wolle mit unterschiedlichen Beizen gelbe, grüngelbe und braune Farbtöne. Die Schalen von Zwiebeln (*Allium cepa*) ergeben für Wolle, Leinen und Baumwolle, mit Alaun gebeizt, ein gutes Gelbbraun, auf Tonerde ein kräftiges Gelb, auf Eisenverbindungen ein schwärzliches Olivgrün. Heute dienen Zwiebelschalen nur noch zum Ostereierfärben, wobei der Kalk der Eierschale die Rolle der Beize spielt. Heidekraut (*Calluna vulgaris*) enthält Quercetin und andere Farbstoffe, die mit Beizen auf Wolle, besonders in Skandinavien, verwendet wurden (und noch werden). Kreuzdornbeeren (*Rhamnus cathartica*) enthalten gelbe Kristalle verschiedener Farbstoffe. Mit Chrom-, Zinn- und Tonerdebeizen lassen sich auf Wolle Farben von zitronengelb bis tieforange erzielen. Sie wurden noch im ersten Teil unseres Jahrhunderts genutzt, auch zum Gelbfärben von Papier, Leder, Konditorwaren und zur Herstellung von Farblacken.
Für Farblacke diente außer den Kreuzdornbeeren auch der Krapp (Alizarin von *Rubia tinctorum*). Das Alizarin wurde im Mittelalter besonders gerne in der Kunstmalerei verwendet. Noch 1927 sind davon einzelne Sorten benutzt worden (die hellrosa Lacke), weil sie »an Transparenz und Lichtbeständigkeit den Kunstprodukten überlegen sind« (Wiesner, 1927, der das Thema Pflanzenfarben in seinem Werk »Die Rohstoffe des Pflanzenreiches« ausführlich behandelt). Die Echtheit (gegenüber Licht, Luft, Seife und Alkalien) dieser Farbstoffgruppe hängt davon ab, wie sachgerecht die Vorbereitung der Fasern, die Beizung selbst und dann die Aufbereitung des Farbstoffes vorgenommen worden ist.
Im folgenden sollen nur diejenigen Färbepflanzen behandelt werden, die in Deutschland im großen angebaut worden sind.

WAID, FÄRBERWAID, DEUTSCHER INDIGO (*Isatis tinctoria* L.)

Färbepflanze für Blau

Im ersten Sommer bildet sich eine Rosette mit kräftigen, länglichen Blättern von etwa 30 bis 35 Zentimeter Länge (bei angebauten), von grüner, nicht blaugrüner Farbe (Taf. 120). In diesem Zustand wurde der Waid nach der Beschreibung von Langethal (1845) zur Gewinnung des Farbstoffes gemäht.
Erst im zweiten Frühjahr treiben aus der Rosette Blütenschäfte empor. Um Pfingsten kann man in den Weinbergen des Neckarlandes, am Kaiserstuhl bei Freiburg und an den Felsen beiderseits von Rhein und Mosel die leuchtend gelben Waidpflanzen sehen

(Taf. 122). Eine einzelne Pflanze bildet je nach Bodenqualität und Abstand der Pflanzen bis zu zwanzig Blütenschäfte, die bis zu 1,3 Meter hoch werden können. In der unteren Hälfte besitzt der Stengel zahlreiche schmale, blaugrüne Blätter. Sie sind mit einer dünnen, abwischbaren Wachsschicht bereift und gänzlich kahl, sehen also anders aus als das Rosettenstadium des ersten Jahres, bei dem die Blätter auch weich behaart sein können. In der oberen Hälfte verzweigt sich jeder Blütenschaft mehrfach und trägt am Ende zahlreiche gelbe, sehr kleine Blüten. Ab Mitte/Ende Juli sehen die Waidpflanzen in ihrer oberen Hälfte schwarz-glänzend aus. Das rührt von der Vielzahl der Früchte her, die hängende, flache, länglich-ovale Schoten sind. Ihre Form ist so eigentümlich, wie sie sonst nirgends bei der großen Familie der Kreuzblütler vorkommt.

Die Anbaubedingungen und Nutzungsart beschreibt Langethal (1845) in seinem Lehrbuch der landwirtschaftlichen Pflanzenkunde: »Er (der Waid) verlangt einen kalkhaltigen Boden in kräftigem Zustande. Kraftloser Boden giebt einen geringen Ertrag, kalkloser Boden eine mißliche Ernte und ein weniger farbehaltiges Blatt, Moorboden ein fast farbeloses Blatt . . . düngt im Herbst das Land sehr reichlich . . . kann breitwürfig oder in Reihen säen . . . Je früher im Frühjahr der Waid in das Land kommen kann, umso mehr erntet man . . . Der Samen bleibt mehrere Wochen zum Keimen liegen . . . Sobald die jungen Pflanzen ihr 5tes Blatt zu treiben anfangen, beginnt das Jäten, durch welches man nicht allein das Unkraut entfernt, sondern auch die Pflanzen weiter von einander stellt . . . in kräftigem Boden 12 Zoll, in magerem dichter. So oft sich Unkraut einstellt, muß es beseitigt werden, damit die Waidernte nicht dadurch verunreinigt wird. Die erste Ernte beginnt, wenn die unteren Blätter hart werden und dadurch ihr bevorstehendes Verwelken anzeigen. Man schneidet den ganzen Blattbusch vom Wurzelkopf ab, lockert die Erde auf . . . erhält im selben Jahr drei oder nur zwei solcher Ernten.«

»Der Waid kann auf verschiedene Weise zum Verkaufe zurechtgemacht werden.« Auf die ältere Weise wurden die frisch geernteten »Blätter in die Waidmühle gebracht, um sie zu quetschen, schafft sie unter Dach und Fach, bringt sie in Haufen« (wo sie etwa 14 Tage lang gären), »knetet sie und formt sie zu Ballen. Nach der neueren Weise läßt man die abgeschnittenen Blätter auf dem Acker abwelken, schafft sie auf einen luftigen, aber schattigen Bodenraum, um sie dort gänzlich zu trocknen und verkauft so an die Händler.« Der Waidindigo wird dann erst vom Fabrikanten in den Färbekübeln entwickelt. »Um Waidsamen zu gewinnen, läßt man die dazu erforderliche Quantität Waidstöcke überwintern . . . erntet im August die reifen Schoten mit den Stengeln ein, läßt sie auf dem Dachboden nachreifen. Die Keimfähigkeit dauert 3–4 Jahre.«

Der blaue Farbstoff ist Indigo. Es ist chemisch derselbe, der auch in den Indigopflanzen (Leguminosenbäume, *Indigofera*-Arten in Indien) enthalten ist und der inzwi-

schen synthetisch hergestellt wird. In den Blättern des Waids ist dieser blaue Farbstoff aber nicht direkt enthalten, sondern in einer farblosen Vorstufe (Indican). Wenn die abgeschnittenen und gemahlenen Blätter zu Haufen geschichtet gären oder die getrockneten, gemahlenen Blätter in der Küpe des Färbers (also im Färbebottich) gären, bildet sich ein weiteres Zwischenprodukt (Indoxyl), das auch noch farblos ist. Die blaue Farbe Indigo entsteht erst in dem Augenblick, wenn das in der Küpe schwimmende Garn oder Zeug herausgezogen und an der Luft aufgehängt wird, d. h. bei Zutritt von Sauerstoff (Näheres bei H. H. Vogt, 1973).
Langethal berichtet weiter, daß die Blätter, die beim Zerreiben nach Rettich riechen und kresseartig scharf schmecken, äußerlich bei Geschwülsten und Wunden angewendet werden.

Die Geschichte des Färberwaids

Die seltenen vor- und frühgeschichtlichen Funde des Waids in archäologischen Ausgrabungen sind wohl darauf zurückzuführen, daß von der ganzen Pflanze selten mehr als die Früchte erhalten bleiben. Dank ihrer besonders eigenartigen Gestalt gibt es immerhin einige Nachweise. Der älteste stammt aus einer Höhle in Frankreich (de l' Adouste bei Joursques, Bouche-du-Rhône) und gehört der Jungsteinzeit (Neolithikum) an. Bei dem nächstältesten handelt es sich um fünf Abdrücke in eisenzeitlichen Keramikscherben (Hallstattzeit, 6. und 5. Jh. v. Chr.) der Heuneburg bei Hundersingen an der oberen Donau (Körber-Grohne, 1981). Dem Zeitraum zwischen 400 v. Chr. und 300 n. Chr. gehört ein Fund im nördlichen Dänemark an (Ginderup in Thy) und in der Feddersen Wierde zwischen Bremerhaven und Cuxhaven. In dieser direkt an der Nordseeküste gelegenen bäuerlichen Siedlung fanden sich an einer Stelle mehrere, dicht beieinander liegende Fruchtstände des Waids. Da nur der zentrale Teil der Früchte erhalten geblieben war, mußten Dünnschnitte durch das Samenfach angefertigt werden, um die Bestimmung zu sichern (Abb. 90).
Der früheste archäobotanische Nachweis für Färben mit Waid ist kürzlich bei einer Ausgrabung im mittelalterlichen Stadtkern von York (England) gelungen. Dort fanden sich bei und in Häusern aus dem 10. Jahrhundert Überreste von fünf verschiedenen Färbepflanzen, darunter eine Lage von Pflanzen»fasern«, die sich im Mikroskop als Leitbündel erwiesen, dabei außerdem Epidermisreste mit Spaltöffnungen und Fragmente einer Frucht vom Waid. Die botanische Bearbeiterin, Ph. Tomlinson (1985), nimmt an, daß die Leitbündel vom Vergären der Waidblätter übriggeblieben sind. Ebenfalls aus dem frühen Mittelalter in England stammt der Abdruck einer Frucht in einer Gefäßscherbe von Somersham. Und als letzter, aber auch umfang-

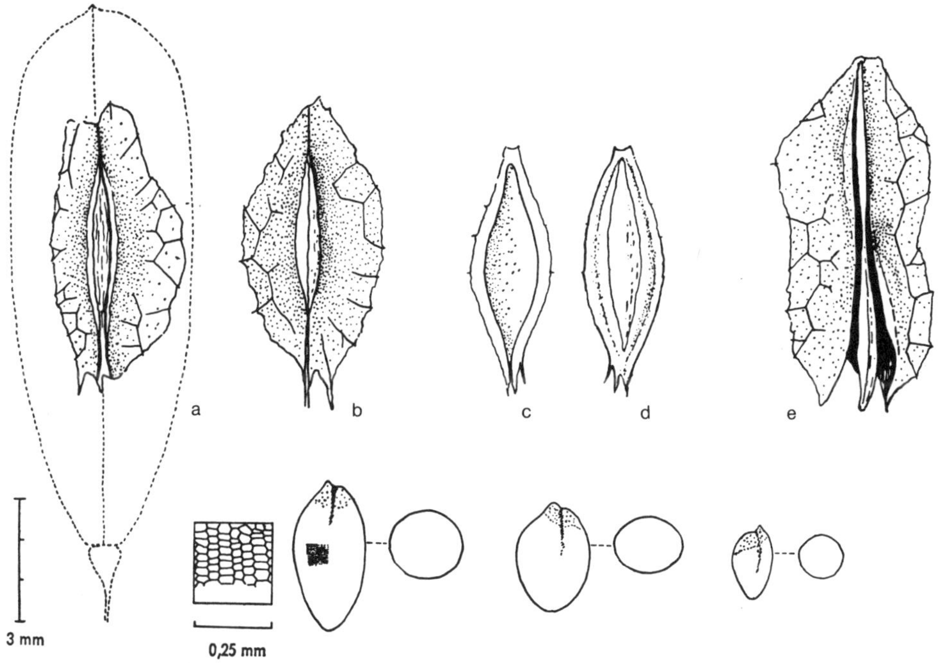

Abb. 90. Überreste des Färberwaids (*Isatis tinctoria*) aus der Feddersen Wierde bei Bremerhaven (1.–2. Jh. n. Chr.). Obere Reihe: Die zentralen Teile von 3 Früchten (a, b, e) sowie ein Samenfach von der Innen- und Außenseite (c, d). Untere Reihe: 3 Samen. Vergr. 6 x. Aus Körber-Grohne (1967).

reichster Fund, muß das Schiffsgrab zu Oseberg in Norwegen aus derselben Zeit (Wikingerzeit, etwa 1000 n. Chr.) genannt werden, in dem sich unter den Beigaben für die verstorbene Königin ein Gefäß befand, das zahlreiche, vollständig erhaltene Waidfrüchte enthielt.

Einer der ältesten schriftlichen Hinweise auf Waid stammt von Caesar, der im Jahr 54 v. Chr. über die Einwohner Britanniens berichtete (in seinem Buch über den Gallischen Krieg, De bello gallico, 5, 14): »Alle Britannier färben sich mit Waid (vitrum) blau, und sehen daher in der Schlacht ganz schrecklich aus« (übers. von Lenz, 1859). Entsprechendes schrieb auch der Römer Pomponius Mela. Wenn diese auch nichts über Blaufärben in Italien berichteten, so hören wir aus Griechenland vom 1. Jahrhundert n. Chr. durch Dioskorides: »Der Waid (isatis), dessen sich die Färber bedienen, hat Blätter, die denen des Wegerichs ähnlich sind, doch sind sie fetter und dunkler; der Stamm ist mehr als ellenhoch. Man legt die Blätter auf Geschwülste, Geschwüre, Wunden« (nach Lenz 1859). In dem Buch des Dioskorides (um 60 n. Chr.) wird auch isatis abgebildet.

Im Mittelalter wird Waid schon in den frühesten Verzeichnissen (um 800) genannt. Im Capitulare Karls d. Gr. heißt er waisdo, bei der hl. Hildegard (1098–1179) weyt. In den Kräuterbüchern des 16. Jahrhunderts finden sich mehrere Beschreibungen und Abbildungen blühender und fruchtender Pflanzen. Dazu schreibt Leonhart Fuchs (1543) unter anderem: »Das zam (kultivierte) Weydt würt an vilen orten unsers Teutschen lands gepflanzt, fürnemlich umb Erfurt.« Dann beschreibt er die ältere Aufbereitungsweise, wie sie Langethal berichtete und weiter: »Das wild (weydt) wechst von sich selbs, doch nit allenthalben. Aber umb Tübingen (wo Fuchs als Professor für Medizin lehrte) findt mans in grosser Menge, daß allerrheyn (allen Rainen) und mauren der weingärten vol stond.« Von Färbern und Tuchmachern wurde dieser blaue Farbstoff allgemein genutzt. »Ist ein grosser Kauffhandel darauß worden«, schreibt Joachim Camerarius 1586 (gedr. 1626). Alle unterscheiden den angebauten und den »Wilden Weydt«. Wenn es so viel wilden, d. h. ausgewilderten Waid gab, wird man dies sicher als Maß für den bedeutenden Umfang des Waidbaus annehmen können.
K. und F. Bertsch (1947) geben mehrere Daten. Im Jahre 1209 säten die Erfurter Bürger Waidsamen an 66 Stellen ihrer Umgebung aus, wo thüringische Raubritterburgen von Kaiser Rudolf von Habsburg zerstört worden waren. 1259 werden in Regensburg Waidfärber genannt. 1383 hatte Köln einen eigenen Meister für den Waidmarkt eingestellt. 1424 wird Waidbau für Jülich und Koblenz genannt. 1516 hatte Nürnberg ein eigenes Waidamt, 1601 wird Waidbau für Münster in Westfalen erwähnt und 1651 für Württemberg.
Das Hauptanbaugebiet in Deutschland war Thüringen mit den fünf sog. Waidstädten Erfurt, Gotha, Tennstedt, Arnstedt und Langensalza. Nach Hegi (1906–1929, IV, 1) hatten diese »Städte bereits um die Mitte des 13. Jahrhunderts die Gerechtsame (Erlaubnis) erworben, den Waidhandel zu betreiben. In Erfurt bildeten die Waidhändler die Aristokratie der Stadt und waren so reich, daß sie 1392 die Mittel für die Gründung der einst berühmten, erst 1816 eingegangenen Universität Erfurt aufbringen konnten.« Während der Blütezeit des Waidbaus bildete dieser auch einen wichtigen Außenhandelsartikel, in erster Linie wurde er nach England und in die Niederlande exportiert. Auch in Polen ist Waid angebaut worden.
Der Niedergang des Waidanbaus und -handels begann, nachdem mit der Entdeckung des Seeweges nach Ostindien (1560) der Indigo (aus den Leguminosensträuchern *Indigofera* spec.) nach Europa eingeführt wurde. Dieser war »billiger, ergiebiger und in der Farbe beständiger«. Aber trotzdem hat es fast 300 Jahre gedauert bis der Waidanbau gänzlich erloschen war. Wegen des großen Gewinns, den der Waid erbrachte, wurde zwischen 1577 und 1653 der Gebrauch des Indigos verboten, ja sogar stellenweise dafür die Todesstrafe angedroht (so in Sachsen und in England unter Königin Elisabeth I.). Als viel später (1806) Napoleon die Kontinentalsperre gegen den engli-

schen Handel verhängte, lebte der Waidanbau nochmal für kurze Zeit auf, bis es 1834 nur noch etwas Waidanbau im Elsaß und um 1910 nur noch zwischen Gotha und Langensalza in Thüringen gab, danach aber überall in Europa erlosch (nach Hegi 1906–1929, IV, 1, S. 199).

Wilder Waid und Herkunft des kultivierten Waids

Näheres hierüber erfahren wir bei Hegi. Danach wird wilder Waid für ursprünglich angesehen »wohl nur in den Steppengebieten um den Kaukasus, in Inner- und Vorderasien bis Ostsibirien. Alteingebürgert im südlichsten Mähren (heutige Tschechoslowakei) und in Niederösterreich. Häufiger in den Alpen (bis 1950 m im Mittelwallis), an den Hängen des ganzen Rheintals mit den Nebenflüssen Neckar, Main, Nahe, Mosel, oberes Donautal, Thüringen, Nordböhmen, untere Moldau und Elbe.«
Wie vollständig der Waid in einigen Gegenden Deutschlands mit sommerheißem Klima in die einheimische Wildvegetation eingebürgert ist, kann man am Kaiserstuhl bei Freiburg, am Rhein zwischen Bingen und Boppard, an der Mosel zwischen Bernkastel und Trier und am Neckar (bis Rottweil) beobachten. Das ist am besten möglich zur Zeit seiner Blüte etwa Mitte Mai bis Mitte Juni. So wächst er auf den Muschelkalkfelsen bei Hessigheim am Neckar in Südlage zusammen mit anderen Fels- und Trokkenpflanzen. Sobald ein Weinberg in der Nähe aufgegeben worden ist, siedelt sich der Waid massenhaft darin an (Taf. 122). Am Rhein sowie an der Mosel sieht man ihn nur an den für Weinbau zu steilen Felsen des Schiefergebirges. Er wächst dort zwischen den roten, niederen Polstern der weiß und gelb blühenden Fetthennen (*Sedum album* und *S. rupestre*), Schildampfer (*Rumex scutatus*), Edelschafgarbe (*Achillea nobilis*) und anderen (Taf. 121).
Nach den Fruchtformen werden fünf Varietäten von *Isatis tinctoria* unterschieden und abgebildet (Hegi 1906–1929). Die var. *praecox* gilt als wilder Waid und wächst wild von der Ukraine bis in die nördliche Balkanhalbinsel. Den größten Formenreichtum soll der Waid im pontischen und ostmediterranen Gebiet haben. Die Ukraine wird für drei Varietäten genannt. Danach können wir zusammenfassend feststellen, daß der Waid eine Steppenpflanze ist, beheimatet von Südosteuropa bis zum Kaukasus.
Wie sah der Weg des Färberwaids nach Westen aus? Um etwas darüber zu sagen, müßte es viel mehr archäobotanische Nachweise geben. Aber vielleicht deutet sich eine Parallele zum Hanf an, der auch aus Südosteuropa nach Deutschland kam: im 6./5. Jahrhundert v. Chr. an der oberen Donau (Heuneburg) der Waid, im Fürstengrab von Hochdorf im Neckarland der Hanf. Vielleicht kamen beide während der Keltenzeit die Donau entlang von Osten her. In keltischer Zeit muß sich jedenfalls der

Waid und seine Nutzung zum Blaufärben bis England und in den Nordseebereich ausgebreitet haben, andererseits ist Waid als Färbepflanze in Griechenland im 1. Jahrhundert n. Chr. bekannt gewesen. Nur der ganz frühe, steinzeitliche Fund im Rhônetal läßt sich herkunftsmäßig nicht deuten.
Der angebaute Färberwaid ist kaum eine eigentliche Kulturpflanze. Es gibt keine so gravierenden Unterschiede wie zwischen den Wild- und Kulturformen der anderen Nutzpflanzen. Nur sind die Blätter der einjährigen Rosette deutlich schmaler und bei einigen wildwachsenden Varietäten mehr oder minder behaart, während bei angebautem Waid darauf geachtet wurde, daß einzelne behaarte Exemplare ausgezogen wurden, weil sich darin Staub absetzt, der für die Färberei ungünstig ist.
Zusammenfassend läßt sich festhalten: Waid gehört in Europa zu den ältesten Färbepflanzen, er ist die einzige für Blau. Die Entdeckung färbender Eigenschaften seiner Blätter durch den vorgeschichtlichen Menschen ist erstaunlich, da die Blätter nur einen farblosen Saft enthalten. Die blaue Farbe entsteht erst durch Fäulnisprozesse und nachfolgenden Luftzutritt. Die Hauptblütezeit des Waidanbaus in Deutschland lag zwischen etwa 1400–1700, wobei Waidblau zum wichtigen europäischen Handelsartikel wurde, so lange, bis er durch den Indigo verdrängt wurde.

GILBKRAUT, WAU (*Reseda luteola* L.)

Färbepflanze für Gelb (mit Blau zusammen auch für grüne Farbe)

Die zweijährige Pflanze, auch Gelbkraut, Färberwau, Waude, Streichkraut, Harnkraut genannt, gehört zur Familie der Resedengewächse (*Resedaceae*). Sie bildet zur Blütezeit im Juli und August einen bis 150 Zentimeter hohen Stengel mit langen, rutenförmigen, gelblich-weißen Blütentrauben (Taf. 123). Die einzelnen Blüten sind unscheinbar. Der Stengel ist dicht mit schmalen, länglichen Blättern in wechselständiger Anordnung besetzt. Die Anbaubedingungen sind von Chr. Ed. Langethal (1845) beschrieben worden. Danach soll der Boden ein »lehmiger, trocken und sonnig gelegener Kalkboden sein oder ein lehmiger Sandboden in gleicher Lage. Wau gedeiht am besten in einem etwas kräftigeren, aber nicht gedüngten Lande. Nach Düngen hat er weniger Farbstoff. Man säet ihn Ende Juli bis Mitte August, jätet und behackt seine Pflanzen und schneidet um Johannis oder Jacobi (Ende Juni–Juli) des folgenden Jahres die ganzen Pflanzen . . . trocknet sie auf Gerüsten oder Trockenböden, doch nicht an der Sonne, weil sich sonst sein Farbstoff mindert.« Die Hauptanbaugebiete lagen um 1845

Tafel 121 Eingebürgerter Färberwaid oberhalb der Weinberge an der Mosel zwischen Bernkastel und Trier. Es sind die hellen, besenartigen Pflanzen in der rechten Bildhälfte, zwischen den dunklen (in der Natur roten) Polstern der weißblühenden Fetthenne (*Sedum album*), 19. 6. 1985.

Tafel 122 Blühender Färberwaid (*Isatis tinctoria*) in einem aufgelassenen Weinberg auf Muschelkalk bei Hessigheim am Neckar. Im Vordergrund blühender wilder Feldsalat (*Valerianella* spec.). 21. 5. 1985.

Tafel 123 Gilbkraut, Wau, Färberesede (*Reseda luteola*). Färbepflanze für Gelb. Auf wüstem Gelände (alter Auffüllplatz) in der Gemeinde Oberschwarzach, Franken. Die weißen Blüten gehören zur Geruchlosen Kamille (*Matricaria maritima*). 8. 7. 1985.

Tafel 124 Krapp, Färberröte (*Rubia tinctorum*). Färbepflanze für Rot. Oberes Ende eines blühenden Triebes an einem Gerüst im Botanischen Garten der Univ. Tübingen. 2. 8. 1985. Zum Färben werden die roten Wurzeln benutzt.

Tafel 125. Saflor, Färberdistel (*Carthamus tinctorius*). Färbepflanze für Rot, außerdem Ölpflanze. Botanischer Garten der Univ. Hohenheim, 2. 8. 1985.

Tafel 126 Standort der Weißwurzel (*Tragopogon porrifolius*) am Monte Cassino (Mittelitalien). Kalksteinfels mit Trockenflora, darunter massenhaft die Strahldolde (*Orlaya grandiflora*, die weißen Dolden), die eines der schönsten Ackerunkräuter auf Kalkboden in Süddeutschland war. Dahinter Gebüsch mit Eichen (*Quercus ilex* und *Qu. pubescens*) 1. 6. 1985. Zeigen und Erklären des Standorts durch S. Pignatti, Botanisches Institut der Univ. Rom.

Tafel 127 Weißwurzel (*Tragopogon porrifolius*) mit Früchten, aus vorigem Standort. ▷

Tafel 128 Stockrose (*Althaea rosea* var. *nigra*). Schwarzrote Varietät als frühere Rotwein-Färbepflanze. Hier nur der mittlere Teil dieser bis über 2 m hohen Pflanze. Garten in Stuttgart. 15. 8. 1985.

in Südfrankreich und Italien. In weiter nördlichen Gegenden, um Paris, in Nordfrankreich, Südengland (Essex) und Deutschland (Thüringen, Sachsen, Bayern, Württemberg) galt der Wau in seiner Farbwirkung als weniger gut.
Nähere Angaben über den Farbstoff und das Färben finden sich bei Wiesner (1927, Die Rohstoffe des Pflanzenreiches). Er berichtet, daß alle Teile des Krautes, besonders aber die oberen blühenden Äste den Farbstoff Luteolin enthalten. Luteolin besteht aus gelben, seidenglänzenden Nadeln und ist eine organische Verbindung aus der Gruppe der Flavone. Derselbe Farbstoff ist im Färberginster und in den Blüten des Gelben Fingerhutes enthalten. Verwendet wurde der Wau vor 1800 als wichtigster gelber, natürlicher Farbstoff. Außerdem war der Wau auch als Gilbe in Mischungen mit Blau für Grün gebräuchlich. Um 1927 wurde der Wau nur noch in der Seidenfärberei benutzt, denn für dieses Material ist er wegen seiner chemischen Natur am besten geeignet zur Erzeugung gelber, olivfarbener und grüner Töne. Diese wurden mit Alaunbeizen erzielt und sind auf Seide völlig licht- und seifenecht. Auf Wolle und Baumwolle hält der Farbstoff aber nicht gut.
Insgesamt geht aus der Durchsicht der Literatur über Färbeverfahren hervor (Prechtl, 1831, Technologische Enzyklopädie), daß der Wau als Färbepflanze bei weitem nicht den Rang des Waids für Indigo erreichte, die Färbekraft für Wolle und Baumwolle gering ist und von Anwendung auf Leinen nirgends berichtet wird. Dagegen wird seine Eignung zum Färben von Seide hervorgehoben.

Die Geschichte des Gilbkrauts in Europa

Die ältesten Reste dieser Pflanzenart in Form ihrer Samen sind in den Ufer-(Pfahlbau-)Siedlungen aus der Jungsteinzeit im schweizerischen Alpenvorland gefunden worden, z. B. in der Station Robenhausen im Pfäffiker See, Kt. Zürich, und neuerdings in Brises-Lames/Auvernier am Neuenburger See. An dieser letztgenannten Stelle enthielten 17 Prozent der Proben Samen des Gilbkrauts. Es läßt sich aber nicht beurteilen, ob diese Pflanze nur mit Saatgut aus dem Mittelmeergebiet eingeschleppt worden war oder ob sie zum Färben oder für Arznei verwendet worden ist. Dann tauchen Samen des Gilbkrauts erst 2000–3000 Jahre später auf: in spätkeltischer Zeit (125 v. Chr.) in Fellbach-Schmiden bei Stuttgart und seit dem 1. Jahrhundert n. Chr. in einigen römischen Niederlassungen des Rheinlands (Neuss, Xanten, Köln) sowie in Butzbach bei Frankfurt. Weiß man für die spätkeltische Zeit nicht, ob das Gilbkraut als Färbe- oder Arzneipflanze genutzt wurde oder dort nur als eingeschlepptes Unkraut wuchs, so spricht die Bindung an Römerkastelle und die römische Stadt Köln für eine Nutzung im einen und/oder anderen Sinne. In Italien wurde nämlich zur Zeit des

klassischen Altertums von Vergil und Vitruv eine Pflanze namens lutum beschrieben, die gelb färbte und mit der man auch ein schönes Grün erhielt, wenn man etwas blau Gefärbtes mit der gelben Farbe des lutum tränkte (nach Fischer-Benzon 1894). Es ist aber nicht sicher, ob die Pflanze lutum mit dem Gilbkraut (*Reseda luteola*) identisch ist. Diese Schlußfolgerung hat nur eine gewisse Wahrscheinlichkeit für sich, weil eine andere gelb färbende Pflanze aus dem damaligen Italien nicht bekannt ist.
Die dritte zeitliche Etappe, in der Samen des Gilbkrauts unter den Pflanzenresten aus archäologischen Ausgrabungen sind, ist das Mittelalter. Das ist so in Köln, aber auch in England (York, Beverly, Worcester u. a.) sowie in den Niederlanden (Sittard). Die Zeitstellung: in York 10., in Beverly (Yorkshire) 12., an den anderen Stellen im 15. Jahrhundert bzw. um 1500. In den schriftlichen Verzeichnissen des Mittelalters erscheint zuerst bei Albertus Magnus (1200–1280) eine Pflanze mit Namen gauda, die weißes Zeug gelb und blaues grün färbt. Es ist wahrscheinlich, daß damit das Gilbkraut gemeint ist, da die französische Bezeichnung gaude, vaude und die italienische guadone lautet. In Niederdeutschland soll (nach Hegi) der Name Waude bereits im 13. Jahrhundert auftreten. In einigen Kräuterbüchern des 16. Jahrhunderts wird offenbar diese Pflanze mit Sterckkraut bezeichnet (bei Hieronymus Bock), in anderen als Streichkraut (bei Tabernaemontanus), also wohl zum Anstreichen.
Im vorigen Jahrhundert war der Anbau von Gilbkraut nach Angaben von Langethal (1845) in Deutschland jedoch unbedeutend wegen der geringen Farbkraft gegenüber Pflanzen aus wärmeren Gebieten wie Südfrankreich und Italien, so daß der Farbstoff lieber von dort bezogen wurde. Um 1927 ist das Gilbkraut (nach Wiesner) noch in Thüringen, Sachsen, Bayern und Württemberg angebaut worden. Die Ware soll aber von wechselnder Qualität gewesen sein.

Die Verbreitung der Wildpflanze und die Ableitung der angebauten Pflanze

Nach Hegi ist der Wau einheimisch »im ganzen Mittelmeergebiet mit den Kanaren. An sekundären Standorten verwildert und eingebürgert in West- und Mitteleuropa bis England, Jütland, Südschweden und bis zur Weichsel.« Die Standorte in Deutschland sind (nach Oberdorfer) offene, lehmige Kalksteinböden in warmen, sonnigen Gebieten, auf Schotter und rohen, schweren Tonböden, dort, wo auch Huflattich (*Tussilago*) und Steinklee (*Melilotus*) mit Natternkopf (*Echium*) wachsen. An Wegrändern und auf wüstem Gelände, in Weinberggegenden, kann man ihn einzeln oder truppweise antreffen, wie es Taf. 123 aus Franken zeigt. Er ist jedoch in Deutschland erheblich seltener als dessen nahe Verwandte, die Gelbe Resede (*R. lutea*).
Die Wildpflanze unterscheidet sich (nach Wiesner 1927) von den angebauten dadurch,

daß die wilde »fast meterhoch, dickstengelig und stark grün ist. Der kultivierte Wau hingegen ist nur halb so groß oder kleiner und gelbgrün.« Die Auslese dieser Färbepflanze zielte auf kleine, dünnstengelige, reich mit Blüten besetzte, stark ins Gelb fallende Exemplare.

Zusammenfassend läßt sich festhalten: Von der hohen, stattlichen Pflanze Gilbkraut oder Wau werden alle oberirdischen Teile zum Gelbfärben und bei blauem Zeug auch für Grün benutzt. Am meisten Farbstoff bildet sich in heißem, sonnigem Klima aus. So lagen die Hauptanbaugebiete in Italien und Südfrankreich. In Deutschland wuchs er nur gebietsweise. Außer als Färbepflanze ist die Wurzel früher als harn- und schweißtreibendes Mittel verwendet worden. Seine Hauptanbauzeit als Färbepflanze begann in Deutschland im Hochmittelalter. Am Anfang unseres Jahrhunderts wurde der Wau nur noch zum Färben von Seide benutzt, für die sich sein Farbstoff Luteolin am besten eignet.

KRAPP, RÖTE, FÄRBERRÖTE (*Rubia tinctorum* L.)

Färbepflanze für Rot (Türkischrot)

Krapp ist eine mehrjährige Pflanze und gehört zur Familie der Rötegewächse (*Rubiaceae*), die (bei uns) durch quirlständige Anordnung der Blätter und kleine, unscheinbare Blüten gekennzeichnet ist. Von den bei uns einheimischen Rötegewächsen hat sie Ähnlichkeit nur mit dem Klebkraut (*Galium aparine*). Beide sind Spreizklimmer, bei denen Stengel und Blätter von rückwärts gerichteten Stachelzähnchen rauh sind, denn die schlaffen, meterlangen Stengel brauchen bei beiden Arten einen Halt zum Klimmen. Aber im Gegensatz zum Klebkraut sind beim Krapp Stengel und Blätter größer, vor allem breiter (Taf. 124). Eine einzelne Krapp-Pflanze ohne Stütze bedeckt mit ihren zahlreichen Verzweigungen mehr als einen Quadratmeter Boden. An einem Gerüst gezogen, wird sie bis 150 Zentimeter hoch. Sie trägt im August kleine, gelbe Blüten. In der Erde hat sie einen knorrigen Wurzelkopf, dem mehrere Wurzeln und gegliederte Ausläufer entspringen. Die Wurzeln sind 20–30 Zentimeter lang, bis zu 12 Millimeter dick und außen hellrot. Der meiste Farbstoff befindet sich in der inneren Wurzelrinde. In der lebenden Pflanze ist er im Zellsaft gelöst, und erst beim Trocknen der Wurzel bilden sich rotbraune, feste Partikel. Diese bestehen im wesentlichen aus dem roten Krappfarbstoff Alizarin, einer organischen Verbindung aus der Gruppe der Anthrachinone. Derselbe Farbstoff ist auch in den Wurzeln des Waldmeisters und den anderen in Deutschland einheimischen Labkrautarten enthalten.

Krapp diente zum Färben von Wolle, Seide, Leder und Baumwolle (Leinen wird nicht genannt) und ist ein Beizenfarbstoff. Das heißt, das Garn oder die Textilien müssen vor der Färbung mit Metallsalzen gebeizt werden. Erst dann haftet das Alizarin auf der Faser. Mit gewissen Metallsalzen läßt sich die Farbe auch variieren, so z. B. mit Chromverbindungen violett bis bordeauxfarben, mit Eisenverbindungen schwarzviolett. Der dann auf der Faser entstandene Farblack zeichnet sich durch Echtheit und Leuchtkraft aus (Angaben nach Wiesner, 1927, wo sich auch Näheres über Chemismus und Beizenverfahren findet).
Für den Anbau eignen sich nach Langethal (1845) am besten tiefgründiger Lehmboden mit Sandgehalt in warmem Klima. »Dabei verlangt der Krapp ein Land, was beständig in Frische steht« (also nicht austrocknet). Deswegen waren die Küstenstriche Belgiens dafür gut geeignet. Krappfelder wurden mit Setzlingen angelegt, die im Frühjahr oder Herbst von alten Pflanzen gewonnen worden waren. Er wurde nur dann aus Samen gezogen, wenn eine Qualitätsminderung der Pflanzen zu befürchten war. Die Setzlinge wurden zur Zeit der Baumblüte in Furchen von ein Fuß Abstand eingebracht. Im weiteren Verlauf mußte sorgfältig gehackt und Unkraut entfernt werden. Die Ernte begann mit dem Absterben des Krautes. Sie konnte schon im ersten Jahr erfolgen. Bei einer Ernte im zweiten Jahr mußte man die Pflanzung vor dem Winter mit Dünger bedecken, um ein Ausfrieren zu vermeiden. Im Frühjahr soll dieser Dünger wieder weggeräumt werden. Bei der Ernte reinigte man die Wurzeln von der Erde und trocknete sie in Trockenhäusern, später wurden sie in einer Mühle gemahlen. »Die obere braune Schale ergibt den gemeinen Krapp, die gelbe Rinde den feinen Krapp.« Der Anbau war sehr einträglich. Ein preußischer Morgen (0,25 ha) erbrachte bei zweijähriger Kultur 40–50 Zentner lufttrockene Wurzeln.

Die Geschichte des Krapps

Die ältesten Nachrichten über den Krapp kommen in Schriften aus Griechenland und Italien zur Zeit des klassischen Altertums (nach Lenz 1859 und Fischer-Benzon 1894). So berichtet der griechische Arzt Dioskorides (um 60 n. Chr.) in seinem Buch De materia medica (3,150) über eine Pflanze, deren Wurzel rot ist und zum Färben dient. Sie werde in Griechenland ereuthodanon, teuthrion u. a. genannt. Die Römer bezeichneten sie als rubia passiva, die Ägypter als sophobi. Aus der gleichen Zeit stammen die Bemerkungen des Römers Plinius d. Ä.: »Rubia ist zum Färben der Wolle und des Leders unentbehrlich, und sein Anbau bringt viel Gewinn. Für vorzüglich gut gilt der bei Rom gezogene, jedoch wird er auch fast in allen Provinzen angebaut. Man sät ihn wie die Erve (ervilia), doch wächst er auch wild. Die Stengel sind stachlig, gegliedert, die Blätter sitzen zu fünf im Quirl um die Knoten.«

Nach Wiesner (1927) sollen die Perser und Inder bereits im Altertum den Krapp benutzt haben. Im Orient und besonders in Kleinasien (Türkei) hat die Färberei mit Krapp seit den Jahrhunderten n. Chr. (oder früher) eine große Bedeutung gehabt. Die ungemahlenen Wurzeln wurden aus der Türkei unter den Bezeichnungen Lizari und Alizari ausgeführt.

Schon damals waren komplizierte und langwierige Färbeverfahren für den Krappfarbstoff bekannt. So diente als Beize der Wolle oder Baumwolle ranziges Olivenöl, in dem Pottasche (Kaliumcarbonat) in wässriger Lösung aufgeschwemmt war. Danach folgte die Behandlung mit Aluminiumsulfat im Dampf. Auf das so vorbehandelte Gewebe ließ man den in Wasser feinverteilten Farbstoff aufziehen. Dieses Verfahren dauerte vier Monate (Näheres bei H. H. Vogt 1973).

In den mitteleuropäischen Ländern ist Rotfärben mit Krapp am frühesten in Frankreich nachweisbar. So hatte man die Merowingerkönigin Arnegunde bei der Grablegung in St.-Denis (Paris, etwa zwischen 565 und 570) in einen hellroten wollenen Umhang oder Mantel gehüllt (nach Werner 1964). Frankreich blieb bis in die Neuzeit das wichtigste mitteleuropäische Land für Krappanbau. Im Capitulare Karls d. Gr. (um 800) wird Krapp als warentiam bezeichnet, abgeleitet von den spätlateinischen Namen barentia, uarentia, uarantia (nach Fischer-Benzon). Daraus kann aber nicht mit Sicherheit geschlossen werden, daß zu der Zeit auch schon in Deutschland Wolle oder Leder mit Krapp rot gefärbt wurde, weil die Nennung im Capitulare auch für die französischen Güter gegolten haben kann. Die nächste Nennung von rubea stammt aus der Physika der hl. Hildegard (1098–1179). Das Zeitalter der Kreuzzüge (1096–1270) begünstigte die Vorbereitung des Krappanbaues, vor allem in Frankreich, aber auch in Deutschland.

In England ist die Verwendung von Krapp im 10. Jahrhundert durch archäobotanische Funde aus der Altstadt von York belegt, denn dort wurden bei Ausgrabungen ganze Lagen der Stengel und noch jetzt roten Wurzeln, zusammen mit vier anderen Arten von Färbepflanzen, freigelegt und botanisch bestimmt (Tomlinson, 1985).

Abbildungen und ausführliche Beschreibungen finden sich vom 16. Jahrhundert an in vielen Kräuterbüchern unter der nunmehr deutschen Bezeichnung »Rödte«. So heißt es bei Leonhart Fuchs (1543): »Die zam Rödte (die kultivierte Röte) wächst in den Feldern um Hagenau, Speyer und Straßburg. Sie wird nicht gesät, sondern mit Setzlingen gepflanzt. Im dritten Jahr werden die Wurzeln ausgegraben und verkauft.« Wegen der rückwärts gerichteten Stacheln an Blättern und Stengeln wird von Fuchs das bei uns einheimische Klebkraut (*Galium aparine*) für die »wilde Rödte« gehalten. Etwas später berichtet Joachim Camerarius (1586, gedruckt 1626) vom Anbau der Röte beson-

ders in Schlesien um Breslau, desgleichen um Ravenna in Italien. Sie werde von Tuchmachern gebraucht zum Rotfärben (also für Wollstoffe).
Für den Anfang bis zur Mitte des vorigen Jahrhunderts sind die Angaben über den Anbau von Krapp (bzw. Röte) von Langethal (1845): »Cultiviert wird er im südlichen Europa, im mittleren Frankreich und in mehreren Gegenden Deutschlands, z. B. Baden, Württemberg, Pfalz am Rhein, Mecklenburg, Schlesien und Österreich. Der beste Krapp kommt aus Smyrna« (Izmir, westliche Türkei). Außerdem wurde er angebaut in Sizilien, in der Toskana/Oberitalien, Ungarn, Holland, am Kaukasus, Ostindien, Nord- und Südamerika, Algier usw. Ab 1815 wurden in Frankreich jahrzehntelang die Militärhosen mit Krapp leuchtend rot gefärbt. 1868 betrug die Krapp-Produktion aller Länder 70000 Tonnen im Werte von 60–70 Millionen Mark. Krapp zählte im vorigen Jahrhundert zu den wichtigsten Kulturpflanzen (nach Wiesner, 1927). Dann begann der abrupte Niedergang des Krappanbaues, weil es am 11. Januar 1869 den beiden Chemikern C. Graebe und C. Liebermann (Berlin) gelungen war, den Hauptfarbstoff des Krapps, das Alizarin, aus Dachpappenöl herzustellen. 1871 kam das synthetische Alizarin in den Handel. Es setzte sich schnell durch, weil es sich wesentlich billiger gewinnen ließ als das Naturprodukt. Um 1927 beschränkte sich (nach Wiesner) die Verwendung von natürlichem Krapp »auf einige Spezialitäten in der Wollfärberei und zur Herstellung von Krapplacken für die Kunstmalerei«.

Verbreitung des wilden oder verwilderten Krapps

Bei Hegi wird zur Verbreitung angegeben: »Südfrankreich, Italien, Spanien, Krim, Griechenland, Kleinasien. In Mitteleuropa vielfach verwildert.«
Standorte, an denen Krapp oder Röte in Deutschland früher verwildert vorgekommen ist, sind nach Oberdorfer »lichte sommerwarme Trockenbusch- und Trockenwald-Vegetationen, meist auf flachgründigen Kalkfelsböden«. In seiner Flora von 1949 wird Krapp noch angegeben für den Jura, Baden, das Elsaß, das Rheingebiet bei Bingen und Oberbayern. Heute ist er dort verschwunden. Auch in Italien kommt er nicht mehr vor (nach Angaben von Prof. Dr. Pignatti, Rom). Einheimisch ist er vielleicht im östlichen Mediterrangebiet.
Zusammenfassend ist festzuhalten: Krapp oder Röte (*Rubia tinctorum*) war als Färbepflanze vom Altertum bis in die Neuzeit sehr wichtig. Der Farbstoff Alizarin, der in der Wurzel enthalten ist, wurde zum Färben von Wolle, Seide, Baumwolle und Leder benutzt und zwar mit einem komplizierten Beizverfahren. Seine Geschichte als Färbepflanze läßt sich in Griechenland und Italien bis in die Zeit des klassischen Altertums zurückverfolgen. In den mitteleuropäischen Ländern lag der Hauptanbau in

Frankreich. Insgesamt hatte sich der Anbau von Krapp bis zum vorigen Jahrhundert fast weltweit ausgedehnt, zusammen mit dem Waid war er die wichtigste angebaute Färbepflanze. Als 1871 synthetisch hergestelltes Alizarin in den Handel kam, wurde der Anbau eingestellt.

SAFLOR, FÄRBERDISTEL, FALSCHER SAFRAN (*Carthamus tinctorius* L.)

Färbepflanze für Rot. Ölpflanze

Die Bezeichnung Färberdistel wird dem Aussehen am meisten gerecht (Abb. 91 und Taf. 125). Die Pflanze hat steife, stachlig gezähnte Blätter und große, distelartige Blütenköpfe, von denen je einer am Ende der 60–130 Zentimeter hohen, verzweigten Stengel sitzt. Diese Blütenköpfe sind groß (bis 4 cm lang und bis 3 cm breit), im unteren Teil von stachlig gezähnten Hüllblättern umgeben. Oben ragt ein dickes Büschel orangeroter Blütenblätter hervor. Nur in diesen ist der Farbstoff enthalten, der ein Rosarot bis Kirschrot ergibt. Die Früchte sind wie bei allen Korbblütlern zu mehreren in den Blütenköpfen enthalten. Sie sind dickschalig, 3–4 Millimeter lang und enthalten etwa 23 Prozent fettes Öl.

Außer dieser bestachelten Form sind auch unbestachelte Formen (var. *inermis*) im Anbau, z. B. in Ägypten und Indien, früher auch in Deutschland (Thüringen). Insgesamt ist der Saflor sehr formenreich. So gab und gibt es auch Formen mit gelben oder weißen Blüten. Die Pflanzen sind einjährig. Manchmal werden sie in Kultur zweijährig gehalten. Die Anbaubedingungen für mitteleuropäische Verhältnisse beschreibt Langethal (1845). Zunächst gibt er eine genaue Anleitung zum Anbau. »Sobald die Blüthe eintritt, beginnt die Ernte. Man sammelt die in das Rothe übergegangenen Blüthen, schneidet sie am besten aus der Blume (dem Blütenkopf), damit die Samenernte nicht beeinträchtigt wird, legt sie dann auf Tücher an luftige, schattige Stellen und trocknet sie darauf bei mehrmaligem Wenden. Nach dem Trocknen verpackt und verkauft man sie als Färbematerial«. Nach Hanelt stellt der Saflor hohe Ansprüche an die Bodenfruchtbarkeit.

Über den Anbau während der letzten Jahrzehnte gibt die umfassende botanische Bearbeitung von Hanelt (1961) Auskunft. Danach steht Indien an erster Stelle des Safloranbaus, vorwiegend zur Ölgewinnung, aber auch zur Seiden- und Baumwollfärberei. Weitere Länder mit althergebrachtem Safloranbau sind Ägypten, der Sudan, Israel, die Türkei und die Sowjetunion. Dazu sind neue Gebiete gekommen: Kanada, Kalifor-

Abb. 91. Saflor (*Carthamus tinctorius*). Holzschnitt aus dem Kräuterbuch von Leonhart Fuchs (1543).

nien (erst nach dem Zweiten Weltkrieg), Australien, Jugoslawien, Griechenland und andere Teile der Sowjetunion.

Der Hauptzweck des Anbaus ist die Gewinnung von Öl, wobei in einigen Ländern auch mit züchterischer Bearbeitung begonnen worden ist: auf hohen Ölgehalt der Früchte, deren Dünnschaligkeit, Frühreife, Dornenlosigkeit der Pflanze, Resistenz gegen Krankheiten und tierische Schädlinge. Das Öl wird als Speiseöl und für technische Zwecke verwendet wie in der Lack-, Farben- und Harzindustrie sowie als Brennöl für Lampen.

In den Blüten sind zwei gelbe (ein wasserlöslicher und ein alkalilöslicher) sowie ein roter Farbstoff enthalten (nach Wiesner, 1927). Nur der rote, Carthamin genannt, ist der begehrte Farbstoff. Er bildet sich in der Pflanze aus dem gelben wasserlöslichen durch Oxidation unter Einwirkung von Enzymen. Man gewinnt ihn aus den Blüten durch langes und intensives Auswaschen sowie Kneten der abgeschnittenen Blütchen in Wasser, wobei der wasserlösliche gelbe Farbstoff mit dem Waschwasser abfließt. Anschließend folgt eine Behandlung mit Alkalien. Schließlich formt man linsenförmige Farbplätzchen von etwa 4 cm Durchmesser, die im Schatten getrocknet werden (Näheres hierzu vgl. Wiesner, 1927).

Saflorrot färbt in saurem Bad Baumwolle und Seide direkt ohne Beizen. Die Farben sind (nach Wiesner) lebhaft, aber völlig unbeständig gegen Seife und Alkali sowie wenig widerstandsfähig gegenüber Licht und Luft. Deshalb waren sie 1927 bereits in vielen Ländern durch die synthetischen Farbstoffe verdrängt, in Indien jedoch noch nicht. Die Farbplätzchen dienten und dienen aber auch zur Speisenfärbung, für Schminke und in der Medizin (nach Hanelt).

Die Kulturgeschichte des Saflors

Die Kulturgeschichte hat für die frühesten Zeiten, besonders für Ägypten, Keimer (1924) zusammengefaßt. Die ältesten sprachlichen Hinweise für die Nutzung von Saflor deuten auf Persien und Nordwestindien.

Die ältesten Reste der Pflanze stammen von mehreren Stellen aus dem Neuen Reich des pharaonischen Ägypten (18.–20. Dynastie, ca. 1550 – ca. 1085 v. Chr.). So fanden sich Blüten des Saflors auf der Brust der Mumie von Amenophis I zu Dêr el Bahari und zwar nicht die großen Blütenköpfe, sondern die Einzelblütchen, die zu kleinen Bündeln zusammengefaßt und in das Blumengewinde eingefügt worden waren. Rosafarbene Mumienbinden werden in mehreren Büchern mit altägyptischem Saflorfärben in Verbindung gebracht, doch warnt Keimer davor, dies als gesichert anzunehmen, ehe nicht ein chemischer Nachweis für den Saflorfarbstoff in den Mumienbinden erbracht worden ist.

Aus der entsprechenden Zeitperiode konnten auch in Indien, in Daimabad, Reste des Saflors nachgewiesen werden. Dort waren fünf übereinanderliegende Siedlungsschichten aus dem Zeitraum von ca. 2200 – ca. 1000 v. Chr. freigelegt worden. Alle enthielten verkohltes Getreide und Hülsenfrüchte. Nur in der obersten Schicht (ca. 1000 v. Chr.) tauchten unter mehreren neu erschienenen Arten wie Reis und Kicher-

erbse auch Früchte des Saflors auf (Kajale 1977). Wie M. D. Kajale am 23. August 1985 aus Poona/Indien schrieb, waren es jedenfalls die ölreichen Früchte, die als Nahrungsmittel genutzt worden waren. Blütenblätter seien bisher nicht gefunden worden. Seit historischer Zeit ist die Verwendung des ausgepreßten Öls durch schriftliche Nachrichten belegt. Heute werde dies mehr als Speiseöl benützt als für technische Zwecke. Außerdem essen die Inder (nach Angaben von Kajale) die jungen Blätter als Gemüse. Geht die Nutzung der Früchte für die Ernährung schon aus dem gemeinsamen Vorkommen mit Getreide und Hülsenfrüchten hervor, so wird in Ägypten in den Papyri aus der griechischen Zeit (Ptolemäer, 325–30 v. Chr.) das Knikos-Öl (= Saflor-Öl) häufig genannt. Es gehörte zu den Ölsorten, die in das damalige Ölmonopol einbezogen waren, zusammen mit Sesam-, Rhizinus-, (Flaschen-)Kürbissamen- und Leinöl (nach Wiesner und Hanelt). In dieselbe Nutzungsrichtung weist auch eine Ansammlung von Früchten des Saflors, die in verkohltem Zustand in den Speichern der römischen Siedlung zu Pithom (Heroopolis), aus dem 3. Jahrhundert n. Chr., gefunden worden sind.
Außer in Indien und Ägypten ist die Nutzung des Saflors (nach Hanelt) aus Vorder- und Mittelasien für die ersten Jahrhunderte n. Chr. durch schriftliche Zeugnisse belegt, so in der hebräischen Literatur, in der es die palästinisch-arabische Bezeichnung haria für die eßbaren Farbplätzchen gibt. Aus dem irano-afghanischen Raum wurde der Saflor im 3.–4. Jahrhundert während der Tsin-Dynastie nach China eingeführt. Produkte daraus dienten zum Färben von Stoffen, als Schminke und als Heilmittel. Im Gebiet südlich des Kaukasus und im sowjetischen Mittelasien sowie in Kleinasien (Türkei) war der Saflor von altersher mit der Teppichfärberei verbunden.
In Griechenland und Italien ist, den schriftlichen Nachrichten zufolge, während der Zeit des klassischen Altertums kein Saflor angebaut worden. Der Name knikos oder knekos für Saflor war zwar bekannt (bei Theophrastos und Plinius), aber für Öl gab es dort ja seit langer Zeit die Oliven und für rote Farbe den Krapp und die Purpurschnecke. Dagegen berichtet der Grieche Dioskorides (etwa 60 n. Chr.), der in Kleinasien lebte, vom dortigen Safloranbau.
Außer den Indern und Ägyptern haben die Araber Anbau von Saflor betrieben, und Hanelt nimmt an, daß die Araber wesentlichen Anteil an der Ausbreitung nach Mitteleuropa gehabt hätten. Aber mehreres kann mitgespielt haben, besonders die Kreuzzüge.
Die erste Nennung von Saflor in Mitteleuropa stammt von Albertus Magnus (1200–1280), der in seinem lateinisch geschriebenen Pflanzenbuch (Bd. 2, S. 297) einen Crocus hortensis nennt. Abbildung und nähere Beschreibung findet sich dann in dem Kräuterbuch von Leonhart Fuchs (1543) in Tübingen. Er nennt die Pflanze »Wilden garten Saffran« (Abb. 91), auch Carthamum und Crocum hortensem. Nach der

Beschreibung der Pflanze heißt es: »Der wild Saffran würt an vilen orten unsers Teutschen lands in gärten und äckern gepflanzt jährlich wie andere frucht«. Die Blüten wurden zerstoßen, um sie an die Speisen zu tun, damit sie gelb gefärbt werden (wofür später Safran gebraucht wurde). Die Früchte dienten zerstoßen als Medizin. Auch in einigen anderen Kräuterbüchern der Renaissancezeit wird Saflor angeführt (z. B. bei Kaspar Bauhin und Carolus Clusius).
Angebaut wurde der Saflor auch in Bad Boll in Württemberg und Eichstätt im Altmühltal. Für Bad Boll wurde er von Johann Bauhin im vierten Band seines Boller Badbuches (1598) genannt. Dieser Arzt und Botaniker hat die Pflanze auch in jenem Boller Garten als »indische« Zierpflanze gezogen. Um 1579 findet sie sich in dem Kräuterbuch Hortus Eystettensis als Cnicus sativus abgebildet. Der Abt des Klosters zu Eichstätt im Altmühltal, leidenschaftlicher Botaniker, ließ in dem Klostergarten zahlreiche eingeführte und seltene Pflanzen ziehen und für sein Buch malen.
Etwa um diese Zeit begann der feldmäßige Anbau in wärmeren Gegenden Deutschlands und Österreichs. Der Höhepunkt des Anbaues war im 17. bis zum Anfang des 18. Jahrhunderts. Zu der Zeit wurde im Elsaß und in Thüringen so viel Saflor angebaut, daß beträchtliche Mengen nach England ausgeführt werden konnten. Gebraucht wurde dieser Saflor zum Färben von Lebensmitteln. Im 18. Jahrhundert ging der deutsche Safloranbau zurück, weil von Ägypten und anderen Ländern des Orients viel und billiger Safran nach Europa importiert wurde; außerdem kam im Elsaß der lohnendere Tabakanbau auf. Der Franzose Savary berichtete in einem Brief von 1777 über den ausgedehnten Safloranbau bei den Pyramiden von Gizeh, dessen Blüten vorwiegend nach Marseille verkauft wurden.
1927 wurde nur noch wenig Safran in Thüringen und in der Pfalz angebaut. Die Blüten dienten für Malerfarben und für Schminke sowie zum Färben von Likör, Konfekt und feinen Räucherwaren (nach Wiesner 1927).

Wilder Saflor und die Ableitung der Kulturart

Nach Hanelt (1961) gibt es vier Wildarten der Gattung *Carthamus*. Es sind *C. palaestina* Eig. in der Negev-Wüste (Israel) und im Irak; *C. persicus* Willd. in Anatolien, Irak, Westiran, Syrien, Israel; *C. gypsiculus* Ilj. in Armenien, im Gebiet des Aralsees und des Kaspischen Meeres; schließlich *C. oxyacantha* M. Brieb. in Transkaukasien, Irak, Iran, Nordwestindien und im sowjetischen Teil von Mittelasien. Dies sind dornige, überwiegend einjährig-überwinternde Pflanzen trockener Standorte von distelartigem Aussehen. Sie wachsen in Halbwüsten und Wüsten auf Kalk- und Salzböden. Daher hat auch der Kultur-Saflor seine Neigung für stark mineralhaltige Böden. Die wilden Saflorarten wachsen gern als Unkräuter an freien Stellen, die vom Menschen oder vom Vieh in der natürlichen Vegetation geschaffen worden sind. Alle werden als sehr formenreich geschildert, sie kommen je nach Standort in zahlreichen Ökotypen vor.

Dagegen ist der angebaute Saflor (*C. tinctorius* L.) nicht wild oder halbwild bekannt. Er ist nur eine Kulturpflanze, denn durch mehrere Merkmale unterscheidet er sich von den Wildarten. Bei der Kulturart bleiben die Fruchtköpfe während der Reife geschlossen, und die Farbe der Früchte ist weiß. Es gibt dornenlose Formen. Die Kulturart bildet beim Wachstum der Pflanze keine liegende Rosette mehr aus, sondern wächst kontinuierlich zu einem aufrechten Stengel auf. Doch erhalten sich trotzdem noch einige Wildpflanzenmerkmale, wie z. B. Stachligkeit bei der Hauptformengruppe. Die nächste Verwandtschaft zwischen der Kulturart und den Wildarten besteht nach Hanelt mit *C. persica* und *C. palaestina*, denn beide enthalten in den Blüten auch das rote Carthamin, außerdem gibt es morphologische Ähnlichkeiten. Bei Hegi und einigen anderen Botanikern wird *C. oxyacantha* allerdings als möglicher Vorfahr angesehen. Als Entstehungsgebiet der Saflorkultur nimmt Hanelt den Raum Syrien–Palästina–Armenien bis Kurdistan an. Von dort soll sich die Safrankultur einerseits nach Ägypten, andererseits nach Indien ausgebreitet haben.

Zusammenfassend läßt sich festhalten: Saflor oder Färberdistel ist eine uralte Kulturpflanze in Indien und im Orient zur Gewinnung von Öl aus den Früchten und von roter Farbe aus den Blütenblättern. Die rosarote bis kirschrote Farbe hat nicht nur zum Färben von Baumwolle und Seide sowie für Orientteppiche gedient, sondern spielt auch eine erhebliche Rolle bei der Bereitung von Schminke und beim Färben von Speisen. Nach Europa kam der Saflor erst im Hochmittelalter. Ein Anbau in Deutschland im 16. und 17. Jahrhundert blieb auf wenige klimatisch günstige Lagen beschränkt. Der gewonnene Farbstoff diente nur zum Färben von Speisen und bildete auch einen Handelsartikel. Im 18. Jahrhundert war sein Anbau hier im wesentlichen erloschen. In den Tropen und Subtropen nimmt der Anbau von Saflor als Ölfrucht aber noch zu. Davon stammt das auch nach Deutschland eingeführte »Distelöl«.

STOCKROSE (*Althaea rosea* L.)

Färbepflanze für Rot

Die weitverbreitete Garten-Zierpflanze, auch Pappelrose, Eibischrose, Roseneibisch, Rosenmalve genannt, gehört zur Familie der Malvengewächse (*Malvaceae*). Sie ist zweijährig bis ausdauernd. An einem 1–3 Meter hohen, kräftigen, verholzten Stengel sitzen von Anfang Juli bis Mitte September große, breit geöffnete Blüten (Taf. 128). Die Blumenkronblätter sind je nach Variante schwarzpurpurn, schwarzbraun, gelb, weiß oder rot. In der Mitte einer jeden Blüte befindet sich ein dichtgedrängter und gestielter Busch von Staubblättern, den als weiteres Büschel die federförmigen Narben überragen. Die großen, gelappten Laubblätter sind, ebenso wie der Stengel, grau-filzig durch dichtstehende Behaarung.

Über Anbau und Verwendung berichtet Wiesner (1927). Danach wurde als Färbepflanze nur die eine Form mit schwarzpurpurnen, gefüllten Blüten (var. *nigra*) angepflanzt. Der Anbau fand noch um 1927 in »einigen Gegenden Deutschlands und Ungarns statt. Zu der Zeit wurden allein aus Mittelfranken jährlich 50000 Kilogramm getrockneter Blüten ausgeführt und zwar hauptsächlich nach Frankreich, England und in die Türkei.« Die Blüten dienten zum Färben von Rotweinen und Likören sowie von anderen Genußmitteln. Auch in Griechenland, wo die Pflanzen wild vorkommen, sollen die Blüten zu diesem Zweck Anfang unseres Jahrhunderts (schon früher?) gesammelt worden sein. Der violettrote Farbstoff ist als Saft in den Zellen der Blütenblätter enthalten. Heute ist diese Färbemethode, wenigstens in Deutschland, nicht mehr üblich.

Die Verbreitung der Wildart und die Geschichte der Stockrose sind von Hegi (1906–1929) behandelt worden. Danach war die Pflanze wahrscheinlich im Orient, auf der Balkanhalbinsel, in Griechenland und auf Kreta einheimisch oder eingebürgert. Letzteres gilt jedenfalls für Italien und Südfrankreich, Südtirol (um Bozen) und das Wallis. Anderwärts kommt sie in milden Gegenden auch verwildert vor. Wann und wie die Stockrose nach Mitteleuropa gelangt ist, weiß man bisher nicht. In den Schriften aus Griechenland und Italien aus der Zeit des klassischen Altertums, die von Harald Othmar Lenz (1859) auf Nutzpflanzen hin bearbeitet worden sind, wird sie nicht genannt, dagegen ist dort von anderen Arten der Malvengewächse die Rede.

In Mitteleuropa läßt sich die Stockrose mit Sicherheit (nach Fischer-Benzon, 1894) erst für die Renaissancezeit (16. Jh.) belegen. So bezeichnet sie Hieronymus Bock als Herbst- oder Ernrosen, auch als Römische Pappeln und führt bereits mehrere Farbvarietäten an. Er hebt hervor, daß die Pflanze nicht von selbst gedeiht, sondern der Pflege bedürfe. Über eine Nutzung schreibt Bock aber nichts. Seit jener Zeit ist sie nach Hegi viel in Gärten angepflanzt worden, besonders in Bauerngärten.

Um 1866 berichtet Friedrich Alefeld über diese Pflanze: »Erst seit einigen Dezennien werden die Blüthen der schwarzblüthigen Varietäten als Färbemittel der Rothweine benutzt und entstehen dadurch Garten- und Feldkulturen, die überaus lohnend sein sollen.«

Gemüse- und Salatpflanzen

Wird über Nahrungspflanzen berichtet, die nur in der Vergangenheit, aber heute nicht mehr genutzt werden, so muß dies begrenzt werden. In diesem Kapitel sollen deshalb nur Gemüse- und Salatarten beschrieben werden, für die in der Vergangenheit ein Anbau belegt ist. Das sind zwei Arten von Wurzelgemüse (Zuckerwurz und Weißwurzel), eine Art für grüne Hülsen (Spargelerbse), fünf Arten von Blattgemüsen (Smyrnerkraut, Grüner Fuchsschwanz, Erdbeerspinat, Gemüse- und Schildampfer) und eine Art Blatt- und Wurzelsalat (Rapunzel-Glockenblume). Von weiteren heute nicht mehr oder nur noch selten angebauten Arten sind Mai-/Herbstrübe und Rübstiel, Garten-Melde, Pastinake, Schalotte und Lauchzwiebeln sowie Spargelsalat bereits in Teil I beschrieben worden.

ZUCKERWURZ, ZUCKERWURZEL (*Sium sisarum* L.)

Der Zuckerwurz gehört zur Familie der Doldengewächse (*Apiaceae = Umbelliferae*). Ein bis 90 Zentimeter hoher, kräftiger Stengel ist von unten bis oben mehrfach verzweigt. Die Doldenblüten sind weiß, die Blätter aus 3–9 relativ großen, randlich gesägten Fiederblättchen zusammengesetzt. Die ganze Pflanze ist kahl, also unbehaart. Das Eigentümliche ist die Form der Wurzel. Es ist keine Hauptwurzel (Pfahlwurzel) vorhanden wie bei Möhre oder Pastinak, sondern von der Basis des Stengels gehen zugleich 5–8 gleichrangige etwa fingerlange Wurzeln ab, deren jede unregelmäßig, länglich-knollig verdickt ist (Abb. 92).
Anbauweise und Anbaubedingungen beschreibt Becker-Dillingen (1929a). Die Einsaat erfolgt entweder im April oder im August. Reihenabstand 20 Zentimeter. In der Reihe wird später auf etwa 15 Zentimeter vereinzelt. Die Keimung der Samen erfolgt sehr langsam, weswegen sich das Vorquellen des Samens empfiehlt. Der Boden soll nahrhaft, tief bearbeitet und in sonniger Lage sein. Feuchtigkeit ist von Vorteil.

Abb. 92. Zuckerwurz (*Sium sisarum*). Aus dem Kräuterbuch von Joachim Camerarius (1586).

Die im Herbst geernteten Wurzelknollen können für den Gebrauch im Winter im Keller in Sand eingeschlagen werden. Sie können aber auch über den Winter im Boden bleiben, wo man sie nach Bedarf ausgraben kann, denn sie sind völlig winterhart. Der Ertrag an marktfähiger Ware (nur die Wurzeln) beträgt nach Becker-Dillingen 95 kg/100 m^2. Sie eignen sich ebenso als Suppeneinlage wie für Gemüse. Hegi (1965) berichtet: »Sie bildeten ehedem (nach Lamarck, 1783) gebacken oder in Milch oder Fleischbrühe gekocht ein beliebtes, schmackhaftes und leicht verdauliches Gericht, das in Frankreich auch auf den besten Tafeln nicht fehlte.« Aus den Wurzeln konnte außerdem Zucker und Branntwein gewonnen werden. Die Wurzel enthält 4–8% Zucker (Saccharose), 4–18% Stärke, 1,37% lösliche Salze und anderes.
Ich habe einige Wurzeln der in meinem Stuttgarter Garten gezogenen Pflanzen in der Küche zubereitet. Die knorzeligen Wurzeln können nicht geschält werden. Sie wer-

den nur gewaschen und im ganzen in etwas Wasser gekocht. Nach 10 Minuten waren sie schon weich. Jetzt könnte die dünne Haut abgezogen werden, wenn man wollte. Ein besonderes Aroma haben sie nicht, sie sind nahezu geruchlos. Kochwasser und Wurzeln schmecken süß. Außerdem sind die Wurzeln weich-sämig. Man kann sie auch gut als kalte Beilage essen. Es ist jedenfalls eine interessante und gut bekömmliche Speise. Wann und wo die Nutzung der Zuckerwurzel begonnen hat, weiß man nicht. Früheste, doch nicht eindeutige schriftliche Nachweise stammen von griechischen und römischen Schriftstellern zur Zeit des klassischen Altertums. Es handelt sich um drei Nennungen (von Columella, Dioskorides und Plinius, alle im 1. Jh. n. Chr.) einer Pflanze namens siser bzw. sisaron, von der die Wurzel »gekocht gut schmeckt und dem Magen gut bekommt« (Übersetzung von Lenz, 1859). Plinius gibt an (19, 5, 28), daß Kaiser Tiberius sich siser von der Burg Gelduba am Rhein (Krefeld-Gellep) nach Rom habe kommen lassen. Die Pflanze siser wird aber nicht beschrieben, auch macht keiner der drei Autoren auf die zahlreichen fleischigen Wurzeln aufmerksam, während Möhre und Pastinak nur je eine Wurzel besitzen. Diese letzteren beiden sind im Altertum und später immer wieder miteinander verwechselt worden, so daß mit siser eine weitere Verwechslungsmöglichkeit gegeben ist.

Die mittelalterlichen Pflanzenverzeichnisse Deutschlands bringen keine Angaben. Solche findet man erst in einigen Kräuterbüchern der Renaissancezeit (16. Jh.). Darin wird der Zuckerwurz mit zahlreichen, verschiedenen Namen belegt. So nennt ihn Hieronymus Bock »Zam Garten Rapuntzel«, Gierlein oder Gerlein; Mattioli bezeichnet ihn als Gritzelmörlein. Tabernaemontanus führt außerdem folgende Namen an: Geyerlein, Girgele, Görlein, Klingelrüblein, Klingelmöhren und Zuckerwurtzel. Volkstümliche Namen für diese Pflanze gibt es in fast ganz Europa: so in Holland (suikerwortel), Dänemark (Sukkerrod), Schweden (Akta Sokker rot), England (skirret), Frankreich (chervis, chironis, giroles), Italien (sisaro), Spanien (chirivia tudesca), Portugal (chirivia), außerdem ferner in den Balkanstaaten, Polen und Rußland.

Demnach muß die Nutzung des Zuckerwurz geographisch weit verbreitet gewesen sein. Doch die Vielzahl der Namen, allein in Deutschland, spricht eher für eine im 16. Jahrhundert noch nicht lange bekannte Nutzpflanze, die jeder in seiner Weise benannte. Nutzpflanzen mit alter Tradition haben immer nur einen einzigen Namen (z. B. Gerste, Erbsen, Apfel).

In der Mitte des vorigen Jahrhunderts wurde sie dann nur noch im kleinen in Gärten angebaut, zum Gebrauch von Suppen oder als Gemüse. Im Anbau war sie zu der Zeit schon weitgehend durch die Kartoffel verdrängt (vgl. Langethal 1845, Alefeld 1866). In Gemüsegärten hat sie sich bis in den ersten Teil unseres Jahrhunderts gehalten, wie aus der Kulturanleitung von Becker-Dillingen (1929) hervorgeht. Die Zeitspanne ihres stärksten Anbaues lag demnach nur im 16. und 17. Jahrhundert.

Der Zuckerwurz ist eine Kulturpflanze, die nicht wild, höchstens verwildert, vorkommt. In der Flora Deutschlands gibt es zwei *Sium*-Arten (die den ungewöhnlichen deutschen Namen Merk haben). Beide wachsen in und an flachen Gewässern. Sie kommen aber als Vorfahr des Zuckerwurz nicht in Frage. Als solcher wird bei Hegi (1965) *Sium lancifolium* angegeben, der dem Zuckerwurz ähnlich sein soll, mit Ausnahme von zwei Merkmalen. Er ist jedoch bedeutend größer, etwa mannshoch, und hat keine verdickten Wurzeln. Sie sind nur etwa zwei Millimeter dick. Die Wildpflanze *S. lancifolium* wird als Varietät von *Sium sisarum* angesehen. Sie wächst auf feuchten Böden, z. B. in den Erlenbruchwäldern Südungarns. Aber ihre Gesamtverbreitung erstreckt sich nach Hegi über den ganzen Balkan, Süd- und Mittelrußland, Syrien, Armenien, den Kaukasus, Persien und Sibirien (Ural, Altai, Baikalgebiet). In China und Japan wird eine nahe Verwandte des Zuckerwurz (Ninsi-Zuckerwurz) kultiviert.
Es ist also eine südosteuropäisch-asiatische Art, die auch in diesem Raum für den Gebrauch der Wurzeln kultiviert wurde. Wann das geschehen ist, weiß man nicht. Nach Mitteleuropa soll sie von oder über Rußland gekommen sein, was schon Friedrich Alefeld (1866) vermutete.

WEISSWURZEL, HAFERWURZEL (*Tragopogon porrifolius* L.)

Diese Pflanze, auch Weiße Haferwurz, Bocksbart, Lauchblättriger Bocksbart genannt, ist eine Verwandte unseres Wiesenbocksbarts (*T. pratense*), hat aber keine gelben Blüten wie dieser, sondern violettrote. Es handelt sich um eine echte Kulturpflanze, die sich von der Wildform deutlich unterscheidet (Abb. 93).
Zunächst soll die Kulturform (ssp. *sativus*) beschrieben werden. Mitte April 1985 in meinem Stuttgarter Garten gesät (auf Lößlehm), ist die Saat relativ schnell und vollständig aufgegangen (viel schneller als bei der Schwarzwurzel). Nach wiederholtem Hacken und Verziehen der zu dicht stehenden Pflanzen auf etwa 15 Zentimeter Abstand, hatten sich bis Mitte Oktober kräftige Rosetten mit schmalen, grasartigen, aufrecht stehenden, bis 40 Zentimeter hohen Blättern gebildet (Abb. 93 links). Die ganz im Boden steckenden Wurzeln waren 25–29 Zentimeter lang und oben 3–4 Zentimeter dick. Sie gabelten sich allerdings. Ein Blütenschaft entwickelt sich erst im zweiten Jahr. Dann kann die Wurzel aber nicht mehr gegessen werden, weil sie inzwischen holzig geworden ist. Außen sind diese Wurzeln gelblich-weiß. Beim Schälen und Zerschneiden in der Küche sieht man, daß sie innen rein weiß sind, sich aber in einer ring-

Abb. 93. Weißwurzel (*Tragopogon porrifolius*). Links die Kulturform (ssp. *sativus*), rechts die Wildform (ssp. *sylvestris*) mit Knospenstand. Beide wurden in meinem Garten Anfang April 1985 gesät und im Oktober ausgegraben.

förmigen Zone braun färben, denn sie enthalten reichlich weißen Milchsaft, der sich an der Luft verfärbt.

Die Kochzeit ist kürzer als bei Möhren und Schwarzwurzeln. Schon nach 15 Minuten sind die Scheibchen weich. Dem Topf entströmt dann beim Abheben des Deckels ein feiner, ganz eigener Duft. Darauf bezieht sich offenbar die englische Bezeichnung »Vegetable Oyster« (Gemüseauster) in »The Oxford Book of Food Plants« (Das Oxford-Buch der Nahrungspflanzen, 1981), denn diese Pflanze wird heute noch in England in Gärten angebaut. Man ißt sie im Winter gekocht, gebacken oder als Cremesuppe. Besonders für letztere Verwendung ist sie zweifellos etwas ausgesprochen Delikates.

Wenn man die hier abgebildeten Formen der Wurzeln von Schwarzwurzel (Abb. 57, S. 247) und Weißwurzel (Abb. 93 links) miteinander vergleicht, muß gesagt werden, daß die Schwarzwurzel in humosem Sand gewachsen ist, die Weißwurzel aber in Lößlehm. Für beide Wurzelgemüse ist sandiger Boden am besten geeignet.

Die Kulturgeschichte der Haferwurzel ist gleichzeitig die von zwei oder drei Bocksbart (*Tragopogon*)-Arten. Das beginnt in Griechenland zur Zeit des klassischen Altertums. Die älteste Notiz stammt von Theophrastos (371–287 v. Chr.), der schrieb: »Zu den Gemüsen rechnen einige den Bocksbart (tragopogon), welcher auch kome heißt, dessen Wurzel lang und süß ist, dessen Blätter denen des Safrans gleichen, jedoch länger sind. Der Stamm ist kurz; auf ihm steht ein großer Kelch, und die Spitze bildet die graue Haarkrone, von welcher die Pflanze Bocksbart (tragopogon) heißt« (Lenz 1859). Dieselbe Pflanze wird auch von Dioskorides und von Plinius (1. Jh. n. Chr.) angegeben. Um welche Art (rot oder gelb blühend) es sich dabei gehandelt hat, ist nicht feststellbar. Wir werden aber noch sehen, daß nicht nur die rot blühende Art (die hier behandelte Weißwurzel), sondern auch die gelb blühenden Arten (wie z. B. unser einheimischer Wiesenbocksbart) eine verdickte, süß schmeckende Wurzel haben.

Die schriftlichen Angaben aus Deutschland hat Fischer-Benzon (1894) zusammengestellt. Danach wird der rot blühende Bocksbart von Albertus Magnus (1200–1280) beschrieben. Er nennt ihn Schweinsauge (oculus porci) und rühmt seine eßbare Wurzel. In den Kräuterbüchern des 16. Jahrhunderts finden sich sowohl der rot als auch der gelb blühende Bocksbart, deren »zarten Wurzeln zu Salat« gebraucht werden, besonders der mit den gelben Blüten (unser Wiesenbocksbart *T. pratense*), dessen »süße Wurzeln die Kinder essen«, wie Hieronymus Bock (1546) in seinem Kräuterbuch bemerkte.

In der Mitte des letzten Jahrhunderts diente die Weißwurzel »als Salat-, Gemüse- und Suppenpflanze, als Kaffee-Surrogat, als diätetisches Arzneimittel, ist süß-schleimig und hat wenig Bitterkeit«. Sie sei aber »jetzt« durch die Schwarzwurzel (*Scorzonera*) fast verdrängt (Langethal 1845). Um 1929 wurde sie nach Angaben von Hegi in

Deutschland noch in kleinem Umfang angebaut, stellenweise sogar feldmäßig und zwar um Nürnberg, in Westfalen, in der Mark Brandenburg, in Ostpreußen, in Schlesien u. a.
Die Wildform wird derselben Art *Tragopogon porrifolius* zugeordnet und als Unterart ssp. *sylvestris* bezeichnet. Wie die auf dem gleichen Beet meines Stuttgarter Gartens ausgesäten Pflanzen zeigten, hatten sich bis Mitte Oktober sowohl Pflanzen mit Blütenschäften (Abb. 93 rechts) als auch blütenlose Blattrosetten gebildet. Die Wurzeln sind dünner und stark verzweigt, die Blätter viel schmaler als bei der Kulturform. Außerdem streben sie bei der blütenlosen Rosette nicht steil aufwärts, sondern sie erheben sich bogenförmig nur wenig über den Boden.
Die Wildform ist nicht in Mitteleuropa, sondern im Mittelmeergebiet und im westlichen Asien beheimatet. In Italien wächst sie in Trockenvegetationen auf sonnigen, steinigen Böden, wie z. B. am Monte Cassino (zwischen Rom und Neapel). Die großen, auffälligen Fruchtstände sind dort im Juni schon von weitem in dem bunten Blüten- und Gräserteppich aus Strahldolde (*Orlaya grandiflora*), Trespen (*Bromus*-Arten) und anderen Pflanzen zu sehen (Taf. 126 u. 127).
Der bei uns in Wiesen wachsende Wiesenbocksbart (*Tragopogon pratense*), dessen große gelbe Blüten Ende Mai und Juni auffällig sind, ist – wie wir gesehen haben – auch im 16. Jahrhundert wegen seiner Wurzel genutzt worden. Fischer-Benzon (1895) meint, es »könnte sich wohl der Mühe lohnen, wieder einmal Anbauversuche mit ihm zu machen, vielleicht könnten seine weißen Wurzeln die Konkurrenz mit den schwarzen der Schwarzwurzel (*Scorzonera*) erfolgreich aufnehmen«.
Von »Konkurrenz« zwischen Weiß- und Schwarzwurzel kann jedoch keine Rede sein, wenn man ihre Eigenschaften als Gemüse betrachtet. Obwohl beide anstelle der Stärke den speziellen Reservestoff der Korbblütler, das Inulin, besitzen, sind die Eigenschaften beider Wurzelgemüse ganz verschieden.

SPARGELERBSE, SPARGELSCHOTE (*Tetragonolobus purpureus* Moench = *Lotus tetragonolobus* L. = *L. edulis* L.)

Die Spargelerbse ist ein Schmetterlingsblütler (*Leguminosae*) mit eßbaren Hülsen. Eine Pflanze besteht aus mehreren 20–40 Zentimeter langen, aufsteigenden oder aufrechten Stengeln. Daran befinden sich dreizählige, zugespitzte Blätter von graugrüner Farbe, die wie die Stengel fein behaart sind. Die Blütenstände mit zwei (seltener einer) braunroten Blüten kommen aus den Blattachseln am Ende der Stengel hervor. Eigentümlich sind die Hülsen geformt, denn sie haben vier symmetrisch um die Hülsen angeordnete, flügelartige Längsrippen. Die Hülsen werden 5–7 Zentimeter lang (Taf. 129).

Genutzt werden die grünen Hülsen, solange sie noch zart sind. In England finden sie sich in »The Oxford Book of Food Plants« (1981, über Nahrungspflanzen) unter den derzeit angebauten Hülsenfruchtgemüsen beschrieben und farbig abgebildet. Sie werden wegen ihres Geschmacks gelobt, doch die Pflanze werde mehr als Kuriosität, denn als wirtschaftliches Gemüse gezogen. Becker-Dillingen (1929 b) gibt an, daß die reifen Samen geröstet als Kaffee-Ersatzmittel gebraucht werden, auch nutzt man die Pflanze als Viehfutter. Zum Umfang des Anbaus um 1921 bemerkt Carl Fruwirth: »In größeren Quantitäten werden sie nicht gehandelt.«

Samen der Spargelerbse sind weder in archäobotanischen Funden aufgetaucht, noch wird der Name der Pflanze im mittelalterlichen Schrifttum in Deutschland genannt. Das ist erstmals der Fall bei Carolus Clusius (1583), der sie in seiner österreichischen Flora als Lotus siliquosus rubello flore bezeichnete. Etwa gleichzeitig führt sie Joachim Camerarius (1586, als Neuauflage von Mattioli aus Siena) in Nürnberg unter der Bezeichnung Lotus pulcherrime tetragonolobus. In der Mitte des vorigen Jahrhunderts waren die Ansichten über den Nutzungswert dieser Pflanze geteilt. So schrieb Alefeld (1866): »In Deutschland wird sie mit Recht wenig gebaut.« Calwer aber schrieb 1852: Ihr Anbau verdiene mehr Anerkennung, da er mit keinen Umständen verknüpft sei und die Pflanze bis in den September in die Blüten treibe.

Um eine eigene Vorstellung von der Beschaffenheit dieser Gemüseart zu erhalten, habe ich einige junge Hülsen von den im Sommer 1985 im Hohenheimer Botanischen Garten gezogenen Pflanzen gepflückt und mit etwas Wasser, Salz und Fett 15 Minuten lang gekocht. Beim Abheben des Topfdeckels entströmte ein intensiver, aromatischer Geruch, der mit nichts vergleichbar war. Ebenso aromatisch schmeckten die gekochten Hülsen. Das besondere Aroma ist ganz anders als bei Spargel, weswegen die Bezeichnung »Spargelerbse« irreführend ist. Aber früher wurden alle eßbaren Sprosse verschiedener Pflanzenarten als »Spargeln« bezeichnet, was wir heute nicht mehr kennen. Würde diese Gemüseart wieder bei uns heimisch gemacht, dann nur als delikate Besonderheit. Außer zur Nutzung als Gemüse ist die Pflanze mit ihren braunroten Blüten, dem schönen Laub und den bizarren Früchten auch für den Blumengarten geeignet, z. B. im Sommer als Bodendecker.

Das Verbreitungsgebiet der Pflanze ist das Mittelmeergebiet von Portugal, Spanien und Nordafrika bis Griechenland, Zypern und südlich des Kaukasus, doch wirklich einheimisch ist sie vielleicht nur im südwestlichen Mittelmeergebiet (nach Hegi 1909–1929). Als wilder Vorfahr wird die Zweifarbige Spargelerbse (*T. biflorus*) angesehen, die, allerdings selten, in Süditalien und Sizilien vorkommt.

SMYRNERKRAUT (*Smyrnium olusatrum* L. = *S. maritinum* Salisb.)

Smyrnerkraut, auch Myrrhenkraut, Gelbdolde, Gespenst-Gelbdolde, Gemeine Macerone, Schwarzes Gemüse, Pferde-Eppich genannt, ist eine zweijährige, über 130 Zentimeter hohe, breite, kräftige Pflanze aus der Familie der Doldengewächse (*Umbelliferae* = *Apiaceae*). Alle Laubblätter sind gefiedert, mit großen, unregelmäßigen Fiederlappen. Die Blattstiele sitzen mit aufgeblasenen Scheiden am Stengel. Blätter und Stengel riechen angenehm würzig. Daher der Name Myrrhenkraut. Die Früchte sind verhältnismäßig groß (etwa 6 mm lang) und kohlrabenschwarz.

Die Pflanze hat einen anderen Wachstumsrhythmus als unsere einheimischen Doldengewächse, denn *Smyrnium* war Mitte Juli, als ich sie 1984 in Südengland sah (im Naturschutzgebiet Farrington, nahe Portsmouth), schon ganz gelb und abgewelkt. Nur noch wenige schwarze Früchte befanden sich an den bereits überwiegend kahlen Fruchtständen. Das steht in merkwürdigem Gegensatz zu den sonst um diese Zeit voll in Saft und Grün befindlichen anderen krautigen Pflanzen. Die Bezeichnung Gespenst-Gelbdolde soll nach Hegi auf das »gespensterhafte Aussehen der abgestorbenen Pflanzen (skelettartig)« zurückgehen.

Als allgemeine Verbreitung wird bei Hegi (1956) angegeben: Mittelmeergebiet, von den Kanaren bis Syrien und zum Kaukasus sowie von Südwesteuropa bis England. In England soll sie jedoch nur verschleppt bzw. verwildert sein. Sie wächst dort gern an etwas feuchten Stellen, auf Schutt, zuweilen massenhaft. In Italien komme sie, z. B. im Küstengebiet der Adria, in Gebüschen und auf Grasplätzen vor.

Genutzt wurden vom Smyrnerkraut die Blattstiele, gekocht und zubereitet als Gemüse oder Salat, in derselben Weise wie der Bleichsellerie. Der Geschmack ist sellerieähnlich. Auch die Wurzeln sind in gekochtem Zustand gegessen worden.

Die Kulturgeschichte der Pflanze läßt sich nach schriftlichen Quellen bis ins griechische und römische Altertum zurückverfolgen. Das Smyrnerkraut war bei den Griechen und Römern im Altertum eine geschätzte Gemüse- und Arzneipflanze. Als frühestes berichtet Theophrastos (371–287 v. Chr.): »Das olusatrum (hipposelinon = Pferde-Eppich) hat Blätter wie Sellerie (eleioselinon), einen großen Stamm, eine schwarze, dicke Wurzel, schwarze Früchte. Beide sollen als Heilmittel dienen. Die Pflanze wächst überall. Der hervorquellende Saft gerinnt und wird wie Myrrhe, weswegen auch der Name smyrnyon für die Pflanze gebraucht wird.« Dioskorides (um 60 n. Chr.) berichtet in seinem Buch De materia medica (3, 71): »Das olusatrum heißt auch grieslon, agrioselinon und smyrnion. Es wird als Gemüse gegessen, die Wurzel auch roh.« Nennungen dieser Pflanze finden sich weiterhin bei Columella und Plinius (beide 1. Jh. n. Chr.) unter den Bezeichnungen Olus atrum und olusatrum (übersetzt und zusammengestellt von Lenz 1859).

Im deutschen Mittelalter wird die Pflanze bereits im Capitulare Karl d. Gr. (um 800) als olusatrum unter den zum Anbau empfohlenen Nahrungs- und Arzneipflanzen empfohlen. Der komplizierte Name taucht in anderen mittelalterlichen Schriften unter den verschiedensten Verdrehungen auf: oliserus, oleratum, olosatrus, olixatrum, olisatrum usw. Nach Fischer-Benzon (1894) muß im Mittelalter diese Pflanze viel benutzt worden sein. Aber bereits im 16. Jahrhundert sei dies rückläufig geworden, da sie in den Kräuterbüchern dieser Zeit nicht mehr erscheint. Sie ist verdrängt worden durch andere Planzen, die im Zeitalter der Entdeckungen zu uns gelangt sind.
Aus dem vorigen Jahrhundert berichtet Alefeld (1866) folgendes über das Smyrnerkraut (*Smyrnium olusatrum* L.): »Eine 2jährige Pflanze Südeuropas, wurde früher viel kultiviert und wie Blattsellerie benutzt, aber eben durch diese Kultur verdrängt. Der Geschmack dieses Blattstielgemüses ähnelt ganz dem von Sellerie.« Das heißt, daß sie im vorigen Jahrhundert nicht mehr genutzt worden ist.

GRÜNER FUCHSSCHWANZ, BLITUM, MEYER (*Amaranthus lividus* L. = *A. blitum* L. = *A. viridis* L.)

Die Pflanze gehört zu der kleinen Familie der Fuchsschwanz- oder Amaranthgewächse (*Amaranthaceae*). Diese Art ist einjährig, 15–70 Zentimeter hoch. Vom Grunde an steigen an einer Pflanze mehrere Stengel auf, die mit gestielten, eiförmigen oder rautenförmigen, dunkelgrünen, unbehaarten Blättern besetzt sind. Die Blüten sind klein (nur 1–1,5 mm im Durchmesser) und unscheinbar. Sie sitzen in weißlichgrünlichen Knäueln in den Blattachseln (Abb. 94).
Nach Zeven und De Wet (1982) ist diese Art ursprünglich beheimatet in Südeuropa und im östlichen Mediterrangebiet. Heute wächst sie weltweit nur noch als Unkraut und zwar in der ganzen gemäßigten Zone. Vor der Zeit der chemischen Unkrautbekämpfung war sie auf Hackfruchtäckern, in Weinbergen, Gärten, aber auch an Wegen und Mauern verbreitet. Die Pflanze liebt bearbeiteten, d. h. durch Acker- oder Gartenbau gelockerten Lehmboden, wurzelt bis 60 Zentimeter tief, ist wärmeliebend und ein Garezeiger für Kulturböden (nach Oberdorfer 1979). Infolge der Spritzungen ist sie aber selten in Deutschland geworden.
Die vorgeschichtlichen Samenfunde in Deutschland gehen bis in die Römerzeit zurück. Sie beschränken sich auf klimatisch milde Gegenden, wie das Rheinland, Butzbach/Hessen und das mittlere Neckarland. Das ist auch in archäobotanischen Proben aus dem Mittelalter nicht anders.

Weisser Meyer. Blitum album. Wilder Meyer. Blitum sylvestre.

Abb. 94. Grüner Fuchsschwanz (*Amaranthus lividus*). Links die angebaute Form, rechts die Wildform. Holzschnitte aus dem Kräuterbuch von Joachim Camerarius (1586).

In Griechenland und Italien, zur Zeit des klassischen Altertums, wird von Theophrastos (371–287 v. Chr.) bliton oder blitum als angebautes Gemüse genannt. Die Beurteilung ist aber verschieden. Während Dioskorides (um 60 n. Chr.) schreibt: »Das blitum wird als Gemüse gegessen, bekommt dem Leibe gut, hat keine arzneiliche Eigenschaft«, berichtet Plinius (23–79 n. Chr.), daß blitum weder Wirkung noch Geschmack habe, und Palladinus schreibt: »Dieses Gemüse wird nicht gejätet und behackt und setzt sich, wo es einmal steht, so fest, daß man es kaum wieder vertilgen kann«.

Von den schriftlichen Quellen des Mittelalters wird dieser Fuchsschwanz im Capitulare Karls d. Gr. (um 800) unter dem Namen blidas geführt. Aber zu den bedeutenden Gemüsepflanzen kann er nicht gerechnet werden. Auch in den Kräuterbüchern des 16. Jahrhunderts taucht er nicht häufig auf. Er wird dort Meyer oder Meier genannt (Abb. 94). Hiervon gäbe es eine Form mit weißen und eine andere mit roten Stengeln

Tafel 129 Spargelerbse (*Tetragonolobus purpureus*) mit ihren viereckigen, geflügelten, eßbaren Hülsen. Botanischer Garten der Univ. Hohenheim. 18. 7. 1985.

Tafel 130 Kopfblütiger Erdbeerspinat (*Chenopodium capitatum*). Oben: Die junge Blattrosette, erntereif. 5. 7. 1985. Unten: Mit Fruchtständen – leuchtend roten, eßbaren Beeren, die jedoch fad schmecken. Botanischer Garten der Univ. Hohenheim. 15. 8. 1985.

Tafel 131 Schildampfer, Römischer Sauerampfer (*Rumex scutatus*), auf Schieferfelsen am Rhein bei St. Goar. 17. 6. 1985. ▷

Tafel 132 Rapunzel-Glockenblume (*Campanula rapunculus*) auf einer sonnigen, trockenen Magerwiese im Rheinischen Schiefergebirge an der Mosel bei Trier. 18. 6. 1985.

(diese Erscheinung kann aber durch feuchte oder trockene Standorte hervorgerufen werden bzw. andere Wachstumsbedingungen). Joachim Camerarius berichtet dazu: »Meyer wird von vielen zu der Speiß bereitet, wie die andern Kochkreutter.«
Zu dieser Zeit, also im 16. Jahrhundert, wurde er als Nutzpflanze bereits durch den inzwischen allgemein üblich gewordenen Spinat (*Spinacia oleracea*) verdrängt. Und das mit Recht, denn der Fuchsschwanz bildet keine Blattrosette wie der Spinat. Die zum Gemüse benötigten Blätter müssen einzeln von den verästelten Stengeln abgepflückt werden, auch sind sie kleiner und weniger saftig als der Spinat. Zudem hatte man seit altersher als Blattgemüse den sehr ergiebigen Mangold. Blitum war aus diesen Gründen niemals eine auch nur annähernd bedeutende Blattgemüsepflanze.

ERDBEERSPINAT (*Chenopodium capitatum* und *Ch. foliosum*)

Der Erdbeerspinat gehört zur Familie der Gänsefußgewächse (*Chenopodiaceae*) und hat seinen Namen von den roten, saftigen, eßbaren Früchten bekommen (Taf. 130 unten), die es sonst bei keinem anderen in Mitteleuropa vorkommenden Gänsefußgewächs gibt. Die Bezeichnung »Spinat« bezieht sich auf die eigentliche Nutzung, nämlich die der Blätter. Die Blätter der jungen Rosette, bevor sie in Blüten schießt, sind meldeähnlich (Taf. 130 oben). Da die Pflanzen bei Frühjahrsaussaat sich im Juni/Juli bis zu etwa 20–25 Zentimeter Größe entwickelt haben, können diese gut als Sommerspinat gekocht werden und zwar der Kopfblütige besser als der Echte Erdbeerspinat, weil bei ersterem die Stengel und Blätter dünner, heller grün und zarter sind. Es kann die ganze Rosette abgeschnitten werden. Die roten Beeren sind bei beiden Arten wenig angenehm zu essen (im Vergleich zu Erdbeeren und Himbeeren). Sie sind ohne Aroma und voller kleiner Samen.
Der Erdbeerspinat umfaßt zwei verschiedene Pflanzenarten, die sich in der Größe und Anordnung der Früchte, in der Form der Blätter und auch im Ursprungsland unterscheiden.

Kopfblütiger oder Ährenblütiger Erdbeerspinat (*Ch. capitatum* [L.] Aschers. = *Blitum capitatum* L.)

Die einjährige, krautige Pflanze von 30 bis 50 Zentimeter Höhe hat dreieckige, fast spießförmige, am Rande etwas gezähnte Blätter. Die kleinen, unscheinbaren Blüten sitzen zu kugeligen Knäueln zusammen, die unteren in den Blattachseln, die oberen an blattlosen Ähren. Zur Zeit der Reife hat sich jedoch aus jedem Blütenknäuel eine etwa zentimetergroße, runde, fleischige, leuchtend rote Fruchtkugel gebildet (Taf. 130 unten).

Nach Hegi kommt sie in Spanien, Italien, den Balkanstaaten, Deutschland, Frankreich, Belgien, Holland, Dänemark, Südskandinavien, Finnland, Polen, im mittleren und südlichen Rußland wildwachsend vor. Die Standorte befanden sich nirgends in der natürlichen Vegetation, sondern immer nur in Verbindung mit menschlicher Kultur. In Deutschland wurde er nur für die Zeit von 1914 bis 1937 für einige Orte angegeben, wo er als eingeschleppt angesehen wird (nähere Angaben bei Hegi).

Um seine wirkliche Heimat zu ermitteln, spielt es eine Rolle, daß er in der Alten Welt nirgendwo in der natürlichen Vegetation gefunden worden ist. Andererseits aber kommt diese Art in Nordamerika häufig vor, wie z. B. in den Rocky Mountains. Sie geht von Neumexiko bis Alaska, bevorzugt nasse, schattige Ufer der Flüsse und Seen und ist stellenweise ein gemeines Unkraut auf Kulturland. Es wird daher angenommen, daß diese Art des Erdbeerspinats aus Amerika stammt und alle oben genannten Fundorte in der Alten Welt auf frühere Kultur oder Einschleppung von Samen zurückgehen.

Echter Erdbeerspinat (*Ch. foliosum* [Moench] Aschers. = *Blitum virgatum* L.)

Im Unterschied zur vorigen Art sind die Blütenstände bis oben beblättert, die roten Fruchtknäuel kleiner und die Blätter stärker gezähnt. Diese Art ist nach Hegi (1959–1979) in der Alten Welt beheimatet. Es ist eine Gebirgspflanze in Spanien, in den Alpen, im Kaukasus, Elburs, den zentralasiatischen und nordwestafrikanischen Gebirgen. Die Verschleppung durch Weidetiere und Vögel sowie die Kultur des Menschen lassen das ursprüngliche Verbreitungsareal nicht mit Sicherheit festlegen. »Die Art kommt heute als Kulturrelikt in allen europäischen Ländern vor. Die saftige, scharlachrote Sammelfrucht wird von Vögeln und Weidetieren, auch vom Menschen gegessen. Sie schmeckt, wie das Kraut, fad.« Heute wird sie nur noch in botanischen Gärten und ab und zu in Privatgärten als Zierpflanze gehalten. Ferner kommt sie im Alpengebiet an steinigen, trockenen Stellen vor, an Wegrändern und Zäunen, auf humosen und nitratreichen Schuttstellen, Misthaufen, Lagerstellen, bei Höhlen, Schloßruinen usw. Sie ist aber inzwischen sehr selten.

Kulturgeschichte und Nutzung von Erdbeerspinat

Archäobotanisch sind die Samen nicht nachgewiesen worden. Man ist daher allein auf schriftliche Quellen angewiesen. Das dürfte an sich nicht schwierig sein, da es sich um eine auffällige Pflanze handelt. Sie wird aber in den griechischen und römischen Schriften des klassischen Altertums nicht genannt. Nach Fischer-Benzon (1894) kommt sie auch in Deutschland nicht in den mittelalterlichen Pflanzenverzeichnissen vor. Erst im Zeitalter der Entdeckungen taucht sie auf und zwar erstmals in dem Buch »Rariorum Plantarum Historia« (Antwerpen 1601, S. CXXXV) des bedeutendsten Botanikers dieser Zeit, Carolus Clusius. Clusius gibt eine gute Abbildung dieser Pflanze, die er als Atriplex sylvestris bacciferae bezeichnet, also als »beerentragende wilde Melde«. Er habe sie in Leiden (wo er Professor für Botanik war) aus Samen gezogen, von einer Pflanze, die er in getrocknetem Zustand aus Spanien bekommen habe. 1623 beschreibt Kaspar Bauhin dieselbe Pflanzenart als Atriplex sylvestre mori fructu (wilde Melde mit Maulbeer- oder Himbeerfrüchten) und gibt auch die von Clusius gegebene Bezeichnung an. Fischer-Benzon schreibt weiter, von Leiden aus habe der Erdbeerspinat wie so viele andere Pflanzen »seine Wanderung in die botanischen Gärten Europas, und von da in die Privatgärten angetreten«.
Der Erdbeerspinat kann aber nicht lange genutzt worden sein, denn er wurde schon bald danach durch den echten Spinat (*Spinacia oleracea*) verdrängt. Jedenfalls wird er in der Mitte des vorigen Jahrhunderts weder von Langethal (1845) noch von Alefeld (1866) unter den damals angebauten Nutzpflanzen aufgeführt. Er hat sich als dekorative, absonderliche Gartenpflanze gehalten.
Becker-Dillingen (1924) beschreibt die Kultur, ohne daß aber zu der Zeit die Pflanzen noch irgendeinen Nutzwert als Gemüse oder Obst besessen hätten. Zum Anbau heißt es: »Als Reihenentfernung wählt man 25 cm und verzieht dann innerhalb der Reihe auf 20–35 cm. Man sät im April, Mai an Ort und Stelle im Freiland.«

AMPFER-ARTEN (*Rumex* spp.)

Ampfer-Arten (Familie der Knöterichgewächse, *Polygonaceae*) gibt es in unserer deutschen Flora sehr viele. Die meisten sind teils Feucht- und Uferpflanzen, teils Bewohner nährstoffreicher Böden und kommen daher besonders häufig in und bei ländlichen Ortschaften oder auf Kulturland vor. Viele Arten haben bittere Blätter, die vom Vieh nicht gefressen werden und die sich deshalb auf Viehweiden besonders stark vermehren (wie der Krause Ampfer *R. crispus* und der Stumpfblättrige Ampfer *R. obtusifolius*). Einige Arten haben eßbare oder sogar wohlschmeckende Blätter. Bei manchen hochwüchsigen Arten können die großen Wurzeln auch für medizinische Zwecke genutzt werden.

So wurden in botanisch-medizinischen Schriften in Griechenland und Italien zur Zeit des klassischen Altertums von verschiedenen Autoren immer wieder Ampfer-Arten (lapathon, rumex) genannt. Zum Beispiel schrieb Dioskorides im 1. Jahrhundert n. Chr. (in De materia medica 2, 140): »Eine der Ampfer-Arten (lapathon) nennt man Spitzampfer. Sie wächst in Sümpfen, ist oben hart und ziemlich spitzig. Eine andere Art ist der Gartenampfer und jenem nicht ähnlich.« Insgesamt nennt er vier Arten. »Alle Arten erweichen, als Gemüse gekocht, den Leib. Alle Teile werden auch innerlich und äußerlich als Arznei gebraucht.« Ähnliches berichten noch andere Schriftsteller dieser Zeit. Um welche Ampfer-Arten es sich dabei gehandelt hat, läßt sich heute nicht mehr feststellen.

Für Deutschland kommen zur Verwendung der Blätter in der Küche mehrere Arten in Frage, besonders aber die folgenden vier:

Gemüseampfer (*R. patientia*), seit dem Mittelalter in Gärten angebaut. Römischer Sauerampfer (*R. scutatus*), im römischen Germanien angepflanzt. Garten-Sauerampfer (*R. acetosa*), heute noch genutzt, und daher bereits in Teil I behandelt. Alpenampfer (*R. alpinus*). Diese außerordentlich großblättrige Ampferart ist eine typische Lager- oder Ammoniakpflanze, die in den Alpen um die Sennhütten und Viehställe, auch in höheren Lagen des Schwarzwaldes bei den Bauerngärten, an den Misthaufen und Jaucheabflüssen massenhaft wild wächst. Das Vieh mag die großen Blätter nicht, aber die »jungen Blätter wurden von den Sennern gegessen und zwar als Salat oder Spinat oder in Teig und Butter gebacken« (nach Hegi 1906–1929). In Lausanne soll er (nach Becker-Dillingen, 1929) im 16. Jahrhundert in Gemüsegärten angepflanzt gewesen sein. Da aber aus Deutschland kein eigener Anbau bekannt ist, wird er hier nicht näher behandelt, sondern nur die beiden früher in Gärten gezogenen Arten.

Gemüseampfer (*Rumex patientia* L.)

Aus einer dicken, gelben, fast möhrenartigen Wurzel treiben im Frühjahr zahlreiche gestielte, große, länglich-ovale, dunkelgrüne Blätter. Sie sind fest, bis zu 25 Zentimeter lang und bis zu 12 Zentimeter breit, am Rande schwach wellig und zum Ende spitz zulaufend. Sie werden als Blattgemüse genutzt. Der schon roh wahrnehmbare, etwas säuerliche Geschmack (doch weniger sauer als Sauerampfer) bleibt auch nach dem Kochen erhalten. Es werden weniger als zehn Minuten Kochzeit benötigt. (Vorteilhaft zusammen zu kochen mit Lauchzwiebeln *Allium fistulosum* mitsamt deren Blättern

oder dem im Frühjahr in Buchenwäldern wild wachsenden Bärlauch *Allium ursinum*). Vom zweiten Jahr an treibt die Pflanze jeweils ab Ende Mai/Anfang Juni einen bis zu 1,3 Meter hoch werdenden Blütenschaft, an dem sich reichlich Samen entwickeln.
Zieht man sich den Gemüseampfer, auch Gartenampfer, Winterspinat, Englischer Spinat genannt, aus Samen, so müssen die Jungpflanzen vereinzelt werden, da eine Pflanze 40 bis 50 Zentimeter Platz benötigt. Er ist wenig empfindlich gegenüber Klima und Pflege. Eine Kultur hält mehrere Jahre. Man sollte aber die Blätter regelmäßig schneiden, bevor sie hart werden und damit die Pflanze nicht in Blüten schießt. In milden Klimalagen (wie in England) überdauern die Blätter auch im Winter.
Die Nutzung des Gemüseampfers ist aus fast allen europäischen Ländern belegt, wie deren spezielle Namen zeigen (von Schweden bis Italien und von Portugal bis Rußland und Ungarn). Ein Schwerpunkt liegt (lag) offenbar in England, denn die Bezeichnung dort sowie in Holland und Deutschland lautet Englischer Winterspinat.
Funde von vorgeschichtlichen Früchten fehlen bisher, die ältesten Nachrichten stammen aus dem Mittelalter. Hierzu bemerkt Fischer-Benzon (1894), diese Art sei im Mittelalter viel in Klostergärten gezogen worden, gebraucht als Abführmittel aus dessen Wurzeln, anstelle von Rhabarber. Der Gemüseampfer wurde deshalb als »Echter Mönchsrhabarber« bezeichnet.
Fr. Alefeld schreibt, der Gemüseampfer, als kultivierte Form, sei in Gärten als Blattgemüse angebaut worden. Da die einmal angelegte Pflanzung zehn und mehr Jahre halte und sehr große Büsche bilde, sei sie in dieser Hinsicht zu empfehlen.
In der Bundesrepublik wird der Gemüseampfer aber derzeit nicht in den Katalogen der Samenzüchtereien geführt. Nur in botanischen Gärten kann man ihn sehen. Für private Gemüsegärten ist er zu empfehlen, weil er unproblematisch im Anbau ist und weil er die gemüsearme Zeit im Frühjahr mit überbrücken kann.

Schildampfer (*Rumex scutatus* L.)

Die Pflanze, auch Römischer oder Französischer Sauerampfer genannt, hat kleine, graue, etwas dickliche, sauer schmeckende Blätter, die dünn mit einem abwischbaren Wachs überzogen sind. Im Frühjahr bildet sich eine Rosette aus vielen gestielten Blättern, die dreieckig-rundlich wie ein Schild, manchmal seitlich eingebuchtet (geigenförmig) sind. Im Frühsommer treiben dünne, verästelte Blütenstiele hervor, die 20–40 Zentimeter hoch werden (Taf. 131).
Der älteste und bisher einzige Nachweis seiner Nutzung sind einige Früchte in den Verfüllschichten eines Brunnens im römischen Ostkastell von Welzheim im Rems-Murr-Kreis (Baden-Württemberg / Körber-Grohne und Piening 1983). Eine Verwen-

dung für Nahrungszwecke durch die Römer wird angenommen, weil das Gebiet um Welzheim ein relativ kühles, regenreiches Waldland ist. Als allgemeine Verbreitung gibt Hegi (1906–1929) »Südeuropa, Alpenkette, Mitteleuropa (zerstreut), Karpathen, Balkanhalbinsel, Orient, Kaukasusländer« an. Bevorzugte Stellen sind jedoch sonnige, steinige, felsige Abhänge, wie z. B. im Moseltal an Weinbergmauern oder auf der Schwäbischen Alb in Südlage auf sommerheißen, sonnigen Steppenheidestandorten. Deswegen ist bei Welzheim zur Römerzeit nur gartenmäßiger Anbau anzunehmen. Daß bei dem Kastell ein solcher stattgefunden hat, belegen dort auch andere Gartenpflanzen wie Garten-Melde (*Atriplex hortensis*), Koriander (*Coriandrum sativum*), Dill (*Anethum graveolens*) und Sellerie (*Apium graveolens*).
Nach dem Abzug der Römer ist die Kenntnis seiner Kultur offenbar wieder verlorengegangen. Erst im vorigen Jahrhundert bezeichnet Langethal (1845) den *Rumex scutatus* L. als römischen Spinat, römischen Sauerampfer, französischen und englischen Sauerampfer. Nach der Beschreibung der Pflanze folgt die Angabe: »Das Kraut liefert einen angenehmen, aber sehr zusammenfallenden Kohl, ist im Geschmacke feiner und weichlicher als das vom Gemüse-Ampfer (*R. patientia*) und Sauer-Ampfer (*R. acetosa*) und findet sich nur hie und da in Gärten. Man kann den römischen Spinat durch Samen und durch Teilung der Stöcke vermehren, pflanzt ihn gemeinlich in Reihen, läßt ihn mehrere Jahr hintereinander stehen und pflegt ihn wie den echten Spinat.« Auch Alefeld (1866) gibt ihn unter der römischen, französischen und englischen Bezeichnung an und unterscheidet vier Kulturformen. Am Anfang unseres Jahrhunderts hatte er offenbar keine Bedeutung mehr als Nutzpflanze.

RAPUNZEL-GLOCKENBLUME, RAPUNZEL (*Campanula rapunculus* L.)

Die Bezeichnung Rapunzel wird auch für Feld- oder Ackersalat (*Valerianella*) gebraucht. Hier handelt es sich jedoch um eine Glockenblumenart. Verwechslung oder gemeinsame Bezeichnung sind wahrscheinlich dadurch zustande gekommen, daß die jungen Blattrosetten der beiden Pflanzenarten eine gewisse Ähnlichkeit haben und eßbar sind. Beide kommen in unserer einheimischen Flora vor. Beide wurden, lange bevor man sie in den Gärten aussäte, über den Winter und im März draußen auf Brachen, Äckern, an Wegrainen, auf lückigen Triften und anderen offenen Böden ausgestochen und als begehrter Wintersalat gegessen.
Die echten Rapunzeln bilden im Herbst des ersten Jahres eine kleine Blattrosette. Die Wurzel ist aber – im Gegensatz zum Feldsalat – bis fingerdick und fleischig. Sie kann

auch, und zwar roh, gegessen werden. Der Name Rapunzel leitet sich vom lateinischen rapunculus ab und bedeutet »kleine Wurzel«. Erst im zweiten Jahr wächst ein dünner, hoch oben verzweigter Stengel empor, an dem von Juni bis August trichterförmig-glockige Blüten stehen. Die Blüten sind 1,5–2,5 Zentimeter lang und abstehend.

Abb. 95. Rapunzel-Glockenblume (*Campanula rapunculus*). Holzschnitt aus dem Kräuterbuch von Hieronymus Bock (1546). Links unten die junge Blattrosette mit verdickter, eßbarer Wurzel (Herbst–Frühjahr). Dies ist die echte Rapunzel (von lateinisch rapunculus = kleine Wurzel).

Der Anbau im Garten lohnt sich nach Becker-Dillingen (1924) in folgender Weise: »Zu diesem Zweck werden die Rapunzeln nicht vor Ende Mai gesät. Bei zu früher Saat bilden sich noch im selben Jahr Blütenstiele aus. Da die Samen außerordentlich klein sind, werden sie am besten mit der 20fachen Menge reinen, trockenen Sandes vermischt. Man sät in Reihen von 20–25 cm Entfernung. Eine Bedeckung mit Erde findet nicht statt. Der Boden soll gut und locker sein. Frische Düngung ist nicht notwendig. Die jungen Pflänzchen müssen vereinzelt werden, weil sich bei zu dichtem Stand wohl viele Blätter bilden, aber zu kleine Rübchen. Die Ernte beginnt im Oktober und hält den ganzen Winter an. Verwendet werden Rübchen und Blätter zu Salat, erstere in Scheibchen geschnitten . . . Der Anbau dieses wohlschmeckenden Wintergemüses ist sehr zu empfehlen.«

Die Geschichte der Rapunzel entspricht der des Feldsalats. In häufiger Verwechslung mit Feldsalat (*Valerianella*) erscheint sie in mehreren Kräuterbüchern des 16. Jahrhunderts. So berichtet Otto Brunfels (1532) zu der deutlich als Glockenblume (*Campanula*) abgebildeten blühenden Pflanze: »Diße rapüntzelin will ich den geleerten zu einem sallat schencken.« Zu jener Zeit sind diese Rapunzeln auch in Gärten gezogen worden, denn H. Bock (1546) schreibt: »Rapuntzel seind nicht anders dann kleine Rüblin . . . mögen wol für zeiten bei den fleissigen gärtnern in ehren gehalten seind worden« (Abb. 95).

In der Mitte des vorigen Jahrhunderts schreibt Alefeld (1866) über *Campanula rapunculus* L., die Rapunzel-Glockenblume: »Die Wurzel, die als gesund gilt, wird in England und Frankreich im Frühjahr häufig roh wie Rettig genossen und hat einen feinen nussartigen Geschmack oder den Winter-Salaten beigemischt, wobei auch die Stengelblätter der Rapunzeln mitbenutzt werden. In Deutschland sehr selten in Gärten zu treffen.« Er unterscheidet eine wilde und eine kultivierte Form, deren Wurzel auf gleichem Boden bedeutend dicker sei.

Noch zwischen 1906 und 1929 ist sie nach Angaben von Hegi besonders viel im Elsaß und in der Schweiz genutzt worden, wo die Bezeichnungen Rapunzele bzw. Rapünzli üblich waren.

Die Wildpflanze kommt nach der Flora Europaea in Mitteleuropa sowie Süd- bis Mittelrußland vor. In Deutschland ist sie heute nur gebietsweise im Westen und Südwesten, z. B. am Kaiserstuhl bei Freiburg und im Rheinischen Schiefergebirge vertreten. Dort sieht man diese hoch aus den trockenen Wiesen und grasigen Böschungen aufragende Glockenblume reichlich am Rhein, an der Mosel und im Hunsrück (Taf. 132). Es sind sonnige Standorte in sommerwarmen Gegenden, die diese graziöse Pflanze vereinzelt bis massenhaft besiedelt.

Teil III. Zusammenschau

Gegenüberstellung der heute und in der Vergangenheit angebauten Arten

Behandelt wurden in diesem Buch 84 angebaute »Arten« von Nutzpflanzen aus den Nutzungsgruppen Mehl-, Hülsen-, Knollen- und Ölfrüchte, Faser- und Färbe-, Gemüse- und Salatpflanzen sowie einige weitere verschiedene Speisepflanzen. Die angegebene Zahl hängt natürlich davon ab, wie stark man die Arten in Unterarten und Varietäten oder gar Sorten aufgliedert. Im vorliegenden Falle sind die der folgenden Übersicht gemeint.

Übersicht über die nur früher (vor 1979) und die heute in Deutschland im Freiland angebauten Nutzpflanzen für menschlichen Gebrauch. (Die Zeitgrenze wurde deswegen so gelegt, weil 1979 der Anbau der letzten »früheren« erloschen ist, nämlich bei Lein in Ostdeutschland. Die Bezeichnung »Arten« wird in dieser Übersicht nur im landläufigen Sinne verstanden).

Nur früher genutzt	*Heute genutzt*
Mehlfrüchte	
5 Arten: Emmer, Einkorn, Rispen- und Kolbenhirse, Buchweizen	6 Arten: Weizen, Roggen, Gerste, Hafer, Dinkel, Mais
Trocken-Hülsenfrüchte	
3 Arten: Ackerbohnen, Linsen, Kichererbsen	2 Arten: Bohnen, Erbsen
Knollenfrüchte	
keine	1 Art: Kartoffeln
Ölfrüchte	
3 Arten: Lein, Leindotter, Mohn	2 Arten: Raps, Rübsen
Faserpflanzen	
2 Arten: Lein, Hanf	keine
Angebaute Färbepflanzen	
5 Arten: Waid, Krapp, Saflor, Gilbkraut, Stockrose	keine
Gemüse- und Salatpflanzen	
10 Arten: Zuckerwurz, Weißwurzel, Spargelerbse, Smyrnerkraut, Grüner Fuchsschwanz, Erdbeerspinat, Gemüseampfer, Schildampfer, Rapunzel-Glockenblume, Spargelsalat	40 Arten: Grüne Bohnen, Feuerbohnen, Dicke Bohnen, Grüne Erbsen, Kohlrübe, Chinakohl, Herbst-/Mairüben, Rübstiel, Kopf-, Grün-, Rosen-, Blumenkohl, Brokkoli, Kohlrabi, Rettich, Radieschen, Mangold, Spinat, Garten-Melde, Garten-Sauerampfer, Möhren, Rote Bete, Zukkerrüben, Pastinake, Sellerie, Schwarzwurzel, Spargel, Porree, Zwiebel, Schalotte, Lauchzwiebel, Kopf-, Schnitt-, Pflücksalat, Endivie, Zichoriensalat, Radicchio, Chicorée, Feldsalat, Portulak.

Verschiedene Nahrungspflanzen

keine	5 Arten: Tomate, Gurke, Kürbis, Zucchini, Melone

Die Übersicht der *heutigen* Nutzpflanzen enthält alle Feldfrüchte, die in den Statistischen Jahrbüchern der Bundesrepublik Deutschland für Landwirtschaft enthalten sind sowie Gemüse- und Salatpflanzen, die in den jährlichen Katalogen der Samenzüchtereien geführt werden (Namen und Adressen S. 481).
Die Hintergründe dieser Übersicht sollen hier nicht beschrieben werden, weil das bei den einzelnen Arten geschehen ist. Nur skizzenhaft seien einige Bemerkungen erlaubt. Die fünf Mehlfruchtarten von früher sind nur in Mitteleuropa erloschen. In anderen Teilen der Welt werden sie noch angebaut, ja sind in einigen Ländern Grundnahrungsmittel, wie z. B. Rispen- und Kolbenhirse in China oder Linsen im Orient. Bei der Gegenüberstellung der Gemüse- und Salatpflanzen darf die größere Artenzahl bei den heutigen nicht zu optimistische Vorstellungen hervorrufen, denn einige Arten sind nur in manchen Gegenden bekannt (wie z. B. Portulak, Herbst-/Mairüben, Rübstiel, Mangold) und sind im Anbau kaum nennenswert (wie z. B. Pastinake). Die Liste der »früheren« und »heutigen« Gemüse- und Salatpflanzen ist auch als Anregung für Samenzüchtereien und Gartenliebhaber gedacht, nicht mehr oder nur selten genutzte Arten wieder aufleben zu lassen, wenn auch nicht im kommerziellen Gartenbau, so doch im Kleingartenbereich.

Wandel der Nutzpflanzen im Laufe der Zeiten

Da für das Leben der Menschen von der Steinzeit bis heute Ernährung und Rohstoffe der Natur eine entscheidend wichtige Grundlage gebildet haben und noch bilden, soll das folgende Thema abschließend für unser Buch in aller gebotenen Kürze dargestellt werden.

Jungsteinzeit

Altneolithikum, älteste Ackerbaukultur in Mitteleuropa, die Bandkeramik. Der Name »Bandkeramik« kommt von den bandförmigen Mustern auf den Tongefäßen. Ihr Verbreitungsgebiet reichte quer durch die Mittelgebirgszone Europas: von Ungarn im Osten bis Nordfrankreich im Westen, im allgemeinen auf den fruchtbaren Lößböden. Die bäuerlichen Gehöfte lagen wegen der Wasserversorgung nahe an Flüssen und Bächen, doch an den Abhängen des Hügellandes bzw. auf den Flußterrassen. Die Häuser waren aus Holz gebaut, hatten lehmverputzte Wände und waren sehr lang (bis zu 35 m). Außerdem gab es Speicher und Erdgruben zur Lagerung der Ernte. Die Menschen waren die ersten Bauern, denn sie brachten Haustiere mit und betrieben Ackerbau.

Es gab zu jener Zeit nur zwei Hauptgetreidearten: Emmer an erster und Einkorn an zweiter Stelle. Eine dritte Getreideart, Gerste, wurde nur in einigen Gegenden angebaut. Nacktweizen und Rispenhirse sind in Deutschland bisher nur an je zwei Orten in Mittel- und Ostdeutschland bekannt geworden. Außer Getreide wurden die Hülsenfrüchte Erbsen und Linsen gezogen und zur Nutzung der ölreichen Samen der Lein. Ob die Bandkeramiker von den Leinpflanzen auch schon die Fasern der Stengel zu Flachs verwendet haben, ist bisher nicht bekannt, denn es gibt keine Funde von Kleidung oder Stoffresten aus dieser Zeit. Als weitere Pflanze mit ölreichen Samen wurde Schlafmohn genutzt, doch nur im westlichen Gebiet, zwischen Maas und Rhein. Wo Erntevorräte gefunden wurden, zeigte es sich, daß diese nur sehr wenig Unkrautsamen enthielten. Entweder waren die Äcker gut gejätet und/oder das Erntegut wurde sorgfältig gereinigt.

Im Mittelneolithikum (Rössener Kultur) sind obige Gebräuche fortgesetzt worden.

Jung- und Spätneolithikum. Die steinzeitliche Kultur dieser Epoche hat sich in nördlicher Richtung über die Mittelgebirge hinaus ins Flachland ausgedehnt, durchzieht Schleswig-Holstein und Dänemark und umfaßt außerdem Südschweden. Südlich der Donau ist das ganze deutsche, schweizerische und französische Alpenvorland ebenfalls »neolithisiert« worden.

Zu den angebauten Nutzpflanzenarten ist Nacktweizen hinzugekommen. Außerdem zeichnen sich stärkere regionale Verschiedenheiten ab als während der Bandkeramik. So spielte im nördlichen Alpenvorland bei Seeufer- und Moorsiedlungen zeit- und gebietsweise dieser Nacktweizen die beherrschende Rolle. Aber auch Gerste und Emmer gab es viel, erstere teils als Spelz-, teils als Nacktgerste. Einkorn war von geringerer Bedeutung. Gelegentlich gab es auch Hirse. Reichlich angebaut wurden Lein und Mohn. Lein wurde zu jener Zeit nachweislich auch zu Flachs verarbeitet, wie die dünn und gleichmäßig gesponnenen Fäden und gewebte Leinwand sowie aus Leinengarn geknüpfte Fischnetze am Bodensee und anderen Voralpenseen beweisen. Von wildwachsenden Pflanzen mit ölreichen Samen sind stellenweise Rübsen (*Brassica campestris*), Leindotter (*Camelina* sp.) und verschiedene weitere Kreuzblütlersamen gesammelt worden, um sie der Nahrung zuzusetzen (vielleicht auch zum Würzen, Senfgeschmack!), Auspressen von Öl ist für vorgeschichtliche Zeit nirgends belegt.

Im nördlichen Deutschland und in den Niederlanden war Gerste zu der Zeit die vorherrschende Getreideart, ebenfalls in der Nackt- und in der Spelzform. Erst an zweiter

Stelle kamen Emmer und Einkorn. Weizen gab es an mehreren Stellen, doch im allgemeinen nur geringe Beimengungen. Von Hülsenfrüchten sind nur Erbsen angebaut worden, aber keine Linsen. Diese und auch Schlafmohn gab es so weit nördlich nicht.

Bronzezeit

Mit dem Beginn der Metallzeiten erscheinen zwei neue wichtige Nutzpflanzenarten: Ackerbohnen und Dinkel, und als neues Unkraut kommt Hafer (Flug- und Saathafer) auf.

Von den neu angebauten Getreidearten ist der früheste Reinanbau von Dinkel in Südwestdeutschland, in der Wasserburg Buchau am Federsee, belegt, etwas auch zwischen Maas und Rhein. Die Ackerbohnen fanden sich zwar gleichfalls in Buchau, aber zu der Zeit massenhaft nur in Mittel- und Ostdeutschland. Es gab sie dort bedeutend mehr als Erbsen und Linsen. Sonst hat die Gerste überall zugenommen. Im Küstengebiet der Nordsee ist sie an vielen Stellen das alleinige Getreide. Auf den fruchtbaren Ackerböden im Bereich der Mittelgebirge ist Weizen manchenorts als vorherrschende Getreideart nachgewiesen worden, Hirse ist an der Oder, der Elbe sowie zwischen Rhein und Maas belegt.

Vorrömische Eisenzeit

Die regionalen Verschiedenheiten prägen sich weiter aus. In Südwestdeutschland (mittleres Neckarland und obere Donau) gibt es erste Nachweise von Hanf und Färberwaid. Stellenweise wird Dinkel stark bevorzugt, stellenweise Einkorn und auch Gerste, letztere nun zur Hauptsache in bespelzter Form. Erste Beimischungen von Roggen finden sich unter dem Getreide. Weniger vorhanden sind Emmer und Weizen. An sonstigen Feldfrüchten kommt die Ölfrucht Leindotter neu hinzu zum alten Bestand von Lein und den Hülsenfrüchten Erbsen, Linsen und Ackerbohnen.

Im Rheinland (zwischen Rhein und Maas) ist Hirse stark verbreitet. Sonst herrscht eine bunte Fülle aller bis zu der Zeit dort vorhandenen Getreidearten, wobei auch Dinkel ziemlich regelmäßig angebaut wurde. Der öfter nachgewiesene Hafer (Flug- und Saathafer) ist zu der Zeit sicherlich nur als Unkraut anzusehen. An Hülsenfrüchten und Ölfrüchten sind alle bisher genannten vertreten.

Im norddeutschen Flachland zwischen Ems und Weser spielte als Getreide der Emmer eine vorherrschende Rolle. Lein, Leindotter und Bohnen sind weiterhin viel angebaut worden. An der unteren Elbe bei Hamburg-Harburg gab es im 1. Jahrhundert v. Chr. Rispenhirse, Roggen und Hafer. Der älteste Vorratsfund von reinem Saathafer stammt aus der Gegend von Lüneburg.

Römische Kaiserzeit

Jetzt müssen wir unterscheiden zwischen dem römisch besetzten Germanien, in diesem noch zwischen Süd und Nord sowie dem nicht besetzten Teil.
Im römischen Germanien treten in Verbindung mit den Kastellen mehrere neue Arten von Gartenpflanzen auf: Garten-Melde, Sellerie, Römischer Sauerampfer (*Rumex scutatus*), Melone (zwischen Anbau und Import nicht sicher zu unterscheiden), als Färbepflanze das Gilbkraut (*Reseda luteola*), dann als Nahrungs- und Medizinpflanze der Schlafmohn. Im südlichen Teil, jedoch bis dicht vor Köln gehend, ist Dinkel die bevorzugte Getreideart, am meisten im Neckarland. Es gibt aber auch Reinanbau von Weizen, Einkorn und Gerste, ebenfalls ersten Reinanbau von Roggen. Im nördlichen Teil ist Weizen mehr bevorzugt worden, stellenweise Emmer oder Spelzgerste.
Vom nichtbesetzten Germanien ist das norddeutsche Küstengebiet der Nordsee besonders aufschlußreich, weil hier große Ausgrabungen stattgefunden haben mit außergewöhnlich guten Erhaltungsbedingungen. In den nicht von Salzwasser beeinflußten Landschaften zwischen Ems und Weser waren Emmer und Hirse mit Lein, Leindotter und Bohnen die wichtigsten Feldfrüchte. In direkter Küstennähe, wo Menschen wegen der Sturmflutgefährdung auf Wohnhügeln (Wurten) wohnen mußten, konnte nur Sommerfeldbau auf den höchstgelegenen Küstenstreifen betrieben werden, doch war der Boden nie völlig salzfrei. Deshalb war Gerste die vorherrschende Getreideart, an zweiter Stelle kam Saathafer. Auch Lein, Leindotter und Ackerbohnen sind reichlich angebaut worden, wobei Lein außerdem als Gespinstfaser verwendet worden ist.

Völkerwanderungszeit

Hierüber ist nach den Bodenfunden nur wenig bekannt, und schriftliche Überlieferungen gibt es aus der Zeit noch nicht.

Früh- und Hochmittelalter (Pflanzen-Nachrichten von etwa 800–1300)

In den Klostergärten und den kaiserlichen Krongütern werden nun eine Menge neuer Pflanzenarten aus Italien eingeführt und gezogen. Es sind besonders Gemüse-, Salat- und Arzneipflanzen sowie Küchenkräuter. Wichtige Pflanzen waren Zwiebeln, Schalotten, Knoblauch, Porree, Sellerie, Rüben und/oder Mangold, Lattich (Salat), Pastinaken und/oder Möhren, Große Bohnen, Kohl, Kohlrabi, Garten-Melde und Rettich. Weniger wichtig mögen Gurken (?), Melonen (?), Grüne Bohnen *Vigna* (?), Kichererbsen und Schwarzes Gemüse (*Smyrnium*) gewesen sein.

Bei den Ackerfrüchten hat sich mit dem Beginn des Mittelalters ein entscheidender Wandel vollzogen. Roggen ist zur Hauptgetreideart geworden, bedingt durch die Herbsteinsaat und die eiserne Pflugschar, welche die Scholle beim Pflügen umwendet. (Der »Wendepflug« ist in den ersten Jahrhunderten n. Chr. in den Nordseemarschen erfunden worden. Bis dahin und sonst nutzte man den furchenziehenden Haken). Im Rheinland war außer Roggen auch Hafer eine viel angebaute Getreideart. In Ostdeutschland spielten außer Roggen auch Hirse, Weizen und Gerste eine große Rolle. An weiteren Feldfrüchten waren Lein und Ackerbohnen am wichtigsten, während Linsen und Erbsen nur auf den Bereich der Mittelgebirge beschränkt sind.
Zwischen dem 10. und 12. Jahrhundert taucht Hanf mehrfach auf, im 12. Jahrhundert auch Krapp, doch dieser in geringer Menge. Er war am meisten in Frankreich als Färbepflanze für Rot verbreitet. Im 13. Jahrhundert werden zwei weitere Färbepflanzen wichtig: Waid für Blau mit Schwerpunkt in Thüringen (um Erfurt). Es gab aber auch Waidfärber im Rheinland (Köln, Jülich, Koblenz). Die andere Färbepflanze war Gilbkraut (*Reseda luteola*), das weißes Zeug gelb und blaues grün färbt. An Nahrungspflanzen erscheinen Spinat und Spargel, beide aber wohl noch selten.

Hoch- und Spätmittelalter (etwa 1300–1500)

Zu den bisher genannten kommen 1380 die erste Erwähnung von Buchweizen bei Elze im Leinetal, zwischen 1436 und 1450 weitere Nennungen in Nord- und Süddeutschland, Nutzung als Mehlfrucht und als Braugut, insgesamt aber noch spärlich. Weiterhin wird der Gemüseampfer (*Rumex patientia*) als Blattgemüse und die Wurzeln als Abführmittel (= Mönchsrhabarber) in Klostergärten genannt. Das Schlagen von Öl aus den Samen von Rübsen, Lein, Leindotter und Mohn kommt zwischen 1300 und 1400 auf. Es diente zu Nahrungszwecken und zur Beleuchtung.

Renaissancezeit, Zeitalter der Entdeckungen (etwa 1500–1600)

Wieder kommt eine Welle von Neuem. Das hängt zum Teil mit der Entdeckung Amerikas zusammen, zum Teil sind Austausch von Samen, Knollen, Ablegern von Pflanzen u. a., nun auch durch Kaufleute, schlagartig angestiegen. Außerdem ist das allgemeine Interesse an der Vielfalt der Naturgewächse und -stoffe erwacht. Wir wissen über dieses Zeitalter gegenüber den vorhergehenden besser Bescheid, weil mit dem Erscheinen des Buchdrucks auch viele Pflanzenbücher mit Abbildungen erscheinen.
Aus Amerika sind sechs Pflanzenarten gekommen: Mais, anfangs nur in Gärten der klimatisch günstigsten Gebiete (Rheingegenden, Württemberg, Baden) gehalten, Grüne Gartenbohnen, als Busch- und Stangenbohnen, zuerst in Nürnberg und Tü-

bingen abgebildet. Weiterhin sind es Kürbis, Tomate und Kartoffeln, letztere zunächst nur als Kuriosität in Apotheker- und Schloßgärten angepflanzt, sodann Erdbeerspinat (*Chenopodium foliosum* und *Ch. capitatum*) als merkwürdige Blattgemüsepflanzen mit roten Beeren.

Um dem gestiegenen Bedarf an Leuchtöl zu genügen, wurde Rübsen (vielleicht schon Raps) in zunehmendem Maße angebaut.

An Gemüsepflanzen von Äckern und Gärten herrscht eine große Vielfalt. Außer den altgewohnten Arten Kohl, Kohlrabi, Rote Bete, Mangold, Weißrüben, Zwiebeln u. a. sind nun folgende belegt und allgemein: Spinat (als arabisch-spanisches oder spanisches Gemüse), Gelbe Rüben (Möhren), Pastinaken, Spargel, Lauchzwiebeln (*Allium fistulosum*), Kopfsalat, Endiviensalat (auch zum Kochen), Zuckerwurz (*Sium sisarum*), Weißwurzel (*Tragopogon porrifolius*), Smyrnerkraut (*Smyrnium olusatrum*) wie Blatt- und Knollensellerie genutzt, Gurken in Ostdeutschland, Kicher nur in milden Gegenden, Radieschen neu aus Italien. Von geringerer Bedeutung waren Garten-Melde und Grüner Fuchsschwanz (*Amaranthus lividus*) als Blattgemüse, denn sie wurden schon weitgehend durch den Spinat verdrängt. Eine Gartenzichorie (*Cichorium intybus*) diente als Salatpflanze.

Von angebauten Färbepflanzen wurde der Waid als einzige blaufärbende Pflanze bereits um 1560 vom eingeführten Indigo bedrängt. Für rote Farbe gab es den Krappanbau in Schlesien, Mecklenburg, Rheinpfalz und Württemberg. Saflor, zum Gelbfärben von Speisen (später durch Safran ersetzt) ist nur in wärmeren Gegenden angebaut worden.

Der Bestand an Getreidearten ist ähnlich wie im Mittelalter geblieben, mit Dominanz von Roggen. Bedeutend sind weiterhin Lein, Ackerbohnen, Erbsen, lokal auch Hanf und Linsen. Buchweizen spielt auf Ödland eine Rolle.

Etwa 1600–1700

Ähnlich wie vorher. Neu aus Amerika ist die Feuerbohne gekommen und hat sich in ganz Mitteleuropa ausgebreitet. Die Kartoffeln werden ab etwa 1640 in Westfalen zum Anbau empfohlen. Der Ölfruchtanbau, vorwiegend von Rübsen (und Raps) zum Schlagen von Leuchtöl ist weiter angestiegen, denn dies war noch die Zeit der Öllampen in den Häusern. Buchweizen, als Mehlfrucht für schlechteste Böden, gewinnt gebietsweise stark an Bedeutung. Der Safloranbau im Elsaß und Thüringen, zum Färben von gelb und rot, hat zugenommen. An Gemüsepflanzen zieht der Sellerie in die Gärten ein, von dem Blätter, Stengel und die Knollen gegessen werden.

Etwa 1700–1800

An Neuerungen ist gegen 1740 die stark carotinhaltige Möhre in den Niederlanden entwickelt worden. Der Durchbruch der Kartoffel als allgemeines Nahrungsmittel gelingt ab 1710 in Württemberg, um etwa 1770 in Preußen. Buchweizen spielt eine große Rolle in Norddeutschland in den ärmsten Sandgebieten und bei der Moorkultivierung als Erstfrucht (der Moorbrandkultur), ebenso wie in den Hackwaldungen in der Eifel, im Siegerland und im Odenwald. Der Ölfruchtanbau, vorwiegend noch von Rübsen, für Leuchtöl, hat weiter zugenommen. An Gemüsepflanzen für den Garten kommt neu die Schwarzwurzel nach Deutschland, die vorher schon in Frankreich und der Schweiz gezogen worden war. Gegen 1760 ist die Wurzelzichorie für Kaffeezusatz aus der einheimischen wilden Zichorie (*Cichorium intybus*) kultiviert worden. Feldsalat (*Valerianella*) wird nun auch in den Gärten gesät. Bei den Ackerfrüchten ist kein wesentlicher Wandel eingetreten.

Etwa 1800–1900

In diesem Zeitabschnitt sind wieder wichtige Änderungen vor sich gegangen, im wesentlichen bedingt durch wissenschaftliche Forschungen auf allen Gebieten der Naturwissenschaften, auch der Landwirtschaft, bei dieser verknüpft mit praktischen Versuchen und Urbarmachungen. Durch Bodenverbesserung und Pflanzenzüchtung treten bei den Ackerpflanzen Änderungen ein, auch wenn Roggen in Deutschland die dominierende Getreideart bleibt.

So wurden ab 1846/47 neue Maissorten gezüchtet, die selbst im mittel- und norddeutschen Klima geeignet waren, Körner reifen zu lassen (für Brot, Suppen, Kuchen, Kaffee-Ersatz).

Als Ölfrucht haben Rübsen und Raps weiter zugenommen, so daß diese zu Handelsartikeln wurden. Ebenfalls wichtiger Handelsartikel war der Lein, der aber nach 1875 bereits stark rückläufig wurde durch die Einfuhren von Baumwolle, aus der sich Garn billiger herstellen ließ. Für Ödlandkultivierung (Moore, versumpfte Flußauen) und Anbau auf magersten Böden war Buchweizen weiterhin unersetzlich. Wichtig blieb auch der Mohnanbau für Ölsamen, als Gewürz und als Medikament. Auf arme Sandböden abgedrängt wurde die früher verbreitete Ölfrucht Leindotter. Für Seilerwaren spielte der Hanfanbau eine wichtige Rolle.

An Nahrungspflanzen beginnt sich ab 1866 die Tomate zögernd durchzusetzen. 1830 ist der Chicorée in Belgien aus der Wurzelzichorie (*Cichorium intybus*) gezüchtet worden. Zu den neuen Pflanzen von gering gebliebener Bedeutung gehörte die Spargelerbse (*Tetragonolobus purpureus*), deren Hülsen als Gemüse gegessen werden. An

Färbepflanzen, doch nur in manchen Gegenden, ist das Gilbkraut (*Reseda luteola*) zu nennen, mit dem Stoffe gelb und grün gefärbt wurden. Zum Färben von Rotweinen sind Stockrosen (*Althaea rosea*) in der schwarzvioletten Varietät in Garten- und Feldkulturen angepflanzt worden.
Vom Kopfsalat gab es zwischen 1845 und 1866 schon etwa 65 Sorten, einschließlich Schnittsalat und Römischem Salat (Bindesalat). Spargel wurde als Bleich- und Grünspargel gezogen. Sellerie hatte größere Bedeutung als heute (am meisten jedoch in England). Die Kicher (*Cicer arietinum*) zog man öfter in Gärten, doch nur in sehr warmen Lagen (Pfalz, Rhein).
Verdrängt wurden bereits die Pastinaken, im wesentlichen durch die Kartoffel. Auch die Wurzelgemüse Zuckerwurz (*Sium sisarum*) und Weißwurzel (*Tragopogon porrifolius*) waren im Abnehmen, teilweise durch die Zunahme der Schwarzwurzel.

Etwa 1900 bis in die sechziger Jahre

In den zwanziger Jahren beginnen sich die Tomaten überall einzubürgern. Mehrere Pflanzenarten verlieren an Bedeutung, wie der Rübsen als Ölfrucht, weil der Raps durch Züchtung erheblich verbessert werden konnte. Der Safloranbau in Thüringen und in der Pfalz erlischt um etwa 1927. Die Blüten dienten nur noch für Malerfarbe, Schminke und zum Färben von Lebensmitteln. 1957 ist der letzte, ohnehin nur noch geringe Leinanbau in der Bundesrepublik und 1979 in der Deutschen Demokratischen Republik erloschen. Der Anbau von Hanf und Mohn wurde wegen der Gefahr des Drogenmißbrauchs zwischen 1955 und den sechziger Jahren verboten. Sonst herrscht auf den Äckern und in Gärten dieselbe Vielfalt wie zuvor.

Vom Ende der sechziger Jahre bis 1985

Bedingt durch einen wirtschaftlichen Aufschwung nie dagewesenen Ausmaßes, tritt ein großer Wandel ein. Dieser hat mehreres begünstigt: 1. Intensivierung der Pflanzenzüchtung mit Schaffung ertragreicherer, gegen Krankheiten widerstandsfähigerer Sorten, aber auch in ständigem Kampf mit den zunehmenden Pilz- und Viruskrankheiten. 2. Kunstdünger wird allgemein und reichlich angewendet, so daß man unsere anspruchsvollste Getreideart, den Weizen, nun auch auf armen und flachgründigen Böden sieht, wo dieser früher nie angebaut worden war. 3. Maschinen ersetzen weitgehend die Handarbeit. Siegeszug des Treckers und dadurch Rationalisierung. 4. Die chemische Unkrautbekämpfung und die chemische Regulierung der Wuchshöhe bei Getreide.
In der Feldflur herrscht das Bild starker Vereinheitlichung und steriler Reinheit, da die

bunt blühenden Unkräuter den Chemikalien gewichen sind. Ausgeschieden sind die blau blühenden Leinfelder (als wenn ein Stück blauer Himmel in die Feldflur getaucht ist). Ausgeschieden sind die großen, sparrig aussehenden Hanffelder. Ausgeschieden sind die rot und weiß blühenden Mohnfelder. Gespinstpflanzen gibt es keine mehr, Färbepflanzen gibt es keine mehr.

An Getreidearten sieht man nun Weizen und Gerste am meisten. Der viele Mais dient als Futterpflanze. Hafer ist gegendweise reichlich zu sehen, Roggen aber nur noch wenig. Dinkel wird vermehrt angebaut, doch lediglich in einigen Teilen Südwestdeutschlands.

Von den früher angebauten vier Ölfruchtarten sieht man nur noch den Raps, diesen aber seit einigen Jahren praktisch in allen Gegenden, infolge der Subventionierung durch die Europäische Gemeinschaft.

Im erwerbsmäßigen Gemüsebau herrscht ebenfalls die Rationalisierung mit Beschränkung auf wenige ertragreiche Arten und Sorten.

Aber für die privaten Nutzgärten gibt es neu aufgekommene Arten für Freilandanbau: Chinakohl, Zichoriensalat, Radicchio und Zucchini. Brokkoli ist unproblematischer zu ziehen als allgemein angenommen wird. Davon machen Gartenliebhaber in zunehmendem Maße Gebrauch. Andere Arten von früher werden wieder »entdeckt« und sind ebenfalls im Aufwärtstrend, wie z. B. Pastinaken als empfehlenswertes Gemüse für den Winter und die gemüsearme Zeit des Frühjahrs. Weitere wären es wert, wieder angebaut zu werden: Herbst- und Mairübchen sowie Rübstiel (= Stielmus) als billiges Alltagsessen; Zuckerwurz, Weißwurzel und Spargelerbse als delikate Besonderheiten u. a. Denn Vielfalt ist für eine gesunde Ernährung zur Stärkung der Widerstandskraft ebenso wichtig wie Abwechslung. Auch wächst die Lebensfreude für den, der viele Gewächse sieht oder zieht und der mehr darüber weiß.

Anhang

Erläuterungen zu den Abbildungen 2, 5, 25, 30, 81

Abb. 2 Fundstellen mit den ältesten vorgeschichtlichen Resten von Weizen (Nacktweizen). Zeitraum etwa 6800–5200 v. Chr. und

Abb. 5 Lage von steinzeitlichen Siedlungen, aus denen Pflanzenreste bearbeitet worden sind:

1 *Hacilar* (südwestanatolisches Plateau): präkeramisch Stufe V, ca. 6750 v. Chr. Wild- und Kulturemmer, wahrscheinlich Wildgerste, sechszeilige Nacktgerste, wilde Erbsen und Linsen. Nach einer Unterbrechung von rund 1000 Jahren liegt die Siedlungsschicht des Spätneolithikums vor (ca. 5450 v. Chr.): Nacktweizen, zusammen mit Emmer, zwei- und sechszeiliger Spelzgerste und sechszeiliger Nacktgerste, mehrere Arten Hülsenfrüchte und anderes (Helbaek 1970).

2 *Erbaba* (Anatolisches Konya-Plateau): ca. 5780 v. Chr., keramisches Neolithikum. Viel Nacktweizen (*T. durum/aestivum*) und Emmer, mittelviel Einkorn und mehrzeilige Nacktgerste, viel Erbsen (*Pisum sativum*) und Linsen, etwas Linsenwicken (v. Zeist u. Buitenhuis 1983).

3 *Çatal Hüyük* (Anatolisches Konya-Plateau): ca. 5850–5600 v. Chr., keramisches Neolithikum, Emmer, Nacktgerste (kultivierte und wilde), Erbsen, Einkorn (noch auf Primitivstufe), Nacktweizen, Pistazien, wilde Mandeln u. a. (Helbaek 1964).

4 *Çan Hasan* (Anatolisches Konya-Plateau): Präkeramisches Neolithikum, ca. 6600 v. Chr., viel Nacktweizen, etwas Emmer, Gerste, ein wenig Unkraut-Roggen, Leguminosen (Hillman 1978).

5 *Beidha* (Israel): Präkeramisches Neolithikum, ca. 6800 v. Chr., hauptsächlich Wildgerste in Kultivierung, etwas kultivierter Emmer, dazu wilde Sammelfrüchte (Pistazien und wilde Leguminosen). (Helbaek 1966 b).

6 *Jericho* am Jordan (Israel): Präkeramisches Neolithikum A und B, ca. 8000–ca. 7000 v. Chr. Hauptgetreide in Schicht A (älteste) ist zweizeilige Spelzgerste. Ferner gibt es Einkorn, Emmer, Linsen, Wildobst. In Schicht B Erbsen, einige Nacktweizenkörner (*T.* cf. *durum*) und Bohnen (*Vicia*, Type *faba*). Hexaploide Nacktweizen (*T. aestivum*) zuerst ab früher Bronzezeit (ab ca. 4000 v. Chr.). (Hopf 1983).

7 *Ramad* (Nord-Syrien): Präkeramisches Neolithikum, ca. 6300–5900 v. Chr., Emmer als Hauptgetreide, ferner zweizeilige Gerste, Einkorn, Nacktweizen, Erbsen, Linsen, Kichererbsen, Lein; Sammelfrüchte wie Mandeln, Feigen, Pistazien und Weißdorn (v. Zeist u. Bakker-Heeres 1982/85).

8 a *Aswad* (ca. 25 km südöstl. Damaskus, Syrien): Aswad Phase I ca. 7800–7300 v. Chr. – Phase II ca. 7000–ca. 6500 v. Chr., beide präkeramisches Neolithikum. Emmer als Hauptgetreide, ferner Einkorn, bespelzte zweizeilige Wild- oder Kulturgerste, Nacktgerste (in Phase II), Erbsen, Linsen, Lein, wilde Feigen, wilde Pistazien (v. Zeist u. Bakker-Heeres 1979 u. 1982/85).

8 b *Ghoarifé* (ca. 20 km östl. Damaskus, Syrien): Präkeramisches Neolithikum, ca. 6900– ca. 6100 v. Chr. Wie bei Aswad mit Ausnahme von Gerste, zweizeilige Wild- oder Kulturgerste (v. Zeist u. Bakker-Heeres 1979 u. 1982/85).

9 *Mureybit* (Syrisch-Mesopotamien): Präkeramisches Neolithikum, ca. 8400–7400 v. Chr., wildes Einkorn, wilde Gerste, wilde Linsen (v. Zeist u. Casparie 1968).
10 *Abu Hureyra* (Syrisch-Mesopotamien): Präkeramisches Neolithikum, ca. 6600 v. Chr., Unkraut-Roggen und anderes Getreide (Hillman 1978).
11 *Çayönü* (Ostanatolien): Präkeramisches Neolithikum, ca. 7500–6500 v. Chr., wildes und kultiviertes Einkorn, Emmer, wilde Erbsen, viel Pistazien und Mandeln (v. Zeist 1972).
12 *Yarim Tepe* (Nordirak, Rand des Zagrosgebirges): Präkeramisches Neolithikum, 6. Jahrtausend v. Chr., hauptsächlich sechszeilige Spelzgerste, etwas Emmer und 1,4% Nacktweizen (Bakhteyev u. Janushevich 1980).
13 *Jarmo* (Irakisch-Kurdestan): Präkeramisches Neolithikum, ca. 6750 v. Chr., Hauptmenge Emmer, etwas Einkorn, zweizeilige Spelzgerste und Nacktweizen (Helbaek 1966a).
14 *Tell-es-Sawwan* (oberer Tigris): ca. 5800–5600 v. Chr. (Helbaek 1966a).
15 *Choga Mami* (Irakisch-Kurdestan): Keramisches Neolithikum zu Beginn der Samarra-Periode, ca. 5500 v. Chr., unterste Siedlungsschicht Nackt- und Spelzgerste, ferner Emmer, Einkorn, 9% Nacktweizen, verschiedene Wildgetreide (Helbaek 1972).
16 *Ali Kosh* (Khuzistan): Präkeramisches Neolithikum, ca. 7000 v. Chr., hauptsächlich Emmer, sechszeilige Spelz- und Nacktgerste, Einkorn (Helbaek 1969).
17 *Tepe Sabz* (Khuzistan): Keramisches Neolithikum, ca. 5500–5200 v. Chr., hauptsächlich sechszeilige Spelzgerste, ferner sechszeilige Nacktgerste, Emmer, wildes und kultiviertes Einkorn, Nacktweizen, Lein und Linsen (Helbaek 1969).
18 *Arukhlo* (Georgien UdSSR, Daub): 5450 v. Chr., fünf Internodien von Zwergweizen (*T. aestivo-compactum*). (Janushevich 1984).

Abb. 25 Form und Größe verkohlter Bohnen (*Vicia faba*) aus archäologischen Ausgrabungen vom Neolithikum bis zum Mittelalter. Zwei Bohnen nebeneinander geben das kleinste und das größte Exemplar wieder. Nat. Gr.:
Spätneolithikum: 1 *El Garcel* (Spanien). Neolithikum, im Übergang zur Metallzeit. Länge 5,2–7,6, Breite 4,8–4,8 mm (Buschan 1895).
2 *Campos bei Murcia* (Spanien). Datierung wie 1. Länge 6,4–9,6, Breite 6,4–6,4 mm (Buschan 1895).
3 *Pedra de Ouro* (Portugal). Endneolithikum. Länge 7,62, Breite 6,38 mm (∅ 12 Messungen), (Pinto da Silva u. Teles 1954).
4 *Vila Nova de S. Pedro* (Portugal). Endneolithikum. Länge 7,2, Breite 4,9 mm (∅ 12 Messungen), (Pinto du Silva u. Teles 1954). *Bronzezeit*: 5 *Lugarico viljo* bei Murcia (Spanien). Länge 7,2–9,2, Breite 5,6–6,4 mm (Buschan 1895).
6 *Ifre bei Murcia* (Spanien). Länge 6,4–7,6, Breite 4,0–5,6 mm (Buschan 1895).
7 *Zambujal* (Portugal), kupferzeitlich (frühe Bronze), Länge 6,8–8,8, Breite 4,7–6,7 mm (Hopf 1970).
8 *Petersinsel*, Pfahlbau im Bieler See. Länge 5,8–9,4, Breite 4,9–7,4 mm (Neuweiler 1946).
Eisenzeit: 9 *Crepault* bei Ringgenburg-Truns (Schweiz), Rätersiedlung, Latène. Länge 7,4–11,8, Breite 4,8–7,4 mm (Neuweiler 1946).
10 *Glastonbury*, Lake Village, Südengland. Frühe Eisenzeit. Länge 4,8–7,9, Breite 3,5–6,2 mm (Helbaek 1953).
Römische Kaiserzeit: 11 *Feddersen Wierde* bei Bremerhaven, 1./2. Jh. n. Chr., Länge 4,9–8,9, Breite 3,0–5,4, Dicke 3,1–5,5 mm (∅ 100 Mess.), (Körber-Grohne 1967).

12 *Aquileia* (Italien), Grabfund, römische Kaiserzeit, Länge 8,0–11,6, Breite 5,6–6,4 mm (Buschan 1895). *Mittelalter*: 13 *Bazmosian* (Irak), ca. 1000 n. Chr., Länge 8–14, Breite 6–10, Dicke 3,8–7,0 mm (Helbaek 1963).

Abb. 30 Die ältesten Erbsenfunde in Europa und im Vorderen Orient aus dem Mesolithikum bis Spätneolithikum (ca. 7800–4600 v. Chr.):
1 *Nea Nikomedeia* (Griechenland), Frühneolithikum, etwa 5470 v. Chr., etwas Erbsen (*Pisum sativum*) bei sehr viel Linsen, Emmer, Gerste u. a. (van Zeist u. Bottema 1971).
2 *Argissa-Magula* (Griechenland), einige Erbsen (*P. sativum*) ab ca. 5700 v. Chr., Frühneolithikum, zusammen mit viel Linsen, Emmer, Gerste, Pistazien, Mandeln u. a. (Kroll 1981).
3 *Gediki* (Griechenland), Frühneolithikum, ca. 6200–5300 v. Chr., Erbsen (*Pisum spec.*), (zusammengestellt von Renfrew 1979).
4 *Sesklo* (Griechenland), Frühneolithikum. Erbsen, zusammen mit Emmer, Gerste u. a. (zusammengestellt von Renfrew 1979).
5 *Franchthi* (Griechenland). Mesolithische Schicht in einer Höhle, 7300–6000 v. Chr., Erbsen (*Pisum spec.*), zusammen mit den Wildarten Gerste, Hafer, Linsen, Mandel u. a. (Hansen 1978).
6 *Hacilar* (Türkei), Spätneolithikum, 5450 v. Chr., 1595 Samen der Wilderbse (*Pisum elatius*), zusammen mit Emmer, Nacktgerste u. a. (Helbaek 1970).
7 *Çatal Hüyük* (Türkei), Spätneolithikum, ca. 5850–5600 v. Chr., sehr viele Ackererbsen (*Pisum arvense*) und etwas Wilderbsen (*P. elatius*), zusammen mit Einkorn, Emmer, Nacktgerste u. a. (Helbaek 1964).
8 *Jericho* am Jordan (Israel), Präkeramische Schicht des Neolithikums, ca. 8000–7000 v. Chr., Kultivierte Erbsen (P. arvense) erst in Zeitstufe B (ab ca. 7300 v. Chr.), zusammen mit Linsen, anderen Hülsenfrüchten und Getreidearten (Hopf 1983).
9 *Tell Aswad* (Syrien). Präkeramische Schichten des Neolithikums, ca. 7800–6600 v. Chr., Erbsen (*Pisum spec.*), zusammen mit Linsen, Wicken, Getreidearten, wilden Sammelpflanzen (v. Zeist u. Bakker-Heeres 1979 u. 1982/85).
10 *Ramad* (Syrien). Präkeramische Schichten des Neolithikums, ca. 6300–5900 v. Chr., wie vor.
11 *Çayönü* (Türkei). Frühes Neolithikum, ca. 7500–6500 v. Chr., viel Erbsen (in den unteren Schichten wilde Erbsen *P. elatius* oder *P. humile*), zusammen mit Linsen, anderen Hülsenfrüchten, wildem und kultiviertem Einkorn und Emmer u. a. (v. Zeist 1972).
12 *Jarmo* (Iran), ca. 6750 v. Chr., Erbsen (Helbaek 1966b, hier Jarmo erwähnt, S. 63).
13 *Kazanluk* (Bulgarien), Karanovo I/II-Kremicovci-Kultur (ca. 4800–4600 v. Chr.), *Pisum spec.*, *Lens spec.*, Einkorn, Emmer, Weizen (*Triticum aestivum*), Gerste, *Vicia spec.*, *Linum cf. bienne*, Birne (*Pyrus spec.*), wilde Weinrebe (*Vitis sylvestris*), *Rubus spec.*, Kornelkirsche (*Cornus mas*), Attich (*Sambucus ebulus*), Walnuß (*Juglans spec.*) (Hopf 1973).
14 *Chevdar* (Bulgarien), dieselbe Kulturstufe wie 13. Sonst auch wie vor.

Abb. 81 Steinzeitliche Linsenfunde aus archäologischen Ausgrabungen (20000–4600 v. Chr., Alt- bis Jungsteinzeit) im östlichen Mediterrangebiet auf dem Balkan sowie im Vorderen und Mittleren Orient:
1 *Nea Nikomedeia* (Griechenland), Frühneolithikum, ca. 5470 v. Chr. Sehr viel kultivierte Linsen (*Lens culinaris*), zusammen mit etwas Erbsen, Linsenwicken, viel Emmer und Nacktgerste u. a. (v. Zeist u. Bottema 1971).
2 *Argissa-Magula* (Griechenland), präkeramisches Neolithikum. Sehr viel Linsen, Emmer, Einkorn, Spelzgerste u. a. (Kroll 1981).

3 *Gediki* (Griechenland): Frühneolithikum (ca. 6200–5300 v. Chr.). Linsen (*Lens spec.*), Erbsen, zusammen mit Einkorn, Emmer u. a. Zusammengestellt von Renfrew (1979).
4 *Seskio* (Griechenland). Wie Nr. 2.
5 *Achilleion* (Griechenland). Wie Nr. 3.
6 *Franchthi* (Griechenland), paläolithische Schicht in einer Höhle (ca. 20 000–7000 v. Chr.), Linsen (*Lens spec.*), zusammen mit den folgenden Wildarten: Gerste, Hafer, Mandeln u. a. (Hansen 1978).
7 *Hacilar* (Türkei), präkeramisches Neolithikum, ca. 6750 v. Chr., Linsen (*Lens spec.*). Spätneolithische Schichten mit Kulturlinsen (Helbaek 1970).
8 *Knossos* (Kreta, Griechenland). Wie Nr. 3.
9 *Cape Andreas* (Zypern), präkeramisches Neolithikum. Sehr viele Linsen (*Lens culinaris*), sind häufigste Hülsenfrucht, sonst Getreide (v. Zeist 1981).
10 *Kirokhita* (Zypern), wie Nr. 9.
11 *Jericho* am Jordan (Israel), präkeramisches Neolithikum B, ca. 7300–7000 v. Chr., Linsen (*Lens culinaris*), zusammen mit anderen Hülsenfrüchten und Getreidearten (Hopf 1983).
12 *Aswad* (Syrien), präkeramisches Neolithikum, ca. 7800–6500 v. Chr., wenig Linsen (*Lens spec.*), mehr Erbsen, verschiedene Getreidearten, Pistazien, Feigen u. a. (v. Zeist u. Bakker-Heeres 1979 u. 1982/85).
13 *Ramad* (Syrien): präkeramisches Neolithikum, ca. 6300–5900 v. Chr., viel Linsen (*Lens spec.*), weniger Erbsen, sonst wie vor.
14 *Mureybit* am oberen Euphrat: präkeramisches Neolithikum, ca. 8400–7400 v. Chr., wilde Linsen (*Lens* cf. *nigricans*), einzelne Exemplare davon in mehreren Siedlungshorizonten, zusammen mit Wildgetreide (v. Zeist u. Casparie 1968).
15 *Çayönü* (Türkei), präkeramisches Neolithikum, ca. 7500–6800 v. Chr., Linsen (*Lens spec.*) am häufigsten, mehr als Erbsen, Wicken und Kicher. In etwas höherer Schicht wohl domestizierte Linsen kleinsamiger Form (2,1–3,0 mm ∅). (v. Zeist 1972).
16 *Ali Kosh* (Iran), ca. 7000–5600 v. Chr. Linsen wenig bis häufig, zusammen mit viel Einkorn und Emmer, wildem Einkorn und wildem Hafer u. a. (Helbaek 1969).
17 *Tepe Sabz* (Iran), ab 5600 v. Chr., sehr viel Linsen als einzige Hülsenfrucht, zusammen mit den Arten wie bei 16, dazu Weizen (Helbaek 1969).
18 *Azmak* (Bulgarien), Karanovo I/II-Kremicovci-Kultur (4800–4600 v. Chr.), *Lens spec.*, Einkorn, Emmer, Weizen (*T. aestivum*), Gerste, *Vicia spec.*, *Lathyrus cicera*, Birne (*Pyrus spec.*) (Renfrew 1979).
19 *Kazanluk* (Bulgarien), Alter wie vor, Linsen (*Lens spec.*), Einkorn, Emmer, Weizen (*T. aestivum*), Gerste, *Vicia spec.*, Erbsen, Lein (*Linum* cf. *bienne*), Birne (*Pyrus spec.*), wilde Weinrebe, u. a. Wildfrüchte und Walnuß (Hopf 1973).
20 *Chevdar* (Bulgarien), Alter wie 18, Linsen (*Lens spec.*), Einkorn, Emmer, Weizen (*T. aestivum*), Nacktgerste, Spelzgerste, Erbsen, Obst wie vor, u. a. (Hopf 1973).
In dieser Zusammenstellung kam es in erster Linie auf die Linsen an. Die übrigen Kultur- und Sammelpflanzen sind nur summarisch und nicht vollständig aufgeführt. Näheres muß aus der angegebenen Fachliteratur entnommen werden.

Literaturverzeichnis

Nur die zitierte Literatur

Albertus Magnus, ca. 1260: De vegetabilibus et plantis libri VII. »De natura rerum«. Übersetzt von J. Wimmer, Deutsche Pflanzenkunde nach Albertus Magnus, Halle 1908.

Alefeld, F., 1866: Landwirtschaftliche Flora oder die nutzbaren kultivierten Garten- und Feldgewächse Mitteleuropas in allen ihren wilden und Kulturvarietäten. Berlin.

Allen, O.N., and E. K. Allen, 1981: The Leguminosae (A Source Book of Characteristics, Uses and Modulation). University of Wisconsin, USA.

Aufhammer, G., und G. Fischbeck, 1973: Getreide. Produktionstechnik und Verwertung. Frankfurt u.a.

Baas, J., 1980: Bedeutsame Kultur- und Nutzpflanzen aus einer römischen Grube. – Natur und Museum, Band 110, 9, 257–262.

Bakels, C.C., 1978: Four linearbandkeramik settlements and their environment: A palaeological study of Sittard, Stein, Elsloo and Hienheim. – Leiden, Niederlande.

–, 1982: Der Mohn, die Linearbandkeramik und das westliche Mittelmeergebiet. – Archäologisches Korrespondenzblatt, Band 12, 11–13.

Bakhteyev, F.Kh., and Z.V. Janushevich, 1980: Discoveries of cultivated plants in the early farming settlements of Yarim-Tepe I and Yarim-Tepe II in Northern Iraqu. – Journal of Archaeological Science, Vol. 7, 167–178.

Banga, O., [2]1962: Möhre, Daucus carota L. – In: Handbuch der Pflanzenzüchtung, Band VI, 1–22, hrsg. von H. Kappert und W. Rudorf. Berlin und Hamburg.

Bauhin, Johann, 1598: Historia novi et admirabilis fontis balneique Bollensis. – (Bd. IV enthält ein Verzeichnis der Pflanzenarten aus den herzoglichen Gärten Stuttgart, Göppingen u. Wiesensteig sowie bei dem neuen Bad Boll und des Apothekers in Kirchheim/Teck).

–, 1602: Übersetzung vorstehenden Buches ins Deutsche durch M. David Förter unter dem Titel: Ein New Badbuch Und Historische Beschreibung von der wunderbaren Krafft und würckung des Wunder Brunnen und Heilsamen Bades zu Boll nicht weit vom Sauwrbrunnen zu Göppingen im Herzogstumb Würtemberg. Gedruckt zu Stutgarten Anno 1602. (Enthält keine lateinischen Pflanzennamen. Deswegen sollten beide Bücher zusammen benutzt werden. Beide Landesbibliothek Stuttgart).

Bauhin, Kaspar, 1623: Pinax theatri botanici. – (Übersicht aller bekannten Pflanzenarten, etwa 6000).

Baum, B.R., 1977: Oats: Wild and Cultivated. A monograph of the genus Avena L. (Poaceae). Agriculture Canada, Ottawa, Ontario.

Baumann, D., 1980: Grünkern und sein Anbau – eine alte Kulturpflanze im Bauland. – Zulassungsarbeit für das Lehramt an Grund- und Hauptschulen, maschinenschriftl., PH Karlsruhe.

Baur, G., 1920: Geschichte und Züchtung des Dinkels mit besonderer Berücksichtigung von Steiner's rotem Tiroler Dinkel. Dissertation, maschinenschriftl., Univ. Hohenheim (Stuttgart).

Bauriß des Klosters St. Gallen, 820: s. Keller, F., 1844.
Becker, G., [2]1962: Knollensellerie, Apium graveolens L. var. rapaceum (Miller) DC. – In: Handbuch der Pflanzenzüchtung, Band IV, 104–130, hrsg. von H. Kappert und W. Rudorf. Berlin und Hamburg.
Becker-Dillingen, J., 1924: Handbuch des Gesamten Gemüsebaues. Berlin.
–, 1927: Handbuch des Getreidebaues. Berlin.
–, 1928: Handbuch des Hackfruchtbaues und Handelspflanzenbaues. Berlin.
–, [2]1929a: Handbuch des Gemüsebaues. Berlin.
–, 1929b: Handbuch des Hülsenfruchterbaues und Futterbaues. Berlin.
–, 1929c: Handbuch des gesamten Pflanzenbaues, einschließlich der Pflanzenzüchtung. Band 3. Berlin.
–, [5]1956: Handbuch des gesamten Gemüsebaues. Berlin und Hamburg.
Behre, K.-E., 1973: Mittelalterliche Kulturpflanzenfunde aus der Kirche von Middels (Stadt Aurich/Ostfriesland). – Probleme der Küstenforschung im südlichen Nordseegebiet, Band 10, 39–47.
–, 1976a: Beginn und Form der Plaggenwirtschaft in Nordwestdeutschland nach pollenanalytischen Untersuchungen in Ostfriesland. – Neue Ausgrabungen und Forschungen in Niedersachsen, Band 10, 197–224.
–, 1976b: Pollenanalytische Untersuchungen zur Vegetations- und Siedlungsgeschichte bei Flögeln und im Ahlenmoor (Elbe-Weser-Winkel). – Probleme der Küstenforschung im südlichen Nordseegebiet, Band 11, 101–118.
–, 1976c: Die Pflanzenreste aus der frühgeschichtlichen Wurt Elisenhof. – Studien zur Küstenarchäologie Schleswig-Holsteins, Serie A, Band 2.
–, 1977: Acker, Grünland und natürliche Vegetation während der römischen Kaiserzeit im Gebiet der Marschensiedlung Bentumersiel/Unterems. – Probleme der Küstenforschung im südlichen Nordseegebiet, Band 12, 67–84.
–, 1983: Ernährung und Umwelt der wikingerzeitlichen Siedlung Haithabu. Die Ergebnisse der Untersuchungen der Pflanzenreste. – Die Ausgrabungen in Haithabu, Band 8.
Berglund-Brücher, O., und H. Brücher, 1976: The South American wild bean (Phaseolus aborigineus Burk.) as ancestor of the cultivated bean. – Economic Botany, Vol. 30 (3), 257–272.
X Bernhard, O., 1924: Pflanzenbilder auf griechischen und römischen Münzen. Eine naturwissenschaftlich-numismatische Studie. – Veröffentlichungen der Schweizerischen Gesellschaft für Geschichte der Medizin und der Naturwissenschaften, Band III, 7–47.
X Bertsch, K., und F. Bertsch, 1947: Geschichte unserer Kulturpflanzen. Stuttgart.
Bertsch, K., 1950: Nachträge zur vorgeschichtlichen Botanik des Federseerieds. – Veröffentlichungen der Württembergischen Landesstelle für Naturschutz und Landschaftspflege, Band 19, 88–127.
Bickelmann, U. and N. Leist, 1986: Stability of German oat cultivars (Avena sativa L.): Special consideration is given to nontypical oat florets. – Proceedings of the second international oats conference, 117–120, Dordrecht.
Blankenhorn, B., und M. Hopf, 1982: Pflanzenreste aus spätneolithischen Moorsiedlungen des Federseerieds. – Jahrbuch des Römisch-Germanischen Zentralmuseums Mainz, 29. Jhg., 75–99.
X Bock, Hieronymus, 1546: Kreüter Buch. Andere Auflagen 1532, 1539, 1556, 1561 usw. Neudruck München 1964.
Böckler, W., 1954: Relikte unter den Kulturpflanzen. – Zeitschrift für Agrargeschichte und Agrarsoziologie, Band 2, 22–40.
Böhm, W., 1975: Zur Geschichte des Maisanbaues in Deutschland. – Zeitschrift für Agrargeschichte und Agrarsoziologie, Band 23, 52–58.

Böhmig, F., 1981: 600 Ratschläge für den Gemüsegarten. Radebeul.
Bottema, S., T.C. van Hoorn, H. Woldring and W.H.E. Gremmen, 1980: An agricultural experiment in the unprotected salt marsh. Part. II. – Palaeohistoria, Band XXII, 128–140.
Brandenburg, W.A., 1981: Possible relationships between wild and cultivated carrots (Daucus carota L.) in the Netherlands. – Die Kulturpflanze, Band XXXIX, 369–375.
Brouwer, W., 1972: Handbuch des Speziellen Pflanzenbaues, Band I, (Weizen, Roggen, Gerste, Hafer, Mais). Berlin und Hamburg.
–, 1976: Handbuch des Speziellen Pflanzenbaues, Band 2. Berlin und Hamburg.
Brücher, H., 1961: Zehn Jahre Jagd nach der »Urkartoffel« in Südamerika. – Südamerika. Dreimonatsschrift der Deutschsprechenden in Südamerika, Heft 1, XII. Jahrgang.
–, 1974: Stammt die Bohne doch aus Südamerika? – Umschau-Kurzberichte aus Wissenschaft und Technik, Heft 21, 672–673.
–, 1975: Domestikation und Migration von Solanum tuberosum L. – Die Kulturpflanze, Band 23, 11–74.
–, 1977: Tropische Nutzpflanzen. Berlin, Heidelberg, New York.
Brunfels, Otto, 1532: Contrafayt Kreüterbuch. Straßburg. Reprint 1964. München.
Burkart, A., und H. Brücher, 1953: Phaseolus aborigineus Burk.: Die mutmaßliche Andine Stammform der Kulturbohne. – Züchter, Band 23, 65–72.
Buschan, G., 1895: Vorgeschichtliche Botanik der Kultur- und Nutzpflanzen der alten Welt auf Grund prähistorischer Funde. Breslau.
Calwer, C.G., 1852: Deutschlands Feld- und Gartengewächse. Stuttgart.
Camerarius, Joachim, 1586 (gedruckt 1626): Kreutterbuch deß Hochgelehrten und weltberühmten Herrn D. Petri Andreae Mattiolo . . . gemehret und verfertigt 1586 in Nürnberg.
Capitulare de villis Karls d. Großen aus der Zeit 792/93–800, von Karl d. Gr. erlassen. Cod. Guelf. 254 Helmstedt d. Herzogs August Bibliothek Wolfenbüttel, hrsg. von C. Brühl: Dokumente zur deutschen Geschichte in Faksimiles, Reihe I, Band 1, 1971.
Chang, K.C., 1973: Radiocarbon dates from China, some interim interpretations. – Current Anthropology, Vol. 14 (5), 525–528.
Christ, H., 1912: Die ungarisch-österreichische Flora des Carl Clusius vom Jahre 1583. Österr. bot. Zschr., Band 62, 330–334, 393–394, 426–430.
–, 1923: Zur Geschichte des alten Bauerngartens der Schweiz und angrenzender Gegenden. Basel.
Clusius, Carolus, 1583: Rariorum aliquot stirpium per Pannoniam, Austriam etc. historia. Antwerpen. (Neudruck Graz 1964).
–, 1601: Rariorum Plantarum Historia, Antwerpen.
Coffman, F.A., 1961: Oats and Oat Improvement, Madeson/Wisconsin.
Columella, L.J.M., 50 n. Chr.: De re rustica. 12 Bände, hrsg. von Lundström (Uppsala 1897), übersetzt v. H. Österreicher, 2 Bände 1914.
Costantini, L., 1984: The beginning of agriculture in the Kachi Plain: The evidence of Mehrgarh. – Proceedings of the sixth international conference of the Association of South Asian Archaeologists in Western Europe. Cambridge 5–10 July 1981, 29–33.
Cubero, I., and M.-J. Suso, 1981: Primitive and modern forms of Vicia faba. – Die Kulturpflanze, Band 29, 137–145.
Cubero, J.I., 1984: Taxonomy and evolution of the Faba Bean and its wild relatives. – In: J.R. Witcombe, W. Erskine (Ed.): Genetic resources and their exploitation – Chickpeas, Faba Beans and Lentils, 131–171. The Hague, Boston, Lancaster.
De Candolle, A., 1883: Origines des plantes cultivées. Paris. Deutsch von E. Goetze 1884. Leipzig.

Dekaprevelich, L., 1961: Die Art T. macha Dek. et Men. im Lichte neuester Untersuchungen über die Herkunft der hexaploiden Weizen. – Zeitschrift für Pflanzenzüchtung, Band 66, 335–360.

Dioskorides, (um 60 n. Chr.): Codex Vindobonensis Medicus Graecus. In der 1. farbigen Kopie zwischen 500 und 511 in Konstantinopel. Diese befindet sich in der Österreichischen Nationalbibliothek Wien. Faksimile-Drucke (Graz, 1965–1970). Kommentarband hierzu von H. Gerstinger, 1970.

Dodoens, R. (Dodonaeus), 1554: Cruydeboeck. Antwerpen. Weitere Auflagen bis 1644.

Dorofejev, W. F., 1969: Die Weizen Transkaukasiens und ihre Bedeutung in der Evolution der Gattung Triticum L. 1. Die Formenmannigfaltigkeit der Weizen Transkaukasiens. – Zeitschrift für Pflanzenzüchtung, Band 61, 1–28.

–, 1969: Die Weizen Transkaukasiens und ihre Bedeutung in der Evolution der Gattung Triticum L. 2. Formenbildung in Populationen der Weizen Transkaukasiens. – Zeitschrift für Pflanzenzüchtung, Band 62, 210–230.

–, 1971: Die Weizen Transkaukasiens und ihre Bedeutung in der Evolution der Gattung Triticum L. 3. Die Spelzweizen Transkaukasiens (T. macha Dek. et Man., T. spelta L. ssp. spelta Dorof., ssp. kuckuckianum Gögk und ssp. vavilovii Sears.). – Zeitschrift für Pflanzenzüchtung, Band 66, 335–360.

Dunn, M. E., 1975: Ceramic evidence for the prehistoric distribution of maize in Mexico. – American Antiquity, Vol. 40, 305–314.

Engelbrecht, Thd., 1899: Die Landbauzonen der außertropischen Länder. Berlin.

F-A-O-Studies in agricultural economics and statistics. Food and Agriculture Organization of the United Nations, Statistic Series. Nr. 40, Vol. 35 für 1981, Rom 1982.

Fischer, H., 1929: Mittelalterliche Pflanzenkunde. Unveränd. Nachdr. 1967. Hildesheim.

Fischer-Benzon, R. v., 1894: Altdeutsche Gartenflora. Untersuchungen über die Nutzpflanzen des deutschen Mittelalters, ihre Wanderung und ihre Vorgeschichte im klassischen Altertum. Nachdruck 1972. Wiesbaden.

Flora Europaea, 5 Bände, 1964–1980. Hrsg. Tutin et al. Cambridge.

Ford, R. I. (Ed.), 1985: Prehistoric food production in North America. – Anthropological Papers, Museum of Anthropology of Michigan, No. 75. Ann Arbor, Michigan.

Fritsch, R., 1979: Zur Samenmorphologie des Kulturmohns (Papaver somniferum L.). – Die Kulturpflanze, Band XXVII, 217–227.

Fritz, D., und W. Stolz, 1980: Erwerbsgemüsebau. Stuttgart.

Fruwirth, C., 1907: Der Getreidebau. – Bibliothek der gesamten Landwirtschaft, 14. Band.

–, [2]1914: Anbau der Hülsenfrüchte. Berlin.

–, 1921: Handbuch des Hülsenfruchterbaues. Berlin.

Fuchs, Leonhart, 1543: New Kreütterbuch, Basel. Faksimile-Ausgabe, besorgt von H. Marzell, Leipzig 1938, Neudruck 1964. München.

Galinat, W. C., 1985: Domestication and diffusion of maize. – In: R. I. Ford, Prehistoric food production in North America. – Anthropological Papers, Museum of Anthropology of Michigan, No. 75, 245–278. Ann Arbor, Michigan.

Geisler, G., 1980: Pflanzenbau. Ein Lehrbuch – Biologische Grundlagen und Technik der Pflanzenproduktion. Berlin und Hamburg.

Gentry, H. S., 1969: Origin of the common bean, Phaseolus vulgaris. – Economic Botany, Vol. 23, 55–69.

Germer, R., 1985: Flora des pharaonischen Ägypten. – Deutsches Archäologisches Institut, Abt. Kairo, Sonderschrift 14. Mainz.

Gesner, Konrad, 1561: Historia Plantarum. Faksimiledruck 1979. Hrsg. von H. Zoller, M. Steinmann und K. Schmid. Zürich.
Gorman, C. F., 1970: Excavations at Spirit Cave, North Thailand, some interim interpretations. – Asian Perspectives, Vol. 13, 79–103.
Gradmann, R., 1901: Der Dinkel und die Alemannen. – Württembergisches Jahrbuch für Statistik und Landeskunde, 103–158.
Hammer, K., und R. Fritsch, 1977. Zur Frage nach der Ursprungsart des Kulturmohns (Papaver somniferum L.). – Die Kulturpflanze, Band XXV, 113–124.
Handbuch der Pflanzenzüchtung, 1958–1962. Hrsg. von H. Kappert und W. Rudorf. 6 Bände. Band I Grundlagen, II Getreidearten, III Knollen- und Wurzelfruchtarten, IV Futterpflanzen, V Sonderkulturen, VI Obst, Gemüse, Reben und Forstpflanzen. Berlin und Hamburg.
Hanelt, P., 1961: Zur Kenntnis von Carthamus tinctorius L. – Die Kulturpflanze, Band IX, 114–145.
–, 1972 a: Zur Geschichte des Anbaues von Vicia faba L. und ihrer verschiedenen Formen. – Die Kulturpflanze, Band XX, 209–223.
–, 1972 b: Die infraspezifische Variabilität von Vicia faba L. und ihre Gliederung. – Die Kulturpflanze, Band XX, 75–128.
Hanelt, P., H. Schäfer und J. Schultze-Motel, 1972: Die Stellung von Vicia faba L. in der Gattung Vicia L. und Betrachtungen zur Entstehung dieser Kulturart. – Die Kulturpflanze, Band XX, 263–275.
Hansen, J. M., 1978: The earliest seed remains from Greece: Palaeolithic through Neolithic at Franchthi Cave. – Berichte der Deutschen Botanischen Gesellschaft, Band 91, 39–46.
Harlan, J. R., and D. Zohary, 1969: Distribution of wild wheats and barley. – Science, Vol. 153, 1074–1080.
Harlan, J. R., 1979: On the origin of barley. – Agriculture Handbook, United States Dept. of Agriculture, No. 338.
Hawkes, J. G., and J. P. Hjerting, 1969: The potatoes of Argentina, Brazil, Paraguay and Uruguay. Oxford.
Hegi, G., 1906–1929: Illustrierte Flora von Mitteleuropa, 1. Aufl., Band I–VI, 2. München. 2. Aufl. von III, 2 Chenopodiaceae 1959–1979; V, 2 Apiaceae 1965; VI Asteraceae 1964–1978.
Helbaek, H., 1952: Spelt (Triticum spelta L.) in bronze age in Denmark. – Acta Archaeologica, Vol. 23, 97–107. Kopenhagen.
–, 1953: Archaeology and agricultural botany. – Ann. Rep. London Univ. Inst. Arch., 44–59.
–, 1954: Prehistoric food plants and weeds in Denmark. – Danmarks Geologiske Undersøgelse II. Raekke, Nr. 80, 250–261. Kopenhagen.
–, 1957: Bornholm plant economy in the first half of the first millenium A. D. – In: Bornholm i Folkevanderungstiden, 259–277. Nationalmuseets Skrifter Større Beretninger II. Kopenhagen.
–, 1959: Domestication of food plants in the Old World. – Science, Vol. 130, No. 3372, 365–372.
–, 1963: Isin Larsan and Horian food remains at Tell Bazmosian in the Dokan Valley. – Sumer, A Journal of Archaeology and History in Iraqu, Vol. 19, No. 1 und 2, 27–35.
–, 1964: First impressions of the Çatal Hüyük plant husbandry. – Anatolian Studies, Vol. 14, 121–123.
–, 1966 a: Commentary on the phylogenesis of Triticum and Hordeum. – Economic Botany, Vol. 20, 350–360.
–, 1966 b: Pre-pottery neolithic farming at Beidha – a preliminary report. – Palaestina Exploitation Quaterly, Vol. 98, 61–66.
–, 1966 c: The plant remains from Nimrud. – In M. E. L. Mallowan: Nimrud and its remains, Vol. 2, 613–620. London.

–, 1969: Plant collecting, dry-farming, and irrigation agriculture in prehistoric Deh Luran. – Museum of Anthropology of Michigan, No. 1, 383–426. Ann Arbor, Michigan.

–, 1970: The plant husbandry of Hacilar. – Excavations at Hacilar. 189–244. Edinburgh.

–, 1972: Sammaran irrigation agriculture at Choga Mami in Iraqu. – Iraqu, Vol. XXXIV, 35–48.

Helm, J., 1954: Lactuca sativa L. in morphologisch-systematischer Sicht. – Die Kulturpflanze, Band II, 72–129.

–, 1956: Die zu Würz- und Speisezwecken kultivierten Arten der Gattung Allium L. – Die Kulturpflanze, Band IV, 130–180.

–, 1963: Morphologisch-taxonomische Gliederung der Kultursippen von Brassica oleracea L. – Die Kulturpflanze, Band XI, 92–210.

–, 1972: Apium graveolens L. Geschichte der Kultur und Taxonomie. – Die Kulturpflanze, Band XXV, 73–100.

Henner, G., 1924: Die feldbaulichen Anschauungen des Altertums im Lichte neuzeitlicher Ackerbauwirtschaften. Diss. d. T. H. München, Inst. f. Acker- und Pflanzenbau.

Heuser, O., 1927: Die Hanfpflanze. – In R. O. Herzog (Hrsg.): Technologie der Textilfasern, Band V, Teil 2: Hanf und Hartfasern, 1–102. Berlin, Heidelberg, New York.

Heydnitz, K. V., und G. Merckens, 1983: Das biologische Gartenbuch. Stuttgart.

Heyne, M., 1899: Fünf Bücher deutscher Hausaltertümer. Band 1: Das deutsche Wohnungswesen von den ältesten geschichtlichen Zeiten bis zum 16. Jahrhundert. Leipzig.

Heywood, V. H. (Hrsg.), 1982: Blütenpflanzen der Welt. Basel, Boston, Stuttgart.

Hildegard von Bingen (Heilige Hildegard), 1151/58: »Physika« oder »Liber simplicis medicinae secundum creationem« (= Buch der einfachen Heilmittel nach dem Schöpfungsbericht geordnet). Bezüglich Pflanzen die Bücher = »De plantis« und »De aboribus«. Hildegard von Bingen, Naturkunde. Übersetzt und erläutert von P. Riethe, Salzburg 1959. Pflanzenverzeichnis siehe unter Reuss.

Hillman, G., 1975: The excavation of Tell Abu Hureyra in Syria: A preliminary report. – Proceedings of the Prehistoric Society for 1975, Vol. 41, 70–73.

–, 1978: On the origins of domestic rye – Secale cereale: The finds from aceramic Çan Hasan III in Turkey. – Anatolian Studies. Journal of the British Institute of Archaeology at Ankara, Vol. 28, 157–174.

Hjelmqvist, H., 1950: The flax weeds and the origin of cultivated flax. – Botaniska Notiser, Band 2, 257–298, Lund.

–, 1955: Die älteste Geschichte der Kulturpflanzen in Schweden. – Opera Botanica, Band 1:3. Lund.

–, 1963: Zur Geschichte des Einkorns und des Emmers in Schweden. – Botaniska Notiser, Band 116, Fasc. 4, 489–494.

–, 1969: Dinkel und Hirse aus der Bronzezeit Südschwedens nebst einigen Bemerkungen über ihre spätere Geschichte in Schweden. – Botaniska Notiser, Band 122, 260–270.

Hoffmann, W., 1957: Flachs- und Hanfanbau. Berlin

Hopf, M., 1968: Früchte und Samen. In H. Zürn: Das jungsteinzeitliche Dorf Ehrenstein (Kreis Ulm). Veröffentlichung des Staatlichen Amts für Denkmalpflege, Reihe A, H. 10/II, 7–77. Stuttgart.

–, 1970: Zur Geschichte der Ackerbohne (Vicia faba L.). – Jahrbuch des Römisch-Germanischen Zentralmuseums Mainz, Band 17, 306–322.

–, 1973: Frühe Kulturpflanzen aus Bulgarien. – Jahrbuch des Römisch-Germanischen Zentralmuseums Mainz, 20. Jg., 1–55.

–, 1982: Vor- und frühgeschichtliche Kulturpflanzen aus dem nördlichen Deutschland. – Römisch-Germanisches Zentralmuseum Mainz, Kataloge vor- und frühgeschichtlicher Altertümer, 22. Jhg. Mainz.

–, 1983: Jericho plant remains. – In K. M. Kenyon and T. A. Holland: Excavations at Jericho, Vol. 5, 576–621, Taf. 25–31. London.

Jacomet, S., und H. Schlichtherle, 1984: Der Kleine Pfahlbauweizen Oswald Heers. – Neue Untersuchungen zur Morphologie neolithischer Nacktweizen-Ähren. – Proceedings of the sixth symposium of the International Work Group for Palaeoethnobotany, Groningen, 30 May–3 June 1983. 153–176. Rotterdam.

Jänichen, H., 1970: Beiträge zur Wirtschaftsgeschichte des schwäbischen Dorfes. – Veröffentlichungen der Kommission für geschichtliche Landeskunde in Baden-Württemberg, Reihe B Forschungen, 60. Band. 83–108.

Janushevich, Z. V., 1975: Fossil remains of cultivated plants in the south-west of the Soviet Union. – Folia Quaternaria, Vol. 46, 23–30, Krakow.

–, 1984: The specific composition of wheat finds from ancient agricultural centres in the USSR. – Proceedings of the sixth symposium of the International Work Group for Palaeoethnobotany, Groningen, 30 May–3 June 1983, 267–276. Rotterdam.

Jørgensen, G., 1979: A new contribution concerning the cultivation of spelt, Triticum spelta L. in prehistoric Denmark. – Archaeo-Physika, Band 8, 135–145.

Jugenheimer, R. W., 1976: Corn. Improvement, seed production and uses. New York.

Käser, H. R., 1982: Chemotaxonomische Beschreibung von Sorten und Herkünften von Vicia faba L., var. minor Beck, equina Pers. und var. major Harz. Protein- und Isozymmuster. – Dissertation, maschinenschriftlich. Universität Hohenheim.

Kajale, M. D., 1977: On the botanical findings from excavations at Daimabad, a chalcolithic site in western Maharashtra, India. – Current Science, Vol. 46, No. 23, 818–819.

Kampe, K., und Mitarb., 1955: Gemüsesorten. Beschreibung und wirtschaftliche Bedeutung (1. Teil). Berlin und Hamburg.

Kaplan, L., 1956: Cultivated beans of the prehistoric Southwest. – Ann. Missouri Bot. Gard., Vol. 43, 189–251.

–, 1965: Archaeology and domestication in American Phaseolus (Beans). – Economic Botany, Vol. 19, 358–368.

–, 1980: Variation in the cultivated beans. – Academic Press, Inc., 145–148. New York.

–, 1981: What is the origin of common bean? – Economic Botany, Vol. 35 (2), 240–254.

Keimer, L., 1924: Die Gartenpflanzen im alten Ägypten. Nachdruck der Ausgabe Berlin (1924) 1967. Hildesheim.

–, 1984: Die Gartenpflanzen im alten Ägypten, Band II, hrsg. von R. Germer, Deutsches Archäologisches Institut, Abt. Kairo, Sonderschrift 13. Mainz.

Keller, F., 1844: Bauriß des Klosters St. Gallen aus dem Jahre 820. – Zürich (Darin die Eintragungen der Pflanzennamen auf den Beeten des Kräutergartens sowie deren Nennung in deutsch).

Kihara, H., and F. Lilienfeld, 1949: A new synthesized 6 x wheat. – Proceedings Intern. Congr. Gen. Hereditas Suppl., 307–319.

Killermann, S., 1919: Die Herkunft und Einführung unserer Gartenbohne (Phaseolus vulgaris L.) – Naturwissenschaftliche Wochenschrift, Neue Folge, 18. Band, Nr. 22, 305–312.

Kirchner, O., 1874: Die botanischen Schriften des Theophrast von Eresos. – Jb. f. classische Philologie, 7. Suppl.-Band, 449–539.

Kislev, M. E., 1985: Early neolithic horsebean from Yiftah'el, Israel. – Science, Vol. 228, 319–320.

Klapp, E., [5]1958: Lehrbuch des Acker- und Pflanzenbaues. Berlin.
Klichowska, M., 1975: Najstarsze zboza z wykopalisk polskich. (Die ältesten Getreidearten aus den polnischen Ausgrabungen). Polnisch, mit deutscher Zusammenfassung. – Archaeologia Polski, Band XX, 83–143.
Klosterplan von St. Gallen, 820, siehe Keller.
Knörzer, K.-H. 1970: Römerzeitliche Pflanzenfunde aus Neuss. – Novaesium, Band 4.
–, 1971: Prähistorische Mohnsamen im Rheinland. – Bonner Jahrbücher, Band 171, 34–39.
–, 1972: Subfossile Pflanzenreste aus der bandkeramischen Siedlung Langweiler 3 und 6, Kreis Jülich, und ein urnenfelderzeitlicher Getreidefund innerhalb dieser Siedlung. – Bonner Jahrbücher, Band 172, 395–403.
–, 1973: Römerzeitliche Pflanzenreste aus einem Brunnen in Butzbach (Hessen). – Saalburg-Jahrbuch, Band 30, 71–114.
–, 1978: Entwicklung und Ausbreitung des Leindotters (Camelina sativa L.). – Berichte der Deutschen Botanischen Gesellschaft, Band 91, 187–195.
–, 1979: Über den Wandel der angebauten Körnerfrüchte und ihrer Unkrautvegetation auf einer niederrheinischen Lößfläche seit dem Frühneolithikum. – Archaeo-Physika, Band 8, 147–163.
Körber-Grohne, U., 1967: Geobotanische Untersuchungen auf der Feddersen Wierde. – Band I in: Feddersen Wierde. Die Ergebnisse der Ausgrabung der vorgeschichtlichen Wurt Feddersen Wierde bei Bremerhaven in den Jahren 1955–1963, hrsg. von W. Haarnagel. Wiesbaden.
–, 1979: Nutzpflanzen und Umwelt im römischen Germanien. – Kleine Schriften zur Kenntnis der römischen Besetzungsgeschichte Südwestdeutschlands. Nr. 21, 1–79, Stuttgart.
–, 1981: Pflanzliche Abdrücke in eisenzeitlicher Keramik – Spiegelbild damaliger Nutzpflanzen? – Fundberichte aus Baden-Württemberg, Band 6, 165–211.
–, 1985: Die biologischen Reste aus dem hallstattzeitlichen Fürstengrab von Hochdorf bei Stuttgart. – Hochdorf I. Forschungen und Berichte zur Vor- und Frühgeschichte in Baden-Württemberg, Band 19, 87–164.
–, und U. Piening, 1979: Verkohlte Nutz- und Wildpflanzenreste aus Bondorf, Kreis Böblingen. – Fundberichte aus Baden-Württemberg, Band 4, 152–169.
–, und U. Piening, 1983: Die Pflanzenreste aus dem Ostkastell von Welzheim, mit besonderer Berücksichtigung der Graslandpflanzen. – Forschungen und Berichte zur Vor- und Frühgeschichte in Baden-Württemberg, Band 14, 17–88.
–, U. Bickelmann und N. Leist: Saathafer (Avena sativa. L.) und Flughafer (A. fatua L.) sowie die Deutung der Zwischenformen in einem prähistorischen Vorratsfund aus dem 1. Jh. n. Chr., im Vergleich mit entsprechenden heutigen Formen. – Forschungen und Berichte zur Vor- und Frühgeschichte in Baden-Württemberg, im Druck.
Körnicke, Fr., 1888: Bemerkungen über den Flachs des heutigen und alten Ägypten. – Berichte der Deutschen Botanischen Gesellschaft, Band 6, 380–384.
Korneck, D., 1974: Xerothermvegetation in Rheinland-Pfalz und Nachbargebieten. – Schriftenreihe für Vegetationskunde, Heft 7, hrsg. von der Bundesanstalt Vegetationskunde, Naturschutz und Landschaftspflege, Bonn-Bad Godesberg.
Krause, E. H. L., 1895: Über das Alter der Buchweizenkultur in Deutschland. – »Globus«, Band 68, S. 67.
Kritikos, P. G., and S. P. Papadaki, 1967: The history of the poppy and of opium and their expansion on antiquity in the eastern Mediterranean area. – Bulletin on Narcotics, Vol. XIX, No. 3, Teil I, 17–38, Teil II, 5–10.

Kroll, H., 1980: Einige vorgeschichtliche Vorratsfunde von Kulturpflanzen aus Norddeutschland. – Offa, Band 37, 372–383.

–, 1981: Thessalische Kulturpflanzen. – Zeitschrift für Archäologie, Band 15, 97–103.

–, 1982: Kulturpflanzen von Tyrins. – Deutsches Archäologisches Institut. Archäologischer Anzeiger, 467–485. Berlin.

Kuckuck, H., 1959: Neuere Arbeiten zur Entstehung der Kulturweizen. – Zeitschrift für Pflanzenzüchtung, Band 41, 205–226.

–, 1964: Experimentelle Untersuchungen zur Entstehung der Kulturweizen. I. Die Variation des iranischen Spelzweizens und seine genetischen Beziehungen zu Triticum aestivum ssp. vulgare (Vill., Host) MacKey, ssp. spelta (L.) Thell. und ssp. macha (Dek. et Men.) MacKey mit einem Beitrag zur Genetik des Spelta-Komplexes. – Zeitschrift für Pflanzenzüchtung, Band 51, 97–140.

–, und G. Kokabe, 1962: Küchenzwiebel. Allium cepa L. – In: Handbuch der Pflanzenzüchtung, Band VI, 2, 270–312, hrsg. von H. Kappert und W. Rudorf. Berlin und Hamburg.

Lange, E., 1978: Unkräuter in Leinfunden von der Spätlatènezeit bis zum 12. Jahrhundert. – (Ein Beitrag zur Entwicklung der Unkrautvegetation des Leins). – Berichte der Deutschen Botanischen Gesellschaft, Band 91, 197–204.

Langethal, Ed., 1845: Lehrbuch der landwirtschaftlichen Pflanzenkunde.

Lappe, U., 1978: Ruine Neideck in Arnstadt. – Alt-Thüringen, Band 15, 114–158.

Lehmann, H., 1940: Der deutsche Buchweizenanbau und seine Entwicklung in den letzten 100 Jahren, besonders in Beziehung zu Betriebsformen, Fruchtwechsel und Nutzungsarten. – Dissertation der Universität Bonn. Leipzig.

Leist, N., 1981: Untersuchungen über Bastarde zwischen Saathafer (Avena sativa, A. byzantina) und Wildhafer (A. fatua, A. sterilis) sowie über Fatuoide. – Seed, Science and Technology, Band 9, 781–805.

Lengerke, A. v., 1840: Landwirtschaftliche Statistik der deutschen Bundesstaaten. Braunschweig.

Lenz, H. O., 1859: Botanik der alten Griechen und Römer, deutsch in Auszügen aus deren Schriften, nebst Anmerkungen. Unveränderter Neudruck 1966. Wiesbaden.

Li, H.-L., 1970: The origin of cultivated plants in Southeast Asia. – Economic Botany, Vol. 24, 3–19.

–, 1974: An archaeological and historical account of Cannabis in China. – Economic Botany, Vol. 28, 437–448.

Lindqvist, K., 1960: On the origin of cultivated lettuce. – Hereditas, Vol. 46, 319–350.

Linick, T. W., H. E. Suess and B. Becker, 1985: La Jolla measurements of radiocarbon in South German oak tree-ring chronologies. – Radiocarbon, Vol. 27, No. 1, 20–32.

Lippmann, E. O. v., 1925: Geschichte der Rübe (Beta) als Kulturpflanze von den ältesten Zeiten an bis zum Erscheinen von Achards Hauptwerk 1809. Festschrift. Berlin.

–, 1926: Zur Geschichte der Rübe. – Leopoldina, Band 1, 50–54.

Lisitsina, G. N., 1978: Main types of ancient farming on the Caucasus – on the basis of palaeoethnobotanical research. – Berichte der Deutschen Botanischen Gesellschaft, Band 91, 47–57.

–, 1984: The Caucasus – A centre of ancient farming in Eurasia. – Proceedings of the sixth symposium of the International Work Group for Palaeoethnobotany, Groningen, 30 May–3 June 1983, 285–292. Rotterdam.

Losert, H., 1953: Pollenanalytische Untersuchungen am »Blanken Flat« bei Vesbeck. – Mitteilungen der floristisch-soziologischen Arbeitsgemeinschaft N. F., Heft 4, 137–146.

Lundström-Baudais, K., 1978: Plant remains from a Swiss neolithic lakeshore site: Brise-Lames, Auvernier. – Berichte der Deutschen Botanischen Gesellschaft, Band 91, 67–83.

–, 1984: Palaeo-ethnobotanical investigations of plant remains from a neolithic lakeshore site in France: Clairvaux, Station III. – Proceedings of the sixth symposium of the International Work Group for Palaeoethnobotany, Groningen, 30 May–3 June 1983, 293–306. Rotterdam.

McFadden, E. J., and Sears, 1944: The artificial synthesis of Triticum spelta. – Rec. Genet. Soc. Amer., Band 13, 26–27.

MacNeish, R. S., 1965: The origins of American agriculture. – Antiquity, Vol. XXXIX, 87–93.

Mägdefrau, K., 1973: Geschichte der Botanik. (Leben und Leistung großer Forscher). Stuttgart.

Mallowan, M. E. L., 1961: Geburt der Schrift – Geburt der Geschichte. Wiege der Kultur: Mesopotamien und der Iran. In St. Pigott (Hrsg.): Die Welt aus der wir kommen, 65–96. München.

Mangelsdorf, P. C., 1974: Corn. Its origin, evolution and improvement. Cambridge, Massachusetts.

Mangelsdorf, P. C., R. S. MacNeish and W. C. Galinat, 1964: Domestication of Corn. – Science, Vol. 143, 538–545.

Mansfeld, R., 1952: Zur Systematik und Nomenklatur der Hirsen. – Der Züchter, Band 22, 304–315.

Martens, G. v., 1860: Die Gartenbohnen. Ihre Verbreitung, Cultur und Benützung. Stuttgart.

Marzell, H., 1943: Wörterbuch der deutschen Pflanzennamen. Leipzig.

Mattioli siehe Camerarius

Mellaart, J., 1967: Çatal Hüyük. Stadt aus der Steinzeit. Bergisch Gladbach.

–, 1975: The Neolithic of the Near East. London.

Meusel, H., E. Jäger und E. Weinert, 1965: Vergleichende Chorologie der zentraleuropäischen Flora. Jena.

Michael, G., B. Blume und H. Faust, 1961: Die Eiweißqualität von Körnern verschiedener Getreidearten in Abhängigkeit von Stickstoffversorgung und Entwicklungszustand. – Zeitschrift für Pflanzenzüchtung und Ernährung, Düngung und Bodenkultur, Band 92, 106–116.

Mitchell, N. D., 1976: The status of Brassica oleracea L. subsp. oleracea (Wild Cabbage) in the British Isles. – Watsonia, Band 11, 97–103.

Müller, H. W., 1959: Ägyptische Malerei (Von der Vorgeschichte bis zum Ende des Neuen Reiches). Berlin.

Netolitzky, F., 1914: Die Hirse aus antiken Funden. – Sitzungsbericht der Akademie der Wissenschaften, math.-naturw. Klasse, Band 123, Abt. 1, 725–759. Wien.

Neuweiler, E., 1931: Die Pflanzenreste aus dem spätbronzezeitlichen Pfahlbau »Sumpf« bei Zug. – Vierteljahresschrift der Naturforschenden Gesellschaft in Zürich, Band 76, 116–132.

–, 1935: Nachträge urgeschichtlicher Pflanzen. – Vierteljahresschrift der Naturforschenden Gesellschaft in Zürich, Band 80, 98–122.

–, 1946: Nachtrag II urgeschichtlicher Pflanzen. – Vierteljahresschrift der Naturforschenden Gesellschaft Zürich, Band 91, 122–136.

Newberry, P., 1893: Beni Hasan, Teil I. Archaeological survey of Egypt, ed. by F. L. Griffith, London.

Nürnberg, U., 1965: Biologie und Geschichte unserer Kulturpflanzen. Leipzig.

Oberdorfer, E., 1957: Süddeutsche Pflanzengesellschaften. Jena.

–, 1979: Pflanzensoziologische Exkursionsflora. Stuttgart.

Oelinger, Georg, und Samuel Quicchelberg, 1553: Magnarum Medicine partium herbariae zoographiae imagines. – In: Die Bilderhandschriften der Universitätsbibliothek Erlangen, beschrieben von Eberhard Lutze. Erlangen, 1936 (= Katalog, Neubearbeitung, Band VI, 1).

Olsson, G., A. Josefsson, A. Hagberg and S. Ellerström, 1955: Synthesis of the ssp. papifera of Brassica napus. – Hereditas, Band 41, 241–249.

Opravil, E., 1974: Z historie pohanka (Zur Geschichte des Buchweizens). – Vlastivedny sbornik okresu Novy Jiein Nr. 14, 51–55.
–, 1979: Die Gurke in der Burgwallzeit. – Rapports du IIIe Congrès International d'Archéologie Slave, Bratislava 7–14 septembre 1975, Tome 1, p. 597.
Paap, N. A., 1984: Palaeobotanical investigations in Amsterdam. – Proceedings of the sixth symposium of the International Work Group for Palaeoethnobotany, Groningen, 30 May–3 June 1983, 339–344. Rotterdam.
Pals, J. P., 1984: Plant remains from Aertswoud, a neolithic settlement in a coastal area. – Proceedings of the sixth symposium of the International Work Group for Palaeoethnobotany, Groningen, 30 May–6 June 1983, 313–321. Rotterdam.
Peterson, R. F., 1965: Wheat. Botany, cultivation and utilization. – World Crops Books. New York.
Pfeiffer, S., 1962: Mohn – Arzneipflanze seit mehr als zweitausend Jahren. – Die Pharmazie, Jg. 17, Heft 8, 467–479. Ost-Berlin.
Piening, U., 1981: Die verkohlten Pflanzenreste aus den Proben der Cortaillod- und Horgener Kultur. – In: Die neolithische Ufersiedlung von Twann, Band 14, 68–88. Schriftenreihe der Erziehungsdirektion des Kantons Bern, hrsg. vom Archäologischen Dienst des Kantons Bern. Bern.
–, 1982: Botanische Untersuchungen an verkohlten Pflanzenresten aus Nordwürttemberg. – Fundberichte aus Baden-Württemberg, Band 7, 239–271.
Pignatti, S., 1982: Flora D'Italia, 3 Bände, Edagricole, Bologna.
Pinto Da Silva, A. R. and A. N. Teles, 1954: Sementes incarbonizadas da Pedra do Ouro. – In: Afonso do Paço, Sementes pre-históricas do Castro de Vila Nova de S. Pedro. Anais Acad. Portug. Hist. 2. sér. 5: 296–297.
Plinius Secundus, C., (23–79 n. Chr.): Naturalis Historiae (Naturkunde). Lateinisch – deutsch. Band 12–19 Botanik, Band 20–31 Medizin und Pharmakologie. – München. 1979.
Prechtl., J. J., 1830 und 1831: Technologische Encyklopädie oder alphabetisches Handbuch der Technologie, der technischen Chemie und des Machinenwesens. – Band 2 (Blaufärben) und Band 5 (Färbekunst, Farben). Stuttgart.
Putsche, K. W. E., 1819: Versuch einer Monographie der Kartoffel oder ausführlichen Beschreibung der Kartoffel, nach ihrer Geschichte, Charakteristik, Cultur und Anwendung in Teutschland. Hrsg. von Friedr. Justus Bertuch. Weimar.
Rabenstein, P., 1982: Jan von Moor. Ein Heimatbuch vom Teufelsmoor. Fischerhude bei Bremen. (Darin auch über den Buchweizen).
Rajhaty, R., and H. Thomas, 1974: Cytogenetics of oats Avena L. – Miscellaneous Publications of Genetics Society of Canada, No. 2, July 1974 Ottawa, Ontario.
Renfrew, J. M., 1979: The first farmers in South East Europe. – Archaeo-Physika, Band 8 (Festschrift Maria Hopf), 243–266.
Reuss, F. A., 1835: De libris physicis St. Hildegardis commentato historico-medice. – Liber II und III. Wirceburgi.
Rick, Ch. M., 1978: Die Tomate. – Spektrum der Wissenschaft, Heft 11, 25–34.
Rothmaler, W., 1955: Die neolithischen Getreidefunde von Wahlitz aus den Jahren 1951/52. – Beiträge zur Frühgeschichte der Landwirtschaft II, 35–50, Berlin.
Rudorf, W., 1968: Beiträge archäologischer Untersuchungen zur Frage der primären Entstehungsgebiete sowie der Genzentren der alten europäischen Kulturpflanzen, besonders des Weizens und der Gerste. – Zeitschrift für Pflanzenzüchtung, Band 60, 349–389.
Schiemann, E., 1932: Entstehung der Kulturpflanzen. – Handbuch der Vererbungswissenschaften. Berlin.

–, 1948: Weizen, Roggen, Gerste. Systematik, Geschichte und Verwendung. Jena.
Schilling, E., 1944: Lein, Linum usitatissimum L. – In: Handbuch der Pflanzenzüchtung, Band IV, 314–416, hrsg. von Th. Roemer und W. Rudorf, Berlin.
Schlichtherle, H., 1981: Cruciferen als Nutzpflanzen in neolithischen Ufersiedlungen Südwestdeutschlands und der Schweiz. – Zeitschrift für Archäologie, Band 15, 113–124.
Schoneweg, E., 1923: Das Leinengewerbe in der Grafschaft Ravensberg. Bielefeld.
Schormüller, J. (Hrsg.), 1967–1969: Handbuch der Lebensmittelchemie. Band IV (Fette und Lipoide), Band V/1 (Kohlenhydratreiche Lebensmittel), Band V/2 (Obst, Gemüse, Kartoffeln, Pilze). Berlin, Heidelberg, New York.
–, 1974: Lehrbuch der Lebensmittelchemie. Berlin, Heidelberg, New York.
Schröder-Lembke, G., 1976: Die Entwicklung des Raps- und Rübsenanbaus in der deutschen Landwirtschaft. – Zeitschrift für Agrargeschichte und Agrarsoziologie, Band 24, 145–160.
Schultze-Motel, J., 1972: Die archäologischen Reste der Ackerbohne, Vicia faba L. und die Genese der Art. – Die Kulturpflanze, Band XIX, 321–358.
–, 1979 a: Die Anbaugeschichte des Leindotters, Camelina sativa (L.) Crantz. – Archaeo-Physika, Band 8, 267–282.
–, 1979 b: Die urgeschichtlichen Reste des Schlafmohns (Papaver somniferum L.) und die Entstehung der Art. – Die Kulturpflanze, Band XXVII, 207–215.
Schultze-Motel, J., und J. Kruse, 1965: Spelz (Triticum spelta L.), andere Kulturpflanzen und Unkräuter in der frühen Eisenzeit Mitteldeutschlands. – Die Kulturpflanze, Band XIII, 586–619.
Schulz, O. E., 1919: Cruciferae. – In: A. Engler, Das Pflanzenreich, IV, 20, Leipzig.
Schwanitz, F., 1967: Die Evolution der Kulturpflanzen. München, Basel, Wien.
Schuphan, W., 1958: Biochemische Stoffbildung bei Brassica oleracea L. in Abhängigkeit von morphologischen und anatomischen Differenzierungen ihrer Organe. Ein Beitrag zur Züchtung von Nahrungsträgern hohen biologischen Wertes. 1. Teil: Vegetative Organe. – Zeitschrift für Pflanzenzüchtung, Band 39, 127 ff.
Schweinfurth, G., 1883: Neue Beiträge zur Flora des alten Ägyptens. – Berichte der Deutschen Botanischen Gesellschaft, Band 1, 546.
Sears, E. R., and L. M. M. Sears (Ed.), 1973: Proceedings of the fourth International Wheat Genetics Symposium. Columbia, USA.
Sencer, H. A., and J. G. Hawkes, 1980: On the origin of cultivated rye. – Biological Journal of the Linnean Society, Vol. 13, 299–313.
Simmonds, N. W. (Ed.), 1976: Evolution of Crop Plants. London and New York.
Sneep, J., [2]1962: Spinat. – In: Handbuch der Pflanzenzüchtung, Band VI, 227–252, hrsg. von H. Kappert und W. Rudorf. Berlin und Hamburg.
Snogerup, S., 1980: The wild forms of the Brassica oleracea group (2n = 18) and their possible relations to the cultivated ones. – In: S. Tsunoda et al. (Ed.), Brassica Crops and Wild Allies, 121–163. Tokyo.
Souci, S. W., et al. (W. Fachmann und H. Kraut), 1981: Die Zusammensetzung der Lebensmittel. Nährwerttabellen, Stuttgart.
Sprengel, K., 1822: Naturgeschichte der Gewächse. Übersetzung des Werkes von Theophrastos Eresii (geb. 371 v. Chr.). Neudruck 1971.
Statistische Jahrbücher über Ernährung, Landwirtschaft und Forsten der Bundesrepublik Deutschland. – Herausgegeben vom Bundesministerium für Ernährung, Landwirtschaft und Forsten, (ab 1957). Letztes für dieses Buch benutzte Jahrbuch: 1981.

Strebel, E. V., 1888: Der Getreidebau. Eine Anleitung zur Kultur des Getreides nebst Abbildungen und Beschreibungen der wichtigsten Getreidearten, Stuttgart.
Tabernaemontanus, Jacob Theodor, 1588: Kräuter-Buch, zweimal neu bearbeitet und ergänzt durch Kaspar Bauhin 1664. Erschienen in Offenbach am Main bei Joh. Ludw. Königs, 1731.
Theophrastos Eresii (geb. 371 v. Chr. auf Lesbos/Griechenland): Opera quae supersunt omnia. Hrsg. von Friedrich Wimmer (griechisch und lateinisch), Paris 1866. Deutsch: Naturgeschichte der Gewächse, von K. Sprengel, Altona (1822). Neudruck 1971.
The Oxford Book of Food Plants, 1981: Illustrations by B. E. Nicholson, Text by S. G. Harrison, G. B. Masefield and M. Wallis. Oxford.
Tobler, F., 1927: Der Flachs als Faser- und Ölpflanze. Berlin, Heidelberg, New York.
Tomlinson, Ph., 1985: Use of vegetative remains in the identification of dyeplants from waterlogged 9th–10th century AD deposits at York. – Journal of Archaeological Science, Vol. 12, 269–283.
Towle, M. A., 1961: The Ethnobotany of Pre-Columbian Peru. – Viking Fund Publications in Anthropology, Vol. 30.
Ugent, D., 1970: The Potato. – Science, Vol. 170, Nr. 3963, 1181–1186.
Ullmann, W., 1953: Über Wildhafer, Kulturhafer und Zwischenformen (insbesondere Fatuoiden) in der Vergangenheit und Gegenwart. – Saatgutwirtschaft, Heft 12, 306–311.
Viereck, A., 1977: Stand und Entwicklung des Mohnanbaues für die Gewinnung von Opiaten. – Ungedruckte Diplomarbeit der Universität Hohenheim, Fachgruppe Pflanzenproduktion, Abt. Pflanzenbau in den Tropen und Subtropen, Stuttgart-Hohenheim.
Villaret von Rochow, M., 1967: Frucht- und Samenreste aus der neolithischen Station Seeberg Burgäschisee-Süd. – Acta Bernensia, Band 2, 21–64.
–, 1971: Avena ludoviciana Dur. im Schweizer Spätneolithikum, ein Beitrag zur Abstammung des Saathafers (Avena sativa L.). – Berichte der Deutschen Botanischen Gesellschaft, Band 84, Heft 5, 243–248.
Vogellehner, D., 1984: Garten und Pflanzen im Mittelalter. – Deutsche Agrargeschichte, Band VI, 69–98, hrsg. von G. Franz. Stuttgart.
Vogt, E., 1973: Geflechte und Gewebe der Steinzeit. – Monographien zur Ur- und Frühgeschichte der Schweiz, hrsg. von der Schweizerischen Gesellschaft für Urgeschichte, Band I. Basel.
Vogt, H.-H., 1973: Farben und ihre Geschichte. – Kosmos-Bibliothek, Band 280. Stuttgart.
Wagner, H., 1970: Rauschgift – Drogen. – Verständliche Wissenschaft, Band 99. Berlin, Heidelberg, New York.
Wassermann, L., 1967: Hülsenfrüchte. – In: Handbuch der Lebensmittelchemie, Band V/1, 394–419, hrsg. von J. Schormüller. Berlin, Heidelberg, New York.
Wasylikowa, K., 1984: Fossil evidence for ancient food plants in Poland. – Proceedings of the sixth symposium of the International Work Group for Palaeoethnobotany, Groningen, 30 May–3 June 1983, 257–266. Rotterdam.
Weeda, E. J., R. Westra, Ch. Westra en T. Westra, 1985: Nederlandse oekologische Flora. Wilde planten en hun relaties, Band 1, Haarlem en Hilversum.
Wein, K., 1964: Die Geschichte des Rettichs und des Radieschens. – Die Kulturpflanze, Band XII, 33–74.
Werneck, H. L., 1961: Ur-und frühgeschichtliche sowie mittelalterliche Kulturpflanzen und Hölzer aus den Ostalpen und dem nördlichen Böhmerwald. Nachtrag 1949–1960. – Archaeologia Austriaca, Wien.
Werner, J., 1964: Frankish royal tombs in the cathedrals of Cologne and St. Denis. – Antiquity, Vol. 38, 201–216.

Westhoff, W., 1975: Plantengemeenschappen in Nederland. – A. J. Den Held.
Whitaker, Th. W., 1981: Archaeological Cucurbits. – Economic Botany, Vol. 35, 460–466.
Wiesner, J. v., [4]1927: Die Rohstoffe des Pflanzenreiches. – 2 Bände. Leipzig.
Wilcox, G. H., 1977: Exotic plants from Roman waterlogged sites in London. – Journal of Archaeological Science, Vol. 4, 269–282.
Wilkes, H. G., 1977: Hybridization of maize and teosinte in Mexico and Guatemala. – Economic Botany, Vol. 31, 254–293.
Willerding, U., 1980: Zum Ackerbau der Bandkeramiker. – Materialhefte zur Ur- und Frühgeschichte Niedersachsens, Heft 16, 421–456. Hildesheim.
Wittmack, L., 1888: Die Heimat der Bohnen und Kürbisse. – Berichte der Deutschen Botanischen Gesellschaft, Band 6, 374–379.
–, 1888: Die Nutzpflanzen der alten Peruaner. – Congrès International des Americanistes, 7. Sitzung, Berlin, 325–348.
–, 1909: Die Stammpflanze unserer Kartoffel. – Landwirtschaftliche Jahrbücher, Band 38, Ergänzungsband V, 551–605.
Wöppel, H.-J., 1983: Dinkelanbau und Grünkernerzeugung im Bauland. – Diplomarbeit, maschinenschriftlich. Universität Kiel.
Zeist, W. van, and W. A. Casparie, 1968: Wild einkorn, wheat and barley from Tell Mureybit in Northern Syria. – Acta Botanica Neerlandica, Band 17, 44–53.
–, 1972: Palaeobotanical results of the 1970 season at Çayönü, Turkey. – Helinium, Vol. XII, 1, 3–19.
–, 1974: Palaeobotanical studies of settlement sites in the coastal area of the Netherlands. – Palaeohistoria, Vol. 16.
–, 1981: Plant remains from Cape Andreas Kastros (Cypros). – In: Alain Le Brun, Un site néolithique préceramique en Cypre: Cap Andreas Kastros. 95–100, Appendix VI.
–, and J. A. H. Bakker-Heeres, 1975: Evidence for Linseed cultivation before 6000 bc. – Journal of Archaelogical Science 1975, Vol. 2, 215–219.
–, and J. A. H. Bakker-Heeres, 1979: Some economic and ecological aspects of the plant husbandry of Tell Aswad. – Paleorient, Vol. 5, 161–169.
–, and J. A. H. Bakker-Heeres, 1982/85: Archaeobotanical studies in the Levant. 1. Neolithic sites in the Damascus Basin: Aswad, Ghoraifé, Ramad. – Palaeohistoria, Vol. 24, 165–256.
–, and S. Bottema, 1971: Plant husbandry in early neolithic Nea Nikomedeia, Greece. – Acta Botanica Neerlandica, Vol. 20 (5), 524–538.
–, and H. Buitenhuis, 1983: A palaeobotanical study of neolithic Erbaba, Turkey. – Anatolica, No. X, 47–89.
–, T. C. van Hoorn, S. Bottema and H. Woldring, 1976: An agricultural experiment in the unprotected salt marsh. – Palaeohistoria, Vol. 18, 111–153.
Zeven, A. C., and J. M. J. de Wet, 1982: Dictionary of cultivated plants and their regions of diversity. Wageningen, Niederlande.
Zohary, D., 1969: The progenitors of wheat and barley in relation to domestication and agricultural dispersal in the Old World. – In: P. J. Ucko and G. W. Dimbleby, The domestication of plants and animals. 47–66. London.
–, 1973: The origin of cultivated cereals and pulses in the Near East. – Cromosomes Today, Vol. 4, 307–320.
–, 1983: Wild genetic resources of crops in Israel. – Israel Journal of Botany, Vol. 32, 97–127.
–, and M. Hopf, 1973: Domestication of pulses in the Old World. – Science, Vol. 182, No. 4115, 887–894.

Adressen von Samenzüchtereien in der Bundesrepublik Deutschland

Kleve: S & G Samen GmbH
Alte Reserstraße 95, 47533 Kleve
Welver: Rijk Zwaan, Samenzucht und Samenhandlung
Werlerstraße 1, 59514 Welver
Heidelberg: Julius Wagner, Samenzucht und Samengroßhandlung
Eppelheimer Straße 20, 69115 Heidelberg
Marbach: Karl Hild, Samenzüchter
71672 Marbach am Neckar
Lüneburg: Carl Sperling und Co., Pflanzenzüchtung
Hamburger Straße 27, 21339 Lüneburg

Abbildungsnachweis

Zeichnungen und Fotografien, wo nicht anders vermerkt, von der Verfasserin. Fundkarten nach Vorlagen der Verfasserin von Eckart Munz ins Reine gezeichnet.

Zeittafel zur Vor- und Frühgeschichte, Übersicht I:
Mittel- und Nordeuropa.
Zahlenangaben wie im Buch, unkorrigiert (vgl. die Erläuterungen S. 484).

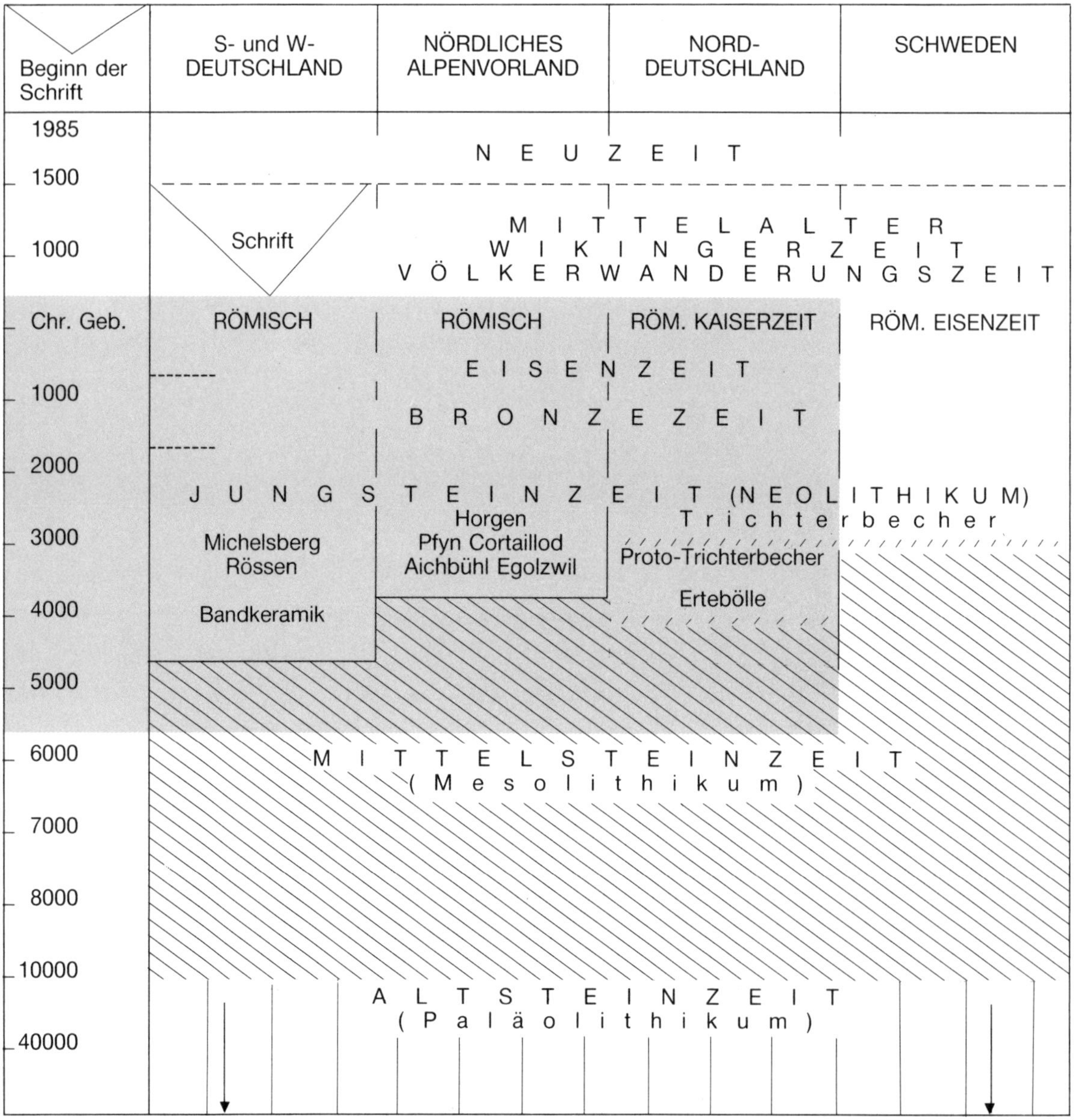

Zeittafel zur Vor- und Frühgeschichte, Übersicht II:
Südosteuropa und vorderer Orient.
Zahlenangaben entsprechend Übersicht I.

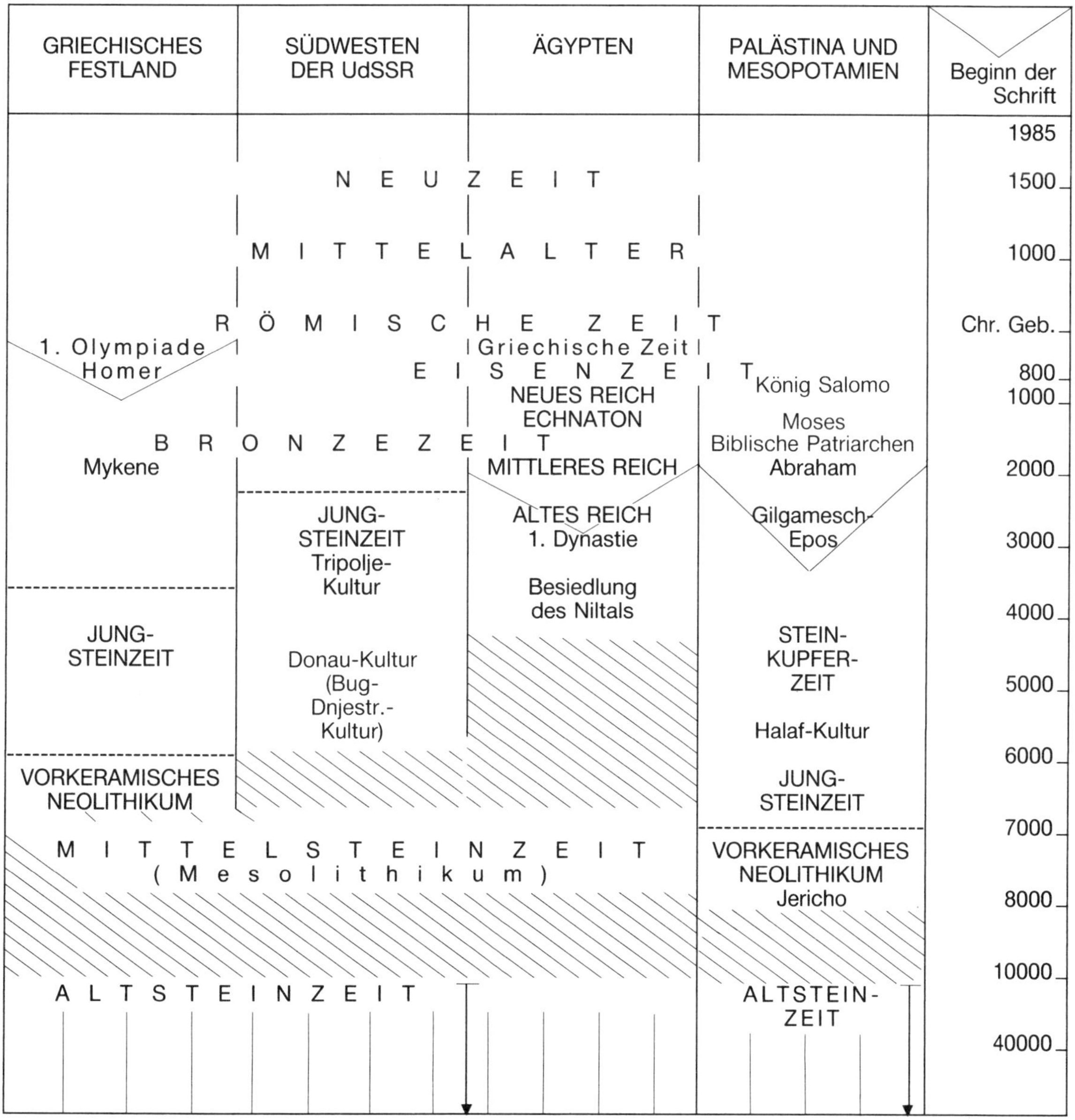

Erläuterungen zu den Zeittafeln

Die Zahlenangaben in diesem Buch beruhen für die vorgeschichtlichen Abschnitte auf der konventionellen Radiokohlenstoff-Datierung (^{14}C). Diese ist etwa um 1950 in den USA ausgearbeitet und seitdem dort sowie in mehreren europäischen Ländern weiter vervollkommnet worden. Eine andere Datierungsmethode, durch Messungen an Jahrringbreiten von Bäumen und hölzernen Bauteilen (Dendrochronologie) ist etwa gleichzeitig entwickelt worden. Zunächst wurden beide Methoden unabhängig voneinander angewandt. In den sechziger Jahren wurden beide Methoden miteinander kombiniert. Messungen des Radiokohlenstoffgehaltes datierbarer Jahresringe urgeschichtlicher Hölzer haben gezeigt, daß die Radiokarbondaten für die ersten Jahrtausende nach dem Ende der Eiszeit um mehr als 1000 Jahre zu jung angesetzt waren, weil während der Mittel- und Jungsteinzeit der Gehalt an radioaktivem Kohlenstoff in der Atmosphäre noch beträchtlich höher war als heute. Im Laufe der Bronzezeit wurden die Abweichungen dann geringer und klangen bis zur älteren Eisenzeit aus.

Diese Korrekturen der ^{14}C-Datierung sind in jahrelanger Zusammenarbeit zwischen Geophysikern und Dendrochronologen erarbeitet worden. Heute weiß man, daß die Zeitangaben konventioneller ^{14}C-Daten zu korrigieren sind. Nach Linick, Suess und Becker (1985) ergeben sich folgende Werte: 4000 v. Chr. um rd. 1000 Jahre älter, 3000 v. Chr. um 800–900 Jahre älter, 2000 v. Chr. um 460–560 Jahre älter, 1000 v. Chr. um 100–150 Jahre älter, 800 v. Chr. um 60–100 Jahre älter. Bei 300 v. Chr. besteht wieder Übereinstimmung, d. h. von da an gibt es keine größeren Abweichungen mehr, weil sich der Gehalt an radioaktivem Kohlenstoff in der Atmosphäre auf den heutigen Wert eingependelt hat.

Die genannten Korrekturen gelten für alle Regionen der hier gegebenen Zeittafeln, mit Ausnahme von Ägypten, dessen Altersdatierung anders erfolgt ist (s. Schluß der Erläuterungen). Das bedeutet, daß z. B. die älteste Ackerbaukultur Mitteleuropas (die Bandkeramik) statt bis etwa 4600 v. Chr. in Wirklichkeit bis etwa 5600 v. Chr. zurückreicht. Auch die Ufersiedlungen des Jungneolithikums im nördlichen Alpenvorland haben nach neuer Datierung zwischen 4000 und 3800 v. Chr. begonnen, die oberschwäbischen Moordörfer (wie Aichbühl im Federseegebiet) sogar schon früher.

Aus Gründen der Vergleichbarkeit in Europa sowie im Orient (mit Ausnahme von Ägypten und Mesopotamien) sind die Zeitangaben in den beiden Zeittafeln I und II und im Text noch die unkorrigierten, also konventionellen. Die nachfolgende Zeittafel III aber gibt diese neuen Daten wieder. Es ist der dunkle Block aus Zeittafel I. Ein Vergleich von Zeittafel I und III läßt erkennen, wie stark bei den dendrochronologischen und korrigierten Radiokarbondaten das Neolithikum in die Länge gezogen ist.

Zeittafel III, Ausschnitt aus Übersicht I (der dunkel gefärbte Block). Zahlenangaben aufgrund von Dendrodaten und korrigierten Radiokarbondaten (vgl. die Erläuterungen S. 486).

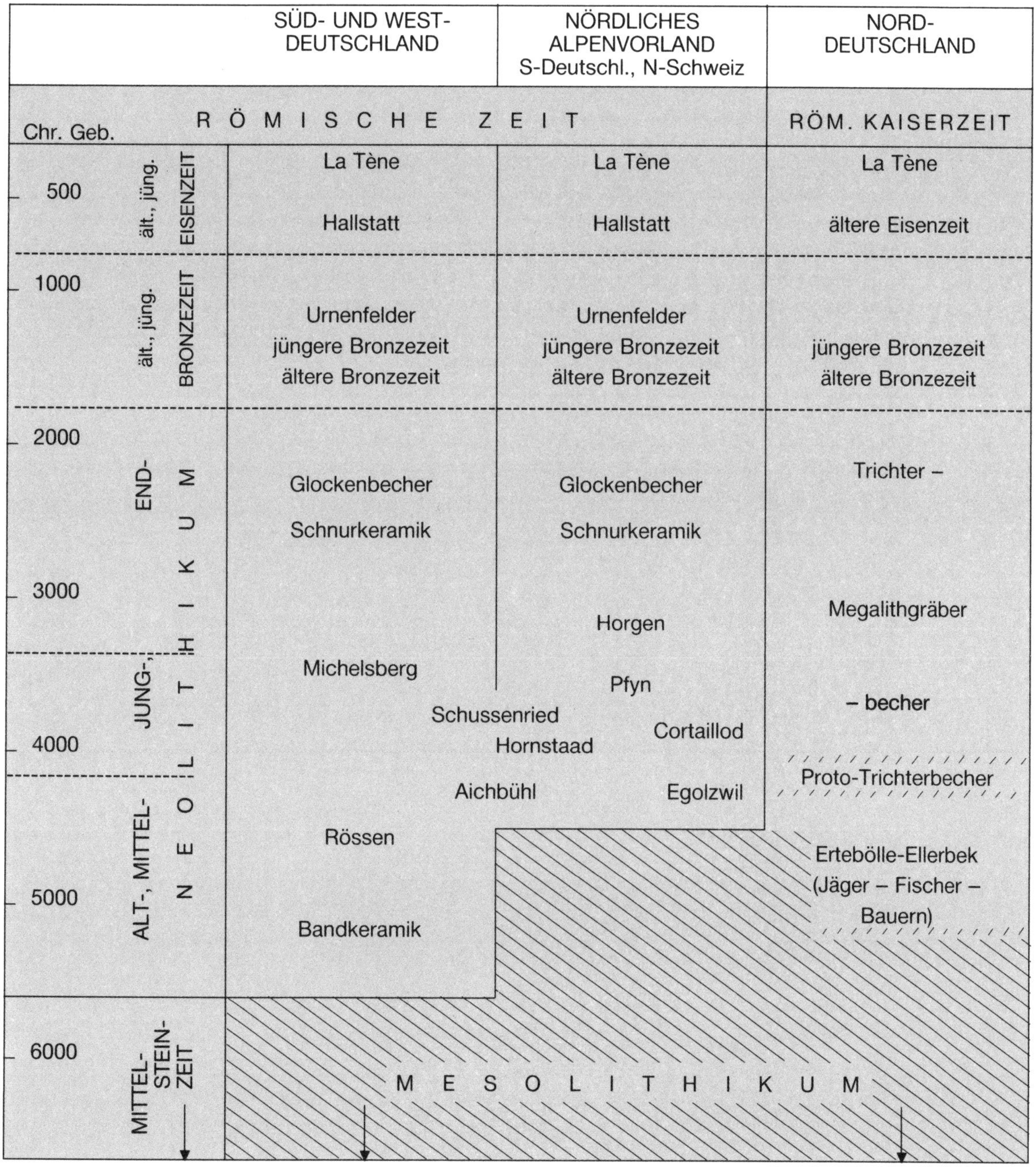

Früheste jahrgenaue Daten aufgrund schriftlicher Aufzeichnungen werden im Geschichtsbuch von Ploetz (1977) wie folgt angegeben:

Mesopotamien:	1729–1686 v. Chr. gab König Hammurabi das Gesetzbuch der Stadt Babylon heraus.
Ägypten:	1552 v. Chr. Aufrichtung des Neuen Reiches.
Israel:	Zwischen 746 und 721 wirkte der Prophet Jesaja.
Griechenland:	776 v. Chr. Beginn der Olympiaden. 582 v. Chr. sagte Thales von Milet die Sonnenfinsternis vom 28. Mai 585 voraus.
Rom:	753 v. Chr. Gründung Roms.

Das früheste ungefähre Datum reicht in Ägypten bis etwa 2900 v. Chr. zurück. Auf dieses Datum »setzt man heute die Reichseinigung und den Beginn der 1. Dynastie fest. Diese Zahl beruht auf einem astronomischen Datum, dem Aufgang der Sothis unter König Sesostris III im Mittleren Reich. Dann hat man davon die Dynastien bis zur 1. Dynastie zurückgerechnet« (nach Dr. R. Germer, Hamburg, brieflich, 4. 9. 1985). Weil also in Ägypten (und Mesopotamien) die Daten aufgrund historischer Begebenheiten gewonnen wurden, können diese Daten (aus Zeittafel II) nur mit den korrigierten Daten aus Zeittafel III verglichen werden.

Angaben für die Kulturstufen und Zeiten der Jungsteinzeit (Neolithikum) aus P. Breuning: C 14-Chronologie des vorderasiatischen, südost- und mitteleuropäischen Neolithikums. – Dissertation der Universität Köln, 1983; für das nördliche Alpenvorland aus verschiedenen neuen Publikationen über die dortigen archäologischen Ausgrabungen, zuletzt überprüft durch Herrn Dr. H. Schlichtherle, Landesdenkmalamt Baden-Württemberg.

Pflanzenregister

Die Pflanzennamen sind in deutscher und lateinischer Bezeichnung aufgenommen. Taf. = Tafelnummern, Textabbildungen sind nicht aufgeführt.